高含水致密砂岩气藏开发再认识与实践

——以苏里格气田东区北部上古生界气藏为例

何 君 等编著

石油工业出版社

内 容 提 要

本书以鄂尔多斯盆地苏里格气田东区北部苏77区块、召51区块为例，系统介绍了高含水致密砂岩气藏开发过程中的经验和教训，针对气藏低压、低孔、低渗、高含水饱和度的特点和难点，阐述了"部署避水、钻后识水、压裂疏水、采中排水"等开发技术对策、具体做法与认识，同时从生产经营、企业文化等方面介绍了高效开发管理经验。

本书可供从事天然气勘探、开发的专业技术人员、管理人员，以及石油院校相关专业师生参考。

图书在版编目（CIP）数据

高含水致密砂岩气藏开发再认识与实践：以苏里格
气田东区北部上古生界气藏为例 / 何君等编著 . — 北京：
石油工业出版社，2023.7

ISBN 978-7-5183-6043-7

Ⅰ . ①高… Ⅱ . ①何… Ⅲ . ①鄂尔多斯盆地 - 高含水
- 致密砂岩 - 砂岩油气藏 - 油气田开发 - 研究 Ⅳ .
① TE343

中国国家版本馆 CIP 数据核字（2023）第 099455 号

出版发行：石油工业出版社
　　　　　（北京安定门外安华里 2 区 1 号　100011）
　　　　　网　　址：www.petropub.com
　　　　　编辑部：（010）64523760
　　　　　图书营销中心：（010）64523633
经　　销：全国新华书店
印　　刷：北京中石油彩色印刷有限责任公司

2023 年 7 月第 1 版　2023 年 7 月第 1 次印刷
787×1092 毫米　开本：1/16　印张：41
字数：1020 千字

定价：320.00 元

《高含水致密砂岩气藏开发再认识与实践
——以苏里格气田东区北部上古生界气藏为例》
编委会

苏里格气田是世界级、中国陆上最大的整装气田，由于"低孔、低渗、低压、低丰度"气藏地质特征，其开发难度也是超世界级的。长庆油田携手各钻探公司历经十余年不懈探索实践，实现了开发苏里格建设大气田的宏伟目标，如今天然气日产量突破8000万立方米，年产量超过300亿立方米，连续12年稳居中国气田产量第一，并创新形成"六统一、三共享、一集中"的"5+1"合作开发模式和十二项开发配套技术，实现了规模增储、快速上产、效益开发。

中国石油集团西部钻探工程有限公司自2009年加入风险合作开发以来，面对高含水区块高效开发难题，走过了艰难曲折的发展历程，体现了高含水致密砂岩气藏效益开发实践—认识—再实践—再认识的必然过程。经过多年技术攻关，特别是近几年开发理念转变、技术路线转型和管理架构重建，探索出了高含水气藏效益开发之路，区块开发呈现出"山重水复疑无路、柳暗花明又一村"的良好态势，所形成的地质工程一体化管理模式及"部署避水、钻后识水、压裂疏水、采中排水"技术体系，井位优选、二开水平井、排水采气等技术已走在苏里格气田前列，值得学习推广。

该书围绕高含水致密砂岩气藏开发难题，地震地质、储层改造、采气工艺等多学科联合攻关，以实现"气水同采"为目标，形成一套较完整的水平井开发配套技术，代表了我国当前高含水致密砂岩气藏效益开发的水平，将对苏里格气田1.08万亿立方米致密区、高含水区储量有效开发起到积极的推动作用。

该书系统总结了苏77区块、召51区块十多年开发历程所取得的认识和实践成果，向我们揭示了"前途是光明的、道路是曲折的""世上无难事、只要肯登攀"的道理，该书的出版是苏里格气田开发成果的又一次总结展示，我表示诚挚的祝贺！

何江川

2022年12月8日

苏里格气田是迄今为止我国陆上发现的最大天然气田，也是"三低"（低压、低孔、低渗）致密砂岩气藏的典型代表，苏里格气田的规模有效开发，不仅在提供大量清洁能源、缓解能源供需矛盾、保障下游长期安全稳定供气方面具有重大意义，而且对于致密气田开发技术进步、地质储量的经济有效动用也具有显著的借鉴意义。

苏里格气田东区北部上古气藏地质特征为"近物源、厚砂体、强非均质、小孔喉、高水饱、低压力"；在"储、构、断"多因素控制下，水在储层中赋存形式多样，造成气井产能低、递减快且全生命周期产水，带来一系列开发问题，导致规模效益开发难度大。

苏 77-召 51 区块位于苏里格气田东区北部，区块开发经历了艰难曲折的发展过程，这个过程包含着辩证地认识地质气藏的过程，包含着解放思想、勇于探索的实践过程，包含着科技进步、技术创新的探索历程。中国石油集团西部钻探工程有限公司（以下简称西部钻探）自 2009 年合作开发以来，始终把开发苏里格、建设大气田作为奋斗目标，为实现高含水区块规模效益开发探索实践经历了以下五个时期。

艰苦创业时期（2009 年 8 月至 12 月），作为中国石油天然气集团有限公司（以下简称集团公司）重组改制第一家钻探公司，西部钻探成立仅一年多就遭遇了低油价寒冬的冲击，西部钻探公司市场严重萎缩经营困难，在集团公司支持下西部钻探总经理杨盛杰做出了参与苏里格气田合作开发的决定，于 2009 年 9 月成立了苏里格气田项目经理部。面对白手起家没有气田开发技术人员和经验的困难情况，西部钻探副总经理陈岩确定了"依托长庆油田科研院所，借鉴苏里格气田开发配套技术，学中干干中学，实现合作区块高效开发和培养气田开发技术人员"的现实途径，从录井测井抽调 6 人迎难而上，多渠道收集苏 77 区块地震、钻井、地质、测录井、分析化验等资料，编制《苏 77 区块开发前期评价部署方案》通过中国石油天然气股份有限公司审查，依托东方物探长庆物探处编制《苏 77 区块高精度全数字二维地震采集方案》通过专家审查，组织二维地震现场采集 1027 千米，聘请长庆油田专家论证第一批评价井位，与地方政府积极沟通办理征地手续，实现苏 77-6-27 井、苏 77-2-15 井评价井开钻。

快速建产时期（2010 年 1 月至 2012 年 12 月），这时期苏里格气田进入大规模建产阶段，西部钻探总经理马永峰根据苏里格气田大开发形势要求做出了合作区块快速规模建产的决定，向集团公司争取政策获得召 51 区块合作开发批复。西部钻探副总经理赵明方提出了"五年任务三年干、三年任务两年完"工作要求，完成《苏 77 区块 2 亿方开发试验方案》

编制评审，选择召 65 井区为目标区部署井位 50 口，产能建设钻压试投和苏 77-1 站建设快速展开，2010 年实现当年建设、当年投产、当年生产目标；依托长庆油田编制《苏 77 区块 6 亿方／年初步开发方案》通过中国石油天然气股份有限公司审查；完成苏 77-2 站建设，与长庆油田签订《召 51 区块合作开发框架协议》。

规模稳产时期（2013 年 1 月至 2017 年 12 月），这时期苏里格气田实现 230 亿立方米／年规划目标进入稳产阶段，西部钻探副总经理王界益带领苏里格合作开发各参战单位，在科学开发苏 77-召 51 区块中推进实践创新、管理创新，形成以"苏 77 区块达产、召 51 区块高效建产，探索建立高含水区块部署避水、钻后识水、压裂疏水、采中排水技术体系，完善采输作业机构向油田采气厂迈进"的科学开发思路，聚精会神搞开发、一心一意谋发展，坚持以人为本、全面协调可持续发展；在召 23 井区落实水平井整体部署区 33km², 首次在召 65 井区发现山$_2^3$气藏，为苏里格气田东区拓展了开发层系；编制《召 51 区块前期评价部署方案》通过中国石油天然气股份有限公司审查，依托长庆物探处编制《召 63 井区三维地震采集方案》通过专家评审，完成召 63 井区 100 平方千米三维地震采集处理，为水平井部署奠定基础，在全面实施召 51 区块评价部署方案基础上完成《召 51 区块 6 亿方／年初步开发方案》编制并通过中国石油天然气股份有限公司审查，在召 51 区块东南部进行下古马家沟组碳酸盐岩勘探发现马五 6 气藏、马五 7 气藏；组建采气综合管理部、产建管理部，促进采输作业、地面建设由外包粗放管理向自主规范管理转变，完成 6 座集气站标准化建设，建立气田轻烃物防技防人防管理体系，促使油气比提高到 0.18 吨／万立方米。

转型升级时期（2018 年 1 月至 2020 年 12 月），这时期苏里格气田进入高质量发展新阶段，西部钻探总经理张宝增提出了"五提三降一优化"工作要求，即提高富集区钻探符合率、"Ⅰ+Ⅱ"类井比例、产能建设到位率和当年贡献率、单井产量和单井累计产量、措施增产能力，降低综合递减率、操作成本、单井投资，优化开发生产工作制度；并要求在不再增加投资情况下利用利润和损耗进行自我发展。西部钻探副总经理何君领导苏里格合作开发各参战单位自信自强、守正创新，全面总结合作开发十多年来历史经验，从新的实际出发提出"1634"高质量发展要求，何君对高含水致密砂岩气藏高效开发的理论和实践问题进行了深入思考和科学判断，就如何实现高含水区块高效开发提出一系列新理念、新思路、新举措；面对高含水气藏开发效益较差困局，转变开发经营思路，在持续压减投资规模同时，着力向管理提升要效率、向技术进步要效益，探索出了一条有效的高含水气藏效益开发之路。一是坚持聚焦问题强化顶层设计，针对资源质量不高、开发效益不好、创新能力不足、管理队伍不精、体制机制不优等问题，全面反思了勘探开发七个方面不足，从经营策略、管理机制、技术路线、生产运行等方面进行调整，围绕管理合规化、效益最大化、技术高端化、人才专业化、机构精干化、生产智能化"六化"发展方向，制定了"自由现金流为正、规模效益开发、可持续高质量发展"三步走发展战略。二是坚持创新引领增添发展动能，突出"安全、地质、工艺"三大核心业务，深化业务调整，地质研究从单一静态地质向静态、动态并重转变，工程技术从侧重钻井向储层改造、井筒举升、综合治理三大工艺并重转变。深化机构改革，机构总数压减 18.2%，机关科室压减 62.5%，一线比例由 32.3% 提升 79.2%，新成立工艺所、监督中心，实现从方案设计到现场实施有效提升。三是坚持技术赋能助力提质增效，面对高含水气藏直丛井累产低、效益差的现实，坚定实施直丛井向水平井整体开发快速转变，调整六大技术思路。（1）调整地质研究技术路线，气藏认识由岩性向"构造＋岩性"控制转变，气水识别由常规测井向"阵列感应＋侧向"联测转变，"甜点"评价由单一含气性解释向"构造＋含气性"综合评价转变，井位部署由"直丛井＋水平井"混合井网向"水平井"整体部署转变。（2）调整水平井部署方式，由"辫状河"向"辫状河＋曲流河"砂体转变，由"富集区"向"富集区＋致密区＋地障区"转变，由"主力层系"向"主力层系＋非主力层系"转变。（3）调整水平井钻井技术，由"二维"向"二维＋三维"转变，由"三开"向"二开"转变。（4）调整水平井导向技术，水平段轨迹设计向"能平则平、能长则长"转变，导向手段由"地质"向"地质＋地震"转变，由追求"气层钻遇率"向"砂岩钻遇率"转变。（5）调整储层改造技术，由裸眼封隔器向"套管完井＋桥塞分段分簇"转变，由多簇笼统造缝向适时暂堵调控，由常规压裂液向"兼顾改造＋增渗＋润湿"纳米增效改造液转变，由单一支撑向"保导流"组合支撑转变。（6）调整采气工艺技术，由压裂不动管柱投产向"压后更换小油管"转变，由追求采气速度向"保压携液温和开采"转变，由井筒排水向"地层防积液水锁"转变，由自源动力排采向"外动力排采"转变，实现高含水区块开发指标、经营形势逐年好转。

高速发展时期（2021年1月至今），这时期苏里格气田进入二次加快发展新阶段，西部钻探党委书记张忠志根据苏里格气田300亿立方米／年二次发展规划提出了合作区块在效益开发前提下做大做强的要求，并制定了"一年产量换字头、三年上产百万吨当量"的发展战略。西部钻探副总经理何君领导合作开发各参战单位以储量复核为基础，筛选建产目标、调整开发方式、科学井位部署、优化钻采工艺、统筹地面配套、兼顾生产运行，编制了《苏里格风险作业油气当量百万吨上产方案》《苏里格风险作业冬季产建会战方案》，组织开展了与苏南TOTAL合作区的全面对标分析，梳理了9个方面150多项量化对标指标，制定了《西探合作区块与苏南TOTAL开发对标提升方案》，按照二次加快发展要求提出了"争世界一流、创产量高峰、建百万吨工程"的奋斗目标。

历经十多年开发实践，苏77-召51区块实现了高含水致密砂岩气藏规模效益开发，成为苏里格气田高含水区块高效开发的典范，为西部钻探作出了突出贡献。为持续提升油气合作开发技术能力，西部钻探公司决定全面总结苏里格合作开发取得的丰硕成果，编撰成书，为后续油气合作高效开发提供借鉴。

本书系统总结了苏77-召51区块从气藏评价到经营管理全过程各环节的工作内容，其中包括气藏地质特征研究与再认识，富集区筛选、开发部署、地质导向、动态分析等开发地质技术，丛式井快速钻井、水平井钻完井、综合录井、精准压裂、试气投产、排水采气、特色修井、长关井治理等钻采工艺技术，安全生产、地面建设、数字化建设、经营管理、党的组织建设等气田管理经验。

全书共分4篇18章73节，分6个专业编写组编写完成，全书由相金元、张骏、张林统稿。在编写过程中得到了中国石油大学（北京）徐怀民教授、周福建教授、孙盼科副教授，西北大学李文厚教授、李红教授，中国海油孙文举博士，长庆油田公司各位领导和专家的支持和指导，在此一并表示衷心感谢！

由于高含水致密砂岩气藏的复杂性，开发难度大，涉及认识问题多、技术专业性强、加之编者水平所限，书中缺点错误在所难免，恳请读者批评指正。

编委会

2022年12月

第一篇　气藏地质

第二篇　钻井工程

第三篇　采气工程

第四篇　综合管理

第一篇　气藏地质

第一章　气藏地质特征

苏里格气田东二区北部，主力层盒8段位于冲积扇前缘，整体表现出"近物源、高岩屑、厚砂体、强非均质、小孔喉、高水饱、低压力"气藏地质特征。在"储、构、断"控制因素下，气水分异性较差，水在储层中赋存形式多样，造成气井产能低、递减快且全生命周期产水，并带来一系列开发问题，导致规模化、效益化开发难度大。通过有针对性的长期攻关和实践，逐渐认清了含水致密砂岩气藏基本特征与开发关键问题，形成了相关认识及技术系列，并明确了未来攻关方向。

第一节　区域地质

鄂尔多斯盆地是一个长期稳定发育的大型多旋回克拉通叠合盆地[1]，在太古宙—早元古代形成的基底之上，经历了中—晚元古代坳拉谷、早古生代浅海台地、晚古生代近海平原、中生代内陆湖盆和新生代周边断陷五大沉积演化阶段。

在早古生代，鄂尔多斯盆地属华北地台的西缘，主要沉积一套陆表海环境下的碳酸盐岩；其后，受加里东构造运动影响，早奥陶世末盆地抬升，经历了长达1.14亿年的沉积间断，形成了奥陶系风化壳。目前发现的靖边大气田即发育于奥陶系风化壳之中。自晚石炭世开始，盆地再度沉降，华北海和祁连海分别从东西两侧进入，晚石炭世本溪期盆地不同的地区分别发育三角洲、潮坪、潟湖、障壁岛、陆棚沉积体系（图1-1-1），早二叠世太

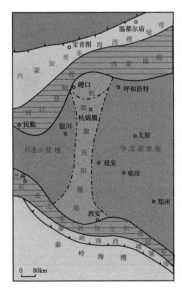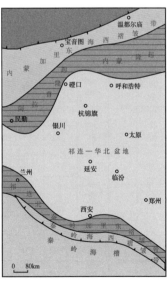

图1-1-1　鄂尔多斯及邻区石炭纪末构造略图

原期则发育曲流河三角洲、陆表海沉积体系，早二叠世山西期为近海湖泊—网状河三角洲沉积体系。本溪期、太原期海相沉积的碳酸盐岩和滨海平原的煤系地层以及山西期的三角洲沼泽相煤系地层构成了盆地上古生界的烃源岩；而同期发育的三角洲平原河道、三角洲前缘河口沙坝、海相滨岸沙坝、潮道砂体构成良好储集岩体。

中二叠世—晚二叠世发育内陆湖泊—三角洲沉积体系，大面积分布冲积扇、辫状河、网状河以及三角洲平原河道、三角洲前缘砂体，形成了盆地最重要的储集岩系。晚二叠世早期广泛沉积的上石盒子组河漫湖相泥岩形成了盆地上古生界气藏的区域盖层。

随着盆地中生代和新生代地层的不断沉积，上古生界烃源岩日趋成熟并生成大量烃类气体，通过断裂、砂体的运移，最终聚集在由上述储集岩体所构成的岩性圈闭中。

第二节　地层特征

钻井资料显示，苏 77-召 51 区块地层发育特征与苏里格气田一致，自下而上发育下古生界奥陶系马家沟组；上古生界石炭系本溪组；二叠系山西组、石盒子组、石千峰组；中生界三叠系刘家沟组、和尚沟组、纸坊组、延长组，侏罗系延安组、直罗组、安定组，白垩系洛河组；新生界第四系。其中，下石盒子组盒 8 段及山西组山 1 段主要发育河道砂岩储层，总沉积厚度约 110m，岩性主要为灰色、灰白色含砾粗砂岩与中砂岩、不等粒砂岩与深灰色、紫红色泥岩不等厚互层。盒 8 段与山 1 段与上覆盒 7 段、下伏山 2 段均呈整合接触，是目前苏 77-召 51 区块气藏主要的发育层位（表 1-1-1）。

表 1-1-1　苏 77-召 51 区块上古生界石炭—二叠系地层简表

界	系	统	阶	年龄(Ma)	组	段	亚段	晋西保德	山西柳林	太原西山
上古生界	二叠系	上二叠统	长兴阶	253	石千峰组		千1段			
							千2段		泥灰岩(或钙质结核)	
			吴家坪阶				千3段		鲜红色砂泥岩	
							千4段			
				257			千5段	K_6砂岩	K_6砂岩	K_6砂岩
		中二叠统	茅口阶		上石盒子组	天龙寺段	盒1段	硅质岩(燧石层)		
							盒2段			
				272			盒3段		K_4砂岩	
							盒4段			
			栖霞阶		下石盒子组	化客头段	盒5段	桃花泥岩		
				280			盒6段			
							盒7段			
							盒8段	骆驼脖子砂岩	K_4砂岩	骆驼脖子砂岩
		下二叠统	隆林阶		山西组	下石村段	山1段			
						北岔沟段	山2段	北岔沟砂岩(S_4)	K_1砂岩	北岔沟砂岩
			紫松阶	285	太原组	东大窑段	太1段	上土门页岩 9#煤	L_5石灰岩 6#煤	东大窑石灰岩 6#煤
								七里沟砂岩(S_4)	七里沟砂岩	七里沟砂岩
								下土门页岩	L_4石灰岩	斜道石灰岩
						毛儿沟段	太2段	10#煤	7#煤	7#煤
								马兰砂岩		上马兰砂岩
								保德石灰岩 11#煤	L_{0-1}石灰岩 8#煤	毛儿沟石灰岩 8#煤
								桥头砂岩(S_4)	砂岩	下马兰砂岩
				296				关家崖海相泥 13#、14#煤	L_3石灰岩 8#、9#煤	庙沟石灰岩 8#、9#煤
	石炭系	上石炭统	马平阶		本溪组	晋祠段	本1段	爬楼沟石灰岩 15#、16#煤	L_2石灰岩 11#煤	吴家坪石灰岩 11#煤
				302				S_2砂岩	K_2砂岩	晋祠砂岩
			达拉阶			畔沟段	本2段	张家窑石灰岩	L_1石灰岩	畔沟石灰岩
				311		湖田段	本3段	铁铝岩	铁铝岩	铁铝岩

第三节 构造特征

一、区域构造背景

鄂尔多斯盆地发育在华北克拉通盆地之上，具有多旋回叠合型盆地性质，是我国形成最早、演化历史最长的第二大陆上沉积盆地。鄂尔多斯盆地东与晋西挠褶带、吕梁隆起呼应，西经冲断构造带与六盘山、银川盆地对峙，南越渭北挠褶带与渭河盆地相望，北跨乌兰格尔基岩凸起与河套盆地为邻，轮廓呈矩形，盆地的构造形态总体显示为东翼宽缓、西翼陡窄、不对称大向斜南北向矩形盆地，面积 $27 \times 10^4 km^2$。根据现今构造形态、基底性质及构造特征，结合演化历史，盆地可划分为六个二级构造单元（图 1-1-2），即中部伊陕斜坡、东部晋西挠褶带、西部天环坳陷、西缘冲断带、北部伊盟隆起和南部渭北隆起。盆地边缘断裂褶皱较发育，盆地内部构造相对简单，地层平缓，坡降一般小于 10m/km；伊陕斜坡内无二级构造，三级构造以鼻状褶曲为主，幅度较大的背斜构造圈闭少见。

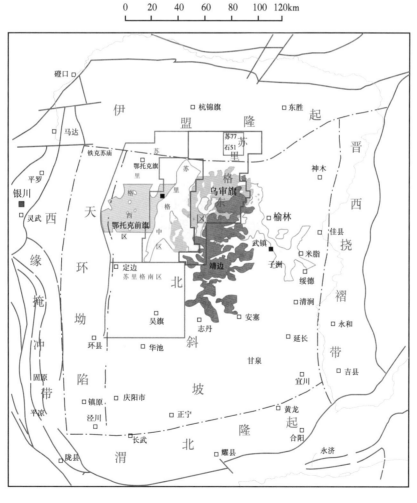

图 1-1-2 鄂尔多斯盆地构造分区图

二、苏77-召51区块构造特征

苏77-召51区块位于鄂尔多斯盆地伊陕斜坡与伊盟隆起过渡带上，向北构造快速抬升（图1-1-3）。

1. 断层特征

燕山运动和喜马拉雅运动期间，受分别来自古特提斯、古太平洋板块和青藏高原隆升挤压作用的影响，构造运动主要表现为平移、挤压、伸展、走滑，其派生的次级构造大都为低幅度鼻隆、背斜及断距很小、具平移性质的直立断层和遍布盆地砂岩的脆性地层密集节理。

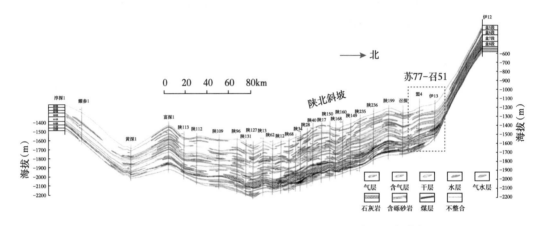

图1-1-3 鄂尔多斯盆地上古生界中石炭—下二叠统南北向气藏剖面图

二维地震资料精细解释显示，盆地北部构造活动强烈，断裂发育。其中苏77-召51区块北部的杭锦旗地区发育一条近东西走向的逆断层"泊尔江海子大断裂"[2]，断距大、近直立，断开层系多，由基底断至地表（图1-1-4和图1-1-5）。

苏77-召51区块断层较发育，主要为负花状走滑断裂（图1-1-6）；走向与北部一致，主要为近东西向；断层延伸长度较短，最长14.9km，一般在2~5km；区块被一近东西向的走滑断层（巴音—木肯断裂）分为南北两部分，北部断层发育（图1-1-7和图1-1-8）。

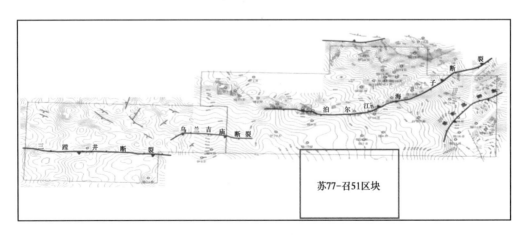

图1-1-4 杭锦旗地区T9（上古生界底面）构造图

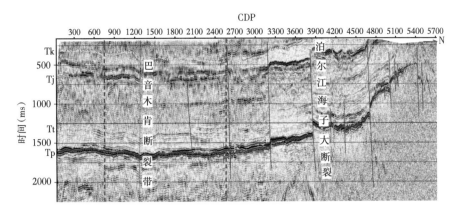

图 1-1-5　过苏 77-召 51 区块东部南北向地震剖面图

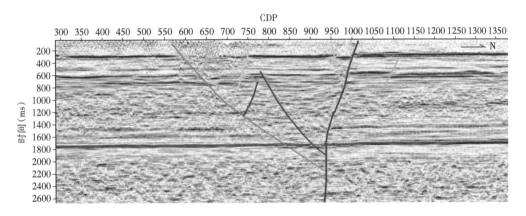

图 1-1-6　S08KF6542 地震测线偏移剖面

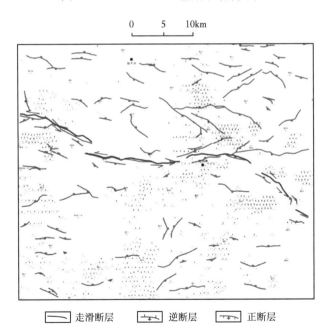

图 1-1-7　Tc2 地震反射层断裂系统图

图 1-1-8　断裂系统立体显示图

整体上断裂对天然气成藏发挥重要的控制作用，贯穿上古生界石炭系本溪组、二叠系太原组、山西组煤系烃源岩的断层，对天然气运移发挥重要的沟通作用，是烃源岩生成的天然气向石盒子组运移的最便捷通道。断至地表贯穿中—新生界的断层是本溪—太原组与山西组源内气藏和盒8下近源气藏破坏与调整的通道，盒7段及以上远源气藏的形成与这些断裂有关。

2. 构造特征

从 Tc2 到 Tpq5 各个反射层构造格局基本一致，构造继承性较好（图 1-1-9），整体表现为自北东至南西向的单斜构造，构造梯度 6m/km。在斜坡背景上自北向南依次发育 8 个规模较大的鼻隆带和 10 个次级鼻隆带，幅度 10~15m，宽度 2~4km，轴向北东—南西向，在此鼻状构造背景基础上，Tp8 反射层构造发育低幅背斜构造（图 1-1-9）。

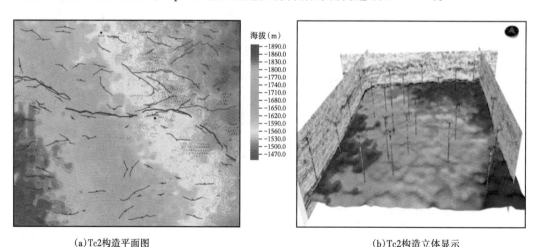

(a)Tc2构造平面图　　　　　　　　　　　(b)Tc2构造立体显示

图 1-1-9　苏 77-召 51 区块 Tc2 构造图

第四节　沉积特征

一、区域沉积特征

鄂尔多斯盆地古生代经历了海相到陆相沉积环境的转变，从海相碳酸盐岩沉积环境到海陆过渡环境再到陆相环境。早古生代寒武纪—中奥陶世为海相沉积环境，盆地西部和南部沉积碳酸盐岩和泥岩，盆地边缘发育潮坪相；晚奥陶世早期，受南北向挤压抬升影响，海水逐渐退出盆地，依然为碳酸盐岩沉积；晚奥陶世末盆地普遍抬升遭受剥蚀而缺乏沉积。晚古生代晚石炭世本溪期至早二叠世太原期盆地变为区域性沉降而接受沉积，盆地东部发育陆表海沉积，西部发育裂陷槽沉积；早二叠世山西期至石千峰组沉积期盆地海水完全退出，演化为以河流相、三角洲相和湖泊相沉积为主的内陆湖盆沉积体系。中生代以来，盆地东部持续隆升形成东高西低的古地理格局持续至今，主要是内陆河流相和湖泊相沉积（图 1-1-10）。

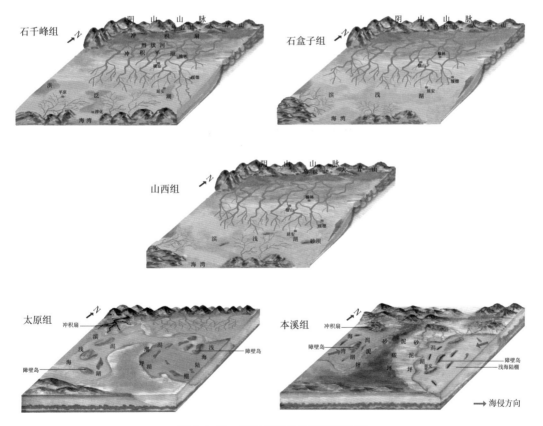

图 1-1-10　鄂尔多斯盆地沉积演化图

苏 77-召 51 区块的沉积演化基本与整个鄂尔多斯盆地沉积演化一致。对于主要开发层系石炭系—二叠系而言，其沉积演化经历了 3 个阶段。本溪组—山 2 段沉积期，气候温暖潮湿，区内经历了潮坪—浅水三角洲沉积（本溪期、太原期）到辫状河沉积（山 2^3 段沉积期）

到曲流河沉积（山$_2^2$—山$_2^1$段沉积期）的演化过程[3]；山1段沉积期古地理格局与山2段沉积期基本相似，不同之处在于滨浅湖体系向北扩展，河流体系相应向北退缩，沉积相带相应北移，总体呈现湖进河退的特征。气候条件为半潮湿气候条件，区内继续发育曲流河沉积；中二叠世下石盒子组沉积期，海水完全退出，沉积环境变为内陆湖盆环境，气候由温暖潮湿变为干旱炎热，植被大量减少，煤层和暗色泥岩明显减少，沉积一套灰白—黄绿色的陆源碎屑。北部古陆进一步抬升，物源丰富，季节性水系异常活跃，沉积物供给充分，相对湖平面下降，河流—三角洲体系向南推进，石盒子组—石千峰组沉积期，区内经历了辫状河沉积（石盒子组沉积期）到辫状河冲积平原沉积（石千峰组沉积期）的演化过程。

二、沉积相与储层沉积微相

苏77-召51区块位于苏里格气田东区北部，处于冲积扇前缘与三角洲平原沉积过渡带上（图1-1-11），根据区域沉积格局和沉积作用特点，山西组—下石盒子组盒8段中可划分出3种沉积相，6种亚相和15种微相（表1-1-2）。

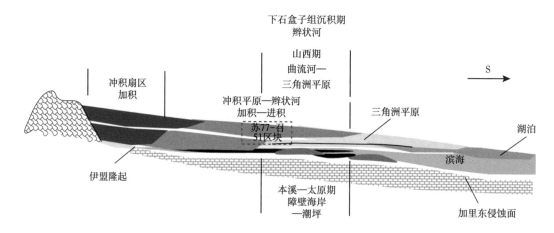

图1-1-11　鄂尔多斯盆地沉积模式图

表1-1-2　苏77-召51区块上古生界沉积相类型划分

相	亚相	微相	分布层位
冲积扇	扇端	漫流沉积、扇端水道	盒8$_下$
辫状河	河床	河道滞留、河道填积、心滩	盒8$_下$、山$_2^3$
	洪泛平原	河漫滩、河漫湖泊、河漫沼泽	
曲流河	河床	河道滞留、边滩	盒8$_上$、山$_1$、山$_2^1$、山$_2^2$
	堤岸	天然堤、决口扇	
	河漫	河漫滩、河漫湖泊、河漫沼泽	

三、主力层段沉积相特征

1. 山2段沉积期

（1）山$_2^3$：山$_2^3$沉积早期，苏77-召51区块以潮湿气候下的辫状河沉积为主；山$_2^3$晚期沉积基准面上升，可容纳空间增大，加上气候温暖潮湿、雨量丰沛，植被发育，以发育洪泛平原泥炭沼泽沉积为主，山$_2^3$上部发育5#煤层。山$_2^3$砂岩发育在基准面短期上升旋回的下部，基准面旋回上部以发育可容纳空间成因的碳质泥岩和煤层为主（图1-1-12）。

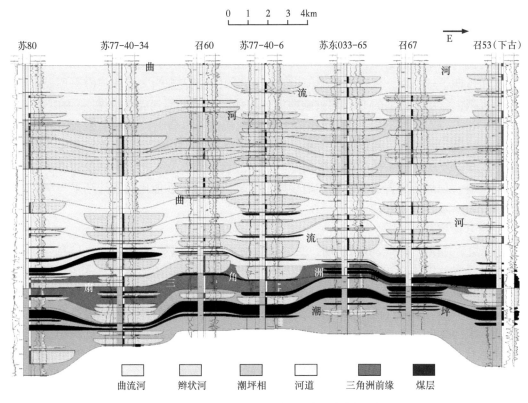

图1-1-12 苏80井—召53井沉积相连井剖面对比图

（2）山$_2^2$：盆地北部物源区抬升渐趋平缓，粗碎屑物质供应量减少，沉积区的古地貌进一步准平原化，辫状河沉积区不断向盆地北部后退，区块逐渐演化为低弯度曲流河沉积为主。该期仍保持雨量丰沛和温暖潮湿的气候条件，在河漫平原及河漫湖附近，植被丰富，含煤沼泽发育，在山$_2^2$顶部形成了4#煤层。除个别井区外，山$_2^2$的砂岩主要发育在基准面短期上升旋回的下部；旋回中上部以发育河漫沼泽与河漫湖沉积的碳质泥岩和煤层为主（图1-1-12）。

（3）山$_2^1$：该时期保持了山$_2^2$沉积时的古地理、古气候、古水动力条件等古沉积环境特征，山$_2^2$沉积时的多条曲流带位置也基本得到继承，且曲流化程度较山$_2^2$沉积时强。河道边滩砂体主要发育在基准面短期上升旋回的下部，旋回中上部以发育河漫沼泽与河漫湖沉积的碳质泥岩和煤层为主。山$_2^1$沉积末期的古气候逐渐开始了由温暖潮湿向半干旱转化的过程，该时期沉积的3#煤层和碳质泥岩以薄互层为主，其厚度和质量都较山$_2^3$、山$_2^2$逊色（图1-1-12）。

2.山1段沉积期

（1）山$_1^3$：山$_2$沉积时的多条曲流带位置基本稳定，但古气候已步入向半干旱、半湿润转化的轨道；山1段沉积初期物源区的短期小规模抬升，使粗碎屑物质供应量有所增加，苏77-召51区块进入稳定的河流沉积期，河道边滩砂体主要发育在基准面短期上升旋回的下部，旋回中上部以发育河漫沼泽与河漫湖沉积的碳质泥岩为主，局部发育薄煤线。低弯度曲流河道之间的沉积主要表现为大面积河漫平原及低洼区的沼泽化沉积，盆地南部的 2# 煤层被零星分布的薄煤线和碳质泥岩取代（图 1-1-12）。

（2）山$_1^2$：盆地北部物源区经过短暂抬升后逐渐平息，碎屑物质供应量再次减少，古气候继续向半干旱、半湿润条件转化，水动力条件和沉积格局基本维持了山$_1^3$ 沉积时期面貌。河道边滩砂体主要发育在基准面短期上升旋回的下部，旋回中上部以发育河漫沼泽与河漫湖沉积的碳质泥岩为主，局部发育薄煤线；在个别井中发育反映决口扇和河漫滩沉积的基准面短期下降旋回，低弯度曲流河道之间的沉积主要表现为大面积河漫平原及低洼区的泥沼沉积，盆地中南部的 1# 煤层被碳质泥岩取代，基本见不到成层的煤层（图 1-1-12）。

（3）山$_1^1$：碎屑物质供应量继续下降，河流规模进一步萎缩，河漫平原和河漫湖泊微相沉积规模进一步扩大。河道间的河漫平原及废弃河道内，以灰色泥岩沉积为主，含煤沼泽已不发育，反映气候条件已由温暖潮湿向干旱过渡。受石盒子组沉积初期河道下切作用的影响，山$_1^1$ 顶部地层普遍被削蚀，地层厚度、砂岩厚度和砂地比的统计结果与沉积结果可能有较大出入（图 1-1-12）。

3. 盒 8 段沉积期

（1）盒 8$_{下}^2$ 段：盒 8 段沉积初期，受构造活动影响，沉积基准面较低，可容纳空间小，而物源区受大幅度构造抬升影响，风化剥蚀强烈，粗碎屑物质供给充分。除个别井点外，苏 77-召 51 区块几乎全为辫状河道沉积所覆盖，与此同时，古气候开始由半干旱、半潮湿转化为半干旱、干旱气候。洪水期结束后，河床和河床之间的低洼地区很快干涸，大面积长期蓄水区少见。夹于砂岩沉积之间的细粒泥岩普遍含砂质和粉砂质，沉积物颜色以代表陆相氧化的浅灰、褐灰、灰黄色为主，局部可见少量植物碎屑和煤层，碳质泥岩不发育。反映在高分辨率层序地层格架上，以发育低可容纳空间的短期基准面上升旋回（A1）为主，基准面下降半旋回多表现为过路沉积或被后期发育的水道削蚀殆尽。砂岩主要发育在基准面短期上升旋回的中下部，洪泛面附近以泥岩沉积为主（图 1-1-12）。

（2）盒 8$_{下}^1$：盒 8$_{下}^2$ 的古地理条件和沉积环境得到延续，沉积基准面仍较低，可容纳空间小，物源区的粗碎屑物质供应充分。苏 77-召 51 区块基本仍为辫状河道沉积所覆盖。该期气候条件继续向干旱、半干旱转变，泥岩中普遍含砂质和粉砂质，颜色以灰黄色和褐红色为主。砂岩主要发育在基准面短期上升旋回的中下部（底部发育河床滞留沉积）。盒 8$_{下}^1$顶部发育一套反映沉积基准面快速上升，粗碎屑沉积物供应量急剧减少，具有洪泛面性质的褐红色泥岩。该套泥岩是盒 8 段内部层序地层结构和地层划分对比的标志层（图 1-1-12）。

（3）盒 8$_{上}^2$：为盒 8 段长期旋回中的又一短期旋回的开始，仍维持了较低的沉积基准面和较小的可容纳空间，但物源区的构造抬升活动减弱，风化剥蚀的粗碎屑物质供应量明显减少，沉积环境由辫状河转化为低弯度曲流河。该期气候持续向干旱、半干旱转变。泥岩沉积中普遍含砂质和粉砂质，颜色以灰黄、灰褐和褐红色为主。在高分辨率层序地层格架上，以发育低可容纳空间短期基准面上升旋回为主，砂岩主要发育在基准面上升旋回的中下部（底部仍发育河床滞留沉积砾岩），洪泛面附近以沉积各种氧化色泥岩为主（图 1-1-12）。

（4）盒 8$_{上}^1$：为盒 8 段长期旋回中的最后一个短期旋回，沉积基准面持续小幅度上升，物源区的构造抬升活动明显减弱，风化剥蚀粗碎屑物质供应量显著减少。盒 8$_{下}$沉积时期河道广布的辫状河沉积格局已完全演变为规模较小、分布零星的低弯度曲流河，规模较大的边滩沉积几乎消失，河道呈窄条带状发育。该期气候已转变为干旱、半干旱，河流仅间歇性有水，泥岩沉积物颜色以灰褐、褐红色等代表陆相氧化色为主（图1-1-12）。

第五节 储层特征

苏77-召51区块上古生界主要发育二叠系下石盒子组盒8段及山西组山1段、山2段储层，埋藏深度为2600~3200m，储集类型为碎屑岩类砂岩储层，总体特征为低孔、低渗。

一、岩石学特征

1. 主要目的层以岩屑砂岩及岩屑石英砂岩为主，岩屑含量高

苏里格气田山西—石盒子段沉积期，鄂尔多斯盆地北部存在两大物源区，分别为西部中元古界富石英物源区（主要为石英砂岩，石英含量80%~95%），东部太古宇相对贫石英物源区（主要为岩屑石英砂岩和岩屑砂岩，石英含量25%~60%）（图1-1-13）[4]。

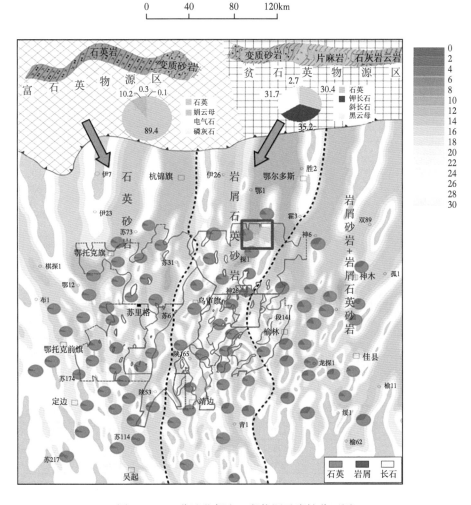

图1-1-13 盆地北部盒8段物源及岩性分区图

苏 77-召 51 区块盒 8 段、山 1 段物源主要来自盆地东部太古宇相对贫石英物源区。主要岩石类型为岩屑石英砂岩及岩屑砂岩，岩屑含量高（图 1-1-14）。

与苏里格气田不同区带相比，苏 77-召 51 区块石英含量相对较低；与川西地区须家河组相比，岩屑含量亦较高，反映该区储层品质相对较差（表 1-1-3）。

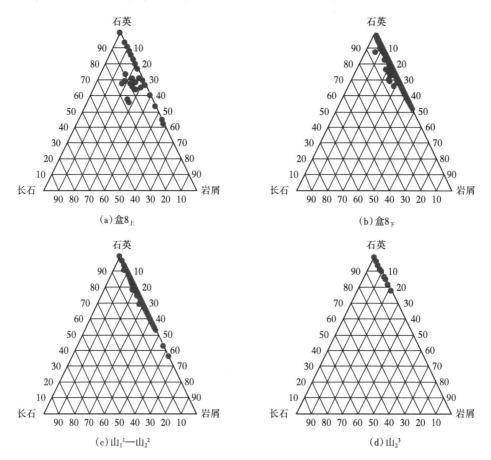

图 1-1-14　苏 77-召 51 区块碎屑岩矿物组分含量三角图

表 1-1-3　各地区不同区带岩性差异对比表

地区	层位	样品数（块）	碎屑组分（%）		
			石英	岩屑	长石
西区	盒 8 段	269	90.8	9.2	0.1
	山 1 段	41	86.5	13.2	0.3
南区	盒 8 段	289	89.0	10.8	0.2
	山 1 段	135	86.8	13.1	0.1
中区	盒 8 段	525	86.0	13.7	0.3
	山 1 段	117	85.1	14.8	0.1
东区	盒 8 段	108	79.1	20.7	0.2
	山 1 段	35	84.3	15.6	0.1
苏 77-召 51 区块	盒 8 段	416	77.7	21.9	0.4
	山 1 段	257	73.5	26.4	0.1
安岳地区	须家河组		70.0	17.0	13.0

2. 填隙物以黏土矿物类型为主，碳酸盐类和硅酸盐类矿物次之

苏 77-召 51 区块上古生界储层中黏土矿物类型较多，如高岭石、伊利石等。碳酸盐胶结物是区块上古生界储层常见的化学沉淀胶结物，主要有方解石、铁方解石、白云石、铁白云石、菱铁矿等。硅质胶结物在各类砂岩均有分布，这是上古生界储层主要的特色胶结物，其平均含量 1.27%~2.74%，在部分砂岩中可达 12% 左右，碎屑颗粒"飘浮"在钙质胶结物中。硅质胶结物产状极为多样，次生加大是二氧化硅胶结的主要形式（图 1-1-15和表 1-1-4）。

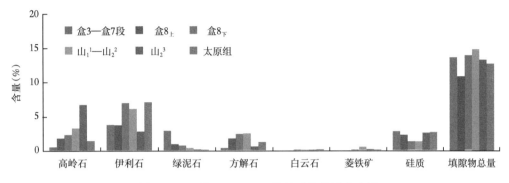

图 1-1-15 苏 77-召 51 区块填隙物统计直方图

表 1-1-4 苏 77-召 51 区块上古生界主要储层段砂岩填隙物统计表

层位	样品数（件）	黏土类矿物（%）			碳酸盐矿物（%）			硅质（%）	填隙物总量（%）
		高岭石	伊利石	绿泥石	方解石	白云石	菱铁矿		
盒 3—盒 7 段	38	0~2	0~17	0~10	0~13	0	0	0~8	6~27
		0.56	3.78	2.88	0.33	0	0	2.74	13.56
盒 8 上	31	0~7	0~14	0~6	0~26	0	0	0~7	6~33
		1.78	3.73	0.93	1.75	0	0	2.29	10.82
盒 8 下	384	0~15	0~22	0~15	0~25	0~3	0~1.5	0~12	0~32
		2.27	6.94	0.71	2.39	0.03	0.01	1.31	13.89
山 $_1^1$—山 $_2^2$	243	0~20	0~25	0~15	0~30	0~12	0~12	0~11	5~38
		3.22	6.05	0.38	2.5	0.07	0.57	1.27	14.73
山 $_2^3$	63	0~18	0~12	0~5	0~5	0~1.3	0~4	0~11.4	0~24.4
		6.68	2.79	0.15	0.62	0.07	0.16	2.55	13.19
太原组	57	0~6	0.5~27	0~1	0~13	0~1	0~0.4	0~12	8~27
		1.44	7.04	0.03	1.23	0.16	0.01	2.64	12.62

注：表中范围数据表示最小值与最大值之间的范围，其下为平均值。

二、物性特征

苏 77-召 51 区块储层整体表现为"低孔、低渗"的特征。

盒 8 段储层孔隙度主要分布在 5.00%~12.00%，占比 70.8%，其中孔隙度大于 12% 的样品占 11.8%；渗透率主要分布在 0.05~0.35mD 之间，占样品总数的 63.5%，大于 1.0mD 的仅占 6.2%。

山 1 段储层孔隙度主要分布在 5.00%~12.00%，占比 73.3%，其中孔隙度大于 12% 的样品占 11.7%；渗透率主要分布在 0.05~0.35mD 之间，占样品总数的 62.3%，大于 1.0mD 的仅占 3.5%。

山 2^{1+2} 储层孔隙度主要分布在 4.00%~10.00%，占比 76.01%，其中孔隙度大于 10% 的样品占 4.4%；渗透率主要分布在 0.05~0.35mD 之间，占样品总数的 70.8%，大于 1.0mD 的仅占 3.1%。

山 2^3 储层孔隙度主要分布在 5.00%~10.00%，占比 67.2%，其中孔隙度大于 12% 的样品占 11.6%；渗透率主要分布在 0.05~1.2mD 之间，占样品总数的 64.3%，大于 2.0mD 的仅占 26.3%。

三、孔隙类型及微观孔隙结构

1. 孔隙以各类溶孔为主，含少量残余粒间孔及微裂缝

苏 77-召 51 区块上古生界储层主要发育粒间溶孔、岩屑溶孔、长石溶孔和晶间孔，其次为残余粒间孔、杂基溶孔和微裂缝。纵向上山 2^3 孔隙比盒 8 段、山 1 段及山 2 段中上部更发育，盒 8 段、山 1 段及山 2 段中上部平均面孔率在 2%~2.82% 之间，山 2^3 平均面孔率为 3.2%（图 1-1-16）。

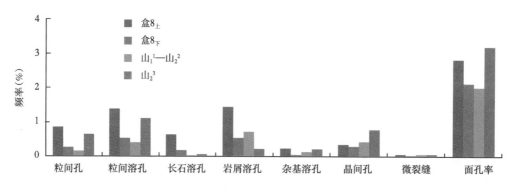

图 1-1-16　苏 77-召 51 区块盒 8—山 2 段储层孔隙类型统计直方图

2. 孔隙结构表现出中小孔喉的特征

根据苏 77-召 51 区块毛细管压力测定的参数统计结果（表 1-1-5），可比较山 2 段、山 1 段及盒 8 段各层位的储集岩孔隙结构特征。

从孔喉大小来看，苏 77-召 51 区块盒 8 段、山 1 段、山 2 段储集岩都以发育中小孔喉为主，具有排驱压力较大、中值压力低、中值半径小等特点。苏 77-召 51 区块排驱压力分布区间为 0.21~3.5MPa，其中山 1^3 的排驱压力最大，为 0.72~3.5MPa，平均为 1.65MPa，山 2^3 的排驱压力最小，为 0.21~1.08MPa，平均为 0.62MPa。中值压力变化范围较大，0~123.53MPa 均有分布，其中盒 $8_上^2$ 的中值压力最小，为 0~8.04MPa，平均为 3.41MPa，反映该层位岩石对流体渗滤能力最好。山 1^1 的中值压力最大，为 0~123.53MPa，平均为 25.09MPa，表明岩石致密。苏 77-召 51 区块孔喉半径普遍较小，主要分布于 0~0.93μm 区

间，其中山$_2^3$ 的中值半径最大，为 0.04~0.93μm，平均为 0.34μm，山$_1^3$ 的中值半径最小，为 0~0.1μm，平均为 0.02μm。

表 1–1–5　苏 77–召 51 区块毛细管压力曲线特征参数表

层位	物　性		孔喉大小			孔喉分选特征				孔喉连通性	
	孔隙度（%）	渗透率（mD）	排驱压力（MPa）	中值压力（MPa）	中值半径（μm）	分选系数	变异系数	均质系数	歪度系数	最大进汞饱和度（%）	退汞效率（%）
盒8$_{上}^{2}$	9.93	0.63	1.22	3.41	0.14	1.72	0.14	12.36	-0.68	71.55	30.03
盒8$_{下}^{1}$	8.38	0.56	1.04	5.06	0.05	1.69	0.13	12.78	-1.05	56.37	42.38
盒8$_{下}^{2}$	9.27	0.46	1.02	18.07	0.07	1.76	0.15	11.87	-0.27	66.26	35.65
山$_1^1$	6.39	0.29	1.38	25.09	0.04	1.95	0.17	12.42	-0.57	52.74	27.63
山$_1^2$	10.46	0.60	1.33	17.57	0.03	1.49	0.11	13.07	-1.07	64.36	40.12
山$_1^3$	7.65	0.31	1.65	12.03	0.02	1.53	0.12	13.04	-1.09	58.88	42.33
山$_2^1$	7.03	0.68	0.78	11.45	0.07	2.19	0.19	11.83	-0.04	55.27	45.04
山$_2^2$	7.43	0.41	0.83	10.94	0.11	2.11	0.19	11.41	1.06	86.49	43.70
山$_2^3$	8.44	1.02	0.62	6.27	0.34	1.88	0.17	11.39	0.10	79.86	43.00

从孔喉分选特征来看，苏 77–召 51 区块分选系数较大，分布区间为 0.99~4.79，其中山$_2^1$ 分选系数 1.68~3.11，平均为 2.19，在各层位中分选系数最大，分选性最差。苏 77–召 51 区块偏态以细歪度、负歪度为主，反映孔喉大小分布不均匀，以小孔喉为主，其中山$_1^3$ 的偏态为 -2.42~1.43，平均为 -1.09，孔喉最小。

从孔喉连通性来看，苏 77–召 51 区块最大进汞饱和度分布范围较大，从 20% 至 90.53% 均有分布，平均 63.47%，其中山$_2^2$ 的最大进汞饱和度最大，分布于 82.46%~90.53%，平均为 86.49%，反映孔喉连通性较好。山$_1^1$ 的最大进汞饱和度最小，分布于 20%~71%，平均为 52.74%。苏 77–召 51 区块退汞效率较低，分布于 3.5%~55.3%，平均为 37%。其中山$_1^1$ 的退汞效率为 3.5%~43.75%，平均为 27.63%，反映储层连通性差。山$_2^1$ 的退汞效率为 27.45%~53.91%，平均为 45.04%，反映储层孔隙结构连通性好。

3. 孔隙结构分类以 Ⅲ 类为主，Ⅳ 类次之，Ⅰ 类及 Ⅱ 类较少

根据苏里格气田储层孔隙结构分类评价标准，苏 77–召 51 区块孔隙结构分类中以 Ⅲ 类为主，Ⅳ 类次之（表 1–1–6）。

Ⅰ 类孔隙结构：压汞曲线为平台型，孔喉连通性好，粗歪度，排驱压力小，小于 0.4MPa，退汞效率高（图 1–1–17），孔隙组合类型为粒间孔—溶孔、晶间孔—粒间孔。岩性为含砾粗砂岩、粗砂岩，储集物性好，孔隙度大于 10%，渗透率一般大于 1mD。

表 1-1-6　苏 77-召 51 区块上古生界储层不同孔隙结构特征参数统计表

毛管压力曲线类型	Ⅰ类		Ⅱ类		Ⅲ类		Ⅳ类	
样品数（块）	33		34		74		52	
参数	取值范围	均值	取值范围	均值	取值范围	均值	取值范围	均值
孔隙度（%）	6.40~13.28	9.29	5.04~13.31	8.76	3.39~12.66	7.05	3.70~12.63	6.47
渗透率（mD）	0.64~62.39	7.41	0.15~3.41	0.88	0.07~0.89	0.29	0.01~0.51	0.10
排驱压力（MPa）	0~0.72	0.20	0.02~2.64	0.65	0.19~2.61	1.20	0.63~6.88	2.58
中值压力（MPa）	0.15~54.81	5.27	0.64~23.02	7.28	2.31~103.01	16.09	8.07~123.53	36.12
最大孔喉半径（μm）	1.02~193.68	15.22	0.28~40.17	2.27	0.29~3.92	0.81	0.11~1.20	0.42
中值半径（μm）	0.01~4.87	0.73	0.03~1.14	0.20	0.01~0.32	0.10	0.01~0.09	0.03
分选系数	1.85~4.84	2.80	0.09~3.00	2.22	0.07~4.74	2.13	0.07~4.79	2.30
变异系数	0.19~0.68	0.29	0.14~0.30	0.22	0.12~0.58	0.22	0.09~0.58	0.19
均质系数	6.60~13.74	9.59	0.10~14.46	9.94	0.04~13.69	9.22	0.10~14.85	11.55
歪度系数	−0.61~2.14	1.44	−0.51~3.28	1.32	−1.15~3.67	1.02	−1.07~3.79	0.38
最大进汞饱和度（%）	63.47~96.90	87.25	28.11~98.93	86.90	32.15~96.49	82.22	30.28~98.33	79.94
未饱和汞饱和度（%）	3.10~36.53	12.75	1.07~71.89	13.04	3.51~67.85	17.78	1.67~69.72	20.02
残留汞饱和度（%）	35.46~82.26	62.64	18.7~74.11	56.69	26.07~76.55	55.25	20.58~74.03	48.94
退出效率（%）	8.69~47.86	28.19	11.55~59.49	34.65	13.84~57.57	34.09	13.73~55.99	38.86

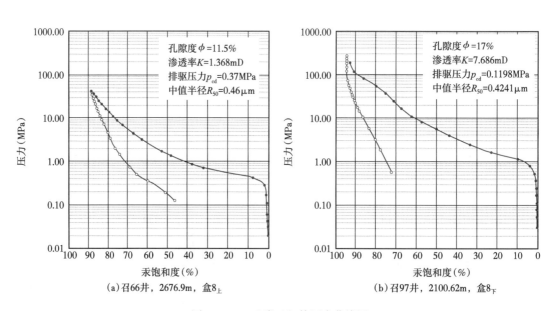

（a）召66井，2676.9m，盒8上　　　　　　　（b）召97井，2100.62m，盒8下

图 1-1-17　Ⅰ类毛细管压力曲线图

　　Ⅱ类孔隙结构：压汞曲线为具有一定斜率的平台型，排驱压力中等（0.4~0.7MPa）（图 1-1-18），孔隙组合为晶间孔—溶孔型、溶孔型。物性较好，孔隙度 8%~10%，渗透

率 0.5~1mD。

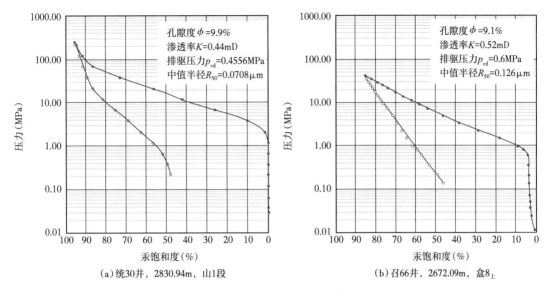

（a）统30井，2830.94m，山1段

（b）召66井，2672.09m，盒8上

图 1-1-18　Ⅱ类毛细管压力曲线图

Ⅲ类孔隙结构：压汞曲线平台斜率大，中等—较高排驱压力（0.7~3MPa），细歪度，中值半径 0.1~0.04μm（图 1-1-19），孔隙组合为溶孔—晶间孔、微孔—晶间孔。岩性为中粗粒岩屑石英砂岩，物性中等，孔隙度为 5%~8%，渗透率为 0.1~0.5mD。

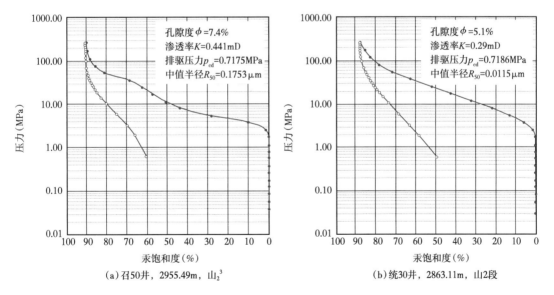

（a）召50井，2955.49m，山$_2^3$

（b）统30井，2863.11m，山2段

图 1-1-19　Ⅲ类毛细管压力曲线图

Ⅳ类孔隙结构：压汞曲线表现为陡坡型，排驱压力大，一般大于 1.5MPa，退汞效率低，中值半径小，小于 0.04μm（图 1-1-20），孔隙组合类型为微孔、微孔—晶间孔，岩性以中细粒岩屑砂岩为主，储集物性差，孔隙度一般小于 5%，渗透率小于 0.1mD。

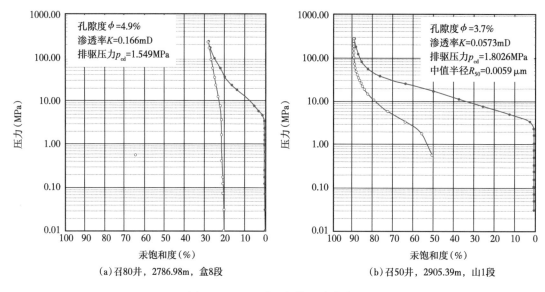

(a)召80井，2786.98m，盒8段   (b)召50井，2905.39m，山1段

图1-1-20　Ⅳ类毛细管压力曲线图

四、成岩作用

苏77-召51区块储层的成岩作用强烈，主要成岩作用有压实作用、胶结作用、交代作用、溶解溶蚀作用、破裂作用等。

1. 压实作用和胶结作用是破坏原生孔隙的重要原因

（1）压实作用是导致苏77-召51区块砂岩孔隙丧失的主要原因。

苏77-召51区块整体上属于岩屑石英砂岩和岩屑砂岩。砂岩成分成熟度较低，富含火山岩、浅变质岩及再旋回的沉积岩等各种岩屑，含量达10%~50%。尽管不同地区的岩屑组成存在一些差异，但岩屑成分中均含抗压实能力差的塑性岩屑（软变质岩类、云母、再旋回泥质—粉砂级沉积岩和塑性火山岩等）。由于碎屑组分中的塑性颗粒组分的抗压性能较弱，在压实作用过程中对原生孔隙具有较大的破坏作用，在较强的压实作用下可挤压变形形成假杂基，挤入粒间孔隙中，构成无胶结物式胶结类型而减少原生粒间孔隙。从岩屑组成来看：山2段的塑性成分高于其他层段，为后期的压实提供了物质基础（图1-1-21和图1-1-22）。

（2）胶结作用是苏77-召51区块砂岩孔渗降低的主要因素之一。

苏77-召51区块碎屑岩储层中的成岩自生矿物（主要为碳酸盐胶结物、黏土矿物胶结物和硅质胶结物）比较发育，它们对储层物性有不同程度的影响。

① 黏土矿物对储层物性的影响。

砂岩中的黏土矿物是影响其储集性能的重要因素。自生绿泥石包膜对储层孔隙的保护作用已被较多研究者认同，认为自生绿泥石通过阻止石英胶结物在硅质碎屑上的成核生长，从而对孔隙进行有效的保护。苏77-召51区块发育绿泥石的砂岩物性较好，孔隙度大于6%，平均为9.83%，渗透率大于0.1mD，平均为0.485mD。但当绿泥石含量过高，呈斑点状或者片状充填时，会占据粒间孔隙体积，使喉道发生堵塞，降低孔隙度和渗透率。因此，苏77-召51区块绿泥石含量在2%~3%时物性最好（图1-1-23）。

图 1-1-21 压实作用，致密砂岩
（召 46 井，2963.67m，盒 8 段）

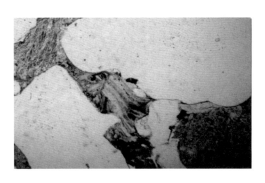

图 1-1-22 云母挤压变形
（召 51-41-11，2875.93m，盒 8$_{下}^{1}$）

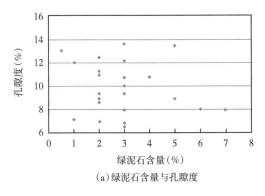

（a）绿泥石含量与孔隙度

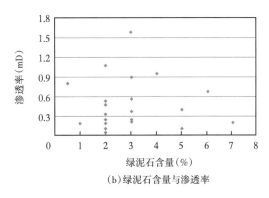

（b）绿泥石含量与渗透率

图 1-1-23 苏 77-召 51 区块绿泥石含量与孔隙度、渗透率相关分析图

自生高岭石作为砂岩储层中一种典型的水—岩相互反应产物，是在充满了流体的动态环境中沉淀的，其形成与含油气酸性流体对储层的充注有密切关系。前人研究发现，深部碎屑岩储层中高岭石的富集伴随着长石的溶蚀和次生石英的加大，高岭石的发育是储层良好物性和油层出现的重要标志。同时粒间大量存在的高岭石大大提高了砂岩的抗压性能，并可形成大量的晶间孔隙，从而又使得砂岩的储集性能得以改善。苏 77-召 51 区块自生高岭石含量在 1%~10%，平均为 3.03%。经统计，苏 77-召 51 区块自生高岭石含量在小于 6% 时与孔隙度、渗透率成正相关性（图 1-1-24）。

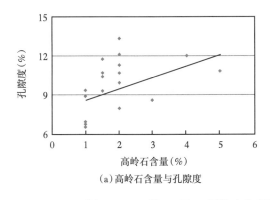

（a）高岭石含量与孔隙度

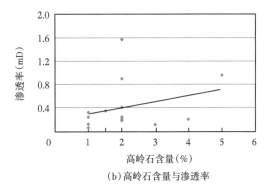

（b）高岭石含量与渗透率

图 1-1-24 苏 77-召 51 区块自生高岭石含量与孔隙度、渗透率相关分析图

研究证明，不同形态的水云母对砂岩孔隙结构和储层物性等产生不同的影响。Ⅰ类水云母多为叶片状，锐度比较低，以它生碎屑伊利石为主，大都贴附在颗粒表面，阻止了石英颗粒的次生加大，有利于孔隙的保存，此类砂岩的孔隙度和渗透率较高。Ⅱ类水云母多为瘤状和短纤维状，此类水云母部分增加了束缚孔隙，降低了孔隙度和渗透率，其中渗透率的降低更为明显。Ⅲ类水云母为典型的自生矿物，多为纤维状或发丝状，呈网状搭桥式分布于砂岩之中，致使孔喉减小，弯曲度增加，严重时会使砂岩完全丧失储集性能。苏 77-召 51 区块广泛发育的水云母多属于Ⅲ类水云母，其含量从 0~20% 不等，经统计孔隙度大于 8%、渗透率大于 0.3mD 的砂岩样品的水云母含量普遍都小于 8%（图 1-1-25）。

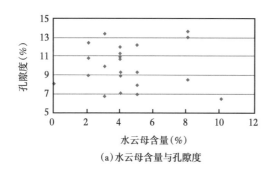

(a) 水云母含量与孔隙度

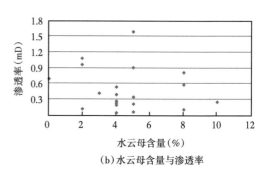

(b) 水云母含量与渗透率

图 1-1-25　苏 77-召 51 区块自生水云母含量与孔隙度、渗透率相关分析图

黏土矿物中，呈薄膜状以及衬边状发育的绿泥石有利于原生粒间孔隙的保存，晶形发育良好的高岭石在小于 6% 时与孔隙度、渗透率成正相关性，水云母对物性的破坏最大，其存在严重影响砂岩的储集性能。

② 碳酸盐胶结物是储层致密化的因素之一。

苏 77-召 51 区块碳酸盐胶结物的含量 0~25% 不等，碳酸盐含量与孔隙度和渗透率成反比，其中含量小于 5% 的碳酸盐对孔隙度和渗透率的影响不明显，孔隙度小于 10%、渗透率小于 0.5mD 的砂岩样品其碳酸盐含量普遍都大于 10%，说明碳酸盐胶结物在一定程度上降低了砂岩储层的物性（图 1-1-26）。

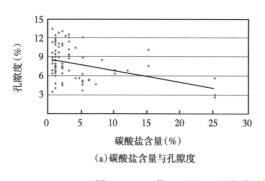

(a) 碳酸盐含量与孔隙度

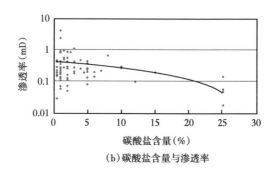

(b) 碳酸盐含量与渗透率

图 1-1-26　苏 77-召 51 区块碳酸盐含量与孔隙度、渗透率相关分析图

③ 不同时期形成的硅质胶结物对储层物性的影响程度各有差异。

自生石英部分以次生加大边形式产出，呈自形较好的晶体充填于粒间孔隙中，部分呈微晶自形石英充填于溶孔内。石英加大边占据了砂岩中一部分孔隙空间，对孔隙虽有一定的破坏作用，但较早形成的石英加大边的支撑，抑制了压实作用，对原生粒间孔起到了一定的保护作用；当硅质含量较多时，则影响孔隙发育和保存。自生微晶粒状石英占据了次生溶孔形成的空间，减少了孔隙，使砂岩渗透率明显降低。

苏 77-召 51 区块硅质胶结物含量 0~8% 不等，其中含量小于 4% 时与孔隙度和渗透率成正相关，含量大于 4% 时与孔隙度和渗透率成负相关（图 1-1-27）。

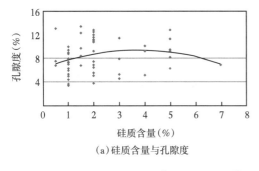
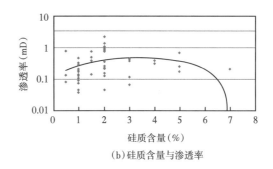

(a) 硅质含量与孔隙度　　　　　　　　　(b) 硅质含量与渗透率

图 1-1-27　苏 77-召 51 区块硅质含量与孔隙度、渗透率相关分析图

2. 交代蚀变作用破坏了砂岩的储集物性

交代蚀变作用一般使得储层的物性变差。方解石交代碎屑长石、石英、岩屑及黏土矿物、泥质杂基等，使得砂岩更致密，物性更差；粒间充填的方解石也大大降低了砂岩的孔隙度和渗透率。蒙皂石向伊/蒙混层转化，进而蚀变为伊利石，呈不规则斑状充填孔隙，降低砂岩的储集物性。苏 77-召 51 区块盒 8 段及山西组常见的交代作用以方解石交代碎屑、方解石交代颗粒、铁方解石交代碎屑为主，偶尔可见高岭石交代碎屑等（图 1-1-28 和图 1-1-29）。

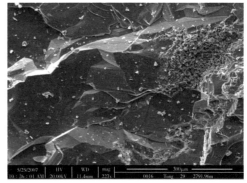

图 1-1-28　方解石交代泥质杂基，召 15 井　　　图 1-1-29　高岭石交代碎屑颗粒，统 29 井，
　　　　　　　　　　　　　　　　　　　　　　　　　　　　　　2791.96m，盒 8 段

3. 溶解作用是一种建设性的成岩作用，有利于改善储层物性

苏 77-召 51 区块成岩作用已进入晚期成岩阶段，晚期成岩阶段是烃类形成和聚集的时期，烃源岩中有机质排烃使成岩介质条件变为弱酸性环境，大量有机酸性溶液进入储层对长石颗粒及碳酸盐等易溶胶结物进行溶蚀，形成一定规模的次生孔隙，如长石溶孔、岩

屑溶孔、黏土矿物溶孔和碳酸盐粒内溶孔等，对储层物性起到较大的改善作用（图 1-1-30 和图 1-1-31）。

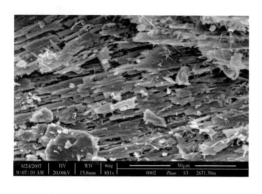 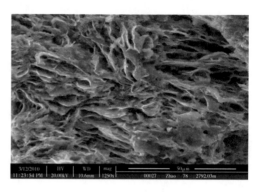

图 1-1-30　部分钾长石颗粒发生溶蚀，残余溶孔中　图 1-1-31　部分岩屑发生溶蚀产生溶孔，召 53 井，
充填伊利石黏土，召 53 井，盒 8下，2671.3m　　　　　盒 8下，2671.3m

4. 破裂发育空间有限，破裂作用增加孔隙度不明显

破裂作用是机械压实作用的产物，通常可造成刚性岩石破裂，形成微裂隙孔洞。苏 77-召 51 区块由于埋深较大、沉积时间较长，且溶蚀作用等后期成岩作用的发育，致使苏 77-召 51 区块储层经压实形成的破裂缝大都已经愈合，对孔隙度的贡献不明显。

五、储层非均质性

储层非均质性主要受沉积环境的控制，同时也受到成岩作用的改造和构造活动的影响。主要包括微观和宏观两类，其中微观非均质性主要指储层的孔喉结构的差异，宏观非均质性包括层内非均质性、层间非均质性和平面非均质性三类。

1. 砂体连续性和连通性

（1）砂体的几何形态及各向异性。

在不同的沉积环境下砂体表现出不同的几何形态，从而反映砂体的各向异性，也导致储层平面非均质性的存在。苏 77-召 51 区块上古生界发育潮坪相、扇三角洲相、曲流河相、辫状河相，识别出砂体的几何形态有土豆状、不规则状和条带状三种（图 1-1-32）。

①条带状砂体。

条带状是河流相砂体典型的形态特征，它具有明显的方向性，砂体顺水流方向延伸，长宽比一般大于 3（图 1-1-32a）。条带状砂体在流向上连续性强，厚度由主砂带向侧翼减薄，剖面上形成透镜体。

②不规则状砂体。

在太原组扇三角洲前缘发育着一些呈鸟足状或树枝状不规则分布的砂体，这些砂体不止向一个方向延伸，可以辨别出它的主要延伸方向和次要延伸方向。不规则状砂体在主要方向上延伸得远，而在次要方向上尖灭得快（图 1-1-32b）。

③土豆状砂体。

苏 77-召 51 区块土豆状砂体主要分布在潮坪沉积相中，面积小，长宽比小于 3，形态略浑圆，砂体零星展布，连续性最差（图 1-1-32c）。

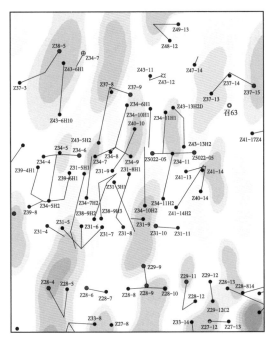

（a）条带状砂体

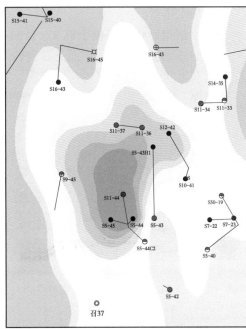

（b）不规则状砂体

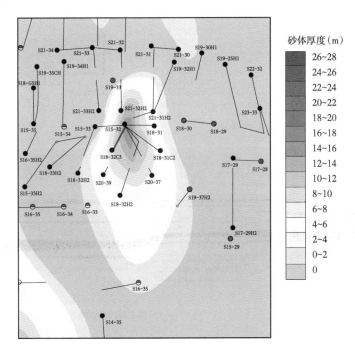

（c）土豆状砂体

图 1-1-32　苏 77-召 51 区块常见的几种砂体的几何形态

（2）砂体的连通性。

　　砂体的连通性指的是砂体相互接触的方式以及连通的程度。根据连通砂的形态、大小、砂体配位数及连通程度，可将砂体的连通模式分为以下五种类型。

①叠加水道型。

叠加水道型砂体主要位于苏77-召51区块河流相沉积中，由曲流河道的侧向迁移或辫状河道的频繁摆动造成。剖面上看到砂体之间的相互切割和叠置，常见曲流河河道砂体的半连通和辫状河河道砂体的广泛连通，它们都具有较好的连通性。总体而言，叠加水道型砂体较厚，砂体配位数多在2以上，连通系数较高，连通程度较好（图1-1-33a）。

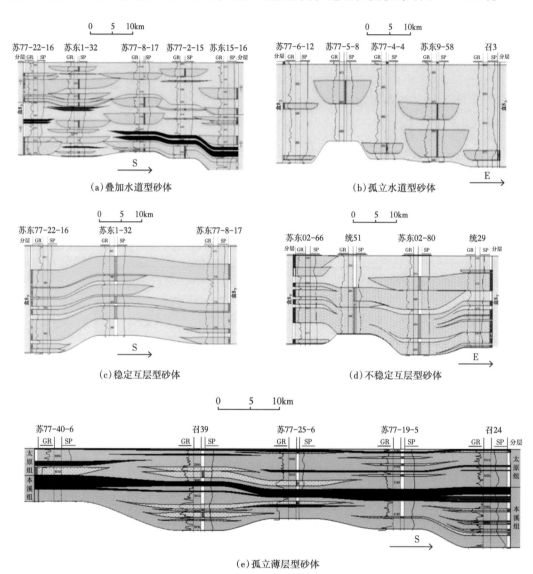

图1-1-33　苏77-召51区块常见的几种砂体连通类型

②孤立水道型。

该类砂体一般发育在水动力条件减弱的沉积环境中，在苏77-召51区块盒$8_上$和山西组顶部旋回中最为常见，这些位置河道相对稳定，砂体呈透镜状展布，孤立水道型砂体配位数为0，砂体彼此分隔不连通，对应的气藏规模较小（图1-1-33b）。

③稳定互层型。

苏 77-召 51 区块顺主河道方向能见到大片延伸的稳定互层型砂体，这类连通体的特点是垂向上砂岩与泥岩互层产出，横向上各层厚度变化不大且对比性好（图 1-1-33c）。稳定互层型砂体钻遇率高，有效隔层发育好。

④不稳定互层型。

该类砂体常分布在水流交汇处，如陆相河道分支或三角洲前缘分流水道与潮汐相遇的地方。这些位置容易产生河道砂体间的叠置连通或河道砂体与前缘席状砂的交织切割，砂体横向上连通性好但厚度变化快，垂向上只有局部井砂层厚、连通好（图 1-1-33d）。

⑤孤立薄层型。

孤立薄层型砂体主要分布在本溪组、太原组的潮坪相沉积环境中，这些砂体单薄且面积小，剖面上呈漂浮状分布，横向及纵向连通性均不好（图 1-1-33e）。

2. 层内强非均质性特征

依据国内陆相低孔低渗碎屑岩储层的非均质程度划分标准（表 1-1-7），苏 77-召 51 区块具有强非均质性的特点。

表 1-1-7　陆相碎屑岩储层渗透率非均质性分级表（据于兴河，2002）

非均质系数	非均质程度		
	弱非均质性	中等非均质性	强非均质性
渗透率变异系数（V_k）	< 0.5	0.5~0.7	> 0.7
渗透率突进系数（T_k）	< 2	2~3	> 3
渗透率级差（J_k）	< 10	10~50	> 50

区块内各小层渗透率变异系数在 0.7 以上，其中盒 8$_上$、山$_2^3$、山$_1^2$ 平均渗透率变异系数较大，都在 1 以上（表 1-1-8 和图 1-1-34a）。而各层的渗透率突进系数多在 3~5 之间，其中盒 8$_下^2$ 与盒 8$_上$ 渗透率突进系数分别为 6.61 和 5.92，层内非均质性最强；山$_2^1$ 渗透率突进系数在 2.5~3 之间，属于中等非均质性，其他层位都具有强非均质性（表 1-1-8 和图 1-1-34b）。除山$_1^3$ 渗透率级差为 35.15 以外，上古生界其余层位渗透率级差都在 60 以上，特别是山$_2^3$ 气层组与盒 8$_上$ 渗透率级差可达 326.60 与 284.22，表现出极强的层内非均质性（表 1-1-8 和图 1-1-34c）。渗透率均质系数与突进系数呈倒数关系，所以渗透率均质系数越小说明储层层内非均质性越强。统计显示，山$_2^3$，山$_1^2$ 气层组，盒 8$_下$ 层内非均质性最强，其渗透率均质系数都相对较低，而山$_2^1$ 层内非均质性相对较弱，渗透率均质系数为 0.48（图 1-1-34d）。

表 1-1-8　苏 77-召 51 区块上古生界储层渗透率非均质性分级统计表

层位	变异系数（V_k）	突进系数（T_k）	级差（J_k）	均质系数（K_p）
太原组	1.16	4.90	85.70	0.40
山$_2^3$	1.17	4.96	326.60	0.33

续表

层位	变异系数（V_k）	突进系数（T_k）	级差（J_k）	均质系数（K_p）
山$_2^2$	0.74	3.51	76.71	0.41
山$_2^1$	0.87	2.61	68.10	0.48
山$_1^3$	0.86	3.77	35.15	0.37
山$_1^2$	1.23	4.59	113.78	0.32
山$_1^1$	0.80	4.21	63.85	0.41
盒8$_下^2$	1.07	6.61	104.75	0.26
盒8$_下^1$	0.73	3.65	103.92	0.33
盒8$_上$	1.30	5.92	284.74	0.34

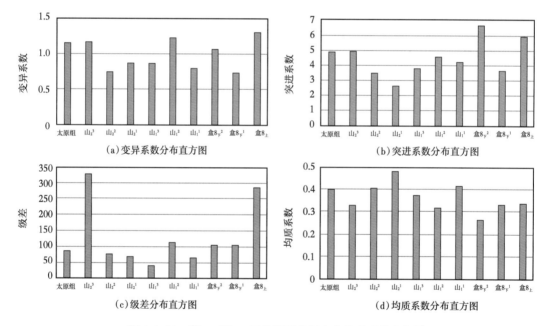

图 1-1-34　苏 77-召 51 区块渗透率层内非均质系数直方图

　　总体而言，苏 77-召 51 区块各层位储层非均质性强，而且各层位直接的非均质性差异也较大。山$_2^3$ 和盒8$_上$非均质性最强。盒8$_上$次之，在低孔特低渗储层中，强烈的非均质性往往有可能形成相对高孔高渗的储层。

　　结合前面认识，由于小孔喉占据储层主导地位，所以层内非均质性越强，就意味着偏离主体孔喉类型的孔喉数目会越多。山$_2^3$ 粒间孔较发育，孔喉结构较好，原生孔隙与次生孔隙同时发育，造成孔喉结构巨大差异，Ⅰ类储层比重高，所以该层位层内非均质性强，储层物性可能相对更好。然而盒8下段处于辫状河沉积环境，河道反复迁移，形成的河道砂结构成熟度低，细粒砂岩与含砾粗砂岩、中粒砂岩相互混杂，却是因为沉积作用造成的这种粒度非均质性从而导致储层非均质性极强。由此可见同样是较强的层内非均质性，对山$_2^3$是一种有利因素，而对盒8下段却表现为不利的储层特征。

3. 层间非均质特征

储层的层间非均质性主要受控于沉积相。通过分析分层系数、垂向砂岩密度及有效厚度系数来评价上古生界储层的层间非均质性程度。

（1）分层系数。

苏77-召51区块主力层盒8下河道横向迁移快，叠加水道型砂体和不稳定互层型砂体常见，平均单井钻遇砂层数较高，如盒8下^{2}和盒8下^{1}分层系数分别为4.3和3.68，明显高于其他层位，显示出较强的层间非均质性。盒8上次之，山西组各小层和太原组分层系数在2.5~3之间，层间非均质强度中等，剩余的其他层位分层系数在2.5以下，层间非均质程度相对较弱（图1-1-35a）。

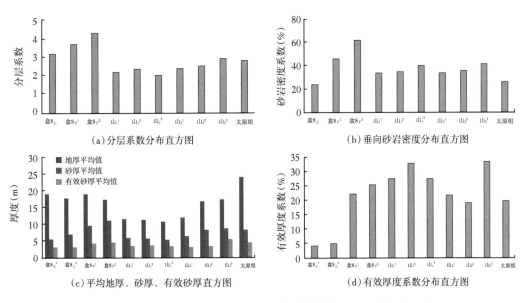

图1-1-35 苏77-召51区块上古生界储层层间非均质程度直方图

（2）砂岩密度系数。

苏77-召51区块盒8下^{2}和盒8下^{1}辫状河道多期叠置，厚度大，相对泥岩隔层较薄，砂体连通性好，垂向砂岩密度最大，分别为61.46%和46.44%；其次为山西组各小层曲流河道在迁移中纵向上形成的多期中等厚度的砂体，泥岩隔层较为发育，砂体横向连续性好，纵向连通性变差，垂向砂岩密度大于30%；而盒8上和太原组砂体以孤立状和薄层状为主，砂体之间连通性最差，垂向砂岩密度普遍低于30%（图1-1-35b）。

综上所述，①盒8下段分层系数、砂岩密度系数都比较高，反映了一种纵向上砂体各种叠置、所夹泥岩较薄的组合，层内非均质性强。②盒8上段分层系数较高，砂岩密度较低，反映砂泥岩互层组合且厚度较薄，非均质性较强。③太原组分层系数中—高，砂岩密度中—低，反映薄层状砂岩呈频繁夹层产出，层间非均质性较强。④山$_1^3$和山$_2^3$分层系数中等，砂岩密度较高，反映连续叠置状的砂层数目多且较厚，泥质夹层数目少且薄，层间非均质性相对其他层位较弱。⑤山$_1^1$至山$_2^2$各小层两参数都中等，反映出曲流河道在侧向迁移过程中纵向上形成多期中等厚度的砂体，泥岩隔层较为发育，砂体以横向连通为主，纵向连通性变差；层间非均质性较强。

（3）有效厚度系数。

油气层的总厚度与砂岩总厚度的百分比称为有效厚度系数，有效厚度系数越大说明油气越富集。山$_2^3$含气层数多，累计厚度大，是开采的主力目的层，有效厚度系数最高为 33.27%；其次为山$_1$ 段和盒 8$_下^2$ 段具有较好的含气条件，有效厚度系数均在 25%~30% 之间；其他各层段气层相对较薄，含气条件一般，有效厚度系数在 25% 以下（图 1-1-35c，d）。

总体而言，盒 8$_上$多层叠置的厚砂岩中气层数少且厚度薄，层间非均质性较强，分层系数高，垂向砂岩密度低，有效厚度系数偏低；山$_2^3$和盒 8$_下$砂体层数多，厚度适中，且普遍含气，层间非均质性强，有较高的分层系数和垂向砂岩密度，同时有效厚度系数较高；而山 1 段砂体多呈厚层孤立状产出，且气层厚度较大，层间非均质性较强，分层系数和垂向砂岩密度中等，但有效厚度系数较高。太原组含气性相对较差，层间非均质性较强，分层系数高，垂向砂岩密度低，有效厚度系数低。

六、储层评价

1. 储层评价标准

根据碎屑岩储层分类标准，结合苏 77-召 51 区块上古生界储层岩性、成岩作用、孔隙组合、物性大小及储集砂岩的厚度，结合储层的孔隙结构分类、储能系数、产能系数，对该区块上古生界储层进行综合分类评价，分类标准见表 1-1-9。

表 1-1-9 苏 77-召 51 区块上古生界碎屑岩储层评价标准

类型	Ⅰ类	Ⅱ类	Ⅲ类	Ⅳ类
储层厚度（m）	≥ 10	5~10	2~5	0~2
孔隙度（%）	≥ 10	8~10	5~8	≤ 5
渗透率（mD）	≥ 1.0	0.5~1.0	0.10~0.5	≤ 0.10
岩性	石英砂岩	岩屑石英砂岩	岩屑石英砂岩	岩屑砂岩
孔隙组合	粒间孔、溶孔、晶间孔、微裂隙	少量粒间孔、溶孔、晶间孔、微裂隙	少量溶孔、晶间孔、微孔、微裂隙	微孔
发育层位	山$_2^3$、盒 8$_下$、太原组	山$_2^3$、盒 8$_下$、太原组、本溪组	盒 8$_上$、山 1 段、山$_2^{1+2}$	盒 8$_上$、山 1 段、山$_2^{1+2}$

2. 产能预测

（1）储能系数、产能系数对预测产能的意义。

储能系数主要反映储层含油气的富集程度，产能系数主要反映油气井产能大小。通过建立气层无阻流量的预测方法——储能系数、产能系数预测储层产能，为区块天然气储层评价及有利区范围的预测提供依据。

（2）储能系数、产能系数与产能关系的论证。

在建立区块储层评价标准基础上，通过区块内盒$8_{下}{}^{1}$、盒$8_{下}{}^{2}$及山$2{}^{3}$单试气井统计分析表明，储能系数、产能系数与产能（无阻流量）具有较好的相关性，其中盒$8_{下}$储能系数与产能（无阻流量）相关系数达到0.8以上，产能系数与产能（无阻流量）相关系数达到0.7以上（图1-1-36和图1-1-37）；山$2{}^{3}$储能系数与产能（无阻流量）相关系数达到0.7左右，产能系数与产能（无阻流量）相关系数达到0.8以上（图1-1-38和图1-1-39）。

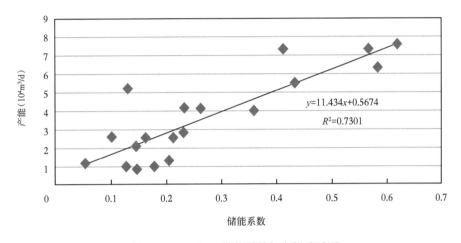

图1-1-36　盒$8_{下}$储能系数与产能关系图

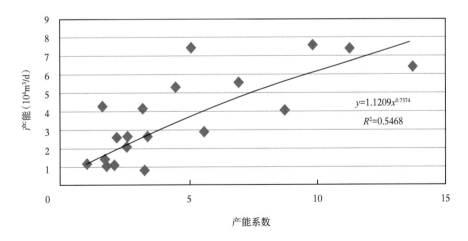

图1-1-37　盒$8_{下}$产能系数与产能关系图

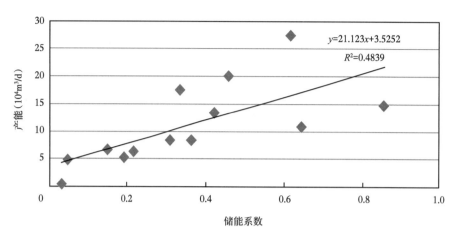

图 1-1-38 山$_2^3$ 储能系数与产能关系图

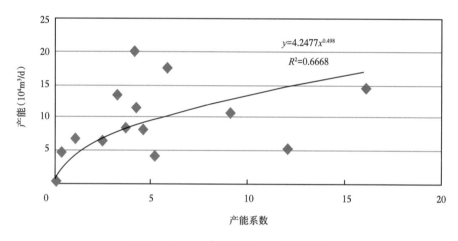

图 1-1-39 山$_2^3$ 产能系数与产能关系图

3. 主力储层评价

盒 8$_下^1$：为辫状河沉积，砂岩钻遇率 94% 以上，储集砂岩厚 0.4~22.5m，平均厚度 9.5m；有效储层厚 1.1~10.5m，平均 3.8m；单井平均净毛比 0.38。岩心分析储层孔隙度 1.0%~16.9%，平均 8.2%，渗透率 0.001~19.143mD，主要在 1mD 以下，平均 0.460mD。高能河道砂体由北向南主要分布在召 74 井区—召 23 井区、召 63 井区北部—召 51 井区东部、召 48 井区中部—召 65 井区中部及召 78 井区四条主砂带上；多参数约束有利储层建模显示，召 74 井区北部及西南部、召 48 井区南、召 63 井区北部—召 78 井区有利储层比较发育；储能系数、产能系数预测平面图表明，优质储层主要集中在召 74 井区—召 23 井区—召 63 井区—召 48 井区东部、召 78 井区西南部（图 1-1-40）。

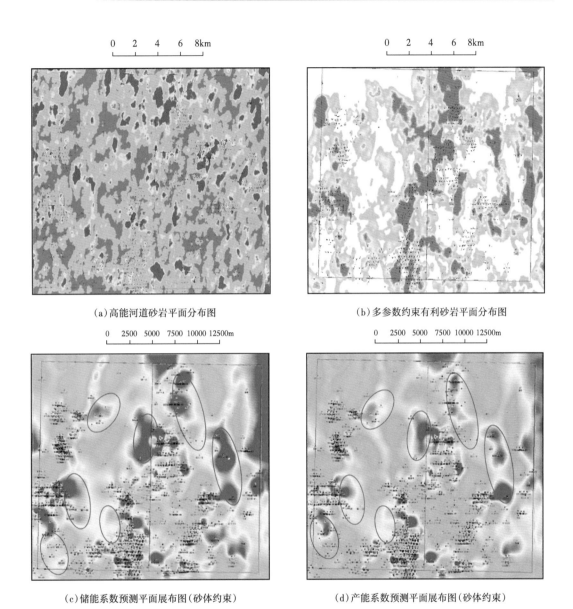

0 2 4 6 8km

0 2 4 6 8km

（a）高能河道砂岩平面分布图

（b）多参数约束有利砂岩平面分布图

0 2500 5000 7500 10000 12500m

0 2500 5000 7500 10000 12500m

（c）储能系数预测平面展布图（砂体约束）

（d）产能系数预测平面展布图（砂体约束）

图 1-1-40 盒 8下1 储层评价图

　　盒 8下2：仍为辫状河沉积，砂岩钻遇率 97% 以上，储集砂岩厚 1.1~23.9m，平均厚度 10.9m，储集砂岩厚度比盒 8下1 大；有效砂岩厚 0.7~14.7m，平均 4.2m，单井平均净毛比 0.38。岩心分析储层孔隙度 0.8%~20.2%，平均 7.9%，渗透率 0.001~34.016mD，主要集中在 1mD 左右，平均 0.336mD。高能河道砂体分布于召 74 井区中东部、召 23 井区北部及南部、召 59 井区西南部、召 63 井区 34 排及召 62 井附近带、召 78 井区南部；多参数约束储层建模反映，召 23 井区南部、召 63 井区（召 62 井—SD033-64 井—召 51-43-11 井—召 51-34-9 井连线一带）、召 78 井区南部有利储层比较发育；储能系数、产能系数预测平面图显示，优质储层主要集中在召 74 井区—召 23 井区—召 63 井区—召 48 井区东部、召 78 井区西南部（图 1-1-41）。

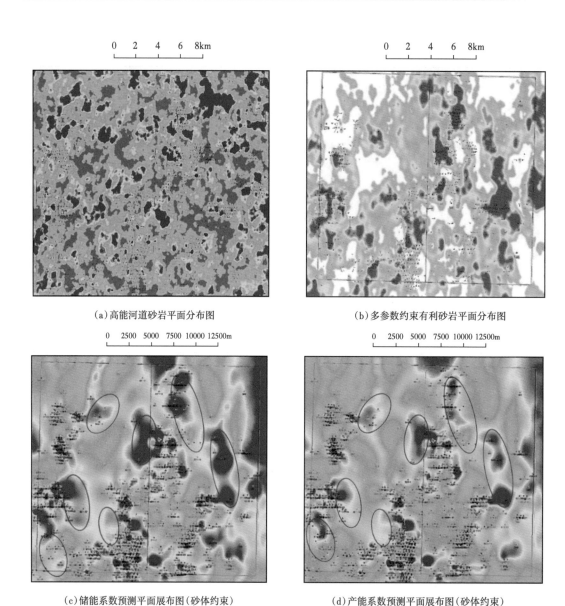

（a）高能河道砂岩平面分布图 （b）多参数约束有利砂岩平面分布图

（c）储能系数预测平面展布图（砂体约束） （d）产能系数预测平面展布图（砂体约束）

图 1-1-41 盒 $8_\text{下}^2$ 储层评价图

　　山 $_2^3$：为辫状河沉积，砂岩钻遇率 84% 左右，储集砂岩厚 0.5~28.5m，平均 8.9m；有效储层厚 1.5~15.1m，平均 6.3m；单井平均净毛比 0.64。岩心分析储层孔隙度 2.2%~16.0%，平均 7.6%，渗透率介于 0.004~504.661mD，主要集中在 5mD 以下，平均 0.969mD。沿召 74 井区中部—召 48 井区南部—召 65 井区，高能河道砂体几乎连片分布，在召 63 井区西部和召 23 井区、统 46 井区南部也较发育；多参数约束储层建模结果表明，有利储层主要分布于召 74—召 65 井区之间和召 23 井区与统 46 井区南部；储能系数、产能系数预测平面图表明，在召 23 井区北部及西南部、召 48 井区东南部、召 63 井区北部及南部有利储层发育良好（图 1-1-42）。

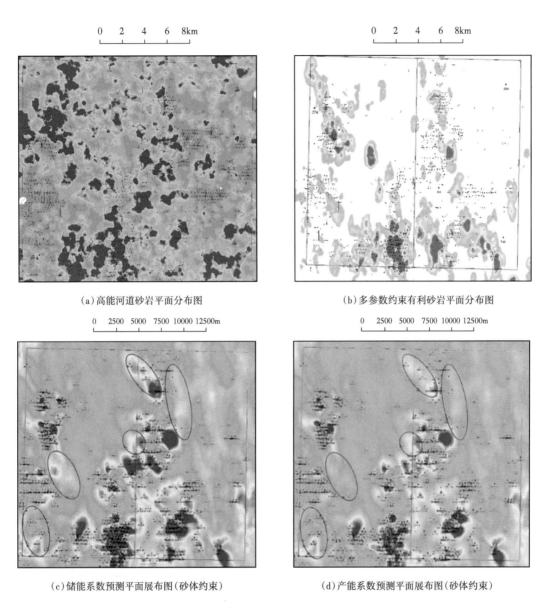

（a）高能河道砂岩平面分布图　　　　（b）多参数约束有利砂岩平面分布图

（c）储能系数预测平面展布图（砂体约束）　　　　（d）产能系数预测平面展布图（砂体约束）

图 1-1-42　山$_2^3$储层评价图

第六节　气藏类型

一、流体性质

1. 天然气组分

与苏里格气田其他区块一样，苏 77-召 51 区块天然气的烃源岩主要为石炭—二叠系煤系地层。该区块天然气以干气为主，含微量凝析油（气油比约 1L/10000×10^{4}m^3），甲烷含量高，平均 91.19%，总烃平均为 97.42%，烃类相对密度为 0.65，CO$_2$平均含量约 0.85%，不含硫化氢等酸性气体（表 1-1-10）。

表 1-1-10　苏 77-召 51 区块天然气组分分析表

取值	烃类			非烃类（%）					密度（g/L）
	CH_4（%）	总烃（%）	相对密度	He	H_2	N_2	CO_2	H_2S	
最小值	86.35	91.00	0.57	0.025	0	0.17	0.10	0	0.54
最大值	96.98	99.85	0.65	0.110	0.091	6.46	2.51	0	0.78
平均值	91.19	97.42	0.65	0.070	0.024	2.33	0.85	0	0.71

2. 地层水组分

苏 77-召 51 区块盒 8 段、山西组地层水矿化度在 22319.4~58809.6mg/L 之间，地层水中阳离子以 Na^+、K^+ 和 Ca^{2+} 为主，阴离子以 Cl^- 为主，水型总体为 $CaCl_2$ 型。

3. 地层水分布

（1）地层水赋存形式及纵向分布特征。

构造及储层岩性、物性对地层水分布均有控制作用。一是受苏 77-召 51 区块北部泊尔江海子大断裂活动影响，气藏在喜马拉雅造山期发生二次运移调整并发生逸散，气水分布主要受构造控制，构造高部位充气饱满，试气产量高，构造低部位及鞍部气井普遍产水。二是苏 77-召 51 区块主要储层段非均质性强，岩屑含量高，中小孔、双孔喉结构，且地层倾角小，孔喉毛细管力作用强，对气水关系影响大。表现为气藏无统一的气水界面；在构造翼部、构造高点可能存在受非均质控制的地层水（图 1-1-43）。各种类型水体特征如图 1-1-44 所示。

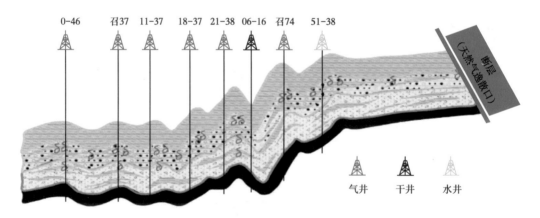

图 1-1-43　苏 77-召 51 区块召 23—召 74 井区盒 8 段气水分布模式图

①构造控制的地层水体。

苏 77-召 51 区块勘探开发成果表明，在简单平缓的单斜背景上，微幅构造异常复杂，地层中的微小断裂时有发现，局部构造陡变带（坡折带）比比皆是。这些微幅构造的变化为圈闭下倾方向边底水、低凹处透镜状水、富水河道的形成创造了条件，此类水体在各小层均有分布（图 1-1-45 至图 1-1-47）。

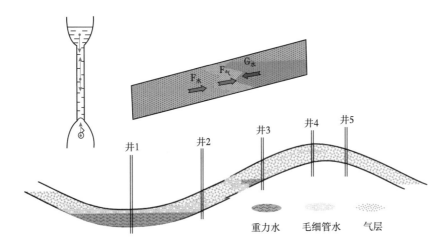

图 1-1-44 各类水体分布模式图

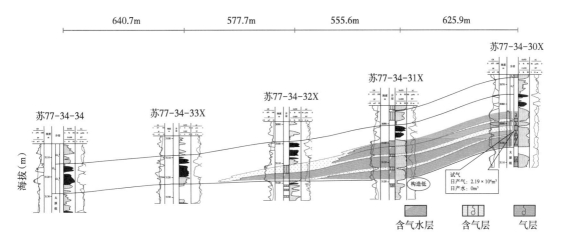

图 1-1-45 苏 77-34-34 井—苏 77-34-30 井太原组气藏剖面图

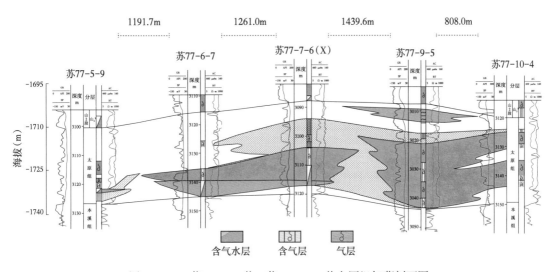

图 1-1-46 苏 77-5-9 井—苏 77-10-4 井太原组气藏剖面图

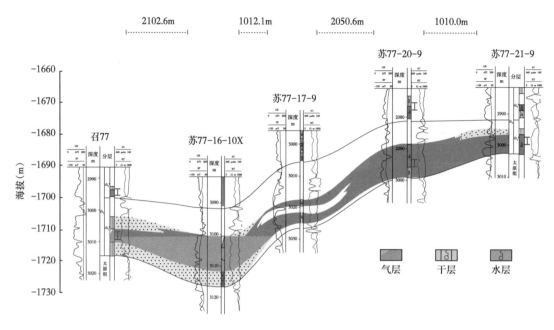

图 1-1-47　召 77 井—苏 77-21-7 井山 $_2^3$ 气藏剖面图

②裂缝及断裂控制的地层水体。

区块构造活动强烈，微裂缝发育，断裂带周缘上下形成压差，气水顺断裂带运移。进入地层剩余压差需毛细管力平衡，形成一定波及范围达到平衡态。因此断裂带周缘一定范围内，无论构造高低，在断开的各层位地层水均发育（图 1-1-48）。

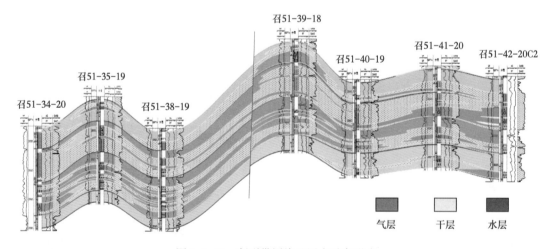

图 1-1-48　断裂带周缘地层水赋存形式

③致密砂岩封闭的滞留水。

主力层盒 8 段辫状河沉积过程中，沉积作用的分期性和阶段性明显。不同期次和不同地点沉积的储集砂体，受沉积物源、沉积水动力条件差异的影响，其岩石中的矿物组分、颗粒结构和胶结程度、胶结类型及由此决定的物性都有明显的差异，这种差异导致了储集砂体内部的层内非均质性。同一河流的不同沉积时期、不同季节和同一沉积时间的不同沉积阶段，其水动力强弱都有明显的差异。在短期强水动力条件沉积结束后，必然要经历较长时间的弱水动力条件下的泥质等细粒沉积时期。这些细粒沉积物覆盖于前期强水动力条件下沉积的粗粒砂质沉积物上。下一次强水动力条件沉积作用初期，往往会对下伏细粒沉积物进行一定程度的冲刷。当这种冲刷不彻底时，就会在上下单砂体之间或多或少地留下一定厚度的泥岩等细粒致密隔夹层。这些隔夹层的存在会严重阻碍流体在砂带内部各单砂体之间的自由流动，从而形成砂带内部的层间非均质性。在成藏过程中，如果砂带内的天然气压力势太低，不足以突破单砂体外的泥岩等细粒隔夹层，即在砂带内部形成因局部致密封隔发育成的砂带内部致密封闭滞留水。或者因受致密隔夹层封隔，成藏过程中天然气排水不够彻底，滞留于砂体相对低部位的水，也能形成砂带内部的致密封闭滞留水（图 1-1-49）。

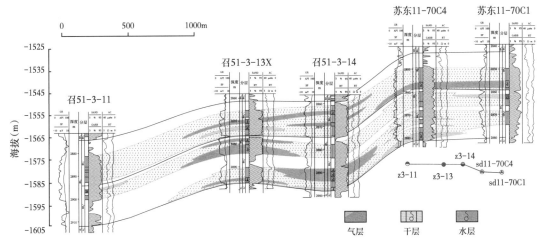

图 1-1-49 致密砂岩封闭的滞留水

砂带内部致密岩性封闭滞留水主要分布在盒 8 段，它是由储层内部的非均质性和成藏过程中因构造平缓、气柱绝对高度低、天然气流动势能低等多重原因造成。

④孤立砂体形成的透镜水体。

在主河道之间的分支河道、主河道的沉积终结后的废弃河道和规模较小的短期潮道、大型决口扇等被河漫（洪泛平原）、分流间湾、潮坪等低能环境包围的小范围短期高能沉积环境，都能沉积一些厚度较薄，横向延伸范围较小，但物性相对较好的孤立储集砂体。在成藏过程中或是由于气源不足，受周围致密泥岩封隔，天然气无法进入，而成为空圈闭（盒 8$_\text{上}$ 及以上各小层、山 1 段）；或是位于烃源岩内部，成藏初期被天然气充满，但成藏后受断层破坏或长期逸散，含气饱和度急剧降低，成为几乎无产能低饱和圈闭（本溪组、太原组）（图 1-1-50）。

（2）地层水平面分布特征。

①山 $_2^3$。

山 $_2^3$ 复合储集砂体规模大，砂体之间连通性好，储层岩性为含砾粗粒石英砂岩，孔隙发育，渗透性好；砂体延伸方向与构造走向一致，天然气仅在局部构造高点聚集，气柱绝对高度低，气层以外的地层水在全区连片分布（图 1-1-51）。除召 65 井区的似穹窿构造圈闭天然气聚集规模较大以外，其余地区仅在局部构造高点成藏。

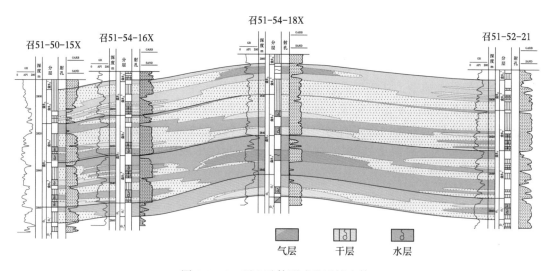

图 1-1-50　孤立砂体形成的透镜水体

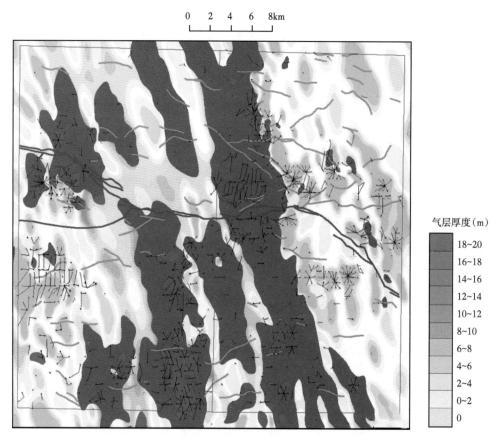

图 1-1-51　苏 77-召 51 区块山$_2^3$气水平面分布图

②盒8_下。

沉积期粗碎屑供应充分，水动力条件较强，储集砂岩粒度较粗，石英等硬质碎屑含量高，但颗粒分选差，成岩胶结严重，储层较致密，仍以物性较差的Ⅲ类储层为主，储层中的束缚水含量高，含气饱和度较低。多在厚度较薄、规模较小的孤立砂体中形成高含水夹层；在主砂带内部有致密隔夹层封隔的单砂体内或局部低洼地区，成藏过程中地层水驱替效果较差，形成局部滞留，平面上多呈点状不连片的特征；在储层物性和横向连续性较好的大砂体下倾方向，形成具有一定规模边底水。纵向上形成气层、水层和致密层相间格局。局部由于构造活动强烈，断裂发育，天然气沿断裂逸散后高含富水，具有一定分布范围（图1-1-52）。

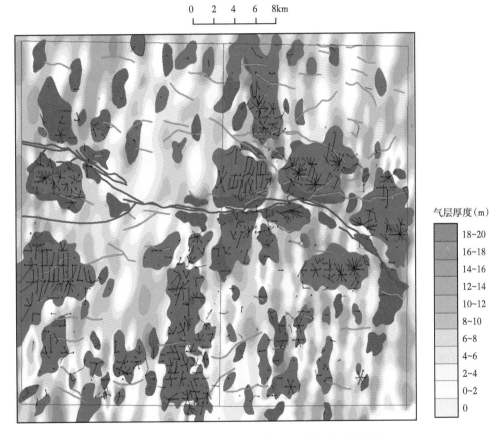

图1-1-52 苏77-召51区块盒8_下气水平面分布图

二、气藏类型

苏77-51区块上古生界发育鼻状隆凹圈闭、似穹隆圈闭、上倾方向致密岩性遮挡圈闭和断鼻圈闭等规模较大的圈闭，也发育局部微凸起构造圈闭、岩性—物性圈闭和砂岩透镜体圈闭等规模较小的圈闭类型（表1-1-11）。

表 1-1-11　苏 77-召 51 区块上古生界天然气藏圈闭类型表

类　型	特　征	成　因	分布层位
鼻状隆凹圈闭	叠合砂体上倾方向被鼻状凹陷遮挡	砂体延伸方向和鼻状构造斜交，上倾方向被鼻状凹陷遮挡	盒 $8_{下}$（召 23 井区）
似穹隆圈闭	由构造高点向三面下倾，一面被致密岩性遮挡	局部构造翻转，在大型鼻状构造的背景上发育成的向东、南、西三个方向下倾的局部构造	山 2^3（召 65 井区）
上倾方向岩性尖灭圈闭	构造上倾方向岩性尖灭	构造上倾方向岩性尖灭，形成致密性遮挡	山 2^3、盒 $8_{下}$、盒 3 段、盒 6 段、盒 7 段（召 48、召 51、召 59、召 63 井区）
断层相关圈闭	在同一个复合砂带内，构造相对较高断盘下倾方向含水，相对较低断盘上倾方向含气	断层切割复合砂体后，断面附近的破碎带被方解石胶结后成为构造低部位断盘上倾方向的遮挡条件，原来规模宏大的一个气藏变为两个独立的气藏	盒 $8_{下}$（召 78 井区南部）
局部微凸起圈闭	连片砂岩中的局部构造，高低起伏构造	因局部地应力作用形成的局部隆凹变化	山 2^3、盒 $8_{下}$（召 74 井区）
岩性—物性圈闭	孔隙发育的单砂体被致密砂岩包围	复合砂体内部局部发育的高孔储层被周围的致密砂岩包围分隔，形成局部致密性遮挡圈闭	盒 $8_{下}$普遍发育
砂岩透镜体圈闭	规模较小的砂体，四周为泥岩封挡	由废弃河道、点沙坝及潮道等规模较小的砂体构成的小型岩性圈闭	盒 $8_{上}$、山 1 段、山 2^{1-2}、盒 6 段、盒 7 段、太原组、本溪组

这些圈闭中，由大面积连片分布且互相连通的高能河道砂体与上倾方向的鼻状凹陷或致密遮挡的泥岩配合，可形成规模较大的大面积连片分布的天然气聚集；由单砂岩透镜体、局部微凸起或被致密岩性分割的连片分布的砂体，其内部形成的圈闭规模都比较小，其形成的天然气聚集规模有限，只能形成局部"甜点"，难以形成大规模建产的整体开发区块。

1. 鼻状隆凹圈闭

该圈闭发育在召 23 井区盒 $8_{下}$。近南北走向的盒 $8_{下}$储集砂带与北东—南西走向的召 76 井—召 23 井大型鼻状隆起斜交，鼻隆以北的召 75 井—召 49 井—苏东 06-16 井鼻状凹陷成为南北走向储集砂体的遮挡条件。沿砂带延伸方向向北运移的天然气被鼻状凹陷阻挡，在鼻状隆起高部位及以南的斜坡部位聚集，形成召 23 井区大面积连片分布的盒 $8_{下}$气藏（图 1-1-53）。

2. 似穹隆圈闭

召 65 井区在召 51 井—召 65 井—召 61 井大型复合鼻状隆起背景上，由于局部构造反转，形成一个以苏 77-6-5 井附近为高点，向东南、南、西和西北方向倾斜的似穹窿构造。在穹状隆起与其北面的正常产状的鼻状隆起的上倾方向，发育苏东 9-58 井—苏 77-6-3 井—苏 77-10-2 井低鞍部，苏 77-10-3 井以北被砂带以外的致密岩性遮挡，从而形成一个圈闭面积达 40km² 的大型含气圈闭。该圈闭对召 65 井区山 2^3 气藏的形成具有决定

性作用。在该似穹隆圈闭的高部位还发育苏 77-2-1 井、苏 77-1-6 井、苏 77-6-5 井和苏
77-10-3 井等数个次级高点和苏 77-9-6 井局部次级凹陷，但它们不影响天然气的局部富
集（图 1-1-54）。

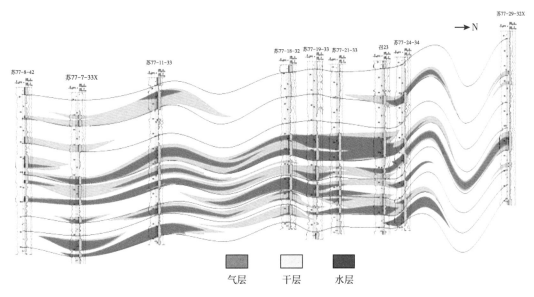

图 1-1-53　召 23 井区盒 8$_下$北东—南西向鼻状凹陷遮挡圈闭

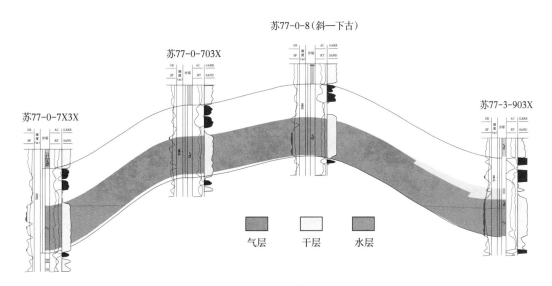

图 1-1-54　召 65 井区山 $_2^3$ 似穹隆构造圈闭

3. 局部微凸起圈闭

该类局部微凸起多发育于鼻状隆起的核部，有时也出现隆凹相间的情况（召 74 井区）。
该类微凸起幅度一般 15~25m，在全区均有发育。该类微凸起可形成天然气局部富集，但
气藏的规模都很小（图 1-1-55 和图 1-1-56）。

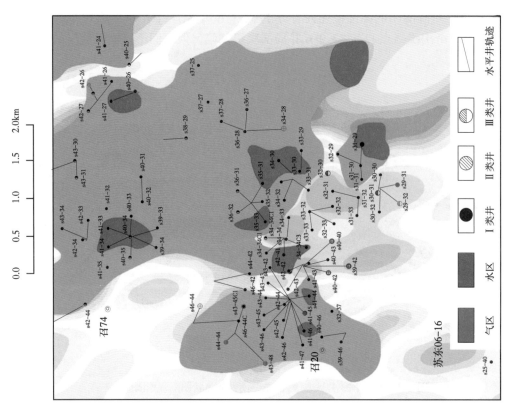

图 1-1-56　召74井区山₂³气水分布图

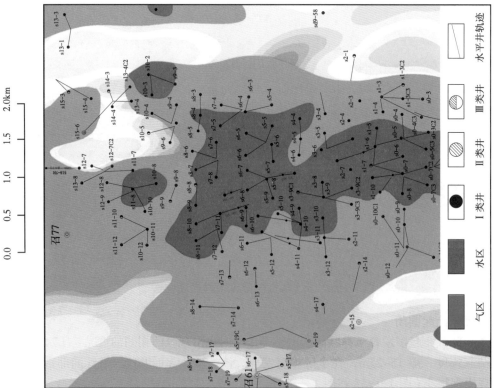

图 1-1-55　召65井区山₂³气水分布图

召 74 井区位于召 59 井—召 20 井复合鼻状隆起部位。该井区盒 $8_下$、山 2^3 砂岩厚度大，连片性好，但构造比较平缓，气水分异不明显，局部构造起伏对天然气的聚集具有明显的控制作用。局部构造高点含气，而构造低洼部位则普遍含水（图 1-1-57）。

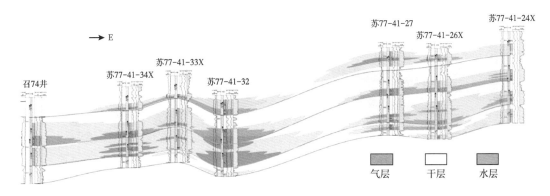

图 1-1-57　召 74 井区盒 $8_下$ 局部隆凹构造圈闭

4. 上倾方向岩性尖灭圈闭

该类圈闭普遍发育于苏 77-召 51 区块盒 8 段和山 2 段气层中。该类圈闭特点是，砂体延伸方向与地层倾向一致或斜交，在构造上倾方向砂体尖灭被泥岩等致密岩性遮挡，形成构造—岩性圈闭。这种圈闭的构造高部位含气，低部位一般发育边底水（图 1-1-58）。

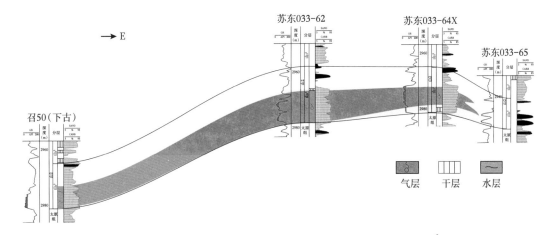

图 1-1-58　召 63 井区上倾方向致密岩性遮挡构造—岩性圈闭（山 2^3 段）

5. 断层相关圈闭

横贯苏 77-召 51 区块的主断裂走向在苏 78 井区南部由近东西向变为南东向，断层东西两侧分别在召 52 井和召 62 井周围发育连片分布的盒 $8_下^2$ 气层。在构造相对较高的召 52 井一侧的下倾方向发育水层（召 51-21-35 井）；但断层以西的召 62 井及以东地区构造相对较低，至今没有含水迹象。

成藏机理：断层切割复合砂体后，因断层挤压作用，储层致密化严重，加上小幅位移所带来的岩性遮挡，断层下倾方向因构造优势而成为良好的构造—岩性圈闭，而上倾方向储层因处于圈闭低部，含气性差（图 1-1-59）。

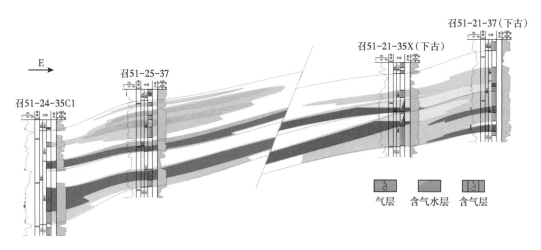

图 1-1-59　召 78 井区南部断层相关圈闭

6. 岩性—物性圈闭

河流沉积砂体的规模与河道的宽度、粗碎屑沉积物供应量的多少、流水持续作用的长短时间等多因素有关。一般情况下，洪水期以发育粗碎屑沉积物为主，枯水期则以细粒沉积物和对前期沉积物的改造作用为主。洪泛初期，水动力条件强，粗碎屑物质供应充分，易形成砂砾岩；而洪水消退期，水动力条件明显减弱，河流携砂能力显著降低，以粉、细砂岩等细粒沉积物为主，因此在单砂体内部形成下粗上细的正旋回结构，储层物性也表现为下好上差。河道中心部位，水动力较强，以沉积砂砾岩等粗粒沉积物为主，砂岩的结构成熟度和矿物成熟度都相对较高，经过一系列成岩作用后，易形成物性较好的储层。河道边缘，水动力条件较弱，沉积物粒度较细，砂岩的成熟度较低，经成岩作用后物性很差，易形成砂体周缘的致密带。如果下一次沉积开始之前，洪水对前一次枯水期（水退期）形成的细粒沉积物冲刷不彻底，再加上河道边部和分支河道沉积的低能细粒沉积物的叠加作用，极易在复合砂体内部形成众多不规则分布的致密岩性隔夹层（图 1-1-60）。

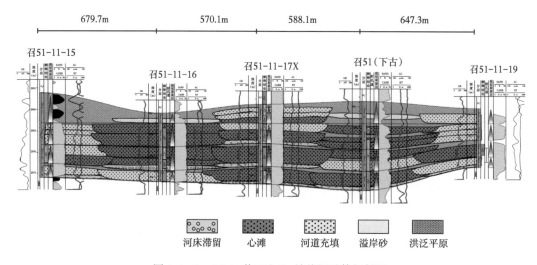

图 1-1-60　召 65 井区盒 8$_下$韵律级砂体解剖图

单砂体之间的粉细砂岩、泥岩等细粒沉积物构成砂体之间致密隔夹层，成为阻挡流体在砂体之间运移、渗流的遮挡层。由于河流沉积单砂体规模大小、砂体之间的接触关系，单砂体内部的岩性、粒度、胶结强度、物性大小千变万化，从而造成复合砂体内部和单砂体之间的物性差异，单砂体之间的致密夹层的分隔作用，且又阻断了复合砂体内部各单砂体之间的气水流通分异，最终将一个大型储集砂体分隔成数个互不连通的局部高孔高渗点。

由于苏 77-召 51 区块河流沉积砂体的规模相对较小，受到致密岩性分隔后，有效储层的规模进一步降低，天然气运聚成藏过程中，可供气水分异的高度较小，气水分异不彻底，容易在被分隔的高孔、高渗储层中形成局部圈闭，并在其低部位形成局部边底水，这也是盒 8$_\text{下}$局部含水的主要原因。

该类圈闭大量出现在苏 77-召 51 区块盒 8 气藏中。苏 77-召 51 区块盒 8$_\text{下}$叠合砂体厚度大，横向连片性好，但叠合砂体内部不同期次沉积的单砂体之间，由于沉积物源和水动力条件等因素的差异，其储集物性差异较大，由此形成了砂带内部的储层非均质性。储集物性较好的砂体成为有效储层，而储集物性较差的砂岩则成为分隔有效储层的非储层。发育于非储集砂体之间的储集砂体分别成藏，就形成互不沟通的独立的压力系统，从而形成了独特的砂岩岩性—物性圈闭（图 1-1-61）。

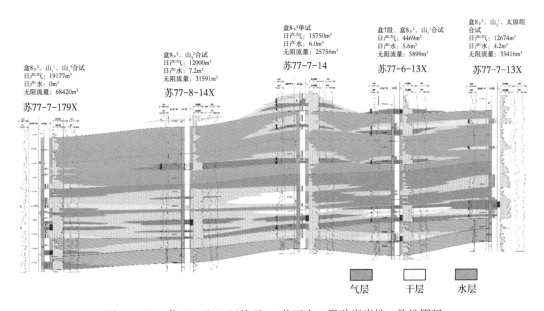

图 1-1-61　苏 77-召 51 区块召 65 井区盒 8 段砂岩岩性—物性圈闭

7. 砂岩透镜体圈闭

该类圈闭主要发育于本溪组、太原组、山 2$^{1-2}$、山 1 段、盒 8$_\text{上}$和盒 6 段、盒 7 段等储集砂体规模较小的含气层段。该类砂体中心部位储集物性较好，形成有效储层，砂体外缘物性较差，砂体之外普遍被泥岩等致密岩性包围，形成透镜状砂岩岩性圈闭。每一个圈闭都独立成藏，各透镜体气藏之间相互独立，互不干扰，形成独立的压力系统（图 1-1-62）。

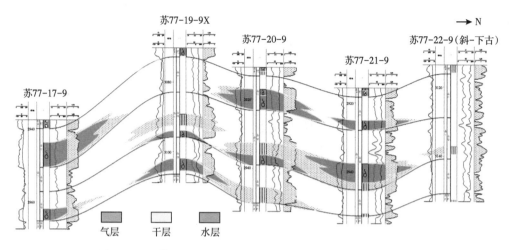

图 1-1-62　苏 77-召 51 区块召 48 井区山 1 段透镜体砂岩圈闭

第七节　开发面临的挑战

苏 77-召 51 区块位于苏里格气田北部，受近物源冲积扇沉积及远离生烃中心影响，具"厚砂体、高岩屑、强非均质、小孔喉、高水饱、低压力"气藏地质特征，加之走滑断裂活动带来的影响，天然气逸散严重，气水关系复杂，造成规模效益开发面临着技术、成本、管理及理念等多方面挑战。

一、技术挑战

苏 77-召 51 区块多层系含气，成藏类型多样，但因远离生烃中心及后期构造破坏调整，地层压力低，天然气充注不饱满；又因贫石英物源区及冲积扇前缘沉积，储层空间非均质极强，纵向隔夹层及横向渗流阻隔带极其发育，高岩屑、高黏土含量造成孔隙结构复杂，喉道半径小、渗流能力差、束缚水饱和度高，气层在砂体中呈互层状的"砂包砂"不均匀分布。在开发技术上主要面临以下挑战。

1. 开发地质方面

（1）石盒子组盒 8$_\text{下}$砂体发育，受微幅构造控气影响，整个气藏仍遵循上气下水特征，但气水过渡带较宽，没有明显气水界面，造成有利区优选难度大。

（2）区块走滑断裂发育，因断距小，地震识别难度大，断裂空间分布规律不清楚。

（3）本溪组、太原组、山西组山 2 段为源内成藏，局部天然气富集，但受内部多套煤层强反射影响，储层及含气性地震预测存在困难。

（4）储层孔隙结构复杂、物性差，测井含水饱和度定量评价难度大。

（5）储层空间非均质性带来地层水赋存形式多样，气井产水原因确定难度大。

2. 储层改造方面

（1）砂体的多期侧向叠置需要长缝控制储量，以打破井间渗流阻隔带实现含气砂体的连通，纵向多隔层又需要大排量、大砂量实现穿层压裂，但如何实现长缝与体积缝的科学

设计，在地质模型预测、施工参数设计上存在一定难度。

（2）高含水饱和度气藏及源内气藏高凝析油含量，造成储层及裂缝存在油、气、水三相渗流，从而大幅降低气相渗透率，导致"水锁效应"，影响气井产能与累计产量，这也需要储层改造建立高导流的人工通道，满足地层水及凝析油的流动能力提升。

3. 气藏工程方面

（1）单井效益开发所需要控制的技术经济可采储量、高导流人工裂缝最大半长及气水两相流动存在的阈压梯度，三者如何综合考虑确定合理的开发井网需要攻关研究。

（2）控压开采能更加有效地利用地层能量携液生产，单位压降采气量更高，气田采收率也更高，但会降低采气速度，不利于发挥气井产能和快速回收投资，迫切需要研究不同产水量气井的合理配产方法。

4. 排水采气方面

（1）气井生产过程中，随着地层压力逐步下降，气体体积迅速膨胀并产生滑脱现象，造成地层水在储层局部聚集并阻碍后续天然气流动，从而高压低产或停喷；目前排水采气工艺主要针对井筒积液治理，对消除地层积液的排水采气工艺技术还有待攻关。

（2）高产水气井连续携液生产周期短，需要配套形成全生命周期的排水采气工艺。

二、成本挑战

地质条件越复杂的气藏，越需要先进的技术组合与高质量的施工操作才能确保技术动用，在当前苏里格风险合作气价下，含水气藏开发面临巨大的建井成本与操作成本挑战，与实现更高水平的效益开发目标尚有明显差距，需要国家政策的支持与引导。

三、管理挑战

国内外油气田开发实践表明，非常规油气藏的勘探开发，必须实行以勘探开发一体化、地质工程一体化为核心的"一体化"管理模式，采取数字化、信息化和智能化管理手段，才能提高油气藏开发水平和效益。我国目前仍然沿用传统石油行业"接力式"的勘探开发阶段划分与管理方式，已不适应"非常规"时代认识快速迭代、技术及时调整的需求。

四、理念挑战

参与气田开发建设的各方均存在仅从自身经济利益角度去组织生产，并没有形成系统的气藏经营管理理念，没有实现系统工程学所强调的"保证最少人力、物力和财力，在最短时间内达到系统目的"的终极目标。

上述四大挑战不是相互割裂的，而是存在着内在紧密联系，其中技术挑战是现状，成本挑战是表象，管理挑战是症结，理念挑战是核心。只有解决理念问题才能理顺管理问题，理顺管理问题就会提高效率效益，从而解决成本挑战的表象问题。近年非常规油气开发实践表明，没有不能开发的资源，只有不能适应的手段，高含水致密砂岩气藏开发不代表低效益，也不代表低采收率。对于我国当前资源现状来说，高含水致密砂岩气藏是必须面对的最现实的资源。无法选择天然的资源品位，能够选择的只有积极转变观念，强化技术革新，努力攻克技术经济瓶颈。

第二章 富集区筛选技术

苏 77-召 51 区块主力层盒 8 段砂岩发育且大面积分布，但有效储层呈"砂包泥、砂包砂"的孤立、分散空间分布特征，因此对有效储层的准确预测是实现高含水气藏效益开发的关键。经过十多年的实践，形成了富集区筛选方法和工作流程，主要有：采用"河道带和含气性预测相结合，叠前和叠后相结合"的地震预测技术，揭示了构造及断裂的空间展布形态及储层分布特征；以储层"四性关系"为基础，录测井解释评价技术相结合，准确识别气水；通过井震联合三维地质建模，精细刻画空间砂体及有效储层分布规律，实现储量的分类分级评价，指导了富集区优选及开发部署。

第一节 富集区地质特征

一、富集区概况

苏 77-召 51 区块位于苏里格气田东区北部，受北部贫石英物源影响，储层品质差，岩性以岩屑石英砂岩为主。构造位于伊盟隆起与陕北斜坡过渡带，由于远离生烃中心，各储层含气丰度普遍偏低，加之受北部泊尔江海子断裂带影响，区块中部发育一组近东西向"巴音—木肯"走滑断裂，造成天然气二次运移调整，逸散严重，主要围绕断裂带附近有利构造区聚集成藏，气水关系非常复杂。整体表现出"厚砂体、高岩屑、强非均质性、小孔隙、细喉道、高水饱、低压力"的气藏地质特征。受河道、含气性及构造等多重因素控制，天然气在高含水、低丰度致密砂岩储层背景下形成局部富集（图 1-2-1）。

（1）下古生界奥陶系马家沟组富集区仅分布于区块东南角，分布范围有限，以白云岩晶间孔为储集空间，天然气通过风化壳侧向运移成藏，为典型上生下储气藏，但由于边底水发育，受高角度裂缝发育影响，气井投产后快速水淹，规模效益开发难度较大。

（2）本溪组发育潮坪—潟湖相沉积，太原组发育扇三角洲前缘—潮坪相沉积，层内发育多套区域性煤层，为典型广覆式生烃的自生自储气藏。但由于潮道砂体展布范围有限，储层连通性差，富集区呈"土豆状"零星分布。

（3）山 2^3 储层岩性及成藏模式与太原组类似，均为石英砂岩储层自生自储气藏，辫状河沉积环境中砂体叠置发育，表现为厚层大面积展布，由于储层物性好，富集区仅发育于构造高部位，储量规模有限，但气井产能高。

（4）盒 8 段、山 1 段储层砂体厚度大且连片发育，为区块主力含气层系，天然气在构造及岩性双重控制下形成近源成藏，富集区范围广。尤其是局部井区盒 $8_下$—山 1^1 砂体连续发育，为水平井部署有利目标区。

（5）盒 3—盒 7 段非主力储层为曲流河沉积，河道较窄，岩性纯，天然气依靠断层裂缝垂向运移至构造高部位成藏，富集区规模有限，但与山$_2^3$气藏类似，具有"小而肥"的特点，易获高产工业气流。

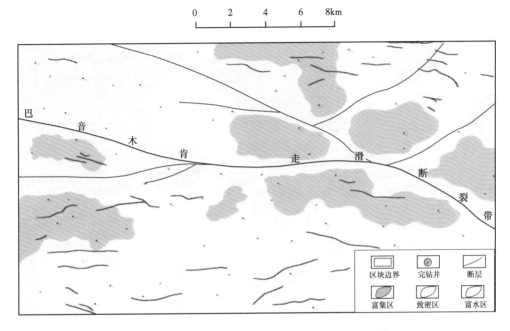

图 1-2-1　苏 77-召 51 区块盒 8 段、山 1 段富集区分布图

二、富集区控制因素

成藏要素中，烃源岩是基础、储层是核心，断裂形成运移通道进行气水分异，关键是形成有效圈闭。富集区就是成藏要素匹配的有利区，大量研究表明，富集区分布受到沉积、成岩、微构造及断裂的影响。沉积环境决定储层发育特征，成岩作用尤其是早期压实与胶结强度对储层物性起决定性作用；微构造一定程度上控制富集区分布；断裂一定程度上造成源内成藏及近源成藏的破坏，但为中浅层储层成藏提供天然气运移通道（图 1-2-2）。

1. 有利沉积相带控制砂体分布

沉积相研究表明，区块上古生界主力盒 8$_下$和山$_2^3$等主力储层为辫状河沉积环境，盒 6 段、盒 7 段、山 1 段、山$_2^{1+2}$等非主力储层为低弯度曲流河沉积，区块北部的本溪组和太原组为浅水扇三角洲沉积，区块南部为潮坪沉积。其中，盒 8$_下^1$、盒 8$_下^2$和山$_2^3$的物源区粗碎屑物质供应充分，沉积环境水动力强，形成的储集砂体厚度都在 5~20m 之间，局部可达 30m 以上，频繁的河流改道又使粗粒河道砂和心滩沙坝在全区普遍分布。利用钻井资料、地震储层反演、三维地质建模编制的砂体分布图表明，主力储层盒 8$_下$、山$_2^3$储集砂体在平面上呈近南北向带状连片分布，砂带宽度 3~5km，砂带之间虽然也发育有砂体，但厚度明显减薄；非主力储层盒 6 段、盒 7 段、山 1 段和山$_2^{1+2}$物源区的粗碎屑沉积物供应减少，沉积水体的能量呈整体减弱趋势，但在局部也能形成厚度和分布范围较大的高能河道砂体；本溪—太原组的分流河道和潮道的水动力条件较强，能形成高孔、高渗储层。

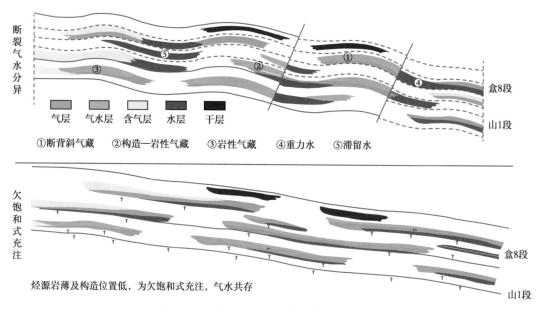

图 1-2-2　苏 77-召 51 区块成藏要素模式图

　　从平面上来看，河道带的分布决定了有效储层的发育，因此工区内有效砂体的展布方向与河道带的分布基本一致，都是呈南北向条带状分布（图 1-2-3）。

2. 成岩作用决定储层品质

　　成岩作用及其差异性对储层物性及分布特征具有重要控制作用。从多口探井物性、镜下薄片和试气资料分析来看，苏 77-召 51 区块上古生界主要由于碎屑或杂基的充填、压实、胶结、交代等成岩作用导致储层致密化。因此工区以低孔、低渗致密砂岩储层为主。储层受沉积和成岩作用影响，非均质性强烈，分割性明显，气层内部天然气富集存在着较大差异。在同一层位，相同气源条件下，孔隙度和渗透率高的砂岩储层孔喉结构较好，天然气驱替孔隙水阻力较小，易于充注。而孔隙度和渗透率低的储层，主要以细孔细喉为主，天然气充注的起始压力高，运移阻力大，难以充注。盒 6 段、盒 7 段、盒 $8_\text{下}$、山 1_3^3 与太原组主力储集段，沉积水体能量强、岩石矿物成熟度和结构成熟度高的纯石英砂岩（太原组、山 1_3^3）、岩屑石英砂岩（盒 6 段、盒 7 段、盒 $8_\text{下}$）主要堆积于高能河道心滩、边滩与潮道沉积环境，而这些高能河道砂体正是高孔、高渗有效储层的集中发育段（表 1-2-1）。

　　高能河道砂体对天然气富集起主要控制作用。如召 63 井区发育的盒 6 段、盒 7 段、盒 $8_\text{下}$、山 1 段、山 2 段、太原组、本溪组等 8 套气层中，盒 $8_\text{下}$ 段高能心滩沉积砂体发育，其含气性明显好于其他主力气层段。盒 $8_\text{下}$ 砂体含气面积大、气层厚度大、有效砂体钻遇率高。据统计，该井区盒 $8_\text{下}^1$、盒 $8_\text{下}^2$ 含气面积分别为 124km²、161.3km²，单井气层平均厚度分别达到 4.8m、4.2m，气层钻遇率分别达到 63.3% 和 69.7%，地质储量分别为 46×10⁸m³ 和 62.5×10⁸m³；其他河道砂体储层段，含气面积最大的仅 57.4km²（山 1^1），有效砂岩平均厚度 4.3m，地质储量 25.94×10⁸m³。可见高能河道砂体对苏 77-召 51 区块富集区分布有重要意义。

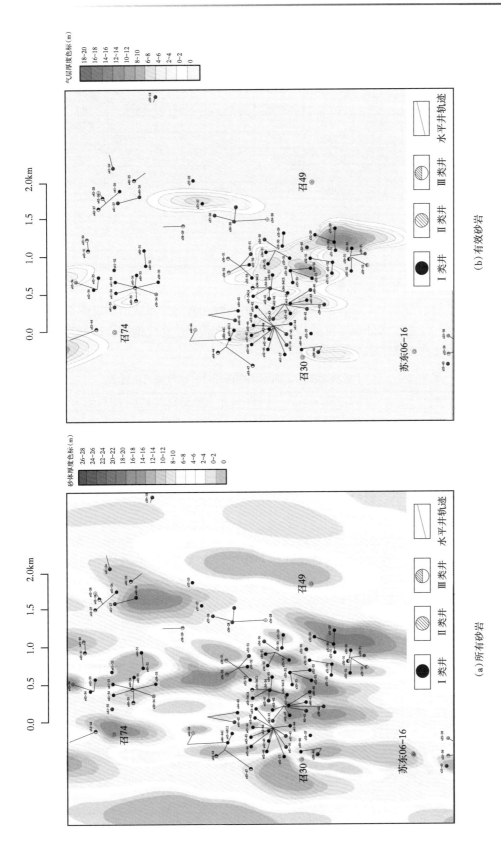

图 1-2-3 召74井区南部盒7段砂岩与有效砂岩对比图

表 1-2-1　苏西、苏中、苏东及苏 77-召 51 区块气藏地质参数对比表

区块	苏里格西区		苏里格中区		苏里格东区		苏 77-召 51 区块	
	盒 8 段	山 1 段	盒 8 段	山 1 段	盒 8 段	山 1 段	盒 8 段	山 1 段
岩性	石英砂岩		石英砂岩为主		岩屑石英砂岩为主		岩屑石英砂岩为主	
平均砂层厚度（m）	38.1	9.5	25.8	9.0	32.1	10.2	30.7	12.1
石英含量（%）	90.8	86.5	86.0	85.1	79.1	84.3	77.8	71.6
岩屑含量（%）	9.2	13.2	14.8	13.7	20.7	15.6	22.1	28.3
平均孔隙度（%）	9.3	8.2	9.4	8.1	8.7	8.2	7.8	8.1
平均孔喉半径（μm）	0.25		0.35		0.11		0.07	
平均渗透率（mD）	0.890	0.580	1.510	0.500	0.780	0.520	0.376	0.337
地层温度（℃）	112.8		110.0		94.6		90.3	
压力系数	0.90		0.87		0.83		0.78	
束缚水饱和度（%）	42.9		45.4		50.5		77.6	
平均含气饱和度（%）	54.8		70.2		56.9		51.4	

3. 微构造影响天然气富集程度

受区块北部泊尔江海子大断裂活动影响，区块气藏在喜马拉雅造山期发生二次运移调整，并发生逸散。目前气水分布主要受构造控制，构造高部位充气饱满，试气产量高，构造低部位及鞍部气井普遍产水（表 1-2-2）。

表 1-2-2　苏 77 区块西部南北向不同构造部位井试气情况统计表

井号	盒 8 段砂厚（m）	盒 8 段有效砂厚（m）	盒 8 段海拔（m）	无阻流量（10⁴m³/d）	日产水（m³）	构造位置
召 23	30.2	16.2	-1772	6.10	0	鼻隆
苏 77-35-32	35.7	18.3	-1674	7.65	0.55	鼻隆
苏 77-40-31	17.6	9.3	-1653	1.90	9.00	鼻翼
苏 77-47-31	36.5	0	-1616	0.28	14.40	低

从图 1-2-4 可以看出，微幅构造高点气井试气产量高、产水低，而在构造相对低部，产水量增加，靠近断裂附近井位，试气高产水，因此构造在气水分异、天然聚集方面起了关键作用。但这种构造控制的气水分布模式，与边底水气藏不同，从微构造局部看，具有边底水气藏的气水分异、纵向过渡的基本特征；从区块整体看，虽然微构造顶部含水饱和度比底部低，但顶部气井仍有少量可动水产出，说明气水没有彻底分异，气层仍处于气水过渡带内，未形成纯气顶。对这种气水分布模式的气藏，控制合理的采气速度和生产压差，延缓、阻止与下部高含水饱和度气层的连通，是延长气井寿命的关键。

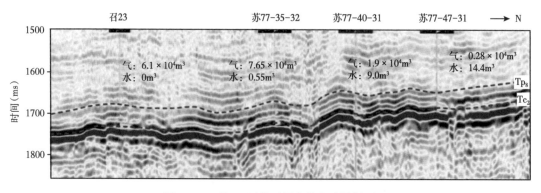

图 1-2-4　苏 77 区块西部南北向地震剖面

4. 构造断裂主导天然气运移及成藏

1）断裂活动是形成高产气层的重要因素

通过多种地质因素与气井产能关系分析，在苏77-召51区块不仅发育相当数量沿奥陶系风化壳和煤层等软弱带滑脱的逆断层，区块中部还发育走向近东西向的走滑断层，错断地层到达三叠系延长组。这些断层对上下古生界烃类运移、聚集和天然气成藏发挥重要作用。

贯穿上下古生界界面和石炭系本溪组、二叠系太原组、山西组煤系烃源岩地层的正断层，在煤系烃源岩与储集砂岩之间构成了有效的烃类运移通道，是引起天然气在奥陶系马家沟组及盒7段、盒6段乃至盒3段、盒4段远源圈闭成藏的重要因素，也是引起石炭系本溪组与下二叠统太原、山西组与盒8下等源内与近源气藏破坏和调整的重要原因（图1-2-5）。

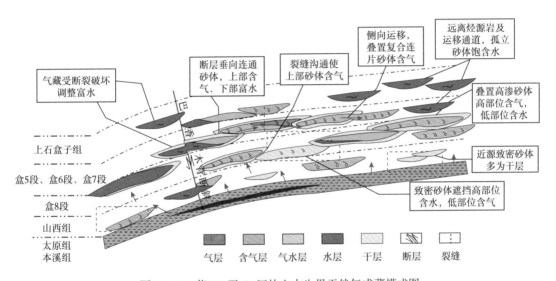

图 1-2-5　苏 77-召 51 区块上古生界天然气成藏模式图

因此，工区内的二级走滑断裂"巴音—木肯"作为天然气成藏的一把"双刃剑"，主要有以下三点特征，一是断裂带1km范围内，断裂主要起破坏作用，天然气逸散，不能富集成藏；二是断裂带1~6km范围内，在断背斜或局部构造高点，是天然气成藏的有利区；三是超过断裂带6km范围，由于天然气气源不足，侧向运移受限，亦不能规模成藏。

2）断裂是油气水远距离运移的主要通道

贯穿上下古生界和石炭系本溪组、二叠系太原组、山西组煤系烃源岩的正断层，在烃源岩与储集砂岩之间形成了有效的烃类运移通道，是盒8段以上远源圈闭成藏的重要因素，从盒6段、盒7段气层和断层分布图可以看出，盒6段、盒7段及以上气藏均发育在主断裂附近，是断层沟通山2段以下气源和盒8段以上远源优质储层，天然气通过断层快速运移到盒8段以上适合聚集的圈闭成藏的有力证据（图1-2-5和图1-2-6）。

3）构造断裂使气水关系复杂化

断层作为油气垂向运移通道，它沟通深部气水快速向上部储层转移，但由于流体的重力差异，天然气运移速率比水快，且其渗透率下限远远低于地层水，最终在断层及周缘形成近水远气的水驱气模式。统计历年断裂带上完钻井的钻遇气层厚度和试气投产效果可以看出，在以前地质认识不清楚情况下部署在断裂带内部的井，主力层盒 $8_下$ 水层发育，试气无产能，静态 I + II 类井比例只有 55%（整体 85.4%），动态 I + II 类井比例仅 25%（整体 76.5%），远远低于工区整体 I + II 类井静动态比例。

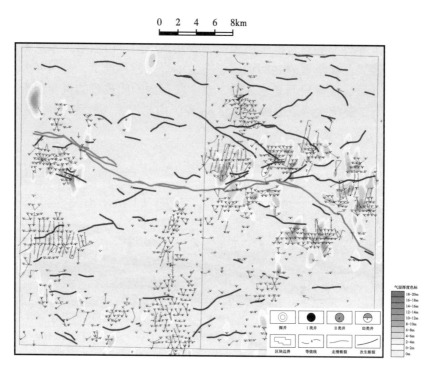

图 1-2-6 盒 6 段、盒 7 段气层与断层分布图

发育于煤系地层和奥陶系风化壳附近的逆断层，可错开近南北向分布的山 2 段等河道沉积砂体及近北东向展布的鼻状隆起构造，并在此基础上发育成局部的断鼻构造圈闭和构造岩性圈闭，为山 2_3^3 和奥陶系风化壳气藏的形成与局部构造岩性气藏的形成创造了有利的圈闭条件。但发育于喜马拉雅造山期的通天正断层对苏 77-召 51 区块气藏破坏作用明显，由于断层规模大，横向延伸长度可达 15km，断开从目的层到新生界的多套地层，断距最大 10m 以上，造成天然气逸散严重，气水关系复杂化。断层周边部署井在钻井过程中多发生井漏，严重时甚至造成个别井工程报废（召 51-43-12 井、召 51-38-19 井），完钻井测井解释含气饱和度低（图 1-2-7），压裂试气产水量大，投产水气比高，开发效果差。因此，在正断层附近部署井位风险大，应进行避断裂部署。

天然气沿断裂带向上运移，形成次生气藏，导致地层水滞留。沿巴音—木肯断裂带盒 $8_下$ 平面上为一明显高含水带。从剖面上看，断裂带上的井无论构造高低，均发育水层，试气井无产能。从平面上看，苏 77 区块北部 1.7km 以内气层遭到破坏（图 1-2-8），到召 51 区块东南部侧钻井 940m 含气性变好。进而推测，断裂带对气层破坏作用明显，但受制于生烃强度弱、地层压力系数低、砂体规模小，气水复杂带的波及范围有限，整体在 1~2km（图 1-2-9）。

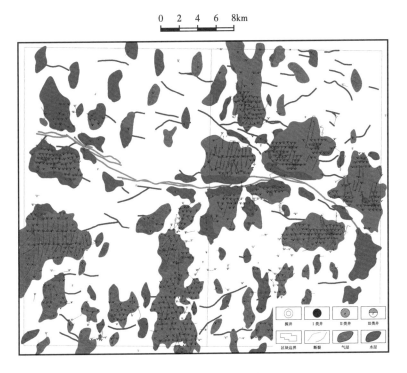

图 1-2-7　盒 8 下气水分布图

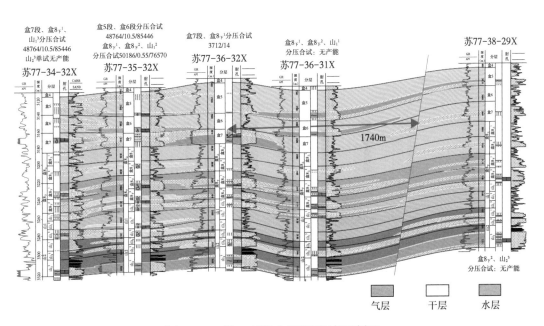

图 1-2-8　苏 77 区块北部跨断层气层剖面

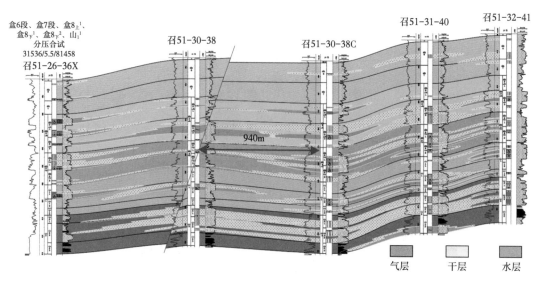

图 1-2-9　召 51 区块东部侧钻井气藏剖面

第二节　富集区筛选技术路线

在苏里格气田大面积分布的高含水低丰度致密砂岩气藏背景下，仍然存在天然气相对富集区域。通过十多年开发实践，苏 77-召 51 区块形成了"微幅构造解释、断层刻画、储层非均质性描述、流体识别"为要素的富集区筛选技术。通过地震刻画微幅构造及断裂系统，联合成藏背景分析，结合先导试验井钻探及流体识别结果，评价河道发育带，预测储层分布，从而筛选出富集区（图 1-2-10）。

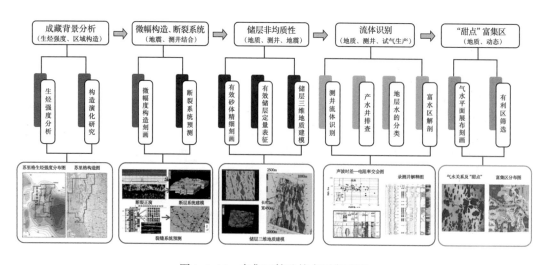

图 1-2-10　富集区筛选技术研究思路

早期的富集区优选技术，参照了苏里格气田中区无水气藏开发模式，并受苏里格岩性致密气藏的传统认识影响，很大程度上弱化了构造、断裂方面的研究工作，加之区块局部存在低阻气层、高阻水层，且气测显示活跃，依靠常规组合测井不能有效识别，对区块气水分布规律认识不到位，造成富集区优选困难。如召74井区北部、召51井区，由于对构造控气认识不到位，产建效果较差。

前期的富集区优选技术无法满足开发方式由直丛井向水平井高效开发转型的要求。在原有地质认识的基础上，通过开展沉积相控及成岩作用研究、构造及断层解释技术、多参数联合测井评价技术等攻关，进一步强化了储层砂体、微构造及含气性预测，完善形成了目前的富集区优选技术系列。

第三节 地震储层预测及井位优选技术

对于含水致密砂岩气藏开发，不仅需要预测砂体展布，更重要的是需要预测砂体的含气性，因此对地震预测技术提出了新的更高的要求。为有效支撑苏里格油气合作区块开发部署，针对合作区近年来开发遇到的问题与难点，开展地震资料处理解释技术攻关，通过处理与解释相结合、地震与地质相结合、成熟技术与前沿技术相结合，形成了一套适合风险作业区的地震储层预测技术，提高了构造解释、含气检测精度，准确落实天然气富集区，为区块开发部署夯实基础。

在叠前高保真处理的基础上，充分利用地震资料和完钻井信息，通过模型正演、岩石物理分析等技术建立地震地质模式，充分挖掘地震资料叠前信息，利用连片处理的分偏移距叠加资料，做好AVO分析、属性分析、叠前反演、弹性参数交会等技术，精细解释反演成果资料，紧密结合已完钻井资料，精细刻画砂体、有效砂体展布特征。在此基础上综合多种因素，分析成藏主控因素，综合评价有利目标区，提供建议井位。

一、地震储层预测技术难点

风险作业区位于苏里格东区北部，地处毛乌素沙漠，地表条件相对复杂，工区地表为第四系流沙和沙土层，局部地表出露红砂岩，低降速层厚度变化较大，长波长问题和闭合问题是一大难题；同时，沙梁及流沙地区高频衰减严重，碱滩、罗汉洞砂岩出漏区等低降速较厚区地震资料的中、深层能量屏蔽严重，带来复杂的噪声压制问题；受激发、接收条件的影响，地震波吸收衰减严重，横向能量波差异大，地表一致性处理难度大，资料浅层能量比深层强，远炮点道的能量比近炮点道的能量弱，炮与炮之间、同一炮中道与道之间的能量也存在明显差异。

由于苏里格气田具有低孔隙度、低渗透率、强非均质性特征，使得含气砂岩识别困难，具体存在如下地球物理问题：叠后地震属性规律性差，难以刻画储层特征[5]；地震属性与储层参数的关系并非一一对应，利用地震属性预测储层参数必然有多解性；不同含气饱和度砂岩，泊松比差异小，地震解释不能有效区分气水层；低阻抗煤层对下伏含气砂岩的AVO异常影响大，山2段储层难以预测；储层岩屑含量高，非均质性极强，含气砂体与非含气砂体、含气水层与气层地震特征差异小，给储层预测及含气性评价带来多解性等[6]。

二、地震储层预测技术历程

针对风险作业区地震储层预测过程中所遇到的难题，在苏里格成熟地震储层预测技术基础上，开展相应攻关工作。针对测线闭合问题，开展苏 77 区块北部二维地震处理解释；针对水平井部署与跟踪，开展召 63 井区三维地震采集处理解释工作；针对地震属性预测多解性，开展统 46 井区二维地震解释工作；针对微构造微断裂解释及含水致密砂岩区地震储层预测，开展苏 77-召 51 区块二维地震连片处理解释工作；针对高分辨率的薄储层及流体地震识别，开展智能混沌反演技术攻关工作。

经过多年攻关实践，地震处理从线性反演静校正向拟三维层系反演静校正转变；从注重成像效果到注重低频与频宽保真保幅保频处理转变；从井控反褶积到井控子波一致性处理技术转变；从叠后偏移到叠前偏移技术转变。地震解释从只注重构造解释向微构造、微断裂精细解释转变；从地震单属性提取到属性融合转变；从地震叠前反演到智能混沌化反演技术转变，最终形成了一套针对含水致密砂岩气藏的地震综合储层预测技术（表 1-2-3）。

表 1-2-3　历年地震储层预测技术攻关

年份	工作量	项目名称
2013	540km	苏 77 区块北部二维地震处理解释
2014	100km²	召 63 井区三维地震处理解释
2014	849km	统 46 井区二维地震解释
2016	4563km	苏 77-召 51 区块二维地震连片处理
2018	4563km	苏 77-召 51 区块二维地震连片解释
2020	100km²	智能混沌反演技术

三、地震储层预测技术

1. 地震处理技术

1）静校正技术

（1）拟三维层析反演静校正。

风险合作区虽位于沙漠区，但是低降速层厚度变化较大，加上工区内测线年度跨度大，测线条数较多，如何在保证成像精度的基础上，解决长波长问题和闭合问题是一大难题。拟三维层析反演静校正技术可以较好地解决风险作业区长波长与短波长问题，取得较好的叠加效果。

拟三维层析反演静校正统一采用层析反演方法计算校正量，利用微测井约束模型反演，统一折射层初至拾取（图 1-2-11），统一基准面和替换速度，统一折射层划分，统一和优选静校正计算方法，可以较好地解决二维资料闭合差大的问题（图 1-2-12），同时提高成像精度，满足小幅度构造刻画要求。

经过"三统一"的静校正计算确保了近地表模型及静校正闭合以外，交点处层速度也基本一致。

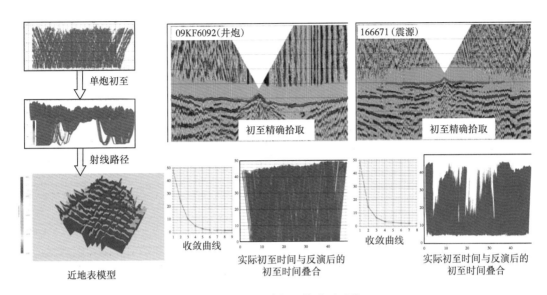

图 1-2-11 测线初至拾取及质控

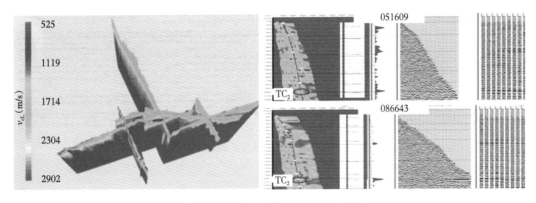

图 1-2-12 地表模型及速度闭合情况

（2）地表一致性剩余静校正。

由于受到多种因素的影响，地震数据在应用了基础静校正后，仍然会残存着各种校正误差，而且这种静校正量以高频的短波长的方式出现，影响 CMP 的叠加质量，这种静校正量称为剩余静校正量，实际上它是对基准面静校正误差的一种补充校正。其目的是保证一个 CMP 道集的反射同相轴在动校正、静校正之后能很好地对齐，以便提高道集和叠加数据的信噪比，最大程度地改善叠加效果。利用地表一致性剩余静校正与全局寻优剩余静校正相结合的方式，逐步提高资料的成像效果，最后，再利用非地表一致性剩余静校正来实现每个道集内各道之间的同向性，最终实现 CMP 道集的同向叠加。

非地表一致性剩余静校正实际上是对最终动校道集内各道间的校量的微调，它通过道集中各道与模型数据的相关性，使每道都产生一个独立的静校正微调量，使得最终的 NMO 道集中的各道取得最大的同向性，进一步提高叠加剖面的效果。全局寻优剩余静校正是将最大能量法和模拟退火法产生的解作为遗传算法的初始群体，使得群体中的个体针对性强，有效地控制了群体的规模，使搜索具有更高的效率。同时在遗传算法演化后进行最大能量法和模拟退火法搜索，强化局部搜索能力，弥补遗传算法缺乏局部集中搜索的缺陷，最终达到快速收敛到最优解（及最佳静校正量）的目的。

图 1-2-13 是某测线剩余静校正前后叠加剖面对比，从对比中可以看到，经过剩余静校正处理后，目的层同相轴对齐，能量更聚焦，有利于后续处理。

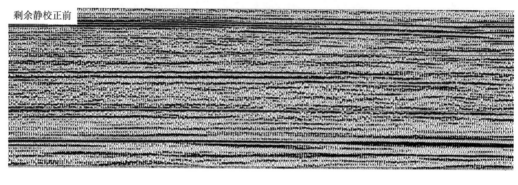

剩余静校正前

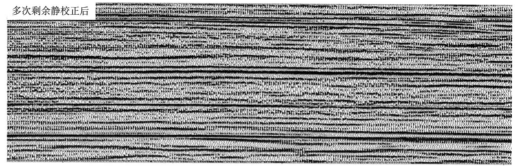

多次剩余静校正后

图 1-2-13　某测线剩余静校正前后对比剖面

2）噪声压制技术

（1）单频干扰压制。

地震资料各种噪声发育，其中 50Hz 的工业电干扰波及其他单频干扰，严重影响目的层的信噪比和保真度，无法满足目前岩性勘探对振幅高保真的需求。地震波经地下介质传播，由于大地的吸收作用，振幅和频率往往衰减得很快，而 50Hz 工业电干扰是由空气介质直接传播到检波器，未经大地滤波衰减作用，所有能量和频率几乎不随时间而改变，且工业电干扰的振幅在 50Hz 左右的频率范围，与有效地震波在深层差异很大，所以可以利用这一特性将其与有效波分开来（图 1-2-14）。

（2）相干噪声压制。

沙漠区由于表层多层系的特点导致了单炮上相干噪声极为发育，其中线性干扰主要有面波、浅层折射波以及多次折射波等。根据面波的频率低、视速度低、能量强、同相轴表现大致为直线状等特征，在炮域对其进行频带分解、K—L 变换本征滤波并自适应衰减，有效地实现了对具有直线特征的面波模拟切除。针对具有一定的视速度、同相轴也大致表现为线性的相干噪声，在炮域、检波点域采用以视速度区分有效信号与噪声的相干噪声压制方法，能较好地压制相干噪声（图 1-2-15）。

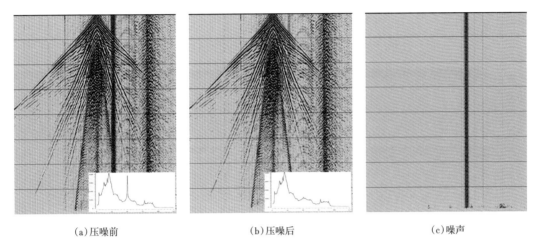

(a)压噪前　　　　　　　　(b)压噪后　　　　　　　　(c)噪声

图 1-2-14　单频干扰去除前后单炮效果

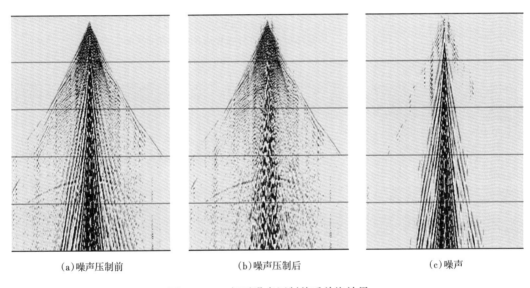

(a)噪声压制前　　　　　　(b)噪声压制后　　　　　　(c)噪声

图 1-2-15　相干噪声压制前后单炮效果

（3）异常噪声压制。

在地震资料中存在一些各种来源的异常振幅干扰，如单炮记录上经常出现的脉冲感应、偶发性的机械干扰、各类突发噪声等都可以算是异常振幅干扰，还有一些由于激发原因产生的近炮点强能量等非规则噪声。另外在做完反褶积之后，单炮中一般都会出现一些高频的异常振幅。

对这些非规则噪声，一般采用分时分频异常振幅压制技术分别在炮域、共偏移距域等数据域内去除此类干扰（图 1-2-16 和图 1-2-17）。通常情况下，高频高能折射波干扰在炮域和随机域中的表现形式更容易被识别和统计，也更利于去除，由于强能量对后期的地表一致性振幅处理有很大的影响，所以必须在地表一致性振幅补偿前对该异常进行压制，在压制时，应设置时变频变的振幅门槛值，将显著大于平均振幅数倍的高能噪声衰减掉，替换为平均振幅或门槛振幅，从而实现噪声压制。该方法的优点是可以灵活设置门槛值，充分压制主要频率段及时间段的高能噪声，而对高能噪声不显著的时间段及频率段，只进行一般的压制，可以尽可能地保护有效波信息不受大的伤害。

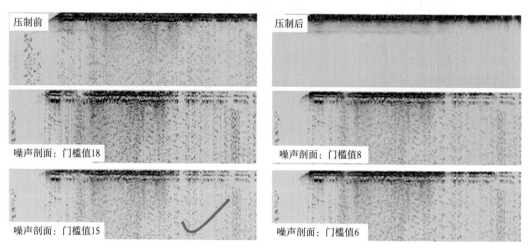

图 1-2-16　共偏移距域分时分频噪声压制后剖面

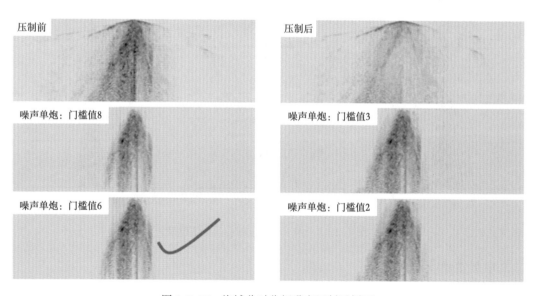

图 1-2-17　炮域分时分频噪声压制后剖面

（4）高频高能折射波干扰压制。

在低降速较厚区的原始单炮上发育高频高能折射波干扰，此种噪声的特点：能量强，是其他能量的数倍至数十倍；视速度较高，达到1800m/s左右；频带宽，跨度从10至80Hz，就与其他周围道形成明显的振幅差异，且频带宽，造成资料近偏移距内的有效信号完全被湮没，信噪比极低，如果前期不能压制这种强能量的异常振幅，仅依靠常规的振幅补偿及一致性处理，不能完全实现振幅的均一化。且这部分强能量严重压制了有效波的能量，主导了整个原始记录的频谱，影响了后续正常处理技术的运用，为此需要对其进行有效压制。针对此类噪声在常规状态下的 FK 域低频部分无法与有效信号区分的特点，通过时移将其转换成能与有效波区分的状态，通过 FK 域的切除，较好地压制了此类噪声（图 1-2-18）。

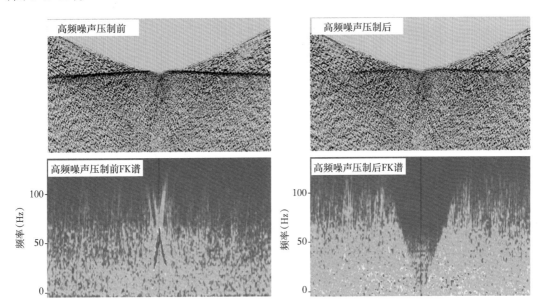

图 1-2-18　FK 域压制高频高能折射干扰

3）井控处理技术

（1）振幅补偿处理技术。

反射波的振幅与反射界面的反射系数密切相关，当入射波能量相同时，反射系数大，地面上接收到的反射波能量自然也就大。但在实际野外采集的资料中，资料往往是浅层能量比深层强，远炮点道的能量比近炮点道的能量弱，炮与炮之间、同一炮中道与道之间的能量有时也存在明显差异。地震波在介质中传播时，只有当介质为完全弹性体时，波的能量才会毫无保留地向前传播。事实上地下任何岩性的介质都不具备这样的完全弹性性质，而是带有不同程度黏性性质的非完全弹性体。地震波在这类介质中传播时，有一部分能量将被介质所吸收，补偿因介质吸收而引起的地震波能量的衰减就是吸收补偿（图 1-2-19）。

为了使反射波的振幅能准确反映反射界面的反射能力，有必要对各种引起振幅改变的因素进行分析并找出适当的办法予以校正，并且希望一个共中心点中来自不同炮、不同接收点的道的能量应基本一致，以期获得理想的叠加效果。振幅能量补偿可以最大程度地补偿由于上述原因而引起振幅能量不均等的问题，对资料保真保幅处理有着至关重要的作用。

（2）井控子波一致性处理技术。

在高分辨率处理中，波形的多解性严重影响岩性预测的精度，因此采用了已知井约束和控制下的反褶积处理技术。具体做法是在提高分辨率处理的每个环节中，加入测井反射系数序列的约束，或者加入 VSPLOG 信息，使处理剖面的波形、相位与已知井合成记录或 VSPLOG 相关度最好，目的层段能量较为一致，相交剖面波形闭合。反射系数序列约束下的子波处理技术，将井控的理念贯穿于整个处理过程，保证了整个处理过程中测井层位与地震层位的一致性，提高了资料保真度，使剖面层位标定更加准确，相交测线的波形闭合更加吻合，地质现象更清晰，为砂体预测提供可靠资料（图 1-2-20）。

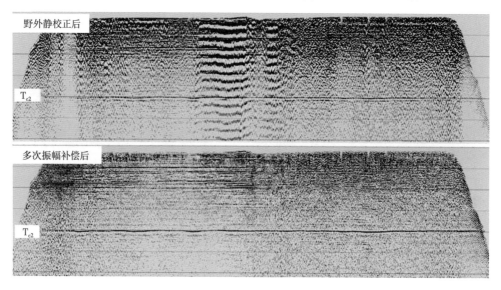

图 1-2-19　地表一致性振幅补偿前后叠加剖面对比

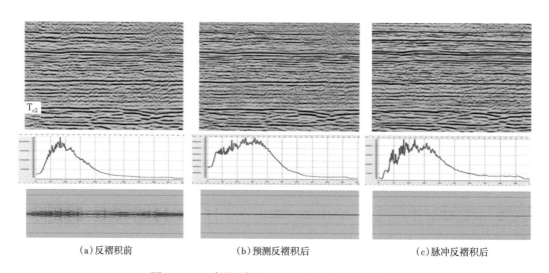

（a）反褶积前　　　　　　　（b）预测反褶积后　　　　　　　（c）脉冲反褶积后

图 1-2-20　串联反褶积处理前后剖面及频谱对比

4）叠后处理技术

通过对叠后二维资料随机噪声衰减，利用 FX 域预测理论，对预测结果显著衰减噪声，通过测试，最终选择了混波 50%，在压制噪声情况下尽可能保留有效信号（图 1-2-21）。

5）叠前时间偏移技术

常规的叠后时间偏移是先进行共中心点叠加，再进行偏移归位。叠前部分偏移是先进行倾角时差校正（DMO），再进行共中心点叠加，最后进行叠后时间偏移。叠前时间偏移是地震资料处理中的一个全偏移过程。先偏移，再叠加，把常规的叠加和偏移两个过程同时完成，实现了真正的共反射点叠加。

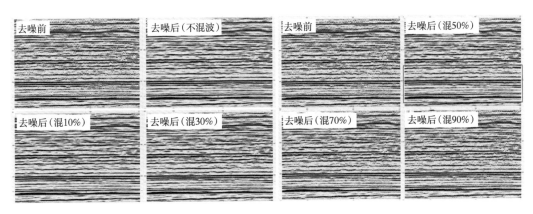

图 1-2-21 叠后随机噪声压制

叠前时间偏移首先从理论上取消了输入数据为零炮检距的假设，避免了动校正叠加所产生的畸变，解决了共反射点分散的问题，因此能够实现真正的共反射点叠加，保存更多的叠前信息。

图 1-2-22 为叠加剖面、叠后偏移与叠前时间偏移剖面对比。可以看出，叠前时间偏移对断层归位效果最优。

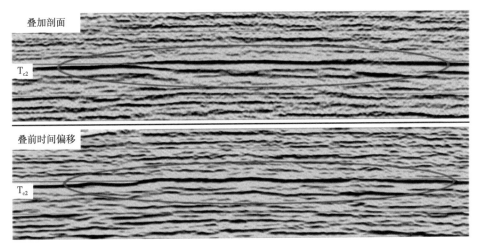

图 1-2-22 某测线偏移效果对比

通过上述几个方面的地震处理技术的综合应用，形成了适合风险合作区的以"保幅、保频"为核心的高分辨处理流程（图 1-2-23），该处理流程使工区大部分剖面目的层内幕反射清楚，反射波组关系、振幅变化合理，主频达到 30~35Hz，频宽大于 2.5 个倍频程。

2. 地震解释技术

1）构造及断层解释技术

（1）储层反射层的准确标定。

通过分析工区内完钻井资料，选取重点骨架井，对环境影响严重的井曲线进行环境校正处理，并且优选标准井，开展多井测井曲线的归一化处理，为资料构造解释、岩石物理分析、储层预测奠定基础（图 1-2-24）。

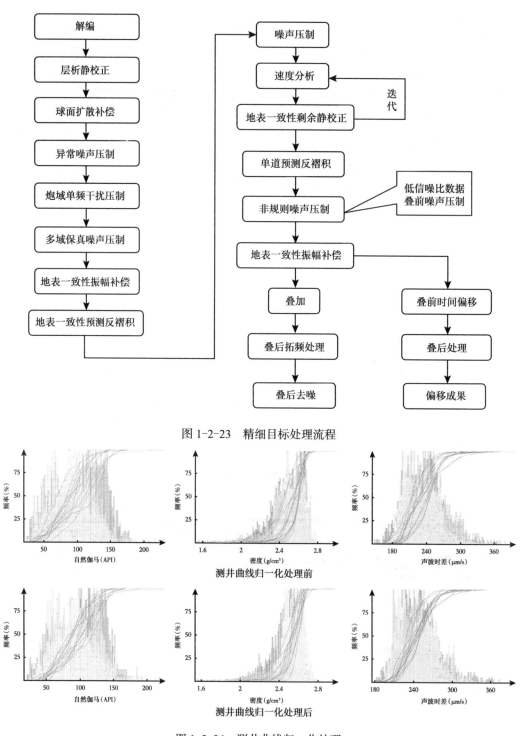

图 1-2-23　精细目标处理流程

图 1-2-24　测井曲线归一化处理

　　在选择子波类型的同时，采用不同频率和相位制作合成地震记录进行标定。要求合成地震记录与井旁地震道的相关系数必须大于 0.80。选取与井旁地震道匹配的子波频率。

　　石炭系本溪组煤层在全区范围广泛发育，且靠近奥陶系顶部风化壳，反射能量强，是全区的反射标准波。由于其他反射波组相对较弱，因此标定时，先认准地震反射标准波 T_{c2}，在反射标准波的控制下，对其他层位进行标定（图 1-2-25）。

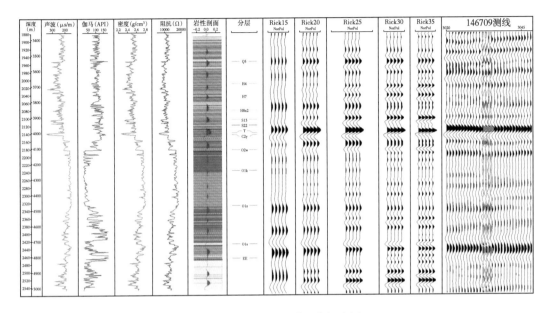

图 1-2-25　地震地质层位标定图

　　利用人工合成记录，在地震剖面上对目标层段主要反射层位进行准确标定，其结果如下。

　　T_{Pq5}（波峰）：相当于石千峰组千 5 段下部泥岩顶附近反射，二叠系石盒子组盒 8 段中下部砂岩底部附近反射，能量中等。

　　T_{P4}（波峰）：相当于下石盒子组顶部桃花页岩（K2）顶附近反射，能量中等。

　　T_{P8}（波峰）：相当于二叠系石盒子组盒 8 段中下部砂岩底部附近反射，能量中等。

　　T_{c2}（波峰）：相当于本溪组顶部厚煤顶附近反射，能量强。

　　T_C（波谷）：相当于奥陶系顶部侵蚀面附近反射，能量中—强。

　　（2）多井联合标定。

　　在认准地震反射标志层 T_{c2} 基础上，在反射标志层的控制下，对其他层位进行解释。层位解释时，在每个小区域选择一口具有代表性的井用合成地震记录进行标定，然后通过这些具有代表性井作连井线，对各反射层进行追踪对比，以此为基础对其他连井线进行追踪对比，以多条连井线作为各反射层追踪对比控制格架，对全区测网进行对比解释（图 1-2-26）。

　　（3）断层解释。

　　工区的烃源岩是本溪组、太原组的煤系地层，断层是天然气运移的极好通道，断层解释至关重要，断层断距的大小、断点位置的准确性直接影响到油气平面分布的分析与预测研究。

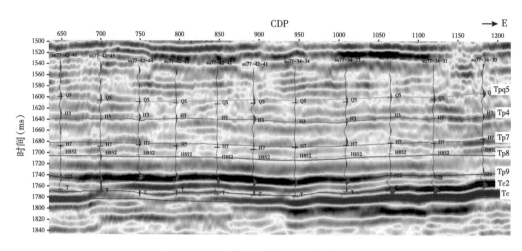

图 1-2-26　地震测线叠加剖面层位解释

工区地震资料主要为二维地震测线，断层解释以剖面识别为主，为有效指导二维地震断层解释，开展模型正演，同时利用工作站三维可视化技术，采用平面和立体相结合的方法进行断层解释。

模型正演可以使地震响应和地质概念联系起来，断层模型的断距从 1m 到 95m，子波采用频率 30Hz、相位 180、长度 256ms 的 Rick 子波（图 1-2-27）。

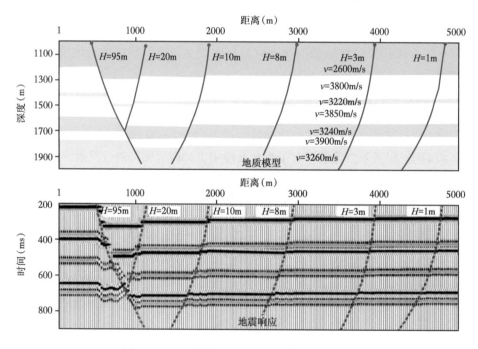

图 1-2-27　不同断距的正演模型地震响应特征

从正演看出，断距识别能力大于 1/8 波长，断距大于 5m 的断层在地震反射上具有明显错断差，可识别；断距 3~5 米的断层表现为地震反射同相轴挠曲、倾角及曲率变化，断距小于 3m 的断层地震特征不明显。

①断层的剖面解释。

在剖面上除根据反射同相轴的错断、扭曲、分叉或合并、反射同相轴的数量变化、振幅突变解释大小断层外，还采用如下方法提高对断层的解释精度（图 1-2-28）。

（a）剖面上进行精细的断面闭合。

（b）测线联合对比判断小断层的有无及位置。

（c）分析断层产生的力学机制来合理判断和解释一些伴生小断层。

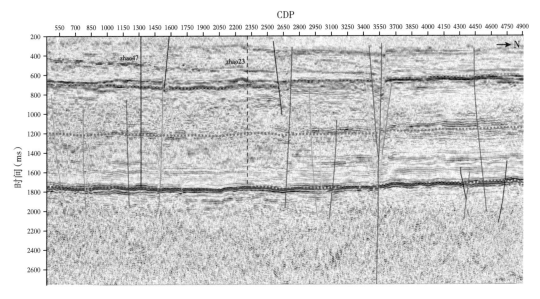

图 1-2-28　某二维地震断层解释剖面

②断层的平面组合。

依据地震剖面上断层的特征即可解释若干断点（对比层位的断点），对比层位间断层滑动面在剖面上表现出线状特征即为断层线，断层线在相交剖面上也应是闭合的，即断面的剖面闭合，反映到平面上则应是断层平面组合。

断点的平面组合一般依据如下原则。

（a）同一断层在平行的测线上的性质相同（同是正断层或逆断层），或有规律地渐变（由正转无断距再转逆或反之），产状基本相同。

（b）同一时期的构造运动形成的断层，其断开的地层层位应基本一致或有规律地变化。

（c）同一断层各处的断距是相近的或沿走向方向有规律地变化。

（d）同一断块内，地层产状的变化应有规律。

（e）区域性大断裂一般平行于区域构造走向，断层两侧的波组有明显差异，但在平行测线上特点相似。

（f）经平面组合后剩余孤立断点应是断距较小、延伸较短、数量最少的。

从区域动力学分析苏 77-召 51 区块不同地质运动时期构造应力场特征，建立断层发育模式，参照平面、立体、剖面等图件，提高断层组合的可靠性和精度，从而准确确定断层的具体位置、延伸方向和延伸长度（图 1-2-29）。

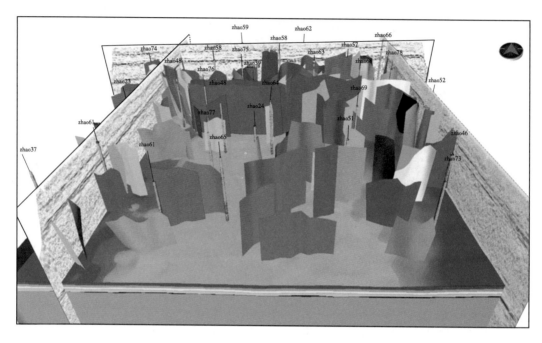

图 1-2-29　断层立体显示

（g）速度模型建立。

速度是地震资料解释中一个非常重要的参数，速度场的形态和梯度变化直接影响到圈闭形态描述精度，从而影响到勘探目标评价及探井设计精度。区内沉积环境的改变、岩性的变化、后期构造运动的影响以及沉积压实作用不同等，均可造成地震波传播速度的空间差异，因此有必要开展速度分析，建立速度场，以提高作图的精度、准确落实构造。

针对中等复杂程度的地质目标，即构造比较平缓，且速度横向变化小，纵向梯度变化也小的地质条件，运用层位控制速度建场，是一种快速建立基于体的速度建模工具。这种建模方法可以用井的时深曲线、叠加速度谱资料、速度函数曲线及地质分层与地震解释层位所产生的伪速度资料建立速度场。井上的时深曲线可以用来校正速度谱建立的模型，而伪速度场又可二次校正经时深曲线校正过的模型（图 1-2-30）。

利用最小二乘法或反距离加权法做时间 t_0 图平面运算，利用所建速度场计算目的层埋深，进一步计算构造形态。采用小网格半径成图，重点突出局部构造细节（图 1-2-31）。

2）储层预测技术

储层厚度预测主要采用了以下三种方法：波形特征归纳、地震相分析、地震属性分析。

（1）波形特征归纳。

地震波形的总体变化与岩性和岩相的变化密切相关，任何与地震波传播有关的物理参数变化都可以反映在地震道波形变化上，因此可以对地震波形的变化进行分析，通过对地震波形进行有效分类，找出波形变化的总体规律，从而达到定性预测砂体的目的。

盒 8 段砂层内部岩性、含气性的非均质性变化较大，砂泥岩间的波阻抗差异有不确定性[7]。根据已知井的合成地震记录和过井地震剖面的反射形态对比，建立几种相对典型的地震反射波形特征模式（图 1-2-32）。

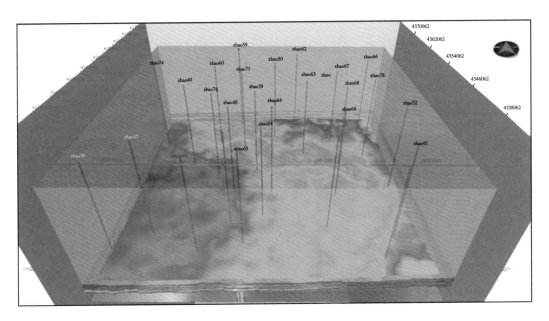

图 1-2-30 速度场立体显示

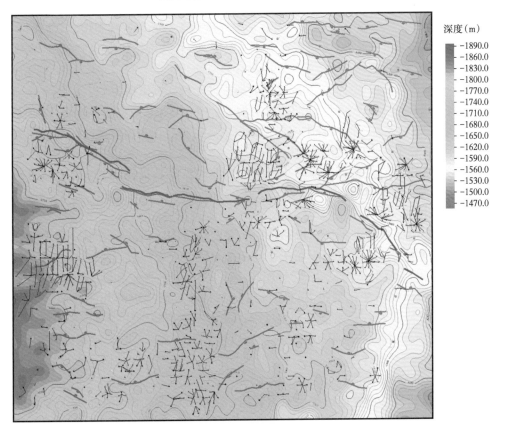

图 1-2-31 区块 T_{P8} 地震反射层构造图

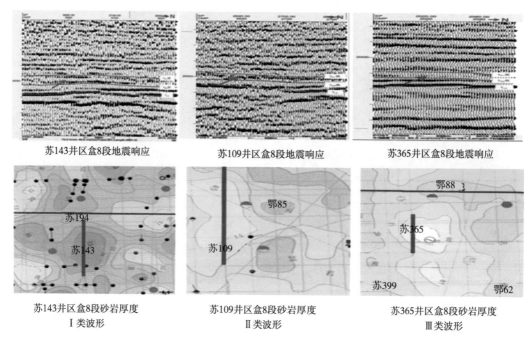

苏143井区盒8段地震响应　　苏109井区盒8段地震响应　　苏365井区盒8段地震响应

苏143井区盒8段砂岩厚度
Ⅰ类波形

苏109井区盒8段砂岩厚度
Ⅱ类波形

苏365井区盒8段砂岩厚度
Ⅲ类波形

图 1-2-32　下石盒子组盒 8 段波形特征图

Ⅰ类：盒 8 段上、下两亚段砂岩发育，砂岩厚度大于 20m。这种类型砂岩储层在地震剖面上的波形特征是 T_{P7} 与 T_{P8} 之间呈现中—强振幅"双相位透镜状波形"特征，含气后特征尤为明显，即为通常所称的"亮点"反射。

Ⅱ类：盒 8 段砂岩厚度在 10~20m 之间。地震波形特征可概括为"复波型"——T_{P8} 与 T_{P7} 之间为中弱振幅单相位波峰反射，T_{P8} 反射为复合中—弱振幅反射，频率低，波形较宽。偏上时与 T_{P7} 波组粘连，形成复合中—弱振幅反射，这种类型波组解释时应特别注意读准盒 8 段地层厚度和 T_{P8} 与 T_{P7} 之间的时差。

Ⅲ类：盒 8 段砂岩欠发育，厚度小于 10m。此时波形特征表现为"相位偏弱或空白型"——T_{P7} 与 T_{P8} 之间为一个中—弱振幅反射。

（2）地震相分析。

地震相分析就是在地震剖面上识别每个层序内独特的反射波组形态。每个反射波组在某些方面与周围其他反射波组应存在不同，在地震剖面上形成异常反射。区分这种异常的要素包括：（1）反射结构；（2）反射连续性；（3）反射的振幅和频率；（4）边界关系，包括反射终止型和横向变化型边界；（5）层速度；（6）反射波组的几何外形态。在地震相图上地震反射特征为一套完整的变化过程，从中—强振幅、中连续振幅（橘色）到席状、连续（黄色）和中—弱振幅，中—连续振幅反射到杂乱—空白、变振幅反射（绿色）（图 1-2-33）。

（3）地震属性分析。

地震属性是指那些由叠前或叠后地震数据，经过数学变换而导出的有关地震波的几何形态、运动学特征、动力学特征和统计学特征的特殊测量值。地震属性分析的目的就是以地震资料为载体从地震资料中提取隐藏的信息，并把这些信息转换成与岩性、物性或油藏参数相关的、可以为地质解释或油藏工程直接服务的信息。属性提取的方法是在给定目的层段的时窗范围内进行瞬时提取、单道时窗提取、多道时窗提取。通过分析比较，发现振幅类属性能好较地反映工区内储层特征，其他类属性只有个别的能满足需要，使用的属性主要有最大波峰振幅、弧长、均方根振幅、远近道能量差等几种（图 1-2-34 和图 1-2-35 ）。

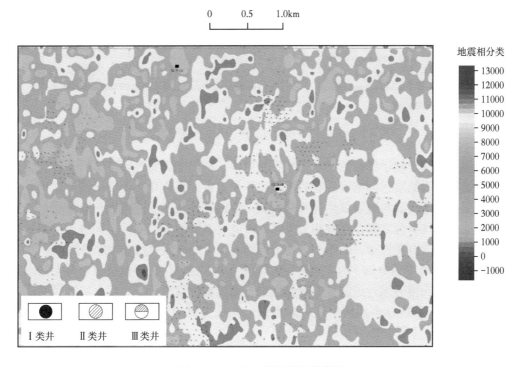

图 1-2-33　盒 8 段地震相分类图

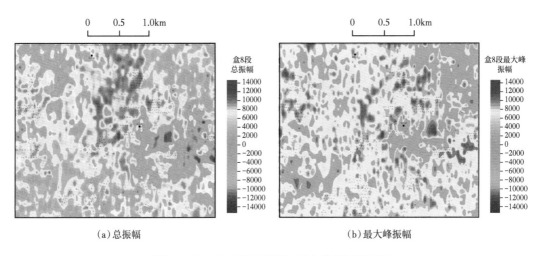

（a）总振幅　　　　　　　　　　（b）最大峰振幅

图 1-2-34　盒 8 段总振幅、最大峰振幅平面图

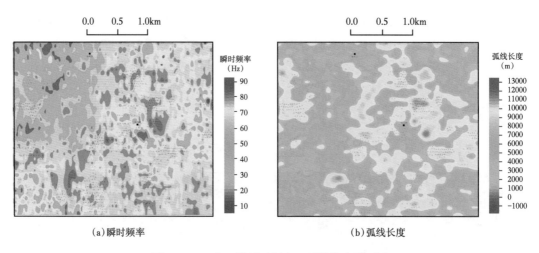

(a)瞬时频率　　　　　　　　　　　　　　　　　(b)弧线长度

图 1-2-35　盒 8 段瞬时频率、弧线长度平面图

由于地震属性与储层参数的关系并非一一对应，利用地震属性预测储层参数必然有多解性，而提高地震储层预测精度的有效途径之一是地震属性优化。地震属性的优化方法可分为地震属性降维映射与地震属性选择两大类。地震属性集的空间维数一般较高，而多数情况下，地震属性参数之间存在着相关关系，因此有必要对地震属性空间进行压缩，从而揭示数据集反映的内在规律，地质上可用于识别有意义的地质目标或作综合解释。

采用 SVD（奇异值分解）的方法进行地震属性降维，应用奇异值分解对最大振幅、均方根振幅、弧线长度、远近道能量差等属性进行地震属性聚类分析，将已经选择的地震属性进行融合，通过 SVD 多地震属性的降维保留反映主要储层及气层分布的特征属性值，用来预测砂岩厚度（图 1-2-36）。

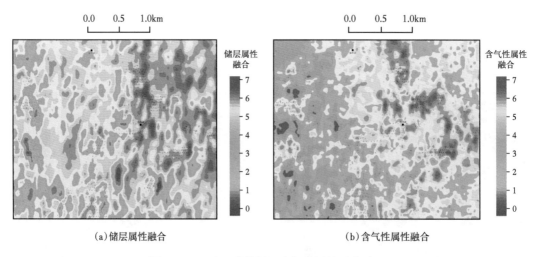

(a)储层属性融合　　　　　　　　　　　　　　　　(b)含气性属性融合

图 1-2-36　盒 8 段储层、含气性属性融合平面

（4）基于相控的非线性随机地震反演技术（智能波形混沌反演）——相控地震反演的基本原理。

在地震相模型的控制下，通过原始数据将各个单个反演问题结合成一个联合反演问题可以降低反演在描述参数几何形态时的单个反演问题的自由度，从本质上提高了地球物理研究的效果。计算过程中采用了非线性随机反演算法，可以有效地提高地震资料的分辨率，并充分考虑地质条件的随机特性，使反演结果更符合实际地质情况。

地震相是沉积相在地震资料上的反映，任何一种地震相均有特定的地震反射特征，即具有特定的几何形态、内部结构，并对应于相应的沉积相。依据地震相的外部几何形态及其相互关系、内部结构，依据其在区域构造背景的位置，结合井的资料进行相转化，可以在宏观上初步确定其对应的沉积相。

为此，可以在地震剖面上对沉积体系进行宏观划分并确定出相界面或层序界面。首先利用本区钻井资料、综合录井资料编制多口井层序划分与地层界面解释对比图。利用这个结果，可以在对应的连井地震剖面图上解释出层序界面，建立层序或相控模型，进而可以在平面上和三维空间勾画出目的层等不同层序间的匹配关系，为地震相控约束反演奠定约束条件。宏观模型最好与构造解释断层、地层起伏特征结合起来。反演过程中由于采用了随机反演算法，因此，地震相界面的划分和宏观模型的建立允许在纵向上有误差。

考虑地下地质的随机性，相控外推计算中采用多项式相位时间拟合方法建立道间外推关系。具体做法是在相界面控制的时窗范围内从井出发，将测井资料得到的先验模型参数向量或井旁道反演出的模型参数向量，沿多项式拟合出的相位变化方向进行外推，参与下一地震道的约束反演。

设 N 为给定的正整数，给定数值 $f(-N)$，$f(-N+1)$，$\cdots$，$f(N)$，则可用一个 $2N$ 多项式拟合数据 $f(x)$，有：

$$f(x) = c_0 p_0(x) + c_1 p_1(x) + \cdots + c_n p_n(x) \tag{1-2-1}$$

这里每个 $p_i(x)$（$i=0$，1，2，$\cdots$，n）为 x 的 i 次多项式，且满足：

$$\begin{cases} p_0(x) = 1 \\ \sum p_k(x) p_m(x) = 0 \end{cases} \tag{1-2-2}$$

$p_k(x)$ 与 $p_m(x)$（$k \neq m$）相互正交。由 $p_0(x) = 1$ 可以递推出全部的 $p_i(x)$（$i > 0$）。一般情况下，对地震信号来说，用三次多项式拟合即可。由式（1-2-2）可得：

$$c_0 = \sum_{-N}^{N} p_0(x) f(x) / \sum_{-N}^{N} p_0^2(x) \tag{1-2-3}$$

有一般形式：

$$c_k = \sum_{-N}^{N} p_k(x) f(x) / \sum_{-N}^{N} p_k^2(x), \quad k = 0, 1, 2, \cdots, n \tag{1-2-4}$$

随机模拟是利用变差函数来描述空间数据场中数据之间的相互关系，进而建立起空间储层参数点之间的统计相关函数。变差函数是指区域化变量 $Z(x)$ 在 x 和 $(x+h)$ 两点处的增量的平方累加起来再除以 2 倍的数据对个数 m，得到的以两点间距 h 为变量的函数值：

$$G(h) = \frac{1}{2m} \sum_{i=1}^{m} [z_i(x) - z_i(x+h)]^2 \qquad (1-2-5)$$

在实际应用中，可以把模型参数（如：速度、密度等测井曲线）作为区域化变量 $Z(x)$ 来进行随机模拟处理。此时 $Z(x)$ 不再是一个简单的数值，而是由测井曲线上的离散点构成的向量，向量的维数由层位或相界面控制下的测井曲线的采样点数来确定。基于变差函数建立的这种统计关系，采用高斯模拟来实现随机模拟处理。即：将模型参数变量作为符合高斯分布的随机变量，空间上作为一个高斯随机场，以高斯随机函数来描述。

由于描述储层空间变化的变差函数是由测井来估算的，在外推计算中测井的高、低频信息被带到每一个地震道，所以在反演处理前有必要对测井曲线进行标准化和重建，一是突出储层特征，二是为了阻断测井误差向后续计算的传递。

基于地震道非线性最优化反演的思想，将地震道与波阻抗关系的目标函数定义为式（1-2-6），即求解目标函数在最小二乘意义下的极小值，若假设岩石密度为常数，则波阻抗反演变换为速度反演：

$$f(v) = \sum_{i=0}^{n-1} \left(S_i^\Delta - D_i \right)^2 \to \min \qquad (1-2-6)$$

式中 v——速度；

S_i^Δ——模型响应，即速度预测结果对应的合成地震记录，由地震子波与反射系数褶积得到；

D_i——实际地震记录；

i——地震记录的采样点序号。

根据 Cook 的广义线性反演思想，用 Taylor 公式将 $(S_i^\Delta - D_i)$ 在初始模型响应 S_i 处展开：

$$S_i^\Delta - D_i = S_i - D_i + \sum_{k=0}^{n-1} \Delta v_k \frac{\partial S_i}{\partial v_k} + \frac{1}{2} \Delta v_k^2 \left(\sum_{k=0}^{n-1} \frac{\partial^2 S_i}{\partial v_k \partial v_j} \right) + \cdots \qquad (1-2-7)$$

式中 S_i——速度初始模型对应的合成地震记录；

Δv——模型参数摄动量。

为便于求解，Cook 忽略了式（1-2-7）中一次项以上的高次项，将非线性问题线性化。这样虽然提高了求解的速度，但却降低了解的精度，不利于薄层反演。为此，保留了二次项，将二次项以上的高次项略掉，即：

$$S_i^\Delta - D_i = S_i - D_i + \sum_{k=0}^{n-1} \Delta v_k \frac{\partial S_i}{\partial v_k} + \frac{1}{2} \Delta v_k^2 \left(\sum_{k=0}^{n-1} \frac{\partial^2 S_i}{\partial v_k \partial v_j} \right) \qquad (1-2-8)$$

对式（1-2-8）求一阶导数，可得：

$$\frac{\partial S_i^\Delta}{\partial \Delta v_j} = \frac{\partial S_i}{\partial v_j} + \sum_{k=0}^{n-1} \Delta v_k \frac{\partial^2 S_i}{\partial v_j \partial v_k}, \ i = 0,1,\cdots,n-1; \quad j = 0,1,\cdots,n-1 \qquad (1-2-9)$$

将式（1-2-9）右端对 Δv 求一阶导数，并令该导数为 0，可得：

$$\sum_{i=0}^{n-1}\frac{\partial\left(S_i^{\Delta}-D_i\right)^2}{\partial\Delta v_j}=2\sum_{i=0}^{n-1}\left(S_i^{\Delta}-D_i\right)\frac{\partial S_i^{\Delta}}{\partial\Delta v_j}=0 \tag{1-2-10}$$

将式（1-2-8）和式（1-2-9）代入式（1-2-10），则有：

$$2\sum_{i=0}^{n-1}\left\{\left[S_i-D_i+\sum_{k=0}^{n-1}\Delta v_k\frac{\partial S_i}{\partial v_k}+\frac{1}{2}\Delta v_k^2\left(\sum_{k=0}^{n-1}\frac{\partial^2 S_i}{\partial v_k\partial v_j}\right)\right]\left(\frac{\partial S_i}{\partial v_j}+\sum_{k=0}^{n-1}\Delta v_k\frac{\partial^2 S_i}{\partial v_j\partial v_k}\right)\right\}=0 \tag{1-2-11}$$

将式（1-2-11）左端展开并化简可得：

$$A\Delta v+B\Delta v+C=0 \tag{1-2-12}$$

从式（1-2-11）至式（1-2-12）的详细推导如下：

$$2\sum_{i=0}^{n-1}\left\{\left[S_i-D_i+\sum_{k=0}^{n-1}\Delta v_k\frac{\partial S_i}{\partial v_k}+\frac{1}{2}\Delta v_k^2\left(\sum_{k=0}^{n-1}\frac{\partial^2 S_i}{\partial v_k\partial v_j}\right)\right]\left(\frac{\partial S_i}{\partial v_j}+\sum_{k=0}^{n-1}\Delta v_k\frac{\partial^2 S_i}{\partial v_j\partial v_k}\right)\right\}=0 \tag{1-2-13}$$

将式（1-2-13）两边除以 2，再将左端展开可得：

$$\begin{aligned}&\sum_{i=0}^{n-1}\left[\left(S_i-D_i\right)\frac{\partial S_i}{\partial v_j}+\frac{\partial S_i}{\partial v_j}\sum_{k=0}^{n-1}\Delta v_k\frac{\partial S_i}{\partial v_k}+\left(S_i-D_i\right)\sum_{k=0}^{n-1}\Delta v_k\frac{\partial^2 S_i}{\partial v_j\partial v_k}\right]\\&+\sum_{i=0}^{n-1}\left[\sum_{k=0}^{n-1}\Delta v_k\frac{\partial S_i}{\partial v_k}\cdot\sum_{k=0}^{n-1}\Delta v_k\frac{\partial^2 S_i}{\partial v_j\partial v_k}+\frac{1}{2}\Delta v_k^2\left(\sum_{k=0}^{n-1}\frac{\partial^2 S_i}{\partial v_k\partial v_j}\right)\left(\frac{\partial S_i}{\partial v_j}+\sum_{k=0}^{n-1}\Delta v_k\frac{\partial^2 S_i}{\partial v_j\partial v_k}\right)\right]=0\end{aligned} \tag{1-2-14}$$

在式（1-2-14）中，省略部分高阶极小量，即将式（1-2-14）中左端第二项省略，简化为：

$$\sum_{i=0}^{n-1}\left[\left(S_i-D_i\right)\frac{\partial S_i}{\partial v_j}+\frac{\partial S_i}{\partial v_j}\sum_{k=0}^{n-1}\Delta v_k\frac{\partial S_i}{\partial v_k}+\left(S_i-D_i\right)\sum_{k=0}^{n-1}\Delta v_k\frac{\partial^2 S_i}{\partial v_j\partial v_k}\right]=0 \tag{1-2-15}$$

为便于理解，将式（1-2-15）用简单形式表示为：

$$A\Delta v+B\Delta v+C=0 \tag{1-2-16}$$

其中：

$$\begin{aligned}A&=\sum_{i=0}^{n-1}\left[\frac{\partial S_i}{\partial v_j}\sum_{k=0}^{n-1}\frac{\partial S_i}{\partial v_k}\right]\\B&=\sum_{i=0}^{n-1}\left[\left(S_i-D_i\right)\sum_{k=0}^{n-1}\frac{\partial^2 S_i}{\partial v_j\partial v_k}\right]\\C&=\sum_{i=0}^{n-1}\left[\left(S_i-D_i\right)\frac{\partial S_i}{\partial v_j}\right]\end{aligned} \tag{1-2-17}$$

利用式（1-2-16）求取模型摄动量 Δv 时，一般多采用矩阵求逆的方法，这样很容易因矩阵奇异而无解。为此，本节将矩阵求逆蜕变为一元一次方程求解来减少反演的多解性，增强其稳定性。由式（1-2-16）求出 Δv，通过式（1-2-18）迭代得到最终的反演速度 v。

$$v^{m+1} = v^m + \Delta v^m \qquad (1-2-18)$$

式中　m——迭代次数。

利用数据驱动的正则化约束提高了分辨率。分辨率和稳定性关系的控制是地球物理反演的核心，将 Hansen 的最优化准则和稀疏贝叶斯理论结合，推导超薄层反演灵敏度方程，建立地震数据驱动智能化储层反演算法，实现分辨率和稳定性的最佳耦合。

$$\Delta \boldsymbol{m}_k = \left[(1+\beta_k)\boldsymbol{G}_{k-1}^{\mathrm{T}}\boldsymbol{G}_{k-1} + \frac{\boldsymbol{C}_{\mathrm{d}_k}}{\boldsymbol{C}_{\mathrm{m}_k}} \right]^{-1} \boldsymbol{G}_{k-1}^{\mathrm{T}} \left(\boldsymbol{d} + \boldsymbol{d}_{\mathrm{Pri}} - \boldsymbol{d}_{k-1} \right) \qquad (1-2-19)$$

建立数据驱动调节分辨率和稳定性的两个矩阵 $\boldsymbol{C}_{\mathrm{d}_k}$、$\boldsymbol{C}_{\mathrm{m}_k}$，其中 $\boldsymbol{C}_{\mathrm{d}_k}$ 是控制分辨率的地震波形残差 ΔS 的协方差矩阵，$\boldsymbol{C}_{\mathrm{m}_k}$ 是控制反演稳定性的模型摄动量 Δv 的协方差矩阵。

随着迭代次数增加，反演趋于稳定，$\boldsymbol{C}_{\mathrm{d}_k}$ 逐渐减小，$\boldsymbol{C}_{\mathrm{m}_k}$ 逐渐增加，$\boldsymbol{C}_{\mathrm{d}_k}/\boldsymbol{C}_{\mathrm{m}_k}$ 变小，反演分辨率升高。新方法大幅提高了薄层的反演精度，可分辨厚度 3m 的薄层。

①相控反演技术基本特点。

在复杂波场油气储层研究中，波阻抗或速度是识别地下介质岩性最有效的参数之一，具有明确的地质意义，地震波阻抗反演技术已成为储层反演和预测的重要技术之一。在召 51 区块召 63 井三维地震区，采用了中国石油大学自行研发的地震相控非线性随机反演技术，在充分吸取宽带约束反演与模型法反演优点的同时，将标准化或重构之后的测井资料与地震信息有机结合，采用非线性最优化理论、随机模拟算法等，保证了反演结果具有明确的地质意义，同时又有较高的纵向分辨率和好的预测性，使反演理论得以创新和发展。

根据图 1-2-37 的储层反演流程，利用地震相控非线性随机反演技术可以得到最终反演速度体。关于地震相控制下的联合反演，Alekseev 研究结论认为：可以从本质上提高地球物理研究的效果。

在复杂波场含气储层研究中，波阻抗或速度是识别地下介质岩性最有效的参数之一，具有明确的地质意义，地震波阻抗反演技术已成为储层反演和预测的重要技术之一。经过三十多年的发展，各种反演软件琳琅满目，让解释人员应接不暇，正确评价使用十分重要。

目前，在实际生产中应用的地震反演技术主要有三大类：（a）基于地震数据的声波阻抗反演；（b）基于模型的测井属性反演；（c）基于地质统计的随机模拟与随机反演。其中，基于地震数据的声波阻抗反演可分为两种，即相对阻抗反演（常说的道积分）与绝对阻抗反演；主要算法有递归反演（早期的地震反演算法）与约束稀疏脉冲反演（优化的地震反演算法）；这种反演受初始模型的影响小，忠实于地震数据，反映储层的横向变化可靠；但分辨率较低。基于模型的测井属性反演可以得到多种测井属性的反演结果，分辨率较高；但受初始模型的影响严重，存在多解性，只有井数多，才能得到较好的结果。基于地质统计的随机模拟与随机反演可以进行各种测井属性的模拟与岩性模拟，分辨率高，能较好地反映储层的非均质性，受初始模型的影响小，在井位处忠实于井数据，在井间忠实于地震数据的横向变化，最终得到多个等概率的随机模拟结果。在本节的研究中，采用了自行研发的地震相控非线性随机反演技术，它与上述三类反演技术不同，具有"取各类方法所长，避其所短"的特点；在充分吸取宽带约束反演与模型法反演优点的同时，将标准化或重构之后的测井资料与地震信息有机结合，采用非线性最优化理论、随机模拟算法等，保证了反演结果具有明确的地质意义，同时又有较高的纵向分辨率和好的预测性，使反演理论得以创新和发展。地震资料的信噪比、多次波等，会对反演结果造成一定的不确定性，在地震资料信噪比高、多次波去除较好的情况下，反演结果的不确定性会大大降低。本方法对薄层的识别具有很大的优势，但当层位埋深较大，储层过薄且横向变化大时，会对勘探开发造成一定的风险。

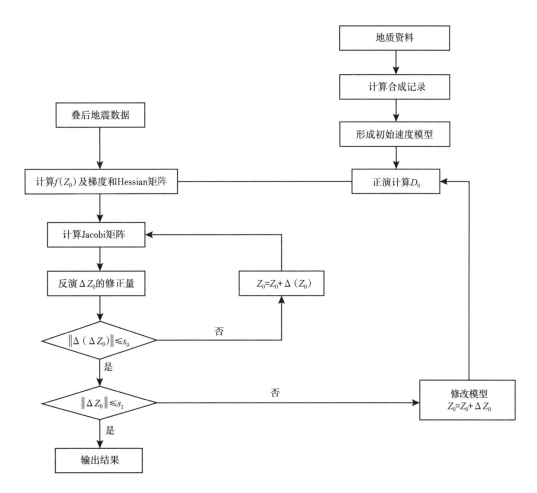

图 1-2-37　叠后相控非线性随机反演流程图

②叠后地震反演效果分析。

在地震反演数据体上抽取任意线剖面，分析反演剖面上展示出的各种沉积现象和速度变化，并对其进行以下描述。

（a）反演结果与实钻资料吻合较好，反演剖面与单井沉积模式相一致。

图 1-2-38 是召 63 井区的召 51-47-14 井、召 63 井、召 51-34-11 井连井剖面，反演结果与测井资料吻合较好，砂岩、泥岩能够和测井所得到的数据吻合。从反演剖面上可以清晰地分辨出砂岩、泥岩、奥陶系石灰岩和煤层。

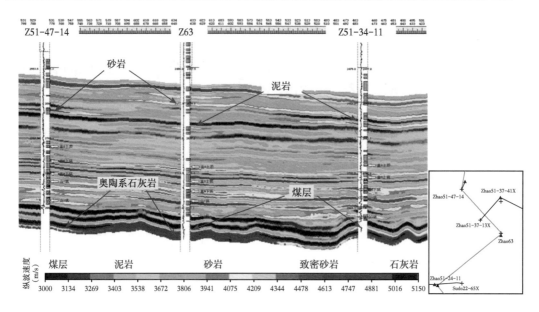

图 1-2-38　召 51-47-14 井、召 63 井和召 51-34-11 井反演效果图

召 63 井测井解释共 14 套砂体，通过反演方法可以识别出 13 套砂体，吻合率达到 92%（图 1-2-39）。

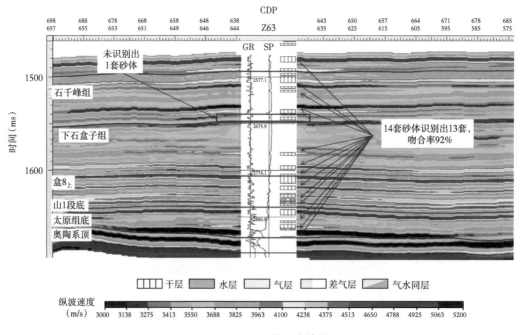

图 1-2-39　召 63 井反演效果图

（b）剖面上不同岩性差异明显。

图 1-2-40 为反演结果泥岩与砂岩纵波速度直方图，纵波速度大于 4000km/s 时，可以认为是砂岩，而在纵波速度小于 4000km/s 时，可以认为是泥岩，通过反演的纵波速度的大小能够有效区分泥岩与砂岩。

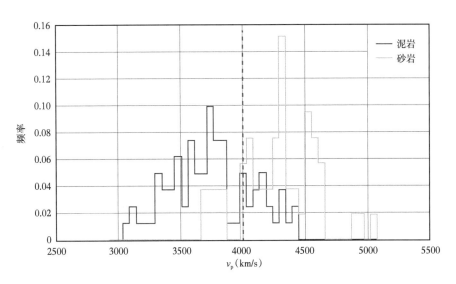

图 1-2-40　泥岩与砂岩纵波速度直方图

（c）不同反演方法结果对比。

新方法反演通过与地质统计学反演、稀疏脉冲反演结果对比，如图 1-2-41 至图 1-2-43 所示，无论是地质统计学反演还是稀疏脉冲反演，均只能分辨出较厚的大层，无法真正有效分辨各个小层，也无法弄清楚薄层砂岩之间的连通关系。新方法反演结果能够识别 3m 左右的薄层，大层之间的薄层能够清晰分辨出来，可以有效地区分大部分的薄层之间的连通关系，从而更加有利于对含油气区的预测。

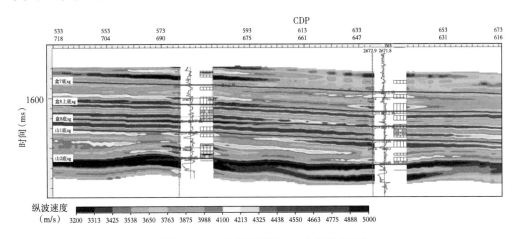

图 1-2-41　本节新反演方法（分辨率高）

（5）有效储层预测技术。

研究表明，通常所指的各种地震含气性预测其实质是一种厚度的预测，即某种孔渗条件下一定厚度储层所表现出的某种属性异常，而不是含气饱和度或者是其他的什么，这个厚度就是该属性的分辨率。苏里格气田储层单层厚度薄，当前的地震技术分辨率显然达不到识别这些单个储层的要求，但苏里格气田的单个气层在富集区内往往多个叠置成气层组合，这使得利用地震技术预测有效储层成为可能。所以利用地震动力学特征的分辨率高于地震时间分辨率这一特点，利用好地震波的动力学特征对有效储层进行预测，即可实现在富集区筛选的基础上进一步优化井位的目标。

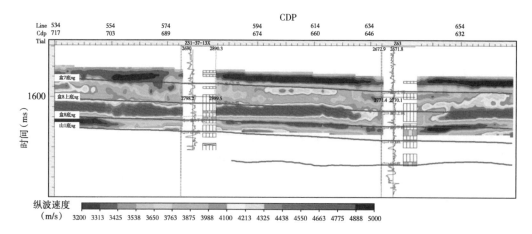

图 1-2-42　地质统计学反演（分辨率低）

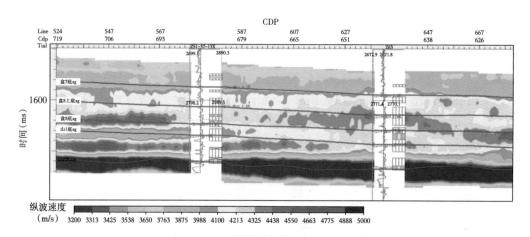

图 1-2-43　稀疏脉冲反演（分辨率低）

在有效储层的弹性参数特征方面，砂岩含气后泊松比的变化是非常明显的，因为泊松比体现了纵横波速度比的变化[8]。当砂岩含气后，由于纵波和横波在流体中传播特性的差异，使得在含气砂岩和干层中，纵波传播速度与横波传播速度产生了较大的差异，有效气层的泊松比与围岩有了很大的区别。

对于苏里格地区上古生界盒8段的有效气层，正演模拟表明在30Hz左右主频的地震道集中，当相对集中的气层厚度大于5m时，盒8段中部的反射（包含有多个不具有AVO特征的其他界面）就具有了明显的AVO现象，反过来，如果在实际的道集中见到了这种明显的AVO现象，就可以判断这里相对集中的气层段的厚度是大于5m的。因此，主要利用叠前反演、AVO分析、吸收衰减及智能化混沌反演开展有效储层预测，其中通过AVO属性分析及吸收衰减分析技术定性预测储层含气性，在此基础上，利用叠前同时反演技术，多参数交会识别有效储层。

①叠前反演技术。

叠前反演技术[9]是利用叠前偏移后的CRP道集数据以及纵波速度、横波速度、密度等测井资料，联合反演出多种岩石物理参数，如纵波阻抗、横波阻抗、纵横波速度比、泊松比等，来综合判别储层岩性、物性及含油气性的一种新技术。

由于CMP道集空间位置与实际地下反射点位置有位移，其并不反映地下垂直位置地质信息，而CRP道集才是空间归位后实际地下的反射点，故必须进行叠前时间偏移产生CRP道集。叠加数据体要求一般需要3~5个，至少应为3个，叠前地震资料必须做好保幅处理，还要尽可能地保持地震道的叠前动力学特征。地震子波直接影响地震反演的正确性，子波提取要注意下面几个问题：因子波的长度（保证一个主峰，两个旁瓣）估算子波时窗；兼顾子波的波形及频谱（振幅谱，相位谱），特别要注意在地震主频带内，相位接近常相位（图1-2-44）。

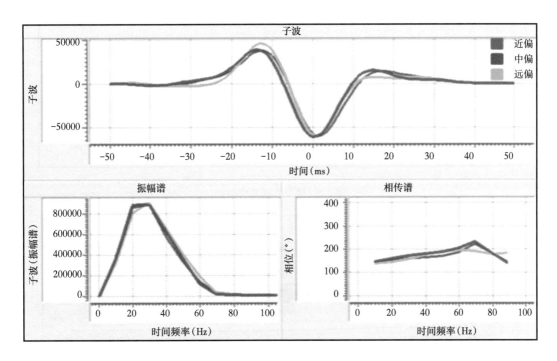

图1-2-44 子波提取图

通过对苏77-召51区块横波测井岩性与纵横波速度、纵横波阻抗、密度、伽马等岩石物理参数交会分析，优选出能够反映储层、含气性相关度较高的地震预测敏感因子（图1-2-45）。

利用层位、构造解释的成果，建立地质模型，利用部分叠加的地震资料与测井曲线获得的弹性波阻抗曲线以及提取的地震子波联合求解，计算出纵波阻抗、横波阻抗、lamrho、murho、泊松比、纵横波速度比、密度等参数（图1-2-46）。

② AVO分析技术。

AVO技术直接利用CDP道集资料或分炮检距叠加资料分析反射波振幅随炮检距（即入射角）的变化规律，从而估算、判断地层的岩性和含气性情况。砂岩具有较泥岩要低的泊松比值和高的速度特性，但当砂岩含气后，泊松比急剧减小，纵波速度也随之快速下降，甚至还常常低于泥岩。AVO 的异常属性应用横波速度作参考，不论砂岩中含何种流体，横波速度仍然保持原有（高速）特性。因此，在 AVO 属性剖面上，砂岩的泊松比为相对低值，横波速度为高值，纵波速度依其孔隙流体状况可能表现为高值或低值。

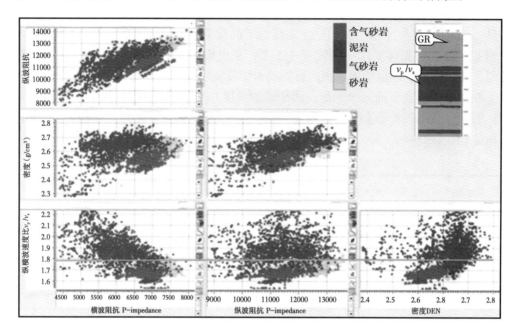

图 1-2-45　敏感参数分析

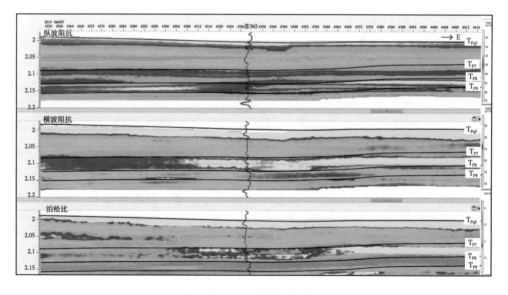

图 1-2-46　叠前反演剖面图

　　AVO 正演模拟研究是采用 AVO 方法进行烃类检测的基础，寻求充分表现 AVO 属性参数与含气性相一致的表现形式，以指导对 AVO 反演参数的解释，或选择合适的参数指示储层的含气特征。首先利用横波测井资料进行叠前 AVO 道集正演分析，通过井资料建立 AVO 正演模型（图 1-2-47）。

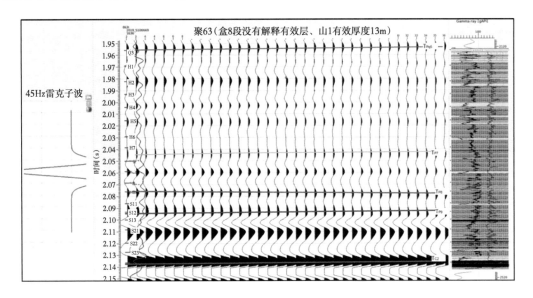

图 1-2-47　AVO 正演模型

开展 P、G 剖面、梯度、截距、流体因子等 AVO 属性分析，预测含气储层分布。将强度、截距、梯度、流体因子各种属性与已知含气井进行比对分析，认为流体因子属性较好地反映了苏 77-召 51 区块的含气情况（图 1-2-48）。

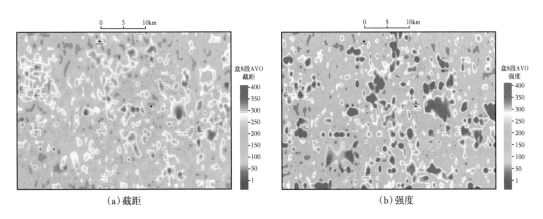

（a）截距　　　　　　　　　　　　　　　　　（b）强度

图 1-2-48　盒 8 段截距、强度平面图

③ 吸收衰减技术。

双相介质中地震波能量存在再分配的波场特征主要表现为低频共振、高频衰减。即地震波在穿过双相介质后各个频率成分的能量分布状况发生了变化，低频成分相对较强，高频成分相对较弱。

在实际应用中，利用特定滤波器提取出地震记录中任何频率成分的动力学信息，采用最大能量扫描法或最大能量累积法分别求取给定的高频、低频敏感段内地下介质地震波场特征信息。具有低频共振、高频衰减特性的区域，就是含有油气的区域，这样便达到了检测识别油气区域和油气丰度的目的（图 1-2-49）。

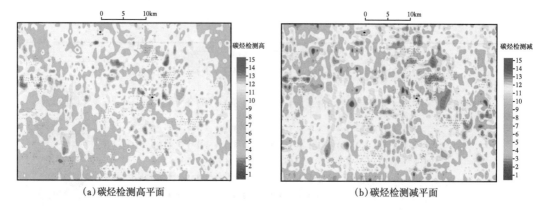

（a）碳烃检测高平面　　　　　　　　　（b）碳烃检测减平面

图 1-2-49　盒 8 段碳烃检测高平面、减平面图

从完钻井入手，明确储层与非储层的地震频谱特征，确定气层、含气层、干层、气水层、水层及非储层的频谱范围；优选油气检测技术开展盒 8 段含气性检测，分析气层、含气层、干层、气水层、水层分布规律。

④流体活动性技术。

流体活动性属性技术是美国加利福尼亚大学劳伦斯伯克利国家实验室 D.B.Silin 等人于 2004 年在低频域流体饱和多孔介质地震信号反射的简化近似表达式研究的基础上开发的一套饱和多孔介质储层流体预测技术。

$$\text{Mobility} \approx A\left(\frac{\rho_{\text{fluid}}}{\eta}\right)K \approx \left(\frac{\partial r}{\partial f}\right)^2 f$$

式中：Mobility 为流体活动性属性（因子）；A 为流体函数；ρ_{fluid} 为流体密度；η 为流体黏度；K 为储层渗透率；f 为地震频率；r 为地震振幅。

公式含义：流体活动性属性与储层渗透率以及储层中包含的流体的密度和黏度有关；同时，流体活动性属性与地震资料的频率以及在地震频谱中该频率的幅值有关。储层含不同流体之后，地震振幅在频谱上具有明显变化，一般表现为"低频增强、高频吸收"。采用频谱低频段的变化率，很好地描述了低频能量的变化，反映储层的渗透性（图 1-2-50）。

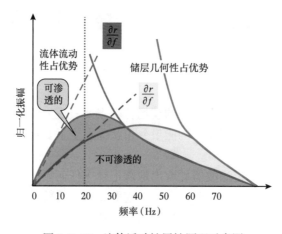

图 1-2-50　流体活动性属性原理示意图

盒 8 段目的层表现为，低频变化率大处反映储层流体活动性较好，低频变化率小处反映储层流体活动性较差（图 1-2-51）。

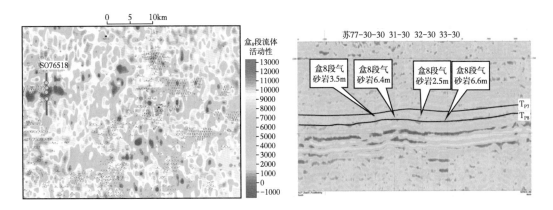

图 1-2-51　盒 8 段流体活动性平面图及流体活动性属性剖面

（6）宽角度自适应叠前地震反演方法（智能波形混沌反演）——叠前地震反演的基本原理。

① Zoeppritz 方程及其简化公式。

根据弹性波动力学有关理论，当平面纵波 P 入射到界面 R 上一点时，在界面两侧将得到反射纵波 R_p、反射横波 R_s 和透射纵波 T_p、透射横波 T_s（图 1-2-52），且满足 Snell 定律：

$$\frac{v_{p1}}{\sin\alpha_1} = \frac{v_{s1}}{\sin\beta_1} = \frac{v_{p2}}{\sin\alpha_2} = \frac{v_{s2}}{\sin\beta_2} \qquad (1\text{-}2\text{-}20)$$

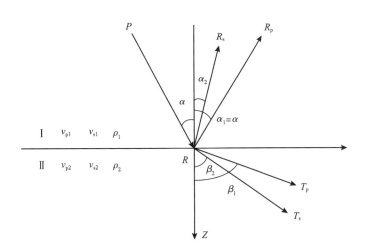

图 1-2-52　P 波在介质分界面上的反射与透射

（a）Zoeppritz 方程。

设界面两侧的纵横波速度和密度分别为：v_{p1}、v_{s1}、ρ_1 和 v_{p2}、v_{s2}、ρ_2，入射角为 α，并引入纵波反射系数 R_p、转换横波反射系数 R_s、纵波透射系数 T_p 和转换横波透射系数 T_s，则根据边界条件解波动方程得出四个波的位移振幅应当满足的 Zoeppritz 方程组为：

$$\begin{bmatrix} \sin\alpha_1 & \cos\beta_1 & -\sin\alpha_2 & \cos\beta_2 \\ \cos\alpha_1 & -\sin\beta_1 & \cos\alpha_2 & \sin\beta_2 \\ \cos 2\beta_1 & -\dfrac{v_{s1}}{v_{p1}}\sin 2\beta_1 & -\dfrac{\rho_2 v_{p2}}{\rho_1 v_{p1}}\cos 2\beta_2 & -\dfrac{\rho_2 v_{s2}}{\rho_1 v_{p1}}\sin 2\beta_2 \\ \sin 2\alpha_1 & \dfrac{v_{p1}}{v_{s1}}\cos 2\beta_1 & \dfrac{\rho_2 v_{s2}^2 v_{p1}}{\rho_1 v_{s1}^2 v_{p2}}\sin 2\alpha_2 & -\dfrac{\rho_2 v_{p1} v_{s2}}{\rho_1 v_{s1}^2}\cos 2\beta_2 \end{bmatrix}\begin{bmatrix} R_p \\ R_s \\ T_p \\ T_s \end{bmatrix}=\begin{bmatrix} -\sin\alpha_1 \\ \cos\alpha_1 \\ -\cos 2\beta_1 \\ \sin 2\alpha_1 \end{bmatrix} \qquad (1\text{-}2\text{-}21)$$

AVO、AVA 技术的核心思想是利用在不同的介质中，反射系数随入射角的变化规律来寻找油气层。因此，必须建立一个具有普遍意义的方程，将反射系数表示成入射角和地层参数的函数。精确的 Zoeppritz 方程满足了以上要求，该方程解析地表述了平面波反射系数与入射角的关系，但其方程组解析解的表达式十分复杂，很难直接分析介质参数对振幅系数的影响。为了明确地表达反射系数与弹性常数的关系，不同的专家利用近似解的方式导出不同的、简化了的 Zoeppritz 方程近似式，其中 Aki & Richards 近似公式和 Shuey 公式在地震反演中最为常用。

（b）Aki & Richards 近似公式。

如果地层分界面两侧介质弹性性质的百分比变化小，则在某一时间 t，水平界面的纵波反射系数可用 Aki & Richards 近似公式来定义。

$$R_p(\theta)=\frac{1}{2}\left(1-4\frac{v_s^2}{v_p^2}\sin^2\theta\right)\frac{\Delta\rho}{\rho}+\frac{\sec^2\theta}{2}\frac{\Delta v_p}{v_p}-4\frac{v_s^2}{v_p^2}\sin^2\theta\frac{\Delta v_s}{v_s} \qquad (1\text{-}2\text{-}22)$$

式中　　v_p，v_s 和 ρ——分别为反射界面两侧介质的纵波速度、横波速度和密度的平均值；

　　　　Δv_p，Δv_s 和 $\Delta\rho$——分别是界面两侧 v_p、v_s 和 ρ 的差；

　　　　θ——纵波入射角和纵波透射角的平均值。

（c）Shuey 近似表达式。

1984 年，Shuey 对前人各种近似进行重新推导，进一步研究了泊松比对反射系数的影响，提出了反射系数的 AVO 截距和梯度的概念，证明了相对反射系数随入射角（或炮检距）的变化梯度主要由泊松比的变化来决定，给出了用不同角度项表示的反射系数近似方程。

Shuey 在 Aki 的基础之上，进一步假设界面上下参数变化不大，将横波速度转换为泊松比，得到 Shuey 三项近似公式：

$$R(\theta)\approx R_0+\left[A_0 R_0+\frac{\Delta\sigma}{(1-\sigma)^2}\right]\sin^2\theta+\left(\tan^2\theta-\sin^2\theta\right)\frac{\Delta v_p}{2v_p} \qquad (1\text{-}2\text{-}23)$$

当纵波反射角度不大于 30° 时，可将 Shuey 三项式中的第三项省去，得到仍然可获得较精确结果的 Shuey 二项近似公式：

$$R(\theta)\approx R_0+\left[A_0 R_0+\frac{\Delta\sigma}{(1-\sigma)^2}\right]\sin^2\theta \qquad (1\text{-}2\text{-}24)$$

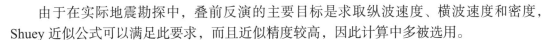

由于在实际地震勘探中，叠前反演的主要目标是求取纵波速度、横波速度和密度，Shuey 近似公式可以满足此要求，而且近似精度较高，因此计算中多被选用。

②叠前三参数同步反演新思路。

基于褶积模型和 Zoeppritz 方程的 Aki & Richards 近似公式，建立如下叠前反演的目标函数：

$$f\left(v_{\mathrm{p}},v_{\mathrm{s}},\rho\right)=\left\|S\left[v_{\mathrm{p}},v_{\mathrm{s}},\rho\right]-D\right\|=\sum_{i=0}^{n-1}\left[S\left(v_{\mathrm{p}},v_{\mathrm{s}},\rho\right)_{i}^{\Delta}-D_{i}\right]^{2}\to\min \quad (1-2-25)$$

式中 v_{p}——纵波速度；

v_{s}——横波速度；

ρ——密度；

D——实际角度地震记录。

$S\left(v_{\mathrm{p}},\ v_{\mathrm{s}},\ \rho\right)=W\cdot R\left(v_{\mathrm{p}},\ v_{\mathrm{s}},\ \rho\right)$，为地震模型响应，其中 $R\left(v_{\mathrm{p}},\ v_{\mathrm{s}},\ \rho\right)$ 为采用 Aki & Richards 近似公式计算的反射系数，W 为地震子波。

对 $S\left(v_{\mathrm{p}},\ v_{\mathrm{s}},\ \rho\right)$ 进行泰勒展开，并省略含二阶以上的高阶项，则有：

$$S\left(v_{\mathrm{p}},v_{\mathrm{s}},\rho\right)_{i}^{\Delta}=S\left(v_{\mathrm{p}},v_{\mathrm{s}},\rho\right)_{i}+\sum_{k=0}^{n-1}\Delta v_{\mathrm{p}_{k}}\frac{\partial S_{i}}{\partial v_{\mathrm{p}_{k}}}+\sum_{k=0}^{n-1}\Delta v_{\mathrm{s}_{k}}\frac{\partial S_{i}}{\partial v_{\mathrm{s}_{k}}}+\sum_{k=0}^{n-1}\Delta\rho_{k}\frac{\partial S_{i}}{\partial\rho_{k}} \quad (1-2-26)$$

将式（1-2-26）代入式（1-2-24）中，为了让式（1-2-24）得到最小值，同时分别对 Δv_{p}，Δv_{s}，$\Delta\rho$ 求导，则有：

$$2\left(-\mathrm{d}S_{i}+\sum_{k=0}^{n-1}\Delta v_{\mathrm{p}_{k}}\frac{\partial S_{i}}{\partial v_{\mathrm{p}_{k}}}+\sum_{k=0}^{n-1}\Delta v_{\mathrm{s}_{k}}\frac{\partial S_{i}}{\partial v_{\mathrm{s}_{k}}}+\sum_{k=0}^{n-1}\Delta\rho_{k}\frac{\partial S_{i}}{\partial\rho_{k}}\right)\sum_{k=0}^{n-1}\frac{\partial S_{i}}{\partial v_{\mathrm{p}_{k}}}=0 \quad (1-2-27)$$

$$2\left(-\mathrm{d}S_{i}+\sum_{k=0}^{n-1}\Delta v_{\mathrm{p}_{k}}\frac{\partial S_{i}}{\partial v_{\mathrm{p}_{k}}}+\sum_{k=0}^{n-1}\Delta v_{\mathrm{s}_{k}}\frac{\partial S_{i}}{\partial v_{\mathrm{s}_{k}}}+\sum_{k=0}^{n-1}\Delta\rho_{k}\frac{\partial S_{i}}{\partial\rho_{k}}\right)\sum_{k=0}^{n-1}\frac{\partial S_{i}}{\partial v_{\mathrm{s}_{k}}}=0 \quad (1-2-28)$$

$$2\left(-\mathrm{d}S_{i}+\sum_{k=0}^{n-1}\Delta v_{\mathrm{p}_{k}}\frac{\partial S_{i}}{\partial v_{\mathrm{p}_{k}}}+\sum_{k=0}^{n-1}\Delta v_{\mathrm{s}_{k}}\frac{\partial S_{i}}{\partial v_{\mathrm{s}_{k}}}+\sum_{k=0}^{n-1}\Delta\rho_{k}\frac{\partial S_{i}}{\partial\rho_{k}}\right)\sum_{k=0}^{n-1}\frac{\partial S_{i}}{\partial\rho_{k}}=0 \quad (1-2-29)$$

由于 $\sum\limits_{k=0}^{n-1}\dfrac{\partial S_{i}}{\partial v_{\mathrm{p}_{k}}}$、$\sum\limits_{k=0}^{n-1}\dfrac{\partial S_{i}}{\partial v_{\mathrm{s}_{k}}}$ 和 $\sum\limits_{k=0}^{n-1}\dfrac{\partial S_{i}}{\partial\rho_{k}}$ 均不能为 0，通过上面三式可以得到：

$$-\mathrm{d}S_{i}+\sum_{k=0}^{n-1}\Delta v_{\mathrm{p}_{k}}\frac{\partial S_{i}}{\partial v_{\mathrm{p}_{k}}}+\sum_{k=0}^{n-1}\Delta v_{\mathrm{s}_{k}}\frac{\partial S_{i}}{\partial v_{\mathrm{s}_{k}}}+\sum_{k=0}^{n-1}\Delta\rho_{k}\frac{\partial S_{i}}{\partial\rho_{k}}=0 \quad (1-2-30)$$

由式（1-2-30）可以观察出，通过这样一个方程来求解三个弹性参数的摄动量 Δv_{p}，Δv_{s} 和 $\Delta\rho$，那么该欠定方程求解时必然有很强的多解性，为了减少其反演产生的多解性，引入多个角度的地震资料来联合反演这三个参数。

假设有三个部分角度的叠加数据，分别为低角度 D_{1}、中角度 D_{2} 和高角度 D_{3}，以 $G\left(v_{\mathrm{p}}\right)$

来代替 $\sum\limits_{k=0}^{n-1}\dfrac{\partial S_i}{\partial v_{\mathrm{p}_k}}$，$G\left(v_{\mathrm{s}}\right)$ 来代替 $\sum\limits_{k=0}^{n-1}\dfrac{\partial S_i}{\partial v_{\mathrm{s}_k}}$，$G\left(\rho\right)$ 来代替 $\sum\limits_{k=0}^{n-1}\dfrac{\partial S_i}{\partial \rho_k}$，则式（1-2-30）可以变化为：

$$-\mathrm{d}S_1 + G_1\left(v_{\mathrm{p}}\right)\Delta v_{\mathrm{p}} + G_1\left(v_{\mathrm{s}}\right)\Delta v_{\mathrm{s}} + G_1\left(\rho\right)\Delta\rho = 0$$

$$-\mathrm{d}S_2 + G_2\left(v_{\mathrm{p}}\right)\Delta v_{\mathrm{p}} + G_2\left(v_{\mathrm{s}}\right)\Delta v_{\mathrm{s}} + G_2\left(\rho\right)\Delta\rho = 0 \qquad （1-2-31）$$

$$-\mathrm{d}S_3 + G_3\left(v_{\mathrm{p}}\right)\Delta v_{\mathrm{p}} + G_3\left(v_{\mathrm{s}}\right)\Delta v_{\mathrm{s}} + G_3\left(\rho\right)\Delta\rho = 0$$

式中，$\mathrm{d}S_1$、$\mathrm{d}S_2$ 和 $\mathrm{d}S_3$ 分别为三个角度的合成与实际地震记录的残差。这样通过式（1-2-31）就可以反复迭代计算出这三个弹性参数体。

式（1-2-31）可以简化为：

$$\begin{bmatrix} G_1\left(v_{\mathrm{p}}\right) & G_1\left(v_{\mathrm{s}}\right) & G_1\left(\rho\right) \\ G_2\left(v_{\mathrm{p}}\right) & G_2\left(v_{\mathrm{s}}\right) & G_2\left(\rho\right) \\ G_3\left(v_{\mathrm{p}}\right) & G_3\left(v_{\mathrm{s}}\right) & G_3\left(\rho\right) \end{bmatrix} \begin{bmatrix} \Delta v_{\mathrm{p}} \\ \Delta v_{\mathrm{s}} \\ \Delta\rho \end{bmatrix} = \begin{bmatrix} \mathrm{d}S_1 \\ \mathrm{d}S_2 \\ \mathrm{d}S_3 \end{bmatrix} \qquad （1-2-32）$$

然后根据求得的三个弹性参数的摄动量 Δv_{p}，Δv_{s} 和 $\Delta\rho$，不断迭代修正初始参数值，最终得到反演的结果。

在式（1-2-32）中，左边的矩阵由 9 个矩阵组成，形式非常复杂，由于每个矩阵都不可逆，这样产生的矩阵将高度不正定，计算起来非常复杂。为了更加方便运算，对式（1-2-32）进行了一定程度上的简化，使其顺利得到计算结果。

由于以 $G\left(v_{\mathrm{p}}\right)$ 来代替 $\sum\limits_{k=0}^{n-1}\dfrac{\partial S_i}{\partial v_{\mathrm{p}_k}}$，$G\left(v_{\mathrm{s}}\right)$ 来代替 $\sum\limits_{k=0}^{n-1}\dfrac{\partial S_i}{\partial v_{\mathrm{s}_k}}$，$G\left(\rho\right)$ 来代替 $\sum\limits_{k=0}^{n-1}\dfrac{\partial S_i}{\partial \rho_k}$，并且依据 $S\left(v_{\mathrm{p}},\ v_{\mathrm{s}},\ \rho\right) = W: R\left(v_{\mathrm{p}},\ v_{\mathrm{s}},\ \rho\right)$，可以推导出：

$$\sum_{k=0}^{n-1}\frac{\partial S_i}{\partial v_{\mathrm{p}_k}} = W\left(i-k+1\right)\cdot\frac{\partial R_i}{\partial v_{\mathrm{p}_{k+1}}} + W\left(i-k\right)\cdot\frac{\partial R_i}{\partial v_{\mathrm{p}_k}} \qquad （1-2-33）$$

$$\sum_{k=0}^{n-1}\frac{\partial S_i}{\partial v_{\mathrm{s}_k}} = W\left(i-k+1\right)\cdot\frac{\partial R_i}{\partial v_{\mathrm{s}_{k+1}}} + W\left(i-k\right)\cdot\frac{\partial R_i}{\partial v_{\mathrm{s}_k}} \qquad （1-2-34）$$

$$\sum_{k=0}^{n-1}\frac{\partial S_i}{\partial \rho_k} = W\left(i-k+1\right)\cdot\frac{\partial R_i}{\partial \rho_{k+1}} + W\left(i-k\right)\cdot\frac{\partial R_i}{\partial \rho_k} \qquad （1-2-35）$$

在前面就反射系数对三个参数的偏导公式进行了推导，可以观察出前面两项数值非常小，第三项占主要作用，这样对于相同的参数和不同的角度时，就仅仅与 $\sec^2(\theta)$ 的倍数相关；反射系数对横波速度的导数对于相同的参数和不同的角度时，仅仅与 $\sin^2(\theta)$ 的倍数相关；假设纵波与横波速度比为 2，则对于相同的参数和不同的角度时，仅仅与 $\cos^2(\theta)$ 的倍数相关。因而简化得到：

$$G_1(v_p)/G_2(v_p)/G_3(v_p) = \sec^2(\theta_1)/\sec^2(\theta_2)/\sec^2(\theta_3) \tag{1-2-36}$$

$$G_1(v_s)/G_2(v_s)/G_3(v_s) = \sin^2(\theta_1)/\sin^2(\theta_2)/\sin^2(\theta_3) \tag{1-2-37}$$

$$G_1(\rho)/G_2(\rho)/G_3(\rho) = \cos^2(\theta_1)/\cos^2(\theta_2)/\cos^2(\theta_3) \tag{1-2-38}$$

令：

$$G(v_p) = G_1(v_p) + G_2(v_p) + G_3(v_p) \tag{1-2-39}$$

$$G(v_s) = G_1(v_s) + G_2(v_s) + G_3(v_s) \tag{1-2-40}$$

$$G(\rho) = G_1(\rho) + G_2(\rho) + G_3(\rho) \tag{1-2-41}$$

$$A = \sec^2(\theta_1) + \sec^2(\theta_2) + \sec^2(\theta_3) \tag{1-2-42}$$

$$B = \sin^2(\theta_1) + \sin^2(\theta_2) + \sin^2(\theta_3) \tag{1-2-43}$$

$$C = \cos^2(\theta_1) + \cos^2(\theta_2) + \cos^2(\theta_3) \tag{1-2-44}$$

那么，式（1-2-32）则变为：

$$\begin{bmatrix} \dfrac{\sec^2(\theta_1)}{A}G(v_p) & \dfrac{\sin^2(\theta_1)}{B}G(v_s) & \dfrac{\cos^2(\theta_1)}{C}G(\rho) \\ \dfrac{\sec^2(\theta_2)}{A}G(v_p) & \dfrac{\sin^2(\theta_2)}{B}G(v_s) & \dfrac{\cos^2(\theta_2)}{C}G(\rho) \\ \dfrac{\sec^2(\theta_3)}{A}G(v_p) & \dfrac{\sin^2(\theta_3)}{B}G(v_s) & \dfrac{\cos^2(\theta_3)}{C}G(\rho) \end{bmatrix} \begin{bmatrix} \Delta v_p \\ \Delta v_s \\ \Delta \rho \end{bmatrix} = \begin{bmatrix} dS_1 \\ dS_2 \\ dS_3 \end{bmatrix} \tag{1-2-45}$$

进一步可以简化为：

$$\begin{bmatrix} G(v_p)\Delta v_p \\ G(v_s)\Delta v_s \\ G(\rho)\Delta \rho \end{bmatrix} = \begin{bmatrix} \dfrac{\sec^2(\theta_1)}{A} & \dfrac{\sin^2(\theta_1)}{B} & \dfrac{\cos^2(\theta_1)}{C} \\ \dfrac{\sec^2(\theta_2)}{A} & \dfrac{\sin^2(\theta_2)}{B} & \dfrac{\cos^2(\theta_2)}{C} \\ \dfrac{\sec^2(\theta_3)}{A} & \dfrac{\sin^2(\theta_3)}{B} & \dfrac{\cos^2(\theta_3)}{C} \end{bmatrix}^{-1} \begin{bmatrix} dS_1 \\ dS_2 \\ dS_3 \end{bmatrix} \tag{1-2-46}$$

依据式（1-2-46），则可以计算出 $G(v_p)\Delta v_p$、$G(v_s)\Delta v_s$ 和 $G(\rho)\Delta \rho$，同样可以得到三个弹性参数的摄动量 Δv_p，Δv_s 和 $\Delta \rho$，其表达式为：

$$\Delta\rho = \rho_{(j+1)} - \rho_{(j)}, \rho = (\rho_{(j+1)} + \rho_{(j)})/2$$
$$\Delta v_{\mathrm{p}} = v_{\mathrm{p}(j+1)} - v_{\mathrm{p}(j)}, v_{\mathrm{p}} = (v_{\mathrm{p}(j+1)} + v_{\mathrm{p}(j)})/2 \qquad (1\text{-}2\text{-}47)$$
$$\Delta v_{\mathrm{s}} = v_{\mathrm{s}(j+1)} - v_{\mathrm{s}(j)}, v_{\mathrm{s}} = (v_{\mathrm{s}(j+1)} + v_{\mathrm{s}(j)})/2$$

$v_{\mathrm{p}(j)}$，$v_{\mathrm{s}(j)}$，$\rho_{(j)}$ 代表上覆介质的纵波速度、横波速度和密度，$v_{\mathrm{p}(j+1)}$，$v_{\mathrm{s}(j+1)}$，$\rho_{(j+1)}$ 代表下伏介质的纵波速度、横波速度和密度（$j=0$，1，$\cdots$，n），对于采样点 t_k 处的两层介质，其下伏介质三参数表达式为：

$$\rho_{(j+1)} = \left(\frac{1}{2} + \frac{\Delta\rho/\rho}{2 - \Delta\rho/\rho} \right) \rho_{(j)}$$

$$v_{\mathrm{p}(j+1)} = \left(\frac{1}{2} + \frac{\Delta v_{\mathrm{p}}/v_{\mathrm{p}}}{2 - \Delta v_{\mathrm{p}}/v_{\mathrm{p}}} \right) v_{\mathrm{p}(j)} \qquad (1\text{-}2\text{-}48)$$

$$v_{\mathrm{s}(j+1)} = \left(\frac{1}{2} + \frac{\Delta v_{\mathrm{s}}/v_{\mathrm{s}}}{2 - \Delta v_{\mathrm{s}}/v_{\mathrm{s}}} \right) v_{\mathrm{s}(j)}$$

当通过测井资料已知 $\rho_{(0)}$，$v_{\mathrm{p}(0)}$，$v_{\mathrm{s}(0)}$ 后，就可以依次求得这一道的三个参数，在计算出某一道的值之后，利用已知的道作为初始值，利用道外推的方法计算出下一道，以此类推，这样就能计算得到整个数据体的纵波速度、横波速度和密度（v_{p}，v_{s}，ρ）。

其求解过程只需要 $G(v_{\mathrm{p}})$、$G(v_{\mathrm{s}})$ 和 $G(\rho)$ 的逆矩阵，而不需要求解式（1-2-32）中那么复杂的矩阵。但是在实际应用中，$G(v_{\mathrm{p}})$、$G(v_{\mathrm{s}})$ 和 $G(\rho)$ 也存在着不可逆的情况，为了顺利求解到最终结果，在叠前反演中引入贝叶斯的基本理论，通过求解自适应的阻尼因子，对原矩阵进行适当改变来实现求解。

3）叠前多参数反演技术基本特点

与常规叠前反演方法相比，本次采用的叠前多数联合反演含气性检测技术，在多方面具有明显的先进性。

由于采用多角度（角道集），多参数（纵横波速度、密度）反演处理，使得常规的叠前反演存在计算量大，稳定性差和预测精度低等众多问题，也使得叠前地震反演总体处于不成熟的状况，难以有效地进行油气检测。

进入 21 世纪以来，随着油气勘探难度增大，对技术要求的提高和技术进步，各国地球物理学家相继采用各种方法对叠前反演技术进行改进，取得一定的效果，1999 年，A.Ferre，Jin 相继采用最小中值平方（LMS）方法、单值分解（SVD）方法来改进反演 AVO 属性，在一定程度上提高了叠前反演的稳定性；2001 年 Jonathan E.Downto 提出了基于贝叶斯理论约束的三参数 AVO 反演，在一定程度上改善了叠前反演的可靠性；2003 年 BOIang 和 Omrwe 基于贝叶斯理论，利用叠前地震数据，从模型参数与观察数据的联合分布推导出纵横波速度及密度反演方程，在前人基础上又进了一大步；2005 年，Hampson 和 Russell 结合叠后波阻抗公式推导的思想，给出了叠前 AVO 波阻抗反演公式，在一定程度上提高了叠前反演的精度和稳定性。

尽管许多物理学家在叠前地震反演上做了许多努力，改进和完善了叠前地震反演的效果，推进了叠前地震反演在含气性检测中的应用，但仍然尚未很好解决一个致命的问题：

由于纵横波速度和密度等弹性参数对反射系数的贡献不同，导致纵波速度、横波速度与密度之间的反演精度差异较大，算法不稳定，影响叠前反演的应用效果，具体表现在反演精度不高、稳定性差，对地质特征的揭示程度不明显，图 1-2-53 是某地区同一剖面不同角度的弹性波阻抗反演剖面，说明了这种情况。

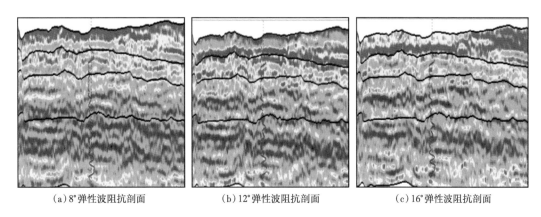

(a)8°弹性波阻抗剖面　　　(b)12°弹性波阻抗剖面　　　(c)16°弹性波阻抗剖面

图 1-2-53　召 63 井区同一剖面不同角度的弹性波阻抗反演剖面

为了有效提高叠前反演对于含气性检测的预测效果，在常规叠前多参数联合反演方法基础上，通过三个措施和环节，明显改善了叠前反演含气性检测效果。

（1）优化反演算法，提高反演计算效率和精度。

大量甚至海量的计算一直困扰着叠前地震反演的计算效率和精度，本次工作通过不同角度地震记录对弹性参数的求导，寻找纵横波和密度矩阵之间的关联关系，将九个三参数算法矩阵简化为三个，大大减小了计算量而又保证了计算精度（图 1-2-54），提高了叠前反演的计算效率。

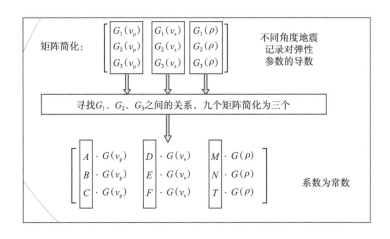

图 1-2-54　优化叠前算法的矩阵简化示意图

（2）引入贝叶斯理论。

反演稳定性差一直是制约叠前反演工业化推广应用的主要问题之一，在叠前反演中，调节稳定性和分辨率的通常做法是，在矩阵的主对角上加一个固定的常数（阻尼因子）。但这样做的缺点是反演效果随意性大，精度低。为了抑制这个缺点，引入贝叶斯理论，结合似然函数和先验随机约束信息，有效提高了反演精度和稳定性。

（3）叠前弹性参数一致性算法研究。

从前面分析可知，纵横波速度和密度等弹性参数对反射系数的贡献大小不同是导致叠前反演精度低、算法不稳定的主要问题，但参数之间往往有一定的相互关系，本次改进工作充分利用各弹性参数之间的相互关系进行约束，利用弹性参数的变化范围作为最大值和最小值，用于约束反演过程，大大增强了参数间的一致性，进而有效提高了叠前反演的精度。

由此而知，通过优化反演算法，引入贝叶斯理论和利用弹性参数之间的相互关系度，使叠前反演结果更加符合实际情况。

4）预测横波速度

横波速度是进行叠前多参数反演和流体识别等工作中不可或缺的基础资料，由于本项目研究的工区没有横波速度数据，加之该工区油水关系极其复杂，因此，横波预测等岩石物理建模工作是本次研究中的重点之一。

目前关于横波速度预测的方法，主要分为两大类：

（1）统计拟合法（简单、误差大，复杂岩性区不适用）；

（2）基于岩石物理建模的横波预测方法（复杂、误差小，适应复杂岩性），本节采用该方法进行横波速度估计。

基于 P-L 骨架模型预测横波速度，为地震反演提供约束。

第一步：计算泥质含量 V_{sh}，利用测井响应方程和优化算法求孔隙度 ϕ 以及各组分含量，查表获得矿物组分和孔隙流体的体积模量 M，K_f。

第二步：基质弹性模量 K_m、μ_m 的计算采用 Voigt-Reuss-Hill（VRH）平均公式：

$$
\begin{cases}
M_v = \displaystyle\sum_{i=1}^{N} f_i M_i \\
\dfrac{1}{M_R} = \displaystyle\sum_{i=1}^{N} \dfrac{f_i}{M_i}
\end{cases}
\begin{cases}
K_m = \dfrac{M_v + M_R}{2} = \dfrac{K_v + K_R}{2} \\
\mu_m = \dfrac{M_v + M_R}{2} = \dfrac{\mu_v + \mu_R}{2}
\end{cases}
\tag{1-2-49}
$$

第三步：将上述求出的参数代入由 K_m、μ_m、ϕ、K_f 表示的纵波速度表达式得到固结指数 α。

第四步：将固结指数 α、P-L 模型公式和横波速度公式联立就可以求得预测的横波速度。

$$
\begin{cases}
K_{dry} = \dfrac{K_{mat}(1-\phi)}{(1+\alpha\phi)} \\
\mu_{dry} = \dfrac{\mu_{mat}(1-\phi)}{(1+1.5\alpha\phi)}
\end{cases}
\tag{1-2-50}
$$

$$\begin{cases} \phi = \dfrac{1}{(1+\alpha\varphi)} \\ \xi = \dfrac{1}{(1+\gamma\alpha\varphi)} \end{cases}, \quad \gamma = \dfrac{1+2\alpha}{1+\alpha} \qquad (1\text{-}2\text{-}51)$$

$$\begin{cases} \mu_{\text{dry}} = \dfrac{\mu_{\text{mat}}(1-\phi)}{(1+1.5\alpha\phi)} \\ v_s = \sqrt{\dfrac{\mu_{\text{dry}}}{\rho}} \end{cases} \qquad (1\text{-}2\text{-}52)$$

式中　φ——拟固结系数。

利用预测横波和实测纵波计算召 51-43-17 井泊松比和纵横波速度比，其低泊松比和纵横波速度比指示七套气层与测井解释一致，进一步说明横波预测效果较好（图 1-2-55）。

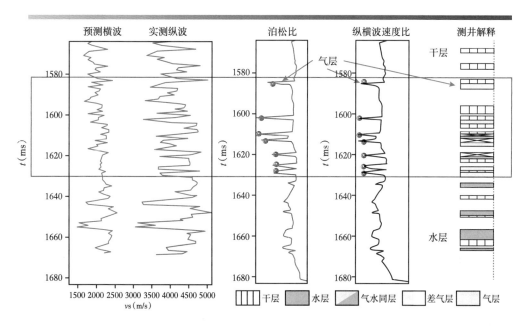

图 1-2-55　横波预测效果

5）叠前反演效果分析

（1）纵横波速度比和泊松比数据与测井含气特征吻合度高。

通过岩石物理分析可得知，召 63 井区最有利于分选出含气层和非含气层的参数为纵横波速度比和泊松比，故优选纵横波速度比和泊松比作为识别含气储层的敏感参数。如图 1-2-56 所示，无论是在纵横波速度比剖面还是在泊松比剖面上，测井上含气的井段对应了剖面上浅色区带，能够有效识别含气储层。

（2）泊松比连井剖面能够检测出含气储层的井间变化。

如图 1-2-57 所示，可以看出召 51-34-7X 井和召 51-34-9X 井在盒 8$_\text{上}$ 段底附近的含气层之间不是相互连通的，而召 51-34-7X 井、召 51-34-9X 井和召 51-34-8X 井在盒 8$_{下}$ 段底与山 1 段底附近的含气储层是连通的。

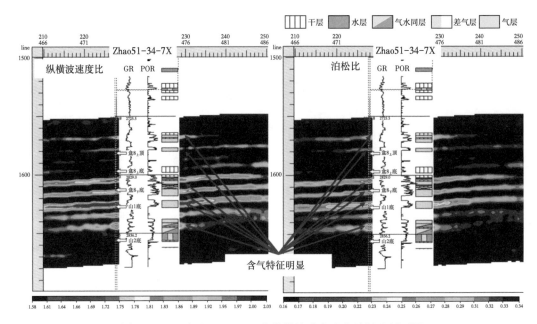

图 1-2-56　过召 51-34-7X 井纵横波速度比和泊松比剖面图

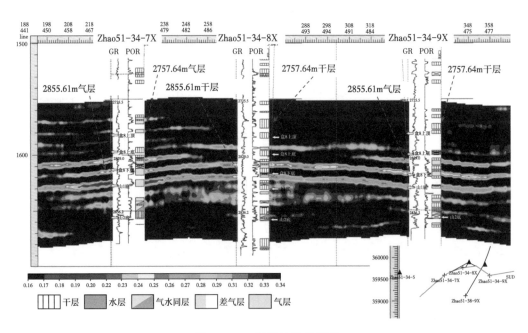

图 1-2-57　泊松比连井剖面

（3）叠前反演流体预测结果与叠后反演砂体预测结果对比。

由图 1-2-58 和图 1-2-59 可知，叠前反演流体预测的含气层大致与叠后反演砂体预测砂层所匹配，部分砂层不含有流体，部分砂体含有气藏，符合地质规律。

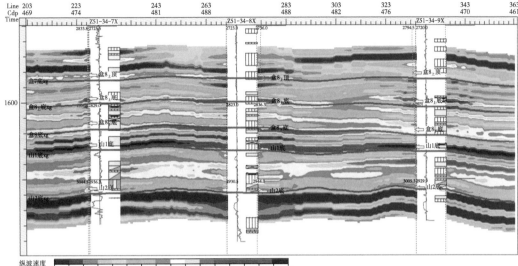

图 1-2-58 叠后反演砂体预测结果

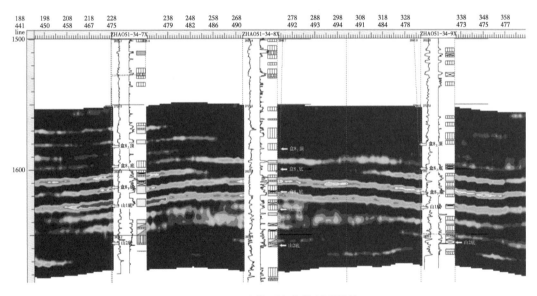

图 1-2-59 叠前反演流体预测结果

（4）新反演方法和地质统计学流体检测、稀疏脉冲反演流体检测对比。

新方法在垂向上能够清晰分辨出各个含流体的小层，清晰地展现出垂向上相邻小层含流体层的连通状况，与井测得的含流体层吻合度较好，分辨率较高；而地质统计学流体检测虽然能够大致区分较大层之间的流体连通关系，但是大层之间的内部小层连通关系无法区分，尤其是薄层更加无法区分，反演结果次于新反演方法。而稀疏脉冲反演流体检测几乎无法在剖面上看出流体在上下层间的关系，分辨率低（图 1-2-60 至图 1-2-62）。

99

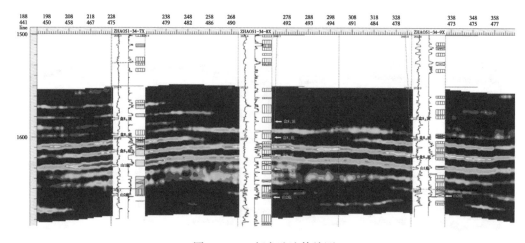

图 1-2-60 新方法流体检测

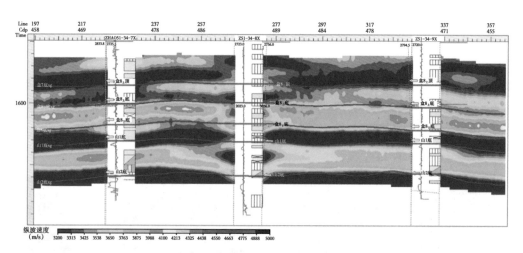

图 1-2-61 地质统计学流体检测

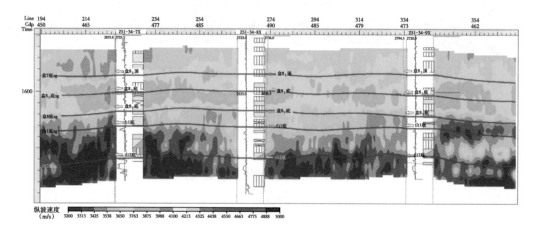

图 1-2-62 稀疏脉冲反演流体检测

四、井位优选部署技术

苏 77-召 51 区块储层非均质性严重，通过密井区砂体构型解剖及野外露头观察，单期河道宽度在 50~400m 之间，纵横向变化大，泥质隔夹层发育，加之微构造对气水的控制作用，井位部署风险较大。经过近年的探索实践，逐渐形成了一套"整体部署、择优建产、滚动实施、动态调整、完善井网"的高含水致密砂岩气藏井位部署路线，该思路实质是"实践到认识、再由认识到实践"不断往复的认知过程，以此来保障部署成功率。

1. 井位优选技术流程

开发井位的优化部署对于含水气藏的效益开发显得极为重要，针对历年来井位部署遇到的问题，近年持续开展攻关，通过地震处理与解释相结合、地震与地质相结合、成熟技术与前沿技术相结合，进一步提高了构造解释及含气检测精度，确保了天然气富集区准确落实。其中针对高含水区、致密区，采用模型正演、岩石物理分析等技术，充分挖掘地震资料叠前信息，利用连片处理的分偏移距叠加资料，结合 AVO 分析、属性分析、叠前反演、弹性参数交会等技术成果，综合评价有利区（图 1-2-63）。

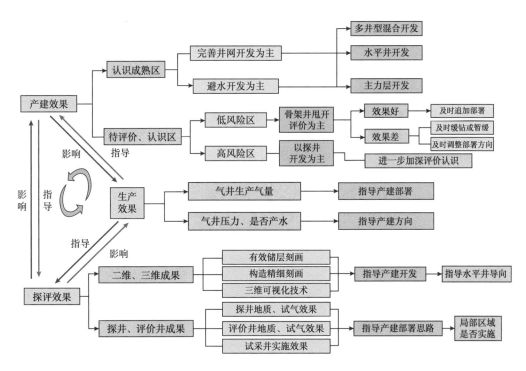

图 1-2-63　产建目标及井位部署流程图

通过多年技术应用与积累，井位优选已从单一"常规亮点、近中远叠加剖面"到综合应用"构造分析、模型正演、角道集、吸收衰减、流体因子、属性融合"等多种含气性预测技术，并加强了地质与地震工作结合，通过井震砂体、储层预测及微构造精细刻画，深化"单点认识、线上分析、面上研究"，采取"边认识、边评价，时部署、时调整"滚动建产方式，合理优化部署及井型组合，确保了钻探成功率。

井位部署流程主要是紧密围绕构造刻画、储层预测这条主线，按照"探井探路、评价

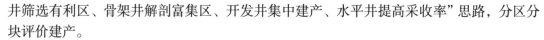

井筛选有利区、骨架井解剖富集区、开发井集中建产、水平井提高采收率"思路,分区分块评价建产。

（1）评价区部署。

主要通过二维地震、探井、评价井进行河道带识别和有效性评价,在区域上优选出若干个具有一定规模的有利区。筛选的有利区可作为下一步建产区,或者是稳产接替区。

针对高风险区域,以评价井部署为主,部署遵循以下原则:

①具有区块优选意义,井位选择要考虑一定程度甩开;

②需地震测线控制,根据构造,结合烃类检测结果和波形特征优选部署。

针对低风险区,以骨架井解剖为主,骨架井部署遵循以下原则:

①具有气藏解剖意义,部署在有利区内,以落实微构造、砂体及气水为目标;

②以开发井井网为基础,根据烃类检测结果和波形特征落实井位;

③需要分批实施,动态调整。

（2）有利区部署。

经过骨架井精细解剖之后,河道带分布的轮廓已经基本清楚,工区认识比较成熟,可以考虑按照规划设计的井网在河道带上集中部署一批开发井,形成一定规模产能。井位部署遵循以下原则:

①具有细化河道带和建产双重意义,按照方案设计的基础井网进行部署;

②部署在有利河道位置,为配合快速投产,井位部署考虑相对集中的原则;

③有地震测线控制,根据地震测线烃类检测结果和波形特征选择有利位置布井。

（3）井网完善或加密区部署。

对于有利区,通过开发井集中建产,在区块认识程度已经相当高的情况下,对于基础井网难以控制的有利区域,可以考虑实施加密井,通过加密井的实施达到两个目的:一是提高气藏采收率;二是通过井间接替实现有利区自身稳产。加密井部署遵循以下几个原则:

①地质上,通过精细储层描述,认为有潜力的区域;

②对于多层系复合区域,可以针对接替层系实施加密井;

③静态参数显示较好,但生产动态较差的"高压低产"区域。

2. 井位优选技术应用

结合断层、构造、井信息、AVO 分析、油气检测、砂体厚度、主河道等成果,以 AVO 含气性、有效储层厚度和主河道带预测结果为主,并参照已知井钻探结果进行综合评价部署。

通过对地震储层预测方法的优化组合,建立了区块井位预测模式,构建"断裂 + 构造 + 储层"的三元成藏模式,其中,储层是基础,断裂形成高渗透通道进行气水分异,关键是形成有效圈闭,三者匹配良好易高产,具体表现为"远断层、高构造、AVO 异常、高横波阻抗、低泊松比"的选井模式（图 1-2-64 和表 1-2-4）。

图 1-2-65 是典型实例。图中井点处道集上看到了明显振幅随偏移距增强的 AVO 现象,通过叠前反演,在弹性阻抗的交会剖面上井点处具有较厚的气层。弹性参数上,横波表现为连续的高阻抗,说明岩性的相对均一,砂岩较厚,而纵波则为明显的低阻抗,泊松比的低值也表明了含气的有利部位。吸收剖面上,也表现为明显高于周围的衰减异常,据此,综合预测该井为 I 类井。实钻该井在盒 8 段钻遇砂层厚度 31m,测井解释气层厚度达 15.9m。

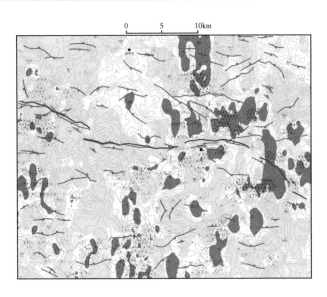

图 1-2-64 苏 77-召 51 区块断层及有利区分布图

表 1-2-4 井位优选模式表

储层特征	构造特征	地球物理响应特征				方法有效性评价
		叠加剖面	横波阻抗	AVO 类型	纵横波速度比	
砂体单层厚度大，厚的大于 25m；砂体总厚度 35~45m 之间	构造高点（幅度 5~30m）鼻隆位置	亮点反射	高横波阻抗（资料要求高）	Ⅲ类为主	低纵横波速度比	构造＋亮点＋AVO

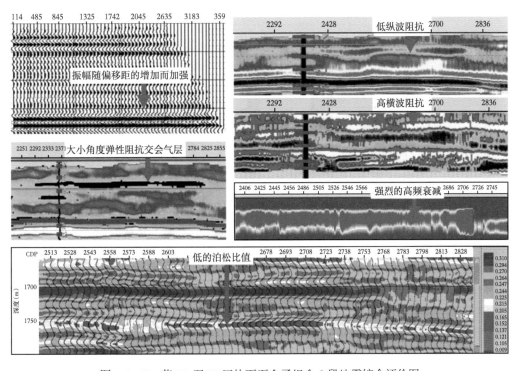

图 1-2-65 苏 77-召 51 区块下石盒子组盒 8 段地震综合评价图

第四节 录测井评价技术

苏里格气田致密砂岩有广覆式生烃特征，整体强度较弱；构造幅度较小，河道之间被间湾隔开，区内的水只能就近排向附近的构造低部位。大部分河道边部储层物性较差，岩性细，非均质强，孔隙结构复杂，气驱不彻底，泥质束缚水含量高。产水层在平面上分布零散，纵向上气、水关系复杂，压裂后产水量大小不一，导致常规录测评价技术应用效果较差，增加气田开发难度。从基础地质出发，宏观及微观地质结合分析储层四性关系、不同流体特征；分层系建立储层参数计算模型可有效提高参数精度；分层系建立交会解释图版，可有效提高测井气水识别能力；应用侧向—感应联合测井，可有效识别气水层，高分辨率阵列感应测井曲线对含水储层表现特征明显。发挥特殊测井优势，利用核磁测井和偶极声波测井建立特殊测井流体评价方法；利用电成像测井和偶极声波测井分析地层压力、水平应力等参数，为工程提供实施依据。通过多系列测井综合应用，形成了苏 77-召 51 区块精细储层综合评价测井技术体系，为苏里格气田高效开发提供技术保障。

一、复杂四性关系特征

1. 岩性与物性

苏 77-召 51 区块储层的岩性以中粗砂岩为主，不同岩性之间物性差异较大，粗砂岩、砾岩物性较好，其次为中砂岩，细砂岩物性较差。随着储层粒度的变粗，储层物性变好（图 1-2-66）。另外分析不同岩性孔渗关系也可以发现，随着粒度的增加，储层孔渗关系明显变好（图 1-2-67）。

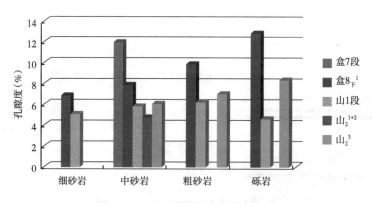

图 1-2-66　不同岩性孔隙度直方图

2. 含气性与岩性、物性

通过不同岩性的岩心分析含水饱和度发现，粗砂岩含气性较好，其次为中砂岩、砂砾岩，细砂岩含气性较差（图 1-2-68）。

岩性控制物性，物性控制含油气性，这是岩性油气藏的一般特点。相同物性的储层，如果孔隙结构不同，则含气饱和度也有差异。按不同类型孔隙的储集性能优劣排序，其顺序为残余粒间孔、大溶孔（粒间溶孔）、小溶孔、高岭石晶间孔、各类微溶孔及泥质微孔等。如果较大的孔隙之间有微裂缝沟通，则储集性能可大幅度改善。大体上，储层孔隙空间中依照上述序列靠后的孔隙类型百分比逐渐增多，则储集性能相对变差，束缚水饱和度依次升高。由于孔隙结构的差异，岩屑砂岩气层的含气饱和度明显低于石英砂岩。苏里格气田东区盒 8 段气藏、山 1 段气藏含气饱和度一般为 50%~75%。

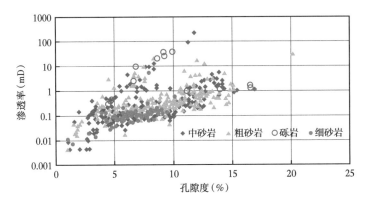

图 1-2-67　不同粒度孔渗关系图

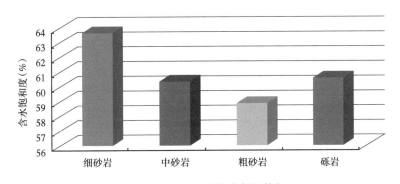

图 1-2-68　不同岩性含气性特征

储层的含气性是指储层在不同岩性和物性下含气级别，通常储层的岩性越粗，物性越好，含气级别越高。图 1-2-69 和图 1-2-70 表明，气层的孔隙度通常大于 6.5%，渗透率

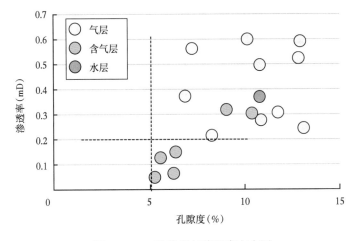

图 1-2-69　孔隙度与渗透率交会图

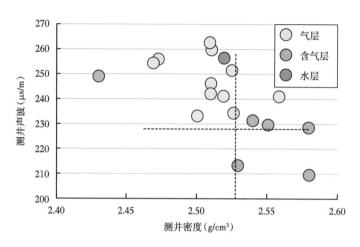

图 1-2-70　测井密度与测井声波交会图

通常大于 0.2mD，密度值小于 2.53g/cm³，声波时差值大于 230μs/m；含气层的孔隙度通常小于 8%，渗透率变化范围大，主要在 0.2mD 以内，含气层声波时差小于 232μs/m，密度值普遍大于 2.53g/cm³。物性与含气性的直方图表明，岩性相同的情况下，储层物性越好，油气越容易驱替孔隙中的流体而进入孔隙，含气饱和度越高。

3. 电性与含气性

本井区电性与含气性关系比较复杂，主要目的层盒 8 段、山 1 段由于岩性差异、水性变化、构造复杂等原因，导致气层的电阻率变化较大，特别是电阻率在 10~16Ω·m 之间时，电性高低并不能完全反映储层含气性，需要结合岩性、构造及水性进行综合分析。山 $_2^3$ 电性与含气性关系相对简单，电阻率变大、物性变好，储层含气性变好，反之，储层含气性变差，储层电阻率基本能反映其含气性。具体各层位电性与含气性关系可见气水层图版（图 1-2-71）。

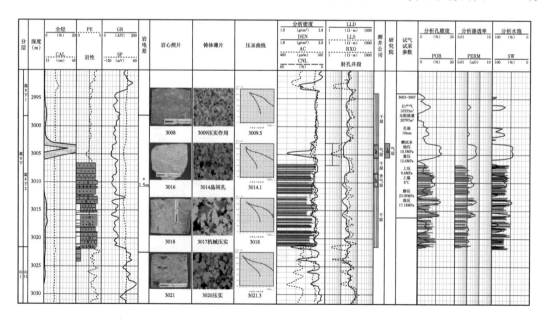

图 1-2-71　盒 8 段、山 1 段储层四性关系典型图（苏 77-40-34 井）

4.储层测井响应机理

苏 77-召 51 区块上古生界砂岩储层"四性"关系复杂,多物源、多类型沉积造成不同层系砂岩岩性差别比较大,同时在区域上储层岩性有明显的东西分带的特征差异,这种岩性差异造成了测井响应的背景差异,岩屑和泥质含量较高,在测井响应上表现为"三高一低"的特征:中高自然伽马(大于 50API)、中高补偿中子(大于 12.0%)、中高声波时差(220~260μs/m)和中低电阻率(10~100Ω·m)(图 1-2-72)。

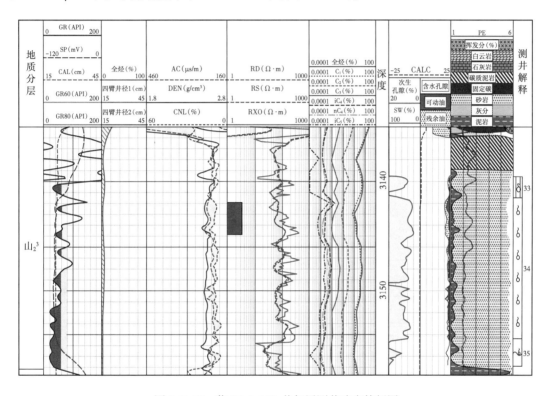

图 1-2-72　苏 77-3-9C1 井气层测井响应特征图

1)气、水层测井响应特征

苏 77-3-9C1 井储层岩性较纯,GR 小于 60 API,SP 明显负异常,AC 大于 215μs/m,DEN 小于 2.55g/cm³,CNL 小于 20%,由于气的影响,具有"挖掘效应"特征,RD 大于 40Ω·m,试气日产气 5.38×10⁴m³,不产水,试气结论为气层。苏 77-29-31 井储层自然电位负异常明显,GR 值较低,孔隙物性较好,AC 大于 230μs/m,三孔隙度曲线同向变化,含水层电阻率小于 20Ω·m。由于孔隙结构相对简单,气测显示较差,试气 0.0998×10⁴m³/d,日产水 3.2m³,试气结论为水层(图 1-2-73)。

2)气水层、含气水层测井响应特征

召 51-13-3 井储层自然电位负异常明显,GR 值较低,孔隙度增大,气层平均 223.6μs/m,气层电阻率大于 40Ω·m,平均 61.7Ω·m,深浅电阻率为减阻侵入;含水层电阻率小于 30Ω·m,深浅电阻率为增阻侵入。由于孔隙结构相对简单,气水分异比较明显,纯气层与气水层、含气水层,电阻率相差较大,电阻率的大小基本反映储层的含气性,试气日产气 1.296×10⁴m³,日产水 4.5m³,试气结论为气水同层(图 1-2-74)。

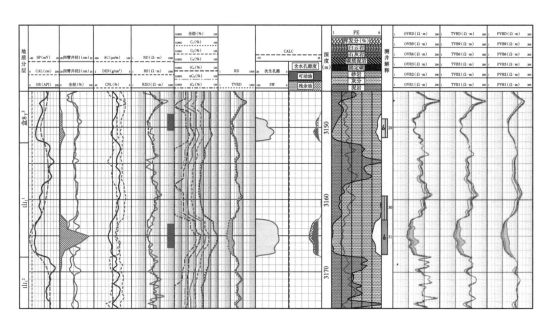

图 1-2-73　苏 77-29-31 井水层测井响应特征图

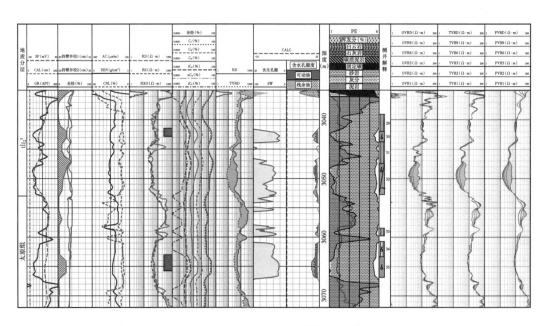

图 1-2-74　召 51-13-3 井气水层测井响应特征图

苏 77-40-32 井自然电位有明显负异常，物性较好，AC 大于 215μs/m，三孔隙度曲线同向变化，自然伽马较低，RD 小于 60Ω·m，TVRD 小于 30Ω·m，深浅电阻率为增阻侵入的径向特征，特别是阵列感应的增阻侵入更为明显。电阻率曲线与孔隙度曲线同向变化。试气日产气 $1.272 \times 10^4 \mathrm{m}^3$，日产水 $16.35\mathrm{m}^3$，试气结论为含气水层（图 1-2-75）。

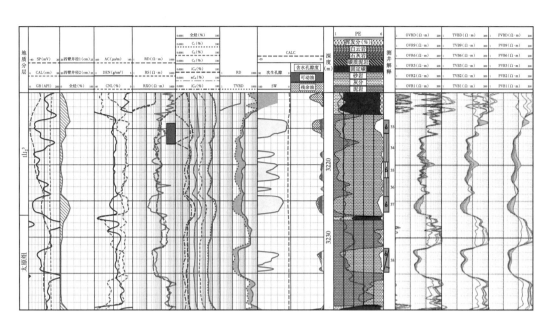

图 1-2-75　苏 77-40-32 井含气水层测井响应特征图

5. 低阻气层机理及测井响应特征

1）气层低阻成因机理

具有高—极高矿化度地层水：这类地层往往是泥质含量较小的砂岩、粉砂岩地层，这些储层是由粒间孔隙、微孔隙、泥质和砂岩骨架等组成，而地层水主要储存在粒间孔隙中，当油气层粒间孔隙中存在高矿化度地层水时，导电网络中的水使油气层电阻率必然降低，而且随着高矿化度地层水的数量增加，油气层电阻率降低得越多，甚至比泥岩电阻率还低。这种情况多是绝对低阻油气层。

岩性细、黏土矿物含量高：由于岩石细粒成分（粉砂）增多或黏土矿物的充填富集，导致产层中微孔隙十分发育，微孔隙与渗流孔隙并存，并且形成以微孔隙系统为主的孔隙结构特点，在这种孔隙结构条件下，产层孔隙系统中的束缚水含量明显增大，再加上地层水矿化度的影响，其地层电阻率很低。因此，这种油气层是以束缚水为主要导电载体、具有较高的含水饱和度，表现为低油气饱和度的特征，这类油层电阻率的绝对值较低，降低了测井信息对油气层、水层的分辨率，这种高束缚水饱和度是引起油气层低电阻率的主导因素，而黏土间的阳离子交换所产生的附加导电性只是第二因素，只有在低矿化度的储层中，黏土矿物的附加导电性才会使低电阻率的特点更加突出，成为与高束缚水并列的因素，或者上升为主导因素，因此，高束缚水含量将是造成低电阻率油层最直接、最主要的影响因素。该类油气层通常表现为油气层、水层电阻率十分接近，有时甚至相互交叉（图 1-2-76）。

复杂孔隙结构：与由于岩石细粒成分（粉砂）增多或黏土矿物充填富集，形成微孔隙是束缚水增高的机理有所不同。这种情况下，主要是由于颗粒分选不均匀或由于成岩次生作用形成较大孔径的次生孔隙，从而造成有大量较小孔隙与少部分较大孔隙组成的双孔隙系统，当该砂岩含气时，微小孔隙越多、平均含水饱和度也越高，从而形成低阻油气层（图 1-2-77）。

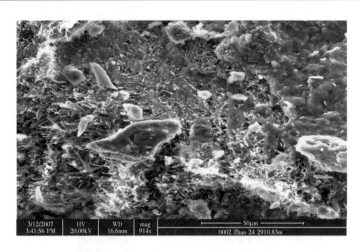

图 1-2-76　召 24 井，2910.83m，颗粒表面伊利石

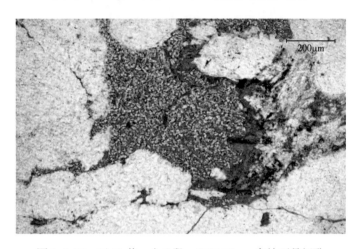

图 1-2-77　召 12 井，盒 8 段，3086.59m，高岭石晶间孔

　　黏土附加导电性：蒙皂石、伊/蒙混层和伊利石等黏土矿物由于其本身的不饱和电性（带负电）特点，黏土颗粒表面会吸附岩石孔隙空间地层水溶液中的金属阳离子以保持其电性平衡。这些被吸附的阳离子（又称平衡阳离子）在外加电场的作用下，沿黏土颗粒表面交换位置而产生除孔隙自由水离子导电以外的附加导电作用。当平衡阳离子的数量，即岩石的阳离子交换量较大时，平衡阳离子的附加导电作用非常显著，可以造成油层电阻率的明显降低，形成低阻油层。

　　低构造幅度：多孔介质岩石可看成是互相连通的多维毛细管网络，流体渗流的基本通道是毛细管。油气藏形成过程中，烃类首先进入较大孔喉连接的大孔隙，然后随着烃类驱替力（气水密度差形成的浮力与气柱高度）的增加，逐渐进入更小的孔隙喉道，气藏中的气水分布反映了毛细管压力与气水两相压力差（重力与浮力）平衡的结果。显然气藏内不同位置处的含气饱和度受自由水平面之上的高度、孔隙结构以及气水密度差等因素控制，烃类驱替力越大（即含气高度或气水密度差越大），天然气便能够进入更小的毛细管中，含气饱和度便高；烃类驱替力较小，气水密度差较小，天然气就进不了更小的毛细管中，含气饱和度便低。因此，构造幅度低的气藏一般多发育低阻气层。

岩石强亲水性：岩石表面具有强亲水特点与黏土矿物成分有关，如蒙皂石矿物的强吸水性，这为形成发达的导电网络提供了保障，从而造成低阻，这类低阻油气层迫使油气主要居于渗流孔隙空间，因此其产能并不亚于常规油气层。亲水性是低阻油气层普遍具有的特性。

粒间孔隙与裂缝并存：这类低阻油气层一般发生在中等偏低的孔隙性地层中，孔隙度一般在 10%~20% 的范围内，由于裂缝发育，在钻井过程中有相应的钻井液滤液侵入，驱赶并代替了裂缝中的油气，从而使产层的电阻率明显下降，缩小了与水层的差别，甚至趋近了邻近水层的电阻率，导致解释上的失误（图 1-2-78）。

图 1-2-78　苏 19-19-10 井，盒 8下，3610m，微裂缝

表面和骨架导电：导电矿物的存在对油层电阻率有很大影响，但不能仅仅从含铁矿物的绝对含量来讨论它的导电性，需从它的产状入手，研究其对储层导电性的贡献大小。比如，铁白云石、铁方解石和菱铁矿如果以胶结物的形式存在于岩石孔隙中，主要是对孔隙的微孔隙化起作用，对导电作用的影响究竟有多大，还需要做大量的岩电实验来证明。黄铁矿虽然导电能力极强，但如果它以分散形式存在于储层中，则形成不了连通的导电网络，那么对电性影响就不大；但如果黄铁矿呈浸染状、块状乃至团块状分布，则在感应测井时它产生涡流圈，因而大幅度降低地层的电阻率。

钻井液侵入：钻井过程中钻井液的流体静压力一般都保持大于地层的原始压力，钻井液侵入地层是不可避免的。在淡地层水环境下，盐水钻井液侵入油气层会使油气层的测井视电阻率大幅度降低，明显低于地层的真电阻率，在极端情况下有时还可能造成油气层呈现水层特征，形成低电阻率油气层，这种情况在低矿化度地层水背景下更加严重。其具有电阻率绝对值及其增大率随钻井液矿化度增高以及浸泡时间增长而降低的特点。

砂泥岩薄互层：由于测井仪器纵向分辨率不高，加上围岩影响，如高阻屏蔽，造成气层电阻率偏低。造成这一结果原因：一是由于一般测井方法的纵向分辨率不高；二是不同电极系测井系列所测视电阻率差别较大；三是在电极系探测范围以内有几个高阻薄层时，记录点在成对电极一方高阻层附近，当层间距离等于或略大于电极距，由于另一高阻层的屏蔽作用，流到这个地层的电流密度加大，产生了所谓的增阻屏蔽；相反当高阻邻层间距小于电极距时，流到这个地层的电流密度减小，就会发生减阻屏蔽，造成测量油层视电阻率低。

2）低阻气层成藏模式

苏里格低阻气层岩性主要以岩屑石英砂岩和岩屑砂岩为主，岩性差异将孔隙结构分为均一孔喉系统和双组孔喉系统。同时考虑距离烃源岩远近，将天然气充注分为三类充注模式，近源高充注高阻模式、远源低充注高/低阻模式、欠饱和充注低阻模式（表 1-2-5）。

表 1-2-5　驱替力—孔隙结构与电测井响应对比表

充注模式	气源条件	储层条件	电性特征	结论
高充注模式	充足	—	高阻	气层
低充注高/低阻模式	中等	均一孔喉系统	高阻	气层
		双组孔喉系统	低阻	气层
欠饱和充注低阻模式	不足	均一孔喉系统	低阻	气水同层
		双组孔喉系统	低阻	差气层、干层

第一类充注模式：近源高充注高阻模式，由于距离生烃源近，气源条件充足，气充注饱满，储层含气饱和度高，电阻率高，不会形成低阻气层。

第二类充注模式：远源低充注高/低阻模式，由于距离生烃源较远，气源条件中等，垂向上物性好的储层发育，油气先向物性好的储层运移，会形成中高阻气层；而气源区的压力在没有上升的时候就被卸载掉了，那么对于物性差的储层，气只能进入其中大孔隙空间，而排驱压力高的中小孔隙和微孔隙，气无法进入，导致束缚水饱和度高，从而会形成低阻气层。

第三类充注模式：欠饱和充注低阻模式，由于气源条件不足，气充注不饱满，在物性好的储层中会残余有一部分的可动水，形成低阻的气水同层；在具有双组孔喉系统的储层形成低阻的差气层和干层。

3）低阻气层测井响应特征

苏 77-召 51 区块低阻气层在局部井区发育，测井具高时差（大于 240μs/m）、低电阻率（小于 20Ω·m）特征。如苏 77-35-32 井盒 8 段，气测全烃 40%，声波时差 250μs/m，电阻率 10Ω·m，试气井口产量 5.0186×10⁴m³/d，不产水，属典型低阻气层（图 1-2-79）。

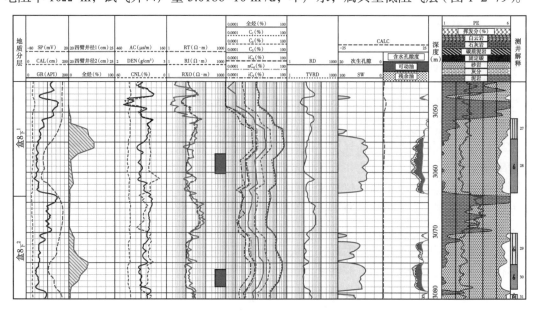

图 1-2-79　苏 77-35-32 井低阻气层测井响应特征图

4）低阻气层识别方法

针对苏里格"低孔、低渗、低丰度"三低气藏特点，推荐采用"阵列感应＋侧向"联测技术解决低阻气层、高阻水层识别难题。对部分复杂区域及重点井，增加阵列电阻率、核磁、成像、阵列声波等特殊测井项目（表 1-2-6）。

表 1-2-6　苏 77-召 51 区块测井系列优化指导标准

测井项目	作用	备注
自然伽马、井径、自然电位	岩性判断	—
声波时差、补偿密度、补偿中子	三孔隙度曲线，识别孔隙、气水	—
阵列感应	低阻气层识别	—
核磁测井	孔隙结构及流体分布研究	部分重点井
双侧向电阻率	气水层判别	—
微电阻率扫描	裂缝、孔洞识别	部分重点井
偶极子声波	岩石力学及气水识别	部分重点井

6. 高阻水层成因

高阻水层形成原因有以下几个方面。（1）残余油：夹层、储层物性及润湿性、构造活动等导致孔隙中残余油的存在。（2）绿泥石吸附：绿泥石属于亲油矿物。（3）碳酸盐矿物或者碳酸盐胶结物：碳酸盐属于高阻矿物。不难发现，高阻水层在油藏中比较普遍，气藏中较少，而气藏中导致高阻水层出现的原因主要是储层物性。

苏里格气田储层致密，物性差，孔喉结构复杂，这一方面会导致低阻气层，但同时也会形成高阻水层。苏 77-召 51 区块高阻水层岩性多为含砾粗砂岩，泥质胶结，次生孔隙发育，且孔隙多被石英生长充填，复杂的孔喉结构易阻断"导电回路"，进而引起水层电阻率升高。如图 1-2-80 所示，气测全烃 51.6%，声波时差 241.4μs/m，电阻率 30.6Ω·m，常规评价为典型气层特征，但阵列感应测井呈明显增阻侵入的含气水层特征。

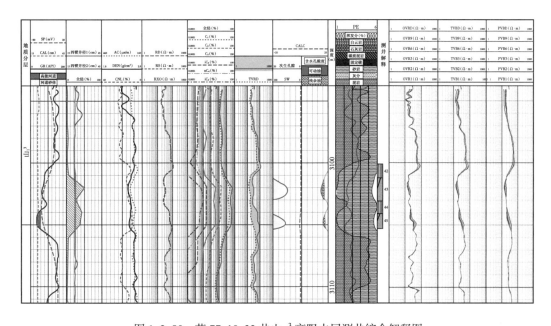

图 1-2-80　苏 77-10-32 井山 $_1^3$ 高阻水层测井综合解释图

二、测井定量评价技术

1. 岩性识别技术

碎屑岩剖面岩性识别最主要测井资料是自然伽马和补偿中子，其次包括密度、光电截面指数（Pe，b/e）、声波等。统计表明，上古生界砂岩中泥质岩屑和黏土杂基总量与自然伽马曲线的对应关系很好。一般石英砂岩的自然伽马值明显低于岩屑砂岩和泥质砂岩。在孔隙度相近情况下，砂岩泥质含量越高，补偿中子也越高。光电截面指数（Pe，b/e）对岩性也很敏感，Pe 与地层元素核电荷数的 3.6 次方成正比，纯石英骨架的 Pe 值为 1.81b/e，当岩石含伊利石黏土杂基或碳酸盐等胶结物时，引起 Pe 值增大。井径曲线对储层岩性也有反应，一般石英砂岩井径正常或稍缩，含泥砂岩及岩屑砂岩常扩径。

苏 77-召 51 区块下石盒子—本溪组，一般纯石英砂岩自然伽马值小于 40API，Pe 值在 1.6~2.0b/e，骨架密度值为 2.65g/cm³，井径正常或缩径；岩屑砂岩自然伽马值大于 40API，Pe 值在 2.2~3.2b/e，骨架密度值为 2.7g/cm³，常扩径。上述特征在密度—中子交会图上表现为：石英砂岩资料点处于纯石英骨架线附近或斜上方，含气性特征明显，而岩屑砂岩资料点向方解石骨架线偏移。当自然伽马高于 75API 时，储层一般相变为泥质致密层。

利用岩石骨架参数（M、N、P）和光电指数（Pe，b/e）等多种参数进行交会识别岩性，可取得较好效果。其中，M=（TF-AC）/（DEN-DF）×0.3，N=（100-CNL）/（DEN-DF），P=（UF-U）/（100-CNL）×1000。各参数意义为：DF，流体密度值（g/cm³），取 1.0 g/cm³；TF，流体声波时差（μs/m），取 620μs/m；U，体积光电吸收截面（b/cm³）；UF，流体体积光电吸收截面，取 0.36b/cm³；U=Pe×DEN。

交会图显示，石英砂岩：Pe 为 1.66~2.2b/e，GR < 50API。岩屑石英砂岩：Pe 为 2.2~2.6b/e，GR 为 35~70API。岩屑砂岩：Pe > 2.4b/e，GR > 50API（图 1-2-81）。

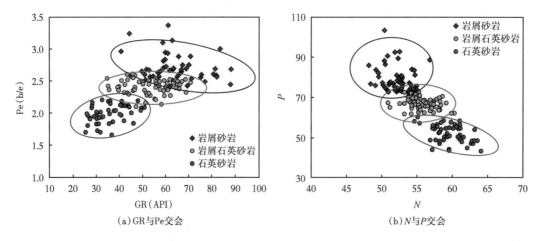

图 1-2-81　GR、Pe，N、P 交会图

2. 物性计算模型

采用传统的岩心刻度测井的方法，首先对岩心进行深度归位，归位后提取岩心分析孔隙度及其对应深度测井值，通过对岩心孔隙度与对应孔隙度测井值进行函数回归，建立孔隙度预测模型，制作骨架参数图版。须指出的是当地层岩性相同、岩石矿物组合比例稳定

无明显变化时，根据岩心刻度测井得到的孔隙度预测效果较好；同时，该方法也依赖于所取岩心的数量是否具有进行分析的可靠性。采用 21 口井 1096 个岩心样，分别对石盒子组盒 8 段，山西组山 1 段和山 2 段建立声波孔隙度响应方程、拟合孔隙度与渗透率响应方程（图 1-2-82 至图 1-2-87，表 1-2-7）。

表 1-2-7　分层孔隙度、渗透率计算模型

层位	孔隙度计算模型	渗透率计算模型
盒 8 段	$\Delta T=54.784+1.5695\phi_e$	$K=0.0035\phi_e^{2.1285}$
山 1 段	$\Delta T=54.119+1.678\phi_e$	$K=0.006\phi_e^{1.752}$
山 2 段	$\Delta T=55.993+1.5191\phi_e$	$K=0.0034\phi_e^{2.1868}$

注：ϕ_e—岩心分析孔隙度，%；ΔT—测井声波时差，μs/ft；K—岩心分析渗透率，mD。

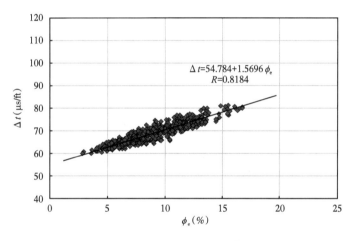

图 1-2-82　盒 8 段孔隙度计算模型

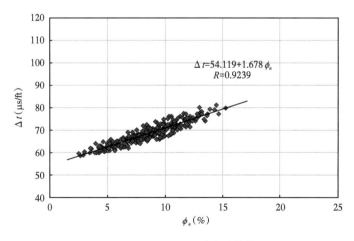

图 1-2-83　山 1 段孔隙度计算模型

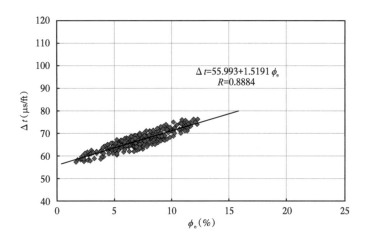

图 1-2-84 山 2 段孔隙度计算模型

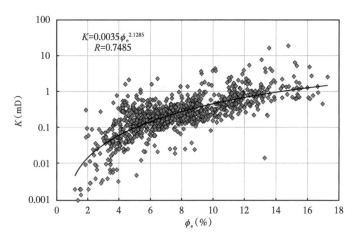

图 1-2-85 盒 8 段渗透率计算模型

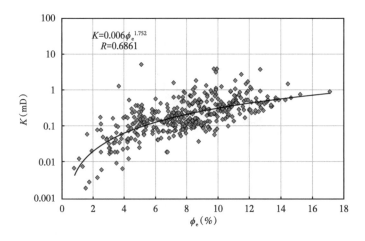

图 1-2-86 山 1 段渗透率计算模型

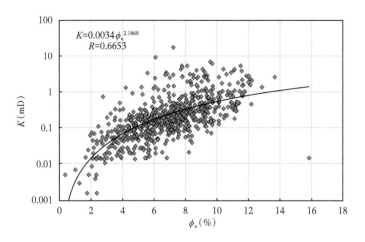

图 1-2-87 山 1 段渗透率计算模型

3. 饱和度计算模型

1）饱和度模型

饱和度求取采用阿尔奇公式，如下：

$$S_w = \left(\frac{a \cdot b \cdot R_w}{R_t \cdot \phi^m} \right)^{\frac{1}{n}} \quad , \quad S_{og} = 1 - S_w \tag{1-2-53}$$

式中 S_w——含水饱和度；

S_{og}——含气饱和度；

ϕ——孔隙度；

R_t——储层电阻率，$\Omega \cdot m$；

R_w——地层水电阻率，$\Omega \cdot m$；

a，b——与岩性有关的系数；

m——胶结 / 孔隙结构系数；

n——饱和度指数。

对地层水资料进行分析是确定原始地层水电阻率最有效的方法。测井解释一般认为：一个不太长的井段内地层水矿化度和电阻率基本不变，因此采用相同地层水电阻率进行解释，结合目前取得的常规测井资料，统计了典型纯水层的电阻率和孔隙度，结合阿尔奇公式可得 $R_w = R_t \phi^m / (ab)$，即在知道有效地层水样电阻率的情况下，可以对岩电参数进行回归计算（图 1-2-88 和图 1-2-89）。

岩电参数根据实验分析数据拟合求得：实验数据主要为地层因素 F（$F = R_o/R_w = a/\phi_m$）、电阻率增大系数 I（$I = R_t/R_o = b/R_w n$）及其与含水饱和度和孔隙度的系列公式，结果如下。

盒 8 段：$a=1.0$，$b=0.97$，$m=1.86$，$n=1.95$，$R_w=0.06\Omega \cdot m$。

山 1 段：$a=1.0$，$b=0.91$，$m=1.84$，$n=1.89$，$R_w=0.06\Omega \cdot m$。

对盒 8 段、山 1 段致密砂岩储层（R_t 大于 $60\Omega \cdot m$）：$b=1.15$，$n=2.05$。

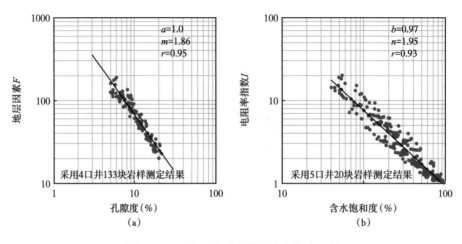

图 1-2-88　盒 8 段砂岩储层岩电关系图版

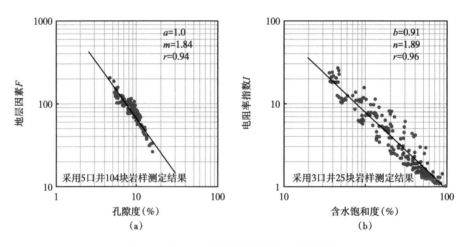

图 1-2-89　山 1 段砂岩储层岩电关系图版

2）束缚水饱和度模型

岩石的孔隙结构与压实程度、组成岩石的颗粒大小、分选好坏、接触方式有密切的关系。压实作用增强，孔隙变小，孔隙半径和喉道半径降低，导致孔隙结构更加复杂。孔隙结构越复杂，岩石比表面积（单位体积岩石内孔隙的内表面积称为岩石的比面）越大，岩石颗粒表面吸附的束缚水越多，孔隙喉道中堆积的束缚水越多。

经典束缚水饱和度求取公式：

$$S_{wi} = \{a - \lg[\phi_e / (V_{sh} - b)]\} \cdot 100 / c \qquad (1\text{-}2\text{-}54a)$$

式中　a，b——与岩性有关的系数；

　　　c——与油气类型相关的系数，主要受密度影响。

通过压汞资料对岩心进行分析，统计得到岩心束缚水饱和度与孔隙中值半径 r_m 相关性较好，可以得到束缚水饱和度计算公式：

$$S_{wi} = 18.05 - 0.9\phi_e + 9.89\lg K - 45.02\lg r_m \qquad (1-2-54b)$$

将计算得到的 S_{wi} 与压汞分析得到的 S_{wi} 做相关性分析，其相关系数为 0.862，如图 1-2-90 所示。

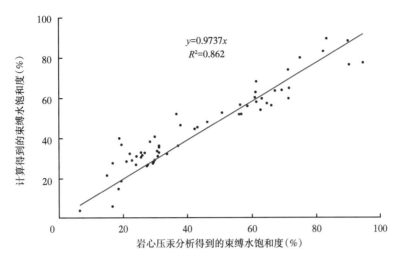

$$y = 0.9737x$$
$$R^2 = 0.862$$

图 1-2-90　压汞分析法与计算束缚水饱和度对比图

结合孔隙度、渗透率计算模型可对各层束缚水饱和度进行求取。

三、常规测井流体识别技术

1. 常规交会图版技术

1）声波时差—电阻率交会图

阿尔奇公式表明，当储层中含有油气时，储层的声波时差增大，孔隙性变好，电阻率增大，含气饱和度增大，反之，当储层偏干时，储层声波时差减小，孔隙性变差，当储层内流体为水时，含水饱和度增大，电阻率随孔隙度的增大而减小，因此可利用该原理进行气水层识别。根据本地区试气资料分别建立主要目的层盒 8 段、山 1 段、山 2^1、山 2^2、山 2^3 的深侧向（RD）与声波时差（AC）交会图版进行气层识别。图版能较好地区分气层、干层、含气水层。气水层的辨识度比较低，分析原因主要可能是因为本地区属于低饱和岩性油气藏，气、水的分异不彻底，导致气层、气水层电阻率相差不大。另外一个原因可能是由于岩性的影响，从前面关于岩性的描述可以知道，本地区岩性主要为石英砂岩、岩屑石英砂岩及岩屑砂岩，随着岩屑含量的增加，储层的导电性能会增加，因此不同岩性的储层电阻率变化也比较大，所以会存在低阻气层或高阻水层的情况（图 1-2-91）。

2）AC/DEN—POR·S_g 交会图法

当储层含气时，声波时差 AC 增大，密度 DEN 减小，因而 AC/DEN 增大；通常大孔隙、高含气饱和度是高产气层的特征，因此可以利用 AC/DEN 与 POR·S_g 进行交会识别气层、干层与水层，利用本地区试气资料，根据测井资料建立盒 8 段、山 1 段、山 2^1、山 2^2、山 2^3 的 AC/DEN—POR·S_g 交会识别气层的图版（图 1-2-92）。

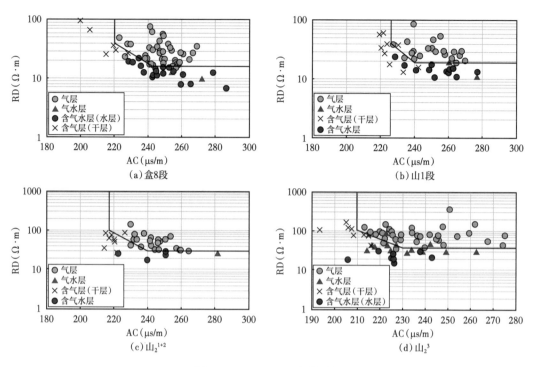

图1-2-91 AC-RT交会图版

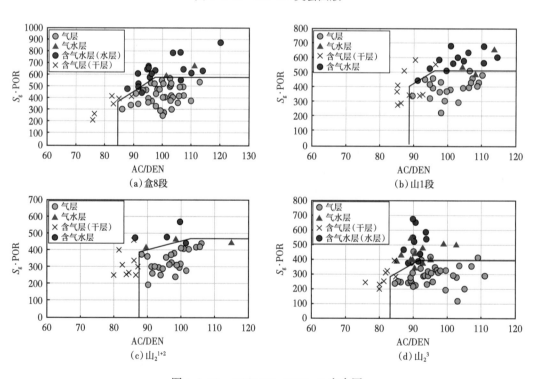

图1-2-92 AC/DEN—POR·S_g交会图

3）孔隙度差值法

利用天然气对不同孔隙度测井方法的不同响应，通过孔隙度交会也可定性或半定量识别气层。以试气资料为基础，综合应用测井三孔隙度资料分层位建立本地区孔隙度交会图版，图版建立中主要以单试层为主，由于单试层较少，加入了一些合试的、不可能存在争议的数据（合试为纯气层、干层、含气层）。分别建立盒8段、山1段、山$_2^1$、山$_2^2$、山$_2^3$中子孔隙度与声波孔隙度交会图，图版能比较有效地区分气层、含气水层、干层（图1-2-93）。

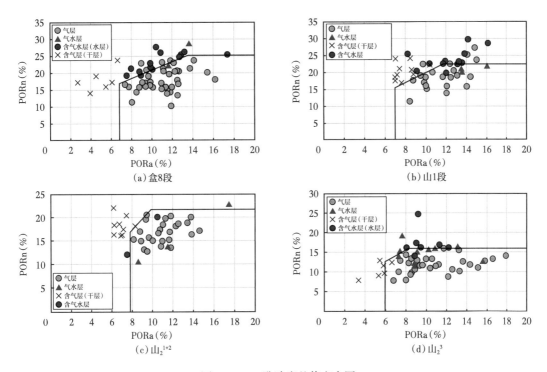

图 1-2-93　孔隙度差值交会图

经统计各层段孔隙度下限存在区别，盒8段孔隙度下限：中子孔隙度（PORn）小于25%，声波孔隙度（PORa）大于7%；山1段孔隙度下限：中子孔隙度（PORn）小于22%，声波孔隙度（PORa）大于7%。山$_2^1$、山$_2^2$孔隙度下限：中子孔隙度（PORn）小于22%，声波孔隙度（PORa）大于8%。山$_2^3$孔隙度下限：中子孔隙度（PORn）小于15%，声波孔隙度（PORa）大于6%。

2. 高分辨率感应—侧向联合流体识别技术

由于双侧向与双感应测量原理不同，侧向测井原理可以看作是电流通路上电阻率的串联结果，被串联的电阻率值越高，对串联电阻的影响也就越大，适合于中高阻的地层；感应测井是并联导电的原理，适合于低阻地层，淡水钻井液侵入储层后对其影响会有很大的不同。侵入储层后，在水层的侵入带内会形成高侵电阻率剖面，由于侧向测井受侵入带高阻部分影响大，测量值比实际值成倍增高，钻井液越淡，侧向电阻越高。而双感应测井虽然也反映高侵，但深感应测井受高侵侵入带的影响相对较小，测量值增幅不大（与双侧向测井相比）。对于淡水钻井液侵入后的气层，由于一般形成低侵剖面，虽然受到钻井液侵入的影响，侧向和感应测井电阻率有不同程度的降低（且感应测井要比侧向测井降低幅度大），但差别较水层小（图1-2-94）。

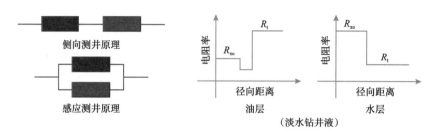

图 1-2-94　侧向、感应测井原理示意图与淡水钻井液侵入剖面

因此，在淡水钻井液条件下，对于水层，受钻井液侵入影响不同，侧向测井值比感应测井值升高更多，其比值（RLLD/RILD）应大于气层的二者比值。故可以根据淡水钻井液侵入对侧向、感应测井影响的不同，用侧向—感应联合解释，以识别受钻井液侵入影响的部分高阻水层与低阻气层（图 1-2-95）。

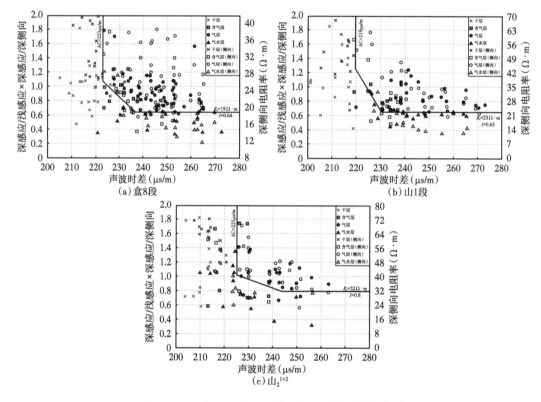

图 1-2-95　苏 77-召 51 区块侧向—感应联测交会图

举例说明：苏 77-6-28 井盒 $8_{下}^2$ 层段（图 1-2-96），含气性较好，录井气测全烃 80%；自然伽马 37API，岩性较纯；声波时差 278μs/m，储层孔隙较好；自然电位负异常明显，渗透性较好，挖掘效应明显；深侧向电阻率 14.1Ω·m，阵列感应测井无明显增阻侵入特征，综合解释为气层。该井盒 $8_{下}^2$、山 1^3 合试，井口产量 $1.09×10^4m^3/d$，产水量 $2.8m^3/d$，无阻流量 $4.28×10^4m^3/d$，试气结论为气层。

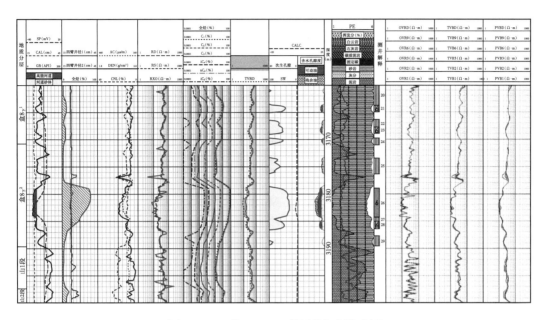

图 1-2-96　苏 77-6-28 井测井解释综合图

　　苏 77-20-6C3 井盒 $8_{\text{下}}^{1}$，发育 17m 厚砂体，上部泥质含量相对较高，录井气测全烃 82%，含气性较好；自然伽马 50API，储层物性较差；声波时差 210.5μs/m，深侧向电阻率 43.8Ω·m；含气性较差，综合解释为干层；下部岩性较纯，自然伽马 37API；声波时差 238.7μs/m，储层孔隙较好；自然电位负异常明显，渗透性较好，挖掘效应不明显；深侧向电阻率 31.2Ω·m，阵列感应测井具有明显增阻侵入特征，综合解释为气水同层。该井盒 $8_{\text{下}}^{1}$、盒 $8_{\text{下}}^{2}$ 合试，点火火焰高 2~4m，返排率 67.6%，试气结论为气水同层（图 1-2-97）。

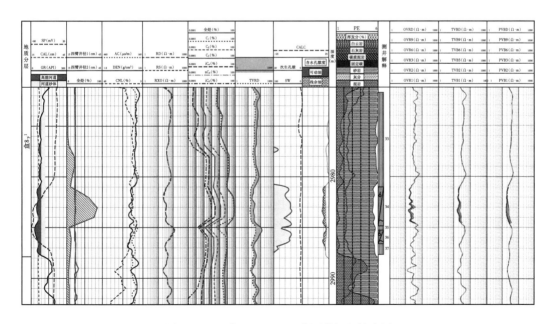

图 1-2-97　苏 77-20-6C3 井测井解释综合图

四、核磁共振测井评价技术

1. 核磁共振测井原理

核磁共振测井是通过研究地层流体中的氢核在外加磁场中所表现出来的特性来描述储层的岩石物理特性和孔隙流体特性的一种新型测井技术。它可以直接测量岩石孔隙中流体的信号，其测量结果基本上不受岩石骨架的影响而区别于现有其他测井方法。

核磁共振测量信号幅度及其衰减时间（弛豫时间）能够反映岩石孔隙度和孔隙结构：核磁共振幅度与岩石氢核含量成正比，通过对幅度进行刻度，可以反演出岩石孔隙度。从理论上讲，这种孔隙度与岩性无关。而横向弛豫时间（T_2）与岩石孔隙结构、流体扩散系数等因素有关。在水润湿性岩石中，较小孔隙中的水以表面弛豫为主，而较大孔洞中的水以体积弛豫为主，并受扩散影响，横向弛豫时间（T_2）可以表示如下：

$$\frac{1}{T_2} = \rho_2 \frac{S}{V} + \frac{\gamma^2 G^2 D \tau^2}{3} \qquad (1-2-55)$$

式中　D——扩散系数；

　　　τ——回波间隔；

　　　G——磁场梯度；

　　　γ——质子旋磁比；

　　　ρ_2——横向表面弛豫强度；

　　　S/V——孔隙的比表面。

当磁场梯度（G）不是很大且 τ 足够短时，弛豫时间（T_2）与孔径大小呈正比关系，即：

$$T_2 = Cali r_c \qquad (1-2-56)$$

式中　T_2——横向弛豫时间；ms；

　　　r_c——孔径，μm；

　　　$Cali$——刻度因子，ms/μm。

因此，弛豫时间分布可以是孔径大小分布的一种度量。小孔隙使弛豫时间缩短，最短的弛豫时间对应于黏土束缚水和毛细管束缚水的弛豫特性；大孔隙使弛豫时间变长，对应于可动流体的弛豫特性。这样，可以利用 T_2 分布谱，定性、定量地研究孔隙结构。通过 T_2 分布与由压汞资料得到的孔径分布对比，确定刻度因子 $Cali$，从而实现 T_2 分布与孔径分布的相互刻度。

不同性质的核磁共振特性参数变化非常大，图 1-2-97 也显示了束缚水、自由水、稠油、轻质油、天然气等孔隙流体具有不同的核磁共振性质。核磁共振测井就是利用不同的流体以及相同流体的不同赋存状态在纵向弛豫时间 T_1、横向弛豫时间 T_2 和扩散系数 D 的分布范围的明显差异，对孔隙中的流体进行识别和定量评价（图 1-2-98）。

2. T_1 加权识别流体性质（极化差异）

T_1 加权识别流体性质是根据轻烃（天然气和轻质油）与水的纵向弛豫时间 T_1 的差异发展起来的双 TW 法。由于轻烃与水的 T_1 相差很大，因此轻烃与孔隙水完全极化所需要的时间很不相同。对于孔隙水而言，较短的极化时间就足以使其完全磁化；而轻质油与天然气则需要较长的极化时间，才能完全磁化。所以，如果有轻烃存在，长、短极化时间得到的 T_2 分布就会有明显差异。理论上讲，两个 T_2 分布相减，水的信号可以相互抵消，而油与气的信号则余留在差谱之中，由此识别油气。但是，实际上由于受到噪声的影响，这种差谱的定性方法是不可靠的。在应用中，往往需要通过复杂的时间域分析方法，实现对双 TW 测井资料的处理和解释，完成对轻烃的识别和定量评价（图 1-2-99）。

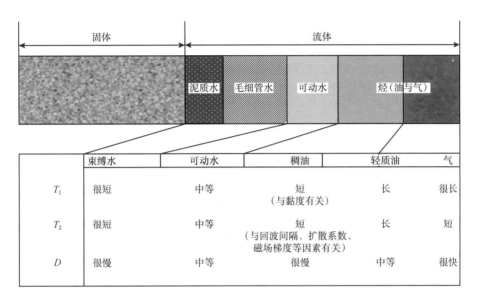

图 1-2-98　不同流体及相同流体不同赋存状态核磁共振

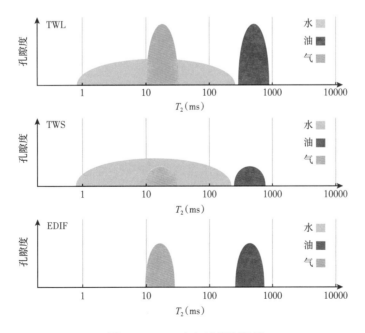

图 1-2-99　T_1 加权法识别轻烃

3. 扩散加权识别流体性质（扩散差异）

扩散加权识别流体性质是根据黏度较高的油与水的扩散系数 D 的差异发展起来的双 TE 法。通常，水的扩散系数比较大，而高黏度原油的扩散系数比水小。观测的横向弛豫时间 T_2 是流体的扩散系数 D、回波间隔 TE，以及磁场梯度 G 的函数。对于固定的 G，改变 TE，高黏度油与自由水的 T_2 将发生不同程度的变化，即自由水的 T_2 将比高黏度油以更快的速度减小。通过合理地选择 TE，甚至可以在 T_2 分布上把自由水与高黏度油完全分开。比较长、短 TE 的 T_2 分布，找出油、水的特征信号，从而识别流体，这种方法叫作移谱法。移谱法只能是定性的，而且也不可靠，因为油、水的扩散系数等参数以及谱位移的大小都不是直接能获得的。在应用中，基于同样的原理，通过所谓的扩散分析或扩散增强方法来实现对高黏度油的识别和定量评价（图 1-2-100）。

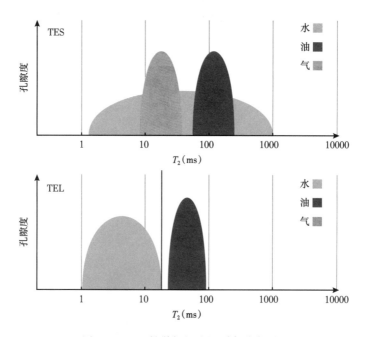

图 1-2-100　扩散加权法识别高黏度原油

4. 核磁测井评价技术实例

召 51-25-10 井主要试气层核磁共振处理成果如下，本井对 2727~2730m、2829~2832m、2871~2874m、2889~2892m 四层进行了分压合试，日产气 45231m³，日产水 12m³。

核磁资料 T_2 谱反映 2727~2730m、2889~2892m 以小孔径孔隙为主（4~16ms）、2871~2873m 以中孔径孔隙为主（16~32ms）；2727~2730m 长等待时间 T_2 谱为双峰特征，而 2889~2892m、2871~2873m 核磁 T_2 谱为单峰特征，反映 2727~2730m 岩性较细、泥质比较重，储层有效流体孔隙度为 9% 左右，可动流体孔隙度 5% 左右，长、短等待时间 T_2 谱差谱明显，且谱峰比较靠后，时域分析表明储层流体为烃，其体积百分比占储层流体 80% 以上，含气特征比较明显，试气为气水同出，但常规测井及核磁含水特征均不明显。

五、偶极声波测井评价技术

1. 偶极声波测井原理

偶极子声源可看作是两个相距很近、强度相同、相位相反的点声源组合。由于声源的频率低，纵波信号被有效压制，幅度很低。当偶极子声源在井内振动时，在井壁附近产生挠曲波，挠曲波是一种频散接口波，其传播速度随声波频率变化而变化，存在截止频率，且随频率增加，其速度逐渐减小，在低频（1.0kHz）时趋近横波速度，在高频时低于横波速度，在截止频率处以地层横波速度传播。偶极子源在软地层井孔中激发起以挠曲波（准横波、偶极子波）为主的波列，其横振动关于井轴不对称，首波为幅度较小的纵波，因此偶极横波测井实际上是通过对挠曲波的测量来计算地层横波速度，因此为确保横波速度的测量精度，应尽量降低偶极子声源的发射频率。为了适应各种地层情况，常将单极子与偶极子声波测井技术进行有效组合，可以更好地获得硬地层和软地层的纵波、横波和斯通利波等特征参数。

2. 最大水平主应力方位分析

造成横波分裂成快慢波的因素有两种：压实程度差异和裂缝的存在。由于构造应力在不同方向上变化，使得地层在不同方向上的压实程度不一样，形成快、慢横波，利用偶极横波方位各向异性分析，可以判断出它们的方向，平行于最大水平主应力方向上传播速度较快；不同角度的裂缝也会引起横波分裂，形成快、慢横波，平行裂缝走向的横波的传播速度要大于垂直裂缝走向的横波的传播速度，平行裂缝走向的横波的能量衰减要小于垂直于裂缝走向的横波。通过成像测井椭圆井眼分析现今最大水平主应力方向（图1-2-101）。

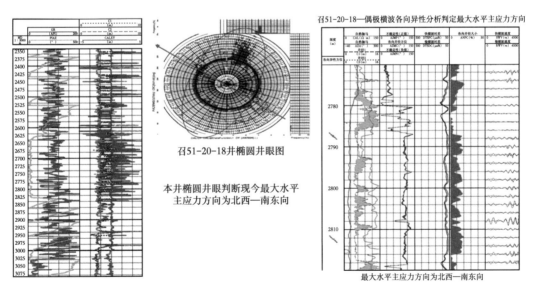

图 1-2-101　召 51-20-18 井各向异性判定最大水平主应力方向图

3. 偶极声波对流体的识别

在岩性、物性等因素基本一致条件下，根据横波只在固体里传播原理，储层含有油气会使纵波时差增大、能量发生明显衰减，而横波能量、时差基本不受影响，同时泊松比和波速比在含有油气的地层会减小，这样综合能量、泊松比、波速比可以更好地识别气层。

4. 岩石机械特性分析

岩石力学性质可用岩石弹性模量和岩石强度参数描述。用声波测井资料计算弹性模量和岩石强度是动态的，与岩石的静态力学性质之间有一定差别，需要用实验室数据将动态弹性模量和强度转换成静态数据。在没有实验室数据情况下，用动态力学参数进行讨论。

通过地层破裂压力预测处理成果可得到以下结果：岩石弹性模量（G、PR、YME）；最大、最小水平应力（S_y、S_x）；岩石坍塌压力梯度（DMMI）、岩石破裂压力梯度（DMMX）。如果钻井液密度过大（大于DMMX值），会出现井壁岩石破裂，造成井漏；钻井液密度过小（小于DMMI值），会出现井壁垮塌（图1-2-102）。

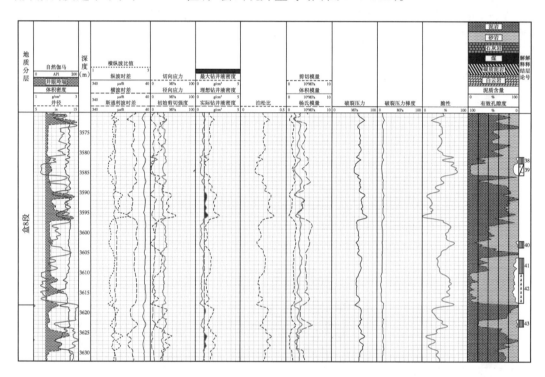

图 1-2-102　召 51-28-8 井岩石力学参数

5. 破裂压力预测

地层破裂压力随着岩性的变化而变化。高破裂压力值反映了对地层进行压裂时，难以破裂，裂缝不易延伸。低破裂压力值，指示了对地层进行压裂时，地层易破裂，裂缝易延伸，通过偶极声波对苏 77-召 51 区块各地层的破裂压力进行预测，各层的破裂压力在50~60MPa 之间，层间差异较小（表1-2-8）。

表 1-2-8　苏 77- 召 51 区块破裂压力预测

序号	层位	埋深（m）	破裂压力（MPa）
1	盒 6 段	2757.5~2761.0	53.2
2	盒 8$_上^2$	2820.0~2282.5	52.7
3	盒 8$_下^2$	2844.5~2846.0	56.8
4	山 $_1^2$	2877.5~2880.5	56.5
5	太原组	2959.5~2964.0	57.6

6. 偶极声波测井评价实例

召 51-20-18 井通过成像测井椭圆井眼分析现今最大水平主应力方向与偶极声波各向异性分析判定最大水平主应力方向一致，均为北西—南东向。井段 2768.0~2776.0m 地层表现纵横波速比及泊松比减小，含气性特征明显，预测的地层破裂压力值为 49.96MPa。从图 1-2-103 中看出当施加压力超过破裂压力一定值的时候，本井压裂缝主要向上延伸，不向下延伸。当施工压力增加 2.76MPa（400psi）时，压裂缝向上延伸到 2767.3m，向下不延伸；当施工压力增加 4.14MPa（600psi）时，压裂缝向上延伸到 2767m。

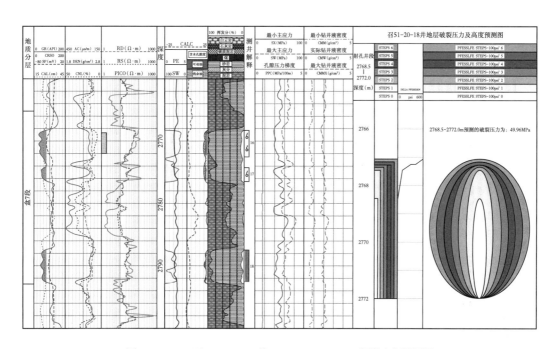

图 1-2-103　召 51-20-18 井 2768.5-2772.0m 破裂压力预测图

六、电成像测井评价技术

1. 电成像测井原理

微电阻率成像测井是测量井壁周围几个厘米范围内的电阻率变化的情况，例如斯伦贝谢测井公司的微电阻率成像测井仪的周围均匀排列着 8 个可以推向井壁的极板，每个极板上分布着 24 个电极，192 个电极的高密度排列可以使记录结果像井下扫描的图像一样显示出来。这种图像在 $8\frac{1}{2}$ in 的井筒内能够覆盖 80% 的井壁面积。仪器纵向分辨率极高，其理论纵向分辨率为 5mm（0.2in），获得的成像测井图犹如实际岩心照片一样清晰、直观。当图像的颜色发亮时，表明地层的电阻率高，颜色越暗，电阻率越低。因此，井壁上各种微小的变化如井壁崩落、溶蚀孔洞、裂缝、角砾、层界面、泥质条带等，都可以由图像的颜色不同而被直观地识别出来。

微电阻率扫描测井的动态加强图像处理成果是由静态图像的全井段统一配色改为每 0.5m 井段配一次色，这种处理方法能较充分地体现 FMI 的高分辨率，根据其颜色变化特征，可用来识别地层岩性、岩石结构和构造，如裂缝、节理、层理、结核、砾石颗粒、断层等。

2. 不同岩性电成像测井特征

苏 77-召 51 区块上古生界的主要岩性包括粉砂岩、粉砂质泥岩、含砾砂岩、泥岩、泥质粉砂岩、泥质砂岩、砂岩、砂质泥岩、碳质泥岩、石灰岩和煤岩等。根据 XRMI 图像上所反映的岩性特征，结合电阻率和岩性孔隙度测井资料的数值、形状、变化率等特征，可以分别对其进行解释。苏 77-召 51 区块各种岩性响应特征如下。

泥岩：自然伽马在 80~160API 之间，电阻率值为 8~20Ω·m，中子孔隙度为 24%~42%，密度为 2.40~2.70g/cm³；而其中碳质泥岩的电阻率较高，可达到 1000Ω·m；在 XRMI 图像上呈块状泥岩特征、层状的砂质泥岩及块状的碳质泥岩（图 1-2-104）。

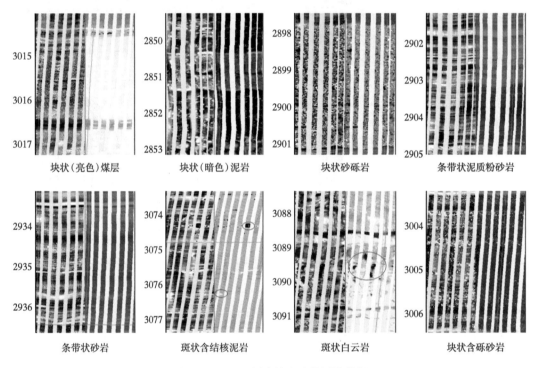

图 1-2-104　不同岩性电成像测井特征

砂岩：自然伽马在 40~80API 之间，电阻率值在 10~100Ω·m 之间，中子孔隙度为 10%~30%，密度为 2.60g/cm³ 左右；随着泥质含量的增加，自然伽马值会有所偏高，进一步细化分为砂岩、泥质砂岩；XRMI 图像特征呈层状，当含有砾的特征时则识别为含砾砂岩（图 1-2-104）。

粉砂岩：自然伽马在 60~100API 之间，电阻率值在 60~100Ω·m 之间，中子孔隙度为 15%~30%，密度为 2.65g/cm³ 左右；XRMI 图像呈细层状（图 1-2-103）。

煤：具有"三高一低"的特征，即高电阻、高时差、高中子、低密度的特征，自然伽马波动较大，在 20~80API 之间，电阻率呈极高值。XRMI 图像呈块状高阻特征（图 1-2-104）。

白云岩：自然伽马值在 10~80API 之间，电阻率较高，在 80~1000Ω·m 之间，密度为 2.80~2.90g/cm³，中子孔隙度在 12%~18% 之间，成像上来看呈块状夹杂暗色条带（图 1-2-104 ）。

3. 电成像测井对裂缝的识别

在有裂缝的地层中，由于钻井液侵入裂缝中，使得裂缝的电阻率明显较围岩低，在成像图上显示为暗色条纹，因此可以利用电成像资料进行裂缝识别，不同成因、不同类型的裂缝具有不同的成像特征，因此利用成像测井资料可以识别裂缝类型，并能够准确计算裂缝产状，分析裂缝的发育程度。苏 77-召 51 区块砂岩裂缝及溶蚀孔洞不太发育，少量高角度裂缝发育，下古生界石灰岩及白云岩裂缝及孔洞比较发育（图 1-2-105 ）。

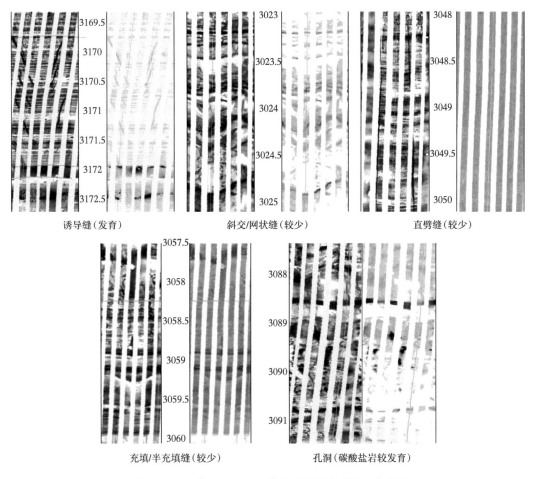

图 1-2-105　苏 77-召 51 区块主力产层段裂缝发育状况

4. 电成像测井对井旁构造分析

构造分析是基于对层理的分类拾取和计算而进行的，主要是依据泥岩层理的模式来进行分析的。钻井诱导缝、天然裂缝均不反映构造的地层倾角，它们只对构造倾角的识别起干扰作用。泥岩为低能环境，水流平稳，层理呈水平状（水平层理），与原始泥岩层面是平行的，因此采用泥岩井段来进行井旁构造分析可以客观地反映地层构造的变化。通过电成像技术，对苏 77-召 51 区块的井旁构造进行精细分析，通过统计可得（表 1-2-9 ）：

表1-2-9　各井地层产状数据表

井号		石盒子组							山西组						大原组	本溪组	马家沟组
		盒5段	盒6段	盒7段	盒8上^1	盒8上^2	盒8下^1	盒8下^2	山$_1^1$	山$_1^2$	山$_1^3$	山$_2^1$	山$_2^2$	山$_2^3$			
召51-7-7	倾角(°)	5	5	2	5	5	5	9	5	3	5	5	6	10	5	9	9
	倾向	南西	南	北北西	东	北西	西	北西	南西	北西	西	北西	北西	北西	东	南东	北东
召51-7-31	倾角(°)	5	4	9	6	5	3	—	4	5	6	5	—	5	5	3	—
	倾向	南	南西	南东	南东	北西	西	—	南西	南东	西	南东	—	北北西	正北	南西西	—
召51-8-27	倾角(°)	—	—	—	6	5	3	—	5	5	6	8	3	5	10	4	—
	倾向	北东	—	—	南东	南南东	北西西	—	北西西	南南东	南东	南南东	北北西	南西	北西	北西	—
召51-14-17	倾角(°)	—	—	3	3	4	7	—	11	4	7	10	2	2	3	—	—
	倾向	—	—	杂乱	北西	南东	南东	—	南西	南东	南东	南东	南东东	南西	南西西	—	—
召51-14-25	倾角(°)	3	3	10	5	4	6	—	6	—	3	8	7	7	—	—	—
	倾向	南西西	北西西	南东	北西	南东	南南东	—	南东	—	南东	南南东	东偏北	北东	—	—	—
召51-18-25	倾角(°)	3	5	2	3	6	5	10	4	1	1	3	2	3	5	2	—
	倾向	东倾	南东	南东	南西	南东	南南东	南偏东	南南西	北东东	北北东	南倾	北西西	北东	东倾	西倾	—
召51-25-10	倾角(°)	3	2	5	6	—	6	—	2	5	7	—	5	5	—	—	—
	倾向	北东东	南东	北东	南东	—	南南东	—	北东东	北东	北北东	—	南倾	北倾	—	—	—
召51-26-2	倾角(°)	6	10	5	3	—	5	5	—	5	4	—	—	—	5	—	—
	倾向	北西	南东	西	北西	—	北东	北东	—	北东	北东	—	—	—	北东	—	—
召51-28-7	倾角(°)	5	4	5	4	4	5	3	2	—	3	8	4	—	7	—	—
	倾向	南南西	西	南西	南西	南西	南西	南南东	北东	—	南东	南东东	北	—	北西西	—	—
召51-34-7	倾角(°)	3	4	8	7	8	—	7	9	3	5	2	—	4	11	6	—
	倾向	北西	南西	南东	南东东	南西	—	南西	南东	北东	北倾	南东东	—	南西	南东	北东	—
召51-34-11	倾角(°)	4	4	—	7	5	—	—	—	—	8	3	4	4	7	—	—
	倾向	北西	南西	—	南东	南南东	—	—	—	北东	北	南东东	南西	北西	北东东	—	—

主要目的层石盒子组、山西组大部分泥岩段构造倾角在 3°~5° 之间，构造平缓，局部倾角在 7°~10° 之间；目的层太原组、本溪组及马家沟组地层倾角变化范围较大，在 2°~11° 之间。

5. 电成像测井对地应力分析

钻井诱导缝和井壁崩落及垮塌是现今构造应力作用的结果，对直井而言，诱导缝在成像图上应为一组平行且呈 180° 对称的高角度裂缝，这组裂缝的方向即为现今最大水平主应力的方向；井壁崩落在图像上表现为两条 180° 对称的垂直长条暗带或暗块，井眼崩落的方位即为地层现今最小水平主应力方位。因此，可以根据钻井诱导缝和井壁崩落的方位来进行现今地应力分析。以召 51-8-27 井为例，根据 XRMI 图像分析，本井椭圆井眼短轴方向、诱导缝走向及模糊井眼判断本井现今最大水平主应力方向结论一致，表明本井现今最大水平主应力方向为北西西—南东东向（图 1-2-106 和图 1-2-107）。

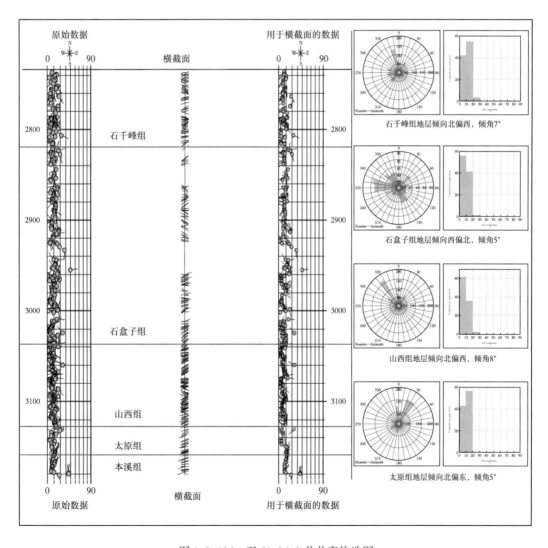

图 1-2-106　召 51-26-2 井井旁构造图

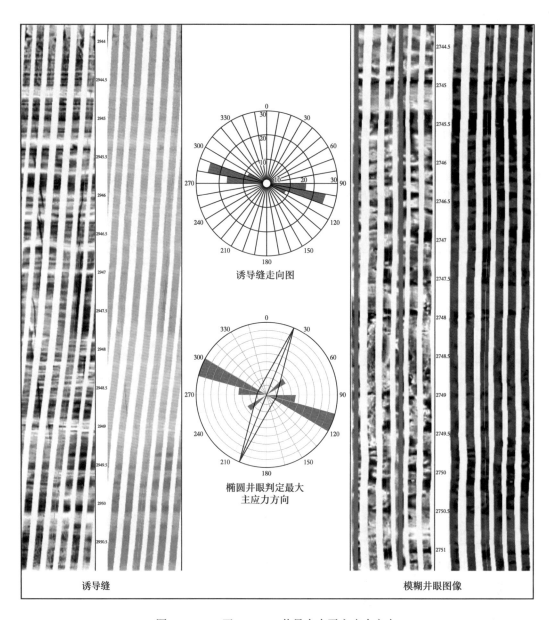

图 1-2-107　召 51-8-27 井最大水平主应力方向

6. 成像测井评价实例

召 51-7-7 井电成像测量井段 2700.0~3027.0m 地层向西偏北倾，倾角主要在 7°~12° 之间；3027.0~3054.0m 地层倾向变为南东倾，倾角在 10° 左右；3054.0~3092.0m 地层倾向变为北东倾，倾角在 10° 左右。成像测井表明该井旁现今最大水平主应力方向为近东西向。从主力层段盒 8 段及山 2 段成像图可以看出均发育平行层理和低角度斜层理，储层段多发育低角度斜层理，电阻率相对较低的平行暗层理与电阻率相对较高的平行亮层理交互出现，为典型的河流相沉积。可见高角度天然裂缝 3~4 条，盒 8 段裂缝发育程度略高于山 2 段，且储层电阻率低于山 2 段（图 1-2-108）。

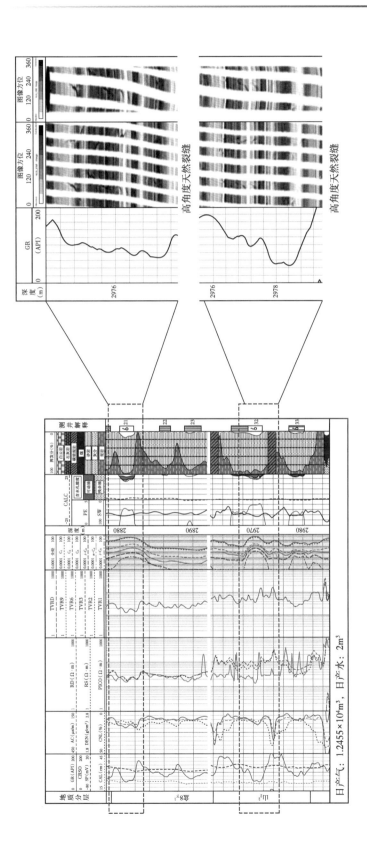

图 1-2-108　召51-7-7井盒8—山2段成像特征图

七、储层岩石力学性质评价

通过多口井偶极子声波测井和成像测井椭圆井眼分析，现今最大水平主应力方向与偶极子声波各向异性分析判定最大水平主应力方向一致，均为北西—南东向。以图 1-2-109 为例，2886.0~2899.0m 井段地层表现为纵横波速比及泊松比减小，含气性特征明显，预测地层破裂压力值 53.2MPa。当施工压力超过破裂压力一定值时，压裂裂缝主要向上延伸，不向下延伸。当施工压力增加 2.76MPa（400psi）时，压裂缝向上延伸到 2888.0m，向下不延伸；当施工压力增加 4.14MPa（600psi）时，压裂缝向上延伸到 2887.6m（图 1-2-110）。

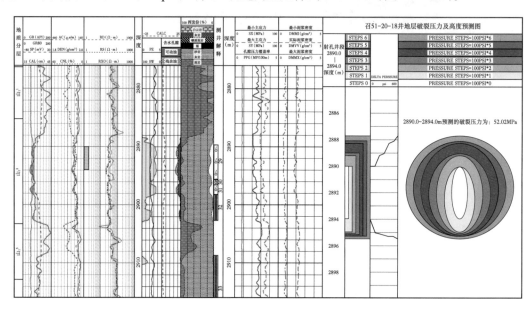

图 1-2-109　召 51-20-18 井破裂压力预测图

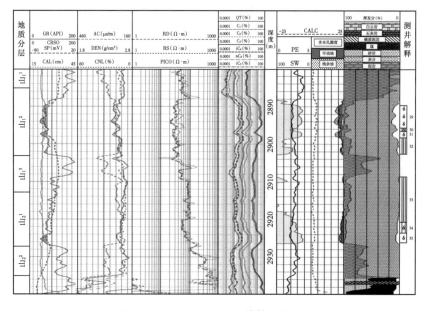

图 1-2-110　召 51-20-18 井储层评价图

第五节　地质建模技术

苏里格气田是典型的河流相沉积的具有低压、低渗、低丰度特征的"三低"气田，砂体多期叠置复合连片，储层非均质性强，气层埋藏深，储层泥质隔夹层发育，平面、纵向上含气性变化大，地质条件十分复杂，给储层的精确识别和横向预测带来了困难。大量研究表明，储层研究的精细程度与预测的准确性直接影响数值模拟结果的可靠性[10]。

因此，针对苏77-召51区块复杂的地质条件，在多条件约束下提高地质建模精度，形成一套富有特色的河流相"三低"气藏地质建模技术，具有十分重要的意义。

一、地质建模技术历程

针对苏77-召51区块地质建模过程中遇到的难题，在借鉴苏里格气田其他区块成熟地质建模技术基础上，进行不同地质、动态约束条件下的有效储层建模方式优选，以验证地质模型精度，逐渐筛选出适合本区块地质特征的建模方法。2011年以随机法进行沉积相建模，一次拟合符合率14.3%；2012年以确定性＋随机性建模方式进行沉积相建模，一次拟合符合率52.4%，确定直井井网为500m×700m；2013年结合多点地质学进行地质建模，以动态认识成果为约束建立动态模型，一次拟合符合率63.1%，进行了干扰概率、井网密度、采收率关系研究，最终确定井网密度3.1口/km²，开发井网为500m×650m；2014年后在以往建模研究基础上，以动态分析成果为约束条件加入水平井开发、气井生产方式、废弃条件、气井产水、老井措施挖潜等影响采收率因素，相控有效储层建模更加符合实际生产情况。

2015年至2016年，加入三维地震资料作为约束条件，进行沉积相建模，使模型更加符合区块地质规律；2017年至2018年在前人研究基础上，选用构造界面约束下的侧积层构型网格模型构建方法，构型模型网格方向既要准确刻画侧积层的产状，又要保证侧积体网格的正交性，进行砂体构型初步研究；2019年至2020年，采用界面约束原理初步建立了区域三维构型模型，用构型界面将点坝内部不同构型要素的顶底界面进行逐级封隔和组合封装，在侧积层、侧积体内部分别进行网格细分，解决模型网格数与侧积层精度之间的矛盾，并采用相控随机性建模方法中的序贯高斯模拟建立动态属性模型，分区相渗设置一次拟合率72.6%；2021年至今，建立了智能化地震波形混沌反演方法，形成了高分辨率的薄储层及流体地震识别技术，同时采用确定性的构型表征方法对单一微相级次的构型单元进行精细刻画，并利用沉积的期次顺序，通过嵌入式的建模方法建立相构型模型。10年来，持续引入新的技术方法，结合最新的认识成果，不断提高构造、沉积相及动态属性模型精度，有力指导苏里格气田风险合作区高效开发（表1-2-10）。

表1-2-10　苏里格气田三维地质建模历程

年份	沉积相建模	有效储层建模	其他
2011年	随机性建模	物性下限一次拟合符合率14.3%	—
2012年	确定性建模＋随机性建模	动态成果约束一次拟合符合率52.4%	确立直井井网：500m×700m

续表

年份	沉积相建模	有效储层建模	其他
2013 年	在前人基础上，以加密区作为背景，结合多点地质学进行沉积相建模	以动态成果约束，建立动态模型，分区相渗设置一次拟合符合率 63.1%	确定井网密度：3.1 口 /km²，开发井网：500m×650m
2014 年	以前人建模方式为基础	苏 77-召 51 区块二维地震连片处理	加入采收率等因素
2015—2016 年	在前人基础上，加入三维地震资料约束进行沉积相建模	召 51 区块召 63 井区三维地震连片处理	—
2017—2018 年	在前人基础上，选用构造界面约束下的侧积层构型网格模型构建方法，进行砂体构型初步研究	在前人基础上，以动态成果约束，建立动态模型	—
2019—2020 年	在前人基础上，采用界面约束原理初步建立了区域三维构型模型	针对不同区块的资料情况，选择合适的动态参数建立动态属性模型，方法采用相控随机性建模方法中的序贯高斯模拟，分区相渗设置一次拟合符合率 72.6%	加入水平井资料进行地质建模
2021 年至今	在前人基础上，采用确定性的构型表征方法进行精细刻画，并利用沉积的期次顺序，通过嵌入式的建模方法建立相构型模型	建立了智能化地震波形混沌反演方法，形成了高分辨率的薄储层及流体地震识别技术	—

二、储层砂体构型

1. 苏里格气田构型要素特征

1）构型界面

参照 Miall 储层构型理论和吴胜和的研究成果，结合目前苏里格气田使用的地层划分标准，建立了苏里格气田 3~6 级储层构型分级方案（表 1-2-11）。目前气田分层已经达到小层级别，因此主要开展小层内更小级次的储层构型精细解剖：六级构型界面为一套辫流带或曲流带沉积形成的冲刷面，分布范围广泛，在区域—气藏范围内可对比；五级构型界面为单一辫流带或曲流带沉积形成的冲刷面，分布范围广泛，在开发井组—开发井间范围内可对比；四级构型界面为单一辫流带或单一曲流带内部不同微相之间的相界面，单一辫流带中辫状河道沉积与心滩坝沉积间常存在物理界面，其内部岩相及其岩相组合存在明显差异；辫状河道沉积与泛滥平原沉积间常存在物理界面，两者内部岩性差别大，界面附近常发生岩性突变，此界面分布范围局限，主要被单井控制，部分可在井组内对比；三级构型界面为增生体或侧积体界面，常以物理界面存在，偶尔也有逻辑界面存在，一般情况下，辫状河心滩内部各增生体分界面处岩相及岩相组合存在明显差异，两个增生体之间被泥质隔夹层分开；曲流河点坝内部各个侧积体分界面处其分布范围局限，主要被单井控制部分可在井组内对比。

表 1-2-11 辫状河构型界面与地层、沉积单元界面间的关系

地层单元	构型单元	构型界面	沉积界面
小层	复合河道（垂向）	六级	
单层	单一河道（垂向）	五级	单一河道底界面
	心滩、辫状水道	四级	心滩或辫状水道顶界面
	增生体	三级	落淤层面

2）构型单元

相（砂体）构型单元包括微相复合体、单一微相和岩相组合三个级次，三者规模从大到小，其中微相复合体对应五级构型单元，它由单一微相构型单元横向切叠组合而成；单一微相对应四级构型单元，它由岩相组合构型单元垂向叠置组合而成；岩相组合对应三级构型单元，在相构型单元里属于基础单元，组成上面两个较大级次构型单元[11]。

针对重点解剖区单一微相构型单元研究，总结了 6 类 12 种单一微相级次岩相组合模式。苏 77-召 51 区块河流相主要发育心滩坝、辫状河河道、点坝、曲流河废弃河道、溢岸（包括天然堤、决口扇和河漫滩）和泛滥平原等 6 类微相。其中，滞留沉积、溢岸和泛滥平原三类微相内部的岩相相对单一。滞留沉积微相内部主要发育含泥砂砾岩块状层理岩相；溢岸微相内部主要发育泥质细砂岩、泥质粉砂岩、砂质泥岩和泥岩等粒度较细的岩性，层理类型主要以波状层理、水平层理及块状层理为主；泛滥平原微相主要沉积砂质泥岩、泥岩水平层理及块状层理岩相。而对于心滩坝、辫状河河道、点坝、曲流河河道 4 类微相，由于沉积背景及水动力条件的不同，其内部的岩相组合模式具有不同的特点。针对以上 4 类微相，分别总结其岩相发育特征，建立如下基于沉积微相的岩相组合模式。

（1）心滩坝岩相组合模式。

心滩坝微相在游荡型辫状河、稳定型辫状河沉积环境中广泛发育，其底部发育冲刷面及冲刷面之上滞留沉积，主要为含砾砂岩块状层理岩相；自冲刷面向上，粒度逐渐变细，由中粗砂岩大型槽状交错层理岩相、中粗砂岩下截型大型板状交错层理或平行层理岩相，逐渐过渡为细砂岩小型板状交错层理岩相、泥质粉砂岩及粉砂岩波状层理岩相；在心滩坝顶部沉积泥岩水平层理、块状层理岩相。根据心滩坝内部落淤层发育情况，心滩坝内部岩相组合模式可细分为 2 类。其中，a_1、c_1 类心滩坝主要发育在稳定型辫状河沉积环境中，其内部基本无落淤层沉积，心滩坝整体呈现正韵律的特征；a_2、c_2 类心滩坝内部落淤层发育，中粗砂岩大型板状交错层理或平行层理岩相的内部，发育薄层的泥质砂岩波状层理、泥岩块状层理岩相，对于心滩坝岩相组合模式而言，其在测井上常表现为箱形或钟形特征。

研究发现，在不同类型辫状河沉积中，心滩坝内部岩相存在明显差异。由于不同河型物源供给量大小不同，游荡型辫状河心滩 a_1、a_2 中层系组的厚度相对稳定型辫状河心滩 c_1、c_2 明显较大，比如 a_1、a_2 中中砂岩平行层理、粗砂岩平行层理岩相厚度明显大于 c_1、c_2 中的同一岩相类型；不同河型距离物源远近存在的差异导致游荡型辫状河心滩 a_1、a_2 中成分成熟度和结构成熟度相对稳定型辫状河心滩 c_1、c_2 明显较低，从岩心照片上能看出游荡型辫状河心滩内部砂体分选较差，且岩石类型复杂，有不同岩屑出现，在稳定型辫状河

心滩内部砂体分选较好，基本都是粒度均一的石英颗粒，仅存在个别磨圆较好的石英质岩屑；不同河型水动力条件也有明显差异，由于游荡型辫状河水动力相对较大，a_1、a_2 中中砂岩板状交错层理、粗砂岩板状交错层理岩相单元内部单一纹层与层系界面夹角明显小于 c_1、c_2 中的同一岩相类型（图 1-2-111 和图 1-2-112）。

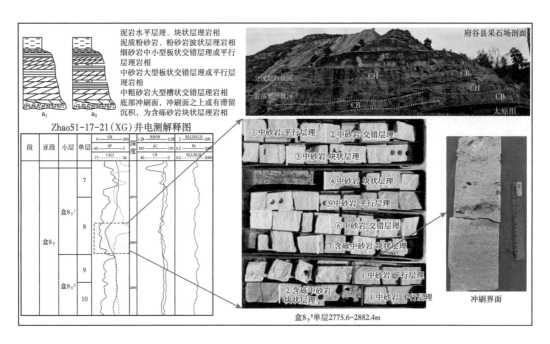

图 1-2-111　游荡型辫状河心滩坝岩相组合模式

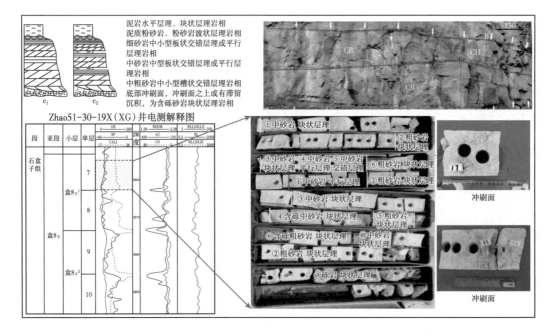

图 1-2-112　稳定型辫状河心滩坝岩相组合模式

（2）辫状河河道岩相组合模式。

对于游荡型辫状河道及稳定型辫状河道而言，其底部都发育冲刷面及冲刷面之上的滞留沉积，主要为含砾砂岩块状层理岩相。自冲刷面向上，粒度逐渐变细，由中粗砂岩大型槽状交错层理岩相、中粗砂岩平行层理岩相，逐渐过渡为细砂岩小型槽状交错层理岩相、泥质粉砂岩及粉砂岩波状层理岩相，在辫状河河道的顶部沉积泥岩水平层理、块状层理岩相。根据辫状河河道内部的砂泥发育情况，将游荡型辫状河河道内部的岩相组合模式分为 2 类（图 1-2-113），将稳定型辫状河河道内部的岩相组合模式分为 3 类。d_1 类辫状河道为砂质充填河道，沉积时河道水动力条件较强，整段以发育中粗砂岩槽状交错层理岩相为主，只有河道发育结束时，顶部发育薄层泥质粉砂岩波状层理及泥岩块状层理等细粒岩相；b_1、d_2 类辫状河河道沉积过程中水动力变化较大，在水动力较强时发育中粗砂岩槽状交错层理岩相，在水动力较弱时主要沉积细粒的泥质粉砂岩波状层理岩相以及泥岩块状层理岩相，河道整体各类岩相均比较发育；b_2、d_3 类辫状河河道为泥质充填河道，沉积时河道已被废弃或水动力较弱，砂岩槽状交错层理岩相不发育，在滞留沉积上方主要沉积泥质粉砂岩波状层理及泥岩块状层理等细粒岩相，辫状河河道岩相组合模式在测井上常表现为典型的钟形特征。

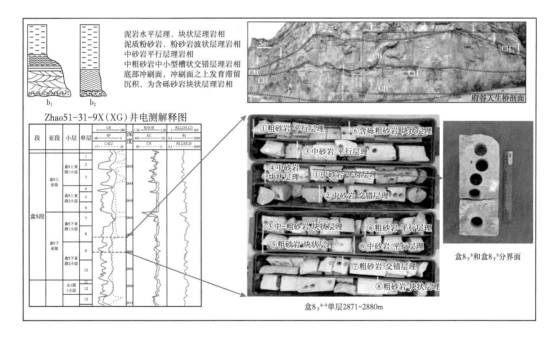

图 1-2-113　游荡型辫状河河道岩相组合模式

研究发现，在不同类型的辫状河沉积中，河道微相岩相组合存在明显差异。由于不同河型物源供给量大小不同，游荡型辫状河河道 b_1、b_2 中层系组的厚度相对稳定型辫状河心滩 d_2、d_3 明显较大，比如 b_1、b_2 中粗砂岩槽状交错层理岩相厚度明显大于 d_2、d_3 中同一岩相类型；不同河型距离物源远近存在的差异导致游荡型辫状河河道 b_1、b_2 中成分成熟度和结构成熟度相对稳定型辫状河心滩 d_2、d_3 明显较低，从岩心照片上能看出游荡型辫状河河道底部滞留砾石分选较差，且岩石类型复杂，有不同岩屑出现，在稳定型辫状河河道内部砂体分选较好，基本都是粒度均一的石英颗粒，仅存在个别磨圆较好的石英质岩屑；不同河型水动力条件也有明显差异，由于游荡型辫状河水动力相对较大，b_1、b_2 中额外发育水动力条件较强情况下才会出现的中砂岩平行层理岩相，而且粗砂岩槽状交错层理岩相单元内部单一纹层与层系界面夹角明显小于 d_2、d_3 中的同一岩相类型（图 1-2-114）。

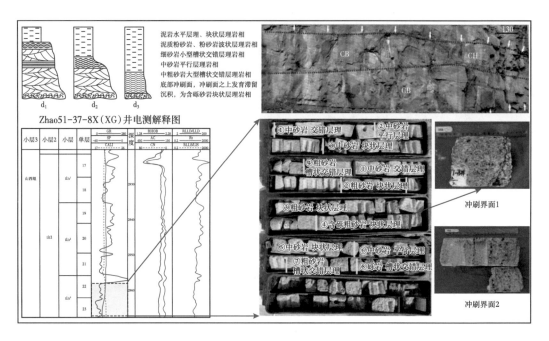

图 1-2-114　稳定型辫状河河道岩相组合模式

（3）点坝岩相组合模式。

点坝微相主要发育在曲流河中。点坝底部发育冲刷面及冲刷面之上的滞留沉积，主要为含砾砂岩块状层理岩相。自冲刷面向上，粒度逐渐变细，由中粗砂岩大型槽状交错层理岩相、中粗砂岩大型下切型板状交错层理或平行层理岩相，逐渐过渡为细砂岩小型板状交错层理岩相、泥质粉砂岩及粉砂岩波状层理岩相，在点坝顶部沉积泥岩水平层理、块状层理岩相。

根据点坝内部侧积层的发育情况，将点坝内部的岩相组合模式分为 2 类，e_1 类点坝内部无侧积层沉积，点坝整体呈现出典型的正韵律的特征；e_2 类点坝内部侧积层发育，在中粗砂岩大型板状交错层理或平行层理岩相之间，发育薄层泥质砂岩波状层理、泥岩块状层理岩相，点坝岩相组合模式在测井上常常表现为典型的箱形或齿状箱形特征。经研究发现，在曲流河沉积中，由于河流不同位置离物源远近不同，沉积物搬运距离长短不一，上游沉积物粒度整体相对下游较粗，且上游较下游水动力更强，因此在下游较稳定的水动力条件下，点坝每期侧积体之间出现细粒岩性侧向隔挡体，同时，沉积物层理规模从上游到下游也出现明显差异，水动力较强情况下，沉积物不容易原地保留，纹层厚度较小，从露头、岩心资料可清晰看出上游点坝沉积中，层理厚度与下游厚度有明显差异（图 1-2-115）。

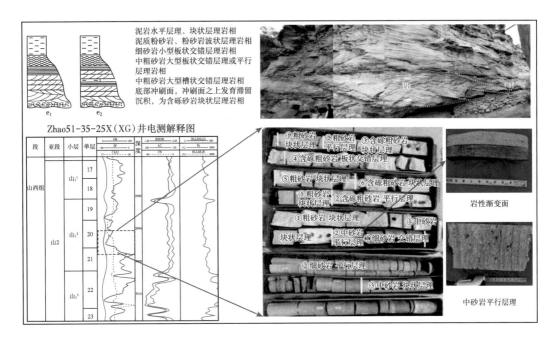

图 1-2-115 点坝岩相组合模式

（4）曲流河废弃河道岩相组合模式。

曲流河河道微相与辫状河河道微相不同，由于曲流河河道沉积相对稳定，河道迁移较为缓慢，河道内沉积物主要在其废弃后由细粒物质充填。因此，曲流河河道均为废弃河道，其底部发育冲刷面及冲刷面之上滞留沉积，主要为含砾砂岩块状层理岩相，向上发育厚度较薄的中粗砂岩大型槽状交错层岩相、细砂岩小型槽状交错层理岩相，并逐渐过渡为厚层泥质粉砂岩及粉砂岩波状层理岩相、泥岩水平层理及块状层理岩相，曲流河废弃河道岩相组合模式在测井上一般表现为 GR、SP 曲线靠近基线的特征。

岩相组合对应地质单元分级中的 7 级层序，在河流体系中，点坝内部的侧积体、泥质侧积层，心滩坝内部的增生体、心滩坝顶部的沟道充填体均为岩相组合单元，其中点坝由若干个侧积体组成，侧积体之间发育泥质夹层（侧积层），侧积层总是向废弃河道方向倾斜，单个侧积体的宽度大概为河道宽度的 2/3，厚度几米到几十米，心滩坝是由若干个增生体垂向、侧向叠置形成，增生体之间存在逻辑界面，界面上下岩相组合有较大差异，其横向规模与心滩坝规模类似几十米到几百米，垂向几米到十几米，心滩坝顶部偶尔存在后期冲淤形成的沟道，沟道内部常被泥质充填，厚度几米到十几米，宽度几米到十几米（图 1-2-116）。

2. 砂体构型定量表征

单一河道是指较长周期的大洪水期形成的具有一定分布范围的河道单元，其识别的意义在于复合河道内垂向上的单一河道单元的划分，每一期次洪水的流量、流速不相同。因此可以依据河道内的泥质层、细粒沉积的发育位置、冲刷面及测井曲线的突变来对其进行识别。区内单一河道的界面表现为：（1）冲刷面，代表洪水对前期沉积物改造，多含泥砾；（2）泥岩及粉砂岩沉积，代表憩水期水体能量相对较弱时的细粒沉积，保存程度视后一期洪水能量强弱而定；（3）测井曲线（GR）突变面。通过以上 3 种界面对苏里格气田盒 8 段短期基准面旋回内单一河道进行识别，每个短期旋回内均发育 2~3 期单一河道沉积（图 1-2-117）。

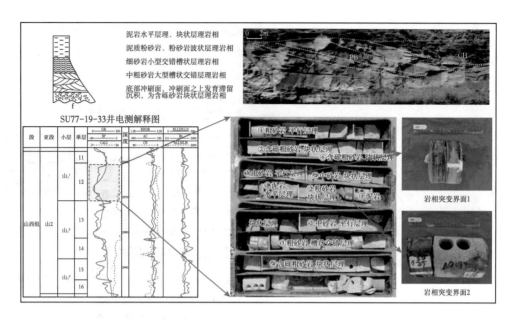

图 1-2-116　曲流河废弃河道岩相组合模式

（a）冲刷面，层面含滤饼，井深2997.55m，
盒8上²，苏东30-47井

（b）泥岩，落淤层，井深3171.05m，
盒8下²，召89井

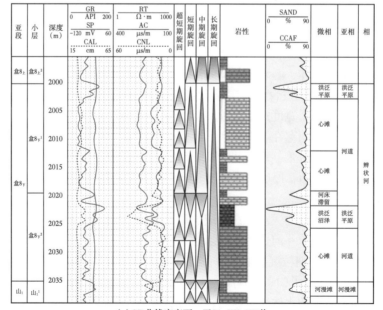

（c）GR曲线突变面，召51-XX-XX井

图 1-2-117　苏里格气田盒 8 段单一河道界面类型图

Leeder 通过对 107 个河流实例的研究发现，对于河道曲率小于 1.7 的样本，满岸深度和满岸宽度的关系较差；而对于河道曲率大于 1.7 的样本，二者具有较好的对应关系，并据此建立了反映曲流河单一河道砂体规模的定量计算模型：

$$W=6.8d^{1.54} \tag{1-2-57}$$

式中　W——河道宽度；

　　　d——河道深度。

Lorenz 等通过研究，建立的单一活动河道的宽度和单一曲流带宽度的关系式为：

$$W_m=7.44W^{1.01} \tag{1-2-58}$$

式中　W_m——河道带的宽度；

　　　W——单河道的宽度。

根据苏里格气田 Z3 井、Z30 井、Z38 井等井岩心分析结果，盒 8 $_上$ 沉积单元粉砂泥质含量大于 30%，由此估算曲率大于 1.8（$F=255M^{1.08}$，$P=3.5F^{-0.27}$，其中 F 为河道宽深比；M 为粉砂泥质含量；P 为河道曲率，下同），适用于 Leeder 经验公式。根据公式（1-2-57）和公式（1-2-58）对苏里格气田盒 8 $_上$ 曲流河单一河道及河道带宽度进行计算，曲流河单河道砂体最小宽度仅 11.42m，最大宽度达 145.22m，平均宽度为 42.7m；河道带最小宽度仅 87.04m，最大宽度为 1135.58m，平均宽度为 330.68m。

Schumm 通过对美国中部小流域、美国大平原及澳大利亚新南威尔士的河流资料分析后，建立了辫状河单一河道宽深比 W/d 与河道砂岩中悬移质含量的相关关系式：

$$W=Fd=255M^{-1.08}d \tag{1-2-59}$$

式中　M——沉积负载参数，即河道砂岩中悬移质含量。

John 通过对辫状河河道的几何形态、水流及沉积物搬运和沉积的内在联系研究的基础上，提出了计算辫状河河道带砂体规模的公式：

$$W_m=59.9d^{1.8} \tag{1-2-60}$$

根据公式（1-2-59）和公式（1-2-60）对苏里格气田盒 8 $_下$ 辫状河砂体进行计算，其中单河道砂体最小宽度仅 46.40m，最大宽度达 494.89m，平均宽度为 208.36m；河道带最小宽度仅 109.76m，最大宽度达 8807.3m，平均宽度为 2244.12m。通过苏里格气田盒 8 段短期旋回层序格架内砂体构型分析，定量刻画不同类型河流单河道和河道带规模。

依据实际测量结果及砂体构型分析，建立构型要素地质知识库，结合前人总结经验公式，根据定量知识库数据对苏里格气田辫状河的构型单元（河道、心滩）规模进行大致估算（表 1-2-12），指导井下构型要素解剖。

3. 断层模型和储层构型模型

从地质建模研究流程来看，储层构型建模仍属于相建模范畴，只是研究精度更细。在气田开发早期可能只需要模拟出砂泥岩分布就能满足需要，到了中后期则需建立精细的微相模型，在砂体内模拟出点坝等各种微相类型。而伴随气田步入高含水至特高含水期，为了基于地质模型来精细预测剩余油分布，则需将微相砂体内部构型界面表征出来[12]。以苏 77-召 51 区块召 63 井区为例，进行储层构型建模，建模精度为 50m×50m×1m。

表 1-2-12　苏里格气田河流构型规模表

层位	河道期次	河道类型	四级构型						三级构型		
			单一河道规模		单一心滩坝/点坝规模			单一垂积体/侧积体规模		
			宽度（m）	厚度（m）	宽度（m）	长度（m）	厚度（m）	宽度（m）	长度（m）	厚度（m）
盒 $8_{上}^{1}$	VI	曲流河	25.0~40.0	1.2~3.6	120~200	500~700	5.0~6.5	30~80	180~270	1.2~1.5
盒 $8_{上}^{2}$	V	曲流河	30.0~50.0	1.5~4.6	150~240	600~800	6.0~8.5	40~80	200~300	1.2~1.8
盒 $8_{下}^{1}$	IV	分汊型辫状河	40.0~60.0	2.0~5.6	200~300	800~1000	8.0~10.5	70~100	270~360	1.8~2.5
	III	分汊型辫状河	80.0~90.2	3.0~7.3	320~390	1200~1500	14.0~16.5	100~130	400~500	3.0~4.2
盒 $8_{下}^{2}$	II	游荡型辫状河	58.0~70.2	2.0~6.3	280~350	1100~1400	13.0~15.5	90~120	350~420	2.8~3.8
	I	游荡型辫状河	65.0~89.6	2.2~3.8	250~300	1000~1200	12.0~14.5	80~100	320~400	2.5~3.2

1）断层模型

根据三维地震资料和全区二维地震测线解释结果，召 63 井区发育 8 条正断层，走向以东西向为主，断面产状近平直，断距很小，为走滑断裂的伴生断层。在地震剖面上，几条断层表现为一个反射同相轴或几个同相轴组成的反射波组的扭曲，没有明显错断。

在断层解释基础上，断层模型的产状主要受顶、底构造面断层投影的控制。在建模过程中，根据盒 8—山 2 段顶、底面断层线可以生成断层球棍模型，如图 1-2-118 所示。断层模型生成过程中需要设置的参数主要是球棍的条数、控制点个数、垂向延伸长度等。断层球棍模型控制了各条断层的延伸长度和断面产状，直接控制着断层模型的形态，同时间接控制了地层模型的平面网格化，建立断层模型，使储层砂体构型模型更准确（图 1-2-118）。

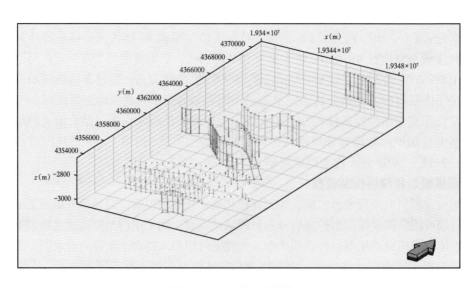

图 1-2-118　断层球棍模型

2）储层构型模型

在三维相构型建模过程中，采用确定性的构型表征方法对单一微相级次的构型单元进行精细刻画，并利用沉积期次顺序，通过嵌入式的建模方法建立相构型模型，该模型可以表征各类单一微相的平面展布规律、剖面叠置样式和三维空间形态特征。

（1）储层构型建模方法。

构型单元在平面上的分布范围是通过井震精细解剖得到的，在曲流河沉积模式下，主干河道与点坝为主要的构型单元，根据沉积微相解释结果，绘制单一微相轮廓平面图（图1-2-119a）。在单一微相分布范围基础上，以井点解释厚度为硬数据，确定不同微相的厚度分布趋势，进而确定不同微相单元的顶底界面分布。在具体建模过程中，要在单井上识别出构型界限，建立构型厚度平面图和构型界面构造等值线图（图1-2-119b和图1-2-119c），约束构型单元的三维空间形态。在曲流河沉积地层中，构型模型的嵌入顺序依次为点坝模型、河道模型与泛滥平原模型，产生的构型模型结果如图1-2-119d～图1-2-119f所示，点坝具有顶凸底平形态，河道可以产生顶平底凸的形态，在河道和点坝的外围区域为发育广泛的泛滥平原背景相。在辫状河沉积地层中，构型模型的嵌入顺序依次为泛滥平原模型、心滩模型、沟道模型与辫状河道模型，正确的嵌入顺序可以把构型边界的叠置样式准确地表征出来。

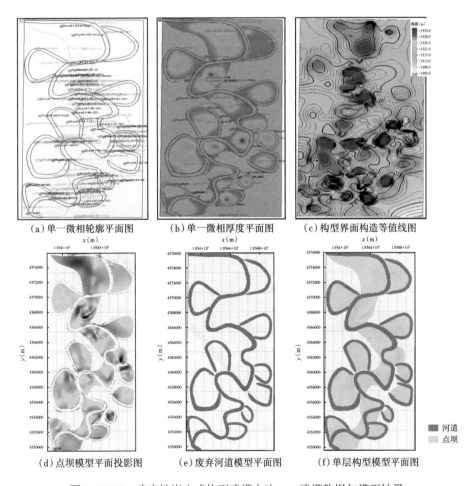

（a）单一微相轮廓平面图　（b）单一微相厚度平面图　（c）构型界面构造等值线图

（d）点坝模型平面投影图　（e）废弃河道模型平面图　（f）单层构型模型平面图

图1-2-119　确定性嵌入式构型建模方法——建模数据与模型结果

Petrel 软件中的具体操作，是在 make zone 功能中对层面模型进行构型单元界面的嵌入，如图 1-2-120 所示。

	11-overflow	▼	Isochore ▼	⇒	new real thickness of overflow	☑ Yes	✔ Done
	11-overflow bottom	▼		⇒			✔ Done
	11-channel	▼	Isochore ▼	⇒	thickness of channel+0	☑ Yes	✔ Done
	11-bar top	▼		⇒	11-bar top (well tops of facies)		✔ Done
	11-bar	▼	Isochore ▼	⇒	thickness of bar+0	☑ Yes	✔ Done

图 1-2-120　Petrel 软件中构型单元嵌入顺序

（2）储层构型模型展示。

不同相带具有不同岩性分布，岩性往往又控制了物性分布。因此，相作为约束条件能够有效提高储层三维构型模型的精度。储层建模通常采用二维沉积相图作为约束条件进行相约束，并不能构建出三级甚至更小级别构型界面。在构型建模中，主要目的是对不同级次界面进行精细表征，传统沉积相图二维约束条件已经不能满足储层三维构型建模空间三维约束。基于井间三维构型分析与落淤层的空间展布参数作为精细的三维相控条件，选取稳健的能够模拟复杂储层各向异性的序贯高斯模拟法，对不同层位、不同级次构型界面分别进行变差函数拟合。本次建模思路为：以井间构型分析为基础，相约束模型为理论，序贯高斯算法为手段，最终建立辫状河储层三维构型随机模型（图 1-2-121 和图 1-2-122）。

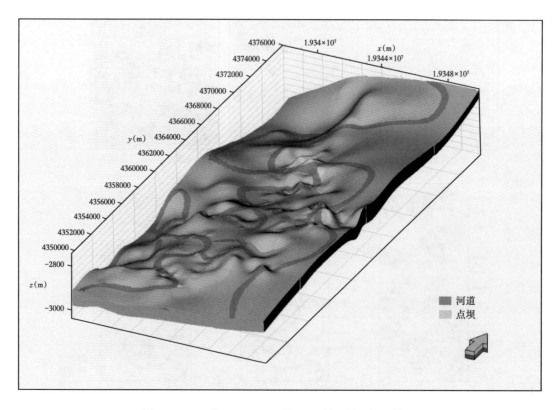

图 1-2-121　苏 77-召 51 区块召 63 井区储层构型模型

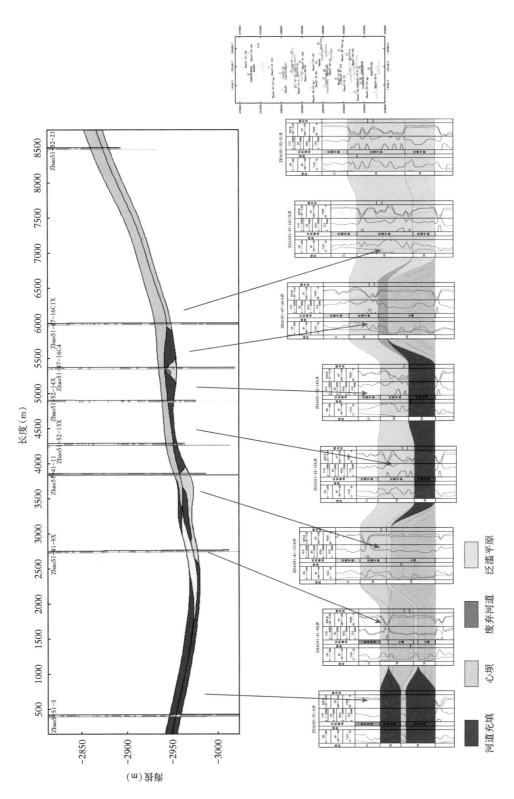

图 1-2-122　召51-51-5井—召51-52-21井连井剖面构型分布对比

泛滥平原

废弃河道

心坝

河道充填

通过上述方法，最终得到三级构型界面的构型模型。在切物源连井剖面上，将构型模型与测井解剖构型剖面进行对比，两个单层内部的四类构型单元与测井解释结论相匹配，井间心滩与辫状河道边界的叠置样式符合地质模式，模型效果较好。真正意义上对辫状河储层构型模型进行了精细描述与表征[13]，为后期气藏数值模拟、剩余气挖潜及开发方案优化提供了地质载体。

三、地质建模技术应用

储层构型技术更加精细地描述了地下砂体的规模及分布规律，通过三维地质模型分析，对设计水平井技术指标和轨迹、钻井过程中水平段轨迹调整有着重要作用，可以有效指导水平井高效开发。

1. 指导水平井地质导向

三维地质模型能否反映地下实际情况，主要取决于模型对地质知识库反映的吻合程度、对实际砂体规模参数预测的准确性，以及能否精准地质导向提高有效储层钻遇率。例如：苏 19 区块新钻的水平井苏 19-19-10H1 井，钻进过程中从 3900m 入靶，岩性较纯，气测显示活跃，钻进至 4900m 之后，岩性变细，气测显示弱。通过分析区域储层三维构型模型，认为该井水平段已从心滩砂体顶部钻出，钻至辫状河道砂体。降斜钻进向下调整轨迹后，又钻回至心滩内部，岩性、气测显示均变好。钻进至 5500m 之后，储层岩性、物性均变差，通过模型分析，认为已钻穿整个心滩砂体（图 1-2-123 和图 1-2-124）。

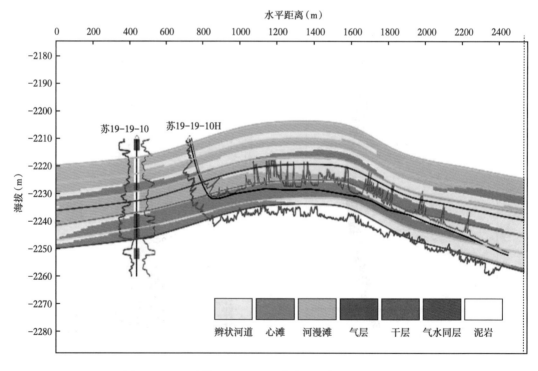

图 1-2-123　过苏 19-19-10H1 井水平段轨迹四级构型切片

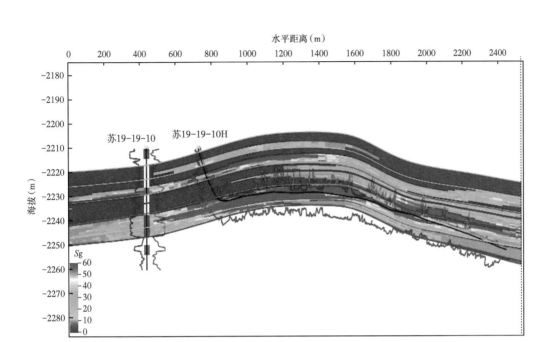

图 1-2-124　过苏 19-19-10H1 井含气饱和度切片

2. 优化水平井设计轨迹

水平井的目的层、水平段长度、靶前距、入靶点及其轨迹走向，可以通过储层构型模型来优化设计（图 1-2-125）。

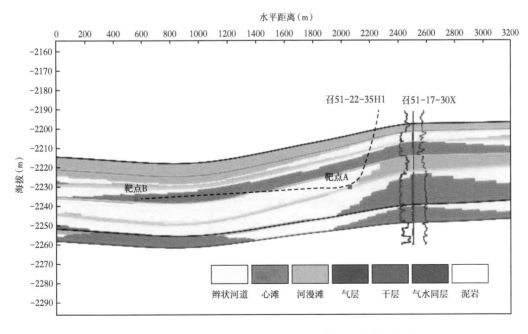

图 1-2-125　过苏 51-22-35H1 井水平段轨迹四级构型切片

第六节 储量分类评价技术

一、开发效益指标

按照平均气价，综合考虑气井弃置费用、城市维护建设税、教育费附加、资源税等经济评价参数，测算不同内部收益率对应的气井 EUR 值（图 1-2-126）。

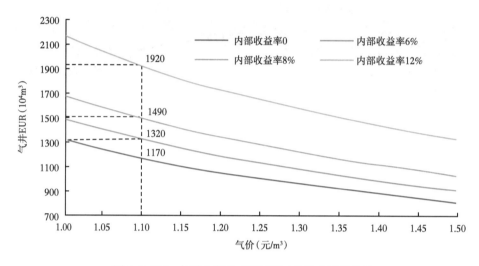

图 1-2-126 气价与气井累计产量（EUR）关系曲线

二、储量分类标准

综合考虑沉积相带分布、砂体叠置模式、气井生产特征和内部收益率等信息，优选多种参数作为储量分类依据，动静结合确定储量分类界限。基于静态、动态参数分析，以开发效益为核心，将储量分为 4 种类型（图 1-2-127，图 1-2-128 和表 1-2-13）。

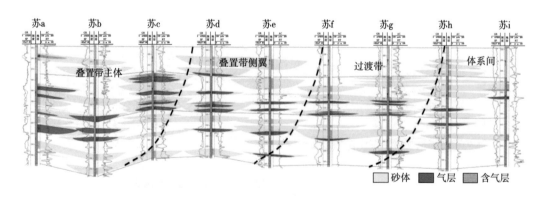

图 1-2-127 苏 77-召 51 区块生产时间超过 10 年典型井连井剖面

（1）Ⅰ类储量。主要集中在辫状河叠置带主体（图 1-2-128a），有效砂体呈厚层叠置型，有效厚度大于 12m，储量丰度大于 $1.5 \times 10^8 \text{m}^3/\text{km}^2$，水气比小于 $1.0 \text{m}^3/10^4 \text{m}^3$，井均

EUR 大于 $1750×10^8m^3$，内部收益率大于 8%。

（2）Ⅱ类储量。主要集中在辫状河叠置带侧翼（图 1-2-128a），有效砂体呈中厚层叠置型，有效厚度在 10~12m 之间，储量丰度（1.25~1.5）×$10^8m^3/km^2$，水气比介于 1.0~2.5$m^3/10^4m^3$，井均 EUR 约为 $1400×10^8m^3$，内部收益率 6%~8%。

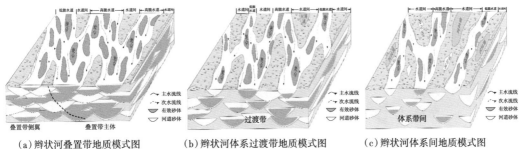

（a）辫状河叠置带地质模式图　（b）辫状河体系过渡带地质模式图　（c）辫状河体系间地质模式图

图 1-2-128　辫状河沉积地质模式图

（3）Ⅲ类储量：主要集中在辫状河体系过渡带（图 1-2-128b），有效砂体薄而分散，有效厚度 8~10m，储量丰度（1~1.25）×$10^8m^3/km^2$，水气比介于 2.5~4.0$m^3/10^4m^3$，井均 EUR 为 $1200×10^8m^3$ 左右，内部收益率 0~6%。

（4）Ⅳ类储量：主要集中在辫状河体系间或含水区（图 1-2-128c），气层薄而孤立，储层有效厚度小于 8m，储量丰度小于 $1×10^8m^3/km^2$，水气比大于 4.0$m^3/10^4m^3$，井均 EUR 小于 $1000×10^8m^3$，内部收益率小于 0。

表 1-2-13　苏 77-召 51 区块储量分类标准表

储量类型	地质参数					开发动态参数				经济参数
	沉积相	叠置模式		有效厚度（m）	平均丰度（$10^8m^3/km^2$）	水气比	首年日产（10^4m^3）	EUR（10^8m^3）	平均EUR（10^8m^3）	内部收益率（%）
Ⅰ类	辫状河体系叠置带主体	厚层切割叠置型，有一定连通性		>12	>1.50	>1.0	>1.25	>0.15	0.175	>8
Ⅱ类	辫状河体系叠置侧翼	中—厚层叠置型，连通性差		10~12	1.25~1.50	1.0~2.5	1.00~1.25	0.13~0.15	0.140	6~7
Ⅲ类	辫状河体系带过渡带	薄层分散型，不连通		8~10	1.00~1.25	2.5~4.0	0.75~1.00	0.11~0.13	0.120	0~6
Ⅳ类	辫状河体系带间	薄层孤立型，不连通		<8	<1.00	>4.0	<0.75	<0.11	0.084	<6
	受地层水影响									

三、储量分类评价

苏 77-召 51 区块各类储量分布具有一定规律性，如图 1-2-129 所示。整体上，储量主要以 Ⅱ 类及 Ⅲ 类储量为主，Ⅰ 类储量较少，仅分布于召 65 井区、召 23 井区及召 63 井区南部。

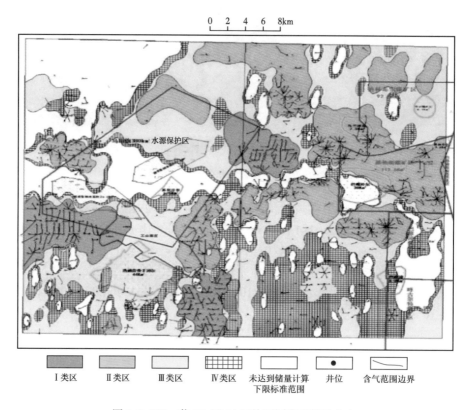

图 1-2-129　苏 77-召 51 区块不同类型储量分布

第三章 开发部署优化技术

高含水致密砂岩气藏气井产能低、递减快，如何根据区块地质特征，采用先进适用技术优化开发部署极为重要。开发井网直接影响气田采收率，优化井网、井距是提高采收率的关键，开发方式对提高单井产量和开发效益意义重大，合理井型能提高单井产能，气井泄流半径决定所能控制的面积和储量，进而影响气井初期产量及最终累计采气量[14]。水平井具有控制储量多、渗流面积大、导流能力强的特点，是目前高含水致密砂岩气藏实现效益开发、提高气藏采收率的有效手段。苏77-召51区块实施以源头管控为核心的差异化开发部署优化技术，坚持做好"四个差异化"顶层设计，即：井区部署差异化、井型选择差异化、井网井距差异化、轨迹设计差异化。

第一节 井网优化技术

一、气田井网优化历程

自2000年苏里格气田发现以来，先后经历了"试采评价、快速上产、规模稳产、加快发展"四个阶段，围绕提高采收率和经济效益目标，2007—2018年先后在苏里格中区、东区开辟了苏6、苏14、苏36-11、苏东27-36等四个井网试验区。开发井网研究经历了探索（2008年以前）、发展（2009—2012年）、突破（2013年以后）三个阶段，优化形成了三套开发井网，井网密度由1.4口/km²加密到3.1口/km²，气田采收率得到显著提高（表1-3-1和表1-3-2）[15]。

表1-3-1 苏里格气田密井网试验区概况统计表

加密区	面积（km²）	部署加密井数	完钻加密井数	井排距	井网密度（口/km²）	备注
苏6试验区（2008年）	11.5	20	33	（400~500m）×（600~700m）	2.9	已建成
苏14试验区（2008年）	6.4	10	18	（300~600m）×（400~800m）	2.8	已建成
苏36-11试验区（2012年、2015年）	12.0	30	52	（350~400m）×（400~500m）	4.2	已建成
苏东27-36试验区（2016年）	50.0	86	132	500m×650m	2.8	正实施
小计	79.9	146	235	（300~600m）×（300~800m）	3.0	

表 1-3-2　苏里格气田井网加密统计表

时间	研究方法	开发井网（m）	井网形式	井网密度（km²）	采收率
2008 年以前	单井数值模拟	600×1200	矩形或平行四边形	1.4 口	20% 左右
2009—2012 年	加密试验、地质统计、试井分析、经济评价	600×800	平行四边形	2.1 口	35% 左右
2013 年以后	砂体解剖、干扰试验、气藏工程、数值模拟、经济评价	500×650	平行四边形	3.1 口	典型区块45%以上

1. 井网密度优化研究

苏里格气田开发井网试验区在大量现场干扰试井结果统计分析基础上，联合砂体精细解剖、气藏工程、数值模拟和经济评价等多方法综合论证，创建了基于经济效益和采收率双目标的致密砂岩气藏井网加密优化新方法（图 1-3-1）[16]。

（1）砂体解剖：苏里格气田有效砂体规模较小，有效厚度主要集中在 2~6m，宽度主要为 500~700m，其中小于 600m 数据点占 80%，长度小于 800m 占 70%。采用 600m×800m 开发井网，对有效砂体的控制程度不够。

（2）干扰试验：干扰试验井组统计分析表明，①当井距小于 450m 时，井间干扰概率大于 60%；当井距大于 500m，井间干扰概率小于 30%。②排距小于 550m 时，井间干扰概率接近 60%，即 60% 的气井存在井间干扰；当排距大于 700m 时，井间干扰概率小于 15%。③当井网密度小于 3.0 口 /km² 时，干扰概率小于 23.3%；井网密度大于 4.0 口 /km² 时，干扰概率大于 60%。

（3）气藏工程论证、数值模拟研究：利用产量递减分析与数值模拟方法，分别建立了无干扰和干扰条件下气井累计产量预测方程，量化了井网密度与单井累计产量关系。结果表明，随着井网密度增大，井间产生干扰，单井累计产量不断降低。

（4）经济评价：开发井网密度优化以经济为准绳，以气田在生命周期内获得的利润为标准，利润为零时对应经济极限井网密度，苏里格气田经济极限井网密度为 5.3 口 /km²；按税后财务内部基准收益率 12% 要求，苏里格气田经济最佳井网密度为 3.1 口 /km²。

（5）采收率预测：在低干扰条件下，采收率随井网密度增大呈明显线性增加。当井网密度增大到一定数值时，井间干扰严重，采收率增幅甚小，此时再通过井网加密提高采收率意义不大。当井网密度为 3.1 口 /km² 时气田采收率可达到 50%。

2. 井网密度优化结果

在矿场干扰试井分析、气藏工程论证、经济模型优化等基础上，建立了苏里格气田中区典型区块井网密度与采收率、内部收益率、干扰概率的关系模型，如图 1-3-2 所示（储量丰度取值 $1.4×10^8 m^3/km^2$）。

推荐苏里格气田合理开发井网：井网密度 3.1 口 /km²，对应井距 500m（井间干扰概率小于 25%）；对应排距 650m（井间干扰概率小于 25%），预测采收率为 50%，内部收益率大于 12%。采用平行四边形形式，直井开发井网 500m×650m，水平井开发井网 500m×1600m。

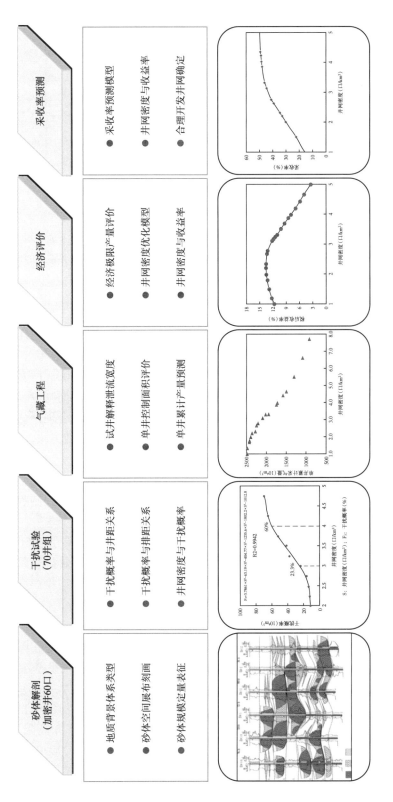

图 1-3-1 苏里格气田井网优化技术方法

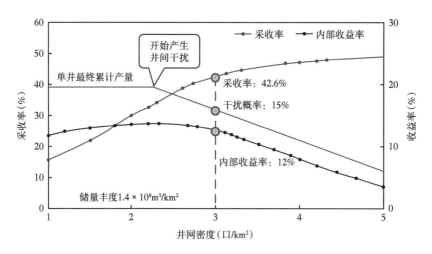

图 1-3-2　采收率、单井最终累计产量、内部收益率与井网密度关系图

二、苏 77-召 51 区块井网优化技术

苏 77-召 51 区块自开发以来，借鉴苏中井网试验区最新研究成果调整开发井网，直井 / 定向井先后实施了 600m×800m（2009—2014 年）、500m×700m（2015 年）、500m×650m（2016 年至今）三套井网，水平井先后实施了 600m×2000m、500m×2000m 两套井网。随着气田开发深入，井网适应性问题越发突出，如何在富集区剩余资源逐渐减少、储层品质劣质化等客观问题面前，依据气藏地质特征、技术现状、经济效益等，合理评估优化井网井距，有针对性部署高效井位，开展剩余气挖潜，是保证气田稳产的有效方法。

1. 开发井网存在的问题

（1）忽略了地质条件对井网开发效果的影响。苏 77-召 51 区块位于苏里格气田东区北部，储层致密、岩屑含量高、层内非均质性强，气井泄流面积小，储量控制程度低，井间储量大量剩余，气藏采收率低。

（2）气藏受岩性、构造、断裂等多因素控制，气藏类型多样，储层含气丰度差异较大，未能根据气藏地质精细描述认识针对性优化开发井网，实现经济效益最大化。

（3）开发初期按照"先肥后瘦""先好后差"等要求，井网一次成型投产开发，后期基本无加密调整空间。

2. 开发井网优化思路

根据苏里格气田不同储量丰度、不同井网密度与单井累计采气量的关系（图 1-3-3），当储量丰度为 $1.1×10^8m^3/km^2$ 时、井网密度取 3 口 /km^2 时，气井累计采气量基本满足经济极限产量。苏 77-召 51 区块属Ⅲ类储量〔储量分类标准：Ⅰ类储量丰度大于 $1.50×10^8m^3/km^2$；Ⅱ类储量丰度（1.25~1.5）$×10^8m^3/km^2$；Ⅲ类储量丰度（1.00~1.25）$×10^8m^3/km^2$；Ⅳ类储量丰度小于 $1.00×10^8m^3/km^2$〕[17]，平均储量丰度 $1.08×10^8m^3/km^2$，经济极限产量对应井网密度为 2 口 /km^2（600m×800m）。目前水平井储层体积改造技术，形成的裂缝半长为 180~230m，气藏地质特征与技术现状、经济效益之间的不匹配，造成了开发井网的适应性差。

面对区块低丰度的客观现实，坚持效益导向原则优化开发井网，形成直井 / 定向井优选高丰度区井网加密，水平井通过增加水平段长来提高控制储量，确保气田开发效益。

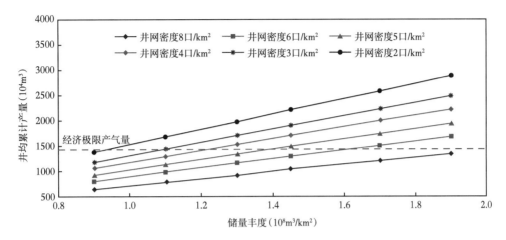

图 1-3-3　不同储量丰度井网密度与单井累计采气量关系图

3. 直井 / 定向井井网优化

直井 / 定向井储层改造控制面积有限，实现经济效益主要由资源品质决定，优选区块 Ⅰ 类、Ⅱ 类储量区（储量丰度大于 $1.25×10^8m^3/km^2$ ）加密，井网密度 4 口 /km²，考虑南北 / 东西向非均质系数 1.2，优化采用 450m×550m 井网，可兼顾经济效益和采收率最大化。

4. 水平井井网优化

1）水平井井距

根据目前水平井储层改造工艺、形成的裂缝半长（180~230m），结合开发井网现状进行优化调整，确保储量得到充分动用。整体按 500m 基础井距、规则井网部署；当井控程度较高、水平井井位部署空间受限时，部署不规则井网，按照地质工程一体化控制压裂规模对储层进行改造，在不产生井间干扰的前提下提高储量动用程度。

2）水平段长度

水平段长度下限主要根据目标层储量丰度、水平井采收率、投资收益率等因素综合确定。苏 77-召 51 区块交接气价按 0.78 元 /m³ 计算，操作成本取 0.21 元 /m³，盈亏平衡单井则需累产 $4000×10^4m^3$，实现 6% 的投资收益率单井则需累产 $4200×10^4m^3$。当水平井目的层平均储量丰度为 $0.88×10^8m^3/km^2$ 时，采收率取 60%，实现盈亏平衡，水平段长度下限应大于 1000m；要实现 6% 的内部收益率，水平段长度则需要达到 1200m。

水平段长度上限主要受限于压裂工艺技术水平、地质认识程度、井网预留水平井部署空间及经济效益等因素影响[18]。目前苏 77-召 51 区块水平井最长水平段长为 2305m，钻井脱压、储层改造摩阻大、储层的复杂性及不稳定等成为制约水平段长度的技术难题。通过对已投产水平井单井累计产量预测与储能系数、水平段长等参数的相关性分析看出（图 1-3-4）：（1）地质条件是影响水平井开发效果的最主要原因，储能系数较好的召 63 井区、召 78 井区累计产量预测效果明显好于召 48 井区、召 51 井区；（2）水平井单井累计产量与储能系数 × 水平段长具有明显的正相关性，在相同地质条件下，水平段越长累计产量越高。

基于区块水平井生产资料数据统计分析，在水平段长 2500m 范围内，水平段越长，累计产量越高，因此，水平井开发应坚持"水平段长能长则长"的原则。

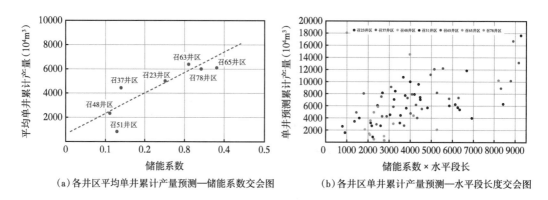

（a）各井区平均单井累计产量预测—储能系数交会图　　（b）各井区单井累计产量预测—水平段长度交会图

图 1-3-4　苏 77-召 51 区块各井区水平单井累计产量与地质特征、段长关系图

第二节　井型优化部署技术

苏 77-召 51 区块在经历了开发评价、规模建产后现已进入稳产阶段，经过技术攻关与多次方案调整，实现了高含水致密气藏规模经济有效开发，积累了丰富的开发资料。通过总结梳理不同井型的适用条件、优缺点和开发效果，取得的主要认识有：直井/定向井适宜开发高含气饱和度气藏，对低饱和、高含水气藏，受产水影响，产量递减快、累计产量低，采用直井/定向井开发效果差；水平井具有控制储量多、渗流面积大、导流能力强等特点，对解放储层、延缓储层水锁、均衡地层压降、保持稳产具有很大的促进作用，是目前高含水致密砂岩气藏提高采收率和效益开发最有效的手段。开发部署应综合考虑井型对气藏地质特征的适应性，合理优化井型，差异化部署，实现储量动用及开发效益最大化。

一、井型调整历程

苏 77-召 51 区块气藏呈多层系含气、单层有效砂体厚度小、气层分散呈"薄、多、散、杂"特征，前期采取多井型、大井丛、多层系开发方式和"直定向井＋水平井"混合井型进行开发。截至 2021 年底完钻开发井 952 口，其中直井/定向井 862 口，水平井 90 口。投产水平井 85 口，水平井井数占比 9.78%，产量占比 41.5%，累计产气量占比 27.7%，呈现出低占比、高贡献、强稳产能力的高效开发特征。

苏 77-召 51 区块水平井开发受气藏地质认识、钻完井—储层改造技术进步及开发政策导向等因素影响，经历了"学习、提升、徘徊、转变"四个阶段（图 1-3-5）。

（1）开发早期（2009—2011 年），以直井/定向井为主，召 65 井区、召 48 井区针对主要目的层山 $_2^3$、盒 8 $_下$ 开展水平井试验，受限于当时地质认识、钻完井及储层改造工艺水平，开发效果一般。山 $_2^3$ 储层致密，存在边底水，平均水平段长 588m，试气无阻流量 37×10^{4}m^3/d；盒 8 $_下$ 含气饱和度低，非均质性强，平均水平段长 1065m，试气平均无阻流量 13×10^{4}m^3/d。

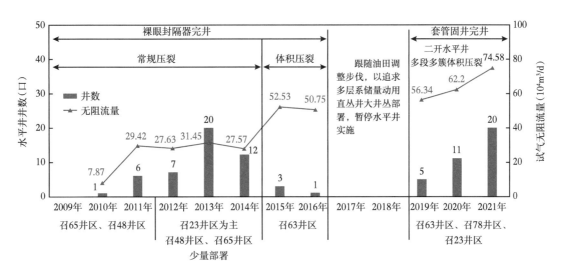

图 1-3-5　苏 77-召 51 区块历年水平井实施井数及无阻流量图

（2）2012—2014 年，基于富集区优选、骨架井解剖，建立了召 23 井区整体水平井开发区。钻完井、储层改造工艺为裸眼封隔器完井、常规压裂，试气平均无阻流量 $30×10^4 m^3/d$。

（3）2015—2016 年，基于气藏精细描述，优选召 63 井区南部"甜点"区，整体规划水平井部署。采取裸眼封隔器完井、体积压裂方式，以形成复杂缝网，增大泄流面积，提高缝控储量，试气无阻流量显著提高，达到 $50×10^4 m^3/d$ 以上。

（4）2017—2018 年，为追求多层系储量一次性整体动用，采取直定向大井丛开发，暂缓了水平井实施。

（5）2019—2021 年，随着气藏地质认识持续深化，明确构造断裂对气藏控制作用；同时，钻采工艺技术不断进步，配套了套管固井完井、桥塞分段多簇体积压裂技术，水平井应用规模快速扩大，开发效果持续改善，进一步坚定了水平井实现"少井高产"开发方式。

二、不同井型开发效果对比

1. 直井／定向井型优缺点

苏 77-召 51 区块开发以来，采用以直井／定向井为主的混合井型开发，随着开发程度加深，直井／定向井开发效果逐年变差，产量持续下降，长关井数逐年增加（图 1-3-6）。这期间在储层改造、采气工艺等方面进行了一系列攻关配套，如提高排量、加大单层砂量等加大改造规模、提高导流能力，增加缝控储量，使用一级瓜尔胶、低伤害压裂体系降低储层伤害；采用 48.3mm 生产管柱增大临界携液流量等工艺技术，但与相邻区块对比，整体开发效果未有本质提升（表 1-3-3）。

直井／定向井开发的优缺点如下。

（1）直井／定向井可实现多层分压合采，但受制于压裂工艺限制，小排量改造，加之储层强非均质性，单井产量低、采出程度低。

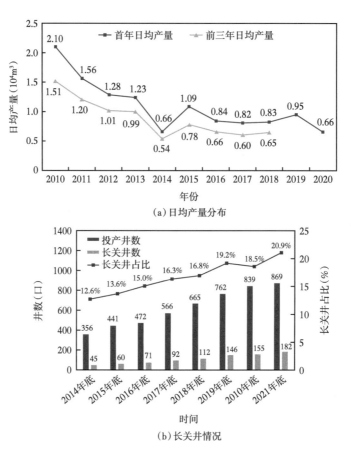

（a）日均产量分布

（b）长关井情况

图 1-3-6 苏 77-召 51 区块投产直定向井日均产量分布图与长关井数柱状图

表 1-3-3 苏 77-召 51 区块与苏里格气田中区直井 / 定向井开发参数对比表

开发区块		苏 77-召 51 区块		苏里格中区
		2010—2015 年	2016—2020 年	
含气层位		盒 6 段、盒 7 段、盒 8 段、山 1 段、山 2 段、太原组		盒 8 段、山 1 段
主力投产层位		盒 8 段、山 1 段、山 2 段	盒 8 段、山 1 段、山 2 段	盒 8 段、山 1 段
储层改造	施工排量（m³/min）	1.8~4.1 （主体 2.4~2.6）	1.8~8.0 （主体 3.0~3.2）	2.2~4.0 （平均 3.0）
	平均单层加砂量（m³）	27.8	37.0	26.2
	平均单层入井液量（m³）	197.0	315.6	258.8
	砂比（%）	22.7	21.7	12.0~25.0（平均 22.5）
	压裂液体系	二级瓜尔胶压裂液体系	一级瓜尔胶、低伤害压裂液体系	常规瓜尔胶、EM50
生产管柱（mm）		73.0	48.3	73.0
气井平均配产（10⁴m³/min）		0.8	0.8	1.0
稳产增产措施		泡排、柱塞、解水锁、气举、间开等		
初期递减（%）		38.7	36.1	35.0
投产前三年累计产气量（10⁴m³）		584.7	673.2	969.4
累计产量预测（10⁴m³）		1607	1392	2515

（2）对低含气饱和度、强非均质储层，直井/定向井改造、排采工艺手段提产效果一般。

（3）直井/定向井分层压裂、多层合试、笼统投产，因储层物性、地层压力和产水量差异影响，很大程度上存在层间干扰，易积液停喷，产量快速递减，普遍呈现出低产低效特征。

（4）储量品质劣质化突出，区块稳产需钻大量直井/定向井弥补产能，增加了开发成本。

2. 水平井型优缺点

在苏77-召51区块高含水气藏开发中，与直井/定向井相比，水平井提高单井产量和采收率的优势越来越明显。

（1）生产能力：通过统计历年不同井型投产累计产量效果（图1-3-7），除2011年探索阶段水平井效果与直井差异不大外，其余各年水平井累计产气量为直井/定向井的4~6倍。

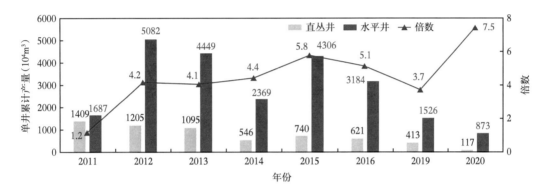

图1-3-7　苏77-召51区块历年不同投产井型累计产量对比

（2）采收率：通过不同井型累计产量预测，直井/定向井预测平均单井累计产气1589×10⁴m³，水平井预测平均单井累计产气6358×10⁴m³，水平井单井累计产量为直井/定向井的4倍。通过单井控制储量和累计产量预测，直井/定向井采收率为27%，水平井采收率为65.9%，水平井采收率为直井/定向井的2.4倍（图1-3-8）。

（3）产量递减率：将水平井与直井/定向井生产指标拉齐评价，水平井配产高（≥4.0×10⁴m³/d），初期递减率30.2%，直井/定向井配产低，但初期递减率为33.2%。直井/定向井因携液能力差，易积液停喷，多数井连续生产2年后转入间开生产，呈现出"高压低产"特征；水平井因强导流能力，可有效延缓储层水锁进程，多数井可维持5年以上连续生产（图1-3-9）。

随着对气藏地质认识的不断深化，二维地震与三维地质建模相结合，不断修正地质模型，精细控制与调整水平井轨迹，砂岩钻遇率提高到90%以上，水平井开发的优势将更加明显。水平井开发优缺点如下：

（1）水平井仅能动用单一储层储量；

（2）区块以二维地震为主，水平井部署多依靠已有控制井为依据，在构造、砂体、含气性预测上精度偏低，钻井过程中水平段轨迹在储层中穿行的不确定性风险较大；

（3）水平井可增大储层与井筒的渗流面积，贯穿气层内若干泥质夹层，克服"阻流带"影响，对提高单井产量和累计产量，实现单层储量采出最大化效果明显；

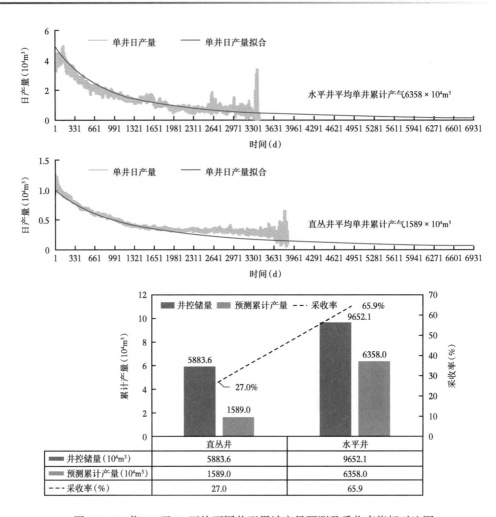

图 1-3-8 苏 77-召 51 区块不同井型累计产量预测及采收率指标对比图

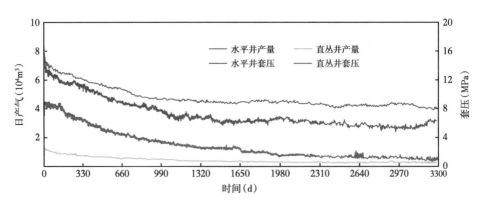

图 1-3-9 苏 77-召 51 区块直丛井、水平井拉齐曲线图

（4）随着井数增加带来地质认识的深化，相控约束建模技术日臻成熟，钻采工程、储层改造工艺技术进步，将极大地促进水平井开发技术成为致密储层提高单井产量和改善开发效果的有效手段；

（5）水平井亿立方米产能建井井数少（8口），仅为直井/定向井井数（33口）的1/4，大大减少了产建井数，有利于降低产建投资、操作成本，提升气田开发管理水平。

3. 直井/定向井与水平井型开发关键参数对比

（1）储量动用情况对比：直井/定向井追求多层系一次动用，但受制于储层改造规模，各小层实际缝控储量低；而水平井可通过长水平井段及体积改造手段，实现单层储量最大动用与最大采出。

苏77-召51区块虽然多层系含气，但盒$8_{下}$储量占总储量的62.6%，其次是山1段占18.7%，垂向上储量集中明显。通过历年直井/定向井和水平井储量动用对比：直井/定向井井均动用储量$0.61×10^8m^3$，井均未动用储量$0.50×10^8m^3$，储量动用率54.8%；水平井井均动用储量$0.77×10^8m^3$，井均未动用储量$1.14×10^8m^3$，储量动用率40.5%。两井型储量动用率差距不大。

（2）投入产出比对比：苏77-召51区块已开发证实具备水平井整体部署区域，按直定向井、水平井两种不同开发模式进行规则井网部署，两种开发模式指标对比：面积均为248km²；直定向井模式布井数763口，水平井模式布井240口；直定向井可动储量$356×10^8m^3$，储量动用率100%，水平井可动储量$282.65×10^8m^3$，储量动用率79.4%；建井费用，直定向井模式61.04亿元，水平井建井费用55.2亿元；可采储量，直定向井采收率27%，可采储量$106×10^8m^3$，水平井采收率65%，可采储量$169.59×10^8m^3$；按气价换算，直定向井投入产出比1∶1.35，水平井投入产出比1∶2.40，水平井投入产出比较直定向井提高77.8%（图1-3-10）。

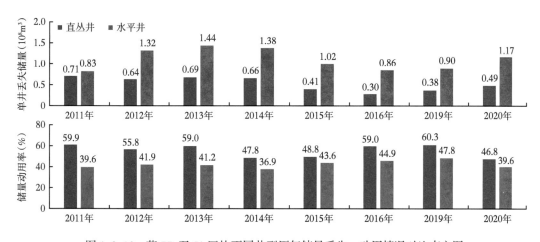

图1-3-10　苏77-召51区块不同井型历年储量丢失、动用情况对比直方图

4. 直定向井与水平井开发效果对比实例

召51-34-8井区多层系含气，含气层位包含上部盒6段、盒7段，主力层位为盒$8_{下}$段和山1段。完钻开发井6口（5口直井/定向井、1口水平井）。5口直井/定向井采用多层分压合试，平均单井产气量$1.90×10^4m^3/d$、产水量$2.78m^3/d$、无阻流量$6.68×10^4m^3/d$，自2015年投产以来，平均单井累计产气$539.0×10^4m^3$。水平井召51-34-8H1井，开发目的层为盒$8_{下}^1$，水平段长度918m，砂岩钻遇率为84.2%、有效砂岩钻遇率为64.8%，采用裸眼封隔器分8段体积压裂，产气量$6.58×10^4m^3/d$、产水量$12.0m^3/d$、无阻流量$41.5×10^4m^3/d$，自2015年8月投产累计产气$4260×10^4m^3$，是直井/定向井平均单井累计产量的7.9倍，是最高单井累计产量的4.8倍（图1-3-11）。

井号	试气结果参数			投产日期	累计产气量（10⁴m³）	现油压/套压（MPa）
	日产气（10⁴m³）	日产水（m³）	无阻流量（10⁴m³）			
召51-34-8H1	6.58	12.0	41.50	2015—08	4254	6.80/6.72
召51-34-8	2.02	2.0	8.52	2015—08	510	5.92/5.93
召51-34-9	2.69	1.5	10.66	2015—08	879	3.20/3.19
召51-40-10	1.93	9.2	4.49	2015—12	490	4.58/5.58
召51-37-9	1.20	0.9	4.85	2015—12	600	7.47/7.50
召51-37-8	1.65	0.3	4.86	2015—12	182	12.10/14.09
召51-43-8H2	8.29	10.5	106.07	2021—06	625	14.00/15.50
召51-43-6H1	6.19	17.5	83.48	2021—08	88	16.50/18.80

召51-34-8井试气效果

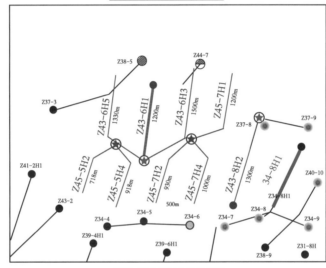

召51-34-8井区井位分布图

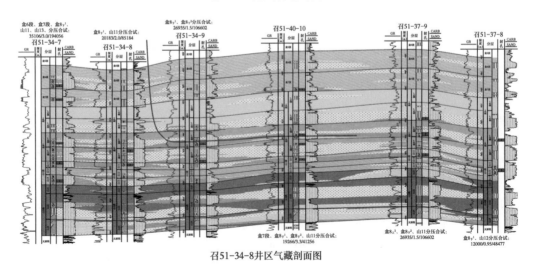

召51-34-8井区气藏剖面图

图 1-3-11　召 51-34-8 井区井位分布、试气效果、气藏剖面综合图

2021 年滚动扩边部署水平井 9 口，采用固井桥塞、分段分簇密切割体积压裂，试气平均产气量 $7.24×10^4m^3/d$、产水量 $14m^3/d$、平均无阻流量 $94.78×10^4m^3/d$。

三、井型部署优化技术

1. 直井 / 定向井部署条件分析

直井 / 定向井储量动用率高，但易受产水影响积液停喷，连续生产时间短，累计产气量低。通过对苏里格气田各区块直井 / 定向井开发效果对比看出（图 1-3-12），苏 10 区块、苏 11 区块、苏 53 区块、苏 20 区块、桃 7 区块等含气饱和度高（大于 57%）的 Ⅰ 类、Ⅱ 类区块，开发前三年平均单井累计产气量均可达到 $2000×10^4m^3$；而含气饱和度相对较低（平均 51%）的召 51 区块、苏 59 区块、苏 46 区块，受储层产水影响，平均单井累计产气量较低。资源品质决定了直井 / 定向井开发效果，高含气饱和度的"甜点区"可以采取直井 / 定向井开发。

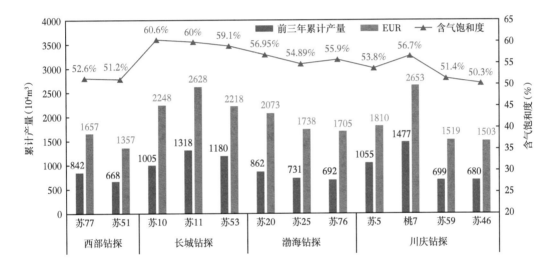

图 1-3-12　苏里格各合作区块投产直井 / 定向井前三年累计产量与最终累计产量预测柱状图

2. 水平井部署条件分析

苏 77-召 51 区块含水饱和度较高，受储层细喉道的孔隙结构特征和产水影响，开发生产过程中易形成水锁。水平井开发具有有效井段长、井控储量多、渗流面积大、导流能力强、压降均衡的优点，从而解放储层、地层水目标，延缓储层水锁进程，对高含水致密气藏有较好的适应性[19]。水平井优化部署的目的是在辫状河流相沉积的"砂包砂"储层及曲流河相砂体难追踪的复杂地质条件下优选出目标区和目标井[20]。

优选坚持以下原则：

（1）构造简单、平缓、稳定；

（2）地震资料预测为含气有利区；

（3）井控程度高，储量落实，平面上砂体、有效砂体厚度大，横向展布稳定，物性较好，垂向上主要气层段连续分布，储量集中度高，气层段内隔夹层不发育或发育程度低；

（4）水平段延伸方向及长度能够满足井网井距条件及经济效益要求；

（5）井区开发效果较好，试气产能相对较高，生产过程中产量相对稳定；

（6）避开产水层位。

3. 水平井优化部署

1）气藏类型特征

沉积类型：主要发育辫状河、曲流河沉积，根据区域沉积演化差异，将辫状河沉积体系划分为叠置带、过渡带和体系间3个区带。叠置带主体为切割叠置型厚砂体，连通性好；叠置带翼部为中—厚叠置型砂体，有一定连通性。过渡带为分散型薄层砂体，连通性差。体系间为孤立型薄层砂体，不连通。曲流河沉积体系划分为河道、堤岸、河漫3个区带，河道体系为侧叠置型中—厚砂体，有一定连通性；堤岸体系为镶嵌型薄砂体，连通性差；河漫体系为孤立型薄砂体，不连通。有利相带类型为辫状河体系叠置带主体及翼部、曲流河河道。

控藏因素：气藏主控因素有岩性、构造、断裂，三者通过空间组合形成鼻隆、小背斜、似穹隆、岩性、物性、透镜体、断裂次生圈闭等。富集区主要为构造＋岩性、断裂＋岩性多因素圈闭，单因素主控的构造、岩性圈闭含气饱和度低，气水关系复杂。

储量规模：储量主要集中在辫状河沉积体系的盒$8_下$，局部曲流河河道侧叠砂体具有一定的连片规模（图1-3-13）。

2）井型优化标准

根据水平井部署原则，针对气藏类型、相控砂体叠置模式、储量集中度、主力层储量丰度、单层储量丰度及隔夹层发育特征综合评价结果，进行差异化部署，制定了合理井型优选参数表，实现单井产气量、采收率和开发效益的最优匹配（表1-3-4）。

表 1-3-4 苏 77-召 51 区块井型优化选择参数表

储量丰度（$10^8m^3/km^2$）	储量集中度（%）	主力层储量丰度（$10^8m^3/km^2$）	隔夹层特征	井型选择井
≥1.25	≥60	≥0.7	基本不发育	导眼井＋水平井
		≥0.7	稳定隔夹层	导眼＋立体水平井
	<60	≥0.7	发育程度弱	骨架井＋水平井
		<0.7	发育程度弱	直定向井
<1.25	≥60	≥0.7	发育程度弱	导眼井＋水平井
		<0.7	发育程度弱	致密储层水平井试验
	<60	≥0.7	发育程度弱	导眼井＋水平井
		<0.7	发育程度弱	暂不部署

（1）资源品质Ⅰ＋Ⅱ类区（储量丰度不小于$1.25\times10^8m^3/km^2$），储量集中度不小于60%，采用水平井开发，提高储量动用程度和单井产量，实施导眼井解剖地质特征，降低地质风险。

（2）资源品质Ⅰ＋Ⅱ类区，储量集中度低，但主力层储量丰度不小于$0.7\times10^8m^3/km^2$，部署直井／定向骨架井解剖＋水平井开发井网。

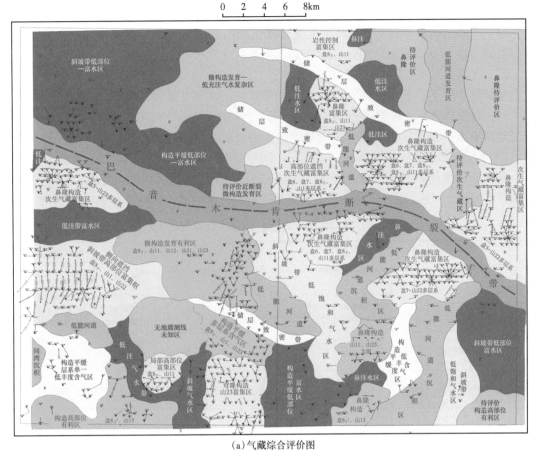

(a) 气藏综合评价图

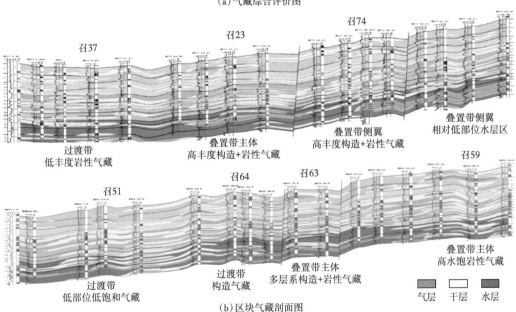

(b) 区块气藏剖面图

图 1-3-13　苏 77-召 51 气藏综合评价图与区块气藏剖面图

（3）资源品质Ⅰ + Ⅱ类区（储量丰度不小于 $1.25×10^8m^3/km^2$），储量集中度小于60%，但主力层储量丰度小于 $0.7×10^8m^3/km^2$，部署直井 / 定向井开发井网。

（4）资源品质Ⅲ + Ⅳ类区（储量丰度小于 $1.25×10^8m^3/km^2$），储量集中度不小于60%，主力层储量丰度不小于 $0.7×10^8m^3/km^2$，部署导眼井 + 水平井开发井网。

（5）资源品质Ⅲ + Ⅳ类区（储量丰度小于 $1.25×10^8m^3/km^2$），储量集中度小于60%，但主力层储量丰度不小于 $0.7×10^8m^3/km^2$，部署导眼井 + 水平井开发井网。

（6）资源品质Ⅲ + Ⅳ类区（储量丰度小于 $1.25×10^8m^3/km^2$），储量集中度小于60%，主力层储量丰度小于 $0.7×10^8m^3/km^2$，无法满足经济效益，暂不部署水平井。

3）井型优化结果

基于井型优化原则、标准，结合气藏储层地质特征、井区认识深入程度，共落实水平井部署目标区11块，分为开发区、试验区及评价区。其中试验区对策见表1-3-5。

表1-3-5 苏77-召51区块水平井部署目标区统计表

综合排序	区块	部署区	类别	气藏特征	平均饱和度（%）	平均砂体厚度（m）	平均气层厚度（m）	水平井层位	面积（km²）	动用储量（10⁸m³）	水平井规划（口）
1	苏77	召23井区	开发区	剩余储量动用、滚动扩边、保护区动用	57.8	24.4	6.5	盒8段、山1段	68.11	29.99	34
2		召77井区	开发区	水源区、工业园区储量水平井动用	52.2	17.7	4.9	盒8段、山1段	28.63	10.59	13
3		召60井区	试验区	待评价区（低饱和气藏，需先导试验）	50.3	18.9	4.5	盒8段、山1段	31.81	13.66	17
4		召61井区	评价区	水源区水平井动用（需大位移定向井评价）	51.3	15.5	4.7	盒8段、山1段	10.31	3.94	5
小 计									138.86	58.18	69
1	召51	召63井区	开发区	构造遮挡岩性圈闭气藏	52.6	26.8	6.1	盒7段、盒8段	51.61	31.70	33
2		召78井区	开发区	断控气藏，多层系含气，多层系水平井部署	52.5	32.2	12.2	盒8段、山1段	88.17	145.42	154
3		召69井区	开发区	鼻状构造富集区	50.2	24.2	8.9	盒7段、盒8段	26.82	21.46	23
4		盟4井区	试验区	多层系含气，需进一步滚动评价与先导试验	45.6	29.9	7.7	盒7段、盒8段	31.17	19.33	24
5		召59井区	试验区	冲积扇前缘辫状河叠置砂体气藏（低饱和气藏）	48.8	26.9	7.8	盒8段	53.63	41.30	54
6		召64井区	试验区	低饱和气藏，需先导试验	45.7	23.5	6.1	盒8段、山1段	7.58	4.89	6
7		召66井区	评价区	待评价区（需进一步地震地质攻关与先导试验）	50.6	21.9	7.0	盒8段、山1段	28.66	24.06	32
小 计									287.64	288.16	326
合 计									426.5	346.34	395

（1）以实钻井为基础（B 靶点控制井），预留水平井井位，用导眼井进行评价，根据实钻效果、水平井选择标准，确定"直改平"、或直井 / 定向井完钻，进行产能测试。

（2）在地障区，采用大位移定向井解剖储层，灵活实施长水平段水平井或设计不规则井网进行储量动用。

（3）优质次产层拓展部署，如局部曲流河沉积河道砂体（盒 6 段、盒 7 段、山 1 段）等具有较好的含气特征，该类砂体稳定性差，采用骨架井解剖清楚后，实施水平井动用储量。

（4）储层发育、非均质性强、滞留水发育、含水饱和度较高的气藏，需进行水平井产能评价，落实出水对水平井产能的影响程度，根据评价结果上钻水平井。

第三节　水平井优化设计技术

一、水平井方位优化技术

水平井水平段方向的确定要综合考虑砂体走向、最大主应力、井网井距等因素。苏 77-召 51 区块盒 8 段、山 1 段砂体走向为近南 - 北向，现今最大主应力方向为北西西 - 南东东方向，局部受构造影响，水平主应力方向发生偏转。因此，水平段走向基本与最大主应力方向垂直，走向为北北东向、方位角度在 10°~20°。

二、水平井部署设计技术

苏 77-召 51 区块近年来以水平井方式开发为主，在井控程度低、气水关系相对复杂的试验区和评价区，先用"导眼井"评价落实地质情况后，对原井眼回填侧钻，通过"直改平"完成水平井。按井场条件允许的最大化设计水平井位，在骨架井控制程度高的区域，按照多支双向模式整体设计水平井；在井控程度低的区域，为避免或减少靶前距造成的储量损失，采用多支单向模式整体设计水平井（图 1-3-14）。

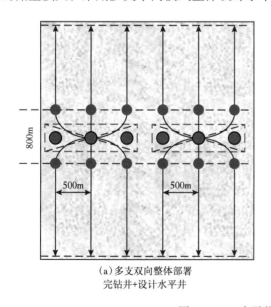
（a）多支双向整体部署
完钻井+设计水平井

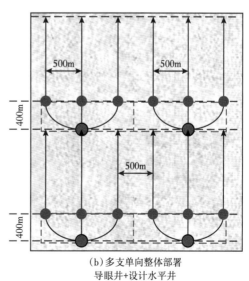
（b）多支单向整体部署
导眼井+设计水平井

图 1-3-14　水平井井位部署模式图

苏 77-召 51 区块以多支单向模式为主设计水平井，水平段方位为 10° 或 190°，同时兼顾已完成的 500m×650m 直井 / 定向井开发井网，按 3 排距、水平段长 1500m（现钻井工程技术可行），局部区域根据水平井井位实际空间情况进行调整（图 1-3-15）。

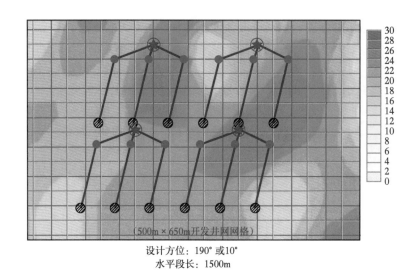

设计方位：190° 或 10°
水平段长：1500m

图 1-3-15　水平井井位部署设计图

三、水平段轨迹空间设计技术

科学、合理的轨迹设计是水平井开发的关键。从地震资料区域评价，到骨架井或导眼井实施，最后运用"多层约束、分级相控"建立高精度三维地质模型，所有这些对微观储层的刻画和砂体空间形态的精细描述，其目的是为了提高水平井砂岩钻遇率和气层钻遇率，进而为提高单井产量奠定基础。

1. 区块储层类型分类

苏 77- 召 51 区块主力开发层系石盒子组盒 8 段主体为辫状河流相沉积，沉积微相分为心滩、河道充填和泛滥平原（水道间）3 种。对应在储层"二元结构"中，河道充填沉积作为主要基质储层，而有效砂体与心滩等粗岩相相关性最好。苏里格气田苏中加密区试验结果表明，苏里格辫状河单期有效砂体（心滩坝）平均宽 200~500m，长 400~700m。因此，苏 77- 召 51 区块水平段长应大于 1000m，为保证有效砂体钻遇率，水平段轨迹至少应穿过一套大型心滩坝体（大于 650m）或多套中小型心滩坝的叠置砂体。

开发实践证实，综合考虑砂体叠置关系、有效砂体静动态特征，对水平井储层钻遇情况进行分类评价，为水平井轨迹空间设计提供地质依据。根据骨架井或导眼井砂体、有效砂体厚度与测井曲线形态，确定目的层砂体叠置样式，再结合有效砂体孔隙度、渗透率、含气饱和度参数和无阻流量、井均 EUR 等产能评价数据，可将水平井划分为 4 种类型。其中叠置带水平井以 Ⅰ 类、Ⅱ 类为主，主要是厚层块状、堆积叠置型砂体，过渡带水平井以Ⅲ类、Ⅳ类为主，主要为切割叠置型砂体和横向局部连通型砂体（图 1-3-16和表 1-3-6）。

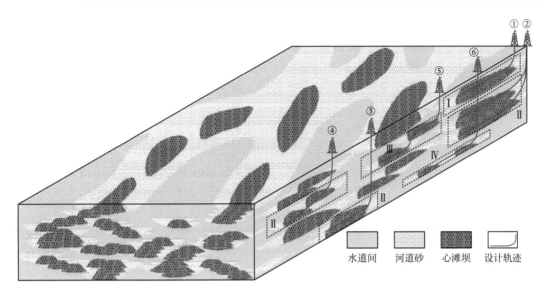

图 1-3-16　砂体类型与水平井轨迹匹配样式

表 1-3-6　砂体组合形态与静动态参数对比

水平井类型	储层叠置样式	测井曲线形态	夹层厚度（m）	有效砂体总厚度（m）	孔隙度（%）	基质渗透率（mD）	含气饱和度（%）	无阻流量（10^4m^3d）	EUR（10^8m^3）
I	块状厚层	平滑箱形	0	≥ 10	≥ 9	≥ 0.6	≥ 67	≥ 60	≥ 0.6
II	多期叠置	弱齿化箱形	≤ 1	≥ 8	≥ 8	≥ 0.5	≥ 58	≥ 50	≥ 0.5
III	局部连通	齿化楔形	≤ 2	≥ 6	≥ 7	≥ 0.4	≥ 51	≥ 30	≥ 0.4
IV	孤立分散	高度齿化	> 2	< 6	< 7	< 0.3	< 51	< 30	< 0.4

2. 不同类型储层空间轨迹设计

为保证水平井气层钻遇率最高，水平段轨迹设计必须适应砂体叠置样式，根据两者之间的匹配关系分为平直型水平井、大斜度水平井及阶梯式水平井三种类型。

I 类储层：为稳定的厚层块状砂体，钻遇有效砂体长度大于 650m，厚度大于 10m，横向连续性好，岩性为较纯的中粗砂岩。自然伽马曲线为箱形，阻流带（物性夹层）发育频率低、规模小，水平井轨迹多设计为单层平直型，有利于单层储量高效动用［图 1-3-16（①）］。

II 类储层：在已完成的水平井储层类型中占比最高，该类储层为复合叠置砂体，剖面上具有一定的连续性。与 I 类储层相比，岩性变细，但厚度较大。根据储层叠置程度的不同，可分为垂向叠置或侧向搭接。

对于垂向叠置砂带，当叠置砂体厚度小于 30m 时，可当作单期厚层砂体开发，水平井轨迹仍设计为平直型［图 1-3-16（③）］，由于砂体内部存在物性夹层，为提高缝控储量，需加大压裂改造规模；当叠置砂体厚度大于 30m，超过当前压裂工艺所能形成的垂直造缝高度时，为保证巨厚叠置砂体储量有效动用，需在其顶底设计两口纵向平行、空间错位的轨迹［图 1-3-16（②）］。如召 78 井区召 51-32-45 井场，该骨架井实钻叠置砂体厚度达 78.9m，砂体内部属于强非均质性，中间没有稳定的岩性隔层，为实现强非均质性厚储层有效动用，分别设计同靶不同层的召 51-32-43H1 井（盒 $8_{下}^1$）和召 51-32-43H2 井（盒 $8_{下}^2$）两口水平井，交叉布缝、拉链式压裂，达到形成复杂缝网提高储量动用程度的目的（图 1-3-17）。两井空间轨迹平均距离 21.3m，实钻有效砂岩钻遇率分别为 62.8%、68.2%，错缝压裂改造、拉链式施工，压后试气无阻流量分别为 $68.86×10^4m^3/d$ 和 $58.67×10^4m^3/d$，整体效果非常好。

对于侧向搭接型的叠置砂体，由于该类储层仅在局部存在重叠，导致砂体厚度变化较大，水平段轨迹设计以大斜度水平井为主。为提高有效砂岩钻遇率，水平段轨迹一般沿组合砂带中心滩坝最长轴线穿过，考虑钻井工程中入靶和水平段地质导向的难度，设计水平段轨迹纵向上从砂体顶部入靶，斜穿至砂体底部 [图 1-3-16 (④)]。

Ⅲ类储层：仍为局部连通的叠置砂带，但有效砂体（心滩坝）孤立，岩性细粒成分高，连续性较差，仅局部集中。为减少水平段岩性和物性夹层的钻遇长度，井斜需在两套砂体过渡带上有较大幅度的调整，通过"台阶式"水平井轨迹来建立地层的高导流通道，以大排量、大砂量的体积压裂技术进行储层改造 [图 1-3-16 (⑤)]。

Ⅳ类储层：为薄层孤立型砂体，包含 2 个及以上薄砂层，储层致密，泥质含量高，内部存在多个夹层，有效砂体厚度薄，连续性差。此类储层为难动用储量，采用水平井开发效益一般，仅能达到经济下限。水平井设计需从经济效益出发，由成本倒推可采储量和井控储量下限，最终确定水平段最低长度；水平段轨迹设计为平直型轨迹，为降低长水平段钻井难度，井斜调整应遵循"早调、微幅调"的原则 [图 1-3-16 (⑥)]。

表 1-3-7 轨迹设计优化要素表

井距	基于当前压裂造缝能力，为防止井间干扰，最大主应力方向上的直井 / 定向井、水平井轨迹距离大于 400m，尽可能为 500m，非最大主应力方向（比如顺河道方向）井间距离可适当缩减至 350m
水平段长	以单井累计产量不小于 $5000×10^4m^3$ 为目标，依据目的层储量丰度及 60% 采收率进行设计；一般水平段长度不小于 1200m，对地障区和三类低丰度储层可根据实际情况延长水平段长
多层系立体动用区	根据砂体之间泥岩夹层厚度进行错位设计，井间平面距离不小于 50m
水平段方向	综合考虑砂体形态、天然裂缝方向、人工裂缝方向等因素共同确定水平段方向，一般要求水平段方向与最大主应力方向（天然裂缝方向）垂直
构造要素	轨迹尽量沿构造有利区比如鼻隆、穿隆或背斜脊部设计
储层要素	基于骨架井资料建立三维地质模型，设计避开夹层干扰，确保水平段储层钻遇率最高
气水分布影响	沿主力气层中上部设计轨迹，降低边底水风险的同时，也有利于压后气液置换

3. 水平段轨迹差异化设计要素

水平段轨迹设计不仅是实现开发目标的落脚点，也是完井后储层改造措施的出发点。设计的差异化不仅取决于地质条件的差异化，更在于针对压裂工艺进行优化。对于水平井整体开发区，可依据最大主应力与砂体展布方向整体设计，分步实施[21]；对于不规则井网或井网加密区，需进行剩余储量评价并依据其剩余储量分布特征优化设计轨迹，避开老井井间干扰和低压采空区。根据骨架井网完善程度，储层、构造发育特征，储量动用状况，结合区块主应力方位、当前压裂改造规模，综合分析确定差异化设计要素（表 1-3-7）。以召 51-56-11H1 井为例，该井为部署在召 62 井区南部的一口开发井。井区西部控制井召 51-57-11 井显示西部构造低且存在边底水，东部控制井召 51-47-10 井构造高于西部，且含气特征变好，参考地震含气响应特征和构造变化优势，设计水平段轨迹。召 51-47-10 井因处于集气站集输范围外一直未投产，平面上水平段轨迹应远离西部低洼高含水区（655.2m），靠近东部构造高部位富含气区（402.6m）；纵向上水平段轨迹应避开底水部分，保证轨迹整体在砂层中上部穿行。该井水平段长 1401m，砂岩段长 1360m，砂岩钻遇率 97.1%；有效砂岩段长 1158m，有效砂岩钻遇率 82.7%，采用固井桥塞 16 段 39 簇密切割体积改造，试气获无阻流量 $107.4×10^4m^3/d$（图 1-3-18）。

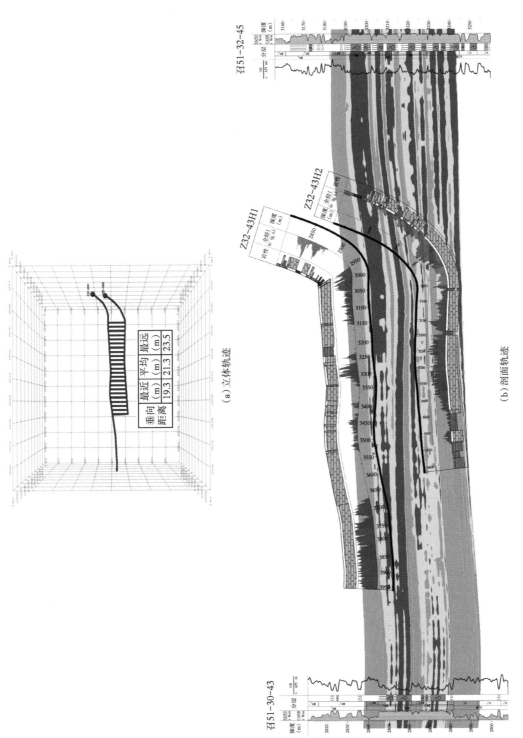

（a）立体轨迹

（b）剖面轨迹

图 1-3-17 召51-32-43H1井井场水平井立体动用

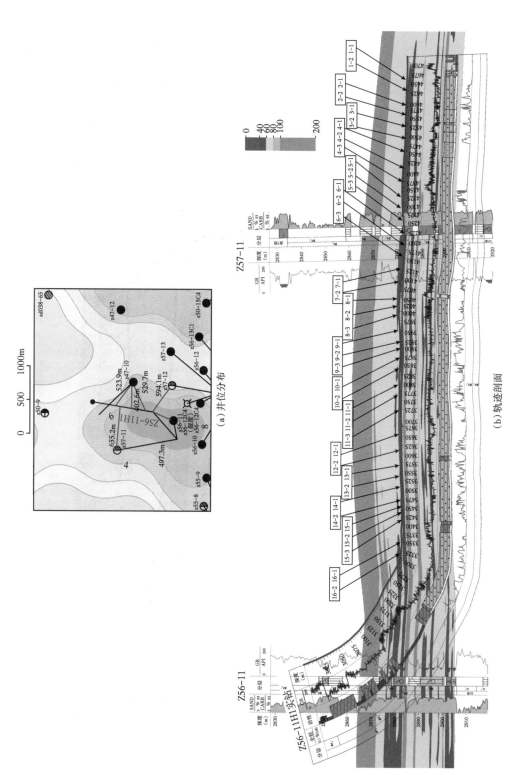

图 1-3-18　召51-56-11H1井实钻轨迹跟踪剖面

第四章　水平井地质导向技术

地质导向是应用随钻录测井数据及地质认识不断修正预测地质体空间分布特征并调整井眼轨迹的过程。苏77-召51区块属于典型"三低"气田，主要开发层系盒8段和山1段属于河流三角洲沉积，主要储层为河道沉积，横向变化快，内部结构复杂，单期河道砂体厚度小（2~5m）。储层非均质性强，给水平井地质导向提出了更高要求。

通过多年探索，苏里格气田水平井地质导向形成了"一目标、两阶段、三结合、四分析、五调整"的导向思路。即以提高水平井有效储层钻遇率为目标，强化水平井入靶和水平段钻进两个阶段导向；坚持测井、录井和工程参数三种资料紧密结合；做好沉积微相、单砂体、储层构型和储层顶底构造四个方面分析，制定针对靶点提前、靶点滞后，水平段侧向穿出河道、河道局部致密、顶部和底部穿出五种调整预案（图1-4-1）。

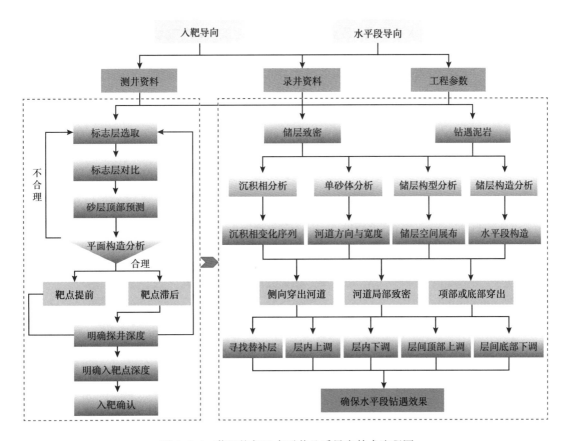

图1-4-1　苏里格气田水平井地质导向技术流程图

第一节　水平井开发难点

一、有效砂体规模小，横向变化快，水平井部署难度大

苏 77-召 51 区块有效储层的发育受沉积相控制作用明显，水动力较强的心滩及河床滞留沉积（单期河道底部）的粗砂岩、含砾粗砂岩等是形成有效储层主要的沉积微相。砂体解剖表明：有效砂体厚度薄，主要集中在 2~5m；宽度窄，主要集中在 500~800m；长度短，一般小于 900m（表 1-4-1），水平井部署难度大，水平段长度受地质条件的制约。

表 1-4-1　苏里格气田盒 8 段有效砂体规模统计表

层段	有效砂体厚度（m）	有效砂体宽度（m）	有效砂体长度（m）
盒 8$_上$	3~5	500~800	≤ 900
盒 8$_下$	3~5	500~800	≤ 900

二、河道结构复杂、非均质性强，水平井钻井难度大

辫状河道沉积结构复杂，纵向上由多个薄层、具正旋回的砂体垂向叠置构成，内部结构复杂。其中心滩是由粗粒沉积物加积形成，是河道沉积的主体；河道充填由泥质含量较高的砂质沉积物充填活动水道形成；废弃河道由泥质为主的沉积物充填，一般发育在主河道边部；底部滞留则位于河道沉积的最底部，以砂岩沉积为主，与下伏地层呈侵蚀冲刷接触。

心滩空间展布预测难度大，平面上孤立分布，呈菱形或纺锤形；与活动河道呈现"两河一滩"的格局（图 1-4-2）。纵剖面、横剖面上心滩近似倒盆形，厚度总体稳定，在两端厚度快速减薄。不同河流、不同区域心滩规模存在较大差异，同一河流、不同时期心滩规模也存在较大差异。

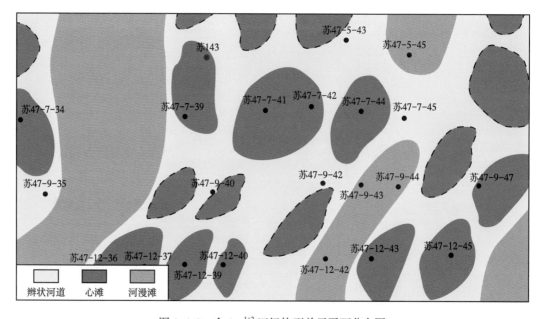

图 1-4-2　盒 8$_下$$^{1+2}$ 四级构型单元平面分布图

三、局部构造复杂，识别手段有限，水平井实施风险较大

苏 77-召 51 区块盒 8 段构造总体特征为西倾单斜，在宽缓的斜坡上发育多个近东西走向的低缓鼻状构造。部分鼻状构造起伏较大，局部存在小型断层（图 1-4-3）。区域微幅度构造的识别主要依赖于井点控制，地质预测构造幅度与实际存在误差，这类误差主要由微幅构造复杂、井控程度不够、测录井资料真实性较差等多因素造成。

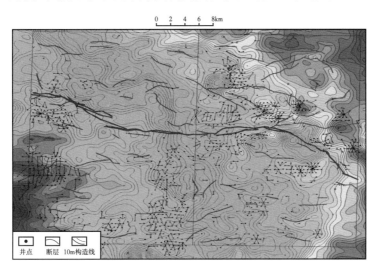

图 1-4-3 苏里格气田苏 77-召 51 区块盒 8 段顶面构造图

四、局部区域地层水富集，水平井有效部署难度大

苏 77-召 51 区块无明显气水界面，"低阻"气层与"高阻"水层并存，存在气水混储的现象，纵向上出水层段电阻率特征复杂，流体识别存在较大困难。区块局部产水，气水控制因素多，气水关系复杂（图 1-4-4），高含水区预测难度大，给水平井部署带来风险。

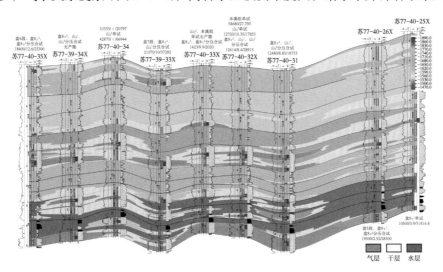

图 1-4-4 苏 77-40-35—苏 77-40-25 井气藏剖面图

第二节 水平井轨迹设计及导向技术

一、水平井导向设计

通过水平井设计中的"六图一表"（图1-4-5），明确设计井区域构造、储层特征，靶点方位、海拔及水平段长度等参数，确保水平井顺利实施。通过多年现场实践，对录井、定向、钻井初步形成了水平井操作规范和水平井导向资料要求。

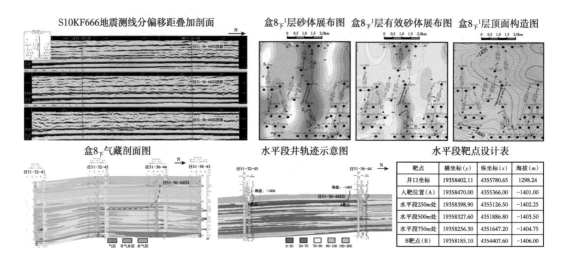

图1-4-5 水平井导向设计"六图一表"

二、入靶导向技术

1. 标志层的选取

地层对比标志在水平井地质导向中起着海拔校深及识别微构造的重要作用，是入靶调整最重要的依据，直接关系到能否准确入靶。苏里格气田地层对自然伽马反应敏感，而对电阻率反应不明显。根据实钻情况与邻井电测曲线对比，将特征明显、易于识别的层段作为电性对比标志，利用随钻测量自然伽马及时判断层位，通过实钻深度校正曲线深度。

苏77-召51区块水平井目的层主要为石盒子组及山西组，上部地层石千峰组底部通常为第一个标志层，自然伽马、电阻率曲线均与下伏石盒子组呈明显台阶状，具有较稳定的砂泥岩组合特征（图1-4-6）；其次，盒5段以上通常每50m左右选取一个标志层，盒6段至气层顶部每10~20m选取一个标志层。以录井、测井资料为主要依据，合理划分砂体叠置期次，预测相邻叠置砂体夹层的类型、厚度及水平段变化规律。

2. 入靶导向常见问题及对策

水平井地质导向的关键是准确入靶，实时进行精细地层对比是解决此问题的有效手段，水平井入靶通常会遇到三种特殊情况：靶点提前、靶点滞后、目标层变差或尖灭。

1）入靶点提前

入靶点提前不利于地质导向及井眼的轨迹控制。如入靶点提前，一般应采取提前预判并增斜，在设计基础上适当缩小进入气层的深度，避免入靶时钻穿储层或水平段轨迹从储层底部穿出。

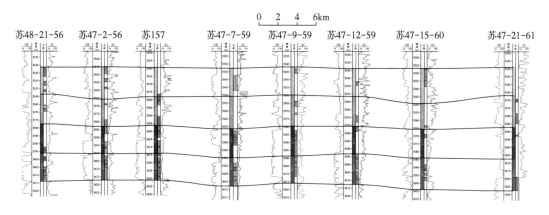

图 1-4-6 苏 77 区块盒 8 段地层对比剖面图

2）入靶点滞后

入靶点滞后可以通过适当延长靶前距实现。如入靶点滞后，一般应采取提前预判，延长稳斜段，避免过多的延长靶前距或因入靶深度不足，造成水平段轨迹从储层顶部穿出。

3）目标层变差或尖灭

受井控程度所限，对储层展布方向的刻画可能存在偏差。在水平段入靶过程中，会出现储层变差或尖灭的情况，不能按设计要求入靶。如出现此种情况，可结合邻井储层发育情况，在原设计目的层上下寻找替补层位。若原设计目的层上部存在替补层位，可填井侧钻重新入靶；若原设计目标层以下存在替补层位，则可保持探顶井斜或适当降斜，进一步落实替补层位；若钻机能力允许，可考虑通过延长靶前距进入替补层。否则，需重新落实有效储层层位，填井侧钻重新入靶。此外，对于储层变差的情况，重新刻画河道展布，调整水平段方位，保证水平井重新进入河道并准确入靶。

三、水平段地质导向技术

水平段地质导向是以钻井地质设计控制靶点为基础，分析实钻获得录井和随钻伽马资料，并对储层进行科学预测不断调整水平段轨迹的过程。核心是不断深化储层精细描述、修正储层展布及构造模型，进行随钻分析、地质再认识和轨迹优化调整。

针对苏 77-召 51 区块水平段导向常见的几种情况，形成三种技术方法：通过沉积微相平面分析，辨识是否侧向穿出河道；通过沉积相序列分析及叠置关系，辨识隔夹层位置；通过构造突变、构造趋势及断层分析，避免轨迹在非储层中穿行。

1. 沉积微相平面分析

苏 77-召 51 区块主要目的层砂体由多期河道叠置形成，除河道主体的心滩、边滩、底部滞留等砂质沉积外，还存在废弃河道、落淤层等以泥质为主的沉积体（图 1-4-7）。依据随钻资料，修正沉积微相模型，识别间湾、河道充填、心滩、底部滞留、落淤层等微相类型，辨识并避免侧向穿出河道。

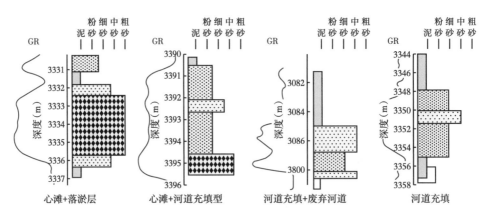

图 1-4-7　各沉积微相测井反应特征

2. 沉积相序列及叠置关系分析

苏里格气田主力开发层系盒 8 下属辫状河三角洲沉积，辫状河道以多期叠置的正旋回沉积为主，部分见河口坝的反旋回沉积（图 1-4-8）。这种旋回特征在水平井钻进过程中有较好的反映，已知井和控制井的旋回特征是地质导向的主要依据。

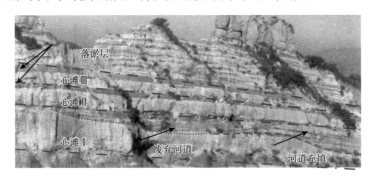

图 1-4-8　野外露头沉积模型及砂体叠置关系

苏 77-召 51 区块主要目的层叠置砂体泥质夹层发育，厚度为 0.5~2m，虽然厚度不大，但由于井斜角比较大，故需钻遇较长泥岩段才能穿过（图 1-4-9）。

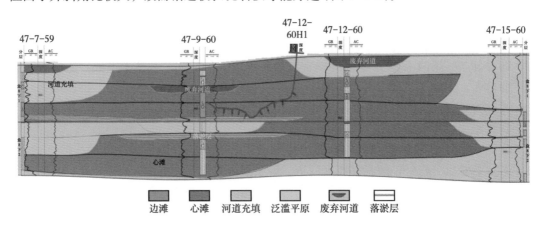

图 1-4-9　苏 47-7-59 井—苏 47-15-60 井辫状河道内部结构分析图

3.构造突变、构造趋势及断层分析

受井控程度影响，构造预测结果与实钻构造常存在误差，水平段轨迹与地层倾角不一致，导致水平段从储层中穿出（图1-4-10）。主要由3种原因造成：（1）存在近东西向鼻状构造，局部构造起伏较大；（2）水平井部署方向是南北向，与鼻状构造呈垂直关系；（3）局部存在小断距断层，这种断层二维地震资料无法识别，但对水平井顺利钻进影响很大。

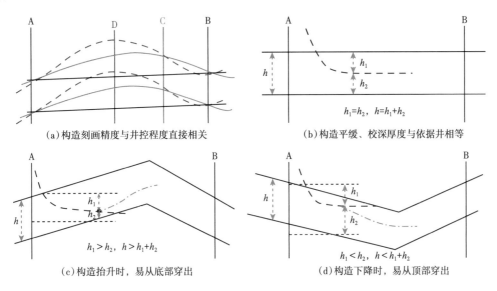

图1-4-10　构造预测差异导致水平井水平段导向差异

四、常见水平段地质导向模式

1.心滩微相变为河道充填微相

判别依据：实钻水平段岩性由中砂岩变为泥质砂岩，气测异常降低为基值，随钻自然伽马呈阶梯状升高，一般为80~130API（图1-4-11）。

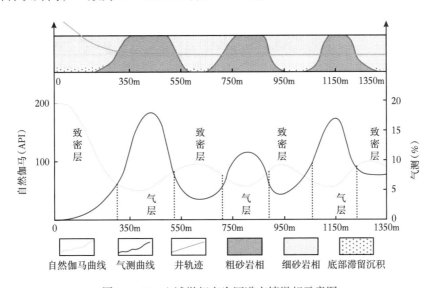

图1-4-11　心滩微相变为河道充填微相示意图

调整措施：继续沿目的层中部钻进，穿越河道充填沉积，钻遇另一个心滩。

2. 钻遇内部夹层

判别依据：邻井夹层深度发育，随着钻头在储层中位置变化，自然伽马呈现对称起伏（图 1-4-12）。

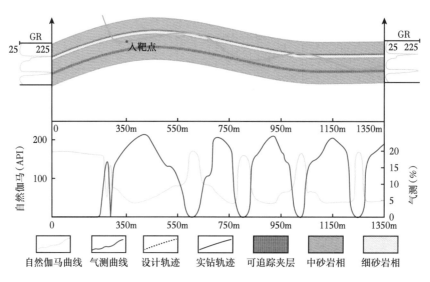

图 1-4-12　钻遇内部夹层示意图

调整措施：以水平井钻井地质设计为依据，根据邻井河道期次发育情况，追踪水平段夹层分布，调整水平井轨迹。

3. 侧向钻出河道

判别依据：岩性逐渐由中粗砂岩向粉砂、泥岩互层直至纯泥岩变化（图 1-4-13）。

调整措施：寻找替补层位或填井重新造斜，调整水平段方位，使之与河道方向基本一致。

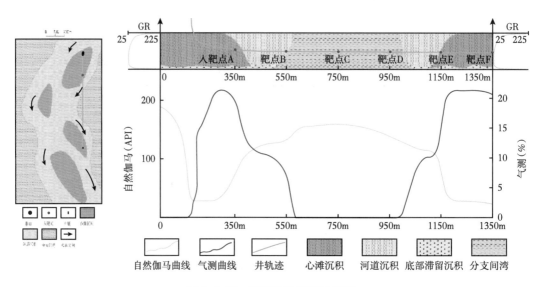

图 1-4-13　侧向钻出河道示意图

4. 目的层顶部穿出

判别依据：钻遇泥岩岩屑与入靶钻遇泥岩特征相同，总体上随钻自然伽马逐渐增大，且与前段钻进的自然伽马呈近似对称分布；泥岩岩屑与入靶钻遇泥岩特征相同，泥岩以灰色、灰绿色为主；构造分析认为轨迹从河道顶部穿出（图1-4-14）。

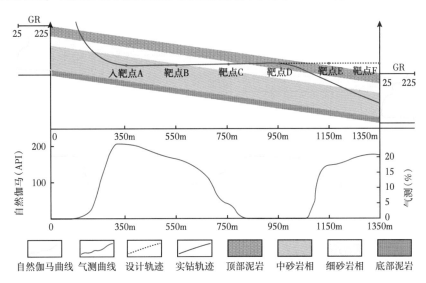

图 1-4-14 轨迹从目的层顶部穿出示意图

调整措施：估算地层倾角，确保轨迹略小于地层倾角，向下调整降斜，逐步从储层顶部进入储层中部。

5. 目的层底部穿出

判别依据：钻进过程中总体上自然伽马逐渐减小，当降到最低点后，自然伽马值突然升高，且大于入靶前泥岩的自然伽马值；岩屑由中粗砂岩变为含砾粗砂岩后进一步突变为灰黑色泥岩（图1-4-15）。

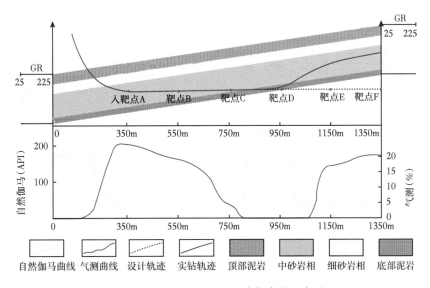

图 1-4-15 轨迹从目的层底部穿出示意图

调整措施：快速向上调整轨迹，复算构造倾角，设计后续靶点。

6. 钻遇断层

判别依据：平面砂体发育，井区构造海拔值变化较大，地震侧线反映有断层特征，逆断层造成随钻自然伽马重复；河道沉积突变为间湾沉积，突变后各种参数（岩性组合、自然伽马、气测）与入靶前（或目的层以下）地层特征相似（图1-4-16）。

调整措施：下探落实断层，重新设计轨迹，侧钻实施水平段。

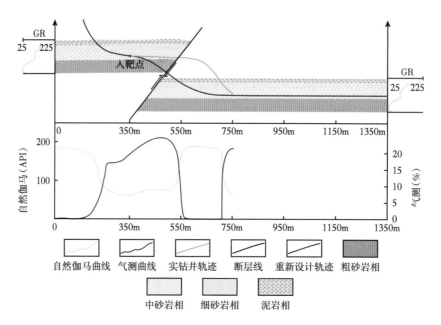

图1-4-16　钻遇断层轨迹调整示意图

第五章　气井动态评价技术

气井生产是"运移动力减小、运移阻力增大"的过程，由于区块储层含水饱和度高，孔隙通道中存在油、气、水三相流动，在压敏效应、贾敏效应、阈压效应、紊流效应和滑脱效应下，气井长时间处于不稳定渗流状态，产液、产气、压力变化规律在不同生产阶段具有不同的动态特征。在产量递减分析基础上，通过产水气井生产动态规律研究，优选产能评价方法，修正了产能方程，通过科学配产，实现气井长期携液生产，减缓了产量递减，提高了气藏采收率。

第一节　气井生产动态特征

对高含水致密砂岩气藏，开采特征综合体现了储层物性及改造效果[22]。苏里格气田虽然含气面积大，但储层致密、有效砂体叠置关系复杂、储层非均质性强。经过十多年开发实践，苏 77-召 51 区块气藏生产动态特征逐渐显现，总体表现为单井产量低、递减快，关井后压力恢复慢、恢复程度低，井间开采差异大，后期低产低压生产时间长，采收率低。

一、苏里格气田气井全生命周期生产特征

苏里格气田气井在生产过程中井口压力呈现两段式特征。气井投产初期表现为裂缝及裂缝—地层双线性流动状态，处于不稳定流动阶段，压降漏斗尚未传播到边界，反映气井生产早期压力产量变化特征[23]（图 1-5-1）。一般而言，常规气藏线性流动应该在几天

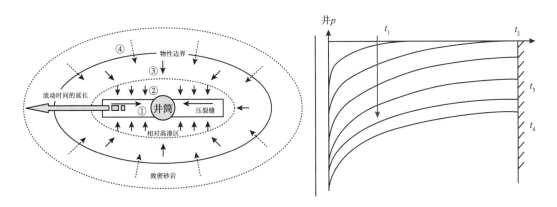

图 1-5-1　致密砂岩气藏压裂气井流动示意图
①裂缝向井筒的不可压缩线性流动阶段；②流体向裂缝内可压缩的线性流动阶段；
③内区（相对高渗透区）径向流阶段；④外区（致密区）径向流阶段

或几个月内结束，但大多数致密气生产数据显示，受压裂裂缝影响，气井的线性流动时间很长，线性流动时间的长短主要取决于储层的几何形态或者储层物性。在地层线性流结束后，由于产量、压力快速递减进入以拟径向流和径向流动为主的拟稳定渗流阶段，气井进入低压低产生产期（图 1-5-2、表 1-5-1）。

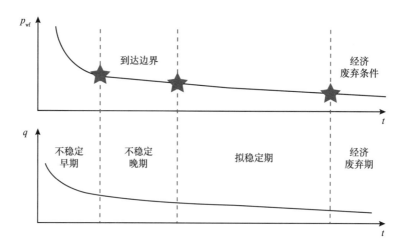

图 1-5-2　气井生产压力和产量剖面图

表 1-5-1　基于渗流理论的生产阶段划分表

阶段	划分依据	说明
第 I 段不稳定早期	压力传播范围	压降漏斗没有传到边界之前的弹性第一阶段
第 II 段不稳定晚期		压降漏斗传到边界之后
第 III 段拟稳定期		地层中任一点压降速率相同
第 IV 段废弃期		达到废弃压力后

根据致密气井渗流特征、生产特点及精细管理需要，将气井全生命周期划分为投产初期段、自然连续生产段、措施连续生产段、间歇生产段及经济废弃段五个阶段（图 1-5-3）。

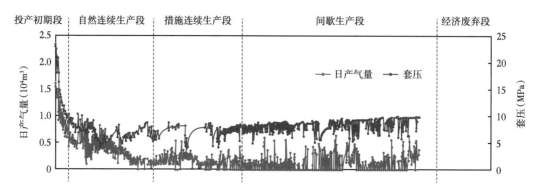

图 1-5-3　苏里格气田气井全生命周期阶段划分

1. 投产初期阶段

该阶段以压降速率 0.02MPa/d 为截止点，持续时间 0.25 年，累计产量占比 5%，处于不稳定早期，主要以裂缝线性流为主，产量、压力下降速度快（图 1-5-4）。在此阶段，重点是科学合理配产，优选工作制度，延缓压降速率，延长生产时间。

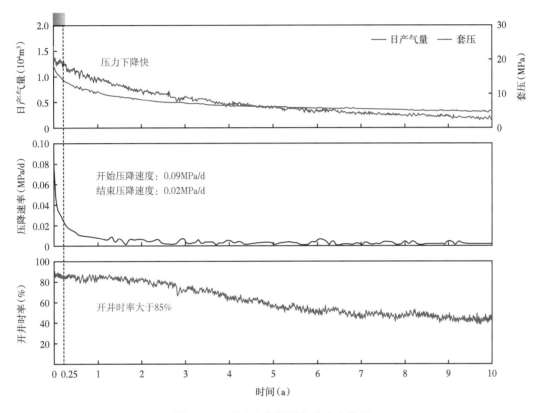

图 1-5-4　投产初期阶段气井生产特征

2. 自然连续生产阶段

经产量、压力快速下降的投产初期阶段后，气井进入压降速率稳定、产量缓慢下降的自然连续生产阶段。该阶段压降速率小于 0.02MPa/d，持续时间 4.25 年，累计产量占比 50%，净开井时率在 65%~85%（图 1-5-5）。在此阶段，重点是合理控制生产压差，延长自然连续生产时间，综合评价气井递减率、最终累计产气量、动储量等开发指标。

3. 措施连续生产阶段

连续生产段结束后，气井产量小于临界携液流量，井筒开始积液，气井必须采取辅助措施才能实现连续生产，开始进入措施连续生产阶段。该阶段以采取措施初始时间为节点，压降速率稳定，产量缓慢下降，持续时间 2.5 年左右，累计产量占比 25%，净开井时率在 50%~65%（图 1-5-6）。苏 77-召 51 区块因气井产量低、产水量大，部分气井经过投产初期阶段后，跨过自然连续生产阶段直接进入该阶段。在此阶段，重点是优选排水采气工艺措施，避免气井严重积液，充分发挥气井产能。

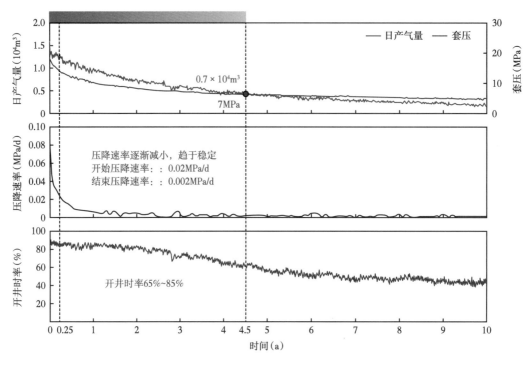

图 1-5-5　自然连续生产阶段气井生产特征

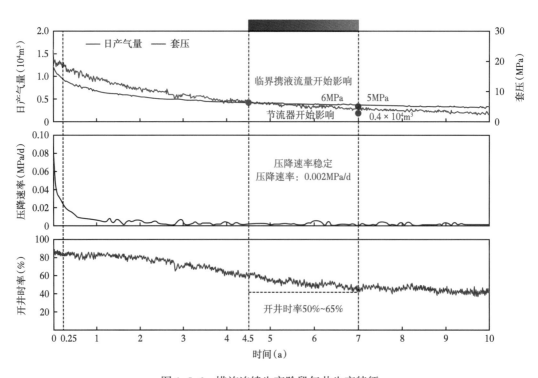

图 1-5-6　措施连续生产阶段气井生产特征

4. 间歇生产阶段

气井在生产中后期进入低压、低产阶段后，连续开井生产使得进站压力降低至系统压力而无法正常生产，或气井积液严重采取措施后仍无法生产，需要关井压力恢复至一定程度再以某一产量开井生产，此时气井进入间歇生产阶段。该阶段以压力小于 5MPa 或产量小于 $0.4×10^4m^3/d$ 初始时间为节点，持续时间 8 年左右，累计产量占比 20% 左右，净开井时率大幅下降，小于 50%（图 1-5-7）。对因储层本身物性差而导致的间歇生产气井，一般在生产早期即需要间歇生产。在此阶段，重点是根据关井压力恢复规律，优化开关井时间、工作制度，尽可能提高开井时率和产量，延长间歇生产阶段。

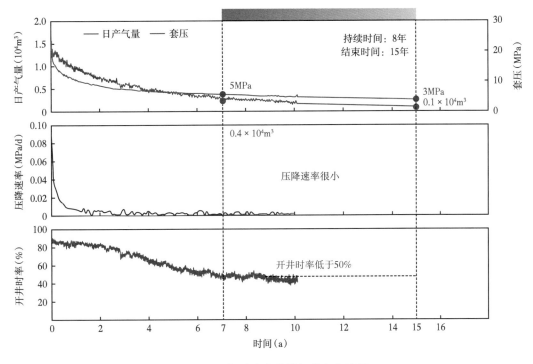

图 1-5-7　间歇生产阶段气井生产特征

5. 经济废弃阶段

该阶段以经济废弃条件为节点，压力小于 3MPa 或产量小于 $0.1×10^4m^3/d$ 开始，经济废弃不等于地质废弃，它指的是单井产量收益小于平均操作成本，单井无效益，动态表现就是产能极低，净开井时率极低。进入此阶段，重点是依据气井储层特征、全历史生产动态、工艺措施等，评价气井开采效果、剩余储量以及挖潜潜力。

二、高含水气藏气井生产特征

参照苏里格气田气井全生命周期阶段划分，对苏 77-召 51 区块投产气井进行生产天数拉齐后，划分成投产初期段、自然连续生产段、措施连续生产段、间歇生产段及经济废弃段五个阶段（图 1-5-8）。各阶段生产特征如下。

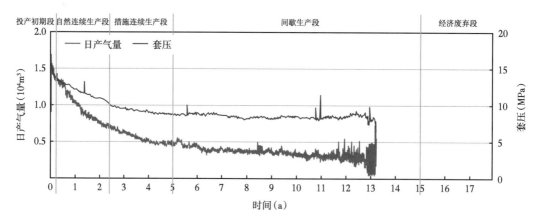

图 1-5-8　苏 77-召 51 区块高含水气藏气井全生命周期划分示意图

1. 投产初期阶段

该阶段以压降速率 0.03MPa/d 为截止点，结束时平均单井产气量 $1.02×10^4m^3/d$，套压 13.6MPa，持续时间 0.11 年左右，累计产量占比 3% 左右，净开井时率大于 85%，产量、压力下降速度极快（图 1-5-9）。

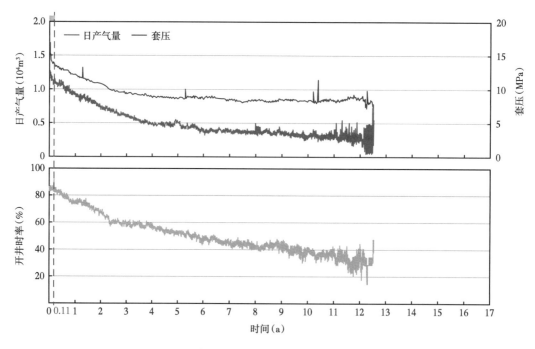

图 1-5-9　高含水气藏投产初期阶段气井生产特征

2. 自然连续生产阶段

该阶段压降速率小于 0.02MPa/d，结束时平均单井产气量 $0.75×10^4m^3/d$，套压 11.3MPa，苏 77-召 51 区块气井因含水高，该阶段持续时间较短，仅为 1.39 年左右，累计产量占比 30% 左右，净开井时率在 60%~85%（图 1-5-10）。

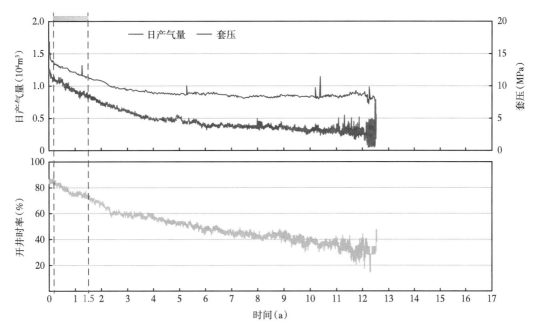

图 1-5-10　高含水气藏自然连续生产段气井生产特征

3. 措施连续生产阶段

该阶段以采取措施初始时间为节点，压降速率稳定，产量缓慢下降，结束时平均单井产气量 $0.5×10^4m^3/d$，套压 9.0MPa，持续时间 2.0 年左右，累计产量占比 25% 左右，净开井时率在 50%~60%（图 1-5-11）。因气井产量低、产水量大，部分气井经过投产初期阶段后跨过自然连续生产阶段后，直接进入措施连续生产阶段。

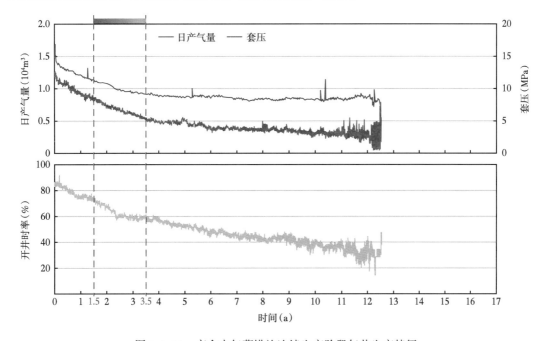

图 1-5-11　高含水气藏措施连续生产阶段气井生产特征

4. 间歇生产阶段

高含水气藏气井连续生产 3.5 年左右，不能连续生产进入该阶段生产。该阶段持续时间较长，为 11.5 年左右，累计产量占比较高，为 42% 左右，净开井时率大幅下降，小于 50%（图 1-5-12），苏 77-召 51 区块在该生产阶段生产时间还将持续 3 年以上。

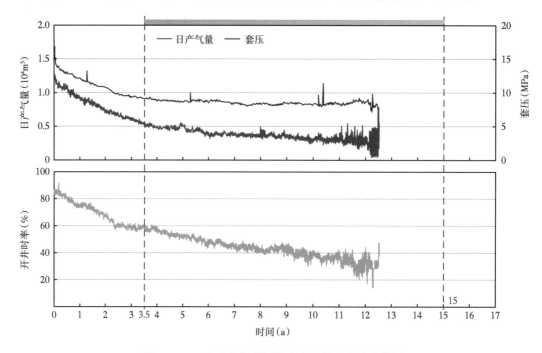

图 1-5-12　高含水气藏间歇生产阶段气井生产特征

5. 经济废弃阶段

高含水气藏气井该阶段以压力小于 2.9MPa 或产量小于 $0.1×10^4m^3/d$ 开始，气井全生命周期在 15 年左右，目前苏 77-召 51 区块还未进入该生产阶段。

三、生产特征对比分析

与苏里格气田相比，苏 77-召 51 区块各阶段生产特征存在较大差异（图 1-5-13）。

（1）为避免生产压差过大产生气水滑脱效应，致使地层含水饱和度升高造成气相渗透率下降，气井投产初期配产较低，平均产量 $1.21×10^4m^3/d$，低于苏里格气田平均产量 $1.54×10^4m^3/d$。

（2）气井投产初期平均套压 15.3MPa，低于苏里格气田平均套压 17.8MPa。

（3）投产初期段、连续生产段、间开生产段年综合递减率分别为 41.6%、26.7%、20.5%，苏里格气田同阶段年综合递减率分别为 44.7%、26.4%、20.8%，两者大致相当。

（4）压降速率与苏里格气田平均水平大致相当：区块投产初期段、连续生产段、间开生产段平均压降速率分别为 0.037MPa/d、0.011MPa/d、0.007MPa/d，苏里格气田同阶段平均压降速率分别为 0.032MPa/d、0.012MPa/d、0.010MPa/d，两者大致相当。

（5）区块受气井普遍产水且产水量大、井筒快速积液影响，气井生产具有措施介入时间早，净生产时率下降快，连续生产段时间短的特点。平均措施介入时间为 1 年，而苏里格气田为 2.5 年；净生产时率下降至 50% 所用时间为 3.5 年，而苏里格气田为 7 年。

（6）间开生产段贡献大，累计产量占全生命的 42%，苏里格气田累计产量占比为 20%。

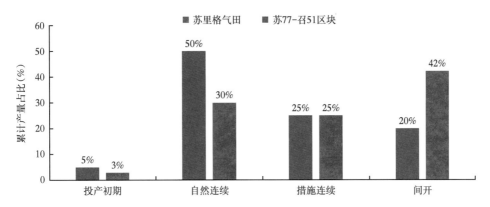

图 1-5-13　苏里格气田和苏 77-召 51 区块各生产阶段累计产量占比对比图

第二节　产水气井渗流机理

一、区块气水分布及产液特征

苏 77- 召 51 区块主力气层盒 8 段和山 1 段均为构造岩性复合气藏，储层分布受砂体展布和物性双重控制，局部存在地层水或高含水区，无统一的气水界面，具有以下特点。

1. 地层水分类

地层水是指地下游离水，矿化度较高。盒 8 段、山 1 段地层水矿化度在 22319.4~58809.6mg/L，地层水中阳离子以 Na^+、K^+ 和 Ca^{2+} 为主，阴离子以 Cl^- 为主，水型为 $CaCl_2$ 型。地层水对区块生产影响程度很大，生产过程中表现为产水量大，且产水量和水气比均有上升趋势。根据储层非均质性、孔喉结构配置关系将地层水分为三类，分别为毛细管水、吸附水和自由水，其中毛细管水为主要类型，占 60% 以上。

毛细管水主要存在于非均质性强的储层中，主要受毛细管力控制，重力作用影响小。研究表明，苏里格气田盒 8 段发育毛细管储层的产水量一般大于 $4m^3/d$。储层岩性以岩屑石英砂岩和岩屑砂岩为主，孔隙度 8%~10%，渗透率为 0.35~1.10mD；孔隙类型以溶蚀孔和晶间孔为主，在压汞曲线上表现为斜坡型，孔喉分选中等，为中小孔细喉型，中等歪度，0.1μm 喉道半径进汞饱和度一般在 45%~65%，中值半径在 0.2~0.7μm；测井响应上气、水分异不明显。

吸附水的形成主要是由于岩石细粒成分增多和黏土矿物充填富集，导致微孔隙十分发育。微孔隙发育，导致地层水容易吸附于岩石颗粒表面或储存在微细毛细管中，原始地层状态下难以流动，仅在压裂改造后产出少量水。盒 8 段发育吸附水储层的产水量一般小于 $5m^3/d$，储层物性差，孔隙度小于 8%，渗透率小于 0.35mD；孔隙类型以晶间孔为主，在压汞曲线上表现为孔喉小且分选差，偏细歪度，0.1μm 喉道半径的进汞饱和度一般在 30%~45%，中值半径小于 0.2μm；无明显的水层测井响应特征。

自由水主要是由于受到成藏条件或成藏后构造弱分异作用控制、残留于储层或砂体底部的水。盒 8 段发育自由水的储层，试气一般气水同时产出，产水量较大，一般大于10m³/d。储层岩性主要以石英砂岩和岩屑石英砂岩为主，孔隙度大于 10%，渗透率大于 1.1mD；孔隙类型以溶蚀孔和粒间孔为主，在压汞曲线上表现为宽缓的斜坡型，孔喉分选相对较好，为中孔中细喉型，具有一定数量的大孔喉或微裂隙，偏粗歪度，0.1μm 喉道半径进汞饱和度一般大于 65%，中值半径大于 0.7μm，储集性能较好；测井响应具有明显水层特征。

2. 气水生产特征

1）气水分布特征

盒 8$_{下}^2$：由于构造平缓，成藏过程中地层水驱替效果较差，含气饱和度较低，往往在构造下倾方向形成具有一定规模的边底水，在厚度薄、规模较小的孤立砂体形成高含水透镜体（自由水）。测井解释和试气结论表明，分布范围较大的含水区主要集中在苏 77 区块西北部，其余井区都以边底水形式存在。由于储水层的物性相对较好，除个别井外，大部分水层发育井在试气过程中的产水量都在 10m³/d 以上，产水时间也较长（图 1-5-14）。

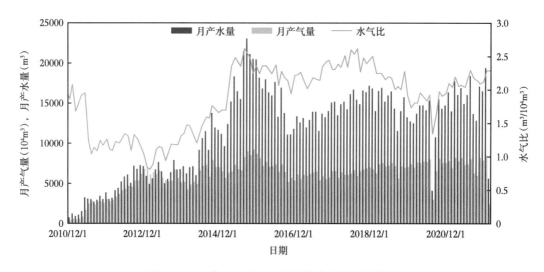

图 1-5-14　苏 77-召 51 区块历年产水情况曲线图

盒 8$_{下}^1$：多在厚度较薄、规模较小的孤立砂体中形成高含水夹层；在储层物性和横向连续性较好的大砂体下倾方向存在边水。纵向上形成气层、水层和致密层间互相存在格局。与盒 8$_{下}^2$ 类似，范围较大的含水层也主要分布在苏 77 区块西北部，其余都以边底水形式存在。由于储水层的储层物性普遍较差，除个别井外，大部分含水井在试气过程中的产水量在 10m³/d 左右。

2）气井产水特征

苏 77-召 51 区块位于苏里格气田气水过渡带，气水关系复杂。截至 2021 年底，投产气井 869 口，91.4% 的气井产水；2014—2021 年水气比持续在 2.0~2.5m³/10⁴m³ 范围内波动，远高于苏里格气田水气比平均水平 0.75m³/10⁴m³（图 1-5-14 和图 1-5-15）

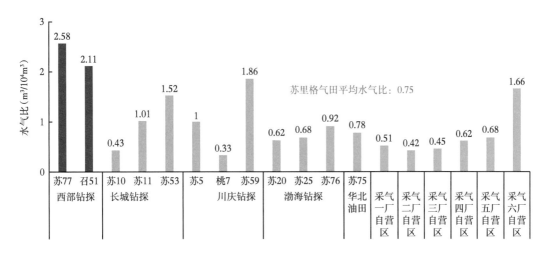

图 1-5-15 苏里格气田 2021 年各区块水气比柱状图

苏 77-召 51 区块气井在生产过程中产水量大、产气量小、携液难度大，导致气井普遍存在井筒积液现象，对正常生产造成很大影响。近年来因排水采气措施介入早，排液效果显著提升，井筒液柱高度保持稳定。苏 77-1 集气站气井因投产时间早、累计产气量高，气井产能低，常规排采措施效果逐年变差，井筒积液状况逐年加剧（图 1-5-16）。

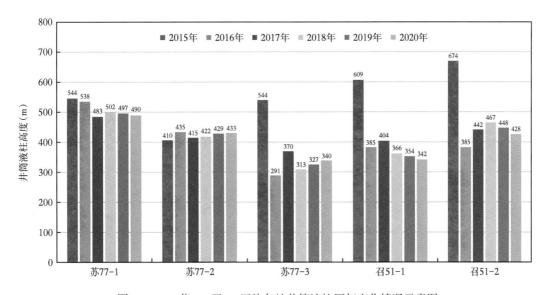

图 1-5-16 苏 77-召 51 区块各站井筒液柱历年变化情况示意图

二、气水两相渗流机理

1. 气水微观渗流特征

对致密砂岩气藏而言，含水饱和度越高，则开发效果越差。不同储层地层水的赋存状态不同，可动性也完全不同。研究地层水的可动条件及微观渗流机理，对于认识气井产水原因、确定合理生产制度、降低气井产水风险具有重要意义。

1）水驱气微观渗流机理

充满气体的孔隙、喉道见水后，水主要沿着孔喉壁面快速突进，对大孔喉中的气体快速形成包围状封闭；被包围状封闭的气体在随后的渗流过程中很难再流动，特别是周围都被小喉道包围的大孔隙中的气体再流动难度极大（图1-5-17）。除非在极高的驱动压力梯度下，气体在小喉道中克服贾敏效应后，变成一个个更小的气泡后才能流动（图1-5-18）。

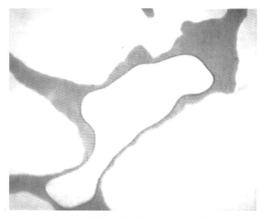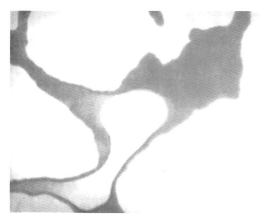

（a）水对孔喉中气体形成包围状封闭　　　　　　　　　　（b）大孔隙中的气体无法通过小喉道流动

图1-5-17　水驱气微观孔喉气水渗流机理及分布结果（一）

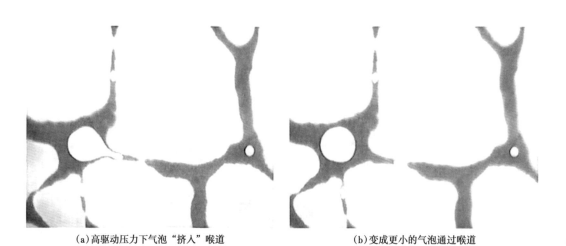

（a）高驱动压力下气泡"挤入"喉道　　　　　　　　　　（b）变成更小的气泡通过喉道

图1-5-18　水驱气微观孔喉气水渗流机理及分布结果（二）

致密亲水砂岩气藏储层一旦见水，其对储层伤害的影响相当显著。水在多孔介质中的渗流速度快，波及范围大，但是水量不多，主要分布在多孔介质的壁面和细小的喉道中。由于致密砂岩气藏储层中微小喉道是决定储层渗流能力的关键因素，水相占据细小孔喉对气藏伤害相当严重，从宏观上表现为气相相对渗透率降低，储层渗流能力明显下降；而且水沿着细小喉道大范围分布对于大孔隙中的气体形成了有效的包围状封闭，气体严重水锁，增大了含水致密砂岩气藏的开发难度，降低气田采收率。

2）气驱水微观渗流机理

气体在进入充满水的孔喉中时，相对于水相而言，气体对模型亲水的孔喉壁面是绝对的非润湿相，因此其只能在孔喉中间流动；随着气量的增加，气体逐渐占据了大孔喉的中间，但是孔喉壁面仍然附着较厚的水层，气体在小喉道中由于渗流阻力大，很难形成连续流动，所以在较低的驱替压力梯度下，气体主要以不连续的气泡与水交替流动，渗流阻力进一步增大，最终形成气水互锁的状态（图1-5-19）。气驱水过程模拟了气藏的成藏过程，即在致密砂岩气藏成藏过程中，气驱水后，气相多以不连续相存在，水相以连续相存在（图1-5-20）。

图1-5-19 气驱水微观孔喉气水渗流机理及分布状态（一）

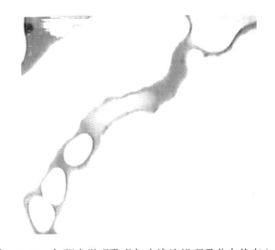

图1-5-20 气驱水微观孔喉气水渗流机理及分布状态（二）

2. 气水两相渗流特征

1）储层条件下气水两相渗流特征

高压气相渗流过程中气水的共渗区间与常规气水渗流过程基本相同，气水共渗区间的大小主要取决于生产压差，而与储层平均地层压力关系不大；在束缚水条件下，高压气相渗透率均小于常规实验；高压相渗透率的等渗点低于常规实验气水相渗曲线的等渗点；高压相渗透率的等渗点含水饱和度更靠近束缚水饱和度。总体而言，高压气水两相渗流的气水两相渗流能力比常规气水相渗流能力偏低。

2）不同驱替压力梯度下气水两相渗流特征

油水两相渗流受到压力梯度、岩石渗透率和流体间界面张力的影响。束缚水受压力梯度的影响，且压力梯度能显著地影响气水两相相对渗透率曲线特征。随着压力梯度的增大，气相相渗透率曲线存在左移的特点，即在相同含水饱和度下，压力梯度越大，气相相对渗透率越低。在较小的压力梯度下这种影响程度较大，压力梯度增大到一定范围后，这种影响减弱。而水相相对渗透率随压力梯度的增大而增大，此外随着压力梯度的增大，束缚水饱和度、残余气饱和度和等渗点也逐渐左移并降低。这说明压力梯度的增大降低了气相的相对渗流能力，提高了水相的相对渗流能力，总体而言降低了储层的气水两相共渗能力。

3. 阈压、滑脱和紊流效应对气体渗流特征的影响

1）阈压效应

阈压效应是指岩样两端流动压差增大至一定程度时气体才开始流动的现象。阈压又称启动压力，即非润湿相开始进入岩石孔隙的最小起始压力，或非润湿相在岩石孔隙中建立起连续流动所需的最小压力值。气体发生流动所需要的最小压差即为启动压差，描述了气体从静止到流动的突变和时间滞后现象。

出现阈压效应的气体渗流特征为非线性渗流特征。渗流曲线由两部分组成：低渗流速度下的下凹形非线性渗流曲线段Ⅰ，较高渗流速度下的达西线性渗流段Ⅱ。当压力梯度比较低时，渗流速度呈下凹形非线性渗流曲线上升，随着压力梯度的增大，渗流曲线逐渐由非线性渗流段过渡到达西线性渗流段，出现线性渗流区（图 1-5-21）。图 1-5-21 中点 A 为最小阈压梯度（也称真实阈压梯度），当压力梯度高于此点时流体开始流动，在文献中所提及的阈压梯度一般都为最小阈压梯度点 A；点 B 为拟阈压梯度，为直线段的延长线与横坐标的交点；点 C 为临界压力梯度，当压力梯度高于此点时，流体的渗流过程开始符合达西定律。

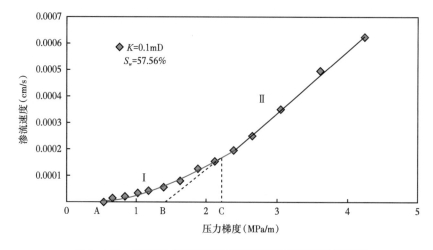

图 1-5-21　致密含水储层存在阈压梯度的非达西渗流曲线

另一方面，致密砂岩含水气藏中大量孔隙水的存在，不仅会在气藏开采的过程中形成大量的封闭气，而且还会以水膜的形式减小储层气相的渗流通道。由于砂岩储层的亲水性，水膜总是以连续相分布在储层的孔喉表面，水膜厚度随着驱替压差的变小而不断变厚，而气相的渗流通道却不断变窄，能参与流动的有效喉道就越来越少，最终导致出现阈压效应。

2）滑脱效应

根据理论推导，气体渗流由于滑脱效应引起的附加渗透率随压力的增高而降低，随储层绝对渗透率的增大而降低，随温度的升高而增强。

$$f = \frac{4Ck}{\sqrt{2}\pi m d^2} \frac{ZT}{\sqrt{K}\,\overline{p}} \qquad (1\text{-}5\text{-}1)$$

式中 f——滑脱效应引起的渗透率增加率；

  C——近似于 1 的比例常数；

  k——波尔兹曼常数，且 $k=1.38066\times10^{23}$J/K；

  Z——真实气体偏差因子，与真实气体的组成、温度和压力有关；

  $\overline{p}$——岩心进出口平均压力，MPa；

  m——取决于岩石孔隙结构的常数；

  d——气体分子直径，m；

  K——岩石绝对渗透率，mD；

  T——温度，K。

3）紊流效应

流速与压力梯度呈线性关系的达西定律只在一定的渗流条件下才适用。随着流速的提高，由于流体分子在沿着变直径的迂曲的孔道中运动时连续地加速和减速，惯性力逐渐增大，达到一定程度后流速和压力梯度将偏离线性关系，此时，达西定律将不再成立，通常用 Forchheimer 方程来描述这种非达西渗流，可写为：

$$\frac{\mathrm{d}p}{\mathrm{d}x} = -\frac{\mu}{K}v - \beta\rho v^2 \qquad (1\text{-}5\text{-}2)$$

式中 p——压力，Pa；

  x——渗透方向距离，m；

  μ——流体黏度，mPa·s；

  K——介质渗透率，mD；

  e——流体密度，kg/m³；

  v——渗流速度，m/s；

  β——非达西渗流影响系数。

致密砂岩只要压力梯度达到一定的临界值后都会出现非达西渗流，只是渗透率越低，出现非达西渗流的压力梯度越大。通过储层改造的致密砂岩气藏近井地带渗透率较高，压力梯度较大，存在非达西渗流的可能，且储层渗透率越高，出现非达西渗流的临界压力梯度越低，非达西渗流现象越明显。对于含水致密砂岩气藏，近井地带由于惯性力引起的渗透率损失不可忽略，应尽量避免产生大压差，减少渗透率损失。

4. 开发过程中储层伤害机理

1）水锁效应

水锁效应是指在开发过程中，工作液或滞留井筒无法随气流举升至井口的地层液侵入储层后，地层驱动压力不能将液体完全排出地层，储层含水饱和度增加气相渗透率下降的现象。低渗透、特低渗透储层中水锁现象尤为突出，成为低渗透致密气藏的主要损害之一。

（1）形成机理。

外来液相或井筒滞留液侵入储层后，会在井壁周围孔道中形成液相堵塞（图 1-5-22），其液—气弯曲界面上因存在着毛细管压力而产生的附加表皮压降，其值等于毛细管弯液面两侧非润湿相与润湿相压力之差：

$$p_Z = 2\sigma\left(1/R_2 - 1/R_1\right) \qquad (1\text{-}5\text{-}3)$$

式中　p_z——毛细管力，Pa；

　　　σ——气水界面张力，N/m；

　　　R_1——较大孔隙处的曲率半径，m；

　　　R_2——较小孔隙处的曲率半径，m。

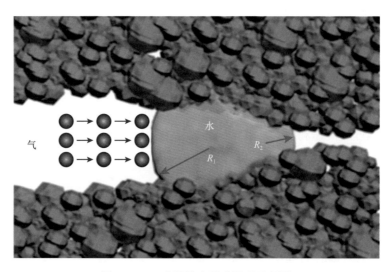

图 1-5-22　水锁效应形成机理示意图

从式（1-5-3）可以看出，毛细管力的大小与多孔介质喉道的尺寸密切相关；且气藏多属于水湿气藏，气水界面张力往往大于油水界面张力，因此致密气藏中，毛细管力成为气驱水的主要阻力，水锁效应更加严重。

（2）预测模型。

预测水锁伤害的数学模型（据加拿大 D.B.Bennion，1996）：

$$\mathrm{APT}_i = 0.25\lg K_{\mathrm{rg}} + 2.25 S_{\mathrm{wi}} \qquad (1\text{-}5\text{-}4)$$

式中 APT_i——水锁指数；

K_{rg}——储层气相相对渗透率；

S_{wi}——储层原始含水饱和度，%。

当 $APT_i \geqslant 1.0$ 时，水锁效应不明显；当 $0.8 \leqslant APT_i < 1.0$ 时，储层有潜在水锁效应；当 $APT_i < 0.8$ 时，会出现明显水锁效应。

（3）影响水锁效应强度的主要因素。

从水锁的伤害形式来看可划分为热力学水锁和动力学水锁。

热力学水锁是指由于毛细管压力阻碍油气向井筒内流动而产生的水锁伤害，是以排液过程达到平衡为前提，假设储层空隙可视为毛细管束，按 Laplace 公式，当驱动压力 p 与毛细管压力平衡时，储层中未被水充满的毛细管半径为：

$$r_k = \frac{2\sigma\cos\theta}{p} \tag{1-5-5}$$

式中 r_k——未被水充满的毛细管半径，m；

σ——外来流体（井筒滞留流体）表面张力，N/m；

θ——毛细管壁上的润湿角，(°)；

p——驱动压力，Pa。

此时，气相渗透率可表示为：

$$K_{rg} = \frac{\phi}{2}\sum_{r_k}^{r_{max}} r_i^2 S_i \tag{1-5-6}$$

式中 ϕ——孔隙度，%；

r_i——第 i 组毛细管半径，μm；

S_i——第 i 组毛细管占空隙体积的百分数，%；

r_{max}——最大孔隙半径，μm。

由公式（1-5-5）可以看出，外来流体或井筒滞留流体的表面张力和润湿角余弦值的乘积越大，未被水充满的毛细管半径就越大，气相渗透率越低（后式中求和下限越高）。由此可见，热力学水锁强度与孔隙度、含水饱和度、孔径分布及侵入流体性质有关。

动力学水锁指由于地层排液过程缓慢，造成外来流体长时间滞留在地层中，影响油气产量，导致水锁伤害。根据 Laplace 和 Poiseuille 定律，可得在压差 Δp 作用下，将半径为 r 的毛细管中长度为 L 的外来流体排出所需要的时间为：

$$T = \frac{4\mu L^2}{r^2\Delta p - 2r\sigma\cos\theta} \tag{1-5-7}$$

由公式（1-5-7）可以看出，产生水锁伤害的动力学原因除了和外来流体的表面张力及润湿角有关外，还和储层孔喉半径、驱动压差、外来流体黏度、侵入深度有关。

（4）预防或抑制水锁效应的主要手段。

在气井生产中，水锁效应是一个不可逆的过程，消除水锁很难实现，因此，尽可能预防和抑制水锁效应强度，是致密气藏开发的有效途径。

由水锁效应强度的影响因素看出，预防和抑制水锁效应从以下三个方面考虑。

首先，改变储层，尤其是近井带外来液易侵入部分储层的孔隙结构。因此，酸化、压裂措施不仅是提高气井产能的手段，同时也是预防储层水锁的有效手段。

其次，压裂施工后，采取合理的返排制度，采用氮气气举、抽汲等作业手段，控制井筒积液，并采用间歇性开关井方式，增加储层排液驱动压力，减少外来液在储层中的滞留时间，减弱动力学水锁对储层的伤害。

最后，对于高含水致密砂岩气藏，采用保守配产的方式，控制合理的生产压差，可有效控制储层中气水滑脱效应，保持相对稳定的含水饱和度，减缓水锁进程。

如果气井在生产过程中已经出现了水锁效应，解除水锁的办法主要分为物理和化学办法。物理解除法中微波和加热方法最有效，但成本较高；化学方法中，加入解水锁剂（包括生物表面活性剂和含氟聚合物表面活性剂等）减小 $\sigma cos\theta$ 的方法效果最为明显，也是目前苏 77-召 51 区块解水锁应用的主要方法。

2）应力敏感性

储层应力敏感是指在钻井、完井及开发过程中，由于有效应力变化引起储层渗透率改变的现象。储层应力敏感性评价是合理制度确定和储层保护方案设计的重要依据。在气藏开发过程中，随着储层流体的流出或注入流体的流入，使得岩石原有的受力平衡状态受到破坏，从而使岩石结构发生形变，导致储层渗透率发生改变，影响气藏开发。

（1）储层应力敏感性评价研究目的。

研究储层应力敏感性是为了准确地评价储层，通过模拟围压条件测定孔隙度可以将常规孔隙度值转换为原始地层条件下的值，有助于储量评价；通过对储层应力敏感性的研究，可以求出岩心在原始地层条件下的渗透率，有利于建立岩心渗透率和测试渗透率的关系，也有利于认识地层电阻率。研究储层应力敏感性的最终目的是为了确定合理的生产压差，更好地开发气藏，提高采收率。

（2）应力敏感的损害率。

储层应力敏感对渗透率的损害率可用以下公式进行计算：

$$D_k = (K_1 - K_{min})/K_1 \qquad (1\text{-}5\text{-}8)$$

式中　D_k——应力敏感损害率；

　　　K_1——第一个应力点（原始地层有效应力）对应的岩样渗透率，mD；

　　　K_{min}——达到临界应力后岩样渗透率的最小值，mD。

评价标准：当 $D_k < 5\%$ 时，无损坏；当 $5\% \leqslant D_k < 30\%$ 时，应力敏感强度弱；当 $30\% \leqslant D_k < 50\%$ 时，应力敏感强度中等偏弱；当 $50\% \leqslant D_k < 70\%$ 时，应力敏感强度中等偏强；当 $70\% \leqslant D_k < 90\%$ 时，应力敏感强度强；当 $D_k > 90\%$ 时，应力敏感强度极强。

（3）应力敏感影响因素。

储层应力敏感性评价的影响因素很多，主要有储层内流体介质、含水饱和度、黏土矿物含量等因素。

流体介质对储层应力敏感性评价有重大影响。流体介质在储层内流动，不同的流体介质由于性质不同其在储层内的渗透率也不同，从而影响储层应力敏感性。油气藏中的流体介质通常为原油、天然气、地层水，可以用空气、质量浓度为 30g/L 的氯化钾溶液及煤油模拟流体介质。试验结果表明，以空气为流体介质的岩样应力敏感性最小，以煤油为介质的岩样应力敏感性居中，以质量浓度为 30g/L 的氯化钾溶液为流体介质的岩样应力敏感性最强[24]。

在气藏开发过程中，由于不断有流体流出、流入储层，使得储层的含水饱和度不断发生变化，因此储层的含水饱和度对储层应力敏感性也有影响。试验表明，含束缚水岩样的渗透率保留率为 60%，不含束缚水岩样的渗透率保留率为 70%。因此束缚水的存在使得渗透率下降得更厉害，储层应力敏感性增强。

储层中黏土矿物是广泛存在的，由于黏土矿物受到应力作用发生形变，从而改变孔隙的形状和大小，进而改变储层的渗透率。因此，黏土矿物含量对于储层应力敏感性也有影响。试验表明，储层黏土矿物含量不同，岩样渗透率变化差异较大。黏土矿物含量为 9% 时，岩样渗透率保留 75%；黏土矿物含量为 12% 时，岩样渗透率保留 55%；黏土矿物含量为 15% 时，岩样渗透率保留 50%；黏土矿物含量为 17% 时，岩样渗透率保留 35%。可见黏土矿物含量越高，岩样渗透率下降得越厉害，应力敏感性越强。

3）储层敏感性

储层敏感性是由储层岩石中含有的敏感性矿物所引起的。敏感性矿物是指储层中与流体接触易发生物理、化学反应，并导致渗透率大幅下降的一类矿物，它们一般粒径很小（小于 20μm），比表面积很大。常见的敏感性矿物可分为酸敏性矿物、碱敏性矿物、盐敏性矿物、水敏性矿物及速敏性矿物等，与之相对应的是储层的"五敏性"。

（1）储层水敏性。

储层水敏性是指当与地层不配伍的外来流体进入地层后，引起黏土矿物水化、膨胀、分散、迁移，从而导致渗透率不同程度下降的现象。常见黏土矿物中，蒙皂石的膨胀能力最强，其次是伊利石 / 蒙皂石和绿泥石 / 蒙皂石混层矿物，而绿泥石膨胀能力弱，伊利石很弱，高岭石则无膨胀性。储层水敏性与黏土矿物的类型、含量和流体矿化度有关。储层中蒙皂石（尤其是钠蒙皂石）含量越多或水溶液矿化度越低，则水敏强度越大（图 1-5-23 和图 1-5-24）。

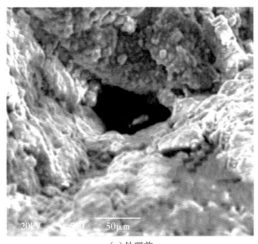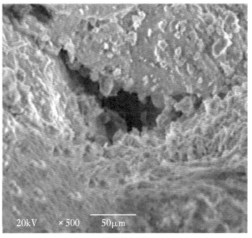

（a）处理前　　　　　　　　　　　　（b）处理后

图 1-5-23　岩样蒸馏水处理前后扫描电镜照片（片状蒙皂石）
片状蒙皂石膨胀引起黏土颗粒脱落运移，导致孔喉半径变小，喉道堵塞

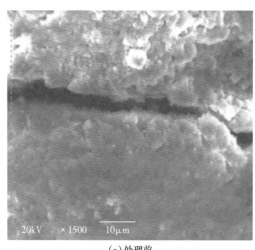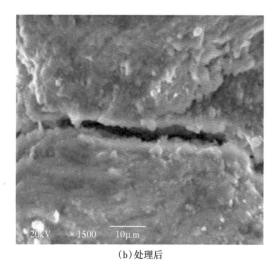

(a)处理前　　　　　　　　　　　　　　　(b)处理后

图 1-5-24　岩样蒸馏水处理前后扫描电镜照片（骨架颗粒接缝处）

蒙皂石膨胀导致裂缝开度变小、裂缝内部分区域被运移颗粒堵塞

水敏性矿物膨胀机理：第一阶段（外表面膨胀），黏土表面水合，发生渗透效应，外表面水化形成水膜，导致膨胀，此阶段膨胀率相对较小，为可逆化学反应；第二阶段（层间膨胀），液体中阳离子交换和层间内表面电特性作用，导致水分子进入可扩张晶格的黏土单元层之间造成层间内表面水化，导致层间膨胀。此阶段膨胀率大，有时可达 100 倍以上，且为不可逆化学反应（图 1-5-23 和图 1-5-24）。

储层水敏性影响因素包括：层间阳离子交换能力，交换能力越强则膨胀能力越强，水敏性越强；层间阳离子种类，K^+ 无膨胀性，Ca^{2+}、Na^+ 有膨胀性（离子半径小）；外来流体性质，高浓度盐水膨胀性很弱，淡水膨胀性极强；临界盐度，当外来液体盐度大于临界盐度时，渗透率变化不大，当外来液体盐度小于临界盐度时，渗透率大幅度减小。

水敏强度可用水敏指数表征：

$$I_w = \frac{K_i - K_w}{K_i} \qquad (1-5-9)$$

式中　I_w——水敏指数；

$\quad\quad K_i$——饱和盐水渗透率，mD；

$\quad\quad K_w$——淡水渗透率，mD；

水敏效应评价标准：水敏指数 $I_w \leq 0.05$，无水敏；$0.05 < I_w \leq 0.3$ 时，弱水敏；$0.3 < I_w \leq 0.5$ 时，中等偏弱水敏；$0.5 < I_w \leq 0.7$ 时，中等偏强水敏；$0.7 < I_w \leq 0.9$ 时，强水敏；$I_w > 0.9$ 时，极强水敏。

（2）储层速敏性。

储层速敏性指的是由于流体的流动速度发生改变，从而导致储层之中具有速敏性特征的矿物微粒发生移动，这些矿物微粒堵塞孔隙喉道，造成储层的渗流能力大大降低。

速敏矿物是指在储层内随流速增大而易于分散迁移的矿物，主要包括三种类型：储层中的黏土矿物（包括速敏性矿物高岭石、毛发状伊利石等以及水敏性矿物蒙皂石、伊/蒙混

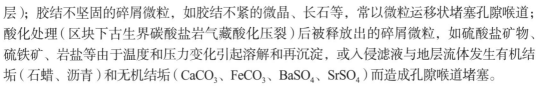

层）；胶结不坚固的碎屑微粒，如胶结不紧的微晶、长石等，常以微粒运移状堵塞孔隙喉道；酸化处理（区块下古生界碳酸盐岩气藏酸化压裂）后被释放出的碎屑微粒，如硫酸盐矿物、硫铁矿、岩盐等由于温度和压力变化引起溶解和再沉淀，或入侵滤液与地层流体发生有机结垢（石蜡、沥青）和无机结垢（$CaCO_3$、$FeCO_3$、$BaSO_4$、$SrSO_4$）而造成孔隙喉道堵塞。

微粒迁移后能否堵塞孔喉，主要取决于微粒大小、含量及喉道大小。当微粒尺寸小于喉道尺寸时，在喉道处既可发生充填又可发生去沉淀作用，喉道桥塞即使形成也不稳定，易于解体；当微粒尺寸与喉道尺寸大体相当时，则很容易发生孔喉的堵塞；若微粒尺寸大大超过喉道尺寸，则发生微粒聚集并形成可渗透的滤饼。微粒含量越多，堵塞程度越严重。

速敏强度可用速敏指数表征，速敏指数与渗透率伤害率是成正比的关系，其与岩样临界流速（v_c）之间成反比：

$$I_v = D_k / v_c \qquad (1-5-10)$$

$$D_k = (K_{max} - K_{min}) / K_{max} \qquad (1-5-11)$$

式中　I_v——速敏指数；

　　　D_k——渗透率伤害率，%；

　　　v_c——临界流速，m/s；

　　　K_{max}——岩样临界流速之前，其渗透率的最大值，mD；

　　　K_{min}——到达临界流速后岩样渗透率的最小值，mD。

速敏效应评价标准：速敏强度 $I_v \leqslant 0.3$，速敏强度弱；$0.3 < I_v \leqslant 0.7$ 时，速敏强度中等；$I_v > 0.7$ 时，速敏强度强。

（3）储层酸敏性。

储层酸敏性是指酸性（储层酸化）工作液进入储层后与储层中对应敏感性矿物发生反应，产生凝胶、沉淀，或释放出微粒，致使储层渗透率下降的性质。

酸敏性导致地层伤害的形式主要有两种：一种是产生化学沉淀或凝胶；另一种是破坏岩石原有结构，产生或加剧速敏性。

酸敏性矿物是指储层中与酸液发生反应产生化学沉淀或酸化后释放出微粒引起渗透率下降的矿物，对于盐酸来说，酸敏性矿物主要为含铁高的一类矿物，包括绿泥石、绿/蒙混层矿物、海绿石、水化黑云母、铁方解石、铁白云石、赤铁矿、黄铁矿、菱铁矿等；对于氢氟酸来说，酸敏性矿物主要为含钙高的矿物，如方解石、白云石、钙长石、沸石类等，它们与氢氟酸反应后会生成 CaF_2 和 SiO_2 凝胶体，从而堵塞喉道。

（4）储层碱敏性。

储层碱敏性是指具有碱性（一般为 pH 值大于 7 的钻井液或完井液，以及化学驱中使用的碱性水）的气田工作液进入储层后，与储层岩石或储层流体接触而发生反应产生沉淀，并使储层渗透率下降的现象。

碱敏性导致渗透率下降的机理：黏土矿物在碱性工作液中发生离子交换，成为易水化的钠型黏土，使黏土矿物的水化膨胀加剧，导致水敏性加强；碱性工作液还会与储层矿物发生一定程度的化学反应，这些新生矿物沉淀在储层中，造成渗透率伤害；由于碱性工作液与储层流体不配伍，破坏了储层原有的离子平衡，产生碱垢，降低储层的渗透率；高pH值环境使矿物表面双电层斥力增加，部分与岩石基质未胶结或胶结不好的地层微粒，将随碱性工作液运移，并在喉道处"架桥"，堵塞孔喉。

（5）储层盐敏性。

储层盐敏性是指储层在系列盐液中，由于黏土矿物的水化、膨胀而导致渗透率下降的现象，其机理与水敏性类似。

当不同盐度的流体流经含黏土的储层时，在初始阶段，随着盐度的下降，岩样渗透率变化不大；当盐度减小至某一临界值时，随着盐度的继续下降，渗透率将大幅度减小，此时的盐度称为临界盐度。

三、产水气井开采效果评价

产水气井开采效果评价包含两个方面，一是产水对气井产能的影响；二是产水对气井最终累计采气量的影响，即产水对气井最终采收率的影响。

1. 产水气井产能评价

根据气井二项式产能方程，气井产能和产量变化规律通常表述为：

$$p_R^2 - p_{wf}^2 = Aq_g + Bq_g^2 \qquad (1-5-12)$$

则气井的产能为：

$$q_{AOF} = \frac{-A + \sqrt{A^2 + 4Bp_R^2}}{2B} \qquad (1-5-13)$$

对应一定生产压差下的气井产量为：

$$q_g = \frac{-A + \sqrt{A^2 + 4B\left(p_R^2 - p_{wf}^2\right)}}{2B} \qquad (1-5-14)$$

由此可见，只要确定出气井二项式产能方程中的 A 和 B，气井产能及产量变化规律便可获得。因此，研究二项式产能方程系数 A、B 便成为关键。气井二项式产能方程系数可表达为：

$$A = \frac{8.484\mu ZTp_{sc}}{KhT_{sc}}\left[\lg\left(\frac{0.472r_e}{r_w}\right) + 0.434S\right] \qquad (1-5-15)$$

$$B = \frac{3.69\mu ZTp_{sc}D}{KhT_{sc}} \qquad (1-5-16)$$

令

$$C_1 = \frac{8.484\mu ZTp_{sc}}{hT_{sc}}\left[\lg\left(\frac{0.472r_e}{r_w}\right) + 0.434S\right] \qquad (1-5-17)$$

$$C_2 = \frac{3.69\mu Z T p_{sc} D}{h T_{sc}} \tag{1-5-18}$$

式中 μ ——天然气黏度，mPa·s；

Z ——天然气偏差因子；

T ——地层温度，K；

T_{sc} ——地面标准温度，K；

p_R ——平均地层压力，MPa；

p_{wf} ——井底流动压力，MPa；

p_{sc} ——地面标准压力，MPa；

q_g ——气井产量，m³/d；

q_{AOF} ——气井绝对无阻流量，m³/d；

h ——气层有效厚度，m；

K ——地层有效渗透率，mD；

r_e ——供气半径，m；

r_w ——井眼半径，m；

S ——真实表皮系数；

D ——紊流系数，（m³/d）²。

对于不产水气井，即储层含水饱和度等于束缚水饱和度时，式（1-5-15）、式（1-5-16）中地层有效渗透率 $K=K_g(S_{ws})$，则有：

$$A = \frac{C_1}{K_g(S_{ws})}, B = \frac{C_2}{K_g(S_{ws})} \tag{1-5-19}$$

式中 $K_g(S_{ws})$ ——束缚水饱和度下气相渗透率，mD。

对于产水气井，即储层含水饱和度为 S_w 且大于束缚水饱和度时，式（1-5-15）、式（1-5-16）中地层气相有效渗透率 $K=K_{rg}\times K_g S_{ws}$，则有：

$$A_1 = \frac{C_1}{K_{rg}\times K_g(S_{ws})}, \quad B_1 = \frac{C_2}{K_{rg}\times K_g(S_{ws})} \tag{1-5-20}$$

式中 K_{rg} ——气相相对渗透率，mD。

令产水气井的产能为 q_{AOF1}，则有：

$$q_{AOF1} = \frac{-A+\sqrt{A^2+4Bp_R^2}}{2B_1} \tag{1-5-21}$$

则产水气井与不产水气井（ $K_{rg}=1$ ）产能的比值为：

$$\frac{q_{AOF1}}{q_{AOF}} = \frac{B}{B_1}\left(\frac{-A_1+\sqrt{A_1^2+4B_1p_R^2}}{-A+\sqrt{A^2+4BP_R^2}}\right) = K_{rg}\left(\frac{-A_1+\sqrt{A_1^2+4B_1p_R^2}}{-A+\sqrt{A^2+4BP_R^2}}\right)$$

令

$$\alpha = \frac{-A_1 + \sqrt{A_1^2 + 4B_1 p_R^2}}{-A + \sqrt{A^2 + 4B P_R^2}}$$ （1-5-22）

则产水气井的产能为：

$$q_{AOF1} = K_{rg} \cdot \alpha \cdot q_{AOF}$$ （1-5-23）

可知，α 与气相相对渗透率 K_{rg} 密切相关，即与储层的含水饱和度密切相关。

利用苏里格气田不同类型气井（产能不同）获得的产能方程，研究 $K_{rg} \cdot \alpha$ 与气相相对渗透率 K_{rg} 的变化规律（图 1-5-25）。而气相相对渗透率 K_{rg} 与含水饱和度的关系可利用气水相对渗透率曲线获得。

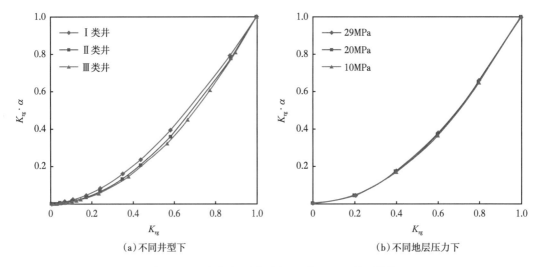

图 1-5-25　气相相对渗透率 K_{rg} 与 $K_{rg} \cdot \alpha$ 关系曲线

由图 1-5-25 可以看出：对于不同类型气井，$K_{rg} \cdot \alpha$ 与气相相对渗透率 K_{rg} 的变化规律基本相同；同时研究了不同地层压力条件下二者变化规律，表明 $K_{rg} \cdot \alpha$ 不受地层压力的影响。

为此，可以得到苏里格气田不同类型气井普遍遵守的 $K_{rg} \cdot \alpha$ 与气相相对渗透率 K_{rg} 的变化规律，可表达为：

$$K_{rg} \cdot \alpha = 0.9926 K_{rg}^2 + 0.0081 K_{rg} - 0.0003$$ （1-5-24）

同理，可得到产水气井产量的表达式为：

$$q_{g1} = K_{rg} \cdot \alpha \cdot q_g$$ （1-5-25）

式中　q_{g1}——产水气井产量，$10^4 m^3/d$。

至此，只要已知储层的含水饱和度，便可利用气水相对渗透率曲线得到对应的气相相对渗透率 K_{rg}，进而确定产水气井的产能和任意生产压差下的产量。

图 1-5-26 为苏里格气田典型井在不同含水饱和度下的 IPR 曲线。可以看出，随着含水饱和度的增大，气相相对渗透率减小，气井产能急剧下降；当气相相对渗透率 K_{rg} 小于 0.5 后，气井产能及产量下降速度更快、幅度更大。

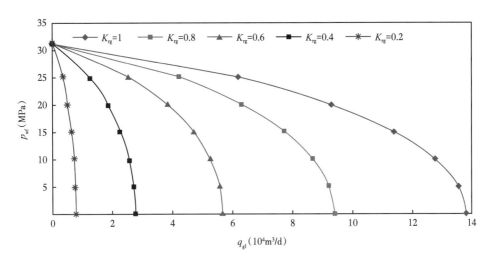

图 1-5-26 典型井不同含水饱和度下的 IPR 曲线

2.产水气井开采效果评价

气井产水后，开采效果将会变差，其实质是气井累计采气量的降低，因此，若能预测产水气井的累计采气量，便可实现对其开采效果的评价，进而实现气井产水对采收率的定量评价。苏里格气田气井产量符合衰竭式递减，可表达为：

$$q_g = \frac{q_i}{(1+0.5D_iT)^2} \qquad (1-5-26)$$

则气井累计采气量为：

$$G_p = \int_0^t q_g \mathrm{d}t \qquad (1-5-27)$$

式中　q_i——气井初始产量，$10^4\mathrm{m}^3/\mathrm{d}$；

　　　D_i——初始递减率，1/月；

　　　t——生产时间，月；

　　　G_p——气井生命周期内累计采气量，$10^4\mathrm{m}^3$。

将产水气井产量 q_{g1} 代入式（1-5-27），得：

$$G_{p1} = \int_0^t q_{g1}\mathrm{d}t = \int_0^t K_{rg}\alpha q_g \mathrm{d}t = K_{rg}\alpha \int_0^t q_g \mathrm{d}t = K_{rg}\alpha G_p \qquad (1-5-28)$$

式中　G_{p1}——产水气井生命周期内最终累计采气量，$10^4\mathrm{m}^3$。

图 1-5-27 为苏里格气田不同典型井不同气相相对渗透率 $K_{rg}\alpha$（亦即不同含水饱和度）条件下的累计产气量变化曲线。可以看出，气井产水后，气井最终累计采气量减少。含水饱和度越高，即气相相对渗透率 K_{rg} 越小，气井累计采气量减小幅度越大。

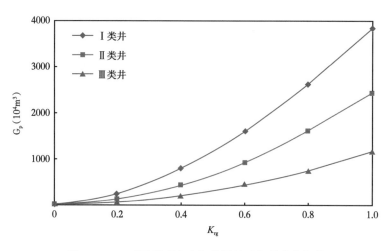

图 1-5-27　不同类型产水气井累计采气量变化规律

求得气井累计采气量，便可依据式（1-5-29）获得不同含水饱和度（气相相对渗透率）条件下气井的采收率（图 1-5-28）。

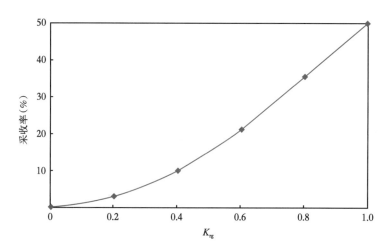

图 1-5-28　不同气相相对渗透率条件下气井采收率变化曲线

$$R_1 = \frac{G_{p1}}{N_1} = R K_{rg} \alpha \frac{(1 - S_{ws})}{(1 - S_w)} \qquad (1\text{-}5\text{-}29)$$

式中　R——无水气井采收率；

　　　R_1——产水气井采收率。

3. 实际应用

上述推导过程给出了产水气井产能、产量、累计产气量和采收率的定量评价方法，但通常测井解释的含水饱和度可信度较差，实际应用中需要根据气井生产中的产水量和水气比，建立产水气井水气比与储层含水饱和度的关系，为上述方法的应用奠定基础。

在考虑凝析水气比的条件下，井底含水率可表达为：

$$f_w = \frac{B_w\left(WGR - R_{wgr}\right)}{B_w\left(WGR - R_{wgr}\right) + 10000B_g} \qquad (1-5-30)$$

不同含水饱和度（不同相对渗透率）条件下的井底含水率为：

$$f_w = \frac{1}{1 + \dfrac{K_{rg}\mu_w}{K_{rw}\mu_g}} \qquad (1-5-31)$$

可得：

$$\frac{K_{rg}}{K_{rw}} = \frac{10000B_g\mu_g}{B_w\left(WGR - R_{wgr}\right)\mu_w} \qquad (1-5-32)$$

式中　f_w——含水率；

WGR——水气比，$m^3/10^4m^3$；

R_{wgr}——凝析水气比，$m^3/10^4m^3$；

B_w——地层水体积系数；

B_g——天然气体积系数；

μ_g——天然气黏度，$mPa\cdot s$；

μ_w——地层水黏度，$mPa\cdot s$。

在已知产水气井水气比的条件下，可得到K_{rg}/K_{rw}，结合实验室获得的气水相对渗透率曲线，便可获得对应的含水饱和度（S_w）及气相相对渗透率K_{rg}，进而实现产水气井的开采效果评价。

1）气水相对渗透率曲线的获得

通常获得气水相对渗透率曲线的途径是室内实验，但分析已获得的气水相对渗透率曲线，其形态多样，主要取决于储层的渗透率。为此首先按照不同的渗透率级别通过归一化处理，得到的苏里格气田具有一定代表性的气水相对渗透率曲线如图1-5-29和图1-5-30所示（随着实验资料的增加，分类可进一步细划）。

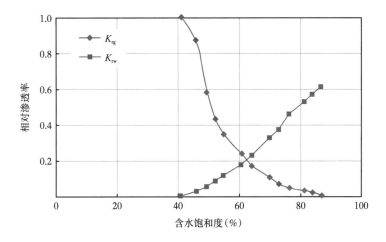

图1-5-29　气水相对渗透率曲线（$K > 0.5\text{mD}$）

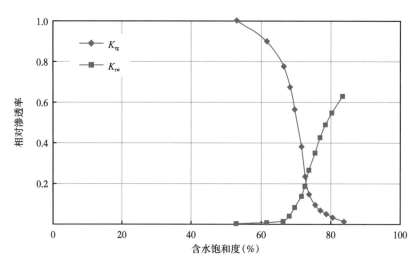

图 1-5-30　气水相对渗透率曲线（$K \leqslant 0.5\text{mD}$）

可以看出，随着渗透率的降低，一是束缚水饱和度增大，二是两相共渗区间变窄。表明渗透率越低，储层中气水两相同时流动的可能性越低。

2）产水气井水气比与储层含水饱和度的关系

为了建立产水气井水气比与储层含水饱和度的关系，将常规气水相对渗透率曲线转化为如图 1-5-31 和图 1-5-32 所示的曲线，即建立含水饱和度与 K_{rg}/K_{rw} 的关系。

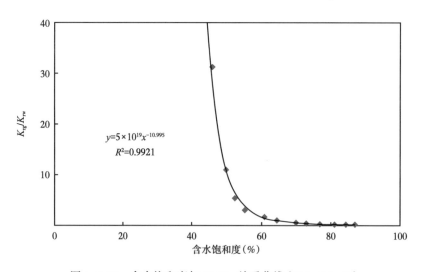

图 1-5-31　含水饱和度与 K_{rg}/K_{rw} 关系曲线（$K > 0.5\text{mD}$）

3）计算实例

以苏 77-19-7 井为例，该井生产层位为盒 8 段和山 1 段，孔隙度为 8.2%，渗透率为 0.55mD，地层压力为 29.0MPa，地层温度为 110℃。2011 年投产，初期日产气量为 $1.2 \times 10^4 \text{m}^3$，套压为 18.9MPa，水气比为 1.48m³/10⁴m³；目前日产气量为 $0.6 \times 10^4 \text{m}^3$，套压为 12.3MPa，累计产气量 $891.6 \times 10^4 \text{m}^3$（图 1-5-33）。

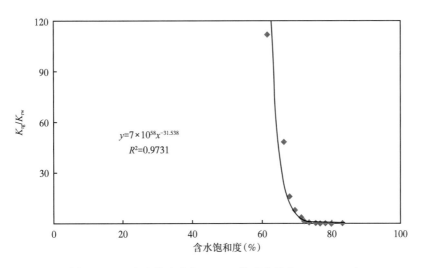

图 1-5-32 含水饱和度与 K_{rg}/K_{rw} 关系曲线（$K \leqslant 0.5\text{mD}$）

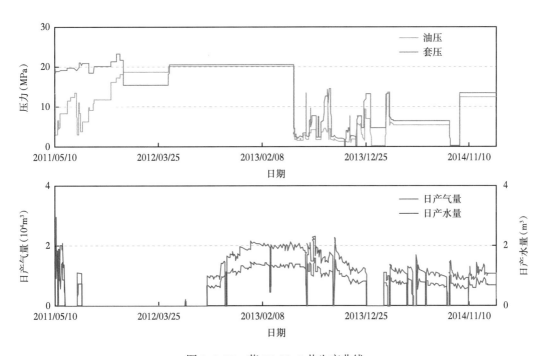

图 1-5-33 苏 77-19-7 井生产曲线

利用上述方法，气井开采效果评价的步骤如下。

步骤 1：已知 $WGR=1.48\text{m}^3/10^4\text{m}^3$，求得 $K_{rg}/K_{rw}=22.1$；利用图 1-5-31 和图 1-5-32，得含水饱和度为 46.7%，气相相对渗透率 K_{rg} 为 0.82。

步骤 2：利用苏里格气田不同类型气井的 $K_{rg} \cdot \alpha$ 与气相相对渗透率 K_{rg} 的变化规律式，求取该含水饱和度条件下 $K_{rg} \cdot \alpha$ 为 0.67，代入求得产水气井产能降低程度为 33%。

步骤 3：已知该区块相同储层条件不产水气井累计采气量为 $2260 \times 10^4\text{m}^3$，采收率为 50%，代入得到该含水饱和度条件下，气井最终累计采气量为 1523×10⁴m³，采收率为 36.8%。即产水使气井累计产气量降低了 32.6%，采收率降低了 26.4%。

同时，应用实际生产资料，对苏里格气田 27 口不同产水程度气井进行开采效果评价，建立了不同产水程度（不同水气比）条件下，产水对气井产能和最终累计采气量及采收率的影响规律（图 1-5-34 和图 1-5-35），为现场不同产水程度气井合理配产及其开采效果评价提供了技术依据。

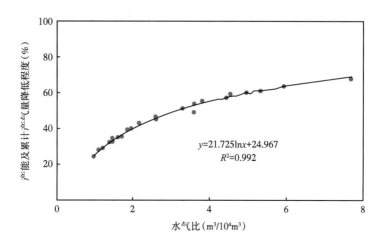

图 1-5-34　水气比对气井产能及累计采气量影响程度变化曲线

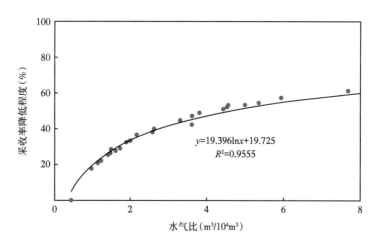

图 1-5-35　水气比对气井采收率影响程度变化曲线

第三节　产能评价技术

产能是指气井某一生产阶段的产气能力，目前统一使用气井无阻流量来比较气井生产能力。气井无阻流量是指井底流压为 0MPa 时的气井理论产量，是气田开发方案设计和气井合理配产的重要依据。气井无阻流量是一个计算值，在实际生产中不可能看到，必须通过气井产能方程计算得到。本节结合含水致密砂岩气藏渗流特征，对气井的产能公式进行了整理，对气井产能试井参数设计进行了优化论证，并建立了适合区块地质条件的"一点法"产能公式，为气井的产能评价及预测提供理论依据。

一、产能评价方法

计算气井产能，首先要建立气井的产能方程，确定气井产量与生产压差之间的关系，主要方法包括回压试井、等时试井、修正等时试井、一点法等。受测试时间与生产需要限制，目前苏里格气田常选用修正等时试井或一点法建立气井产能方程，计算气井产能。

1. 产能表达式

气井产能表达式常用指数式与二项式，指数式方程：

$$q_g = C \cdot \left(p_R^2 - p_{wf}^2 \right)^n \tag{1-5-33}$$

式中　p_R——平均地层压力，MPa；

p_{wf}——井底流压，MPa；

q_g——井底流压条件下的产量，$10^4 m^3/d$。

确定指数式方程表达式需要确定参数 C 和 n，将公式（1-5-33）变形为：

$$\lg\left(p_R^2 - p_{wf}^2 \right) = \frac{1}{n}\lg q_g - \frac{1}{n}\lg C \tag{1-5-34}$$

由式（1-5-34）可知，测试多组不同生产制度下产量与井底流压数据，将实测 $p_R^2 - p_{wf}^2$ 与对应条件下产量 q_g 放在双对数坐标系内，可以得到一条直线，其斜率即为所求参数 n 的倒数，求得 n 值后，通过截距与 n 值关系可计算 C 值。确定产能指数方程后，即可计算气井无阻流量（井底流压 p_{wf} 为零时对应的产量即为无阻流量）：

$$q_{AOF} = C \cdot p_R^{2n} \tag{1-5-35}$$

气井产能二项式表达式为：

$$p_R^2 - p_{wf}^2 = Aq_g + Bq_g^2 \tag{1-5-36}$$

确定二项式方程表达式所需要确定的参数 A 和 B，公式变形为：

$$\left(p_R^2 - p_{wf}^2 \right)/q_g = A + Bq_g \tag{1-5-37}$$

由式（1-5-37）可知，测试多组不同生产制度下产量与井底流压数据，将实测 $(p_R^2 - p_{wf}^2)/q_g$ 与产量 q_g 放在直角坐标系内，可以得到一条直线，其斜率即为 B 值，截距为 A 值。确定产能二项式方程后，即可计算气井无阻流量（井底流压 p_{wf} 为零时对应的产量即为无阻流量）：

$$q_{AOF} = \frac{\sqrt{A^2 + 4p_R^2 B} - A}{2B} \tag{1-5-38}$$

2. 修正等时试井

修正等时试井与等时试井的区别仅是每一个工作制度生产后的关井时间与生产时间相同，而不要求关井至稳定的压力；修正等时试井资料的分析方法与等时试井相似，所不同的是在计算时，用实测关井压力 p_{ws} 代替平均地层压力 p_R。其优点在于只测一个稳定点，每个工作制度后不需要恢复到地层静压，测试总时间较等时试井短，对气井产量影响较小，适用于低渗透气藏，并且克服了等时试井测试过程中切换工作制度和稳定性标准带来的盲目性问题。修正等时试井确定气井产能方程的过程包括以下六点。

（1）设计合理的试井参数（产量序列、等时间隔及延续生产时间）。

（2）现场施工并记录产量及井底压力数据；如苏 77-18-28H1 井产能试井生产阶段井底实测压力曲线，此次试井产量序列分别采用 $1×10^4 m^3/d$、$2×10^4 m^3/d$、$4×10^4 m^3/d$、$6×10^4 m^3/d$，等时间隔设计为 24h，延续生产段产量设计为 $5×10^4 m^3/d$，生产时间为 762h（图 1-5-36）。

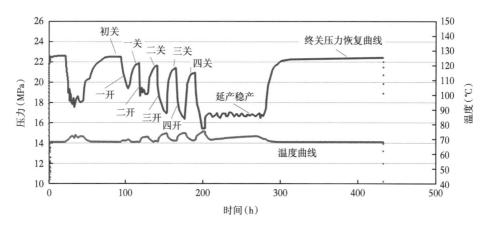

图 1-5-36　苏 77-18-28H1 井产能试井生产段实测压力曲线

（3）整理数据，计算各产量序列及延续生产段 $\Delta p^2/q_g$ 与 q_g 数值，见表 1-5-2。

表 1-5-2　苏 77-18-28H1 井产能试井数据整理表

产气量 q_g （m^3/d）	静压 p_{ws} （MPa）	流压 p_{wf} （MPa）	$\Delta p^2 = p_{ws}^2 - p_{wf}^2$ （MPa^2）	$\Delta p^2/q_g$ [$MPa^2/（10^4 m^3/d）$]
10000	15.42	11.42	107.36	107.360
20000	15.45	14.92	16.096	8.048
40000	15.46	14.10	33.089	9.993
60000	15.45	12.52	81.952	13.659
50000（稳定）	15.69	13.48	64.466	12.893

（4）根据整理后的数据，绘制 $\Delta p^2/q_g$—q_g 曲线，如图 1-5-37 所示，根据各产量序列投点（不稳定阶段）连线确定产能方程系数 B（即为直线斜率）；过延续生产段投点（拟稳定阶段）作该直线平行线（即取相同 B 值），所得直线截距即为产能方程系数 A 值。以苏 77-18-28H1 井为例，求得 $A=5.880$，$B=1.4027$（图 1-5-37）。

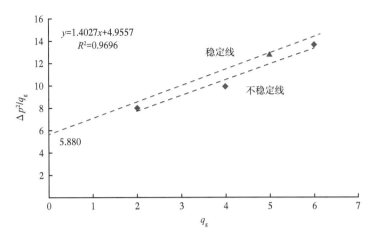

图 1-5-37　苏 77-18-28H1 井产能试井生产段实测压力曲线

（5）根据压力恢复段曲线（图 1-5-38）特征求取外推地层压力 p^*（计算方法见本章第五节地层压力部分内容），以苏 77-18-28H1 井为例，p^*=17.69MPa，经 MBH 法修正后求得气井压力传播范围内平均地层压力 $\bar{p}$ =17.37MPa。最终结合以上计算过程，确定苏 77-18-28H1 井此时刻的产能二项式方程为：

$$17.37^2-p_{wf}^2=5.880q+1.4027$$

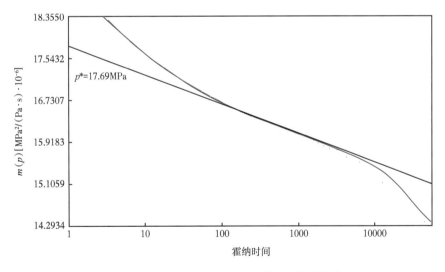

图 1-5-38　苏 77-18-28H1 井压恢段霍纳曲线图

（6）将 p_{wf}=0 代入产能二项式方程，求得苏 77-18-28H1 井此时无阻流量 q_{AOF}=12.719×$10^4 m^3/d$。

3. "一点法"计算气井无阻流量

修正等时试井是在等时试井理论基础上进行的简化设计，缩短了测试时间，但在实际生产过程中，出于产量影响及测试费用考虑，针对每口气井进行修正等时试井在苏里格气田依然不具备条件。因此，在气田已经积累了丰富产能试井资料情况下，苏 77-召 51 区块主要采用"一点法"试井方式求取气井无阻流量。一点法试井只要求测取一个稳定产量 q_g 和以该产量生产时稳定的井底流压，以及当时的井底静压，在测试流程上大大缩短了试井周期，将产能求取对气井生产的影响降至最低。"一点法"计算无阻流量表达式为：

$$q_{AOF} = \frac{2(1-\alpha)q_g}{\alpha\left[\sqrt{1+4\left(\frac{1-\alpha}{\alpha^2}\right)p_D}-1\right]} \qquad (1-5-39)$$

式中　　q_{AOF}——气井无阻流量，$10^4 m^3/d$；

q_g——井底流压条件下的产量，$10^4 m^3/d$；

α——无量纲层流系数；

p_D——回压比，$p_D = (p_R^2 - p_{wf}^2)/p_R^2$。

式（1-5-39）中 α 值实质上是二项式中达西项层流系数 A 的无量纲形式：$\alpha = A/(A+Bq_{AOF})$，故称为无量纲层流系数，在数值上是一个取值区间在 0~1 范围内的常数。

其物理意义是，在所有非理想流动条件下的最大无阻（井底流压为 0MPa 条件下）总表皮系数中，与产量无关的表皮系数所占的份额。相应 $1-\alpha$ 为无量纲湍流系数，表示与产量相关的表皮系数占最大总表皮系数的份额。α 是衡量储层非均质性的重要参数，其值越大，储层非均质性越强。

$$\alpha = \frac{\ln(r_d/r_w)+S}{\ln(r_d/r_w)+S+Dq_{AOF}} \qquad (1-5-40)$$

式中　　r_d——气井有效泄流半径，m。

当 $\alpha=1$ 时，表示气井流入动态完全遵循达西（线性）规律，能量完全消耗于克服径向层流和表皮造成的黏滞阻力，无量纲 IPR 曲线为直线；当 $\alpha=0$ 时（超完善井的极端情况），表示气井流入动态完全遵循非达西（二次）流动规律，能量完全消耗于克服湍流惯性阻力，无量纲 IPR 曲线为二次曲线且曲率达到最大（图 1-5-39）。由图 1-5-39 可知，在同样测试参数（同回压比，同产量）情况下，α 值越大，q_g/q_{AOF} 越小，计算无阻流量越大。说明一口井非均质性越强，计算的无阻流量越大，偏差也越大。

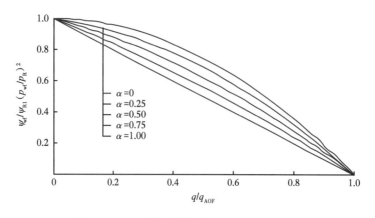

图 1-5-39　不同 α 值条件下无量纲 IPR 曲线

陈元千教授统计四川 14 个气田储层的特征系数后发现，对于储层较为均质的气田，α 值平均在 0.25 左右。苏里格气田基于大量产能试井数据对 α 值进行修正，下古生界相对均质气井，平均 α 值为 0.3631；上古生界致密砂岩气藏，非均质性强，平均 α 值为 0.82。修正后"一点法"求取无阻流量表达式为：

$$q_{AOF} = \frac{0.439q_g}{\sqrt{1+1.07p_D}-1} \quad (1-5-41)$$

二、产能试井参数设计

修正等时试井由等时不稳定阶段测试和延续流动期阶段测试组成，影响试井结果的因素包括：不稳定阶段测试的影响因素有等时间隔和产量序列；延续期阶段测试的影响因素有延续生产时间等，以下讨论这些因素的影响机理及含水致密砂岩气藏设计参数优化。

1. 等时间隔

气井产能二项式方程 $p_R^2 - p_{wf}^2 = Aq_g + Bq_g^2$ 中，方程左边 Δp^2 所代表的压力降可以分解为两部分：$A \cdot q_g$ 表示由达西渗流及表皮效应所引起的压力降；$B \cdot q_g^2$ 表示非达西渗流所引起的压力降。

$$A = \frac{42.42 \times 10^4 \bar{\mu}_g \bar{Z}Tp_{sc}}{KhT_{sc}} \left(\lg \frac{8.085Kt}{\phi\bar{\mu}_g C_t r_w^2} + 0.87S \right) \quad (1-5-42)$$

$$B = \frac{42.42 \times 10^4 \bar{\mu}_g \bar{Z}Tp_{sc}}{KhT_{sc}} (0.87D) \quad (1-5-43)$$

式中　$\bar{\mu}_g$ ——天然气黏度，mPa·s；

　　　$\bar{Z}$ ——天然气压缩因子；

　　　T ——地层温度，K；

　　　p_{sc} ——地面标准压力，MPa；

　　　K ——地层有效渗透率，D；

　　　h ——地层有效厚度，m；

　　　T_{sc} ——标况温度，K；

　　　ϕ ——孔隙度，%；

　　　C_t ——综合压缩系数，MPa^{-1}；

　　　r_w ——井径，m；

　　　t ——生产时间，h；

　　　S ——真实表皮系数；

　　　D ——渗流系数，d/m³。

由式（1-5-42）和式（1-5-43）可知，A 值与测试时间有关，只有当测试时间较长，井筒储集效应消失，流动达到径向流时，才为一稳定常数，产能二项式方程才能成立。在井筒储集效应的作用期，产能方程系数 A 和 B 都是变化的。B 的变化规律与井底岩面流量变化规律相似：气井开始生产时，首先表现为纯井筒储集的流动阶段，此时，井底岩面的流量为 0，气井由于高速流动引起的非达西流可以忽略不计，即产能方程系数 $B=0$；随着生产时间的延长，井筒储集效应减弱，井底岩面的流量不断增大，气井的非达西渗流程度也在加强，从而导致系数 B 不断增大；当井筒储集效应基本消失后，井底岩面流量达到最大值，此时气井的非达西流表现为最强，导致 B 上升到最大值；其后气井以恒定产量生产，井底岩面流量与非达西渗流程度保持不变，即 B 值上升到最大后保持稳定，此时的 B 值才能真实反映气井流动情况。

对于井筒储集效应结束时间 t_{ws} 的确定，目前苏里格气田常用的计算方法为，在已知井筒储集系数 C_D 和表皮系数 S 的情况下：

当 $3 \leqslant C_D e^{2S} \leqslant 10^3$ 时，

$$t_{ws}/C_D = 98.2978 \lg (C_{DE}^{2S}) + 45.2978 \qquad （1-5-44）$$

当 $C_D e^{2S} > 10^3$ 时，

$$t_{ws}/C_D = 50.7817 \lg (C_{DE}^{2S}) + 117.868 \qquad （1-5-45）$$

该计算方法需要事先已知 C_D 及表皮系数 S，然而这两个参数在进行气井测试前是未知的。为此，利用气井产能方程系数 B 的变化规律，长庆气田提出确定气井井筒储集效应结束时间的经验公式：

$$t_{ws} = \frac{435.06}{(Kh)^{1.00292}} \qquad （1-5-46）$$

在确定出气井井筒储集效应结束时间 t_{ws} 后，修正等时试井设计应略大于 t_{ws}；同时还应考虑测试范围大于 30m 所需的时间 t_{30}。

$$t_{30} = 62.49 \phi \mu C_t / K \qquad （1-5-47）$$

综合以上两个条件，修正等时试井的等时间隔时间应当取 t_{ws} 和 t_{30} 之间的较大值，方可取得地层真实情况下可靠的产能方程系数 B。

2. 产量序列

修正等时试井仅是等时试井的近似，在产量序列选择合理的前提下才能满足矿场分析的要求。对于等时试井，由于等时测试时间较短，故在井筒储集效应的影响结束后，其井底压力动态的反映可用产能二项式表达 $p_R^2 - p_{wf}^2 = Aq_g + Bq_g^2$，而对于修正等时试井，方程左边应为 $p_{ws}^2 - p_{wf}^2$，其中 p_{ws} 为修正等时试井实际压力恢复值。因此，等时试井和修正等时试井之间存在着差异，为了分析修正等时试井的近似程度，利用叠加原理计算每个工作制度所产生的误差。

对第一工作制度（q_{g1}），因为 $p_{ws1}=p_R$（之前未生产或测试前关井时间长），所以有：

$$p_R^2 - p_{wf}^2 = p_{ws}^2 - p_{wf}^2 = Aq_{g1} + Bq_{g1}^2 \qquad （1-5-48）$$

即修正等时试井与等时试井的计算一致，没有误差，获得的不稳定点与等时试井获得的不稳定点重合（即第一工作制度 $\varepsilon_1 = 0$）。

对第二工作制度（q_{g2}），利用叠加原理有：

$$p_R^2 - p_{wf}^2 = mq_{g1}\ln\frac{3}{2} + Aq_{g2} + Bq_{g2}^2 \qquad (1\text{-}5\text{-}49)$$

同理有：

$$p_R^2 - p_{ws}^2 = mq_{g1}\ln 2 \qquad (1\text{-}5\text{-}50)$$

其中：

$$m = \frac{18.42\bar{\mu}\bar{Z}p_{sc}}{KhT_{sc}} \qquad (1\text{-}5\text{-}51)$$

式（1-5-49）减式（1-5-50）得：

$$p_{ws}^2 - p_{wf}^2 = mq_{g1}\ln\frac{3}{4} + Aq_{g2} + Bq_{g2}^2 \qquad (1\text{-}5\text{-}52)$$

而对于等时试井，第二工作制度有：

$$p_R^2 - p_{wf}^2 = Aq_{g2} + Bq_{g2}^2 \qquad (1\text{-}5\text{-}53)$$

两式对比可知，修正等时试井第二工作制度与等时试井第二工作制度相对误差表达式为：

$$\varepsilon_2 = \left| \frac{mq_{g1}\ln\frac{3}{4}}{Aq_{g2} + Bq_{g2}^2} \right| = m\left| \frac{\dfrac{q_{g1}}{q_{g2}}\ln\frac{3}{4}}{A + Bq_{g2}} \right| \qquad (1\text{-}5\text{-}54)$$

同样使用相同叠加算法，可推算第三工作制度、第四工作制度下，修正等时试井与等时试井相对误差表达式分别为：

$$\varepsilon_3 = m\left| \frac{\dfrac{q_{g1}}{q_{g3}}\ln\frac{15}{16} + \dfrac{q_{g2}}{q_{g3}}\ln\frac{3}{4}}{A + Bq_{g3}} \right| \qquad (1\text{-}5\text{-}55)$$

$$\varepsilon_4 = m\left| \frac{\dfrac{q_{g1}}{q_{g4}}\ln\frac{35}{36} + \dfrac{q_{g2}}{q_{g4}}\ln\frac{15}{16} + \dfrac{q_{g3}}{q_{g4}}\ln\frac{3}{4}}{A + Bq_{g4}} \right| \qquad (1\text{-}5\text{-}56)$$

由上可知，最大误差发生在修正等时试井的最后一个工作制度，即 $\varepsilon_{max} = \varepsilon_4$。

以苏 77-18-28H1 井为例，m=1.214，A=5.880，B=1.4027，q_{gi}（i=1，2，3，4）分别为 $1\times10^4 m^3/d$，$2\times10^4 m^3/d$，$4\times10^4 m^3/d$，$6\times10^4 m^3/d$，可计算各制度下相对误差分别为 ε_1=0，ε_2=0.02884，ε_3=0.03067，ε_4=0.04005。

合理的产量序列应该是保证修正等时试井与等时试井计算结果相对误差较小，即 ε_{max} 保持较小值。

首先，当修正等时试井产量序列为递增方式，即 $q_{g1} < q_{g2} < q_{g3} < q_{g4}$ 时，q_{gi}/q_{g4} 均小于 1，故产生的误差较小。相反，若产量序列为递减的方式，必将产生较大的误差。

其次，从数学角度出发，当 q_{g4} 趋近于无限大时，修正等时试井产生的误差为 0。显然这在测试时是不可能实现的，气井测试过程中为保证较小的误差，只能尽量保证 q_{g4} 值较大（尽可能接近无阻流量），且 q_{gi}/q_{g4} 值较小。

因此，在设计试井产量序列时，根据气井实际生产情况，采用递增等比数列进行测试，且公比取值较大的情况下，修正等时试井计算的产能结果误差较小。

3. 延续生产时间

延续生产时间对产能方程系数 A 有很大的影响，特别是对于存在边界和地层非均质性的气井，当延续生产时间较短时，由于边界对气井动态的影响未产生，井底流动压力可能保持较小的下降速率，由此判断满足测试条件而结束测试，必将造成确定的产能方程系数 A 偏小。实际上，当边界或地层非均质的影响产生后，产能方程系数 A 将急剧增大（图 1-5-40）。因为产能方程系数 A 与气井无阻流量 q_{AOF} 呈反比，因此，偏小的产能系数 A 必将使确定的无阻流量偏大。

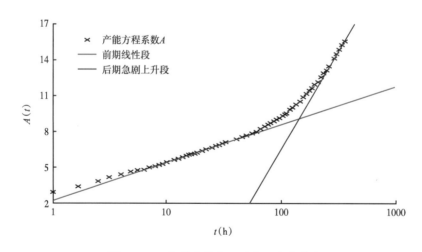

图 1-5-40　气井产能方程系数 A 变化曲线

确定延续生产时间不能仅依据井底流动压力的下降速率，而更应该依据气井的供气半径 r_e 确定。在给定供气半径 r_e 的条件下，延续生产时间的计算公式为：

$$t_{pss} = 0.0694\phi\mu C_t r_e^2 / K \tag{1-5-57}$$

若 r_e 已知（通过前期试井解释计算，若无，可通过井距大致计算），则要获得真实的产能方程系数 A，修正等时试井的延续生产时间必须达到拟稳态流动开始时间 t_{pss}。这样设计的延续时间考虑了供气半径内的边界和地层非均质对气井产能的影响，与实际相符合。

三、苏77-召51区块产能评价方法优化

苏77-召51区块产能评价主要采用重点井、监测井修正等时试井求取气井产能，根据计算结果与"一点法"产能试井结果对比评价，修正区块的无量纲层流系数α值，在试井样本点足够多后（新增试井资料导致平均α值变化率低于一定范围时），确定适合本区块高含水致密砂岩气藏"一点法"产能评价的α值，推广应用于所有井产能计算。

目前区块试井资料较少，产能评价方法优化主要包括修正等时试井参数优化设计与"一点法"α值修正（目前样本点不足，α值尚未稳定，可供参考）。

1. 修正等时试井参数优化

1）等时间隔优化

根据苏77-召51区块平均地层系数，采用经验公式（1-5-46）计算，气井井筒储集效应结束时间t_{ws}=11.28（h）；根据区块高压物性分析数据，采用经验公式（1-5-47）计算，t_{30}=3.03（h）。根据区块部分气井压力恢复试井资料双对数曲线（图1-5-41）分析，出现径向流的"0.5水平线"时间大致在5~18h。综合上述参数，考虑试井现场操作合理性，区块修正等时试井等时间隔采用24h。

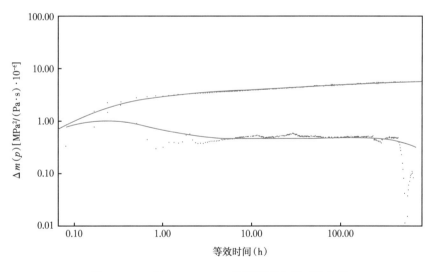

图1-5-41 召51-41-14H2井压恢试井双对数曲线

2）产量序列优化

为保证较大的q_{g4}值及较小的q_{gi}/q_{g4}值，使得修正等时试井计算结果接近等时试井，在产量序列设计过程中采用公比较大的递增等比数列。但受地面集输系统压力、井筒压力梯度及摩阻等影响，苏77-召51区块气井井底流压一般不小于4MPa（敞放情况下），导致气井实际生产最大产量仅为无阻流量的60%~80%。同时为保证合理的q_{g1}，避免第一产量序列过程中压降过小导致不稳定点偏离不稳定产能线，一般第一产量不小于无阻流量的5%。

即产量序列可供调整空间为$0.05q_{AOF}$~$0.6q_{AOF}$，因此最大公比为$\left(\dfrac{0.6}{0.05}\right)^{1/3}=2.29$。

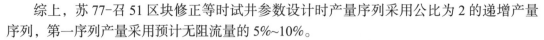
综上，苏 77-召 51 区块修正等时试井参数设计时产量序列采用公比为 2 的递增产量序列，第一序列产量采用预计无阻流量的 5%~10%。

3）延续生产时间优化

参考区块主力层平均地层参数，孔隙度 ϕ=7.8%，综合压缩系数 C_t=0.0468MPa^{-1}，天然气黏度 μ=0.018mPa·s，渗透率 K=0.376mD，r_e=407m（井距估算），采用式（1-5-57）方法计算拟稳态流动开始时间 t_{pss}。

$$t_{pss}=0.0694\phi\mu C_t r_e^2/K$$
$$=0.0694\times0.078\times0.0468\times0.018\times407^2/0.376（\times10^6\text{s}）$$
$$=2.01（\times10^6\text{s}）=558.0（\text{h}）=23.3（\text{d}）$$

即区块气井达到拟稳态流动开始，平均时间为 23.3d，为确保单井测试时间达标，在产量任务不紧张的情况下，一般采用 45d 延续生产时间。

2. "一点法" α 值修正

目前苏 77-召 51 区块仅开展修正等时试井 2 井次（苏 77-18-28H1 井、召 51-41-24H2 井），均为 2021 年实施。利用测试资料修正 α 值（表 1-5-3），目前区块平均 α 值为 0.87（苏 77-18-28H1 井数据异常，不参与计算），"一点法"计算无阻流量经验公式为：

$$q_{AOF}=\frac{0.299q_g}{\sqrt{1+0.687p_D}-1} \tag{1-5-58}$$

表 1-5-3　苏 77-召 51 区块修正等时试井修正 α 值

井号	测试静压 p_R（MPa）	稳定流压 p_{wf}（MPa）	稳定产量 q_g（10^4m^3/d）	回压比 $1-（p_{wf}^2/p_R^2）$	测试无阻流量 q_{AOF}（10^4m^3/d）	修正 α 值
苏 77-18-28H1	15.69	13.48	5.0	0.261868	12.72	0.45
召 51-41-24H2	12.81	9.43	5.0	0.458093	10.19	0.87
苏 77-5-8H	24.46	18.03	4.2	0.456651	8.77	0.91
苏 77-18-35CH	13.11	9.02	2.4	0.526622	4.28	0.86
苏 77-15-40H2	19.87	18.76	12.0	0.108606	93.16	0.82

第四节　气井合理配产

为保证开发经济效益，气田必须具备一定的稳产期。气井产量过大会造成地层能量损失、储层伤害，降低气井最终采收率；产量过小则达不到经济开采要求，延长投资回收期，同样会降低开发效益。因此，气井合理产量的确定，既是制定气田生产任务的重要依据，也是合理、高效开发气田的基础。为了保证气田平稳生产，考虑到苏里格气田低成本开发的客观要求，需要一种简单实用的方法评价气井生产能力和稳产能力，指导合理配产。

一、合理配产论证方法

苏里格气田气井投产前均实施了压裂改造措施，投产初期由于生产压差过大，导致单井产量递减过快。因此，为保持气田生产更为稳定，有必要对气井进行合理配产，保证气井合理利用地层能量的同时，适当延长稳产时间。气田配产的方法很多，目前苏里格气田应用较为成熟的方法主要有采气指数曲线法、数值模拟法、产量不稳定分析法、无阻流量法（压降速率控制）、矿藏统计法等。主要计算方法与使用条件见表 1-5-4。

表 1-5-4　合理配产论证主要方法及使用条件

合理配产方法	主要做法	方法适用性评价	苏 77-召 51 区块适用性
采气指示曲线法	利用气井渗流的非线性效应确定气井合理配产	采气指示曲线法需要产能方程，现场运用不便	部分重点井有试井资料，可适用
数值模拟法	用计算机程序来求解数学模型的近似解确定气井合理配产，又称数值分析方法	从全气藏出发，每口井的配产都同气藏的开发指标相联系，同时考虑了气藏开发方式和气井的生产能力，以及各井生产时的相互干扰。但建立气藏模型所需测试数据多，成本过高	条件苛刻，适用性差
产量不稳定分析法（RTA 软件）	通过生产资料拟合建立气井模型，对比预测结果得到气井合理配产	利用生产井数据进行产量动态分析的工具，它可以分析和计算油气藏特征，其基于压力动态分析的基本原理，是目前较系统、较全面、较准确地进行气井产量、压力动态预测的工具。该软件的特点是引入自动拟合理论利用机器寻求模型数据	适用性强（区块分类井合理配产论证主要方法）
无阻流量法	利用气井配产比（配产与无阻流量的比值）及压降速率关系来确定气井配产的方法	必须求取相对准确的无阻流量值	适用性强（区块单井初始配产主要方法）
矿场生产统计法	通过投产气井生产特征，利用统计方法确定合理配产	矿场生产统计法应用于定性判断气井配产的合理性，具有简便、快速特点	适用性强

二、区块气井合理配产

苏 77-召 51 区块实际开发过程中，主要应用无阻流量法指导气井合理配产，应用矿藏统计法和产量不稳定分析法对气井配产的合理性进行评价。其中后者以气井实际生产数据为支撑，作为气藏开发指标评价或开发方案论证的方法具有准确性高、贴合生产实际的优势，但对于具体的某口新井合理配产的指导意义相对较小。无阻流量法作为实际指导新井合理配产的主要方法，仅考虑控制压降速率，对苏 77-召 51 区块这种高含水致密砂岩气藏是存在问题的。在十多年的开发过程中，有很多经验与教训值得总结。

1. 新投产井配产依据

新井主要应用临界携液流量控制最小配产，应用无阻流量法指导合理配产。

1）气井临界携液流量

临界携液流速理论方法有三种（表 1-5-5），均从液滴在高速气流中的形态出发进行研究，分别采用了不同的流体阻力系数，推导出不同的气井临界流速计算公式。

表 1-5-5　气井临界携液流量模型及使用条件

模型	Turner 模型	李闽模型	王毅忠模型
假设条件（液滴形状）	圆球形	椭球形	球帽状
阻力系数（C_d 取值）	0.44	1.00	1.17
临界流速公式	$v_g = 6.6\left[\dfrac{(\rho_L - \rho_G)\sigma}{\rho_G^2}\right]^{1/4}$	$v_g = 2.5\left[\dfrac{(\rho_L - \rho_G)\sigma}{\rho_G^2}\right]^{1/4}$	$v_g = 2.25\left[\dfrac{(\rho_L - \rho_G)\sigma}{\rho_G^2}\right]^{1/4}$
临界流量公式	$q_{cr} = 2.5 \times 10^4 \dfrac{Apv_g}{ZT}$		

苏里格气田气井生产实际携液能力与计算结果对比表明，王毅忠球帽液滴模型所计算的临界携液流量最接近实际。通过此方法计算出当管网压力在 1MPa、节流器下深 2000m 时，73mm 管柱临界携液流量为 $0.7 \times 10^4 m^3/d$，48.3mm 管柱临界携液流量为 $0.4 \times 10^4 m^3/d$。因气井配产需考虑生产管柱携液需求，故该流量为对应生产管柱合理配产最低标准。

2）无阻流量法计算合理配产

在确定气井最低配产的情况下，通过无阻流量法确定新井合理配产。主要原理是：气井在生产过程中井底压力的变化可分为压力扩散和拟稳态渗流两个阶段，稳产条件下，两阶段具有不同的压降速率，合理控制压降速率，可以使气井产量达到合理值。并且，通过压降速率也可以确定气井的合理配产。

（1）直井。

首先建立配产比与压降速率关系曲线，进行指数回归，相关系数高。采用回归公式计算，要使井口套压下降速率达到 0.02MPa/d，配产比例应降到 10.8%，区块平均无阻流量为 $6.80 \times 10^4 m^3/d$，单井合理配产为 $0.73 \times 10^4 m^3/d$（图 1-5-42）。

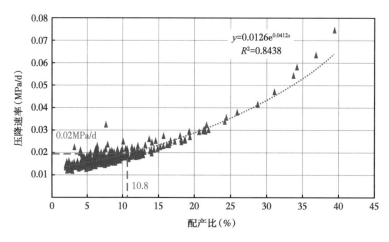

图 1-5-42　直丛井配产比例与压降速率关系曲线

（2）水平井。

建立水平井配产比与压降速率关系曲线，进行指数式回归，相关系数高。采用回归公式计算，要使井口套压下降速率达到 0.02MPa/d，配产比例应降到 7.9%，苏 77—召 51 区块水平井历年平均无阻流量为 $44.43 \times 10^4 m^3/d$，单井合理配产为 $3.51 \times 10^4 m^3/d$（图 1-5-43）。

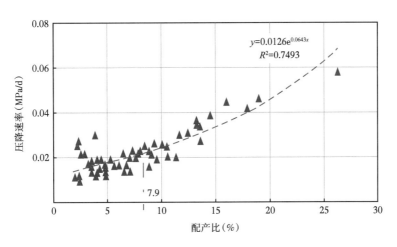

图 1-5-43 水平井配产比例与压降速率关系曲线

据此方法，区块直丛井投产初期配产一般采用无阻流量的 1/10~1/8，水平井投产初期一般采用无阻流量的 1/15~1/10 配产。

2. 方法存在的问题

2010—2019 年，苏 77-召 51 区块应用上述方法对新井配产，但在 10 多年的气田开发过程中，陆续出现了很多气井配产不合理的问题。如图 1-5-44 所示，区块 2015 年投产水

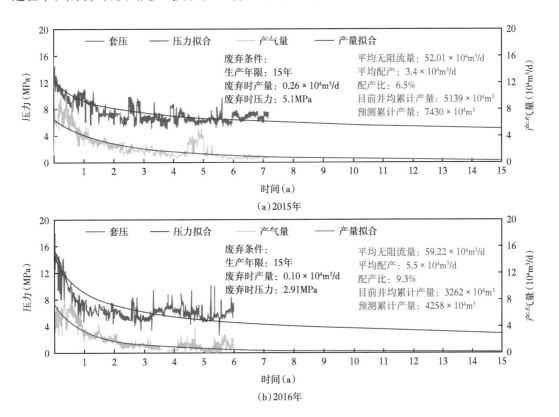

图 1-5-44 召 63 井区 2015 年投产水平井与 2016 年投产水平井生产对比曲线

平井 6 口，2016 年投产水平井 3 口，这些水平井均位于召 63 井区，在召 51-2 集气站处理，地质条件大致相当，投产前测试无阻流量也基本一致，其中 2015 年气井单井无阻流量 $52.01×10^4m^3/d$，2016 年气井单井无阻流量 $59.22×10^4m^3/d$。均采用无阻流量法计算合理配产，配产比控制在 1/15~1/10 范围内，其中 2016 年气井平均配产比 6.5%，约为无阻流量的 1/15；2016 年气井平均配产比 9.3%，约为无阻流量的 1/11；气井压降速率稳定在 0.02MPa/d 以内。但从投产后的生产数据分析预测，2015 年投产气井预测累计产气 $7430×10^4m^3$，而 2016 年投产气井预测累计产气仅 $4258×10^4m^3$，相差 42.7%，动用储量采收率相差近 20 个百分点。

以上分析可以看出，苏里格气田普遍采用的无阻流量法配产并不完全适用苏 77-召 51 区块高含水致密气藏开发，原因大致有以下三个方面。

首先，方法本身存在问题。在配产比的控制条件中仅引入了压降速率小于 0.02MPa/d 一个控制条件，而对于高含水气藏开发显然不足以控制气井生产达到"合理"状态。

其次，需要测试得到较为准确的无阻流量，但在苏 77-召 51 区块开发过程中，每口井都进行产能试井显然是不切实际的，大部分气井采用一点法计算气井无阻流量，测试时长一般在 24~48h。对于物性条件较差的苏 77-召 51 区块来说，远未达到气井进入拟稳态所需时间，测试流压较高，求得的无阻流量偏大。

最后，高含水致密砂岩气藏开发过程中，气井配产时还需要考虑过高的配产导致较大的生产压差，从而引起储层中气液滑脱效应，致使气井生产初期看似不产水，实际地层水在近井带聚集，造成井筒附近储层水锁，气井产能快速下降。

三、合理配产方法优化

针对苏 77-召 51 区块高含水致密砂岩气藏特征，优化气井合理配产，首先要解决两个问题：（1）如何解决无阻流量因测试时间不足导致的计算结果偏高问题；（2）引入哪些参数控制配产比，才能使气井生产达到"合理"状态。

在总结多年开发实践经验教训基础上，提出以下方法解决上述两个问题。

针对无阻流量测试偏高的问题，在合理配产论证过程中，按照不同地质条件进行分井区、分井型配产，同井区同井型气井相似的地质条件决定了其具有相近的进入拟稳态所需时间，而在测试求产过程中，较短的测试时间虽不能满足拟稳态条件，会导致测试井底流压偏高，计算无阻流量偏高，但相同的测试时间与操作流程，可以保障气井无阻流量计算值偏差大致相当。在论证合理配产过程中，应用这个偏高的"无阻流量值"对应配产比进行新井配产分析时，也同样应用这个偏高程度大致相当的"无阻流量值"与合理配产比指导配产，消除无阻流量测试偏差造成的影响。

其次，针对引入新参数控制合理配产比的问题，主要考虑气田开发最终目标是提高采收率，气井合理配产的最终目的也是提高井控储量的采收率[25]。因此，主要考虑引入产量递减、气井预测累计产量及气井预测采收率等参数指标，将高配产引起的高压降速率的矛盾，转换为高配产引起的高初始递减、最终累计采出量反而降低的矛盾，更加符合气田开发实际。

以召 65 井区直丛井配产为例，该井区投产直丛井 81 口，以其中生产正常的 72 口井的实际生产数据，包括测试井的无阻流量、单井递减情况、累计产气量、预测累计产气量，论证该井区直丛井合理配产。 72 口井平均单井配产 $1.60 \times 10^4 \mathrm{m}^3/\mathrm{d}$，平均无阻流量 $9.82 \times 10^4 \mathrm{m}^3/\mathrm{d}$，井均配产比 0.191，平均初始递减 0.1447%（折合首年递减 34.83%）。从气井不同配产比下初始递减率变化情况（图 1-5-45）可以看出，气井配产比与初始递减率呈正相关关系，即相同地质条件下，配产比越高的气井，其产量初始递减越快。

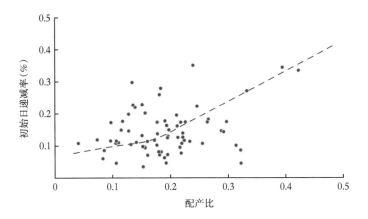

图 1-5-45　召 65 井区直丛井配产比—初始递减交会图版

召 65 井区产量递减规律研究表明，气井递减符合衰减递减（参照本章第五节递减率部分内容），根据衰减递减特征可知，气井理论最大累计产量 $N_{\mathrm{pmax}} = \dfrac{2Q_0}{D_0}$（不考虑废弃条件），为了达到理想的采收率，合理配产比应使 $\dfrac{Q_0}{D_0}$ 取得最大值，即图 1-5-45 中配产比两线性段偏折点（该点后初始递减增大程度大于初始产量增大程度，$\dfrac{Q_0}{D_0}$ 值变小）。

对于召 65 井区这类开发时间较长，生产规律已经较为清晰的井区，在预测累计产量比较真实的情况下，也可以直接采用预测采收率与配产比的关系曲线来确定合理配产比，如图 1-5-46 所示，当配产比为 0.153 时曲线达最高值。即召 65 井区直丛井合理配产比为

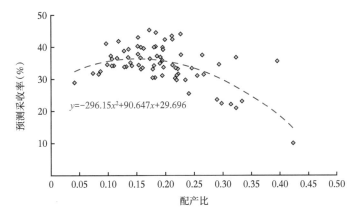

$y=-296.15x^2+90.647x+29.696$

图 1-5-46　召 65 井区直丛井配产比—预测采收率交会图版

0.153，合理配产约为"测试无阻流量"的 1/6.5。如果部分"测试无阻流量"较低的气井，其计算合理配产结果小于管柱临界携液流量时，不下节流器配产直接采用间开方式生产。

采用相同方法计算苏 77-召 51 区块各井区气井合理配产比，结果见表 1-5-6。

表 1-5-6　苏 77-召 51 区块各井区气井合理配产数据统计表

井区	单井配产 （$10^4m^3/d$）	无阻流量 （$10^4m^3/d$）	初始递减率 （%）	合理配产比	合理配产 （$10^4m^3/d$）
召 48	0.95	6.32	0.1594	0.117	0.74
召 65	1.60	9.82	0.1447	0.153	1.50
召 23	0.79	5.35	0.1124	0.141	0.75
召 51	0.99	5.58	0.1872	0.112	0.62
召 63	1.09	7.45	0.1389	0.147	1.10
召 78	1.12	9.56	0.1101	0.124	1.19
盒 8 段水平井 （投产满三年）	4.08	46.42	0.1872	0.076	3.53

第五节　开发指标预测与评价

一、地层压力

地层压力也叫地层孔隙压力，指作用在岩石孔隙内流体（油气水）上的压力。地层压力是气田开发的"灵魂"，是评价气田生产能力、技术政策、稳产潜力、开发调整的重要指标。平均地层压力是指开发气藏整体的平均压力，在开发过程中，首先需要获得单井的地层压力，才能确定区块和气藏的平均地层压力，由此评估气藏的开发效果。苏里格气田（上古生界）属于致密砂岩气藏，通过求取目前平均地层压力，能够对气田储量动用状况、剩余储量分布进行评价，并为后期调整部署提出指导性意见。

求取平均地层压力的方法较多，以其测量或计算形式可分为关井测压方法、关井不测压方法及不关井推算法。

1. 关井测压方法

关井测压方法计算气井平均地层压力，主要采用压力恢复曲线计算求得。平均地层压力修正方法有 MBH（Matthews-Brons-Hazebroek）法、德兹（Dietz）法、雷米—可勃（Ramey-Cobb）法以及奥德（Odeh）法等。目前国内油气田多采用 MBH 法计算平均地层压力。

1）压力恢复试井计算外推压力 p^*

压力恢复试井是指气井以稳定产量 q_{sc} 生产一段时间 t_p 后，在 $\Delta t=0$ 时刻关井，测试关井后井底压力随着 Δt 的增大而上升的一种试井方法。通常需要先测量关井前的瞬时井底压力，然后连续地记录关井期间井底压力随时间的变化，分析所得到的压力恢复曲线，确定储层性质和井筒条件，并计算外推压力。

由叠加原理可知，如果在 t_p 和（$t_p + \Delta t$）时间段内气体流动达到径向流阶段，则实际井底恢复压力随时间变化可用霍纳（Horner）方程压力形式表达：

$$p_i - p_{ws} = \frac{7.33 \times 10^{-3} q_{sc} \overline{\mu} ZT}{Khp} \lg \frac{\Delta t + t_p}{\Delta t} \tag{1-5-59}$$

式中　p_i——地层压力，MPa；

　　　p_{ws}——测试静压，MPa；

　　　q_{sc}——关井前稳定产量，$10^4 \mathrm{m}^3/\mathrm{d}$；

　　　t_p——关井前稳定生产时间，h；

　　　Δt——关井时间，h。

由式（1-5-59）可以看出，在半对数坐标系中，压力恢复数据 $p_{ws} - \lg \frac{\Delta t}{\Delta t + t_p}$ 呈线性关

系。该直线称为霍纳曲线。且当 $\lg \frac{\Delta t}{\Delta t + t_p} = 0$ 时，即 Δt 趋近于无限大时，此时 p_{ws} 即为关

井可能恢复最大压力，即为外推 p^*。霍纳曲线直线段斜率 $m = \frac{7.33 \times 10^{-3} q_{sc} \overline{\mu} ZT}{Khp}$，通过霍

纳曲线直线段斜率可计算地层流动系数 $\frac{Kh}{\overline{\mu}}$ 和渗透率 K。

同时，当关井时间为 1h 时，井底压力恢复值为：

$$p_{ws}(\Delta t = 1) - p_{ws}(\Delta t = 0) = m\left(\lg \frac{K}{\phi \overline{\mu} C r_w^2} + 0.9077 + 0.87S \right) \tag{1-5-60}$$

可通过关井时井底压力 $p_{ws}(\Delta t = 0)$ 和霍纳直线或其延长线上对应 $p_{ws}(\Delta t = 0)$ 值计算表皮系数 S。

由苏 77-5-8H 井霍纳曲线（图 1-5-47）直线段斜率 m 计算有效渗透率 $K = 0.43\mathrm{mD}$，天然气黏度 $\mu = 0.0217\mathrm{mPa \cdot s}$，地层系数 $Kh = 4.69\mathrm{mD \cdot m}$，表皮系数 $S = -1.42$。外推压力 $P^*_{测点} = 22.81\mathrm{MPa}$（测点处，2500m），地层中部深度处外推压力 $p^* = 24.46\mathrm{MPa}$。

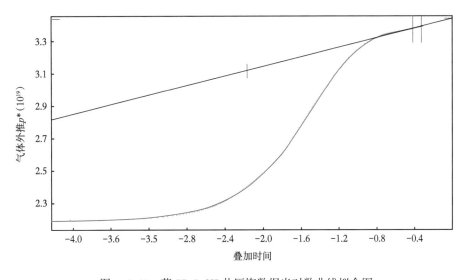

图 1-5-47　苏 77-5-8H 井压恢数据半对数曲线拟合图

如图 1-5-48 所示，外推压力 p^* 实际上反映了无穷大地层或排驱面积无穷大气井面积内的平均压力，对于有界地层或排驱面积有限大的气井排驱范围内的平均压力，需要对外推压力进行修正，一般采用 MBH 法修正平均地层压力 $\bar{p}$ 。

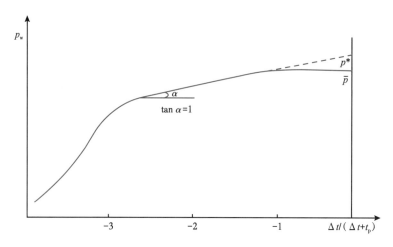

图 1-5-48　外推压力与地层压力修正示意图

2）MBH 计算平均地层压力 $\bar{p}$

MBH 法计算气井排驱面积内平均地层压力的公式为：

$$\bar{p} = p^* - \frac{m}{2.3026} F(t_{DA}) \tag{1-5-61}$$

式中　$\bar{p}$——平均地层压力，MPa；

　　　p^*——外推压力，MPa；

　　　m——直线段（第二支线段）斜率；

　　　$F(t_{DA})$——马修斯压力校正函数。

马修斯压力校正函数公式：

$$F(t_{DA}) = 4\pi t_{DA} + \sum_{n=1}^{\infty} \mathrm{Ei}\left(-\frac{\phi\mu C_t d_i^2}{4KT}\right) \tag{1-5-62}$$

其中排驱面积无量纲时间 t_{DA} 计算方法：

$$t_{DA} = \frac{3.6KT}{\phi\mu C_t A} \tag{1-5-63}$$

$F(t_{DA})$ 称为 MBH 的压力函数，或称为压力校正函数，是关于排驱面积无量纲时间 t_{DA} 的函数，已由马修斯等人按照不同排驱面积的形状与不同的井位分别计算出来，并做出曲线（图 1-5-49）。在实际计算过程中，通过排驱面积与地层参数计算 t_{DA}，然后通过图版查询得到 $F(t_{DA})$，最终计算平均地层压力 $\bar{p}$。

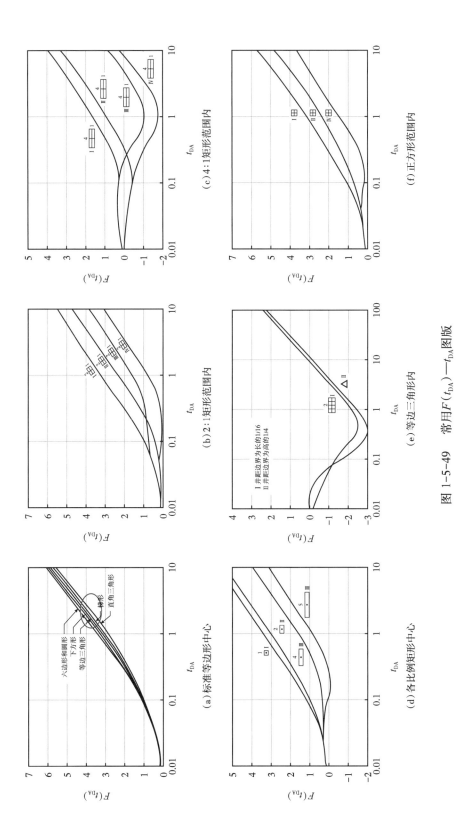

图 1-5-49　常用 $F(t_{DA})$—t_{DA} 图版

在计算过程中应注意以下几点。（1）由于天然气压缩系数比岩石和束缚水的压缩系数大几个数量级，因此在计算 t_{DA} 时，C_t 可用 C_g 替代。（2）C_g 要求地层压力和地层温度下的值，但由于此时地层压力未知，可用压力恢复最高点的压力来计算。（3）排驱面积形状和面积值的计算：根据关井前该井产量与邻井产量比例大小来确定气井各方向上的排驱范围线，并将各向范围线圈出的形状，通过求积仪计算排驱面积。（4）查马修斯图版时排驱面积形状的选取：由于马修斯图版中给出的是标准排驱形状，而这与客观实际并不完全吻合，因此，最后的 $F(t_{DA})$ 可采取两种相近形状的 $F(t_{DA})$ 平均值。

如苏 77-5-8H 井，地层中部深度外推压力 p^*=24.46MPa，由关井前与邻井产量关系确定的排驱面积为菱形，排驱面积 A=91×10^{4}m^3，查询图版得 $F(t_{DA})$=1.67，根据校正公式计算平均地层压力 $\bar{p}$=24.18MPa。

2. 关井不测压方法

1）井口压力折算法

关井时井底压力与井口套压存在如下关系：

$$p_r = p_c + D \cdot H = p_{th} + \rho_g \cdot g \cdot H \qquad (1-5-64)$$

式中　p_c——井口套压，MPa；

　　　p_r——井底压力，MPa；

　　　H——井深，m。

根据气体密度的定义可得到：

$$D = \frac{28.963 p \gamma_g g}{\bar{Z} R \bar{T}} p \qquad (1-5-65)$$

假设 $T=\bar{T}$=Const，$Z=\bar{Z}$=Const，即将全井筒的温度、天然气偏差系数视为常数，可分别用数学平均值代替，从而得到井筒压力梯度与井口压力存在如下关系：

$$\mathbf{grand}p = \frac{28.963 \gamma_g g}{\bar{Z} R \bar{T}} p \qquad (1-5-66)$$

式中　$\mathbf{grand}p$——井筒压力梯度，MPa/m；

　　　γ_g——气体相对密度。

从式（1-5-66）可看出井筒压力梯度与压力存在一定关系，该斜率主要跟气体相对密度、温度有关，由于偏差因子随压力是变化的，所以并非完全的线性关系。为了证实该认识，根据公式做出井口压力与井筒压力梯度的理论曲线（图 1-5-50）。

当地温梯度为 3.06℃/100m、井口温度 20℃、气体相对密度 0.591 时，考虑苏里格气井井口套压一般不超过 27MPa，计算不同的井口压力下的井筒压力梯度，再做出井筒压力梯度与井口压力的关系（图 1-5-50）。理论计算表明：采用二项式拟合时，井筒压力梯度与井口压力的相关性为 0.9917，表明井筒压力梯度与井口压力呈二项式关系。

2）井筒压力梯度与井口压力经验公式的建立

苏里格气井因使用井下节流采气工艺，在开展压力恢复测试、修正等时试井、"一点法"试井等动态监测项目时需先打捞出节流器，动态监测结束后再重新投放节流器，这为开展压力恢复测试、增加测试覆盖面带来了很大困难。通过以上理论分析，认为对纯气井压力恢复试井，井口压力与井筒压力梯度存在二项式关系，可以利用记录的井口压力资料，折算成地层压力，以解决苏里格气田气井地层压力测试难的问题。

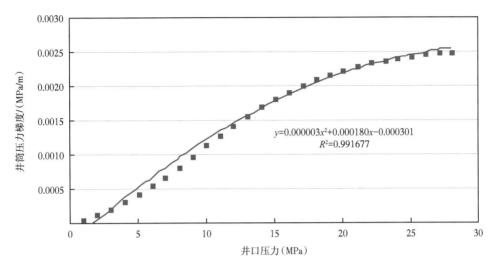

$$y=0.000003x^2+0.000180x-0.000301$$
$$R^2=0.991677$$

图 1-5-50　井筒压力梯度与井口压力关系曲线

通过对苏里格气田 34 口气井关井压力恢复测试的压力资料拟合，发现苏里格气田气井关井井口压力与井筒压力梯度存在二项式关系（图 1-5-51）。利用该关系式，根据气井关井井口压力，就可以估算地层压力。

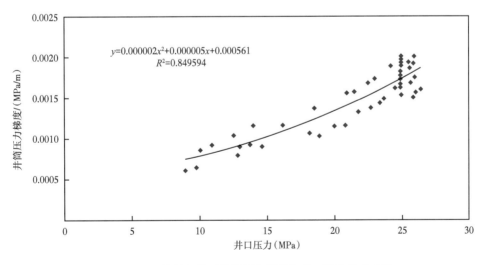

$$y=0.000002x^2+0.000005x+0.000561$$
$$R^2=0.849594$$

图 1-5-51　关井条件下井筒压力梯度与井口压力关系曲线

经拟合图 1-5-51 中的曲线得到井筒压力梯度与井口压力存在如下关系：

$$\mathbf{grand}p = 0.00002\,p_c^2 + 0.00005\,p_c + 0.000561 \tag{1-5-67}$$

由此得出：

$$p_r = p_c + \mathbf{grand}p \times H \qquad (1\text{-}5\text{-}68)$$

因此利用该关系式，根据关井井口压力，即可求得地层压力。

3）积液气井井底静压折算

对于积液气井采用纯气井进行计算会存在较大误差。含水气井正常生产时，伴生水会分布于井筒内各个部位。但含水气井关井后，由于重力分异作用，伴生水会聚集于井底而形成性质完全不同的上气柱、下液柱两段流体。因此，含水气井的井底静压计算应为井口静压、气柱压力和液柱压力之叠加。井内气液界面处的压力计算与纯气井相同，其中井深 H 用气液界面深度代替。

由于水的密度基本不随压力变化，即 1m 积液高度产生的压降近似约 0.0098MPa，如果已知井口压力和积液高度，只要将井口静压、气柱压力和液柱压力之叠加，就很容易计算井底静压。由式（1-5-68）可以得到积液气井的静压计算经验公式。

$$p_r = p_c + \mathbf{grand}p \times H_气 + 0.0098H_液 \qquad (1\text{-}5\text{-}69)$$

3. 不关井推算法

1）压降法

对于定容弹性驱动气藏，其物质平衡方程为：

$$\frac{p}{Z} = \frac{p_i}{Z_i}\left(1 - \frac{G_p}{G}\right) \qquad (1\text{-}5\text{-}70)$$

式中　p_i——原始地层压力，MPa；

Z_i——原始地层压力下对应的天然气偏差系数；

G——气井控制的原始地质储量，10^4m^3；

G_p——累计产气量，$10^4/\text{m}^3$。

根据 Z 的经验公式（$Z=0.000003p_r^3+0.000406p_r^2-0.0102p_r+0.994689$），从而可求出一定累计产气量对应的地层压力。根据建立的单井稳定压降法曲线，可以计算给定累计采出气量下泄流范围内的平均地层压力。

2）流动物质平衡法

在气井渗流达到拟稳定流状态下，气井在流动过程中，在井底测得的压力降与在气藏中任一点测得的压力降是相同的，包括代表平均地层压力的那一点。因此，利用井底流压和地层压力做出的物质平衡直线斜率是相同的。

3）现代产量不稳定分析法

利用 RTA 软件对气井进行压力产量历史拟合，选取解析法中的压裂井模型可得到地层压力随时间变化的曲线，从曲线上可读出地层压力值。产量不稳定分析法预测值与实测值误差最小，准确性高。

4. 苏 77-召 51 区块地层压力变化特征

苏 77-召 51 区块目前采用重点井、监测井压力恢复试井方法确定气藏地层压力，无测试资料井则采用检修时关井井口恢复压力折算与压降法累计产量计算取平均值的方法确定。目前区块已开发区平均地层压力为 15.5MPa，总压降 8.9MPa，压力保持程度 63.8%；其中水平井开发区平均地层压力 13.9MPa，压降 10.2MPa，压力保持程度 57.7%（图 1-5-52）。

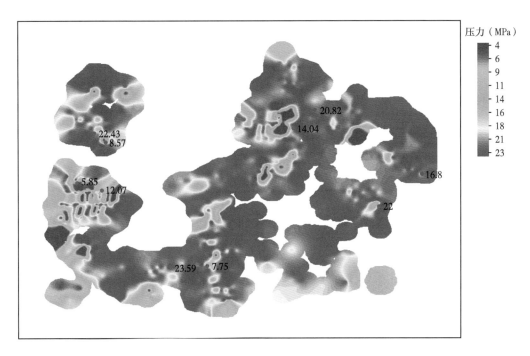

图 1-5-52　苏 77-召 51 区块主力层地层压力分布图

二、动储量与采收率

气田动储量是指开发过程中能够参与渗流或流动的那部分天然气地质储量。动储量是计算气田采收率或可采储量，以及开发（调整）方案设计和生产管理等的可靠物质基础，也是衡量探明地质储量准确程度最有效、最可靠的技术依据和标准。

可采储量是指能从气藏中采出的资源总量，分为技术可采储量和经济可采储量。技术可采储量是指不受其他因素或经济标准限制，在目前技术条件下能从气藏中采出的资源总量；经济可采储量是在指定日期从已知气藏中累计产量和经济可采的估算量之和。

采收率为可采储量与地质储量（单井为控制储量）的比值，表征区块或单井能从地质总资源量中实际采出的比例，是评价气藏开发效果的最直接指标。

1. 计算方法

动储量、技术可采储量和经济可采储量在方法上大致相同，采取不同的废弃条件获得相应的可采储量。研究方法主要有压降法、递减法、产量不稳定分析法、数值模拟法等（表 1-5-7）。

表 1-5-7　动储量计算方法与适用性评价表

研究方式	计算方法	适用条件	苏 77-召 51 区块适用性
压降法（物质平衡法）	根据气藏的累计采气量与地层压力下降的关系来推算压力波及储集空间的储量	压降法要求采出程度大于 10%，至少具有两个关井压力恢复测试点	适用性强但准确性较差（准确测量压降成本高）
弹性二相法	通过绘制气藏弹性二相法压降曲线，结合气藏储层岩石和流体的综合压缩系数、地层压力、产量等参数，计算弹性二相法储量	压降和产量相对稳定，上下波动不得超过 5%	适用性差
广义物质平衡法	气体流动达到拟稳态时气藏压力随时间变化率将固定，气藏中不同时刻的压力分布曲线彼此平行，压降（压差）与时间的关系呈线性关系	可在不关井条件下，求取气井可动储量，该方法计算的储量可作为对压降法动储量的检验	部分生产时间较长且生产稳定井适用
RTA 预测法	不稳定生产拟合法是将气井的变压力/变流量生产数据等效转换为定流量生产数据，根据图版拟合生产史确定气井泄流范围属性参数，从而计算气井动储量	解决了气井工作制度频繁改变而导致评价动储量难度大的问题	适用性强（区块目前主要采用办法）
矿场统计法、产量递减法	累计产气量与开采时间存在一定的关系曲线，是根据开采经验得出的估算法	一般应用在产量发生正常递减时，当气藏开采程度达到 40%~50% 时，计算结果较为准确，一般误差值不超过 10%。此法较为简单	适用性强

2. 苏 77-召 51 区块指标评价

1）动储量

苏 77-召 51 区块主要采用产量不稳定分析法计算气井动储量，结果如下：直丛井、水平井平均单井动储量分别为 $1959×10^4m^3$、$8222×10^4m^3$。其中 I 类、II 类、III 类直丛井动态储量分别为 $3078×10^4m^3$、$1991×10^4m^3$、$1274×10^4m^3$；I 类、II 类、III 类水平井动态储量分别为 $16669×10^4m^3$、$7114×10^4m^3$、$3685×10^4m^3$（图 1-5-53）。

2）可采储量

苏 77-召 51 区块采用矿场统计法计算气井可采储量。在目前技术条件下水平井可持续生产产量下限为 $0.05×10^4m^3/d$，直丛井产量下限为 $0.02×10^4m^3/d$，其对应的废弃压力分别为 3.1MPa 和 3.4MPa。直丛井、水平井技术可采储量分别为 $1669×10^4m^3$、$6318×10^4m^3$。其中 I 类、II 类、III 类直丛井技术可采储量分别为 $2789×10^4m^3$、$1825×10^4m^3$、$1108×10^4m^3$；I 类、II 类、III 类水平井技术可采储量分别为 $15384×10^4m^3$、$6437×10^4m^3$、$3039×10^4m^3$（图 1-5-54）。

根据苏 77-召 51 区块开发技术经济评价指标，经济废弃产量水平井、直丛井分别为 $0.1×10^4m^3/d$、$0.05×10^4m^3/d$，对应的废弃压力分别为 3.5MPa、3.9MPa。在此条件下，水平井、直丛井经济可采储量分别为 $5744×10^4m^3$、$1531×10^4m^3$。其中 I 类、II 类、III 类水平井经济可采储量分别为 $13424×10^4m^3$、$5838×10^4m^3$、$2781×10^4m^3$，I 类、II 类、III 类直丛井经济可采储量分别为 $2533×10^4m^3$、$1670×10^4m^3$、$923×10^4m^3$。

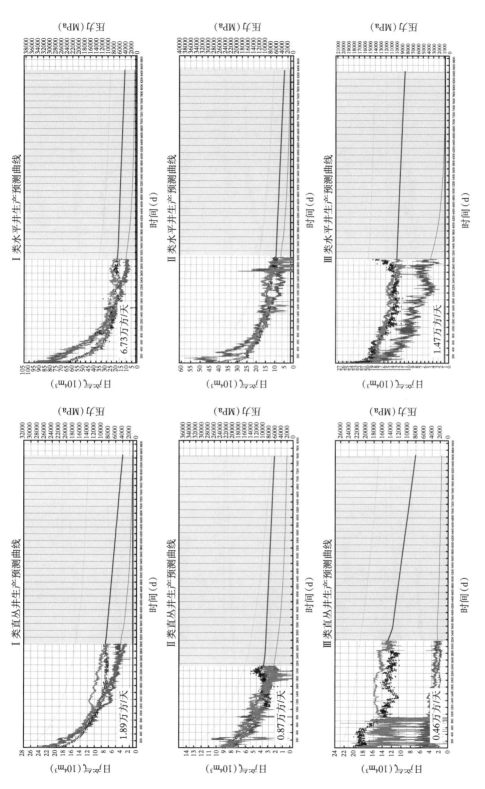

图 1-5-53 RTA 预测法计算区块气井动储量

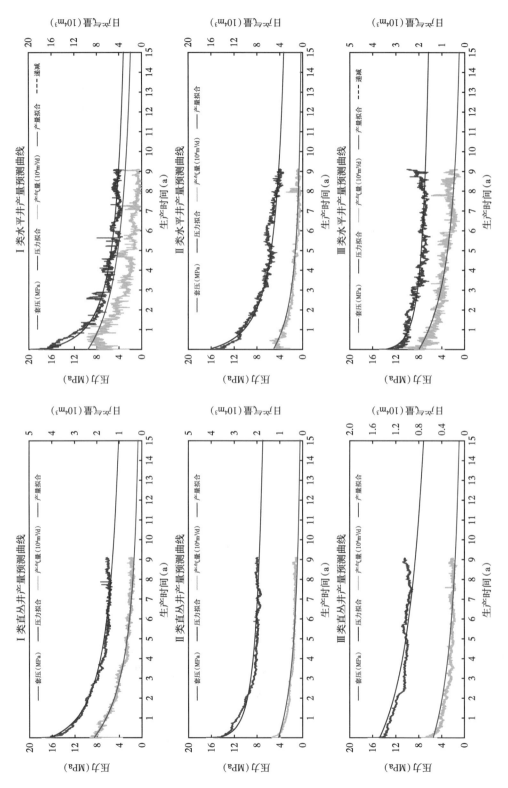

图1-5-54 苏77-召51区块分类气井EUR预测曲线

3）采收率

苏77-召51区块累计动用地质储量483.0×10^{8}m^3，依据上述方法预测经济可采储量166.6×10^{8}m^3，计算区块采收率为34.6%。

3. 影响采收率主要因素分析

通过多年开发实践及生产数据分析，影响苏77-召51区块采收率的因素主要有：气藏地质条件、井网井距、开发方式、储层改造效果、合理配产、气井生产管理等。

1）气藏地质条件

气藏地质条件是影响采收率最根本的因素，其中含气饱和度（产水情况）对气井采收率的影响最大（参见本章第二节内容）。以水平井为例，各井区水平井预测采收率与气藏地质条件存在很高的相关性（图1-5-55和图1-5-56），其中地质条件较好的召23井区、召78井区、召63井区为苏77-召51区块水平井部署主力井区，预测水平井平均单井累计产气6915×10^{4}m^3，平均采收率可达61.2%；而地质条件较差的召48井区、召51井区、召37井区预测水平井平均单井累计产气3168×10^{4}m^3，平均采收率为31.4%，仅为水平井主力开发区的50%。

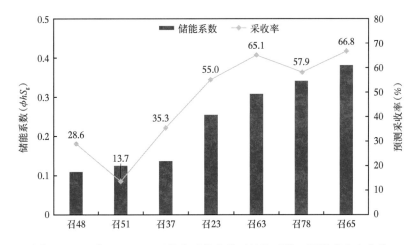

图1-5-55　苏77-召51区块水平井分井区储能系数—预测采收率曲线

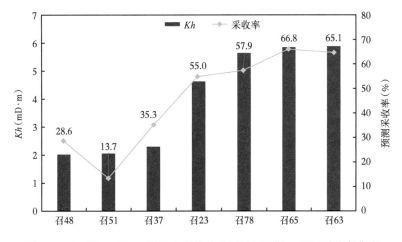

图1-5-56　苏77-召51区块水平井分井区地层系数—预测采收率曲线

2）井网井距

合理井网井距是影响气藏经济效益开发的核心要素，井间加密也是提高气藏采收率最常见的手段。苏77-召51区块气藏开发充分借鉴长庆油田井网研究成果，2015年之前采用600m×800m（井网密度2口/km²）井网开发，保证气井井间无干扰（图1-5-57）。

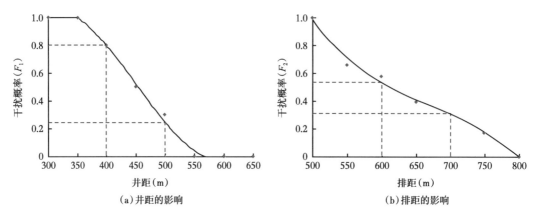

（a）井距的影响　　　　　　　　　　（b）排距的影响

图1-5-57　苏里格气田气井干扰概率与井距、排距关系曲线

2015年之后，为提高气藏采收率，开发井网调整为500m×650m（井网密度3口/km²），气井井间干扰概率为20%~30%（据长庆油田井网研究数据，如图1-5-57所示）。根据井网调整前后实际生产数据及预测结果分析（图1-5-58），井网井距调整后采收率提高了7.6%。若以直丛井单井建井成本630万元计算，井网加密井经济界限储量丰度为$1.012×10^8m^3/km^2$，苏77-召51区块主力建产区储量丰度可以满足加密条件。

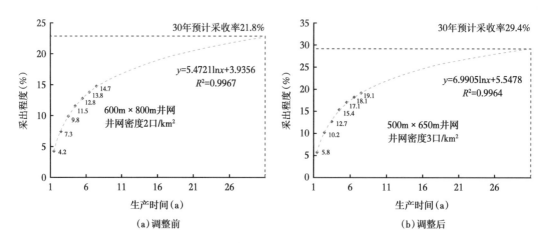

（a）调整前　　　　　　　　　　　　（b）调整后

图1-5-58　井网调整前后采收率预测对比曲线

3）开发井型

苏77-召51区块前期开发（2010—2018年）主要采用直丛井—水平井混合井网开发，从已投产井生产来看，直丛井与水平井开发效果存在较大差异。区块累计投产气井869口，其中水平井85口，井数占比9.8%；水平井目前产量$121.17×10^4m^3/d$，占总产量的41.5%；水平井累计产气$22.5×10^8m^3$，产量贡献占比27.7%。

井型对开发效果影响很大，水平井开发效果明显好于直丛井。从直丛井与水平井开发指标对比来看，直丛井初期产量 $1.25×10^4m^3/d$，首年产量 $315×10^4m^3$，首年递减率 30.8%，前三年累计产气 $764×10^4m^3$，前三年单位压降采气量 $142.8×10^4m^3/MPa$，预测最终累计产气量 $1531×10^4m^3$，井均控制储量 $5474×10^4m^3$，预测采收率 28.0%。水平井初期产量 $5.12×10^4m^3/d$，首年产量 $1370×10^4m^3$，首年递减率 33.4%，前三年累计产气 $2995×10^4m^3$，前三年单位压降采气量 $486.7×10^4m^3/MPa$，预测最终累计产气量 $5744×10^4m^3$，井均控制储量 $9386×10^4m^3$，预测采收率 61.2%。历年投产水平井预测采收率为直丛井 3 倍（图 1-5-59 至图 1-5-61）。

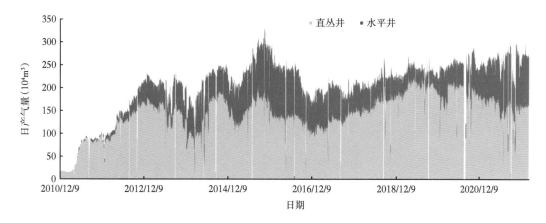

图 1-5-59　苏 77-召 51 区块历年采气曲线

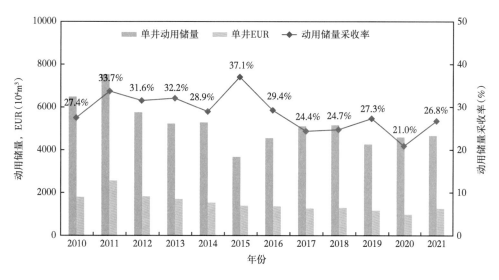

图 1-5-60　历年直丛井预测采收率曲线图

多年开发实践证实对于高含水致密砂岩气藏开发，水平井相较于直丛井开发的优势体现在以下几个方面。首先，苏 77-召 51 区块虽多层系含气，但储量集中在主力层盒 $8_\text{下}$，直丛井虽然能最大程度动用地质储量，但层间干扰严重，常出现一层产水致使气井停喷的现象；而水平井在纵向上优先动用地质条件最好的主力层，虽然其他非主力层储量不能动用，但最大程度保障了主力层的动用效果，待主力层开发结束后，其他未动用层储量仍具备调层开采的潜力[26]。其次，直丛井因压裂施工排量与造缝规模受限，平面上不能有效动用井网控制面积内的地质储量，而水平井储层改造工艺经过近年持续攻关，形成了一套适合高含水致密砂岩气藏地质特点的水平井储层改造技术，动用层的生产能力得到充分发挥。最后，气井生产过程中，直丛井初始产能低、携液困难，在递减率相同条件下，直丛井产能很快降至接近临界携液流量，被迫过早进入间开生产段，平均连续生产段仅持续 1.3 年；而水平井因初始产量高、携液能力强，其连续生产段持续时间普遍可达 5~10 年。

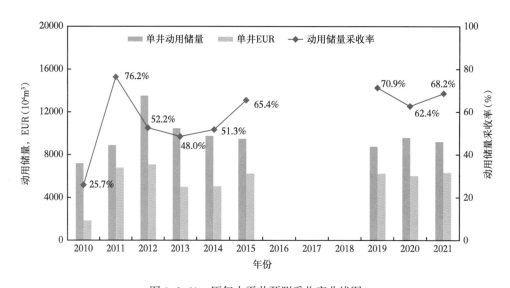

图 1-5-61　历年水平井预测采收率曲线图

4）储层改造技术

储层改造技术对气井采收率的影响很大，相关内容参见本书第六章。

5）合理配产

合理配产对气井采收率也有一定影响，相关内容参见本章第四节。

6）气井生产管理

气井生产管理也是影响最终采收率的重要因素。气井生产过程中，合理控制采气速度、选择最佳排采措施介入时机、优选适合的排水采气工艺、及时发现并处理生产异常问题、持续优化间开生产制度等手段都是提高气井采收率的有效手段。

4. 提高气藏采收率技术对策

1）坚持水平井开发方式，优化井位部署

针对高含水致密砂岩气藏储量丰度低的特点，充分考虑气体渗流存在的压敏效应、贾敏效应、阀压效应、紊流效应和滑脱效应所带来的单井控制半径有限等技术问题，为提高储量整体动用程度，采用一次井网整体设计、肥瘦搭配、立体动用的开发模式。针对不同地质目标，有针对性地部署水平井井网，优化技术对策（表 1-5-8）。

表 1-5-8　苏 77-召 51 区块水平井布井参数

水平井部署目的层	辫状河砂体：盒 $8_{下}^1$、盒 $8_{下}^2$
	曲流河砂体：盒 7 段、盒 $8_{上}^1$、盒 $8_{上}^2$、$山_1^1$、$山_1^2$、$山_1^3$、$山_2^1$
	潮道砂体：太原组
井距	一般 500m，对强非均质厚层砂体，在储量保障条件下井距可缩至 400~450m
水平段长	按照单井累计产量不小于 $5000×10^4m^3$ 目标，依据目的层储量丰度及 60% 采收率进行设计；一般不小于 1200m，对地障区，可根据实际情况进一步延长水平段设计
多层系立体动用区	根据开发小层之间泥岩夹层厚度进行错位设计，井间平面距离不小于 50m
水平段方向	综合考虑砂体形态、天然裂缝方向、人工裂缝方向等因素共同确定水平段方向，一般要求水平段方向与最大主应力方向（天然裂缝方向）垂直
轨迹设计	优选主力小层，沿层中上部进行轨迹设计

对储量丰度低的井区适当加大水平段长度，提高井控储量，保障单井效益。

对厚层强非均质井区，适当缩短井距，井间轨迹采用纵向错位设计，突破泥质隔夹层遮拦，实现储量立体动用。

对地障区域采用长水平段及非常规方式进行井网设计。

对井控程度低的区域，部署开发评价井或导眼井，根据实钻录测井资料实施"直改平"，降低水平井地质风险。

水平段方向综合考虑河道走向并尽量垂直最大主应力方向。

水平段轨迹针对主力层中上部进行设计，有利于压后气液置换。

2）持续攻关水平井高效压裂技术，提高气井初始产能

苏 77-召 51 区块自 2010 年开发至今，储层改造工艺经历了初期探索（2010—2013年）、攻关试验（2014—2018 年）、集成创新（2019—2021 年）三个不同阶段。在常规压裂技术不断优化完善过程中，形成了一套适合区块地质特征的特色工艺技术（弱应力多薄层控缝高技术、体积改造缝网技术、缝网清洁与支撑技术等），以"少液多砂"差异化设计为原则，追求"储量动用、裂缝导流、储层低伤害"储层改造思路，完成工艺技术集成革新，推动了区块水平井试气无阻流量逐年攀升（图 1-5-62）。

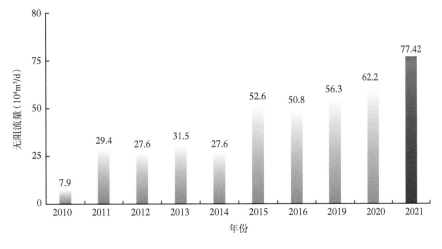

图 1-5-62　历年水平井试气无阻流量柱状图

3）坚持"温和开采、合理配产"原则，精细气井全生命周期生产管理

作为气井精细管理的基础，大力推进气田信息化建设，保障气井生产信息采集、传输的准确性与及时性，为气藏开发动态分析提供强大、可靠的数据支撑，确保井筒积液、开关井异常、制度不合理、冻堵等生产问题及时发现、及时处理。坚持"温和开采"原则，开展合理配产方法研究，持续关注采气速度对气井生产的影响，不断优化气井工作制度，确保气井长期、连续、稳定生产。

针对低产井长关井停喷原因复杂、影响因素多、常规排采措施难以复产特征，积极开展进攻性措施研究，开展查层补孔、机抽、电潜泵、增压连续气举、储层重复压裂、封堵水层等工艺试验，进一步延长气井寿命，最大限度发挥气井产能，提高采收率。

三、产量递减率

产量递减率是反映气田生产能力受采出程度增加、地层能量下降等因素影响而降低程度的指标。产量递减率反映了气田稳产形势的好坏，是制定天然气生产计划重要依据之一。根据影响产量递减因素不同，产量递减率分为老井自然递减率和老井综合递减率。

国内外提出的一系列描述产量递减规律的数学模型中，Arps递减模型（J.J.Arps）应用最广泛，其他模型如柯佩托夫递减模型、桥西递减模型、龚珀茨递减模型、威伯尔递减模型等都是Arps递减模型的特例。Arps产量递减分析是一种传统的但应用比较广泛的递减分析方法，其优点在于仅依据实际生产数据的变化规律，不需要了解气井及储层参数，简单易用，是苏里格气田动态分析中应用比较普遍的递减分析方法。

1.Arps递减规律

1）Arps递减定义

产量递减率是指单位时间内产量变化率，或单位时间内产量递减百分数，表达式为：

$$D = -\frac{1}{Q}\frac{dQ}{dt} \qquad (1-5-71)$$

式中　D——瞬时递减率，月$^{-1}$或a^{-1}；

　　　Q——递减阶段的产量，$10^8 m^3/$月或$10^8 m^3/a$；

　　　$\frac{dQ}{dt}$——单位时间内的产量变化。

Arps研究认为瞬时递减率与产量遵循以下关系：

$$D = KQ^n \qquad (1-5-72)$$

式中　K——比例常数；

　　　n——递减指数。

递减指数是判断递减类型、确定递减规律、预测递减动态的重要参数，任一时刻的递减率和产量与初始递减率和初始产量满足以下关系：

$$\frac{D}{D_0} = \left(\frac{Q}{Q_0}\right)^n \qquad (1-5-73)$$

式中 D_0——初始递减率，月$^{-1}$ 或 a^{-1}；

Q_0——初始产量，$10^8 m^3/$ 月或 $10^8 m^3/a$。

2）Arps 递减类型

根据递减指数 n 的取值不同，Arps 递减可划分为以下类型（图 1-5-63）：

$n < -1$ 时，衰竭递减，随时间推移，递减率增大，单位时间递减量增大；

$n=-1$ 时，直线递减，随时间推移，递减率增大，单位时间递减量保持不变；

$n=0$ 时，指数递减，随时间推移，递减率保持不变，单位时间递减量减小；

$n=0\sim1$ 时，双曲递减，随时间推移，递减率减小，单位时间递减量减小；

$n=0.5$ 时，衰减递减，随时间推移，递减率减小，单位时间递减量减小；

$n=1$ 时，调和递减，随时间推移，递减率减小，单位时间递减量减小。

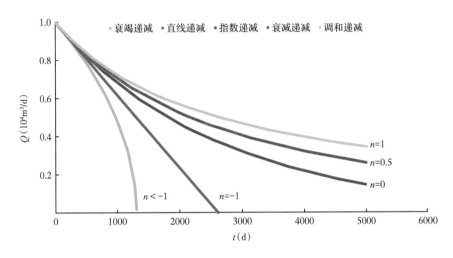

图 1-5-63　Arps 各种类型递减特征示意图

3）各种类型的递减特征

气田开发过程中，气井递减规律主要表现为随着开发时间推进，递减率保持不变或逐渐降低。一般情况下，产量递减主要受采出程度增加、地层能量下降的影响，随着产量递减，地层能量下降速度减缓，表现出的特征符合 Arps 递减类型中的指数递减、双曲递减、衰减递减（双曲递减的一种特例）、调和递减的变化规律。因此，在气田开发过程中对产量递减的研究主要应用这四种典型的产量递减预测模型。

（1）指数递减。

指数递减特征：$n=0$，由式（1-5-73）可知，$D=D_0$ 保持不变，因此又常称为"常百分数比递减、等百分数递减、等比级数递减、半对数递减"。根据递减率的定义即公式（1-5-71）分离变量并积分可得：

$$\int_0^t D dt = -\int_{Q_0}^Q \frac{dQ}{Q} \qquad (1-5-74)$$

指数递减期间产量随时间的变化关系为（指数递减 $Q\sim t$ 表达式）：

$$Q = Q_0 e^{-D_0 t} \qquad (1-5-75)$$

可用半对数表示为：

$$\lg Q(t) = \lg Q_0 - \frac{D_0}{2.3026}t \qquad (1-5-76)$$

利用气田生产数据绘制 $\lg Q$—t 关系曲线（图 1-5-64），如果是直线关系，则该气田产量递减符合指数递减规律，找出直线段，利用其斜率与截距计算初始产量与初始递减率。将初始产量与初始递减率代入指数递减 Q—t 表达式见式（1-5-76），可预测今后任一时刻的产量，或预测产量递减到某一值时所经历的开发时间。

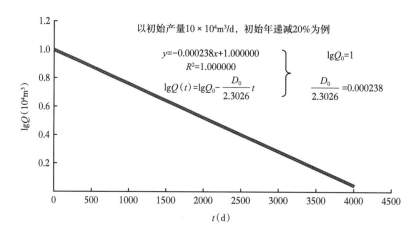

图 1-5-64 指数递减 $\lg Q$—t 关系示意图

指数递减期间累计产量 N_p 随时间变化的关系为（指数递减 N_p—t 表达式）：

$$N_p = \int_0^t Q\,dt = \int_0^t Q_0 e^{-D_0 t}\,dt = \frac{Q_0}{D_0}\left(1 - e^{-D_0 t}\right) \qquad (1-5-77)$$

由指数 Q—t 表达式（1-5-76）和 N_p—t 表达式（1-5-77）可得，当产量符合指数递减规律时，产量 Q 与累计产量 N_p 呈线性关系（指数递减 Q—N_p 表达式）：

$$N_p = \frac{Q_0 - Q}{D_0} \qquad (1-5-78)$$

指数递减随着时间推移，产量以恒定递减率下降，当时间无限长时，产量无限趋近于 0，此时的累计产量即为气井或气田最大累计产气量 N_{pmax}：

$$N_{pmax} = \frac{Q_0}{D_0} \qquad (1-5-79)$$

利用气田生产数据绘制 N_p—Q 关系曲线（图 1-5-65），如果是直线关系，则该气田产量递减符合指数递减规律，找出直线段，利用其斜率与截距计算初始产量与初始递减率。利用产量和累计产量公式见式（1-5-76）和式（1-5-77），可预测今后任一时刻的产量和累计产量，或预测当产量降低至某一值时可累计采出的天然气总量。当 $Q=0$ 时，$N_p=N_{pmax}$ 即可大致反映气井动态储量；当 Q 为技术废弃产量时，对应 N_p 即可反映气井的技术可采储量；当 Q 为经济废弃产量时，对应 N_p 即可反映气井的经济可采储量。

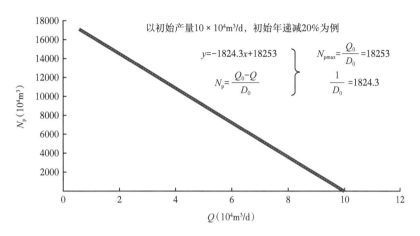

以初始产量10×10⁴m³/d，初始年递减20%为例

$y = -1824.3x + 18253$

$N_p = \dfrac{Q_0 - Q}{D_0}$

$N_{pmax} = \dfrac{Q_0}{D_0} = 18253$

$\dfrac{1}{D_0} = 1824.3$

图 1-5-65　指数递减 N_p—Q 关系示意图

（2）调和递减。

调和递减特征：$n=1$，由式（1-5-73）可知，递减率随时间推移不断下降。根据递减率的定义即公式（1-5-71）分离变量并积分可得：

$$\int_0^t \frac{D_0}{Q_0}\,\mathrm{d}t = -\int_{Q_0}^{Q} \frac{\mathrm{d}Q}{Q^2} \tag{1-5-80}$$

调和递减期间产量随时间的变化关系为（调和递减 Q—t 表达式）：

$$Q = \frac{Q_0}{1 + D_0 t} \tag{1-5-81}$$

式（1-5-81）为调和函数，因此该递减类型称为调和递减。当产量变化符合调和递减规律时，累计产量 N_p 与生产时间 t 关系为（调和递减 N_p—t 表达式）：

$$N_p = \int_0^t Q\,\mathrm{d}t = \int_0^t \frac{Q_0}{1 + D_0 t}\,\mathrm{d}t = \frac{Q_0}{D_0}\ln\left(1 + D_0 t\right) \tag{1-5-82}$$

式（1-5-81）与式（1-5-82）联立消去时间变量 t 得（调和递减 N_p—Q 表达式）：

$$\lg Q = \lg Q_0 - \frac{D_0}{2.303 Q_0} N_p \tag{1-5-83}$$

$$N_p = \frac{2.303 Q_0}{D_0}\lg\left(\frac{Q_0}{Q}\right) \tag{1-5-84}$$

利用气田生产数据绘制 $\lg Q$—N_p 关系曲线（图 1-5-66），如果是直线关系，则该气田产量递减符合调和递减规律，找出直线段，利用其斜率与截距计算初始产量与初始递减率。利用产量公式（1-5-81）和累计产量公式（1-5-82），可预测今后任一时刻的产量和累计产量，或预测当产量降低至某一值时累计可采出的天然气总量。

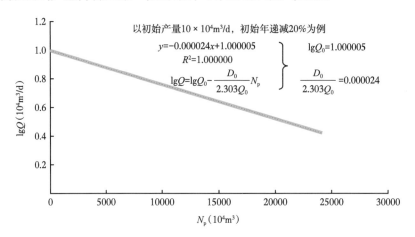

图 1-5-66　调和递减 $\lg Q$—N_p 关系示意图

由调和递减 Q—t 关系表达式可知，产量 Q 无法下降至 0，最大累计产量 N_{pmax} 可根据废弃产量或最大开采时间推算，假设废弃产量为 $0.1 \times 10^4 \text{m}^3/\text{d}$，则：

$$N_{pmax} = \frac{2.303 Q_0}{D_0} \lg \left(\frac{Q_0}{Q} \right) = \frac{2.303 Q_0}{D_0} \lg (10 Q_0) \tag{1-5-85}$$

（3）双曲递减。

双曲递减特征：$n=0~1$，由式（1-5-73）可知，递减率随时间推移不断下降。根据递减率的定义即公式（1-5-71）分离变量并积分可得：

$$\int_{Q_0}^{Q} \frac{\mathrm{d}Q}{Q^{1+n}} = -\int_0^t \frac{D_0}{Q_0^n} \mathrm{d}t \tag{1-5-86}$$

双曲递减期间产量随时间的变化关系为（双曲递减 Q—t 表达式）：

$$Q = \frac{Q_0}{\left(1 + n D_0 t\right)^{1/n}} \tag{1-5-87}$$

式（1-5-87）为双曲函数，因此该递减类型称为双曲递减。当产量变化符合双曲递减规律时，累计产量 N_p 与生产时间 t 关系为（双曲递减 N_p—t 表达式）：

$$N_p = \int_0^t Q \mathrm{d}t = \frac{Q_0}{D_0} \frac{1}{1-n} \left[\left(1 + n D_0 t\right)^{\frac{n-1}{n}} - 1 \right] \tag{1-5-88}$$

式（1-5-87）与式（1-5-88）联立消去时间变量 t 得（双曲递减 N_p—Q 表达式）：

$$N_p = \frac{Q_0^n}{D_0 (1-n)} \left(Q_0^{1-n} - Q^{1-n} \right) \tag{1-5-89}$$

当 $n < 1$ 时，双曲递减期内的最大累计产量 N_{pmax}（$Q=0$ 时）为：

$$N_{pmax} = \frac{Q_0}{D_0(1-n)} \qquad (1-5-90)$$

（4）衰减递减。

衰减递减特征：$n=0.5$，衰减递减是双曲递减的一种特例，其递减特征符合双曲递减通式，将 $n=0.5$ 代入双曲递减表达式，可得（衰减递减 Q—t 表达式）：

$$Q = \frac{Q_0}{(1+0.5D_0 t)^2} \qquad (1-5-91)$$

衰减递减 N_p—t 表达式：

$$\frac{1}{N_p} = \frac{Q_0 t}{1+0.5D_0 t} = \frac{1}{Q_0}\frac{1}{t} + \frac{D_0}{2Q_0} \qquad (1-5-92)$$

由衰减递减 N_p—t 表达式（1-5-92）可以看出，衰减递减期间累计产量的倒数 $1/N_p$ 与生产时间倒数 $1/t$ 呈线性关系（图 1-5-67），利用气田生产数据绘制 $1/N_p$—$1/t$ 关系曲线，如果是直线关系，则该气田产量递减符合衰减递减规律，找出直线段，利用其斜率与截距计算初始产量与初始递减率。代入 Q—t 表达式和 N_p—t 表达式，可预测今后任一时刻的产量和累计产量，或预测当产量降低至某一值时可累计采出气量。

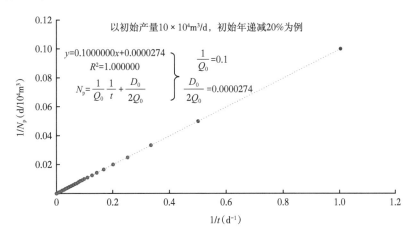

图 1-5-67　衰减递减 $1/N_p$—$1/t$ 关系示意图

衰减递减 N_p—Q 表达式：

$$N_p = \frac{Q_0 - \sqrt[2]{QQ_0}}{0.5D_0} \qquad (1-5-93)$$

双曲递减期内的最大累计产量 N_{pmax}（$Q=0$ 时）为：

$$N_{pmax} = \frac{2Q_0}{D_0} \qquad (1-5-94)$$

4）递减类型判断方法

产量的递减速度主要取决于递减指数和初始递减率。在初始递减率相同时，指数递减最快，双曲递减次之，调和递减最慢。在递减指数一定（递减类型相同）时，初始递减率越大，产量递减越快。

在实际生产过程中，因气田地质条件差异、生产政策不同等原因导致其递减类型各不相同，且在同一气田开发的整个递减阶段，其递减类型也并不是一成不变的。因此，应根据实际资料的变化对最佳递减类型做出可靠的判断。国内外常用的递减类型判断方法有：图解法、试差法、曲线位移法、典型曲线拟合法、二元回归及迭代法等。

（1）图解法。

根据实际生产数据，以表1-5-9中所列的基本关系式为理论基础，研究某两个变量之间的线性关系，从而判断其递减类型。该方法适用于指数递减、衰减递减及调和递减这三种具有固定 n 值的递减类型，若实际生产递减不能符合任一递减类型，而是符合双曲递减，则需要再用试差法或曲线位移法判断 n 值。

表1-5-9　各类型递减基本特征及判断依据对比表

递减类型	基本特征	基本关系式			判断依据
		Q—t	N_p—t	N_p—Q	
指数递减	$n=0$ $D=D_0$	$Q=Q_0 e^{-D_0 t}$	$N_p=\dfrac{Q_0}{D_0}\left(1-e^{-D_0 t}\right)$	$N_p=\dfrac{Q_0-Q}{D_0}$	$\lg Q$—t 或 Q—N_p 呈线性关系
衰减递减	$n=0.5$ $D<D_0$	$Q=\dfrac{Q_0}{\left(1+0.5D_0 t\right)^2}$	$N_p=\dfrac{1}{Q_0}\dfrac{1}{t}+\dfrac{D_0}{2Q_0}$	$N_p=\dfrac{Q_0-\sqrt[2]{QQ_0}}{0.5D_0}$	$1/N_p$—$1/t$ 呈线性关系
调和递减	$n=1$ $D<D_0$	$Q=\dfrac{Q_0}{1+D_0 t}$	$N_p=\dfrac{Q_0}{D_0}\ln\left(1+D_0 t\right)$	$N_p=\dfrac{2.303Q_0}{D_0}\lg\left(\dfrac{Q_0}{Q}\right)$	$\lg Q$—N_p 呈线性关系
双曲递减	$n=0\sim1$ $D<D_0$	$Q=\dfrac{Q_0}{\left(1+nD_0 t\right)^{1/n}}$	$N_p=\dfrac{Q_0}{D_0}\dfrac{1}{1-n}\left[\left(1+nD_0 t\right)^{\frac{n-1}{n}}-1\right]$	$N_p=\dfrac{Q_0^n}{D_0(1-n)}\left(Q_0^{1-n}-Q^{1-n}\right)$	

（2）试差法。

在经图解法判断递减特征不符合指数递减、衰减递减及调和递减这三种特殊递减模型后，需通过试差法确定双曲递减的具体 n 值。这是处理矿场资料的一种常用方法。

由双曲递减 Q—t 表达式变形可得：

$$\left(\frac{Q_0}{Q}\right)^n=1+nD_0 t \qquad (1-5-95)$$

利用气田生产数据中初始产量、生产时间、生产时间所对应的产量三组数据，取不同的 n 值（取值范围在0~1内），求取 $\left(\dfrac{Q_0}{Q}\right)^n$，并与对应生产时间 t 值绘制在直角坐标系内（图1-5-68）。当 $\left(\dfrac{Q_0}{Q}\right)^n$ 与生产时间 t 呈线性关系时，说明 n 值取值正确；若曲线上翘，说明 n 值取值偏大；若曲线下翘，说明 n 值取值偏小。

确定递减指数 n 值后，可根据直线斜率确定初始递减 D_0 数值。如图 1-5-68 中，通过试差法确定递减指数 $n=0.5$ 后，根据 $n=0.5$ 时直线斜率 $nD_0=0.000274$，可以确定 $D_0=0.000548$，即初始年递减为 20%。

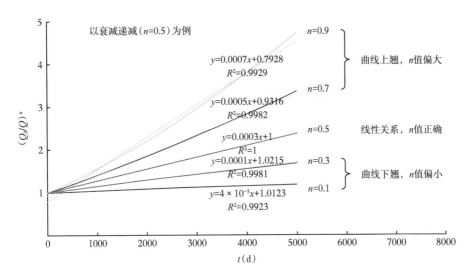

图 1-5-68　试差法确定双曲递减的 n 和 D_0 值

（3）曲线位移法。

在经图解法判断递减特征不符合指数递减、衰减递减及调和递减这三种特殊递减模型后，也可通过曲线位移法确定双曲递减的具体 n 值。由双曲递减 Q—t 表达式变形可得：

$$\frac{1}{n}\lg(1+nD_0t)=\lg Q_0-\lg Q \tag{1-5-96}$$

令 $C=\dfrac{1}{D_0n}$，则式（1-5-98）可变为：

$$\lg(C+t)=-\frac{1}{D_0C}\lg Q+\left(\frac{1}{D_0C}\lg Q_0+\lg C\right) \tag{1-5-97}$$

利用气田生产数据中初始产量、生产时间、生产时间所对应的产量三组数据，取不同的 C 值，求取 $C+t$，与此生产时间 t 所对应的产量 Q 绘制在双对数坐标内，当 $C=0$（即 n 为无穷大）时，曲线是一条明显下掉且与 $\lg Q$ 坐标轴交于 1 的曲线；当不断增大 C 值时，曲线上移且渐趋直线；当 $\lg$（$C+t$）与 $\lg Q$ 呈线性关系时（线性趋势线 $R^2=1$ 时），C 值取值正确；若 C 继续增大，则曲线继续上移，曲线形态上翘（图 1-5-69）。

确定 C 值后，可根据直线斜率确定初始递减 D_0 数值，进而确定递减指数 n 值。通过曲线位移法确定 $C=3650$ 后，根据 $C=3650$ 时直线斜率 $-\dfrac{1}{D_0C}=-0.5$，可以确定 $D_0=0.000548$，即初始年递减为 20%，再根据 $n=\dfrac{1}{D_0C}$，计算出 $n=0.5$，递减符合衰减递减规律。

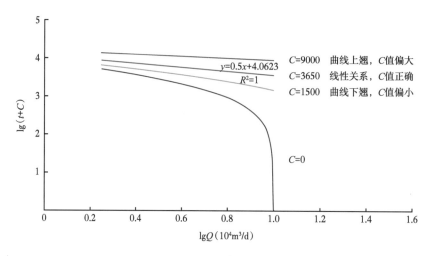

图 1-5-69　曲线位移法确定双曲递减的 n 和 D_0 值

2. 苏里格气田气井递减规律

苏 77-召 51 区块累计投产气井 800 余口，按照气井投产初期生产能力，将气井动态划分为Ⅰ类、Ⅱ类、Ⅲ类三种类型（图 1-5-70），不同类型气井具有不同的初始产量、初始递减率和不同的递减类型，应按照气井类型分类研究气井递减规律。

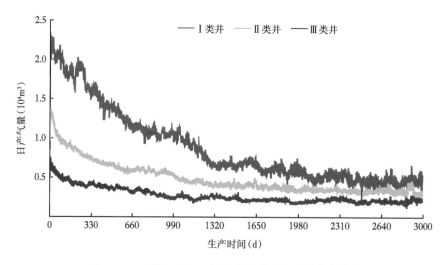

图 1-5-70　苏 77-召 51 区块分类井生产天数拉齐曲线

1）递减类型判断

首先应用图解法判断各类气井递减规律是否符合 Arps 递减中特殊递减规律（指数递减、调和递减、衰减递减）。

（1）图解法。

利用各类型气井生产数据，将生产时间 t 与对应时间产量放入半对数坐标系，绘制 $\lg Q—t$ 关系曲线，根据曲线是否为直线判断各类井递减规律是否符合指数递减模型。

由图 1-5-71 可见，Ⅰ类、Ⅱ类、Ⅲ类气井生产过程中，生产时间 t 与对应时间产量 Q 不存在半对数线性关系，从曲线形态来看，三条曲线都出现上翘情况，说明苏里格气井递减不符合指数递减规律，且曲线形态上翘说明气井递减指数 $n > 0$。所有气井平均产量同样如此。

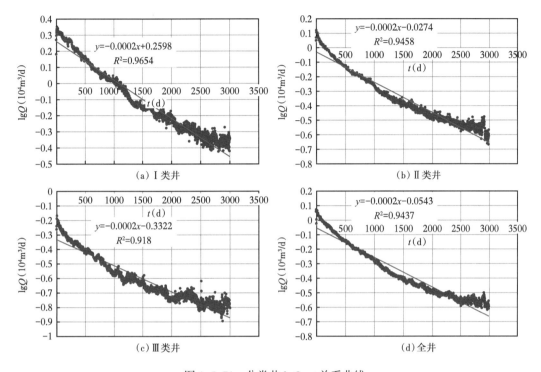

图 1-5-71   分类井 $\lg Q$—t 关系曲线

同样，可以利用气田生产资料中产量与累计产量是否呈线性关系来判断气井递减是否符合指数递减模型，如图 1-5-72 所示，各类井 Q—N_p 不呈一条直线，且曲线上翘趋势明显，说明区块气井递减不符合指数递减模型，且递减指数 $n > 0$。

判断气井递减不符合指数递减后，通过各类气井产量对数与累计产量是否呈直线关系判断气井递减是否符合调和递减模型。如图 1-5-73 所示，各类井产量对数 $\lg Q$ 与累计产量 N_p 之间都不呈线性关系，且曲线形态都有不同程度下翘，说明各类井产量递减不符合调和递减模型，且从曲线形态可以判断，其递减指数 $n < 1$。所有气井平均产量同样如此。

上述分析可以看出，苏里格气田气井递减规律既不符合指数递减模型，也不符合调和递减模型。从曲线形态可以判断，其递减指数 n 介于 0~1 之间，符合双曲递减模型。这种情况下，可先依据气井生产时间倒数 $1/t$ 与累计产量倒数 $1/N_p$ 是否存在线性关系来判断其递减规律是否符合衰减递减模型，也可直接通过试差法或曲线位移法确定 n 值。

利用气田实际生产数据，绘制各类井 $1/t$—$1/N_p$ 关系曲线，由图 1-5-74 可见，无论是各类井还是所有井平均数据，气井生产时间倒数 $1/t$ 与累计产量倒数 $1/N_p$ 都存在线性关系，说明苏里格气田气井递减符合衰减递减模型。

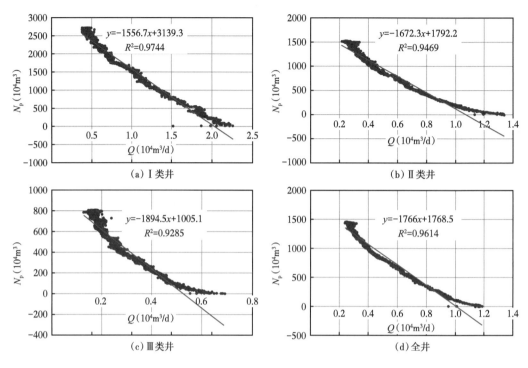

图 1-5-72　分类井 Q—N_p 关系曲线

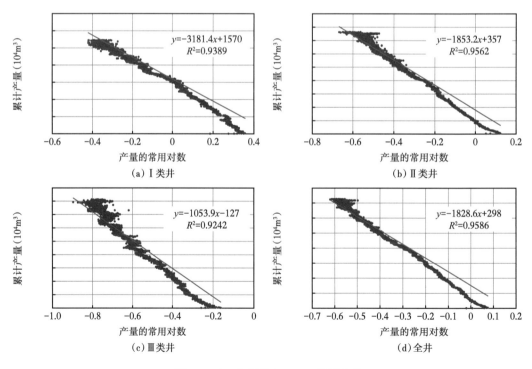

图 1-5-73　分类井 $\lg Q$—N_p 关系曲线

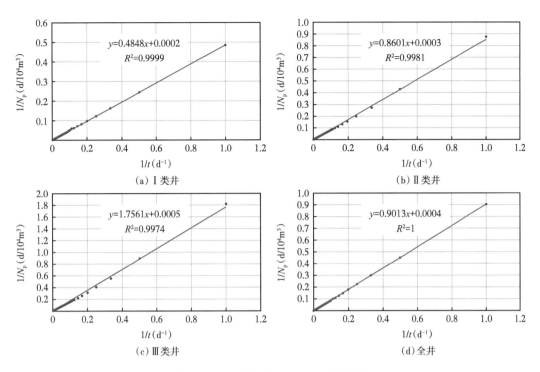

图 1-5-74　分类井 $1/t$—$1/N_p$ 关系曲线

（2）试差法。

上述过程中，在应用图解法确定气井递减不符合指数递减与调和递减，且递减指数 n 介于 0~1 后，也可通过试差法直接确定递减指数 n 值。

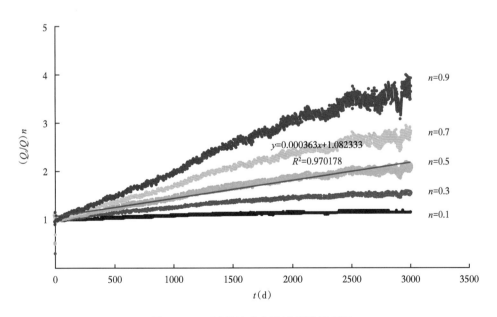

图 1-5-75　试差法确定递减指数示意图

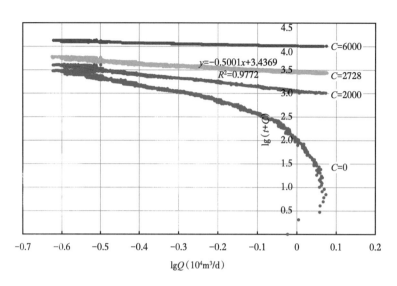

图 1-5-76　曲线位移法确定递减指数示意图

如图 1-5-75 所示，将初始产量与时间 t 对应产量比值的 n 次方 $\left(\dfrac{Q_0}{Q}\right)^n$ 与时间 t 绘制

在直角坐标系内，在 0~1 范围内调整 n 值，当 $n=0.5$ 时，$\left(\dfrac{Q_0}{Q}\right)^n$—$t$ 关系趋近于直线，因

此区块气井递减规律符合衰减递减模型。分类井应用同样方法可判断区块 I 类、II 类、III
类井递减规律都基本符合衰减递减模型。

（3）曲线位移法。

在应用图解法确定气井递减不符合指数递减与调和递减，且递减指数 n 介于 0~1 之间
后，同样也可通过曲线位移法直接确定递减指数 n 值。

令 $C = \dfrac{1}{D_0 n}$，将 $\lg\left(C+t\right)$ 与 $\lg Q$ 绘制在直角坐标系中，调整 C 值使之呈直线形态，

如图 1-5-76 所示，当 $C=2728$ 时曲线趋近直线形态，此时直线斜率的相反数即为 n 值，
由图可知，全井平均产量递减规律符合衰减递减。

2）递减模型参数计算

确定气井递减规律符合衰减递减模型后，结合衰减递减 N_p—t 表达式及 $1/t$—$1/N_p$ 关系
曲线的斜率、截距，可最终确定衰减递减模型中的初始产量与初始递减率。

以苏 77-召 51 区块 I 类直丛井为例，$1/t$—$1/N_p$ 关系曲线呈一条直线，说明递减规律
符合衰减递减模型，其斜率 $1/Q_0=0.4848$，截距 $\dfrac{D_0}{2Q_0}=0.000184$，由此可计算出 I 类直丛

井初始产量 $Q_0=2.06\times10^4 \mathrm{m^3/d}$，初始递减 $D_0=0.000759$。代入衰减递减 Q—t 表达式可得到
完整的 I 类直丛井产量递减模型（图 1-5-77 和图 1-5-78 ）。

确定递减模型后，可以通过递减特征简单预测气井指标，如 I 类直丛井预测最终累计

产量可通过 $N_p = \dfrac{Q_0 - \sqrt[2]{QQ_0}}{0.5D_0}$ 将废弃产量代入公式计算，以废弃产量 $0.1\times10^4 \mathrm{m^3/d}$ 为例，计

算Ⅰ类直丛井经济可采储量 $4238×10^4 m^3$，动态储量 $N_{pmax} = \dfrac{2Q_0}{D_0} = 5435×10^4 m^3$。

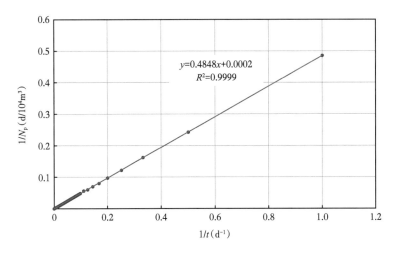

图 1-5-77　Ⅰ类直丛井 $1/t$—$1/N_p$ 关系曲线

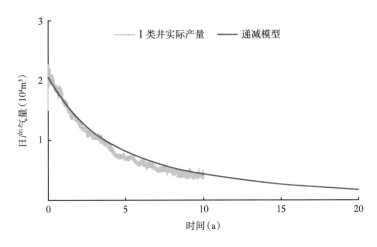

图 1-5-78　Ⅰ类直丛井递减模型曲线

Ⅱ类直丛井初始产量 $Q_0=1.26×10^4 m^3$，初始递减 $D_0=0.000918$。代入衰减递减 Q—t 表达式得到完整Ⅱ类直丛井递减模型，以废弃产量 $0.1×10^4 m^3/d$ 为例，Ⅱ类直丛井经济可采储量为 $1962×10^4 m^3$，动储量 $N_{pmax} = \dfrac{2Q_0}{D_0} = 2733×10^4 m^3$（图 1-5-79 和图 1-5-80）。

Ⅲ类直丛井初始产量 $Q_0=0.62×10^4 m^3/d$，初始递减 $D_0=0.000838$。代入衰减递减 Q—t 表达式可得到完整的Ⅲ类直丛井产量递减模型，以废弃产量 $0.1×10^4 m^3/d$ 为例，计算Ⅲ类直丛井经济可采储量为 $894×10^4 m^3$，动储量 $N_{pmax} = \dfrac{2Q_0}{D_0} = 1490×10^4 m^3$（图 1-5-81 和图 1-5-82）。

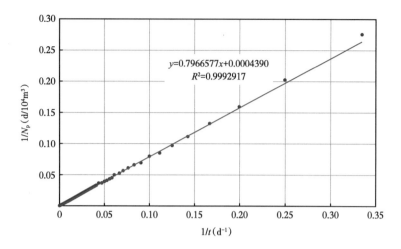

图 1-5-79　Ⅱ类直丛井 $1/t$—$1/N_p$ 关系曲线

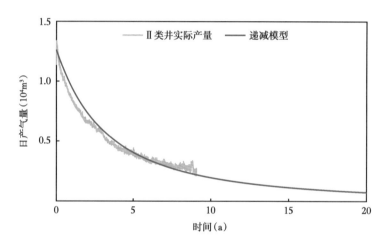

图 1-5-80　Ⅱ类直丛井递减模型曲线

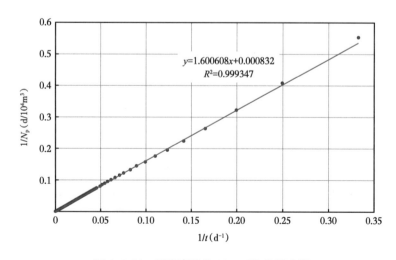

图 1-5-81　Ⅲ类直丛井 $1/t$—$1/N_p$ 关系曲线

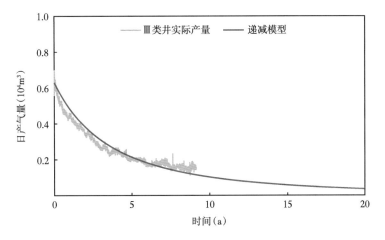

图 1-5-82　Ⅲ类直丛井递减模型曲线

第二篇　钻井工程

第一章 钻完井技术概述

苏 77-召 51 区块为典型的"三低"(低压、低渗、低丰度)致密气藏,地层承压能力低,气水关系复杂。自 2009 年以来,开发思路由从以直丛井为主 → 直丛井 + 水平井 → 水平井为主转变,实现了直丛井低效开发向水平井高效开发的根本转变。为适应开发思路的转变,钻井工程井身结构、钻完井方式不断优化,形成了直井 / 定向井快速钻井、小井眼钻完井、二开水平井、三开水平井优快钻井等多项技术系列,降低钻完井成本,满足了气井全生命周期生产需求,提高了苏里格气田东区北部钻井开发整体水平和经济效益(表 2-1-1)。

表 2-1-1 钻完井方式优化调整历程表

气井类型	钻完井方式		
	2009—2012 年	2013—2016 年	2017 年至今
直井 / 定向井	ϕ244.5mm 表层套管 + ϕ139.7mm 生产套管	主体:"ϕ244.5mm 表层套管 + ϕ139.7mm 生产套管"	主体:"ϕ244.5mm 表层套管 + ϕ139.7mm 生产套管" 试验:"ϕ193.7mm 表层套管 + ϕ114.3mm 生产套管" 小井眼
	固井采用"穿鞋带帽"方式	采用一次上返,全井段封固	主体采用一次上返,全井段封固
水平井	"ϕ273mm 表层套管 + ϕ177.8mm 技术套管 + 裸眼 ϕ114.3mm 生产套管"三开		主体:"ϕ273.1mm 表层套管 + ϕ139.7mm 生产套管"二开和"ϕ273mm 表层套管 + ϕ177.8mm 技术套管 + ϕ114.3mm 气管套管"三开
	尾管不固井完井	主体采用尾管不固井完井	套管固井完井

第一节 技术发展历程

苏 77-召 51 区块钻完井技术经历了三个阶段。第一阶段为直丛井评价气藏阶段,应用成熟的钻完井技术,主要采用二层套管井身结构,同时研发了保护致密气藏储层的钻井液体系。第二阶段为直丛井 + 水平井阶段,此阶段主要开展了丛式井组、小井眼井试验和水平井裸眼完井,取得了一些成果认识,但未达到预期效果。第三阶段为水平井开发阶段,在前期大量技术研究和试验基础上,经过不断探索,形成了适应高含水气藏开发的二开水平井、三开水平井、侧钻水平井套管完井为主的主体技术。

一、直丛井评价气藏阶段

2012 年以前(苏 77-召 51 区块气藏评价阶段),由于对气藏地质和开发方式认识不够,钻完井技术属于探索阶段,直接采用了二层套管的井身结构和三磺钻井液体系。

二、扩大优化方式和特殊工艺井试验阶段

2013—2021 年，为快速建产，降低整体开发投资，开展了三个阶段钻井技术攻关。

1. 第一阶段：丛式井组和直井 / 定向井快速钻井技术攻关

2013 年起，苏 77-召 51 区块进入丛式井组开发阶段，为加快定向井钻井速度和丛式井开发步伐，针对丛式井施工中地层研磨性强、井眼轨迹控制难、钻井速度慢、钻井成本高的难题，从井身剖面优化、钻头优选改进、井眼轨迹控制、钻井液体系应用等方面开展技术攻关和现场试验。通过优选 PDC 钻头及低速螺杆，优化钻具组合及井眼轨迹剖面，优化钻进参数，实现了定向井二开两趟钻完钻，减少了提下钻次数，缩短了钻井周期。苏 77-召 51 区块完钻平台直丛井，平均井深 3213.50m，平均钻井周期 16.92d。

2. 第二阶段：小井眼技术攻关

结合致密气藏开采特征，采用逆向思维、正向设计，从满足气井全生命周期生产、压裂提高单井产量、低成本钻完井技术需求出发，对常规二开直井 / 定向井井身结构进行优化，形成了 $\phi165.1mm$ 井眼 $+\phi114.3mm$ 套管 $+\phi60.3mm$ 油管的"三小"完井方式（图 2-1-1）。

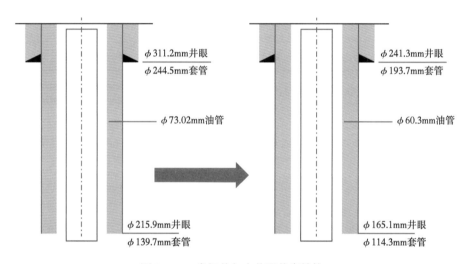

图 2-1-1　常规井与小井眼井身结构

针对小井眼钻井，通过钻具优化、优选高效钻头和提升钻井液性能等关键技术攻关，小井眼钻完井技术基本定型并推广应用。截至目前，区块累计完钻小井眼井 31 口，钻井周期 11.8d，较常规井缩短 4.3d。同时，套管、钻井液等材料消耗和岩屑产出量减少 35%~45%，建井投资较常规井单井节约 27.2 万元（图 2-1-2 和图 2-1-3）。

3. 第三阶段：水平井钻井研究及试验

为提高苏 77-召 51 区块主力层盒 8 段开发效果，从 2010 年开始部署水平井，在直丛井中加密布置了 6 口水平井进行试验，希望通过水平井水平段沟通更多砂体，提高单井产量。主要从水平井井身结构优化、储层保护技术和完井方式等方面攻关。2011—2016 年完钻水平井 52 口，平均钻井周期 68d，水平段长平均 1020m。前期主要以混合井组（直井 / 定向井 + 水平井）开发模式为主，水平井完井管柱组合为 $\phi177.8mm$ 套管悬挂 $\phi114.3mm$ 管柱，KQ103-105 压裂井口、裸眼封隔器分段压裂合试求产。

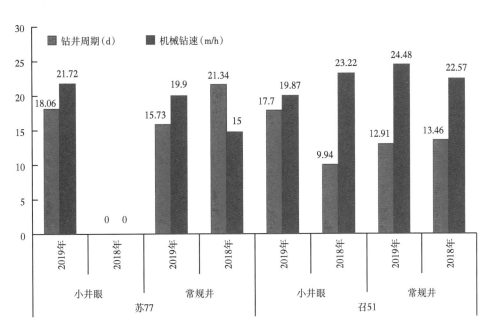

图 2-1-2 常规井与小井眼钻井指标对比

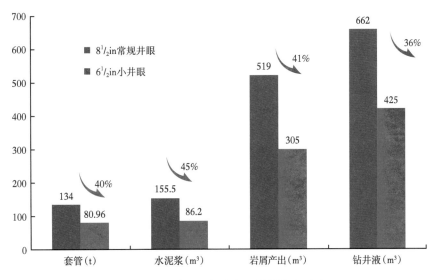

图 2-1-3 常规井与小井眼材料节省对比

2016 年以后，水平井由三开井身结构裸眼完井向三开井身结构套管完井和二开井身结构套管完井转变。2019 年至今，增大了水平井及二开水平井占比，并完成裸眼封隔笼统改造向固井完井桥塞精细压裂转变。根据开发方案、地质设计、压裂工艺要求，攻关形成了"三维轨迹双二维化"剖面创新设计、水平井井身结构及井眼轨道优化设计、防塌钻井液体系研发、提速工具分析应用及"大排量、高转速、重钻压"激进参数模板推广等系列技术（图 2-1-4）。

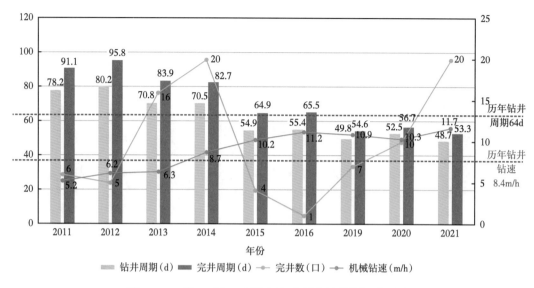

图 2-1-4 苏 77-召 51 区块历年水平井钻井指标对比图

工区水平井井眼钻井采用三开井身结构：

一开采用 φ241.3mm 钻头钻至 502m，下入 φ193.7mm 套管，常规水泥浆返至地面，封固洛河水层，为下一步施工提供良好条件；

二开采用 φ222.3mm 钻头钻至设计井深，下入 φ177.8mm 技术套管，采用双凝双密度水泥浆体系固井，水泥返至地面；

三开采用 φ152.4mm 钻头钻水平段至完钻井深，下入 φ114.3mm 生产套管，水泥返至气层以上 300m（图 2-1-5）。

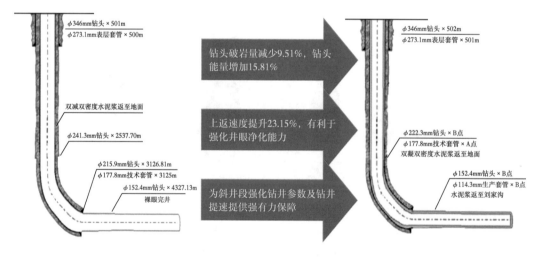

图 2-1-5 井身结构优化图

针对"二开"长裸眼段易漏和易塌的难题，通过采用抑制防塌钻井液、低密高强水泥体系及提速配套等技术攻关，优化形成二开水平井钻完井技术。2020 年完钻二开水平井

4 口，平均完钻井深 4222m，平均水平段长度 1060m，平均钻井周期 42.44d，完井周期 46.46d，钻机月速度 3581m/（台·月），机械钻速 12.03m/h。其中最长水平段长度 1600m，与常规水平井相比，单井节约钻井成本 100 万元（图 2-1-6，图 2-1-7 和表 2-1-2）。

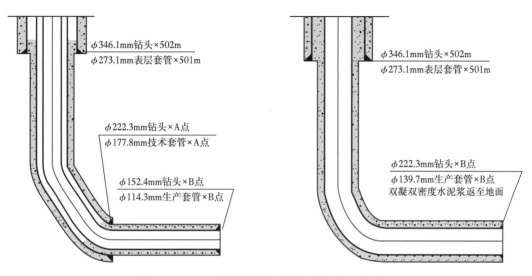

图 2-1-6　二开井身结构水平井与常规水平井对比

A 点代表入靶点；B 点代表终靶点

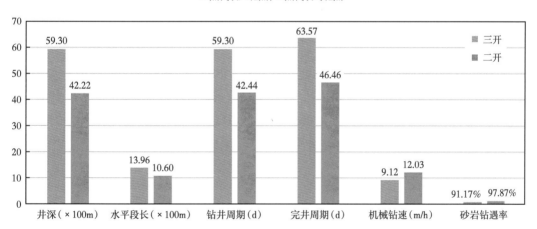

图 2-1-7　二开水平井与常规水平井指标对比

表 2-1-2　二开水平井与常规水平井成本对比　　　　　　　　　　　单位：万元

对比内容	二开 （L=1000m）	三开 （L=1000m）	单项节约	共计节约
套管费用	117.01	173.60	56.59	101.11
进尺费用	534.45	582.72	48.27	
固井费用	46.15	42.40	-3.75	

针对三维水平井狗腿度偏大、井壁失稳风险高、井下易发生阻卡、定向施工难度高、造斜段机械钻速低等问题。采用双二维轨道设计，在上部稳定砂岩地层造斜，在小井斜井段完成扭方位，减小造斜段狗腿度，使入靶前轨道更加平缓，降低水平段钻具摩阻（图2-1-8）。

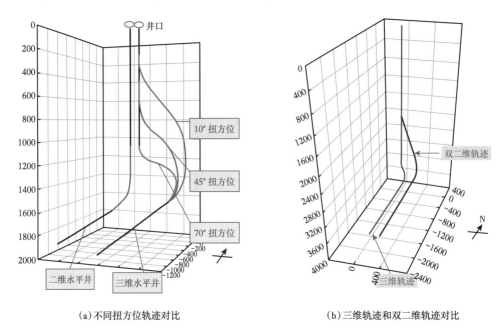

（a）不同扭方位轨迹对比　　　　　　　（b）三维轨迹和双二维轨迹对比

图 2-1-8　三维水平井轨道设计图

（1）试验侧钻水平井，探索多层系开发。根据区块气藏地质特征，采用套管内开窗方式，应用小尺寸152.4mm钻头钻至完钻井深，下入114.3mm套管，水泥浆返至技术套管内300m以上或气层以上300m。2020年试验苏77-18-35CH侧钻水平井，完钻井深4326m，水平段长997.2m，钻井周期45.29d，完井周期49.33d，机械钻速10.51m/h，砂岩段长度997.2m，砂岩钻遇率100%。有效砂岩长度835m，有效砂岩钻遇率83.5%（图2-1-9）。

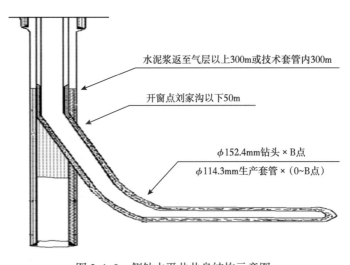

图 2-1-9　侧钻水平井井身结构示意图

（2）试验直井／斜井改水平井，加快转变开发方式。为落实微构造和砂体变化情况，避免入靶落靶误差，保证有效砂岩钻遇率，先实施直井／斜井完成录测井资料录取后，根据实钻情况侧钻为水平井。目前直井／斜井改水平井完钻6口（含1口二开试验井），平均完钻井深4641m（不含导眼井段），平均水平段长度1369m，平均钻井周期78.8d，完井周期85.2d，平均钻机月速度1830m/（台·月），平均机械钻速6.68m/h。其中最长水平段长2000m（表2-1-3和图2-1-10）。

表 2-1-3 试验直井／斜井改水平井

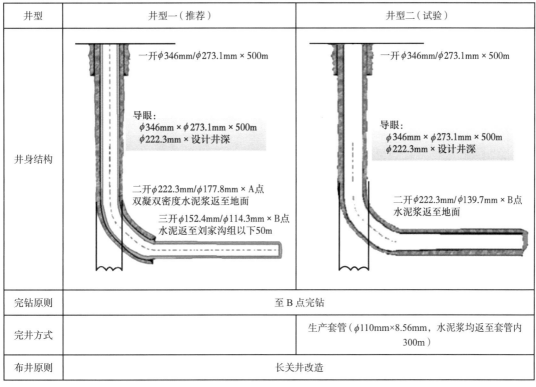

井型	井型一（推荐）	井型二（试验）
井身结构	一开φ346mm/φ273.1mm×500m 导眼： φ346mm×φ273.1mm×500m φ222.3mm×设计井深 二开φ222.3mm/φ177.8mm×A点 双凝双密度水泥浆返至地面 三开φ152.4mm/φ114.3mm×B点 水泥返至刘家沟组以下50m	一开φ346mm/φ273.1mm×500m 导眼： φ346mm×φ273.1mm×500m φ222.3mm×设计井深 二开φ222.3mm/φ139.7mm×B点 水泥浆返至地面
完钻原则	至B点完钻	
完井方式	生产套管（φ110mm×8.56mm，水泥浆均返至套管内300m）	
布井原则	长关井改造	

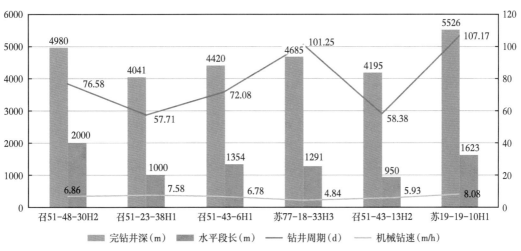

图 2-1-10 试验直井／斜井改水平井钻井指标

第二节   取得的成效

一、直井 / 定向井快速钻井技术进步，助力区块快速建产

通过优选 PDC 钻头、优化钻具组合，形成以"PDC+ 螺杆"复合钻井、"四合一"钻具轨迹控制为核心的快速钻井技术，制定了丛式定向井提速 7 项措施，同时做好井漏、电测遇阻等复杂情况防治，取得了较好的提速效果。2016—2020 年累计钻完井 442 口，钻井周期由 16.9d 缩短为 13.81d，降幅 18.3%，机械钻速提高 39.2%，提速效果明显（图 2-1-11）。

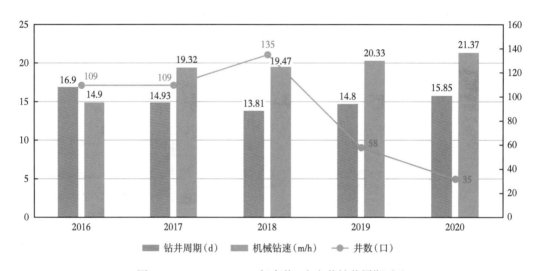

图 2-1-11   2016—2020 年直井 / 定向井钻井周期对比

二、小井眼钻完井技术成熟，降本增效效果明显

采用"逆向思维，正向运行"思路，以区块气藏地质特点倒推适合本区块的生产管柱，确定压裂工艺及完井方式，最终从 3 种备用方案中优选出小井眼井身结构。工区小井眼钻井采用二开井身结构：

一开采用 ϕ241.3mm 钻头钻至 501m，下入 ϕ193.7mm 套管，常规水泥浆返至地面，封固洛河水层，为下一步施工提供良好条件；

二开采用 ϕ165.1mm 钻头钻至设计井深，下入 ϕ114.3mm 套管，常规水泥浆返至气层顶界以上 300m，低密高强水泥浆返至地面。

2018 年完钻 9 口小井眼井，平均钻井周期 9.93d，平均完井周期 13.19d，平均机械钻速 21.40m/h，较 2017 年常规井提速 32.2%，较 2018 年同期常规井提速 28.5%，对比常规井单井钻屑产出量减少 44%，提速提效明显。小井眼井与常规井钻井指标对比情况如图 2-1-12 所示，小井眼井钻井数据统计见表 2-1-4。

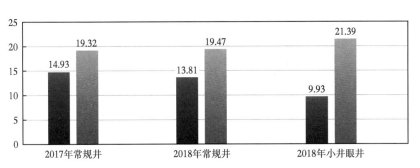

图 2-1-12 小井眼井与常规井钻井指标对比图

表 2-1-4 小井眼井钻井数据统计表

井 号	井 型	完钻井深（m）	钻井周期（d）	完井周期（d）	纯钻时间（h）	机械钻速（m/h）	水平位移（m）
召 51-31-X	开发定向	2905	10.88	14.25	133	21.84	539.74
召 51-51-X	开发直井	3011	10.96	15.21	140	21.51	—
召 51-29-X	开发定向	2981	8.58	11.33	126	23.57	779.24
召 51-31-X	开发定向	3003	11.08	14.96	165	18.20	821.90
召 51-30-X	开发定向	2864	7.33	10.00	121	23.67	337.14
召 51-25-X	开发定向	3115	11.96	15.13	186	16.75	868.58
召 51-30-X	开发定向	2990	7.42	10.00	118	25.34	792.49
召 51-32-X	开发定向	3232	10.92	14.83	146	22.14	1200.05
召 51-32-X	开发定向	3193	10.33	13.00	163	19.59	1220.34

三、创新三维水平井优快钻井技术，助推区块开发转型

针对水平井三维井眼轨迹复杂、钻具托压严重、制约水平段延伸长度等问题，通过建立全井段钻具力学模型，分段分析钻具截面载荷，优化钻具组合，以加重钻杆代替部分钻铤，减少下部钻具组合刚度，钻具摩阻降低了 10%~24%，复合钻进比例提高 17%（图 2-1-13）。

通过制定实施针对性技术措施，完成 2 口井超 2000m 水平段长水平井；2015 年完成的召 51-34-XXH2 井实现直井段、造斜段、水平段三个"一趟钻"；召 51-34-XXH2 井钻井周期 33.63d，完井周期 41.96d；创当年苏里格气田水平井施工新纪录（图 2-1-14）。

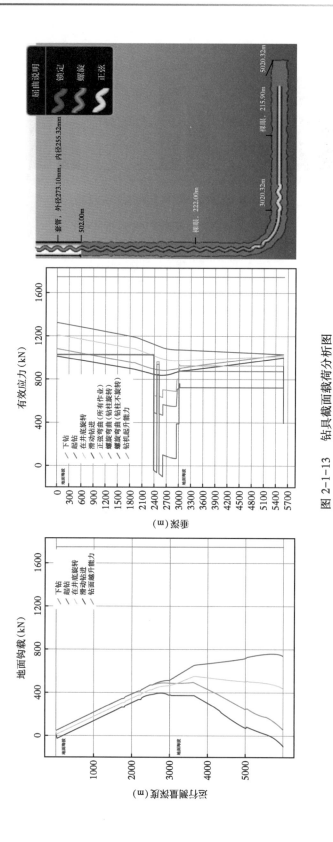

图 2-1-13　钻具截面载荷分析图

优化项目	措施	目标
全井轨迹优化	"直井段+造斜段"结合，放宽靶前位移	狗腿度由（7°~8°）/30m下降5°/30m以内
三维转二维	小井斜井段完成扭方位，增加稳斜复合钻进井段比例	
三维导眼井	提高导眼井轨迹造斜段与水平井造斜段重合比例	减少回填进尺8%~20%
分段优化	精细化设计，一段一狗腿度	造斜段机速提高5%造斜段复杂率≤1%
承压堵漏	优化堵漏剂，使地层承压≥1.40g/cm³	
提高钻遇率	采用地质导向+MWD	砂岩钻遇率≥90%

水平井井眼轨迹优化措施

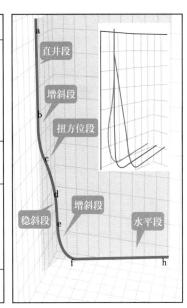

三维转二维轨迹优化措施

图 2-1-14 水平井三维轨迹优化方案

四、二开水平井规模应用

二开水平井与三开水平井相比可节省进尺和技术套管费用，缩短钻井周期10d以上。采用ϕ139.7mm完井套管，与三开水平井ϕ114.3mm完井套管相比，压裂施工排量可提高4m³/min，有利于增加改造规模，提高缝控储量。单井可节省投资97.11万元。

自2020年试验第一口二开水平井以来，攻克了刘家沟井漏、双石层井塌、裸眼长摩阻大等难题，二开水平井技术走向成熟，2021年以后规模应用，已有多项指标创苏里格区块二开水平井纪录。召51-27-34H6井钻井周期为21.71d，创苏里格区域二开水平井最短纪录；召51-27-34H2水平段长1500m，创苏里格区域二开水平井水平段最长纪录。

五、制定提速模板，推进水平井"三个一趟钻"

制定《苏77-召51区块钻井提速模板》，规范钻井参数、高效PDC钻头优选、提速工具等集成应用，推行标准化钻井，有效提升整体钻井水平。其中直井段"一趟钻"均已实现，召51-32-43H1井实现造斜段一趟钻，召51-43-8H2井1300m水平段实现一趟钻（水平段6.13d完钻）（图2-1-15）。

六、攻关形成水平段窄间隙固井技术

为满足水平井套管完井、桥塞射孔联作、细分切割体积压裂工艺需求，提高水平段小尺寸套管固井质量至关重要。针对水平段环空间隙小、遇阻卡风险大、顶替效率低等难点，开展了力学分析、水泥浆体系、顶替效率等研究试验，采用纺锤形弹性扶正器及滚轮扶正器，优化扶正器数量和安放位置，水平段套管居中度提高15%，下套管摩阻降

277

低 20%；优选超低密度水泥浆体系和施工排量，增加水泥石韧性，提高顶替效率；优化水泥浆配方，领浆加入堵漏材料提高防漏性能，增加尾浆增韧剂浓度，增强气层段水泥环韧性。完成水平井固井质量合格率 100%，气层段优质率达 65%，提高了 10%。

图 2-1-15　苏 77-召 51 区块钻井提速模板

第二章 丛式井组快速钻井技术

苏 77-召 51 区块气藏评价和快速建产阶段，以丛式井组开发方式为主，实现纵向多层系开发，形成了丛式井组钻井、压裂一体化的工厂化作业模式。在 500m×650m 井网条件下，根据平台第一口井显示情况，采用 3~5 口井数量的平台钻井模式，既保证有效动用气藏储量，也可以减少修建新井场费用。同时采用"S"形井眼轨迹设计，以吊直段的方式进入目的层，扩大气层探测深度，为平台井压裂施工提供单层位和多层位的选择方式。

第一节 丛式井组钻井难点

丛式井与单井场相比，可以显著减少井场和输气管网征地面积，多井共用一条输气管线，可大大减少输气管线长度。与单井场相比，存在着施工周期长、新井贡献率低、井间防碰要求高等难题。

一、地层特点及钻井技术难点

（1）表层流砂厚度大，易发生井口、底座塌陷；

（2）洛河组、安定组、直罗组、延安组沉积松软易斜，防斜打快矛盾突出；

（3）延长组、纸坊组含砾石、夹层多，易造成 PDC 钻头牙齿提前损坏；

（4）刘家沟组底部易漏；

（5）石千峰组、石盒子组研磨性强且含大段砾石层，钻头、钻具及井下工具摩阻严重；

（6）山西组、太原组存在多套煤层，煤层垮塌造成电测遇阻、划眼，甚至卡钻；

（7）增斜、稳斜段长，方位变化规律难寻，频繁调整方位，影响提速。

二、丛式井组井数优化

1. 丛式井平台井组数量

井场井距为 500m×650m，以一个平台实现最大控制井网面积为原则确定丛式井数量，同时要满足尽快投产要求，提高新井贡献率。通过优化，一个平台可实现井网 2~15 个地下目标控制点，平台可控制的最大面积达到 1.92km² （图 2-2-1）。

2. 丛式井平台位置确定

部署平台主要考虑以下几个方面：

（1）平台选址和修建时应满足开发方案和集输系统的要求；

（2）充分利用自然环境、地理地形条件，尽量减少钻前施工工作量；

（3）一般将平台布置于井网的几何中心，使平台内所钻井总水平位移最小；

（4）考虑道路和优化井眼轨迹需要，按井组钻井总进尺最少来确定平台位置。

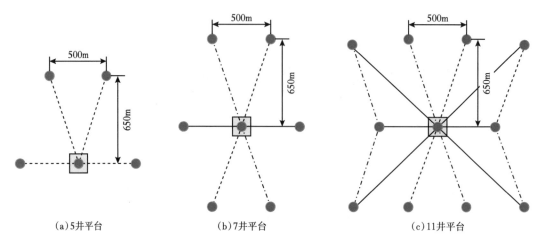

（a）5井平台　　　　　　（b）7井平台　　　　　　（c）11井平台

图 2-2-1　丛式井组优化井网示意图

在以上平台位置布局原则基础上，为使丛式井组内总水平位移最小，将平台在井网中的位置确定为井网中心，且利用一口直井，合理分配平台内各井相对应的目标点，避免平台内出现两口井空间交叉，减少轨迹控制难度（表 2-2-1）。

表 2-2-1　丛式井组部署各种方式表

平台内井丛数	组合方式
3	1 口直井 +2 口定向井
4	1 口直井 +3 口定向井
5	1 口直井 +4 口定向井
6	1 口直井 +5 口定向井
7	1 口直井 +6 口定向井
11	1 口直井 +10 口定向井
15	1 口直井 +14 口定向井

3. 丛式井平台内井口排列方式

平台位置确定后，根据平台内各目标点与平台位置的关系，确定各目标井的布局。根据平台井组数量，避免防碰，确定平台内地面井口排列方式。主要考虑以下几个方面：

（1）"甜点"有利区，根据电测结果扩展；

（2）地面服从地下；

（3）有利于钻机搬迁；

（4）井场面积最小；

（5）满足钻井、压裂、试气及修井作业空间要求；

（6）满足尽快投产要求。

结合平台井组数量、钻井防碰要求及采气、修井作业空间要求，确定平台内井组选择

"单排直线型"排列方式（图 2-2-2）。此方式适合井组较少的平台，有以下优点：

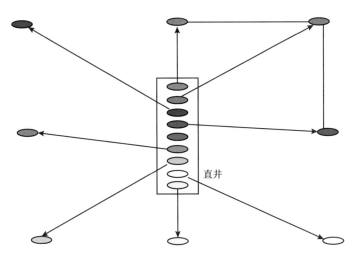

图 2-2-2　平台内各井与目标点之间的关系

（1）有利于钻机搬迁，前几口井只需移动钻机和动力系统，无需移动循环系统，将循环罐平行摆放在中间井位置，其他井钻进时只需加长高架循环槽，井场发电机组、供热系统、油水罐、各类井场用房等一次性就位，不再移动；

（2）相对于双排丛式井平台，该平台所需钻井井场面积较小。

平台内相邻井最小间距为 5~10m，具体可根据防碰、采气后续施工作业要求确定（图 2-2-3）。

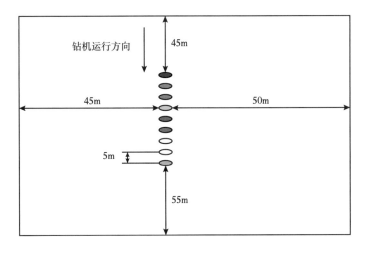

图 2-2-3　ZJ40 钻机平台布置示意图

若以一个平台 9 口井组，一部 ZJ40 钻机施工为例计算平台井场面积：

（1）长度 =45+55+5×（9-1）=140m；

（2）宽度 =40+50=90m；

（3）平台面积 = 长度 × 宽度 =1.26km²。

4. 丛式井组施工顺序

先钻水平位移大、造斜点浅的井，后钻水平位移小、造斜点深的井和直井。

三、丛式井组井数剖面及防碰优化

根据 500m×650m 井网布局，平台内定向井的位移有 800m、1400m 两种，井眼轨道设计在满足地质目标前提下，还需考虑后续采气、修井等对轨道的要求。采气工程中柱塞气举对井眼的要求为：最大井斜角控制在 35° 以下，造斜率控制在 5°/30m 以内。

1. "直—增—稳—降" 井身剖面

根据纵向上钻遇地层普遍的岩石特性及可钻性规律，设计采用"直—增—稳—降"型井身剖面，减少上部直井段防斜、防碰井段的段长，克服直井段防斜与打快的矛盾。把定向、增斜、稳斜施工上提到上部可钻性较好的地层完成，下部可钻性差的地层，利用地层自然降斜，采用常规钻具组合，最大程度释放钻压，提高钻速（表 2-2-2 和表 2-2-3）。

表 2-2-2 "直—增—稳—降"井身剖面数据表（以位移 800m 为例）

井段	井深（m）	段长（m）	井斜角（°）	方位角（°）	垂深（m）	N（+）/S（-）坐标（m）	E（+）/W（-）坐标（m）	水平位移（m）	造斜率[（°）/30m]
直井段	550.00	550.00	0	300	550.00	0	0	0	0
造斜段	780.00	230.00	23.00	300	773.87	22.77	−39.45	45.55	3.00
稳斜段	2400.00	1620.00	23.00	300	2265.09	339.27	−587.63	678.53	0
降斜段（靶点）	2852.81	452.81	8.21	300	2700.00	400.00	−692.82	800.00	−0.98
井底	3256.95	404.14	8.21	300	3100.00	428.86	−742.80	857.71	0

表 2-2-3 "直—增—稳—降"井身剖面数据表（以位移 1400m 为例）

井段	井深（m）	段长（m）	井斜角（°）	方位角（°）	垂深（m）	N（+）/S（-）坐标（m）	E（+）/W（-）坐标（m）	水平位移（m）	造斜率[（°）/30m]
直井段	530.00	530.00	0	300	530.00	0	0	0	0
造斜段	930.00	400.00	40.00	300	898.29	67.02	−116.09	134.05	3.00
稳斜段	2400.00	1470.00	40.00	300	2024.38	539.47	−934.39	1078.94	0
降斜段（靶点）	3156.17	756.17	10.83	300	2700.00	700.00	−1212.44	1400.00	−1.16
井底	3561.13	404.96	7.00	300	3100.00	731.38	−1266.79	1462.76	−0.28

该类型剖面的主要技术特点：

（1）该剖面将定向施工井段放在可钻性较好的上部地层，完成水平位移，有利于钻井提速；

（2）针对具体区块优化了一趟钻完成直井段、增斜段、稳斜段、降斜段施工的钻具"四合一"组合结构和钻进参数；

（3）充分认识地层自然降斜规律，降斜钻具组合结构及钻进参数优化，提高了效率。

根据井身剖面及实钻可能出现的情况，选配钻具组合。实钻中加强测量，并对钻井轨迹进行预测，调整钻具中短钻铤长度、稳定器位置以及钻压等参数，保证实钻轨迹与设计轨迹的吻合以满足中靶要求，并达到下部采用常规钻具组合提速的目的。

2. 平台丛式井钻井防碰

1）减少平台井轨迹干扰措施

丛式井最突出的是井眼防碰问题，主要集中在直井段和目标靶区垂深相近的不同井眼轨迹水平投影交叉段。预防井眼相碰的主要手段有：

（1）选择防斜打快的钻具组合和钻井参数，加密对直井段井斜和方位角的监测，及时调整钻进参数，监测好直井段轨迹变化；

（2）同井组相邻两井造斜点错开 50m，减小防碰风险，同时防止在定向造斜时，磁性测斜仪因受邻井套管影响发生磁干扰；

（3）错开方位，垂深相近的不同井眼轨迹水平投影避免交叉。

2）井眼轨迹参数测量

井眼轨迹参数测量使用 MWD 随钻测量，测量间距直井段每 20m 测一点，造斜段每 10~20m 测一点或随钻实时测斜，关键井段测点加密。

3）轨迹控制措施

（1）根据设计剖面选择钻具组合。

（2）根据钻具组合、井斜和方位变化、井眼净化要求设计钻井参数。

（3）根据测斜数据处理结果，绘制井身剖面图和三维扫描图，分析井眼轨迹变化情况。

（4）根据待钻井眼轨迹的预测，设计待钻井眼的钻具组合。

（5）实钻过程中控制好井眼轨迹，做好防碰图，防止与老井眼及邻井相碰，开钻前复核相关数据，并做好应急安全预案。

（6）防碰绕障要点：施工前收集邻井井口坐标、靶心坐标、补心海拔、轨迹数据等做好防碰方案；钻井中按要求测斜，测斜数据必须有井斜、方位，测量一点，输入一点，对比一点；钻井施工中必须正确丈量钻具，杜绝因井深数据不准发生相碰事故；防碰扫描时所有井的方位修正到统一坐标系下，各井井深修正到统一基准面。测斜要求：防碰扫描井段间距不大于 20m，危险井段扫描间距不大于 5m；根据测斜数据及时计算与邻井空间最近距离，绘制防碰图预测井眼轨迹走向，对于接近或超过安全距离及时调整。

第二节　井身结构优化技术

一、井身结构

根据三压力剖面、地层特性和矿场实践，苏 77-召 51 区块直井采用单钻井液梯度可满足全井段钻井施工要求（图 2-2-4）。

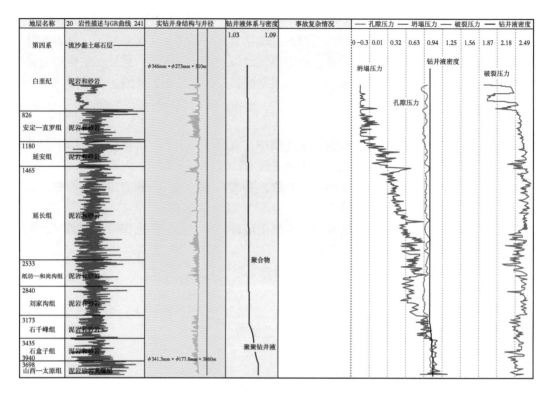

地层名称	20 岩性描述与GR曲线 241	实钻井身结构与井径	钻井液体系与密度	事故复杂情况	── 孔隙压力 ── 坍塌压力 ── 破裂压力 ── 钻井液密度
第四系	流沙黏土砾石层		1.03 1.09		0 −0.3 0.01 0.32 0.63 0.94 1.25 1.56 1.87 2.18 2.49
白垩纪	泥岩和砂岩	φ346mm × φ273mm × 510m			坍塌压力 钻井液密度 破裂压力
826 安定—直罗组	泥岩和砂岩				孔隙压力
1180 延安组	泥岩和砂岩				
1465 延长组	泥岩和砂岩				
2533 纸坊—和尚沟组	泥岩和砂岩		聚合物		
2840 刘家沟组	泥岩和砂岩				
3173 石千峰组	泥岩和砂岩				
3435 石盒子组 3940	泥岩和砂岩	φ341.3mm × φ177.8mm × 3860m	聚聚钻井液		
3698 山西—太原组	泥岩砂岩夹煤层				

图 2-2-4　三压力剖面、地层特性和矿场实践图

为进一步提高体积压裂改造效果，直定向井主体采用常规二开井身结构：ϕ311.2mm 钻头 ×ϕ244.5mm 表层套管 +ϕ215.9mm 钻头 ×ϕ139.7mm 生产套管。为推进降本增效，部分直丛井采用小井眼井身结构：ϕ241.3mm 钻头 ×ϕ193.7mm 表层套管 +ϕ165.1mm 钻头 ×ϕ114.3mm 生产套管。直丛井均采用套管固井完井（图 2-2-5 和图 2-2-6）。

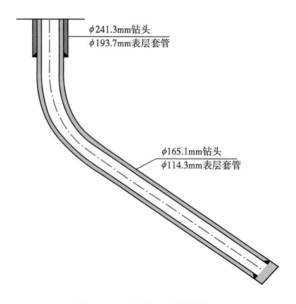

ϕ241.3mm 钻头
ϕ193.7mm表层套管

ϕ165.1mm钻头
ϕ114.3mm表层套管

图 2-2-5　小井眼井身结构图

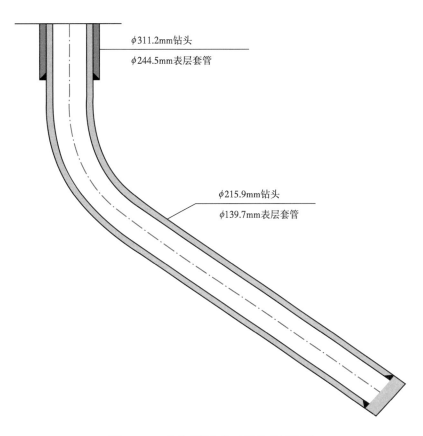

图 2-2-6　直井 / 定向井二开井身结构图

（1）导管下深原则：

①导管应下至上层岩石风化层以下 15m，完井后禁止拔出；

②苏里格气田东区导管下深 30~50m，西区导管下深 30~70m。

（2）表层套管下深原则：

①满足井控要求；

②进入稳定地层 30m 以上；

③封固洛河组及其他饮用水层；

④表层套管下深不小于 500m。

二、套管选择及强度要求

常规井表层套管选择 ϕ244.5mm×8.94mm J55 套管，生产套管全井段选择 ϕ139.7mm×9.17mm N80 国产长圆扣套管；小井眼井表层套管选择 ϕ193.7mm×8.33mm J55 套管，生产套管全井段选择 ϕ114.3mm×7.37mm P110 国产长圆扣套管；并配合 catts101 螺纹密封脂或 TOP101 密封脂，套管螺纹要求带扭矩仪的套管钳按 API 标准上扣确保气密性，套管强度校核表明各层套管强度均能满足下入深度和气层改造要求（表 2-2-4 至表 2-2-7）。

表 2-2-4　直井 / 定向井套管设计表

类别	套管程序	规范		壁厚（mm）	钢级
		外径（mm）	螺纹类型		
小井眼	表层套管	193.7	LC	8.33	J55
	生产套管	114.3	LC	7.37	P110
常规井	表层套管	244.5	LC	8.94	J55
	生产套管	139.7	LC	9.17	N80、P110（按照强度校核）

表 2-2-5　小井眼 φ114.3mm 套管完井套管强度校核表

套管程序	井段（m）	规范		钢级	壁厚（mm）	重量			安全系数		抗内压（MPa）
		尺寸（mm）	螺纹类型			米重（N/m）	段重（kN）	累重（kN）	抗拉	抗挤	
表层套管	0~500	193.7	LTC	J55	8.33	385.04	192.52	192.52	3.57	3.69	28.5
生产套管	0~3650	114.3	LTC	P110	7.37	196.88	708.77	708.77	2.12	1.90	85.6

表 2-2-6　常规 φ139.7mm 套管固井套管强度校核表（井深不大于 3600m）

套管程序	井段（m）	规范		钢级	壁厚（mm）	米重（N/m）	累重（kN）	安全系数		抗内压（MPa）
		外径（mm）	螺纹类型					抗拉	抗挤	
表层套管	0~700	244.5	LTC	J55/TC-50	8.94	525.0	367.5.0	4.70	1.70	24.3
生产套管	0~3600	139.7	LTC	N80	9.17	291.9	1051.0	1.81	1.57	63.3

表 2-2-7　常规 φ139.7mm 套管固井套管强度校核表（井深大于 3600m）

套管程序	井段（m）	规范		钢级	壁厚（mm）	米重（N/m）	累重（kN）	安全系数		抗内压（MPa）
		外径（mm）	螺纹类型					抗拉	抗挤	
表层套管	0~700	244.5	LTC	J55/TC-50	8.94	525.0	367.5	4.70	1.70	24.3
生产套管	0~400	139.7	LTC	P110	9.17	291.9	1167.6	2.22	14.10	87.2
	400~4000			N80			1050.8	1.81	1.41	63.3

注：（1）按照 API 标准，抗拉安全系数 ≥ 1.8，抗挤安全系数 ≥ 1.125；
　　（2）钻井液密度按 1.10g/cm³ 校核；
　　（3）特殊井执行单井设计。

第三节　钻具组合与钻井参数优化技术

一、钻具组合优选及钻井参数优化

1. 钻具组合

钻具组合的类型与结构参数包括钻铤规格、力学性能，稳定器个数、位置及尺寸。对各种钻具组合进行力学分析，优选出适合不同井段的钻具组合（表 2-2-8 和表 2-2-9）。

表 2-2-8　直井钻具组合

开钻次序	井眼尺寸（mm）	钻进井段（m）	钻 具 组 合	备注
一开	φ311.2	0~501	φ311.2mm 钻头 +φ203.2mm 钻铤（2 根）+φ310mm 稳定器 +φ203.2mm 钻铤（1 根）+φ177.8mm 钻铤（9 根）+φ127mm 钻杆 +133.4mm 方钻杆	钟摆钻具
二开	φ215.9	至完钻井深	φ215.9mm 钻头 + 钻具回压阀 +φ158.8mm 钻铤（2 根）+φ214mm 稳定器 +φ158.8mm 钻铤（16 根）+φ158.8mm 随钻震击器 +φ158.8mm 钻铤（3 根）+φ127mm 钻杆 +133.4mm 方钻杆	钟摆钻具
			φ215.9mm 钻头 + 钻具回压阀 +φ158.8mm 钻铤（18 根）+φ158.8mm 随钻震击器 +φ158.8mm 钻铤（3 根）+φ127mm 钻杆 +133.4mm 方钻杆	常规钻具

表 2-2-9　定向井钻具组合

开钻次序	井眼尺寸（mm）	钻进井段（m）	钻 具 组 合	备注
一开	φ311.2	0~501	φ311.2mm 钻头 +φ203.2mm 钻铤（2 根）+φ310mm 稳定器 +φ203.2mm 钻铤（1 根）+φ177.8mm 钻铤（9 根）+φ127mm 钻杆 +133.4mm 方钻杆	钟摆钻具组合
二开	φ215.9	至 2800	φ215.9mmPDC 钻头 +φ172mm 螺杆 +φ212mm 稳定器 +φ165mmMWD 短节 +φ158.8mm 无磁钻铤（1 根）+φ158.8mm 钻铤（15 根）+φ158.8mm 随钻震击器 +φ127mm 加重钻杆（6 根）+φ127mm 钻杆 +133.4mm 方钻杆	四合一钻具组合
		至完钻井深	φ215.9mmPDC 钻头 + 钻具止回阀 +φ165mm 短钻铤（2~5m）+φ212mm 稳定器 +φ165mmMWD 短节 +φ158.8mm 无磁钻铤（1 根）+φ158.8mm 钻铤（15 根）+φ158.8mm 随钻震击器 +φ127mm 加重钻杆（6 根）+φ127mm 钻杆 +133.4mm 方钻杆	微降钻具组合
			φ215.9mmPDC 钻头 + 钻具止回阀 +φ158.8mm 无磁钻铤（1 根）+φ158.8mm 钻铤（15 根）+φ158.8mm 随钻震击器 +φ127mm 加重钻杆（6 根）+φ127mm 钻杆 +133.4mm 方钻杆	
			φ215.9mmPDC 钻头 + 钻具止回阀 +φ165mm 短钻铤（2~5m）+φ212mm 稳定器 +φ165mmMWD 短节 +φ158.8mm 无磁钻铤（1 根）+φ158.8mm 钻铤（15 根）+φ158.8mm 随钻震击器 +φ127mm 加重钻杆（6 根）+φ127mm 钻杆 +133.4mm 方钻杆	

2. 钻头类型及钻井参数

根据苏 77-召 51 区块地层特性，直井 / 定向井钻头选型及钻井参数见表 2-2-10 和表 2-2-11。

表 2-2-10　直井钻头设计及钻井参数设计

钻头尺寸（mm）	型号	数量（只）	钻进井段（m）	进尺（m）	纯钻时间（h）	钻速预测（m/h）	钻进参数		水力参数	
							钻压（kN）	转速（r/min）	排量（L/s）	泵压（MPa）
φ311.2	三牙轮，PDC	1	0~501	501	12.5	40	100~200	60~80	50	10.3
φ215.9	PDC	1	至 2000	1499	75.0	20	60~120	90~120	32	17.0~18.0
	PDC	1	至 2700	700	70.0	10	60~120	90~120	32	17.0~18.0
			至 3100	400	50.0	8	60~120	90~120	32	18.0~19.0
	三牙轮	1	通井							

表 2-2-11　定向井钻头设计及钻井参数设计

钻头尺寸（mm）	型号	数量（只）	钻进井段（m）	进尺（m）	纯钻时间（h）	钻速预测（m/h）	钻进参数		水力参数	
							钻压（kN）	转速（r/min）	排量（L/s）	泵压（MPa）
φ311.2	三牙轮	1	0~501	501	12.5	40	40~80	100~120	50	10.3
φ215.9	PDC	1	至 2800	2299	115.0	20	40~90	螺杆或 30~60	32	14.2
	PDC	1	至 3561	761	76.0	10	80~120	50~100	32	22.2
	三牙轮	1	通井							

二、钻头与动力钻具配合提高钻速

动力钻具配合高效钻头钻井技术常用钻具组合形式为："高效钻头 + 高速螺杆"，采用该组合可进行滑动钻进和复合钻进；滑动钻进时，可实现定向、造斜、扭方位等作业，复合钻进时可实现直井段、稳斜段、水平段等钻进，两种钻进方式交替进行可实现井眼轨迹的连续控制。动力钻具配合高效钻头钻井技术与常规转盘钻井相比其优点为：钻头寿命长、钻进速度快、易于控制井眼轨迹、下部钻具组合相对简单、井下事故复杂情况少。

井下动力钻具优选，井下动力钻具包括单弯螺杆、双弯螺杆、直螺杆和涡轮钻具等。根据钻具特性，结合现场应用，适合苏 77-召 51 区块的井下动力钻具有直螺杆和单弯螺杆。直井段、降斜段采用直螺杆配合高效 PDC 钻头有利于提高机械钻速；单弯螺杆滑动钻进时的造斜率及复合钻进时的增降斜率主要受螺杆弯角大小、稳定器位置、

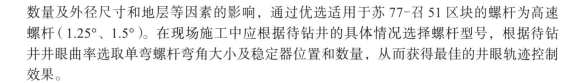

数量及外径尺寸和地层等因素的影响，通过优选适用于苏 77-召 51 区块的螺杆为高速螺杆（1.25°、1.5°）。在现场施工中应根据待钻井的具体情况选择螺杆型号，根据待钻井井眼曲率选取单弯螺杆弯角大小及稳定器位置和数量，从而获得最佳的井眼轨迹控制效果。

第四节　PDC 钻头提高钻速技术

一、PDC 钻头与地层可钻性匹配选型

1. 地层岩石力学特性分析

根据测井资料对钻遇地层的岩石力学特性参数进行预测分析，建立纵向上钻遇地层的岩石力学特性剖面，进行地层可钻性聚类值评估，为钻头选型提供依据。从岩石力学特性剖面反映出，总体上区块纵向上钻遇地层的抗钻特性均较高。

（1）侏罗系安定组—三叠系延长组，埋深不深（井深 500~1500m），但整体上抗压强度较高（60~80MPa），硬度 1100~1400MPa，可钻性聚类级值为 4~6。

（2）三叠系纸坊组、和尚沟组、刘家沟组，纵向上自纸坊组开始该段地层岩石的抗压强度、硬度均较上部地层有明显的增加。抗压强度在 80~110MPa，硬度 1200~1700MPa，可钻性聚类级值为 5~6。

（3）二叠系石千峰组、石盒子组、山西组，纵向上相对上部地层该段地层部分井段（石盒子组）抗钻特性有所下降，但在岩石力学特性剖面上，整体均表现出力学特性参数急剧变化，结合地质岩性描述该段地层岩性变化大，软硬夹层多。抗压强度在 40~110MPa，硬度 1000~1700MPa，可钻性聚类级值为 4~6。（图 2-2-7 和表 2-2-12）。

表 2-2-12　岩石力学特性分析表

地层硬度 类别	地层研磨 级别	抗压强度 （psi）	内摩擦角 （°）
极软	1~2	＜ 4000	＜ 10
软	3	4000~8000	10~20
软—中硬	4	8000~12000	20~30
中硬	5	12000~16000	30~38
硬	6	16000~32000	38~45
极硬	＞ 7	＞ 32000	＞ 45

2. 钻头选型及钻进参数

钻头选型及钻进参数见表 2-2-13 和表 2-2-14。

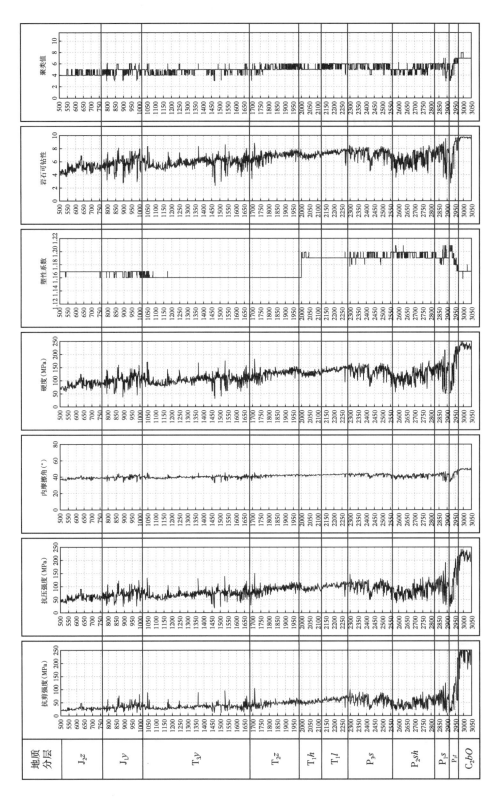

图 2-2-7　区块岩石力学特性计算剖面

表 2-2-13　分地层钻头选型设计

序号	地层	可钻性级别	钻头推荐
1	安定组	4.65	五刀翼 PDC 钻头
2	直罗组	4.89	
3	延安组	5.23	
4	富县组	4.68	
5	延长组	5.52	
6	纸坊组	4.75	常规井：五刀翼 PDC 钻头
7	和尚沟组	4.97	常规井：五刀翼 PDC 钻头
8	刘家沟组	5.52	
9	石千峰组	4.56	
10	石盒子组	4.37	

表 2-2-14　钻进参数设计

类型	开次	钻头尺寸（mm）	钻进参数		
			钻压（kN）	转盘转速（r/min）	排量（L/s）
常规井	一开	311.2	0~120	60~80	35~50
	二开	215.9	60~160	40~80	28~30

二、各井段钻头个性化优化

1. 一开钻头设计

上部地层白垩系较软，主要为砂岩和泥岩，针对防斜打快采用钟摆钻具组合，钻头设计采用钢体 5 刀翼 19mm PDC 钻头，设计机械钻速 45m/h。

2. 二开钻头设计

目前国内为提高 PDC 钻头的抗冲击性和耐磨性，主要在钻头设计上通过减少切削齿的尺寸、增加切削齿和刀翼数量来提高钻头耐磨性；其次采用同轨迹布齿方法来提高钻头的稳定性。这种设计虽然使钻头的寿命有了一定程度的提高，但钻速提高有限。

在硬的、研磨性强及软硬交错地层中，采用较平缓剖面，达到较均匀的受力而使钻头磨损均匀。较小的侧向力和较长的低摩擦保径有利于钻头稳定性；选择较小的冠部面积可使钻压和水力作用比较集中，有利于提高钻速，推荐采用短抛物线或椭圆形剖面形状。

针对在砾石坚硬、软硬互层、非均质、研磨性强的地层钻进，发展出一种新型布齿结构，即根据地层可钻性选用两种不同尺寸的 PDC 切削齿，交错布置在钻头径向剖面线上，形成不同曲率的切削齿结构，大尺寸与小尺寸圆形齿交错布置的钻头在较硬的地层中具有良好的稳定性、耐久性和较高的机械钻速（图 2-2-8）。

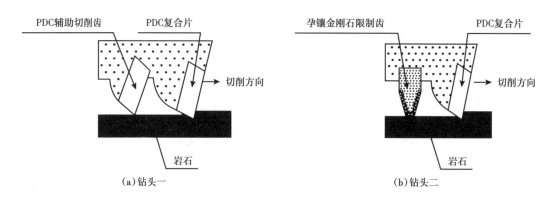

图 2-2-8 新型抗冲击、耐磨 PDC 钻头布齿示意图

（1）直井段（三叠系纸坊组以上地层）：根据地层岩性特征变化，选择钻头应具备以下特点，适合中—硬地层的 PDC 钻头；由于上部地层局部有砾石，钻头应具有抗冲击特点。

（2）定向井段：钻遇地层为三叠系纸坊组、和尚沟组、刘家沟组，二叠系石千峰组、石盒子组、山西组。该段地层具有较高岩石强度，纵向上变化大，且部分井段含砂砾岩。实钻中，PDC 钻头使用的主要问题是磨损。因此需针对砾石坚硬、软硬互层、非均质、研磨性强的地层，在钻头选型上进行优化。

因此，在二开井段可选择小直径 PDC 片且齿出露低的钻头，以防止崩齿损坏，影响使用效果；同时针对定向施工选择接头短、5 刀翼以上、带背齿（主副齿）的 PDC 钻头，以提高钻头的抗冲击性和耐磨性，减少对边齿的磨损。

根据区块地层特性，选用在直井钻头试验成熟的高效能钻头（表 2-2-15）。

（1）直井段、增斜段：设计采用 1 只 PDC 钻头，设计钻速 20m/h。

（2）降斜段：设计选用 1 只 PDC 钻头，设计钻速为 10m/h。

同时，为提高 PDC 钻头的使用效果，需配合以下工程技术措施：在研磨性强的地层，PDC 钻头适合较高钻压、低钻速，避免断齿或掉齿造成 PDC 钻头提前损坏。

（3）穿砾岩时应低转速和小钻压小心通过砾石层，以延长钻头使用寿命。

（4）适当提高排量，充分清洗井底，快速携带岩屑，减少岩屑重复破碎对钻头磨损。

表 2-2-15 PDC 钻头序列应用情况

序列	地层	井段（m）	岩性描述	钻头选型及代表型号	代表岩性
1	白垩系—三叠系上部	500~1700	深灰、紫红色泥岩与灰色砂岩互层	5刀翼19mm S1952JA、DS762	
2	三叠系下部安定—和尚沟组	1700~2200	灰绿、深灰泥岩与灰色砂岩互层	5刀翼19mm S1952JA、DS762	

续表

序列	地层	井段（m）	岩性描述	钻头选型及代表型号	代表岩性
3	二叠系刘家沟—石千峰组	2200~2700	灰紫、棕红、灰白色块状砂岩	5刀翼16mm S1652JA、DS752	
4	二叠系石盒子—山西组	2700~3200	深灰色生物碎屑灰岩、灰黑色泥岩夹浅灰色砂岩和煤层	5刀翼16mm 6刀翼16mm S1652JA、DS752	
5	石盒子组、山西组	3200—完井井深	深灰色泥岩、砂质泥岩	6刀翼13mm 5刀翼13mm S1652JA、DM653	

第五节　钻井液体系优选

一、钻井液体系应用

1. 钻井液技术难点

从2009年开始在苏77区块进行直井、定向井钻井，2012年开始在召51区块进行直井、定向井钻井，目前已完成780井次的直丛井施工，主要钻遇地层见表2-2-16。

根据对区块地层岩性、理化特征及孔隙裂缝发育的综合分析，在直丛井施工过程中，主要存在如下技术难点：

（1）地表流沙层发育，易散塌；

（2）刘家沟易井漏；

（3）石千峰组易发生钻头泥包；

（4）电测遇阻或黏卡；

（5）下套管遇阻或黏卡。

表 2-2-16　苏 77-X-XX 井地质分层情况

地　层				设　计　分　层			地层产状	
界	系	统	组	底界深度（m）	厚度（m）	岩　　性	倾向（°）	倾角（°）
新生界	第四系			69		黄色流沙、黏土夹砾石层	260	＜1
中生界	白垩系	志丹统		374	305	上部为棕红色、灰紫色砂岩夹灰绿色、暗紫色泥岩，下部为棕红色、浅红色块状中—粗粒砂岩	260	＜1
	侏罗系	中统	安定组	444	70	棕红色泥岩为主，下部夹粉、细粒砂岩，上部夹杂色泥岩	260	＜1
			直罗组	774	330	主要为棕红色泥岩与灰白色砂岩	260	＜1
		下统	延安组	1084	310	深灰色泥岩与灰白色砂岩为主，夹煤层	260	＜1
	三叠系	上统	延长组	1789	705	上部为泥岩夹粉细砂岩，中部以厚层、块状砂岩为主，夹砂质泥岩、碳质泥岩，下部为长石砂岩夹紫色泥岩	260	＜1
		中统	纸坊组	2119	330	上部棕紫色泥岩夹砂岩，下部为灰绿色砂岩、砂砾岩	260	＜1
		下统	和尚沟组	2259	140	棕红色泥岩夹灰色砂岩	260	＜1
			刘家沟组	2431	172	灰绿色砂岩夹棕褐、浅棕色泥岩	260	＜1
古生界	二叠系	上统	石千峰组	2705	274	上部棕红色泥岩夹肉红色砂岩，下部肉红色砂岩夹棕红色泥岩	260	＜1
		中统	石盒子组	2954	249	上部以杂色、灰色泥岩夹灰绿色砂岩为主，下部以灰白色砂岩夹深灰色泥岩为主	260	＜1
		下统	山西组	3038	84	深灰色泥岩与灰白色砂岩互层，夹煤线及煤层	260	＜1
			太原组	3067	29	深灰色生物碎屑灰岩、灰黑色泥岩夹浅灰色砂岩和煤层	260	＜1
	石炭系	上统	本溪组	3090	33	灰黑色煤层、深灰色泥岩、砂质泥岩、薄层灰岩、铁铝岩	260	＜1

2. 钻井液体系使用情况

自 2009 年开始分井段使用的钻井液体系如下：

（1）一开井段地表至进入安定组 30～50m 井段使用坂土-CMC 钻井液体系，配方为 5%～10% 坂土 +0.4% 纯碱 +（0.3%～0.4%）羧甲基纤维素钠；

（2）二开至进入石千峰组 50m 井段使用聚合物钻井液体系，配方为清水 + 0.2% 纯碱 +（0.1%～0.3%）NaOH+0.3%～0.5% 包被剂 +1% 润滑剂，从石千峰组开始在钻井液中加入 0.4%～0.6% 的聚合物降滤失剂；

（3）进入石千峰组 50m 至完井使用聚磺钻井完井液体系，配方为 3%～5% 坂土 +0.2% 纯碱 +（0.1%～0.3%）NaOH+（0.4%～0.6%）降滤失剂 +（1.5%～2%）酚醛树脂 +（1%～3%）磺化沥青 +（1%～2%）润滑剂。

2015 年以来，为落实国家环保政策改变传统钻井液循环方式，采用钻井液不落地设备解决以下问题：（1）处理现场的废液、废固，实施固液分离、净化，实现水的重复利用；（2）岩屑、废固干燥、临时存放，完井后送至集中处理站；（3）暂存完井液，便于重复使用（图 2-2-9）。

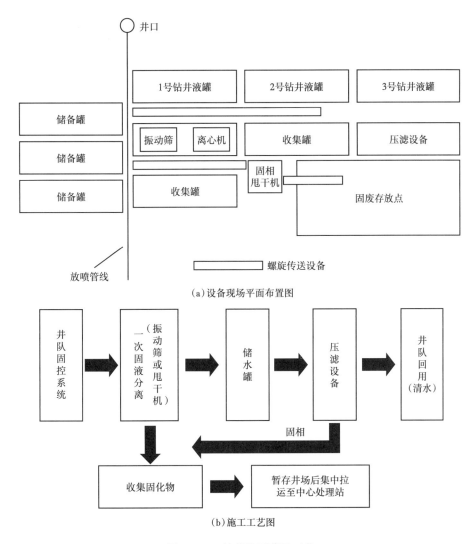

(a)设备现场平面布置图

(b)施工工艺图

图 2-2-9　钻井液不落地工艺

随着环保要求深入，使用聚合物降滤失剂复合铵盐取代酚醛树脂、使用阳离子乳化沥青取代磺化沥青。2016—2021 年钻井现场分井段使用无毒、环保钻井液体系如下：

一开井段地表至直罗组井段使用无毒坂土钻井液体系，配方为 8%～10% 坂土 +0.4% 纯碱 +（0.3%～0.4%）羧甲基纤维素钠；

二开井段使用环保型水基钻井液体系，其中二开至进入石千峰组 50m 配方为清水 + 0.2% 纯碱 +（0.1%～0.3%）NaOH+（0.3%～0.5%）包被剂 +1% 润滑剂；从石千峰组开始在钻井液中加入 0.4%~0.6% 的聚合物降滤失剂；进入石千峰组 50m 至完井阶段配方为 3%~5% 坂土 +0.2% 纯碱 +（0.1%~0.3%）NaOH+（0.4%~0.6%）聚合物降滤失剂 +（0.3%~0.5%）包被剂 +1%~3% 封堵剂 +1%~2% 润滑剂。

为实现优快钻井，在原有环保钻井液体系基础上持续优化，形成了适应苏 77-召 51 区块直丛井开发的环保型钻井液体系。

二、环保型钻井液体系研发应用

1. 应用背景

2015 年 1 月 1 日国家施行《环境保护法》，2017 年 1 月 18 日环保部发布《污染地块土壤环境管理办法（试行）》，实行"谁污染，谁治理"原则，土壤污染和治理实行终身责任制。污染预防是解决环保的关键，环保型钻井液体系的研发与应用提上日程，优选适应钻井需求、生物毒性低、易降解的化工助剂并配伍形成完善的钻井液体系配方。

2. 单剂优选及体系评价

国内外环保型钻井液体系主要使用改性天然高分子类产品，年使用量数十万吨，如改性瓜尔胶、改性植物胶、改性魔芋胶、改性田青胶、改性淀粉等产品皆是大量使用的改性天然高分子类钻井液处理剂。环保型改性天然高分子基钻井液主要由三种基本处理剂组成：钻井液用天然高分子包被剂、钻井液用天然高分子降滤失剂、钻井液用封堵剂。

1）天然高分子包被剂评价与优选

（1）岩屑回收率评价。

取露头岩心 6~10 目 50g，在 105℃恒温干燥烘箱中烘 2h，回收后清水冲洗完室温晾干后同上放入烘箱烘干 2h，再称量（记录皮重）备用；然后配制浓度 0.3% 的不同包被剂胶液进行岩屑回收率实验。实验数据见表 2-2-17。

表 2-2-17 岩屑回收率评价

产品名称	120℃条件下岩屑回收率（%）	六速（常温 24h 后）	G_{10}''（Pa）	G_{10}'（Pa）	老化 120℃，16h 后	G_{10}''（Pa）	G_{10}'（Pa）
清水	10.96						
PMHA-2	76.74	20/13/10/6/1/0	0	0	16/10/8/5/1/0	0	0
有机盐 IND10	79.38	28/20/17/12/3/2	1.0	1.5	23/16/13/9/2/1	0.5	0.5
FA-367	77.08	21/15/12/9/2/1	0.5	1.0	10/7/5/3/0/0	0	0

（2）提黏率评价。

配制 4% 的膨润土浆备用；然后加入 0.3% 的不同包被剂进行提黏率测试，分别测试常温 24h、100℃热滚 24h 后的流变性。实验数据见表 2-2-18。

表 2-2-18 提黏率评价

产品名称	常温 24h 后	G_{10}''（Pa）	G_{10}'（Pa）	100℃热滚老化后	G_{10}''（Pa）	G_{10}''（Pa）
4% 土浆	14/11/10/9/6/5	3.0	4.5	6/4/3/2/1/0	0	0
PMHA-2	51/40/36/29/18/16	8.0	10.0	23/14/11/7/1/0	0.5	1.5
IND10	54/40/34/25/9/8	4.5	9.0	36/23/18/12/2/1	1.0	5.0
FA-367	39/27/24/17/7/6	4.0	8.0	21/13/10/6/1/1	0.5	1.5

通过正交分析法对不同的包被剂进行岩屑回收率及增黏性能评价。得出如下结论。岩屑回收率由高到低为：IND10 ＞ FA-367 ＞ PMHA-2。增黏效果由高到低为：IND10 ＞ PMHA-2 ＞ FA-367。根据苏 77-召 51 区块钻井开发低密低黏的特性，优选出适合现场使用的天然高分子包被剂 IND10。

2）天然高分子降滤失剂评价与优选

配制基浆：4% 土浆 +2%SPNH+0.5% 烧碱 +3%QCX-1+0.3%FA-367+10%KCl；然后加入浓度 1% 的不同聚合物降滤失剂，测试常规性能。数据见表 2-2-19。

表 2-2-19　降滤失剂评价

产品名称	条件	六速	AV（mPa·s）	PV（mPa·s）	YP（Pa）	G_{10}''（Pa）	G_{10}'（Pa）	API_{FL}（mL/30min）	$HTHP_{FL}$（mL/30min）
基浆	老化前	12/7/5/3/1/0	6.0	5	1.0	0	2.0	15.0	
	老化后	24/14/10/7/3/2	12.0	10	2.0	2.0	4.0	29.0	—
XZ-FJL	老化前	25/14/9/5/1/0	12.5	11	1.5	0	1.0	6.0	
	老化后	24/13/9/5/1/0	12.0	11	1.0	0	0.5	6.8	16.8
有机盐 Redu1	老化前	32/18/12/7/1/0	16.0	14	2.0	0	0.5	5.8	
	老化后	40/24/16/9/1/0	20.0	16	4.0	0	0.5	6.8	20.0
反渗透 HFL-2	老化前	19/11/8/5/1/0	9.5	8	1.5	0	1.5	7.4	
	老化后	22/12/9/5/1/0.5	11.0	10	1.0	0.5	3.0	10.2	32.8
SP-8	老化前	26/15/10/7/1/0	13.0	11	2.0	0	0.5	5.8	
	老化后	30/17/12/7/1/0	15.0	13	2.0	0	0.5	7.2	22.0

通过对不同的聚合物降滤失剂对比分析，得出如下结论。增黏效果由低到高为：XZ-FJL=HFL-2 ＜ SP-8 ＜ Redu1。降滤失效果由好到次为：XZ-FJL=Redu1 ＞ SP-8 ＞ HFL-2。优选出适合苏 77-召 51 区块现场使用的天然高分子降滤失剂 Redu1。

3）封堵剂评价与优选

配制基浆：4% 土浆 +2%SPNH+0.5% 烧碱 +3%QCX-1+0.3%FA-367+10%KCl；然后加入浓度 3% 的不同封堵剂，测试常规性能。数据见表 2-2-20。

表 2-2-20　封堵剂评价

产品名称	条件	六速	AV（mPa·s）	PV（mPa·s）	YP（Pa）	G_{10}''（Pa）	G_{10}'（Pa）	API_{FL}（mL/30min）
基浆	老化前	33/22/17/11/2/1	16.5	11	5.5	1.0	7.0	7.2
	老化后	38/26/23/17/6/5	19.0	12	7.0	2.5	12.5	8.8
HBJ-3	老化前	30/20/15/10/2/1	15.0	10	5.0	0.5	4.5	5.6
	老化后	32/20/15/10/2/1	16.0	12	4.0	0.5	4.5	6.6

产品名称	条件	六速	AV（mPa·s）	PV（mPa·s）	YP（Pa）	G_{10}''（Pa）	G_{10}'（Pa）	API_{FL}（mL/30min）
NFA-25	老化前	32/18/14/9/1/1	16.0	14	2.0	2.0	10.0	6.0
	老化后	40/26/21/14/2/1	20.0	14	6.0	1.0	5.5	5.6
KH-N	老化前	43/29/23/16/3/2	16.5	14	2.5	2.0	10.0	7.0
	老化后	32/18/15/10/1/1	16.0	14	2.0	1.0	6.0	7.8
HCM	老化前	37/21/16/10/1/1	18.5	16	2.5	0.5	3.5	6.0
	老化后	36/21/16/10/2/1	18.0	15	3.0	1.0	6.5	5.8

通过对不同的封堵剂对比分析，得出如下结论。综合评价由好到差为：NFA-25、HBJ-3、HCM、KH-N。优选出适合苏 77-召 51 区块现场使用的封堵剂 NFA-25。

4）环保型钻井液体系性能评价

通过室内评价，优选单剂，形成环保型钻井液体系的基本配方：4% 坂土 + 0.3% 改性天然高分子包被剂 +0.7% 改性天然高分子降滤失剂 +2% 封堵剂。

环保型聚合物钻井液基本性能如下。

按配方：4% 坂土 +0.3% 改性天然高分子包被剂 +0.7% 改性天然高分子降滤失剂 +2% 封堵剂配制钻井液，测得钻井液性能见表 2-2-21。

表 2-2-21　环保型聚合物钻井液的基本性能

pH 值	ρ（g/cm³）	AV（mPa·s）	PV（mPa·s）	YP（Pa）	G_{10}''（Pa）	G_{10}'（Pa）	API_{FL}（mL/30min）	$HTHP_{FL}$（100℃，3.5MPa）（mL/30min）
9.0	1.04	24.0	18.0	6.0	1.0	6.0	4.8	11.0

由以上数据可见，环保型钻井液体系性能良好，可以满足钻井工程需要。

（1）环保型聚合物钻井液抗温性能。

测定该体系 100℃条件下抗温性能，上浆 100℃热滚 16h 后性能见表 2-2-22。

表 2-2-22　环保型聚合物钻井液的抗温性能

pH 值	ρ（g/cm³）	AV（mPa·s）	PV（mPa·s）	YP（Pa）	G_{10}''（Pa）	G_{10}'（Pa）	API_{FL}（mL/30min）	$HTHP_{FL}$（100℃，3.5MPa）（mL/30min）
9.0	1.04	18.5	14.0	4.5	1.0	2.0	5.0	11.4

由以上数据可见，环保型聚合物钻井液抗温性能良好，经过高温热滚后，流变性变好，滤失造壁性比热滚前无大变化，可满足钻井工程需要。

（2）环保型聚合物钻井液抗坂土污染性能。

体系中加入 5% 坂土，100℃热滚 16h 后性能见表 2-2-23。

表 2-2-23　环保型聚合物钻井液的抗坂土污染性能

pH 值	ρ （g/cm³）	AV （mPa·s）	PV （mPa·s）	YP （Pa）	G_{10}'' （Pa）	G_{10}' （Pa）	API_{FL} （mL/30min）	$HTHP_{FL}$ （100℃，3.5MPa） （mL/30min）
9.0	1.06	37.5	33.0	4.5	1.0	3.5	3.8	12

由以上数据可见，该钻井液抗坂土侵性能良好。

（3）钻屑回收率。

体系中加入 50g 玛 4 井钻屑，100℃热滚 16h 后回收率为 91.3%，可见该钻井液包被抑制能力很强。

（4）环保性能评价。

①生物毒性测试。

使用 DXY-2 生物急性毒性测试仪，参照美国国家环保局确认的糠虾生物毒性分级标准，对高分子聚合物降滤失剂、聚合物包被剂和封堵剂三个主处理剂及由它们配制成的钻井液体系进行毒性测试。测试结果见表 2-2-24。

表 2-2-24　环保型聚合物钻井液的生物毒性测试

样品名称	分析结果		参照分级标准	
	EC_{50}（mg/L）	毒性分级	EC_{50}（mg/L）	毒性级别
1% 降滤失剂	> 100000	无毒	< 1	剧毒
0.8% 包被剂	> 100000	无毒	1~100	高毒
3% 封堵剂	> 30000	无毒	100~1000	中等毒性
钻井液体系	> 30000	无毒	1000~10000	微毒
			> 30000	建议排放标准

上述数据表明，这三个处理剂和由它们配制成的钻井液均无毒，可达到排放标准。

②生物降解性分析。

环保型钻井液体系以改性天然高分子类处理剂为主，其处理剂容易生物降解，可以减少或避免对周围环境中生物的生物富集作用，有利于环境保护。

③储层保护性能评价。

④易生物降解，有利于气层保护。

环保型钻井液体系以改性天然高分子类处理剂为主，其处理剂易生物降解。

⑤储层污染程度评价。

对体系进行储层污染程度评价。实验条件为：温度 90℃、压差 3.5MPa、围压 5MPa、转速 90r/min、污染时间 125min、岩心为玛 4 井。岩心渗透率恢复值为 88.16%，有利于减轻对气层的损害。

3. 现场操作要点

（1）必须配坂土浆，坂土含量控制在 8% 左右，严禁清水钻进；

（2）一开完钻后，配稠浆推砂，清扫井底充分循环后起钻；

（3）进入石千峰组 50m 以前采用大循环钻进，钻井液不落地罐钻井液打入二号池子，除砂器离心机使用率 100%，严格控制固相，保持密度在 1.08g/cm³ 以内，黏度 30~35s；

（4）石千峰以上地层清水维护，每打 100~150m 在上水池加 25~50kg 包被剂清扫井筒；

（5）进入刘家沟组每 10~15m 加入随钻堵漏剂 25kg。若漏速大于 5m³/h，则配堵漏浆静堵或用清水强钻；

（6）进入石千峰组将钻井液转化成环保型钻完井液体系，控制 API 失水至 6mL 以内，保证滤饼致密光滑、高温流变性好，钻井液性能达不到设计要求不允许钻开气层；

（7）下套管前，确保井眼畅通、清洁，起钻前以正常钻进排量循环，时间不少于两个循环周，并一次性加入 3%~5% 润滑剂，注入环空裸眼段。

三、储层保护技术试验评价

1. 机理分析

储层在钻井、完井、开采等过程中，由于气藏本身物理、化学、热力学和水动力学等原有平衡状态的变化，以及各种作业因素影响，往往使外来工作液与地层岩石之间发生物理化学作用，从而导致储层受到损害。不同类型的气层遇到不同类型的钻完井液都有不同的损害，其损害情况随气层特性和钻完井液的性质不同而异。

水锁伤害和水相圈闭损害是苏里格气田钻井过程中普遍存在的问题。随着外来工作液进入储层，储层中黏土矿物发生膨胀、分散及运移堵塞孔喉，导致储层渗透能力降低。当损害程度严重时，有可能完全堵塞孔隙孔道。同时，钻井液在井壁上形成内外滤饼，既降低近井壁地带的渗透率又可通过毛细管末端效应增加钻井液滤液在储层中的永久性水锁效应，给储层带来复合损害。因此，储层保护技术显得尤为重要。

2. 技术措施

就储层保护而言，最有效的方法就是阻止外来物（固相、液相）进入储层。因此，引入屏蔽暂堵剂超细碳酸钙，在井壁上迅速形成致密的不渗透滤饼，阻止外来物侵入。

1）静态砂床滤失实验

传统 API 滤失量是以滤纸作为渗滤介质，但真实的地层是多孔介质，因此所测试的数据很难反映真实情况。砂床是多孔介质，根据国外最新的无渗透钻井理论，用砂床作渗滤介质可以更真实地模拟地层实际情况。用我国自行研制的 FA 无渗透钻井液滤失仪进行 FA 砂床滤失实验，以 20~40 目砂床作为渗滤介质。实验结果见表 2-2-25。

表 2-2-25　静态砂床滤失实验

实验条件	未加超细碳酸钙	加入 2% 超细碳酸钙
体系热滚前 FA 滤失量（mL）	267	25
体系 100℃/16h 热滚后 FA 滤失量（mL）	460（全漏失）	28

2）动态砂床滤失实验

静态砂床滤失实验只是为了能直观地观察其滤失的情况，不能加温，另外，钻井过程是一动态过程，因此与实际情况仍有差距。为此，特采用水泥浆高温高压动态失水仪对体系进行评价实验。实验结果见表 2-2-26。

表 2-2-26　动态砂床滤失实验（实验条件：16/30 目砂床，温度 80℃，3.5MPa/30min）

体系	未加超细碳酸钙	加入 2% 超细碳酸钙
滤失量（mL）	83	27

3）岩心滤失量

为进一步模拟现场情况，用岩心作为渗滤介质来评价钻井液的滤失量，可以看出，环保型钻井液体系具有低的孔隙介质滤失量，其对岩心的侵入深度小，因此可以最大限度地减少对储层的损害（表2-2-27）。

表2-2-27　岩心滤失量评价

API滤失量（mL） 0.75MPa（30min）	岩心静态滤失量（mL） 0.75MPa（45min）	岩心动态滤失量（mL） 3.5MPa（125min）
4.6	0.3	5.3

4）渗透率恢复值实验

用动态渗透率恢复值评价实验，评价岩心在受不同体系污染后的渗透率恢复值，实验测得体系渗透率恢复值达到90%以上（表2-2-28），具有优异的储层保护效果。

表2-2-28　渗透率恢复值实验（实验条件：压差3.5MPa，速梯200s^{-1}，时间125min）

体　系	初始渗透率（mD）	返排渗透率（mD）	渗透率恢复值（%）
KCl/PLUS	22.0	16.5	75
环保型钻井液体系	21.7	19.7	91

第六节　全井筒固井技术

一、固井技术发展历程

苏77-召51区块高含水致密砂岩气藏固井技术经历了三个阶段：

2009—2016年为固井发展第一阶段，该阶段采取"穿鞋戴帽"方式进行固井；

2016—2019年为固井发展第二阶段，由于地方环境保护政策及井筒完整性要求，开展了常规井、小井眼井、水平井的全井筒封固技术研究，取得了一些成果认识；

2019年至今为固井发展第三阶段，该阶段为水平井固井技术研究应用阶段，经过不断探索，形成了一套适用于该区块的水平井固井技术，助推了区块高效开发。

二、"穿鞋戴帽"固井技术

该阶段常规二开直丛井生产套管采用"穿鞋戴帽"固井方式，有效封固气层，固定井口，保证后期压裂采气顺利进行。气层采用常规水泥封固返至气层顶界以上300m，井口固定反挤水泥大于500m。

1. 技术难点

（1）尾浆封固气层段，封固段只有600~800m，水泥浆失重时易发生气窜，前期固井部分井存在气层段固井质量较差的情形。

（2）表层套管鞋处地层承压能力薄弱，补救水泥浆容易在表层套管鞋处发生漏失，导致水泥面下移。

2. 技术措施

（1）优选水泥浆体系，保证固井质量，选用满足气井固井的水泥浆体系，要求水泥浆具有稳定性好、抗压强度高、渗透率低、防气窜能力强、失水量易控制等特点，经过大量的室内实验和现场实践，气层固井采用密度为 1.89g/cm³ 的常规密度防窜水泥浆体系。

（2）井口补救施工中，优化施工排量，以 0.5m³/min 小排量进行施工，防止排量过大挤破套管鞋处的地层，造成水泥面下沉。

3. 防气窜水泥浆体系研发应用

苏 77-召 51 区块属于低压低渗气田，含气层系多，含气井段长，压力梯度不等，固井时发生气侵窜槽，造成水泥石胶结不良。微膨胀防气窜水泥浆体系虽然很好地解决了大部分井气侵气窜问题，但对一些地层流体活跃的井，仍存在一定问题。针对苏 77-召 51 区块气井特点研制出了发气膨胀防气窜水泥浆体系。

作用机理：该材料在水泥浆和井下温度的作用下产生气体，以微小的气泡均匀分布在水泥浆体系内，微小气泡产生的膨胀压力补偿了水泥浆"失重"时的压力损失，并提高套管与井壁的胶结效果，从而达到防止环空气窜或其他流体上窜的目的。

发气膨胀水泥浆外加剂包括防气窜剂和膨胀剂，两者均为惰性外加剂，与其他外加剂有良好的配伍性。防气窜剂能在水泥遇水后在井下温度压力作用下发气，靠在水泥浆体系内反应产生微小气泡储存压能来补偿水泥浆"失重"产生的压力损耗，维持与地层流体的压力平衡。膨胀剂能使水泥在硬化期中水化晶体体积膨胀，抵消普通水泥凝结时的体积收缩效应，从而增强水泥环与套管和井壁的胶结强度。联合使用这两种外加剂，并配合减阻剂、降失水剂和缓凝剂，设计出低失水发气膨胀防窜水泥浆体系，有效提高了气层段的固井质量。

水泥浆配方：嘉华 G 级 + 微硅 + 降失水剂 + 早强剂 + 膨胀剂 + 防气窜剂 + 分散剂 + 水。使用该配方，水泥石强度有所提高，稠度系数 k 值和流性指数 n 都有增加，表明触变能力有所增强，可降低地层流体侵入环空，有助于提高气层段封固质量，气层段固井质量合格率 100%，气层段优质率由 50% 提升至 85%（表 2-2-29）。

表 2-2-29 防气窜水泥浆性能

实验条件					
实验温度（℃）	68	实验压力（MPa）	34	升温时间（min）	45
水泥浆性能					
检测项目		尾浆			
密度（g/cm³）		1.89			
稠化时间（min）		135			
初始稠度（Bc）		21			
失水（mL）		42			
游离液（%）		0			
45℃条件下抗压强度（MPa）		21.5/24h			
沉降稳定性（g/cm³）		0			
流变性能					
六速：135/71/46/24/3/2，k=0.07，n=0.92					

三、全井筒固井技术

2016年以来由于地方环保政策及井筒完整性要求，要求固井实现全井筒封固。一次上返全封固固井技术是解决区块长裸眼固井的一项关键技术，消除了因使用分级箍而造成套管串承压能力降低及引发固井事故等问题。针对一次上返全封固注灰量大、对水泥浆性能要求高、施工泵压高等难点，通过分析研究和大量实验，在摸清地层岩性和地层压力的情况下，成功研制出了低失水、早期强度发挥快、稳定性好的低密度水泥浆体系和目的层使用的发气膨胀防窜水泥浆体系及相配套的现场施工固井工艺技术，达到了防漏、防窜、提高低压易漏长封固段的固井质量的目的，为气层增产改造提供了强有力的保障。

1. 固井难点

（1）区块刘家沟组地层压力系数较低，固井作业中易发生井漏，造成水泥浆下滑，影响固井质量；

（2）区块要求水泥返至地面，封固段长达3000~3600m，属长封固段固井，水泥浆"失重"时易发生气窜；

（3）现场采用一次上返固井工艺，温差较大，对水泥浆综合性能要求高；

（4）固井顶替效率差，因裸眼段长、井径变化大、激动压力大，限制了固井时的循环排量和顶替排量，导致顶替效率差。

2. 水泥浆技术

（1）优选水泥浆体系，保证固井质量。要求水泥浆稳定性好、抗压强度高、防窜能力强、稠化时间易控制，井口至气层顶界以上300m采用密度为1.35g/cm³的低密度水泥浆体系，气层顶界以上300m至井底采用密度为1.89g/cm³的常规防窜水泥浆体系（表2-2-30）。

表2-2-30　水泥浆配方及性能

1.35g/cm³ 领浆配方：G级 + 漂珠 + 微硅 + 降失水剂 + 早强剂 + 膨胀剂 + 分散剂 + 水					
1.89g/cm³ 尾浆配方：G级 + 微硅 + 降失水剂 + 早强剂 + 膨胀剂 + 防气窜剂 + 分散剂 + 水					
实验条件					
实验温度（℃）	68	实验压力（MPa）	34	升温时间（min）	45
水泥浆性能					
检测项目		领浆		尾浆	
密度（g/cm³）		1.35		1.89	
稠化时间（min）		220		135	
初始稠度（Bc）		13		21	
失水（mL）		46		50	
游离液（%）		0		0	
45℃条件下抗压强度（MPa）		7.9/24h；11.5/48h		17/24h	
沉降稳定性（g/cm³）		0.01		0	
流变性能					
领浆：81/49/38/27/12/5，$\eta=0.035$，$\tau=6.68$					
尾浆：135/71/46/24/3/2，$\eta=0.06$，$\tau=0.92$					

（2）水泥浆性能调整。

①水泥石强度。根据井底地层压力，上部填充段水泥浆密度设计为 $1.35g/cm^3$，在水泥中加入复合漂珠和微硅，配制出需要密度的水泥浆。由于漂珠不吸水，只需少量水润湿表面，可以降低水灰比，减少水泥石形成时由于水泥浆的过量水而形成的毛细孔道，降低水泥石的渗透性，加入适量的早强剂，提高低密水泥石强度，同时，适量微硅加入改善了漂珠与水泥颗粒的颗粒级配，增加水泥石的致密性和稳定性，进而达到提高水泥石强度的目的。

②稠化时间。根据具体施工时间的确定，使用中温缓凝剂调整水泥浆稠化时间，使封固段内水泥浆浆柱在凝结时间上形成梯度，避免失重，确保压稳地层，为快速压稳油气层、防止气窜、提高封固质量提供了保证。

③流变性。提高顶替效率需要水泥浆有较好的流变性，但从低密度水泥浆的稳定性来看，流动度过大，水泥浆分层严重，低密度材料上浮，水泥石强度不均，影响封固质量。经过大量室内实验，以确保水泥浆稳定为主，兼顾施工的需要，加入适量分散剂，使流动度控制在 20~24 cm 范围内。

④早期强度发挥。根据设计要求通过实验加入早强剂，使水泥浆在 24h 内发挥强度。

3. 固井施工技术

（1）合理安放套管扶正器，提高套管居中度。气层段每 2 根套管加 1 只弹性双弓扶正器，其余井段每 3 根加 1 只弹性双弓扶正器。

（2）把好井眼准备关，下套管前严格执行通井技术措施。下套管前，采用原钻具通井到底后，重点在井眼沉砂多、掉块多、挂卡严重井段划眼；通井到底循环正常后，采用高黏切稠钻井液携砂裹带，大排量循环。

（3）根据井口返出情况，控制替浆排量，保证排量平稳，降低循环压耗。

（4）对水泥浆浆柱设计进行优化，注意速凝、缓凝浆柱的段长，确保稠化时间形成梯度，避免水泥浆失重对压稳造成的影响。

（5）上部采用密度为 $1.35g/cm^3$ 的水泥浆体系，有效降低液柱压力，防止漏失的发生。

4. 应用情况

在苏 77-召 51 区块开发实际应用中，有部分井因地层承压能力低在固井后期发生漏失，对于漏失的井在固完井候凝 24h 后采取井口补救，目的层固井质量合格率达到 100%，优质率达到 85%，低密度段封固质量满足设计要求。

第七节　双钻机和"三同时"作业

大丛式井作业能够显著节约井场和管线征地费用，如果按常规做法，单钻机钻完一个井场所有井，再进行压裂、试气、投产，将严重影响新井贡献率。如一个丛式井井场 12 口井，按建井周期 22d 计算，3 月 1 日开钻，全部打完到了当年 11 月 20 日，进入冬季无法进行压裂，新井贡献率很低。为提高大丛式井新井贡献率，开展了双钻机作业和"三同时"作业。

一、双钻机作业

1. 双钻机井场设计

双钻机井场分布图如图 2-2-10 所示。

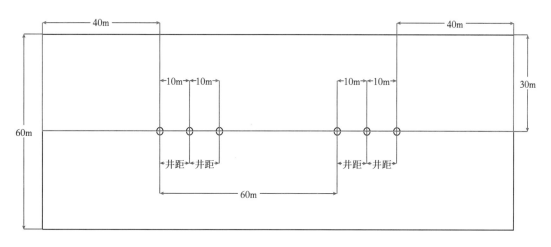

图 2-2-10 双钻机井场分布图

2. 安装和钻井施工

对比两部钻机平均建井周期,将速度较快的钻机安装在丛式井整体移动的前进方向。

两部钻机面对面安装,第一部钻机先安装井架,立起后,第二部钻机再安装和起井架,两部钻机均安装了底座导轨,从第二轮井就可平行移动。其中不在底座导轨上的设备,如:循环罐、钻井液不落地设备、化工爬犁等,可提前安装在钻机移动方向,减少搬安次数。

两部钻机前场共用,主要是钻具管排架、远控台等。完井后通过底座导轨同步同方向平移,最大程度利用现有井场。完井后如两部钻机距离太近,无法放井架,可通过底座导轨向后平衡,增加两部钻机前的距离(图 2-2-11)。

图 2-2-11 双钻机同平台作业现场

与两个独立井场相比，节约用地 40% 左右，投产周期可缩短 50%。同平台对标，也有利于促进钻井队主动加强现场管理，主动应用先进技术，比学赶超实现钻井提速。2018 年共实施 28 口井，节约征地 18300m²。其中召 51-42-24 平台共 14 口井，建井时间 141d，平均单井建井周期 10.07d，同比常规单井建井周期缩短 45.83%。

3. 制定了双钻机同平台作业检查表

双钻机同平台作业检查表见表 2-2-31。

表 2-2-31　双钻机同平台作业检查表

序号	检查内容	结果
1	是否签订安全生产协议	
2	是否设立警戒安全通道	
3	是否共同成立井控小组	
4	进入井场所有车辆是否由专职安全人员检查	
5	是否参加对方的生产会议、并且有会议记录	
6	是否参加对方应急演练，在紧急集合点集合并且有记录	
7	双方三废处理台账是否建立	
8	井场严禁吸烟，需要使用明火及动用电气焊前，必须填写动火作业票，是否告知对方	
9	进入井场所有工作人员穿戴"防静电"劳保护具	
10	双方是否建立异常报告制度	
11	作业人员在施工期间相互不进入对方作业井场，不允许操作对方的设备	
12	试气队与井队是否使用各自的水井	
13	双方交接井场后是否有明显的分割界限	
14	柴油罐、发电房、配电房距井口大于 30m 远，发电房距采油罐大于 20m；如果距离不够，是否进行安全风险评估，是否有预防措施	

二、"三同时"作业

针对大丛式井钻机数量不足无法进行双钻机作业，开展了"三同时"作业，即同时钻井、同时压裂、同时投产，提高新井贡献率。

1. 井场共用

丛式井作业一般钻机是从后向前移动，循环罐、钻井液不落地设备、化工爬犁可根据移动的距离确定是否进行移动。"三同时"将由后向前平移改变为由前向后平移，前场面积大，可以与压裂队、试气队共用。钻机平衡后井场可用面积进一步增加，可满足摆放压裂罐、压裂车、修井车的需要。钻井队第一口井完井前，输气管线也修建到位，具备向气站输气条件。

2. "三同时"作业

钻井队实施第 4 口井钻井时，第 1 口井从钻台坡道下露出，试气队对第 1 口井进行安装采气树、通洗井、射孔、下压裂管柱等作业，同时压裂安装到位，进行备水作业。具备压裂条件后，配制压裂液，压裂队进场进行压裂施工。压裂后，试气队进行排液、更换小油管、气举等作业。当井口压力超过 2MPa，大于输气管线压力时，就可以通过三相分离器或二相分离器进管线输气，返排液排入地面罐中，实现"三同时"作业（图 2-2-12）。

2018 年累计应用 9 个平台，完成压裂 48 口井，当年新井累计产气超过 $1000\times10^4m^3$，大大提高了新井贡献率。

图 2-2-12 钻压试"三同时"作业

3. 制定了"三同时"作业检查表

"三同时"作业检查表见表 2-2-32。

表 2-2-32 "三同时"作业检查表

类别	检查内容	结果
资料	钻井队与试气队是否签订安全生产协议	
	试气队是否参加钻井队生产会议，并且有会议记录	
	试气队与钻井队是否建立异常报告制度	
属地管理	试气压裂队是否设立警戒安全通道	
	试气队与钻井队在施工期间相互不进入对方作业井场，不允许操作对方的设备	
	双方交接井场后是否有明显的分割界限（警示带）	
井控管理	井队钻开气层至固井结束 48h 之间不允许压裂施工	
	试气队从第一口井开始射孔至全部完井是否安排专人坐岗（15min 记录 1 次）	
	钻井作业期间如遇到钻井队应急演练，试气队是否参加，是否迅速赶到紧急集合点（压裂施工除外）	
设备摆放	试气队火炬是否距离钻井井口大于 50m	
	试气压裂井口 30m 以内电器设备必须防爆	
	柴油罐、发电房、配电房、分离器、远控台、火炬、住房距井口大于 30m 远、发电房距柴油罐大于 20m；如果距离不够，必须有风险评估和削减措施，报钻井、试油项目部审批	

续表

类别	检查内容	结果
井场协调	与钻井相邻的采气树试气队是否有防护措施	
	试气队与井队的三废处理台账是否建立，禁止掩埋垃圾	
	搬迁前或大型施工是否通知对方，车辆行驶是否严格按照指定通道运行	
	钻井队搬迁放井架是否对前方井口采取保护措施	

第三章 水平井钻完井技术

借鉴国内外致密气、页岩气开发经验，规模应用水平井是转变开发方式、加快苏77-召51区块建设进程的重要手段。2011年在试验水平井压裂后获无阻流量29.42×10⁴m³/d，但该井在钻进过程中，暴露出钻井速度慢、周期长、成本高等一系列问题。

2011—2022年通过优化井身结构和斜井段井身剖面、完善钻井液体系、优化完井工艺等技术手段，解决漏层和煤层、泥岩井段坍塌问题，优选钻头解决斜井段和水平井段钻速慢的问题。2021年开发方式由直丛井转变为水平井整体部署思路，实现"少井高产"，水平井钻井速度得到明显提高，平均钻井周期由初期的95.8d缩短至53.3d左右，二开水平井最短钻井周期23.42d。

第一节 水平井钻井难点

通过区块水平井开发钻井实践总结，存在以下技术难点。

（1）三叠系延长组至刘家沟组岩性变化大且含砂砾岩，石盒子组砂岩居多、含砾石且研磨性强，山$_2^3$石英成分含量高、研磨性强，对PDC钻头使用及PDC钻头寿命影响大；石盒子上部地层泥岩段长，且泥岩伊/蒙混层矿物含量高，水敏性强，易泥包钻头。

（2）二开水平井裸眼段长（大于3800m），水平段钻进摩阻大。裸眼段摩阻因数为0.25~0.40，是套管内2倍以上，随着水平段的延伸，摩阻和扭矩同步增加。如果轨迹调整频繁，摩阻成倍增加。

（3）刘家沟组底部地层承压能力低，易发生渗透性漏失或压差性漏失；石千峰组和石盒子组泥岩水敏性强，微裂缝发育，易发生水化分散，易发生井壁垮塌。如果同一裸井段同时发生井漏和井塌，特别是二开水平井，则难以处理。

（4）井眼清洁困难。造斜段、水平段钻屑受重力作用，易形成岩屑床，特别是井斜30°~60°井段，易形成滑动的岩屑床，造成上提遇卡，下放遇阻，甚至卡钻；水平段钻屑易沉积在井壁底边，不易带出，造成提钻遇卡，下套管困难。

（5）完井套管下入困难，固井优质率低。ϕ215.9 mm井眼下入ϕ139.7 mm套管，造斜段和水平井逐根下入扶正器，扶正器与井眼间隙小，不易安全下入。水平井受重力影响，套管易沉向下井壁，套管不易居中，降低水泥浆顶替效率，影响固井质量。

第二节 井身结构优化技术

一、水平井完井方式优选

区块多层系含气，井身结构应能满足水平井立体开发井网需要，可为今后侧钻提供井眼条件；目前水平井压裂主体技术是套管完井＋桥塞压裂，施工排量需满足不小于 10m³/min，完井套管直径不小于 ϕ114.3mm，限压不小于 65MPa；为降低临界携液流量，Ⅰ类、Ⅱ类水平井选用 ϕ60.3mm 生产油管，Ⅲ类水平井根据试气产水情况，如产水量大，选用 ϕ48.03mm 生产油管，如产水量小，选用 ϕ60.3mm 生产油管。根据生产油管需要，完井套管直径不小于 ϕ114.3mm（图 2-3-1）。

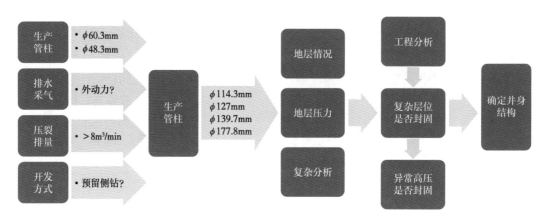

图 2-3-1　井身结构确定流程

二、二开水平井井身结构优化

1. 多层系

（1）一开使用 ϕ311mm 钻头，下入 ϕ244.5mm 套管，固井水泥返至地面；

（2）二开使用 ϕ215.9mm 钻头，ϕ177.8mm 套管下至直井段 +ϕ139.7mm 的套管下至 B 点，固井水泥返至地面，上部下入 ϕ177.8mm 套管，为今后侧钻开发多层系预留井眼（图 2-3-2）。

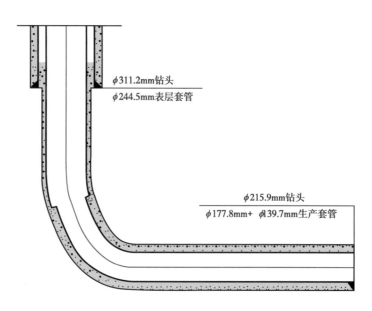

图 2-3-2　多层系二开水平井

2. 单层系

（1）一开使用 ϕ311mm 钻头，下入 ϕ244.5mm 套管，固井水泥返至地面；

（2）二开使用 ϕ215.9mm 钻头，下入 ϕ139.7mm 套管，固井水泥返至地面（图 2-3-3）。

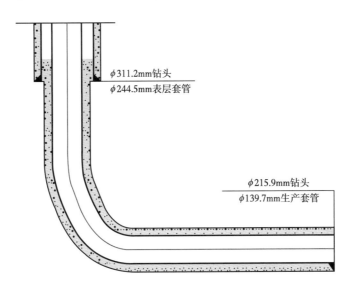

图 2-3-3　单层系二开水平井

三、三开水平井井身结构优化

（1）一开使用 ϕ311mm 钻头，下入 ϕ244.5mm 套管，固井水泥返至地面；

（2）二开使用 ϕ215.9mm 钻头，下入 ϕ177.8mm 套管，固井水泥返至地面；

（3）三开使用 ϕ152mm 钻头，下入 ϕ114.3mm 套管悬挂至井斜40°，固井水泥返至悬挂器，固井后回接 ϕ114.3mm 套管，压裂后提出，暴露出上部 ϕ177.8mm 套管，为今后侧钻开发多层系预留井眼（图 2-3-4）。

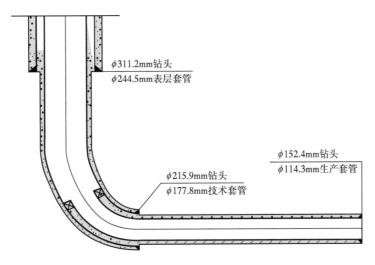

图 2-3-4　三开水平井

四、侧钻水平井井身结构优化

侧钻井选择 φ177.8mm 套管，选用 φ152mm 钻头，下入 φ114.3mm 生产套管，满足后期体积压裂要求；开窗点选在石千峰组或石千峰组以下，避开刘家沟组易漏层（图 2-3-5）。

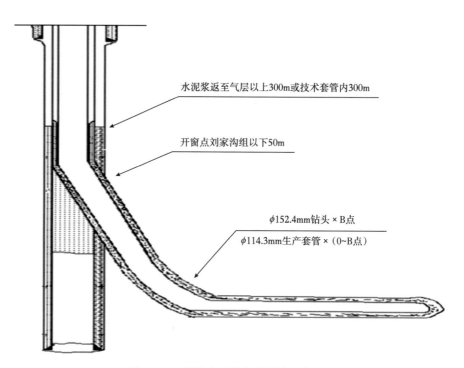

图 2-3-5　侧钻水平井井身结构示意图

五、套管优选

1. 二开水平井多层系开发复合套管

其标准如图 2-3-6 和表 2-3-1 所示。

表 2-3-1　二开水平井多层系开发复合套管标准表

套管程序	井段（m）	规范		长度（m）	钢级	壁厚（mm）	抗外挤		抗内压		抗拉	
		尺寸（mm）	扣型				强度（MPa）	安全系数	强度（MPa）	安全系数	强度（kN）	安全系数
表层套管	0~502/750	273.1	STC	501/750	J55	8.89	10.90	2.01	21.6	2.16	1869	6.31
生产套管	0 至直井段	177.8	LTC	直井段	P110	12.65	89.77	3.15	87.5	2.64	4430	3.75
生产套管	至 B 点	139.7	LTC	B 点	P110	9.17	76.50	1.96	87.1	2.41	2861	3.65

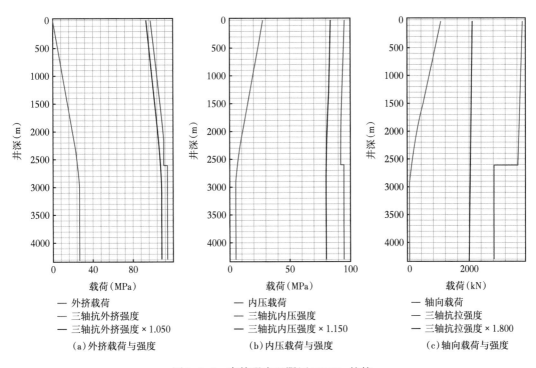

图 2-3-6　套管强度以限压 70MPa 校核

2. 二开水平井单层系开发套管

其标准如图 2-3-7 和表 2-3-2 所示。

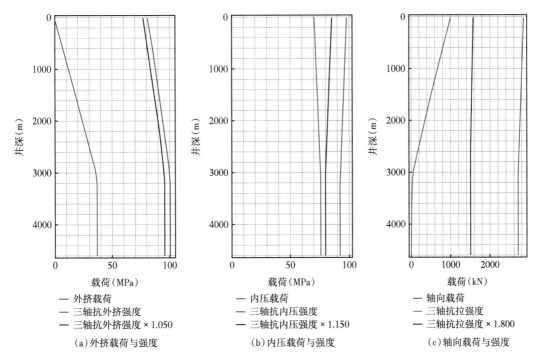

图 2-3-7　生产套管强度以限压 70MPa 校核

表 2-3-2　二开水平井单层系开发套管标准表

套管 程序	井段 （m）	规范		长度 （m）	钢级	壁厚 （mm）	抗外挤		抗内压		抗拉	
		尺寸 （mm）	扣型				强度 （MPa）	安全 系数	强度 （MPa）	安全 系数	强度 （kN）	安全 系数
表层套管	0~502/750	273.1	STC	501/750	J55	8.89	10.9	2.01	21.6	2.16	1869	6.31
生产套管	至 B 点	139.7	LTC	B 点	P110	10.54	100.3	2.98	90.7	3.19	2861	1.96

3. 三开水平井套管

其标准如图 2-3-8、图 2-3-9 和表 2-3-3 所示。

表 2-3-3　三开水平井套管标准表

套管 程序	井段 （m）	规范		长度 （m）	钢级	壁厚 （mm）	抗外挤		抗内压		抗拉	
		尺寸 （mm）	扣型				强度 （MPa）	安全 系数	强度 （MPa）	安全 系数	强度 （kN）	安全 系数
表层套管	0~502	273.1	STC	501/750	J55	8.89	10.9	2.01	21.6	2.16	1869	6.31
技术套管	0~2400	177.8	LTC	2400	N80	9.19	37.3	1.26	49.9	1.69	2366	1.92
	至 A 点	177.8	LTC	A 点	N80	10.36	48.5	1.38	56.3	1.91	2656	8.33
生产套管	0~40°	114.3	LTC	40°	P110	8.56	98.9	2.81	99.4	1.18	2518	5.35
	40° 至 B 点	114.3	LTC	B 点	P110	8.56	98.9	2.81	99.4	1.18	2518	5.35

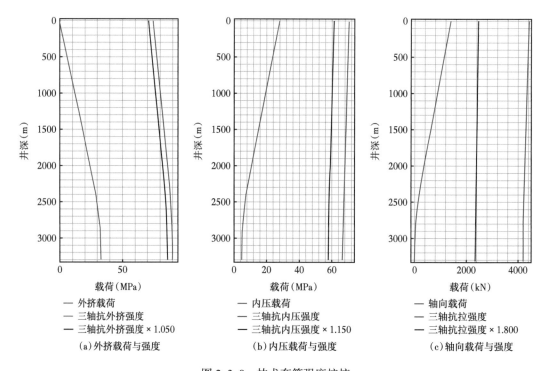

（a）外挤载荷与强度　　　　（b）内压载荷与强度　　　　（c）轴向载荷与强度

图 2-3-8　技术套管强度校核

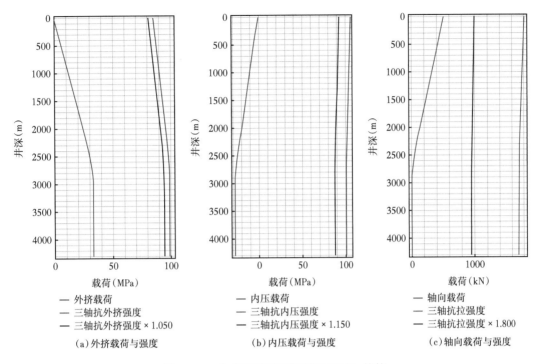

图 2-3-9 生产套管强度以限压 70MPa 校核

4. 侧钻水平井套管

其标准见表 2-3-4。

表 2-3-4 侧钻水平井套管标准表

套管程序	井段（m）	规范		长度（m）	钢级	壁厚（mm）	抗外挤		抗内压		抗拉	
		尺寸（mm）	扣型				强度（MPa）	安全系数	强度（MPa）	安全系数	强度（kN）	安全系数
生产套管	0 至 B 点	114.3	LTC	B 点	P110	8.56	98.9	2.81	99.4	1.18	2518	5.35

5. 常规井套管头选型

考虑安全环保及压裂改造要求，气井全部采用芯轴式标准套管头，参数见表 2-3-5。

表 2-3-5 水平井标准套管头参数表

技术指标		参数要求
型号	水平井	二开井身结构：TFGϕ273.1mm—139.7mm 或 TFGϕ273.1mm—177.8mm
		三开井身结构：TFGϕ273.1mm—ϕ177.8mm—ϕ114.3mm
	压力等级	70MPa
	材料等级	EE 级
	温度等级	L-U（-46~121℃）
	连接法兰规格	13 ⅝in×70MPa（BX160）
	侧通道通径	2 ⁹⁄₁₆in×70MPa（BX153），非标

参照 GB/T 22513—2013《石油天然气工业 钻井和采油设备 井口装置和采油树》和 GB/T 20972.2—2008《石油天然气工业 油气开采中用于含硫化氢环境的材料 第 2 部分：抗开裂碳钢、低合金钢和铸铁》等标准，结合上古生界气井开发过程中的 H_2S、CO_2 变化和气田生产实际，套管头材料等级采用 EE 级芯轴式套管头，主要考虑该区块无 H_2S 显示。

第三节　水平井钻井方案

一、钻具组合设计优化

基于区块前期施工经验，对比分析不同钻具组合，开展力学分析，优化形成水平井不同井段钻具组合优化。

1. 表层采用钟摆钻具组合

ϕ346mm 钻头 +ϕ203.2mm 钻铤（2 根）+ϕ338mm 稳定器 +ϕ203.2mm 钻铤（1 根）+ϕ177.8mm 钻铤（9 根）+ϕ127mm 钻杆 +133.4mm 方钻杆。

2. 二开水平井钻具组合

二开水平井钻具组合推荐见表 2-3-6。

表 2-3-6　二开水平井钻具结构推荐表

开钻次序	井眼尺寸（mm）	井段（m）	钻具组合
一开	ϕ311.2	0~502	ϕ311.2mm 钻头 +ϕ203.2mm 钻铤（2 根）+ϕ310mm 稳定器 +ϕ203.2mm 钻铤（1 根）+ϕ177.8mm 钻铤（9 根）+ϕ127mm 钻杆 +133.4mm 方钻杆
二开	ϕ215.9	直井段	ϕ215.9mm 钻头 +ϕ172mm 单弯螺杆（1.25°×ϕ212mm 扶正器）+ϕ212mm 扶正器 +ϕ165mmMWD 定向短节 +ϕ165mm 无磁钻铤（1 根）+ϕ165mm 钻铤（6 根）+ϕ127mm 加重钻杆（12 根）+ϕ158.8mm 随钻震击器 +ϕ127mm 加重钻杆（5 根）+ϕ127mm 钻杆 +133.4mm 方钻杆
	ϕ215.9	造斜段至 A 点	ϕ215.9mm 钻头 +ϕ172mm 单弯螺杆（1.65°×ϕ212mm 扶正器）+ϕ165mm 钻具止回阀 +ϕ165mmMWD 定向短节 +ϕ127mm 无磁加重钻铤 ϕ（1 根）+ϕ127mm 加重钻杆（3 根）+ϕ127mm 斜坡钻杆（15 根）+ϕ172mm 水力振荡器（距钻头 150~180m）+ϕ127mm 斜坡钻杆（15~20 根）+ϕ127mm 加重钻铤（50~60 根）+ϕ158.8mm 随钻震击器 +ϕ127mm 加重钻杆（5 根）+ϕ127mm 钻杆 +133.4mm 方钻杆
		至 B 点	ϕ215.9mm 钻头 + 近钻头 GR+ϕ172mm 单弯螺杆（1.25°×ϕ212mm 扶正器）+ 钻具止回阀 +ϕ212mm 扶正器 +MWD 短节 +ϕ165mm 无磁钻铤（1 根）+ϕ127mm 加重钻杆（3 根）+ϕ127mm 斜坡钻杆（50~150 根）+ϕ127mm 加重钻杆（60~120 根）+ϕ158.8mm 随钻震击器 +ϕ127mm 加重钻杆（5 根）+ϕ127mm 钻杆 +133.4mm 方钻杆
	ϕ215.9	通井	双扶：ϕ215.9mm 牙轮钻头 + 钻具止回阀 +ϕ127mm 短钻铤（ϕ1.5~3m）+ϕ212mm 扶正器 +ϕ127mm 加重钻杆（1 根）+ϕ212mm 扶正器 +ϕ127mm 斜坡钻杆（150 根）+ϕ127mm 加重钻杆（60~120 根）+ϕ158.8mm 随钻震击器 +ϕ127mm 加重钻杆（5 根）+ϕ127mm 钻杆 +133.4mm 方钻杆
			三扶：ϕ215.9mm 牙轮钻头 + 钻具止回阀 +ϕ127mm 短钻铤（1.5~3m）+ϕ212mm 扶正器 +ϕ127mm 加重钻杆（1 根）+ϕ212mm 扶正器 +ϕ127mm 加重钻杆（1 根）+ϕ212mm 扶正器 +ϕ127mm 斜坡钻杆（150 根）+ϕ127mm 加重钻杆（60~120 根）+ϕ158.8mm 随钻震击器 +ϕ127mm 加重钻杆（5 根）+ϕ127mm 钻杆 +133.4mm 方钻杆

造斜段优选 1.65° 高造斜率螺杆，增加了复合钻进占比。水平段优选使用近钻头 GR+1.25° 大扭矩单弯螺杆 + 水力振荡器，及时调整轨迹，提高砂层钻遇率，减小摩阻，增加水平段延展能力。二开水平井摩阻大，优选 S135 以上钢级钻杆。

3. 三开水平井钻具组合

三开水平井钻具组合推荐见表 2-3-7。

表 2-3-7　三开水平井钻具结构推荐表

开钻次序	井眼尺寸（mm）	井段（m）	钻具组合
一开	ϕ311.2	0~502	ϕ311.2mm 钻头 +ϕ203.2mm 钻铤（2 根）+ϕ310mm 稳定器 +ϕ203.2mm 钻铤（1 根）+ϕ177.8mm 钻铤（9 根）+ϕ127mm 钻杆 +133.4mm 方钻杆
二开	ϕ215.9	直井段	ϕ215.9mm 钻头 +ϕ172mm 单弯螺杆（1.25°×ϕ212mm 扶正器）+ϕ212mm 扶正器 +ϕ165mmMWD 定向短节 +ϕ165mm 无磁钻铤（1 根）+ϕ165mm 钻铤（6 根）+ϕ127mm 加重钻杆（12 根）+ϕ158.8mm 随钻震击器 +ϕ127mm 加重钻杆（5 根）+ϕ127mm 钻杆 +133.4mm 方钻杆
二开	ϕ215.9	造斜段至 A 点	ϕ215.9mm 钻头 +ϕ172mm 单弯螺杆（1.65°×ϕ212mm 扶正器）+ϕ165mm 钻具止回阀 +ϕ165mmMWD 定向短节 +ϕ127mm 无磁加重钻杆（1 根）+ϕ127mm 加重钻杆（3 根）+ϕ127mm 斜坡钻杆（15 根）+ϕ172mm 水力振荡器（距钻头 150~180m）+ϕ127mm 斜坡钻杆（15~20 根）+ϕ127mm 加重钻杆（50~60 根）+ϕ158.8mm 随钻震击器 +ϕ127mm 加重钻杆（5 根）+ϕ127mm 钻杆 +133.4mm 方钻杆
二开	ϕ215.9	通井	ϕ215.9mm 牙轮钻头 + 钻具止回阀 +ϕ165mm 短钻铤（1.5~3m）+ϕ212mm 扶正器 +ϕ127mm 加重钻杆（3 根）+ϕ127mm 斜坡钻杆（40 根）+ϕ127mm 加重钻杆（50~60 根）+ϕ158.8mm 随钻震击器 +ϕ127mm 加重钻杆（5 根）+ϕ127mm 钻杆 +133.4mm 方钻杆
三开	ϕ152.4	至 B 点	ϕ152.4mm 钻头 +ϕ127mm 单弯螺杆（1.25°×ϕ148mm 扶正器）+ϕ121mm 钻具止回阀 +ϕ148mm 扶正器 +ϕ120mm MWD 短节 +ϕ120mm 无磁钻铤（1 根）+ϕ101.6mm 加重钻杆（1~3 根）+ϕ101.6mm 斜坡钻杆（60~200 根）+ϕ101.6mm 加重钻杆（60~115 根）+ϕ121mm 随钻震击器 +ϕ101.6mm 加重钻杆（5 根）+ϕ101.6mm 钻杆 +108mm 方钻杆
三开	ϕ152.4	通井	双扶：ϕ152.4mm 牙轮钻头 +ϕ121mm 钻具止回阀 +ϕ120mm 短钻铤（1.5~3m）+ϕ148mm 扶正器 +ϕ101.6mm 加重钻杆（1 根）+ϕ148mm 扶正器 +ϕ101.6mm 加重钻杆（1~3 根）+ϕ101.6mm 斜坡钻杆（60~200 根）+ϕ101.6mm 加重钻杆（60~115 根）+ϕ121mm 随钻震击器 +ϕ101.6mm 加重钻杆（5 根）+ϕ101.6mm 钻杆 +108mm 方钻杆
三开	ϕ152.4	通井	三扶：ϕ152.4mm 牙轮钻头 +ϕ121mm 钻具止回阀 +ϕ120mm 短钻铤（1.5~3m）+ϕ148mm 扶正器 +ϕ101.6mm 加重钻杆（1 根）+ϕ148mm 扶正器 +ϕ101.6mm 加重钻杆（1 根）+ϕ148mm 扶正器 +ϕ101.6mm 加重钻杆（1~3 根）+ϕ101.6mm 斜坡钻杆（60~200 根）+ϕ101.6mm 加重钻杆（60~115 根）+ϕ121mm 随钻震击器 +ϕ101.6mm 加重钻杆（5 根）+ϕ101.6mm 钻杆 +108mm 方钻杆

长水平段水平井优选旋转导向、大扭矩单弯螺杆、水力振荡器等关键提速工具，优化钻铤长度及球形扶正器设计，提高增斜效率，提高三维井实钻轨迹控制能力。ϕ101.6mm 钻杆和加重钻杆，优选 S135 以上钢级钻杆，节箍外径不大于 127mm（图 2-3-10 和图 2-3-11）。

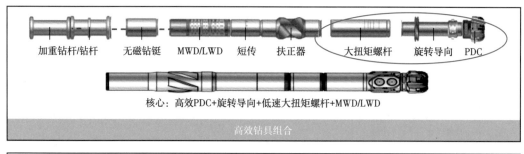

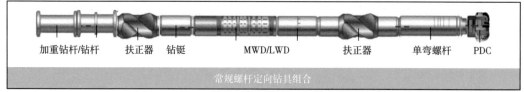

图 2-3-10　长水平段钻具设计示意图

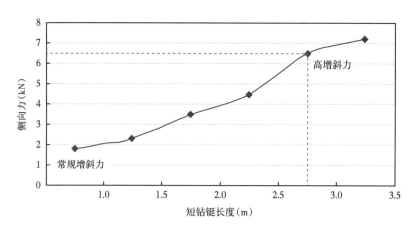

图 2-3-11　短钻铤长度与侧向力关系

二、钻井参数

钻头参数见表 2-3-8 和表 2-3-9。

表 2-3-8　二开水平井钻头参数

井段（m）	钻压（kN）	转速（r/min）	缸套（mm）	泵冲（次）	排量（L/s）	泵压（MPa）
501~2300	40~120	45+ 螺杆	180	98	38	5~15
2300~3100	40~120	45+ 螺杆	180/170	98	33~38	15~20
3100~4100	40~120	45+ 螺杆	170	98	33	20~25

表 2-3-9 三开水平井钻头参数

井段（m）	钻压（kN）	转速（r/min）	缸套（mm）	泵冲（次）	排量（L/s）	泵压（MPa）
501~2300	40~120	45+ 螺杆	180	98	38	5~15
2300~3100	40~120	45+ 螺杆	180/170	98	33~38	15~20
3100~4600	40~120	45+ 螺杆	130	98	15~20	20~25

三、钻头选型及钻井参数推荐

1. 地层可钻性分析

根据不同地层岩石特性，结合测井曲线，由上至下建立地层可钻性综合值。以苏 77-召 51 区块为例，500~1800m 井段，PDC 可钻性级别在 2~2.5 之间，可钻性较好；1800~2700m 井段含砾，PDC 牙齿易损坏，可钻性级别在 4~4.5 之间，可钻性变差；2700~3000m 井段，PDC 可钻性级别在 2.5~3 之间，可钻性变好。

2. PDC 钻头选型

根据可钻性综合值选定级别高或同级别的 PDC 钻头，减少提下钻次数；根据地层的抗压强度确定 PDC 切削齿直径，一般软到中硬地层，选用直径较大的 PDC 复合片，采用低密或中密布齿；中硬到硬地层，选用直径较小的 PDC 复合片，采用中密或高密布齿；含砾地层可采用双排齿。

近年来综合水平井钻头使用情况，优选出以下钻头选型，见表 2-3-10。

表 2-3-10 水平井钻头推荐表

井 段	直径（mm）	刀翼数	牙齿直径（mm）	推荐型号	备 注
直井段	215.9	5	19	S1965JA/DS1953SKS/JRS1951	增加攻击性
造斜段	215.9	5	16	S1652JA/DS1653SKS/JRS1655	增加穿夹层和抗研磨性
水平段	215.9	5	16	S1652FG5/DS1652SKD/JRS1651	增加穿夹层和抗研磨性
水平段	152.4	5	16	S1652FG5 / DS1652SKD/JRS1651	增加穿夹层和抗研磨性

四、二开、三开水平井提速措施

推进水平井"三个一趟钻"（直井段、造斜段、水平井）：钻井队优选好钻头，中途不更换钻头；维护好钻井液性能，防止造斜段、水平段发生复杂；定向井优选好螺杆、仪器，中途不更换螺杆、仪器；三维水平井直井段 + 上部造斜段（扭方位 + 增偏移距）优化为一趟钻。

（1）优选采用 S135 钢级一级以上钻杆，特别是二开水平井，摩阻和扭矩大，易发生钻具事故，每口井探伤一次，及时修复耐磨带。进入造斜段后，每趟钻倒换一次钻具。加强钻具管理，建立健全钻具记录卡，严格执行钻具管理有关规定。接头每口井必须探伤一次。每只钻头起钻过程中要按有关要求检查钻具。凡下井钻具、接头及工具，井队技术员均必须亲自丈量，做好记录，绘好草图。

（2）二开前重新校正井口保证井口居中，校正方钻杆防止偏磨井口、防喷器和表层套管。

（3）采用ϕ180mm缸套，排量达到35L/s，提高携砂效果，及时清除井底岩屑，避免钻头重复研磨岩屑，造成钻头提前损坏。

（4）钻表层套管附件时，钻压20~40kN，转速60r/min，以防下部套管脱落；用好振动筛，防止钻套管附件产生的碎屑堵塞钻头水眼。二开第一只钻头开始50m要求用小于100kN钻压钻进，待新井眼形成后再加至设计钻压钻进，以防套管鞋处井眼曲率过大。钻遇含砾石易蹩跳的层位，降低转速及钻压，保证PDC钻头平稳钻进，防止金刚石复合片先期损坏，若一旦发生蹩钻，应立即将钻头提离井底，然后采用小钻压（一般为50kN以下）钻进。

（5）二开直井段防斜打快是重点，为定向造斜提供良好的条件，可选择1.25°螺杆+MWD，即可提高机械钻速，也可加密测量井斜和方位，当有井斜增加趋势时，快速纠斜。直井段完钻后测电子多点，校核造斜点井深，根据实钻多点数据及时调整井眼轨迹。

（6）二开钻进时接单根先上提划眼一次再接单根，应留有一定的返屑时间，避免井下岩屑沉积过多，接好单根后应以小排量柔和开泵，待返出后再提升至正常排量，减小激动压力，降低井漏风险。

（7）开始定向造斜时采用小钻压（20~40kN）滑动钻进，准确判断井下动力钻具的反扭角，及时调整工具面，保证快速、准确钻达设计井斜角和方位角。增斜段井斜角增至设计井斜角后，采用滑动钻进和复合钻进相结合的方式，根据实际井眼轨迹变化情况及时调整钻进参数，确保井眼轨迹满足设计要求。

（8）加强钻井液净化，振动筛选择180目以上筛布，使用率100%，除砂器使用率达到80%以上，离心机使用率50%以上，有效清除有害固相，降低含砂量，改善钻井液的滤饼质量和润滑性，降低摩阻。

（9）苏77-召51区块裸眼段起下钻，1500m以前，控制下钻速度0.5m/s；1500m至石千峰组控制下钻速度0.3m/s，石千峰组以下控制下钻速度0.5m/s。苏19区块2000m以前，下钻速度0.4m/s（70s/柱），2000~3200m进一步控制下放速度为0.3m/s（95s/柱），3200m至B点为0.4m/s（70s/柱）；下套管控制在0.4m/s（30s/根）；防止因下钻压力激动造成井漏。下钻过程发现返出量减少，立即提钻检查，等分析原因后，重新下钻；如确定井漏，下光钻杆堵漏，严禁继续下钻，造成井下人工裂缝。

（10）坚持长短提制度，每钻进24h或进尺150~200m或每钻进24h必须长短提一次，修复井壁、保证起下钻畅通。每次短起应起钻至上次短提井深，长提应起到安全井段或套管内。起钻过程中如有遇阻要反复修井壁或划眼，直到畅通无阻再下钻到井底继续钻进。造斜段和水平井提钻或短提应洗井2周以上，采用反复长提的方式（不小于20m）洗井，破坏岩屑床。提钻或短提遇卡处理方法（30°~60°），不能采用大吨位活动的方式强行提出钻具，应下到井底，采用反复长提的方式（不小于20m）充分洗井，再次提钻或短提，如再次遇卡，采用倒划眼方式处理，减少正划眼，防止划出新井眼。

（11）工程监督、队长、技术员、钻井液大班要经常观察钻屑，发现塌块及时调整钻井液性能，防止长时间井塌，形成"大肚子"或"糖葫芦"井眼。

（12）水平段钻进GR上升必须停钻循环观察，立即做出应对措施，最大限度减少泥岩钻遇。

（13）造斜段及水平段钻进及通井起钻前，井底循环采用"长提"的方式洗井2周以上，长提范围在20m以上，充分破坏岩屑床，清洗井筒，以振动筛无明显钻屑为准。

（14）技术套管下套管前，使用"单扶"结构钻具通井1次，完井套管分别采用"单扶"、"双扶"、"三扶"扶通井。最后一趟通井起钻前，打入带固体润滑剂的钻井液，提高润滑性，减少下套管摩阻。

（15）套管丈量由钻井队、录井队分开丈量，按照八道工序检查。套管螺纹及护丝清理干净、灌入钻井液保证清洁。下套管过程中如有遇阻禁止大吨位活动套管。下套管严禁使用卡瓦下套管作业，如果套管错扣必须将上下2根套管全部更换。

（16）下套管过程中在表层套管鞋、刘家沟组以前稳定井段、A点以后稳定砂层段至少洗井3次，每次洗井1.5周以下，返出砂子较多，应延长循环时间。

（17）技术套管下之前将一台泵更换为ϕ120mm或ϕ130mm缸套，中途（中完套管下至刘家沟组顶部、完井套管下至A点）开泵循环至少1.5周以上，循环期间缓慢上下活动套管，将下套管过程、套管节箍和扶正器刮下的滤饼和砂子全部洗出，防止在造斜段形成岩屑床，套管下至井底后采用"单、双、三"阀逐步开泵，将排量提高至1.2m³/min洗井2周以下，中途不得停泵，防止钻屑下落堆积、堵塞循环通道；洗井过程调整钻井液性能，黏度调整至40s左右，循环全程应用振动筛和离心机清除砂子和有害固相，提高水泥浆顶替效率。

第四节　水平井轨迹控制技术

水平井轨迹控制主要是优选靶前距，提高储层利用率，同时考虑造斜段增加复合钻进比例，有利于钻井提速；优化轨道设计，有利于准确入靶和减少摩阻；丛式井还要考虑防碰。

一、优化井眼轨道设计，提高复合钻进比例

靶前距和造斜率优化是轨迹设计的关键。若靶前距过大，靶前距以下的油气层难以动用，同时造斜段和裸眼段延长，摩阻和扭矩增大；若靶前距过小，则造斜率较高，钻具与井壁的接触力增大，容易发生屈曲和自锁，导致摩阻和扭矩增加。根据已钻井分析，裸眼段摩阻因数为0.25~0.40，计算靶前距为300~650m滑动钻进对应的滑动摩阻，400~500m对应的滑动摩阻值最小，且对应造斜率较低（3°~5.5°）/30m，可满足降摩阻和入靶要求。并针对不同偏移距三维井，规范造斜点、纠偏角大小，采用统一"规范化、模式化"施工。

二维井眼轨道优化为"直—增—稳—增—微增—平"剖面。当储层向下倾斜时，控制井眼轨迹在A点前40~60m，以井斜82°~84°进入气层顶部；当储层向上倾斜时，控制井眼轨迹在A点前20~30m，以井斜85°~87°进入气层顶部；以5°/30m造斜率钻进35m左右就可顺利入靶（表2-3-11）。

表 2-3-11 常规二维水平井与三维水平井剖面设计方法对比

井型	井斜与方位	造斜参数优选（°/30m）	剖面设计方法
二维水平井	增井斜	5~6	恒工具面法、样条曲线法
三维水平井	增井斜＋扭方位	增斜1：3~4 扭方位：4~5 增斜2：2~3	圆弧计算＋造斜参数优选，分段设计

二、三维水平井双二维化

三维水平井较二维水平井轨迹控制难度成倍增加，造斜段要完成增斜、扭方位和入靶，狗腿度大，增加了钻具与井壁的接触力，摩阻大大增加。双二维化就是提前造斜，在上部井段第一造斜段完成偏移距和扭方位，第二造斜点后按二维造斜、增斜和入靶，狗腿度大大减少。形成了"直—增—稳—增扭方位—稳—微增—水平段"七段制三维剖面设计，在上部稳定砂岩地层造斜，在小井斜井段完成扭方位，减小造斜段狗腿度，使入靶前轨道更加平缓，减小水平段钻具摩阻（图 2-3-12，表 2-3-12，表 2-3-13，表 2-3-14 和图 2-3-13）。

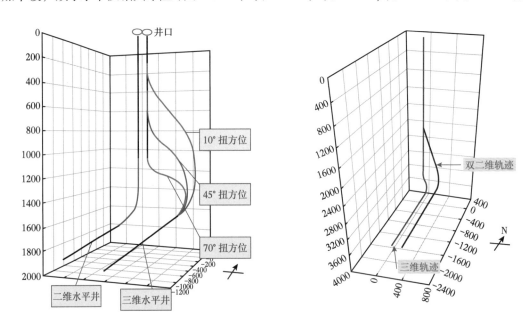

图 2-3-12 三维水平井规范化设计

表 2-3-12 二维水平井轨迹剖面（以水平段长 1200m 为例）

井段	井深（m）	段长（m）	井斜角（°）	方位角（°）	垂深（m）	N（+）/S（-）坐标（m）	E（+）/W（-）坐标（m）	水平位移（m）	造斜率（°/30m）
直井段	2710.00	2710.00	0	0	2710.00	0	0	0	0
增斜段	2847.20	137.20	20.58	180	2844.27	-24.38	0	24.38	4.50
稳斜段	2887.67	40.47	20.58	180	2882.16	-38.60	0	38.60	0

续表

井段	井深 （m）	段长 （m）	井斜角 （°）	方位角 （°）	垂深 （m）	N（+）/S（−） 坐标（m）	E（+）/W（−） 坐标（m）	水平位移 （m）	造斜率 （°/30m）
增斜段	3231.35	343.68	84.50	180	3080.51	−297.48	0	297.48	5.58
微增斜段（A点）	3283.96	52.61	89.76	180	3083.15	−350.00	0	350.00	3.00
水平段（井底）	4483.97	1200.00	89.76	180	3088.15	−1550.00	0	1550.00	0

表 2-3-13　三维水平井轨迹剖面（以水平段长 1200m 为例）

井段	井深 （m）	段长 （m）	井斜角 （°）	方位角 （°）	垂深 （m）	N（+）/S（−） 坐标（m）	E（+）/W（−） 坐标（m）	水平位移 （m）	造斜率 （°/30m）
直井段	1600.00	1600.00	0	0	1600.00	0	0	0	0
增斜段	1759.13	159.13	26.52	284.61	1753.51	9.13	−35.01	36.18	5.00
稳斜段	2444.92	685.79	26.52	284.61	2367.13	86.37	−331.34	342.41	0
增扭段	2770.68	325.76	48.00	192.01	2642.80	−21.91	−434.75	435.30	5.00
增斜段	2987.79	217.11	84.18	192.01	2729.33	−212.83	−475.35	520.82	5.00
入靶点（A点）	3045.95	58.16	90.00	192.01	2732.28	−269.62	−487.43	557.03	3.00
终靶点（B点）	4595.95	1550.00	90.00	192.01	2732.28	−1785.72	−809.83	1960.77	0

表 2-3-14　三维优化为双二维水平井轨迹剖面（以水平段长 1200m 为例）

井段	井深 （m）	段长 （m）	井斜角 （°）	方位角 （°）	垂深 （m）	N（+）/S（−） 坐标（m）	E（+）/W（−） 坐标（m）	水平位移 （m）	造斜率 （°/30m）
直井段	1600.00	0	0.15	238.47	1599.93	0.63	0.59	0.86	0.11
增斜段	1735.96	135.96	22.56	107.19	1732.42	−7.28	25.69	26.70	5.00
稳斜段	2433.57	697.61	22.56	107.19	2376.64	−86.36	281.41	294.36	0
增扭段	2733.94	300.37	48.00	192.35	2632.30	−221.10	314.74	384.64	5.00
增斜段	2950.98	217.04	84.17	192.35	2718.82	−411.71	273.00	494.00	5.00
入靶点（A点）	3006.88	55.90	89.76	192.35	2721.78	−466.22	261.07	534.34	3.00
终靶点（B点）	4206.75	199.98	89.76	192.35	2726.78	−1638.32	4.47	1638.33	0

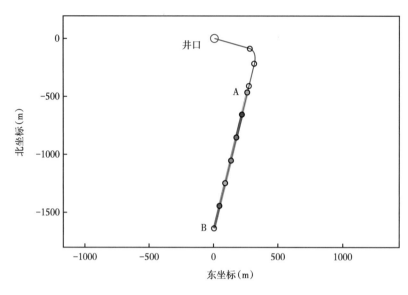

图 2-3-13　双二维轨迹平面图

三、防碰绕障技术

防碰绕障需从优化轨迹方案入手，从源头杜绝相碰风险。如防碰失败，轻则将老井钻穿，新井填井侧钻，老井修复套管；重则形成人为异常高压，构成井控风险，如表层将生产老井钻穿，直接造成井喷失控。

1. 老井数据准确，新井全过程监控

收集老井轨迹数据，如数据缺失，防碰段需进行陀螺测井，获取井斜和方位。新井钻具结构中需增加 MWD，能够跟踪轨迹变化，当发现轨迹有靠近趋势时及时调整。

2. 防碰绕障方案

复测新老井井口坐标，井口间距大于 8m，直井段两口井隔墙厚度不小于 4m。老井在新井轨迹线方向，如老井是定向井或水平井，可通过增加造斜点垂深避开老井；如老井是直井，无法避开，可提前定向，预留偏移距（不小于 20），绕过老井。

3. 防碰绕障具体措施

（1）根据新老井复测坐标、轨迹数据优化防碰轨迹图。

（2）表层防碰钻具组合：ϕ311.2mmPDC 钻头 +ϕ203mm1.25° 螺杆（ϕ308mm 扶正器）+ϕ308mm 扶正器 +MWD 定向接头 +ϕ165mm 无磁钻铤 +ϕ178mm 钻铤（3 根）+ϕ165mm 钻铤（6 根）+ϕ127mm 钻杆。

（3）二开防碰钻具组合：ϕ215.9mm 钻头 +ϕ172mm 单弯螺杆（1.25°×ϕ212mm 扶正器）+ϕ212mm 扶正器 +ϕ165mmMWD 定向短节 +ϕ165mm 无磁钻铤（1 根）+ϕ165mm 钻铤（6 根）+ϕ127mm 加重钻杆（12 根）+ϕ158.8mm 随钻震击器 +ϕ127mm 加重钻杆（5 根）+ϕ127mm 钻杆 +133.4mm 方钻杆。

（4）钻进过程每 30m 测一次井斜、方位，计算一次隔墙厚度；如两井有接近趋势，每 10m 测一次井斜、方位；如隔墙不大于 4m，调整方位，反方向扭方位，增加井间距，防

止相碰。

（5）防碰井段绘制手工防碰图，并观察分析轨迹趋势，坚持做到测一点、计算一点、防碰图绘制一点，并预算 200m 变化。

（6）净化工严密跟踪钻屑返出情况，发现有水泥、铁屑或钻时明显变慢，立即停钻观察。

4. 导眼井侧钻要点

（1）扫塞和侧钻钻具组合：ϕ222.3mm 钻头 +ϕ172mm 螺杆 1.5°（1.75°）+ϕ165mm 钻具止回阀 +ϕ165mmMWD 短节 +ϕ165mm 无磁钻铤 +127mm 加重钻杆（45~50 根）+ϕ127mm 钻杆。

（2）稳斜钻具组合：ϕ222.3mm 钻头 +172mm 螺杆 1.25°+ϕ165mm 钻具止回阀 +ϕ216mm 扶正器 +ϕ165mmMWD 短节 +ϕ127mm 无磁钻杆 +ϕ127mm 加重钻杆（15 根）+ϕ127mm 钻杆。

（3）扫塞钻压 20kN，做好每米钻时记录，钻至设计侧钻点，采用钻时和静压综合判断灰塞质量是否合格，停泵静压灰面 120~180kN，稳定 2~3min，悬重无下降，钻具无下移。验证灰塞质量合格后，开始侧钻。

（4）侧钻初期严格控制钻时，第一个 5m 控制钻时 4h/m，以形成台阶，第二个 5m 控制钻时 3h/m，第三个 5m 控制钻时 2h/m，后期依据返出岩屑逐渐提高钻速，若地层岩屑成分占 90% 以上，可适当增加钻压钻进，侧钻期间在方钻杆上标识刻度，刹把操作人员精细操作，少放勤放。每 0.5m 捞取砂样一次，技术人员进行分析对比。

（5）侧钻达到预期目的，砂样确定侧钻出去，并且井斜再次确认无误后，预测井底数据，计算好夹墙后起钻，下入 1.25° 螺杆稳斜钻进。

5. 井口防碰措施

（1）老井为生产井，必须加装防护罩，防护罩以外 15m 内不得进行动火作业。

（2）钻井队搬安期间，安排一名 HSE 监理对井口防护罩盯防，吊车吊臂严禁在防护罩上方作业。

（3）钻井期间用专用条带设立隔离、警戒区域；施工车辆行驶过程中，必须与井口隔离警戒线保持 3m 以上安全距离。

第五节　防塌、防漏钻井液技术

一、石千峰组以前钻井液要点（含导眼井、水平井）

1. 难点及风险分析

（1）钻井液包被性能不足，钻屑分散严重，密度、黏度快速上升；

（2）刘家沟组发生压差漏失；

（3）钻头泥包；

（4）压差卡钻。

2. 钻井液配方

聚合钻井液体系，采用钻井液不落地罐大循环沉淀。配方为：清水 +0.2%Na$_2$CO$_3$+

0.1%~0.3%NaOH +0.3%~0.5%NH4HPAN+0.3%~0.5% KPAM+0.3%~0.5%FA367+1%润滑剂。

3. 性能指标

性能指标见表 2-3-15。

表 2-3-15　进入石千峰组前性能指标要求

性能井段 （m）	密度 （g/cm³）	黏度 （s）	失水 （mL）	滤饼厚度 （mm）	G_1/G_2 （Pa）	YP （Pa）	PV （mPa·s）	pH 值	含砂 （%）
500~1600	1.02/1.08	30/40			0/2	0/3	2/4	8	≤ 0.5
1600~2500			≤ 8	≤ 0.5	1/3	2/5	3/8	8/9	≤ 0.5

4. 维护技术要点

（1）钻塞时用 0.5%~1% 纯碱除去钙离子；

（2）采用 0.2%~0.4% 大分子，加强钻井液体系抑制性，减少钻屑水化分散，快速沉淀，有利于快速钻进、防止钻头泥包；

（3）充分使用好固控设备，振动筛使用率 100%，除砂器使用率 100%，离心机使用率不低于 30%，除去未沉淀的有害固相；

（4）维护时，将 KPAM、FA-367、NH4HPAN 配制成胶液，按循环周补入、细水长流、保持钻井液性能均匀稳定；

（5）钻具静止时间不超过 5min，防止压差卡钻（工程防黏卡）；

（6）排量大于 35L/s，提高钻头清洗效果。

二、造斜段、水平段钻井液要点

1. 难点及风险分析

（1）裸眼段长，漏塌同存，同时发生，处理难度极大；

（2）刘家沟组承压试验不合格，下钻速度过快或钻头泥包压力激动造成井漏；

（3）造斜段双石层易塌，持续井塌，形成"糖葫芦"井眼，提钻遇卡，下钻划眼，造斜段易出新井眼；

（4）动塑比低，排量不足，钻井液携砂效果差；

（5）摩阻大，水平段延伸困难；

（6）电测遇阻、遇卡；

（7）提钻和短提未采用"长提"洗井，洗井不充分，下钻遇阻；

（8）通井不充分，套管下不到底；

（9）起钻前乱打高黏度封闭液，下钻到底或下套管到底开泵憋漏地层。

2. 钻井液体系

复合盐钻井液体系，采用小循环，加强净化。

（1）配方：井浆 +0.1%~0.3%NaOH+8%~10%KCl+2%~4%PAC-LV+0.3%~0.5%PAM+1%~2%单封 +1%~2%NAT20+2%~4% 白沥青 +1%~3% 乳化沥青 +1%~2% 润滑剂 +2%~3%PGCS-1+2%~3%ZX-2+ 石灰石粉。

（2）性能指标见表 2-3-16。

表 2-3-16　造斜、水平段性能指标要求

常规性能										流变参数		总固相含量（%）	Cl⁻含量（mg/L）	坂土含量（g/L）
密度（g/cm³）	漏斗黏度（s）	API失水（mL）	滤饼厚度（mm）	pH值	含砂（%）	HTHP失水（mL）	摩阻系数	静切力（Pa）		塑性黏度（mPa·s）	动切力（Pa）			
								初切	终切					
1.20~1.25	50~65	≤ 4	≤ 0.5	9~9.5	< 0.3	8	≤ 0.05	2~4	3~10	15~25	10~15	< 10	> 100000	30~35

（3）配制和转化要点。

①基浆：井浆 + 预水化坂土浆。

②用小试验验证基浆是否合格：先加入 NAT20、HS-1、PAC-LV、PAM 等材料进行护胶，再加入 KCl、NaCl，当黏度逐步上升到一定范围，突然下降，说明基浆合格。如上升到很高不下降或下降很慢，说明黏土含量偏高，不合格，需增加清水，降低黏土含量。反复验证 3 次，方可进行配浆。转化钻井液必须一次完成，严禁边转化、边钻进。

（4）高黏度封闭液的危害。

①长时间静止后，稠塞会在环空形成长井段强凝胶，开泵困难甚至无法建立循环，如：下 ϕ177.8mm 套管为防止沉砂，导致套管下不到位，在井底打入 20m³ 高黏度封闭液可在 ϕ215.6mm 裸眼与 ϕ177.8mm 套管环空形成长达 1713m 高黏度封闭液段，当高黏度封闭液上升到刘家沟组以上，随着高黏度封闭液上升，刘家沟组承受的循环压力不断增加，最终导致井漏，影响固井质量。

②高黏度封闭液易滞留在大肚子或井壁边缘无法带出，候凝过程与高密度水泥浆混合，影响固井质量。

③起钻前如打入高黏度封闭液，初期循环正常，当高黏度封闭液上升到刘家沟组以上时，憋漏地层的风险很大。

第六节　水平井复杂事故预防

一、刘家沟组井漏

刘家沟组漏失机理：刘家沟组成岩差、孔隙度高、强度低，受地壳运动形成了微裂缝或裂缝，受风化作用形成漏失通道；钻井液滤液侵入加剧层理和微裂缝发展，易发生压差漏失。

1. 预防井漏措施

（1）低密度、预堵漏钻穿刘家沟组，钻刘家沟组钻井液密度不超过 1.08g/cm³，减少钻井液液柱压力，钻进过程连续加入随钻堵漏剂，堵塞微裂缝，防止井漏；

（2）充分洗井，防止沉砂憋堵（30°~60° 易形成滑动岩屑床）；

（3）不打稠塞，防止强凝胶开泵憋堵或循环至刘家沟组以上，憋漏刘家沟组；

（4）控制下放速度，减少压力激动；

（5）下钻失返，提钻检查，防止钻头泥包，形成压力激动，压漏地层；

（6）缓开泵，破坏钻井液网架结构；

（7）如漏失量小，采用旋转阀定向仪器，带 0.5~1mm 堵漏剂钻进。

2. 堵漏防漏措施要点

原则：高浓度、多级差、微膨胀、慢打压、缓释放。

（1）堵漏配方：井浆 +3%ZSQD-98（0.3~0.5mm）+3% 核桃粉（0.9mm）+3% 蛭石（1~2mm）+1% 核桃壳（2~4mm）+3% 综合堵漏剂（5~6mm）+3% 超微粉 +6%801+4% 地层增压剂 +2%SLD+4% 锯末 + 石灰石，总浓度 34%，密度 1.25g/cm³。

（2）配堵漏浆时，先加入非膨胀型材料，最后快速加入膨胀型材料，迅速打入到漏层，挤入裂缝，形成架桥，膨胀型材料在温度和水的作用下膨胀，强化架桥强度，提高封堵效果。

（3）堵漏浆替满井眼后关井采取阶梯性增压方式打压；首次打压不超过 1MPa，压降超过 0.5MPa 或憋压 10min 后方可进行第二次打压；3MPa 以内每次打压不超过 1MPa，3MPa 以上每次不超过 0.5MPa。大于 3MPa，套压每降低 0.3MPa 或憋压 30min 后，方可继续打压，套压每次增加 0.5~0.8MPa；憋压稳压 30min 后直到当量密度在 1.40g/cm³ 以上。

（4）承压堵漏过程中，裂缝内部也形成一定的圈闭压力，如果打开防喷器迅速释放环空压力，会导致圈闭压力大于井筒压力，裂缝内形成的架桥堵漏材料可能被推出，裂缝重新暴露，造成承压堵漏失败。承压堵漏成功后，用节流阀缓慢释放压力，每次不超过 0.5MPa，静止 10~20min，为裂缝内圈闭压力释放预留时间，直到将井内压力全部释放完。

（5）承压试验期间可使用环形防喷器，将钻杆本体毛刺打磨干净，每 15~30min 活动一次钻具，防止黏卡。

（6）承压堵漏成功后，筛除堵漏材料，将排量提高到 40L/s 循环一周，井下不漏为合格。

3. 其他堵漏措施

如果反复采用桥塞堵漏失败，可根据井漏情况选择以下堵漏措施。

（1）石盒子组、石千峰组堵漏配方见表 2-3-17。

表 2-3-17　石盒子组、石千峰组堵漏配方

漏速（m³/h）	堵漏技术	堵漏浆配方
3~15	高固相塞体堵漏 CQDL-B	基浆：5% 白土 +6%SFT-1+4%SMP-2+3%SN+10% 重晶石 堵漏浆：基浆 +15%HD-1+6%HD-2+10%DF-A+6% 云母 +30% 石灰石
	复合结构塞体 CQDL-H	基浆：5% 白土 +6%SFT-1+4%SMP-2+3%SN+10% 重晶石 堵漏浆：基浆 +18%HGS+10%HD-2+8%DF-A
15—失返	抗高温触变性水泥 CQDL-C4	隔离保护液：0.6%GD-3+15%HD-2+6%HD-1+10%DF-A+6% 云母 堵漏浆：120%G 级水泥 +40%G424L3+15% 微硅 +10%FMH+5%GJ-S+0.5%GH-3+固井车

（2）水平段堵漏配方见表 2-3-18。

表 2-3-18　多元颗粒挤封堵漏配方

序号	漏失情况	多元颗粒堵漏浆基础配方	额外复配
1	漏速小于 5m³/h	基浆：6%SFT-1+4%SMP-2+3%SN+10%KCl+10% 重晶石 +3%XCS-3 堵漏浆：基浆 +10%HD-2+10%QD-1+8%DF-A+6% 云母 +15% 石灰石	
2	漏速 5~15m³/h	基浆：6%SFT-1+4%SMP-2+3%SN+10%KCl+10% 重晶石 +3%XCS-3 堵漏浆：基浆 +10%HD-2+8%QD-2+10%DF-A+4% 云母 +20% 石灰石 +9%CQGL	5%KSD
3	15m³/h—失返性 16m³/h—漏失	基浆：6%SFT-1+4%SMP-2+3%SN+10%KCl+10% 重晶石 +3%XCS-3 堵漏浆：基浆 +10%HD-1+10%HD-2+6%DF-A+30% 石灰石 +12%CQGL	8%KSD

二、石千峰组、石盒子组垮塌机理

（1）石千峰组、石盒子组泥岩垮塌机理：石千峰组、石盒子组属晚成岩期，为强硬脆性泥岩，在低于坍塌压力状态下会进入扩容状态，压力波动易导致井周围微裂缝扩展、交汇形成高渗透带，若钻井液封堵性能不良，大量滤液在液柱压力作用下沿微裂缝侵入地层。

（2）地层微裂缝发育，形成高渗透界面，钻井液滤液在液柱压力下侵入，使井筒附近地层孔隙压力升高，泥岩水化膨胀，强度降低，地层坍塌压力增大。

（3）泥岩中的黏土矿物含量高达 65%~86%，以伊/蒙混层和高岭石为主，弱分散、中强膨胀，钻井液不能有效抑制水化膨胀，易造成井壁失稳（表 2-3-19，图 2-3-14 和图 2-3-15）。

表 2-3-19　石千峰组、石盒子组泥岩组构特征和理化特性

层位	黏土矿物（%）	伊/蒙混层（%）	伊利石（%）	高岭石（%）	混层比（%）	膨胀率（%）	回收率（%）	CEC（mmol/100g）
石千峰组	65.1	100			20	20.69	83.56	5.75
石盒子组（盒1—盒3段）	68.9	46		54	25	25.00	87.13	7.75
石盒子组（盒4段）	71.8	34	10	56	10	20.00	96.67	3.75
石盒子组（盒5—盒8段）	69.6	82		18	25	17.34	88.20	5.50

图 2-3-14　石千峰岩心浸泡实验

石千峰岩心的侧面中有沿垂直于轴向以及沿轴向的不规则裂缝，岩心浸泡 27h 后全部垮塌

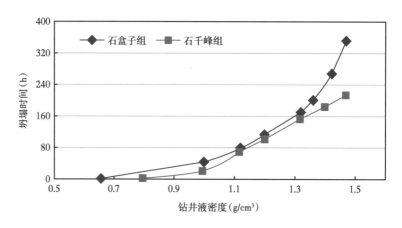

图 2-3-15　坍塌压力与时间关系

泥页岩随着钻井液浸泡时间增加，在水化应力和强度降低的双重作用下，坍塌压力越来越高

直丛井只存在横向坍塌压力，井塌矛盾不突出，钻井液密度 1.08g/cm³ 就可平衡石千峰组、石盒子组地层坍塌压力；水平井造斜段、水平井既存在横向坍塌压力，也存在纵向坍塌压力，横向和纵向形成的综合坍塌压力系数是单一横向坍塌压力系数的 1.15~1.25 倍。苏 77-召 51 区块钻井液密度达到 1.22~1.25g/cm³ 才可平衡地层坍塌压力；苏 19 区块钻井液密度达到 1.25~1.32g/cm³ 才能平衡地层坍塌压力，这也是水平段钻遇泥岩需提高钻井液密度的主要原因（图 2-3-16）。

图 2-3-16　双石组坍塌掉块照片

（4）防塌要点：滤液抑制、滤饼封堵、密度支撑、发现井塌、快速处理。

①优化抑制型盐水钻井液配方，氯根浓度达 100000mg/L 时，防止泥岩水化。

②KCl 浓度达到 5% 以上，钾离子直径（0.266nm）与黏土硅氧四面体片中的内切圆直径（0.288nm）相近，易进入六方网格而不易释放，抑制气层黏土膨胀，抑制因滤液侵入造成的泥岩膨胀。

③改善滤饼质量，优选憎水型封堵剂，如软化点与地层温度相近的沥青类封堵剂，减少和阻止滤液持续侵入微裂缝。

④优化钻井液密度，略大于石千峰组、石盒子组地层坍塌压力，苏77-召51区块钻井液密度一般为 1.22~1.25g/cm³；苏19区块钻井液密度一般为 1.25~1.32g/cm³。

⑤经常观察钻屑返出情况，发现塌块，24h完成处理。

⑥苏77区块起钻前观察钻屑减少情况，如持续不减少，井塌可能性较大。

⑦抓好钻井提速，减少浸泡时间。

三、钻具事故

水平井与直井相比摩阻大、扭矩大，钻进和起下钻受力分为轴向力、弯曲力矩、离心力、扭转力矩、钻柱振动和动载，复杂且长时间作用，钻杆易发生疲劳损坏。钻具在恶劣条件下工作，易产生腐蚀，如氧气腐蚀、二氧化碳腐蚀、溶解盐腐蚀等；操作不当会发生机械破坏，如装、卸过程造成外伤，上扣不紧造成台肩失去密封，滑钻、顿钻，处理复杂大吨位上提、大扭矩转动等。

（1）使用S135钢级一级以上高强度钻杆、加重钻杆和接头，每口井探伤一次，防止使用过程中过早疲劳损坏。

（2）现场架存不超过3层，外螺纹清洗干净上好护丝，减少雨水对外螺纹和台肩的腐蚀；上下钻台外螺纹必须带好护丝。

（3）井口上扣外螺纹、内螺纹要清洗干净，按标准扭矩上扣，不能松，也不能过紧，防止台肩部位密封失效，严禁大钳咬钻杆本体。

（4）每趟钻上、下倒换钻具1次，改变受力状态，减少钻具疲劳。

（5）井下复杂多次大吨位活动的钻具，解卡后应探伤一次，防止有内伤的钻具入井；发生断钻具事故，落鱼捞出后，全井钻具要探伤或更换，防止反复发生断钻具事故。

（6）任何情况下都不允许超过钻具的屈服强度提拉或扭转。

四、造斜段、水平段岩屑床破坏和清洗技术

水平井经常遇到起钻遇阻、下钻划眼的复杂情况，主要原因是起钻前造斜段或水平段岩屑床未清洗干净，特别是30°~60°井段易形成滑动的岩屑床，能够快速堆积，堵塞循环通道，造成憋泵，甚至卡钻。因此，只有将钻屑快速带出地面和破坏形成的岩屑床，才能有效降低水平井复杂事故。

1. 优化动塑比

尖峰型层流：动塑比在0.2以下，中间流速快，井壁和钻杆周边流速慢，钻屑反复翻转，推靠井壁，不易带出。甚至在钻进过程中，被钻杆反复拍打在井壁上，造成缩径。环空钻屑浓度高，易诱发井漏。尖峰型层流不利于将钻屑快速带出地面（图2-3-17a）。

平板型层流：动塑比0.4~0.7，流速差不大，钻屑在上升过程翻转少，容易带出。靠近井壁返速大于尖峰型层流，有利于清除岩屑床。平板型层流能够将钻屑快速带出地面（图2-3-17b）。

提高方法：加强净化清除有害固相，降低塑性黏度；补充预水化坂土浆，提高动切力。

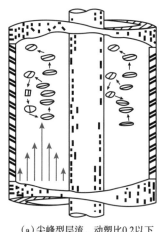 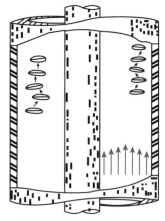

(a)尖峰型层流,动塑比0.2以下　　　　(b)平板型层流,动塑比0.4~0.7

图 2-3-17　环空钻井液处于层流状态时的两种流型

2. 提高排量

二开水平井和三开水平井二开段使用 3NB1600 钻井泵,配 ϕ180mm 缸套,将排量提高至 35L/s,上返速度提高 17.5%,不仅有利于提高钻井液携带能力,还有助于提高螺杆转速,进而提高机械钻速。

3. 长提洗井

长提洗井:起钻前采用反复长提(长距离活动方钻杆)的方式(不小于 20m)洗井,钻杆节箍直径大于本体,相当于"犁",以机械方式将钻屑床从下井壁扰动,重新进入循环通道。

从表 2-3-20 中可以看出,钻杆节箍部位的返速远大于本体,节箍上提过程是机械 + 流态改变的方式,将岩屑床以从下井壁扰动 + 冲刷的方式破坏,进入循环通道,带出地面。

表 2-3-20　钻头尺寸与合理排量理论表

井眼尺寸 (mm)	钻杆尺寸 (mm)	节箍外径 (mm)	排量 (L/s)	本体返速 (m/s)	节箍返速 (m/s)	提高比例 (%)
215.9	127.0	165	35	1.46	2.300	57.23
152.0	101.6	127	20	1.99	3.653	83.24

五、防钻头泥包

下钻过程钻头泥包,增加压力激动,甚至压漏地层;钻井过程泥包,机械钻速变慢,被迫起钻;起钻过快,油气水进入井筒,造成溢流,甚至井喷;易塌段,液柱压力减去抽汲压力的差值小于地层坍塌压力,引起井塌,下钻划眼。

1. 钻头泥包原因

(1)地质原因:泥岩地层、易吸水膨胀的地层、软硬交错地层。

（2）钻井液抑制性差、失水大、滤饼厚、极限高剪黏度过高、黏土含量高等。

（3）钻井参数：排量小，重复切削；钻时变慢，盲目加钻压。

（4）钻头选型：中心孔较小，钻屑滞留底部。

2. 预防措施

（1）优选 PDC 钻头，加强中心部位清洗。

（2）提高钻井液抑制性，防止泥岩分散、造浆。

（3）加强固控，清除有害固相。

（4）增加排量，防止重复切削。

（5）送钻均匀，速度过快时，适当控制钻压。

（6）避免长井段滑动钻进。

（7）下钻分段循环。

六、造斜段、水平段托压

1. 造成托压的主要原因

井眼轨迹不规则，井眼轨迹出现台阶，钻具接头或扶正器支撑在台阶上，增加摩阻或卡在台阶中，造成托压；定向钻进易产生台阶；造斜段地层交接变化，特别是软、硬地层变化，易产生台阶；钻井液清洗效果不好形成岩屑床，造成岩屑托住钻杆节箍或扶正器，造成托压，这在造斜段比较常见；钻具发生屈曲，现场超过最大钻压，钻具发生多次屈曲，增大摩阻，发生托压。

2. 托压的解决办法

1）针对井眼轨迹原因造成的托压解决方法

密切跟踪标识层变化，及时调整轨迹，尽可能使轨迹平滑，特别是入窗阶段，不要出现强增斜入窗，否则，钻具在刚性作用下，硬支撑在井壁上，造成托压；增加复合钻比例，提高井壁光滑度，减少台阶；连续定向钻进，每钻完一个单根后，缓慢划眼 2~3 遍，最后需余 2~3m 不划眼，防止破坏定向趋势；向上增斜托压可将前段井段反复缓慢划眼，必要时短起下，打完一个单根缓慢划眼 2 遍，余 2~3m 不划。如向下降斜，托压无进尺，可以复合 0.2~0.3m 再继续定向，严重时可定向段结合小段复合。

2）针对地层界面变化造成托压的预防和解决方法

造斜段钻进时，定向井工程师注意地层界面变化，提前预留井斜，复合钻穿过交界面，提高交界面圆滑度；如果定向段钻时时快时慢，井下螺杆工作正常，地层胶结的可能性大，钻完一个单根要多划眼几次，破坏可能形成的台阶；如果遇到托压，条件允许可再复合 1~2m 定向，一般就能解决这个问题。如果钻井液润滑性差，托压会加重，要加强钻井液润滑性。

3）针对井底岩屑床造成托压的预防和解决方法

水平段钻进，岩屑床原因造成托压很难避免，要从提高钻井液携带能力入手，如：提高钻井液动塑比、提高排量，使钻屑能够快速带出地面，减少或减缓形成岩屑床；定期短起，短起前采用"长提洗井"的方式破坏岩屑床，并将形成岩屑床的砂子带出地面；定期增加钻井液润滑剂，提高钻井液滤饼润滑性能；增加直井段加重钻杆数量，目前设计为70 根左右，如果托压严重，可增加到 120 根以上。

第七节　水平井固井技术

一、水平井固井难点

1. 造斜段水平井套管下入困难

与直井、定向井相比，水平井套管受力方式发生很大变化。套管刚性较大，造斜段会对井壁产生重量分力和侧压力，狗腿度越大，侧向力越大，摩阻越大；水平井段套管全部重量作用在下井壁，摩擦阻力与套管重量正相关，管串组合中加入扶正器，变面接触为点接触，可起到一定降低摩阻的作用，但进一步增加了套管刚性，下入风险也随之增加。同时水平井套管下入还受井眼轨迹、井眼清洁程度、长水平段等因素的影响。

2. 易发生环空憋堵

造斜段、水平井段钻进过程易形成岩屑床，相当于将井眼变为椭圆，有效通径变小，套管与标准井眼间隙仅为18.9mm，易在套管下入、顶通和洗井过程发生环空憋堵。刚性与弹性扶正器交替逐根下入，会将井壁上的滤饼剥落，在30°~60°井眼形成滑动的岩屑床，堆积后形成憋堵。

3. 套管居中度差和顶替效率低

在造斜段，套管对井壁的侧压力很大，水平段套管在自重的作用下，套管贴在井壁下侧，造成套管偏心严重。水泥浆在套管上部间隙较大部位，流速较快，在套管下部窄间隙部位易形成大段或局部的钻井液滞留，严重影响顶替效率。候凝过程中，受密度差影响（钻井液密度 $1.25g/cm^3$、水泥浆密度 $1.89g/cm^3$），水泥浆将套管下部窄钻井液替出，并逐步混合，形成混浆，无法稠化凝固，最终影响固井质量。

4. 刘家沟组承压能力差，固井易漏失

刘家沟组是区块易漏层，属压差型漏失，水泥浆密度与钻井液密度相比明显偏高，形成的液柱压力易压漏地层，水平井技术套管和完井套管返至井口难度很大。

5. 分段多簇体积压裂

水平井分段分簇压裂技术大幅度提高单井产量，但同时对井筒完整性提出了严峻的挑战，比如水泥环破坏、管柱失效等，甚至可能引起环空带压现象。

二、水泥返高要求

（1）苏 77-召 51 区块表层采用 ϕ273.1mm 套管下至井深 501m，苏 19 区块 ϕ273.1mm 套管下至井深 750m，封固地表流砂层和水层，采用常规固井工艺固井，水泥浆返至地面。

（2）三开水平井 ϕ177.8mm 技术套管下至 A 点，采用双凝双密度水泥浆体系固井，返至表层套管内 200m 以上，其中常规密度水泥浆封固井段为井深 2377m 至井底（返至气层顶界以上 300m），低密度水泥浆体系封固井段为井深 301~2377m。

（3）三开水平井 ϕ114.3mm 生产套管下至 B 点，采用韧性防气窜水泥浆尾管悬挂固井工艺，水泥浆返至悬挂器位置。

（4）二开水平井 ϕ139.7mm 生产套管或 ϕ177.8mm+ϕ139.7mm 复合生产套管下至 B 点。

三、低密度水泥浆体系在水平井固井中的研究应用

2017年以前水平井中完采用穿鞋戴帽方式进行固井，能有效改善固井施工漏失问题，保障三开钻进顺利进行，但无法保证井筒封固完整性。2018年以后，为实现井筒全封固，对中完和完井固井进行了再分析、再认识，通过合理设计低密度水泥浆，优化水泥浆柱结构，实现全井筒有效封固。

二开和三开中完裸眼封固段长，温差大，低密度水泥浆强度低，容易造成固井质量不理想，从而优选出合适的水泥浆体系是保证固井质量的关键。在保证安全施工前提下，低密度水泥浆强度48h内不能完全发挥。优选的水泥浆体系必须具有如下特点：

（1）低密度水泥浆体系要具有较高的水泥石强度、较低的渗透率；

（2）水泥浆必须具有较强的施工性能，满足安全要求，稠化时间易于调节，能适应多变的水质；

（3）浆体均匀稳定，流动性好，抗压强度发展迅速，以保证深井施工的安全及封固质量。

二开和三开中完固井施工采用一次上返固井施工工艺来满足全井封固。采用双凝双密度水泥浆体系，低密度水泥封固井段300~2400m（气层顶界以上300m至上层套管内200m），封固段长2100m。

低密度水泥浆体系要求降失水效果好，具有一定的抗压强度，温度应用范围广，具有良好的流动性。施工设计领浆密度为 $1.33~1.37g/cm^3$，水泥浆液柱压力较开发初期 $1.45g/cm^3$ 液柱压力更低，有效降低了固井井漏的风险。设计将领浆水泥稠化时间控制在210~240min。水泥浆综合性能见表2-3-21。

表2-3-21　低密度水泥浆性能

水泥	水灰比	密度（g/cm³）	析水率（%）	失水（mL）（30min/7MPa）	抗压强度（MPa）（45℃/24h）	稠化时间（68℃/35MPa） 初稠（Bc）	稠化时间（68℃/35MPa） 时间（min）
G级	0.74	1.35	0	＜50	7.4	15	230

应用效果：近年应用优选出的漂珠低密度水泥浆体系强度高、渗透率低、流变性好、性能稳定良好，能够较好地满足区块上部封固井段。使用该低密度水泥浆体系共计施工技术套管30井次，合格率100%，有效解决了区块水平井技术套管固井质量差的难题。

存在问题：目前使用低密度水泥浆现场施工能满足设计要求，但是该低密度体系随着减轻材料含量增多，流动阻力较大，在井底高温高压环境下，环空压耗当量密度增大 $0.07~0.13g/cm^3$，从而导致施工压力居高不下，施工后期漏失风险加大。

后期改进措施：持续进行室内评价，优选出流动性好、摩阻小、浆体稳定的低密度水泥浆体系，优化总结形成一套适用于该区域更加成熟的低密度水泥浆体系。

四、提高水平井固井质量技术

为保证水平段套管居中度，会加入较多扶正器，但扶正器的加入又会增大井壁刮削剥落和岩屑床堆积的风险，造成环空不畅，导致下套管遇阻和循环压力过高或憋泵。因此，

水平井中科学合理的扶正器设计是降低套管摩阻的重要途径。

1. 套管居中度和顶替效率要求

提高水平井固井质量首先要解决如何提高顶替效率的问题。而小间隙、长水平段固井，由于套管受到的载荷和重力影响等因素远比直井更为复杂，套管居中度问题更为突出，受井眼条件的影响，套管可能会靠近井眼圆周的任何一个方向，提高套管居中度是提高顶替效率的首要条件。为使环空完全被水泥浆充满，就需要在合理的套管居中度前提下，使钻井液具备易于被驱替的性能，即要求钻井液在高动塑比的情况下还要具备较低黏度和切力，从而保证在长水平段固井施工中，易于实现小排量紊流顶替，提高顶替效率。

2. 前置液要求

在水泥浆前部注入的冲洗液和隔离液要求与钻井液具有相容性，需要有足够的接触时间（行业标准 7~10min 或 300~500m）。水平井固井要求前置液体系同时具备对井壁的清洗冲刷和对钻井液较好的驱替能力，因此需要对前置液进行合理的设计。

3. 水泥浆设计要求

水平井投产要进行多达几十级的大型压裂改造，压裂施工压力达 60~70MPa，水泥石需连续承受多次交变应力影响而封固不失效，因此要求水泥浆具有低失水、零析水的特点，同时还要具有较好的沉降稳定性、流变性、抗交变应力性。此外，水泥浆设计时还需注意：

（1）小井眼固井水泥使用量小，水平段井径难以测准，精确计算水泥浆用量存在困难；

（2）水平井循环温度要比常规温度高，水泥浆试验温度一般取静止温度的 90%~95%，在此温度下确定合理的稠化时间，并达到满足直角稠化要求；

（3）为提高顶替效率，水泥浆静切力和动切力比钻井液高。

4. 采取的技术措施

（1）井眼准备：

①调整好钻井液性能，同时在钻井液中加入润滑剂，使其滤饼致密且具备良好的润滑性，以降低通井及下套管摩阻；

②使用隔离液按设计排量清扫井眼，清除水平段内残留岩屑床；

③通过刚度计算，分别使用单扶正器、双扶正器、三扶正器通井，三扶正器通井做到井底无沉砂、井眼无垮塌、无阻卡，三扶正器通井采用"长提"方式洗井 2 周以上，充分破坏岩屑床，清洗井筒（图 2-3-18 和图 2-3-19）；

④起钻前打入带固体润滑剂的钻井液，提高润滑性，减少下套管摩阻。

（2）下套管技术措施：

①由于水平段过长，套管对井壁侧压力大，从而增加了下套管摩擦阻力，使用刚性滚轮扶正器及整体式弹性扶正器，由面摩擦变为点摩擦，降低套管下入摩阻；

②缩短套管在裸眼井段静止时间，套管下入时要求连续灌浆，每根套管灌满钻井液一次并活动套管，缩短灌浆时间，降低卡套管的风险；

③由于环空间隙小，下套管过程中易产生岩屑堆积，造成循环困难甚至无法顶通，依据通井洗井位置，分段多次洗井，疏通井眼。

图 2-3-18 一体式弹性扶正器

图 2-3-19 刚性滚轮扶正器

（3）套管居中度设计：

①根据实测井斜、方位，合理确定扶正器的位置和加量，使用卡箍将扶正器固定于套管内螺纹节箍 2~3m 处，可以托起套管节箍，防止套管节箍刮伤井壁，防止出现岩屑堆积和其他复杂情况；

②校核计算居中度大于 67%，为提高顶替效率提供条件；

③全井替清水，使水平段套管具有一定程度的漂浮性，提高套管居中。

（4）前置液设计。

使用密度为 1.00g/cm³ 清洗液环空占高 500m，清洗液可有效清洗虚滤饼及滤饼。使用密度为 1.25~1.40g/cm³ 隔离液环空占高 1000m，隔离液可有效隔离钻井液与水泥浆，并具备一定的冲刷携带能力，为替净环空内钻井液和提高胶结质量提供条件。使用密度为 1.89g/cm³ 韧性水泥浆，使清洗液与隔离液、水泥浆之间形成密度差，为提高顶替效率提供条件。

（5）水泥浆体系设计。

①多级大型压裂施工，水泥石在压裂过程中受射孔因素影响易破坏水泥石完整性，多级大型压裂，水泥石受交变应力影响，易造成损坏。韧性水泥浆加入韧性材料，具有较好的抗冲击能力，能有效解决压力与温度波动引起的水泥伸缩破坏（图 2-3-20）。

②通井到底循环完成后，测循环周，估算井筒容积，为确定水泥浆量提供依据。

③受环空间隙小、施工泵压高等因素影响，通过流变学计算，清洗液、隔离液环空顶替前期排量为 1.2m³/min，采用紊流顶替，后期降排量至 0.3~0.5m³/min，采用塞流顶替，以提高顶替效率。

④由于多数水平井为超长水平段固井，受装备限制，一旦未顺利碰压或残留水泥，后期将无补救措施，针对上述情况，设计全井清水顶替，设计使用超长、加长满眼胶塞，保

证管内刮净，确保管内无水泥。

图 2-3-20　水泥增韧材料

（6）水平段套管延伸技术。

①创新了钻井液分段减重增重法。

针对长水平段（不小于 1700m）下套管摩阻大的难题，通过改变套管内外密度差，水平井段增加浮力，减少水平段摩阻；直井段增加重力，增加下压力。第一步，三扶通洗井结束（1.25g/cm³），水平段注入 1.35g/cm³ 带固体润滑剂的钻井液；第二步，套管下至 A 点洗井一周，替入 1.10g/cm³+1.40g/cm³ 钻井液，其中 1.10g/cm³ 钻井液从井底替至井斜 30°，上部替入 1.40g/cm³ 钻井液；水平段钻井液密度环空大于套管内，增加浮力；第三步，下套管继续灌入 1.40g/cm³ 钻井液，直井段钻井液密度套管内大于环空，增加重力。通过调整钻井液密度可使套管延伸 13.1%。

②使用漂浮节箍。

水平段摩擦阻力 $f=\mu W$，其中 μ 为摩擦系数，W 为重量。

在 μ 一定的情况下，重量越轻，摩擦阻力越小。漂浮节箍就是将水平段掏空，套管内为空气，产生浮力，降低套管重量，套管下到井底后，通过压力，打开漂浮节箍，建立正常循环，进行固井作业。计算公式为：

$$W\cos\theta_{c}=\mu W\sin\theta_{c} \tag{2-3-1}$$

$$\theta_{c}=\tan^{-1}\left(1/\mu\right) \tag{2-3-2}$$

式中　W——套管自重；

　　　θ_{c}——临界阻力角，（°）；

　　　μ——套管与井壁的摩擦系数。

215.9mm 井眼在技术套管内摩擦系数取值 0.25、裸眼摩擦系数取值 0.35 的情况下，临界阻力角为 70.70°。

安放位置设计：理论上，漂浮接箍的安放位置在井斜 65°~80° 范围内（图 2-3-21 ）。

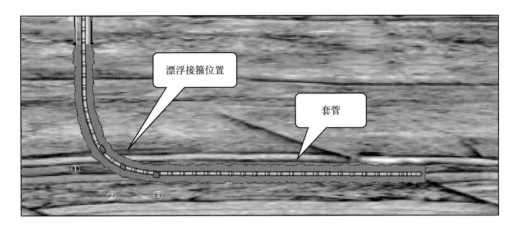

图 2-3-21　漂浮接箍位置示意图

在实际应用中，根据井眼轨迹等具体参数，应用设计软件计算漂浮接箍的安放位置。

同一条件下，图 2-3-21 中① ② ③为不同深度的安装位置，图 2-3-22 为对应的井口下放载荷曲线。

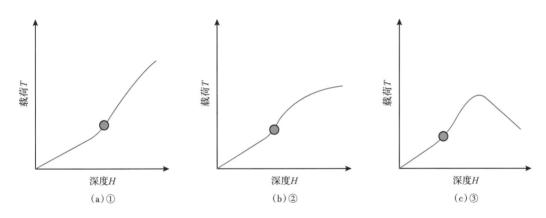

图 2-3-22　漂浮接箍位置井口下放载荷对比图

第四章　综合录井技术

综合录井技术包括常规地质录井（岩屑录井、钻时录井、钻井液录井、岩心录井）及综合录井（气测录井、工程录井、远程传输录井）。综合录井设备由检测手段单一的气测录井仪更换为检测手段多样、采集参数齐全的综合录井仪，地质录井上对岩屑的识别从传统的只靠肉眼识别发展到利用岩屑电子显微放大镜、建立标准色卡、粒度卡等辅助工具精准识别岩性，录井由最初的发现油气藏发展到目前的集发现油气藏、气层解释评价、实时监测、实时数据传输、工程预警等为一体的综合录井技术。

第一节　录井技术现状

一、开发井录井现状

录井在开发井中的作用就是精准定名岩性、快速识别油气、准确划分层位、及时进行录井解释，为压裂试气投产提供第一手资料。目前苏 77-召 51 区块开发井录井主要配套技术为常规地质录井和气测录井技术。

1. 常规地质录井

常规地质录井技术包括岩屑录井、钻时录井、钻井液录井，主要配置为密度计、黏度计、荧光灯、双目镜、放大镜、数码相机、岩屑分选筛、岩屑粒度卡、岩屑比色卡。

（1）岩屑录井：分析随钻产生的岩屑颜色、矿物成分、结构、胶结、晶粒、化石、化学性质。颜色：岩石颗粒、基质胶结物、含有物的颜色及其分布变化状况等。矿物成分：单矿物成分及其含量。结构：粒度、圆度、分选性。胶结：胶结物成分，胶结程度、类型。晶粒：指碳酸盐岩的晶粒大小、透明度、形状以及晶间、晶内孔隙。化石：名称、形状、充填物。化学性质：指与盐酸反应情况及各种染色反应情况。

（2）钻时录井：不同性质的岩石软硬程度不同，用钻穿单位厚度（例如 1m）的岩层所需的时间来判断井下岩层性质。

（3）钻井液录井：钻井过程中，每隔一定时间或每隔一定深度，将返出井口的钻井液取样观察、分析、化验，了解它的密度、黏度、失水量、滤饼、含砂量、pH 值等。由于钻井液在钻遇油、气、水层和特殊岩性地层时其性能将发生各种不同的变化，所以根据钻井液性能的变化及槽面显示，可以判断井下是否钻遇油、气、水层和特殊岩性地层。

2. 气测录井

气测录井配置传感器为：3Q04 快速色谱分析仪、电动脱气器、悬重传感器、扭矩传感器、绞车传感器、转盘转速传感器。

气测录井从安置在振动筛前的脱气器中可获得从井底返回的钻井液所携带的气体，利

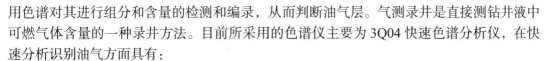

用色谱对其进行组分和含量的检测和编录，从而判断油气层。气测录井是直接测钻井液中可燃气体含量的一种录井方法。目前所采用的色谱仪主要为3Q04快速色谱分析仪，在快速分析识别油气方面具有：

①分析周期短，只有30~45s；

②利于薄层、裂缝型、低阻及低孔低渗油气藏的发现；

③气测资料的纵、横向对比性较好。

二、评价井录井现状

评价井的目的是查明气藏类型、构造形态、气层厚度及物性变化，评价气田规模、生产能力及经济价值，为气田开发方案编制提供依据。评价井的主要任务：

（1）划分地层，对比确定地层时代；

（2）确定岩石类型；

（3）确定所评价气层的位置和流体性质；

（4）确定所评价气层的厚度、孔隙度、饱和度；

（5）确定所评价储层的性质（岩石矿物成分，特别是黏土矿物成分，储集空间结构和类型等），以及在钻完井和试气过程中保护气层和改造气层的可能途径；

（6）计算所评价气层；

（7）提出合理开发方案；

（8）根据评价井任务要求，配套技术主要是常规地质录井、综合录井、岩心录井。

1. 综合录井

综合录井包括气测录井、工程录井、钻井液录井。综合录井配置的传感器主要是：泵冲传感器、转盘转速传感器、超声波液位传感器、进/出口电导率传感器、进/出口温度传感器、进/出口密度传感器、出口流量传感器、立管压力传感器、套管压力传感器、悬重传感器、扭矩传感器、绞车传感器、可燃气体传感器、硫化氢传感器。

工程录井：通过对综合录井仪采集的钻井工程参数的监测，辅助进行地层评价，进行工程预警，实现快速安全钻进。

钻井液录井：通过对采集的钻井液参数进行分析评价，判断地层流体性质，辅助进行地层评价，进行工程预警，实现快速安全钻进。

2. 岩心录井

岩心录井就是从现场卡准取心层位和井段到岩心出筒、整理、观察、描述及选样、送样等一系列工作。岩心录井解决的问题：（1）获得古生物资料，便于地层对比，确定地层时代；（2）取得生油特征资料，判断区域勘探前景；（3）获得岩性及岩石结构、构造特征资料，分析判断沉积相和沉积环境；（4）获得储层物性、含油性及岩石力学参数资料，落实"四性"关系和优选测试方案；（5）获取地层倾角、接触关系、断层、岩石裂隙缝洞资料，为研究油气藏类型、确定开发系统和方案提供依据；（6）取得油气藏开发静态、动态储量计算资料、数据，检查开发效果；（7）解决钻探中出现的特殊工程、地质问题。

三、水平井录井现状

水平井技术是目前苏77-召51区块含水致密砂岩气藏高效开发的关键技术，特点是：

（1）有效扩大气层泄流面积；

（2）实现单井产量最大化；

（3）实现投资收益最大化。

根据水平井任务要求，配套技术主要是常规地质录井、综合录井、地质导向技术。

地质导向技术：利用录井远程传输和三维地质导向系统平台，将地质、钻井、测井、录井、定向、地震等多专业技术、资料集成融合，通过现场地质导向师和专家在线支持，前后方联动，实现钻前地质建模、随钻模型及轨迹动态调整，有效提高水平井中靶率、储层钻遇率及钻井时效的技术（图2-4-1）。

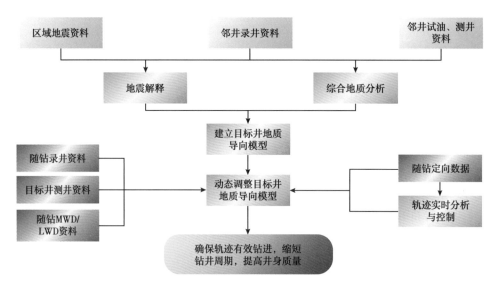

图 2-4-1　地质导向技术施工流程

第二节　录井技术应用效果

一、工程录井技术应用

钻井工程事故是威胁钻井安全的最大隐患，也是影响开发效益的重要因素。工程录井实现对钻井工程各项参数连续监测和量化分析判断，进而指导安全优化钻井。

工程录井的作用主要体现在以下几个方面：

（1）可以尽早发现事故隐患，保障钻井施工安全，降低钻井风险。

（2）及时完成勘探任务，避免加深或重新布井的费用投资。

（3）利用压力监测获取地层压力的信息，既可保护油气层，又防止井涌、井漏事故的发生。

（4）在处理事故或工程异常情况中，准确地预报钻井参数异常情况，使井下复杂情况得到及时有效的控制，减少经济损失，提高工程时效。

工程录井主要监测内容：（1）钻井参数异常预报，（2）钻井液参数异常预报，（3）地层异常压力监测，（4）硫化氢气体监测。

1. 钻井参数异常预报

钻井工程事故包括钻井液循环系统的刺扣、刺泵、堵水眼、掉水眼；钻具的遇阻、遇卡、溜钻、断钻具、钻头掉牙轮等，钻井参数异常预报能够实现提前判断、及时处理（表 2-4-1）。

表 2-4-1 异常状态钻井参数显示特征

异常类型	监测参数显示特征
井漏	立压大幅度下降；悬重增大，钻压减小；出口流量突然减小，甚至降为 0；总池体积迅速减小
井塌	转盘扭矩增大，振动筛上岩屑量增多，岩屑多呈大块状
卡钻	悬重增大；转盘扭矩增大；立管压力升高，出口流量减小
刺钻具	立压下降；泵冲增大；出口流量增大；钻时增大
断钻具	立压缓慢持续下降，后急剧下降；悬重突然减小；扭矩减小；泵冲增大；出口流量增大
水眼堵	立压升高；出口流量减小；泵冲下降；钻时增大
掉水眼	立压下降并稳定在某一数值上；泵冲增大；钻时增大
刺泵	泵冲正常；立压缓慢下降，出口流量减小；钻时增大
掉牙轮	转盘扭矩大幅度跳跃并增大；转盘转速剧烈波动，钻时显著增大；岩屑中可能有金属微粒

在录井过程中，根据工区内最常发生的井漏、井垮塌、遇阻、掉钻具等，分析研究其发生的原因，形成相应的管理措施。

井壁垮塌：钻井施工中，岩屑中可见大量掉块，井壁垮塌严重时会影响钻井施工。判断井壁垮塌的主要参数是扭矩、钻时、转盘转速和地质参数等。发生异常时，扭矩、钻时增大，转盘转速经常性跳动，振动筛上岩屑增多，且颗粒较大。

卡钻、遇阻：当起下钻遇阻、遇卡时，大钩负荷增大或减小，判断卡钻的主要参数是大钩负荷、转盘转速、扭矩、立压、排量和大钩高度。卡钻时，一般都有立压增大，出口流量减小，钻具旋转时扭矩增大，转盘打倒车现象。上提钻具时，大钩负荷增大，缓慢下放钻具时大钩负荷减小，钻压增大。

断钻具：钻具因疲劳等原因会发生断裂，断钻具时大钩负荷下降。在断钻具前多有预兆，如立压下降、扭矩摆动等。判断掉钻具的主要参数是悬重、立压，其次是扭矩、转盘转速、泵冲、出口流量。异常发生时，悬重、扭矩、立压突降，转速突然快而后平稳，入流突增。

2. 应用实例

井漏预报实例：图 2-4-2，2013 年 11 月 1 日，07：54 下钻至井深 3571.70m 遇阻，循环钻井液时发生井漏，总池体积由 121.54m³ 下降至 114.76m³，然后再下降至 99.45m³，至 09：00 时，共漏失钻井液 22.1m³。

断钻具实例：图 2-4-3，2013 年 9 月 25 日，10：31 钻至井深 2575.39m，悬重由 997kN 下降至 780kN，立压由 10.39MPa 下降至 8.83MPa，其他参数无明显变化。预报后起钻检查钻具，发现钻铤断。

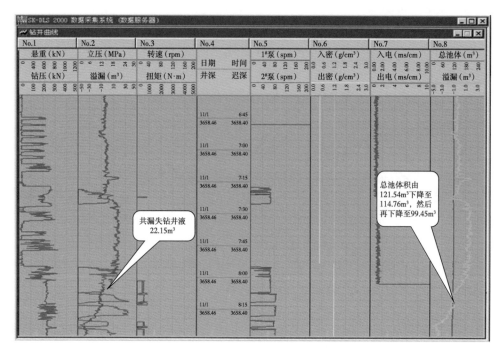

图 2-4-2　井漏预报实例

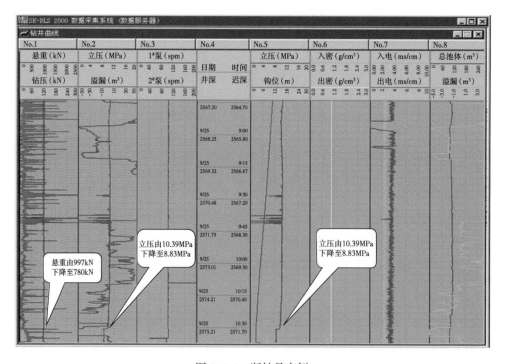

图 2-4-3　断钻具实例

遇阻实例：图 2-4-4，2013 年 10 月 10 日，16：20 下钻至井深 2993.41m 时，悬重由 965.5kN 下降至 58.5kN，然后又上升至 1203kN。下钻遇阻，循环钻井液，活动钻具。

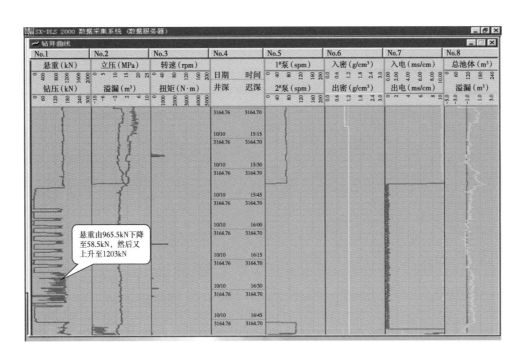

图 2-4-4　遇阻预报

水眼堵实例：图 2-4-5，2014 年 3 月 20 日，03：37 钻至井深 1998.69m 时，立压由 11.13MPa 上升至 13.99MPa。预报后钻井队起钻检查，发现水眼堵。

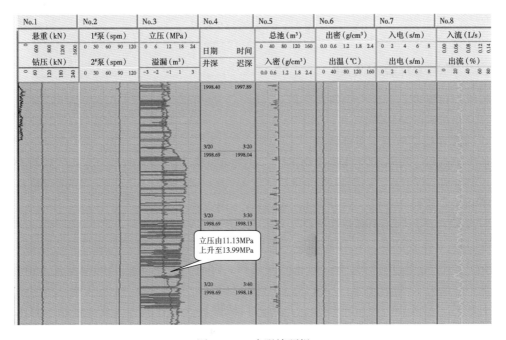

图 2-4-5　水眼堵预报

钻头掉齿实例：图 2-4-6，召 51-XX-2 井钻进至井深 4574.88m，扭矩在 18.1~26.2kN·m 之间频繁波动，最高达到 33kN·m，预报后起钻检查钻具，钻头掉齿。

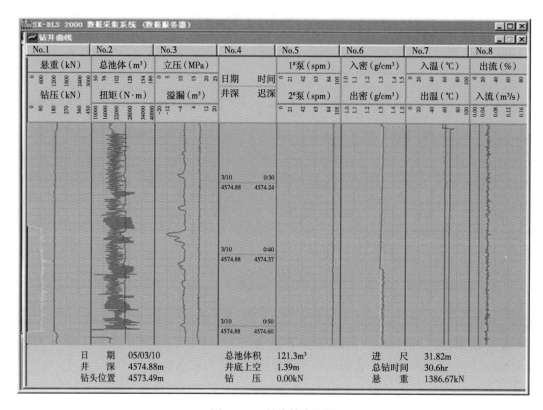

图 2-4-6　钻头掉齿预报

二、气测录井技术应用

根据对区域所钻井的气测资料分析，总结了区块低渗、低压气层在随钻、后效及全脱气测录井中不同的反映特征。

1. 气层在随钻气测上反映特征

从气测数据上分析，气体性质为干气，试气可见微量的凝析油，因而从气测数据上可反映出低含量的 C_2 及以后的重烃组分，气层段气测全烃异常显示明显，甲烷含量高，一般高于 90%，重烃含量低，组分含 C_1—C_4 齐全（图 2-4-7）。

2. 气层在后效气测上的反映特征

随钻气测异常的井，钻井液静止一段时间再次循环时，循环气测异常也比较明显，且在钻井液性能相当的情况下，静止时间越长，循环气测异常升高的幅度呈下降趋势，这反映对于低压低渗的储层，即使含气丰度相对较高，由于地层内的气体自然排出的能力相对较差，随着循环时间的增长，气体的自然散发，钻井液含气饱和度越来越低，循环气测异常也越来越低。苏 77-19-X 井，全井随钻气测 TG 值与后效显示值对比特征明显（表 2-4-2）。

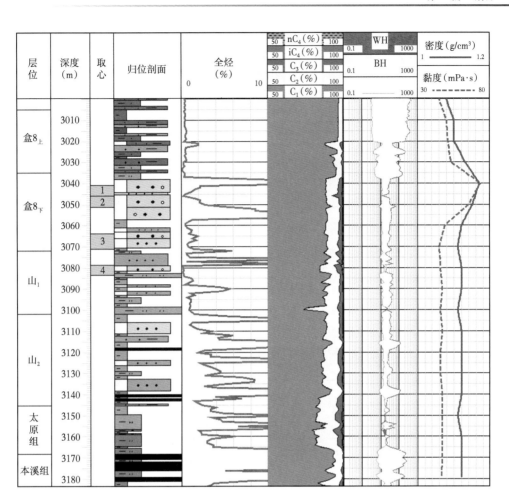

图 2-4-7 苏 77-19-X 井气测录井图

表 2-4-2 苏 77-19-X 井后效数据表

序号	井深 (m)	钻头下深 (m)	后效全烃 (%)	随钻全烃 (%)	密度 (g/cm³)	黏度 (mPa·s)	槽面显示
1	3040.50	3037.00	4.6660	19.63	1.17↓1.15	73↑75	气泡占2%，取样点火未燃
2	3045.52	3039.00	2.9658	0.50	1.11↓1.08	47↑49	无
3	3050.90	2893.00	0.6926	2.72	1.11↓1.08	47↑49	因划眼，测量受影响
4	3064.03	3059.76	1.4567	1.24	1.12↓1.11	50↑52	无
5	3071.36	3067.18	1.4444	5.92	1.12↓1.11	47↑58	无
6	3077.20	3071.40	1.0550	19.09	1.12↓1.11	50↑52	无
7	3082.09	3078.75	1.0426	0.23	1.11↓1.10	46	无
8	3184.00	3183.85	4.4369	56.02	1.12↓1.11	50↑52	气泡占2%，取样点火未燃

注："↓"表示下降，"↑"表示上升。

对于储气的砂岩层，随钻气测异常值不太高；而煤层随钻气测异常明显的井，其后效气测异常也不明显。这是因为相对于孔渗性较差的砂岩储层，煤储层具有独特的吸附性，目的层大多处于负压状态，这样钻井液对煤层的伤害要大于砂岩储层，煤层内的气体更不易排出。因此，后效气测异常显示主要反映的还是砂岩储层的含气情况。如苏77-3-X 井，井深 3000m 煤层随钻气测 TG 值为 32.33%，静止 21h 后效 TG 值仅 4.22%（表 2-4-3）。

表 2-4-3　区域盒 8 段及山西组气测特征

地层	产层流体	气测显示特征			
		岩性	气测全烃（%）	甲烷相对含量（%）	表现状态
盒8段	气层	岩性以中、粗砂岩为主，部分为含砾砂岩，厚度多在2m以上	≥15	88~94	曲线呈箱齿状，形态饱满，大于或等于储层厚度，显示拖尾明显
	含气层	岩性以中、粗砂岩为主，部分为含砾砂岩，厚度多在2m以上	5~15	87~91	曲线呈峰状，形态不饱满，显示厚度小于储层厚度
	气水层	岩性以中、粗砂岩为主，部分为含砾砂岩，厚度多在2m以上	5~15	87~93	曲线呈箱齿状，形态饱满，小于或等于储层厚度，显示拖尾不明显
	干层	岩性以细、粉砂岩为主，部分为中砂岩，一般厚度在1m以上	≤1	90~96	显示拖尾不明显，快起快落，气测显示厚度明显小于所在砂层的厚度，组分以 C_1-C_2 为主，极少含 C_3
山西组	气层	岩性以中、粗砂岩为主，部分为含砾砂岩，厚度多在2m以上	≥5	89~93	曲线呈箱齿状，形态饱满，大于或等于储层厚度，显示拖尾明显
	含气层	岩性以中、粗砂岩为主，部分为含砾砂岩，厚度多在2m以上	5~8	90	曲线呈峰状，形态不饱满，显示厚度小于储层厚度
	气水层	岩性以中、粗砂岩为主，部分为含砾砂岩，厚度多在2m以上	≥30	90	曲线呈箱齿状，形态饱满，小于或等于储层厚度，显示拖尾不明显
	干层	岩性以中、粗砂岩为主，部分为含砾砂岩，厚度多在2m以上	≤2	90~96	显示拖尾不明显，快起快落，气测显示厚度明显小于所在砂层的厚度，组分以 C_1-C_2 为主，极少含 C_3

根据区块储层及含气性，划分为五种储层模式。

模式 1：储层物性与气测曲线形态都好。这种类型的储层主要为粗砂岩或含砾砂岩，抗压实能力强，物性受埋深影响小。由于储层物性好、含气性好，录井过程中气测表现为明显高异常，曲线形态饱满，持续时间长，气测异常厚度大于或接近储层厚度，具有明显的气测后效拖尾现象，当钻穿储层后，其气测基值通常大于钻入前的气测基值，这种组合表现为典型气层特征。

如图 2-4-8 所示的盒 8 段，井段 2902.8~2935.2m，日产气 20062m³，岩性为灰色含气粗砂岩，气测显示：全烃 83.78%~90.2910%，$C_1$71.01%~77.3825%，组分齐全。测井解释补偿声波 231.3~250.4μs/m，孔隙度 8.5%~12.6%，渗透率 0.30~0.57mD。

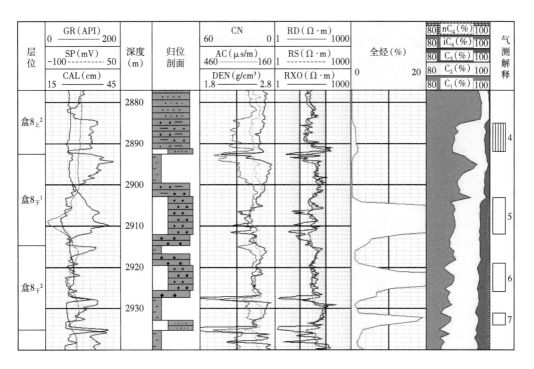

图 2-4-8　苏 77-XX-7 井测井解释图

模式 2：储层物性好而气测显示低或无显示。这类储层表现为物性较好，但含气性差，气测显示低或基本无显示。这种组合通常表现为含水储层特征。

如图 2-4-9 所示的盒 8 段，井段 2933.7~2937.5m，日产水 3.2m^3，岩性为灰色细砂岩，气测显示弱，全烃 0.70%。测井解释声波 226.8μs/m，孔隙度 8.3%，渗透率 0.369mD。

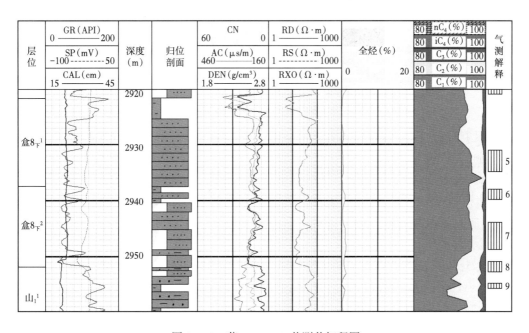

图 2-4-9　苏 77-XX-3 井测井解释图

模式3：储层物性好而气测形态表现为上好、下差。这种储层岩性为中砂岩或粗砂岩，气测全烃曲线形态通常表现为储层上部曲线形态较好，下部变差，但储层物性变化不大，气测异常厚度明显小于储层厚度，反映出储层上气、下水的明显特征。

如图2-4-10所示的山$_1$段，井段2934.5~3007.5m，日产气56552m^3、日产水13.7m^3，岩性为灰色细砂岩，气测显示上部呈饱满箱状，下步呈单尖峰状，上部全烃最大18.5%~23.1%，下部最大10%~14%。从测井曲线可以看出，储层物性上下基本一致，补偿声波225~246μs/m，孔隙度8.0%~10.2%，渗透率0.46~0.52mD。

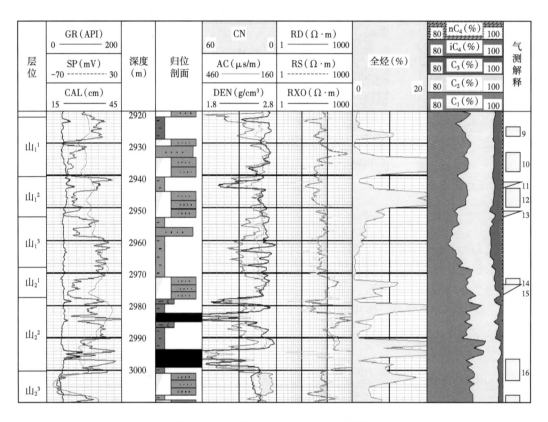

图2-4-10　召51-XX-5井测井解释图

模式4：储层物性和气测曲线形态都差。这种储层岩性为细砂岩—中砂岩，物性差，尽管气测全烃出现异常显示，但全烃最大值相对较小，曲线形态差，表现为含气层特征。

如图2-4-11所示的盒8段，井段2974.2~2984.8m，日产气4984m^3、日产水1.0m^3，岩性为灰色细、中砂岩及含砾中砂岩，气测显示弱，全烃曲线呈单尖峰状，全烃最大值7.62%。从测井曲线看出，储层非均质性强、物性差，声波测井225~231μs/m，孔隙度7%~8.9%，渗透率0.53~1.8mD。

模式5：储层物性局部好、局部差与气测曲线形态好与差相对应。这类储层由于非均质性强，岩性不均匀，有粗砂岩、中砂岩以及细砂岩间互沉积，胶结物类型及胶结程度等差异造成整个储层物性变化显著，影响物性。储层内岩性成分不同是造成孔隙差异大、空间含气程度不同、进而形成气测曲线形态高低不一的主要因素。

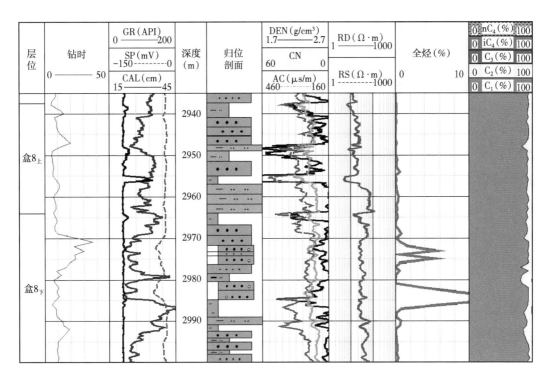

图 2-4-11　苏 77-XX-21 井测井解释图

如图 2-4-12 所示的盒 $8_{\text{下}}^2$—山 $_1^2$—山 $_2^1$，井段 3045.2~3111.3m，日产气 31039m^3、日产水 10.45m^3，岩性为灰白色含气含砾粗砂岩及中砂岩，特征曲线反映该段上下物性不一。

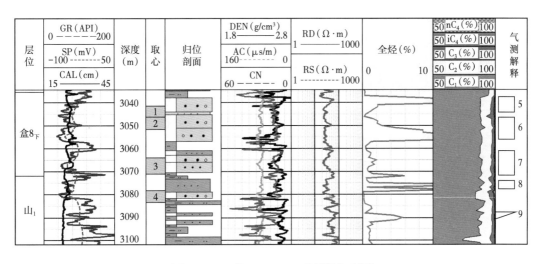

图 2-4-12　苏 77-XX-33 井测井解释图

三、岩屑录井技术应用

利用地质录井技术识别标志层，建立区域标准录井剖面。

石千峰组：岩性以棕红色砂、泥岩为主，发育钙质结核，局部可见燧石层。该组地层造浆能力较强，钻遇该套地层时钻井液呈棕红色。

石盒子组：上石盒子组泥岩以杂色（暗棕红色、紫色、灰绿色）为主。石盒子组中部可见浅灰色泥岩，细腻具滑感。位于石盒子组底部的骆驼脖子砂岩，岩性以细砾岩、粗砂岩为主，也是下石盒子组的识别标志。此外，石盒子组的顶底部发育三个标志层。

K_1 标志层：位于上石盒子组的顶部，录井显示为一套紫红色的泥岩，厚度 1~4m。测井曲线表现为高自然伽马段，与上、下层段比较，幅度明显。经追踪对比，中、东部剖面几乎都有此段（图 2-4-13）。

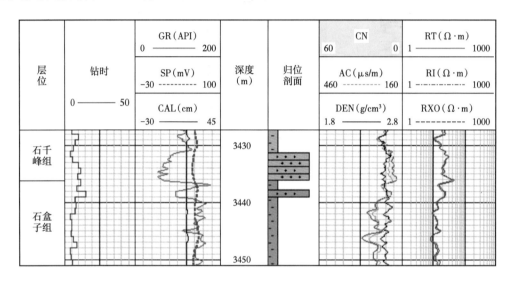

图 2-4-13　K_1 标志层

K_2 标志层：位于下石盒子组的顶部，录井显示为一套红色泥岩（即桃花页岩），厚度 1~4m，测井曲线为高幅度的自然伽马段。由于 K_2 标志层位于整个石盒子组的中部，其下主要为河道、砂体发育、电阻率值高，其上主要为河漫或湖泊沉积，因此在整个剖面序列中易于识别，相对较为可靠（图 2-4-14）。

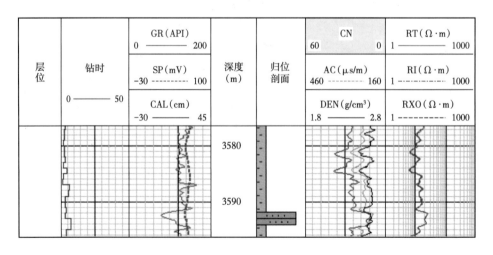

图 2-4-14　K_2 标志层

　　K₃标志层：一般位于下石盒子组底部砂岩之上，若底砂岩不发育时则出现于底界，为一套杂色泥岩段（古土壤层），厚2~5m，录井中常可发现。自然伽马曲线为较明显的高幅度起伏（图2-4-15）。

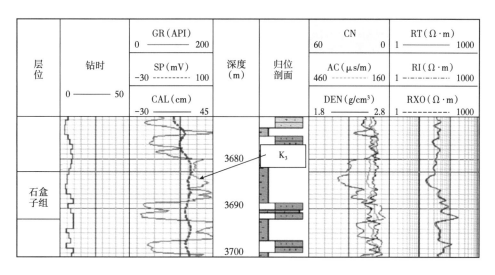

图2-4-15　K₃标志层

　　山西组：泥岩以深灰色、灰黑色为主，砂岩中富含白云母片。该组分为山₁段和山₂段两段，其中，山₁段泥岩和粉砂质泥岩中夹不规则砂质条带及保存完好的植物化石与炭化植物碎片，粉砂岩中见菱铁矿结核。山₂段发育3套煤层（3#~5#煤），泥岩中含黄铁矿及菱铁矿结核，山₂段底部为浅灰白色厚层块状含砾石英砂岩——"北岔沟砂岩"（图2-4-16）。

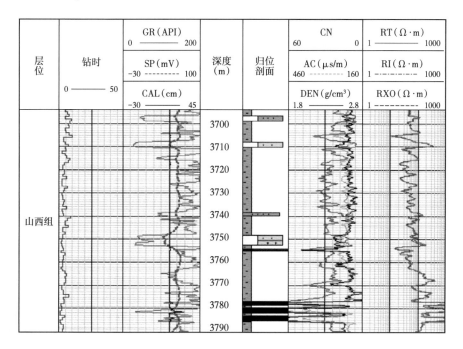

图2-4-16　山西组测井图

太原组：以深灰色泥岩为主，夹碳质泥岩、煤层（臭煤）和灰色石英砂岩。发育 K_4 标志，该层位于太原组顶部的东大窑石灰岩之下，即传统的 $6^\#$ 煤层。电性特征为低密度、高伽马、大井径、高声波时差（图 2-4-17）。

本溪组：顶部为厚煤层（$8^\#$、$9^\#$ 煤），中部发育石英砂岩与薄层石灰岩，底部为杂色铁铝土质岩。该组顶部厚煤层分布稳定，是划分太原组和本溪组的重要标志。

马家沟组：马五$_5$段为厚层块状泥晶灰岩，厚约 25m。该段测井曲线具有低平的自然伽马和高电阻、高 Pe 值等特征，其也是马家沟组马五段内重要的标志层。

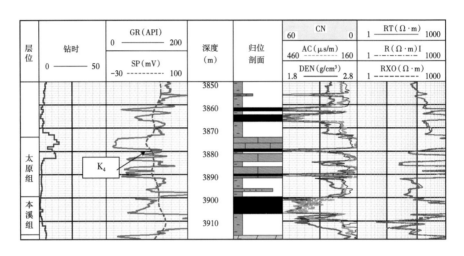

图 2-4-17　K_4 标志层

K_1—K_4 标志层对比如图 2-4-18 所示。

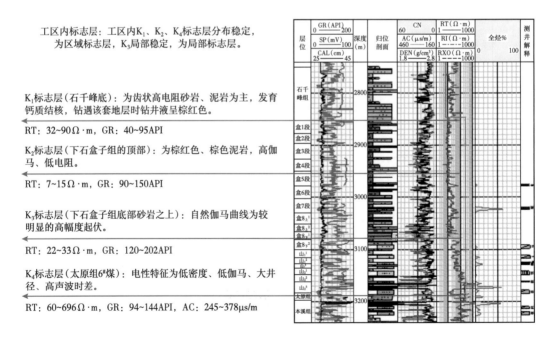

工区内标志层：工区内 K_1、K_2、K_4 标志层分布稳定，为区域标志层，K_3 局部稳定，为局部标志层。

K_1 标志层（石千峰底）：为齿状高电阻砂岩、泥岩为主，发育钙质结核，钻遇该套地层时钻井液呈棕红色。

RT：32~90Ω·m，GR：40~95API

K_2 标志层（下石盒子组的顶部）：为棕红色、棕色泥岩，高伽马、低电阻。

RT：7~15Ω·m，GR：90~150API

K_3 标志层（下石盒子组底部砂岩之上）：自然伽马曲线为较明显的高幅度起伏。

RT：22~33Ω·m，GR：120~202API

K_4 标志层（太原组 $6^\#$ 煤）：电性特征为低密度、低伽马、大井径、高声波时差。

RT：60~696Ω·m，GR：94~144API，AC：245~378μs/m

图 2-4-18　K_1—K_4 标志层对比图

四、钻井液录井技术应用

钻井液参数主要有相对密度、黏度、体积、出口流量、电阻率等，槽面出现气水显示或气测异常，记录显示时间及相应井深；观察显示的产状及随时间的变化，气泡的大小及分布特点；显示占槽面面积的百分比；气味或硫化氢味的大小；槽面上涨情况，外溢情况及外溢量；钻井液性能的相应变化。

气泡：钻井液中小气泡的面积占槽面小于 30%，全烃及色谱组分值上升，岩屑有荧光显示，钻井液性能变化不明显。

气侵：气泡占槽面 30%~50%，全烃及色谱值高，钻井液出口密度下降，黏度上升，有气味，钻井液池内总体积增加。

气涌：出口钻井液流量时大时小，混入钻井液中的气体间歇涌出或涌出转盘面 1m 以内，气泡占槽面 50% 以上，气味浓。

钻井液参数的应用主要是进行井漏、溢流异常预报，辅助进行录井综合解释。

应用实例：如图 2-4-19 所示，钻遇盒 $_8$ 气层段时，气测解释为气层，测井解释为气层，但是由于该井电阻率降低，密度降低，呈现含水特征，综合解释该层为气水层。

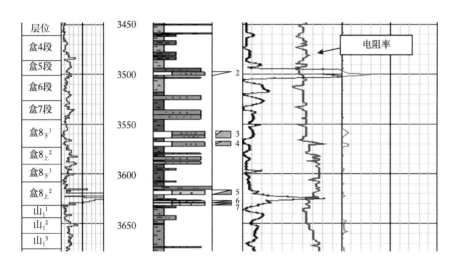

图 2-4-19　苏 19-XX-1 井解释图

五、岩心录井技术应用

岩心录井的作用主要是研究岩心含气性、物性、地层构造等情况。

应用实例：图 2-4-20 为召 51-XX-7 井取心情况分析。

第 1 筒岩心：岩性为灰白色含气细砂岩、细砾岩、含砾粗砂岩，断面干燥，无咸味，滴水缓渗，滴酸不反应。砂岩薄片分析：成分中碎屑占 84%~88%，其中石英占 81%~87%，钾长石占 1%，其他占 1%~10%，几乎不含云母；填隙物成分 6%~10%，其中水云母 2%，不含铁方解石。分选差，次圆—次棱角状，颗粒支撑，点线式接触，孔隙式胶结，致密，面孔率 4%~8%。岩心出筒有少量气泡；浸水试验岩心局部见大量气泡；塑料袋密封试验内表面有少量水珠，呈薄雾状、珠状（图 2-4-21）。

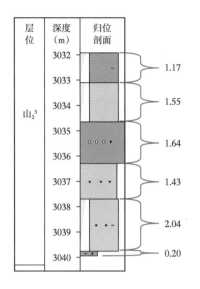

层位	深度(m)	归位剖面

山₂³

第1次取心岩性

1.17m灰色含气含砾粗砂岩
1.55m灰白色含气细砂岩
1.64m灰色细砾岩
1.43m灰色含砾粗砂岩
2.04m灰色含气含砾粗砂岩
0.20m灰黑色碳质泥岩

图 2-4-20 召 51-XX-7 井取心

图 2-4-21 召 51-XX-7 井取心岩样

对岩性取样进行物性分析，分析结果见表 2-4-4。

表 2-4-4　召 51-XX-7 井取心岩样物性分析成果表

层位	取心井段（m）	岩性简述	分析项目	孔隙度（%）		平行渗透率（mD）		含水（自由流体）饱和度（%）		岩石密度（g/cm³）	
				区间值	平均值	区间值	平均值	区间值	平均值	区间值	平均值
山₂³	3031.91	灰色含气含砾粗砂岩、细砾岩，灰白色含气细砂岩	常规分析	4.03~14.28	9.97	0.071~56.685	9.6644	27.50~59.00	51.56	2.28~2.55	2.39
	3039.94		核磁分析	2.39~13.59	8.61	0.010~2357.000	512.0200	0.87~95.87	67.19		
太原组	3053.59	灰色含气粗砂岩，灰色、灰白色砂砾岩	常规分析	3.00~13.16	11.02	0.091~67.075	4.8414	25.70~63.40	51.44	2.29~2.60	2.36
	3060.8		核磁分析	1.59~12.20	9.37	28.410~3795.640	1008.8900	30.80~95.84	91.31		
本溪组	3032.11	灰色含气含砾中砂岩，灰色中砂岩	常规分析	3.40~11.10	8.44	0.120~1.366	0.5071	22.20~69.70	50.24	2.35~2.53	2.43
	3090.57		核磁分析	0.40~16.29	8.03	0.070~6530.340	626.5800	22.13~97.74	86.57		

第三节　录井解释评价

录井解释评价是气藏评价测试选层设计的重要依据，也是气田开发井投产射孔方案设计的重要依据。油气水层解释可分为测井解释、录井解释、综合解释等，国际上的惯例是以测井解释为核心，处于不可或缺的地位，在解释中参考应用录井现场资料，也称之为测井综合解释或综合解释。近年来，录井解释在国内得到快速发展，得到各油田关注。

一、开发初期录井解释

1. 录井解释

以录井资料为基础，以测井等其他资料为辅助，由录井公司或专业录井技术人员，依据录井、测井、岩心分析、测试等资料作出综合解释。

2. 苏 77-召 51 区块目的层地层特征

苏 77-召 51 区块目的层地层特征汇总如图 2-4-22 所示。

1）上石盒子组

根据沉积旋回自下而上分为盒 4 段、盒 3 段、盒 2 段、盒 1 段四个段。

上石盒子组主要为一套红色泥岩及砂质泥岩互层，夹薄层砂岩及粉砂岩，是一套干旱湖泊环境为主的沉积，在测井曲线上反映出高电阻、高伽马。

2）下石盒子组

根据沉积旋回，由下而上分为盒8段、盒7段、盒6段、盒5段四个段。为一套浅灰（白）色含砾粗砂岩，中、粗砂岩及灰绿色岩屑石英砂岩，砂岩发育交错层理，泥质含量少。在分流河道中心为中粗粒砂岩及含砾砂岩，分选较差。下石盒子组厚度一般在130~160m，这一套地层是苏77-召51区块主要产气层。

3）二叠系下统山西组

山西组以灰色泥岩、砂质泥岩、粗砂岩与黑色碳质泥岩、煤层互层，其中山$_2^2$广泛沉积一套厚煤层，可作为全区标志层。根据沉积序列及岩性组合分为山2段、山1段。

山2段区内主要是一套三角洲含煤建造，一般3~5个成煤期，在含煤层系中分布着河流、三角洲砂体，岩性以灰、深灰色或灰褐色中细、粉细砂岩为主，夹黑色泥岩，厚度40~55m。山1段以河道沉积的砂泥岩为主，砂岩主要由中—细粒岩屑砂岩、岩屑质石英砂岩组成，厚度30~50m左右。

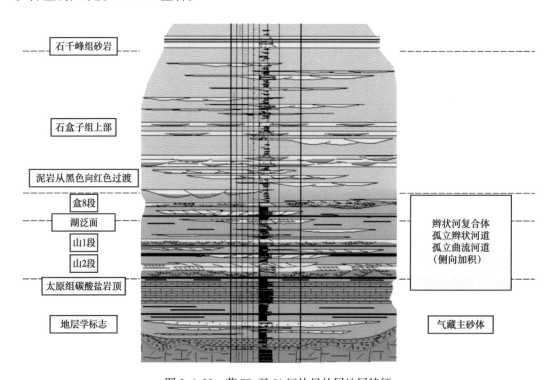

图2-4-22 苏77-召51区块目的层地层特征

山1—盒8段为一套河流相砂泥岩沉积，砂岩发育，砂岩主要为灰白色粗砂岩、含砾粗砂岩和灰色、灰绿色中细砂岩，整体颜色以灰色、绿灰色为主。泥岩发育不稳定，横向变化快。

盒8段底部往往发育一套灰白色含砾粗砂岩，并对山1段泥岩有冲刷侵蚀作用。

山1段与盒8段比较，其砂岩百分含量低，泥岩中碳质含量高，含有较多的煤线，且砂岩中高岭石含量高，反映二者沉积环境由潮湿的沼泽环境向干旱—半干旱过渡的变化。

通过对苏77-召51区块气测解释图版进行梳理和优选，优选了2种符合性相对较好的气测解释图版（图2-4-23和图2-4-24）。

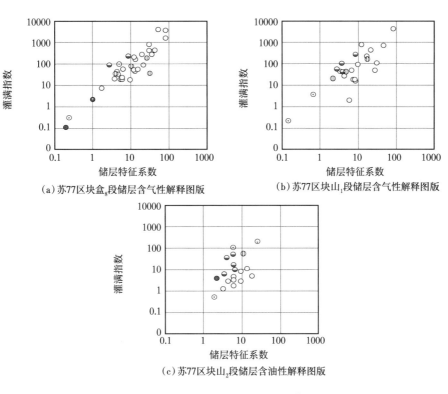

（a）苏77区块盒$_8$段储层含气性解释图版　　　（b）苏77区块山$_1$段储层含气性解释图版

（c）苏77区块山$_2$段储层含油性解释图版

图 2-4-23　苏 77-召 51 区块目的层录井解释图版

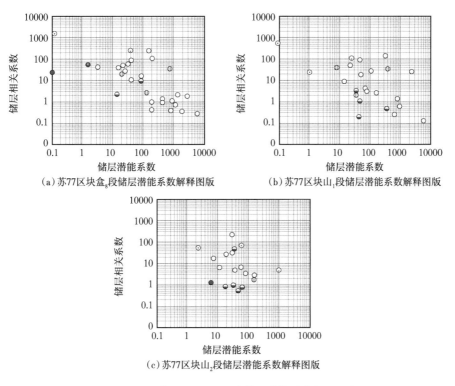

（a）苏77区块盒$_8$段储层潜能系数解释图版　　　（b）苏77区块山$_1$段储层潜能系数解释图版

（c）苏77区块山$_2$段储层潜能系数解释图版

图 2-4-24　苏 77-召 51 区块储层潜能系数解释图版

3. 早期录井解释

盒 8 段、山 1 段为同一气源，而其充注能量有限，常形成山 1 段有工业产量，其上的盒 8 段获气可能性降低；在气测显示上表现出明显倍差，比如盒 8 段气测值达 10% 以上，而山 1 段气测值就可能在 5% 左右，实际试气的产气贡献层段为盒 8 段。因此解释时应注意对达到气层标准，但纵向对比明显低的段要做低级别解释（作为含气层处理）。

三角形等传统的气测解释图版在该区解释效果较差，新增加的解释图版有待于随统计数据的增多而进一步验证完善。

二、录井解释评价现状

苏 77-召 51 区块近年来录井解释取得了一定成果，但解释方法比较单一，目前气测解释方法主要运用气测组分形态特征结合图版进行解释，现用图版为经典三角形图版及 3H 图版。从区块不同层系气水层气测组分特征分析看出，气水层特征存在差异性，三角形图版及 3H 图版无法根据各井区各层系气水层不同特征进行差异化解释，造成气水层识别不准确。因此必须分区、分层系进行气水层特征研究，建立相应的气测解释图版。

1. 分区块建立气测解释图版

利用电阻率比值可以有效消除不同测井系列及仪器产生的影响（图 2-4-25）。电阻率比值法：

$$RD 比值 = RD 一般值 / RD 围岩一般值 \tag{2-4-1}$$

式中　RD 一般值——目标层深侧向电阻率一般值；

　　　RD 围岩一般值——目标层上部围岩（泥岩）深侧向电阻率一般值。

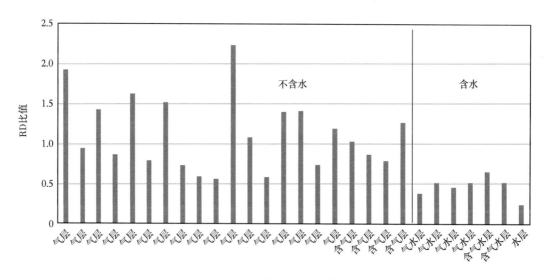

图 2-4-25　电阻率比值法模板图

苏 77 区块：建立单位全烃异常幅度面积—RD 比值图版，该图版可区分有效产层（气层、气水层）与低效产层（含气层、含气水层）（图 2-4-26）。

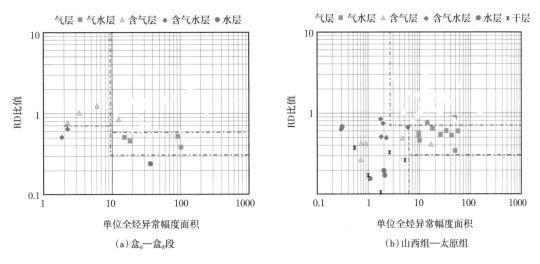

（a）盒₆—盒₈段　　　　　　　　　（b）山西组—太原组

图 2-4-26　苏 77 区块单位全烃异常幅度面积—RD 比值图版

召 51 区块：建立单位全烃异常幅度面积—BH 交会图版，该图版同样对产层（气层、气水层）与低效产层（含气层、含气水层）有较好的区分效果（图 2-4-27）。

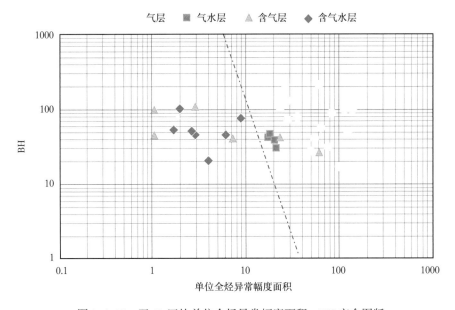

图 2-4-27　召 51 区块单位全烃异常幅度面积—BH 交会图版

分区块解释图版应用效果在盒 8 段、山 1 段效果较好。但对山 $_2^3$ 层及太原组、本溪组不适应，均表现为高电阻、高气测值，甚至常见烃源岩气测及电阻大于储层的现象，由此造成计算单位全烃异常幅度面积和电阻率读值出现困难，存在不准确性（图 2-4-28）。

2. 标准气层、水层气测组分分析

通过分井区、分层系气水层录井特征研究，将苏 77-召 51 区块平面划分为 6 个井区：召 74 井区、召 48 井区、召 23 井区、召 65 井区、召 63 井区、召 51 井区。

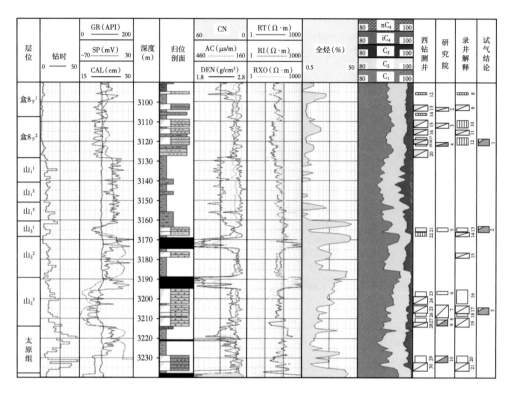

图 2-4-28 苏 77-12-8 井录测井综合图

层系上划分为 7 个层组：自下而上分为马家沟组、本溪组 + 太原组、山西组山$_2^3$、山西组山 1 段 + 山$_2^1$ + 山$_2^2$、石盒子组盒 8 段、石盒子组盒 6 段 + 盒 7 段、石盒子组盒 3 段 + 盒 4 段 + 盒 5 段（图 2-4-29）。

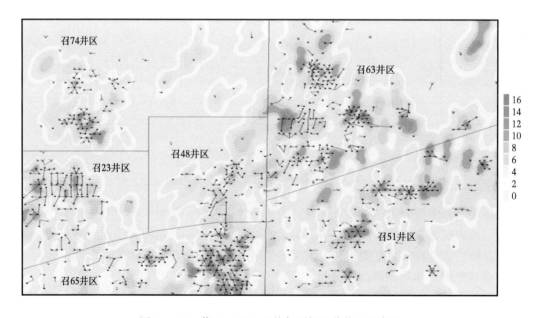

图 2-4-29 苏 77-召 51 区块气测解释分井区示意图

苏 77 区块分析：气、水层气测组分特征具明显差异性，其中 i-C_4 和 n-C_4 之后组分结构变化较明显。召 65 井区、召 23 井区盒 8 段气、水层组分结构变化差异较小（图 2-4-30）。

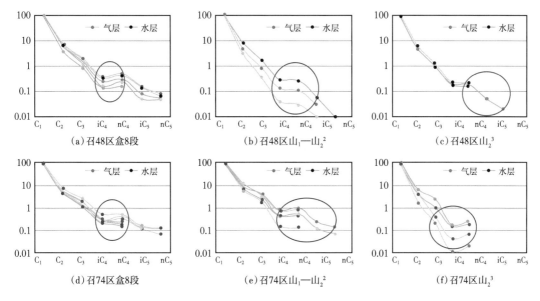

图 2-4-30　苏 77 区块标准气层、水层气测组分结构分析

召 51 区块分析：气、水层气测组分特征具明显差异性，C_3 之后组分结构变化明显（图 2-4-31）。

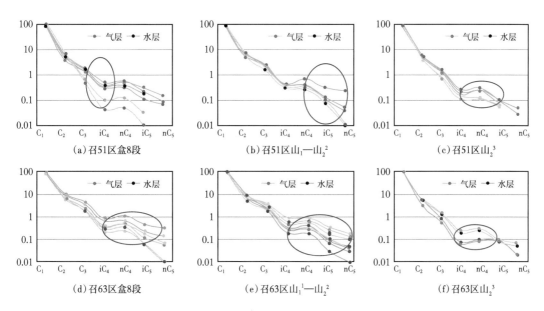

图 2-4-31　召 51 区块标准气层、水层气测组分结构分析

3. 建立分区、分层系气测解释图版

分区、分层系气测解释结果见表 2-4-5。

表 2-4-5　苏 77–召 51 区块分区、分层系气测解释图版

层系	苏 77 区块				召 51 区块	
	召 65 井区	召 48 井区	召 23 井区	召 74 井区	召 51 井区	召 63 井区
盒 3—盒 5 段	$BH-C_3/C_1$ $iC_4/nC_4-C_3/C_1$	—	—	iC_4/C_3-BH $iC_4/C_3-iC_4/nC_4$	—	—
盒 6—盒 7 段	$WH-BH$ $iC_4/C_1-C_1/C_{2+}$	—	$nC_4/iC_4-nC_4/iC_5$ nC_4/iC_4-WH	$WH-C_3/C_2$ $WH-CH$	nC_4/iC_4- nC_4/iC_5	$WH-BH$ $iC_4/C_1-C_1/C_{2+}$
盒 8 段	$iC_4/C_3-C_3/C_1$ C_3/C_1-CH	$iC_4/C_1-C_1/TG$ $BH-C_1/TG$	$iC_4/C_3-C_1/TG$ $iC_4/nC_4-C_1/TG$	$iC_4/nC_4-C_1/C_{2+}$ $C_1/TG-C_1/C_{2+}$	$iC_4/C_1-C_1/C_{2+}$ iC_4/C_1-CH	iC_4/C_1-CH $iC_4/C_1-C_1/TG$
山 1 段—山 2^2	$WH-C_2/TG$	$C_1/C_{2+}-C_1/TG$ $C_1/C_{2+}-nC_4/iC_5$	$iC_4/C_3-iC_4/nC_4$ $C_3/C_2-iC_4/nC_4$	$iC_4/nC_4-C_2/TG$ $iC_4/nC_4-C_1/C_{2+}$	nC_4/iC_4- nC_4/iC_5	$nC_4/iC_4-nC_4/iC_5$ nC_4/iC_4-nC_5
山 2^3	$CH-BH$ $CH-C_2/C_3$	$C_3/C_2-C_1/C_2$ C_3/C_2-BH	$nC_4/iC_4-iC_4/C_3$ $WH-iC_4/C_3$	$WH-C_2/C_3$ $nC_4/iC_4-C_2/C_1$	$nC_4/C_1-C_2/C_1$ C_2/C_1-BH	$nC_4/iC_4-nC_4/iC_5$ $nC_4/iC_4-nC_4/nC_5$
太原组 + 本溪组	$CH-C_2/C_3$ $BH-C_2/C_3$	—	—	$iC_4/nC_4-iC_4/C_1$ $iC_4/nC_4-iC_4/C_3$	$Q-Y$	—
马家沟组	—	—	—	—	C_3/C_1-CH $C_3/C_1-C_1/C_{2+}$	—
合计（个）	11	6	8	12	9	8

　　该图版能有效区分气层、含气水层区域；但试气数据少，有待进一步验证完善（图 2-4-32 至图 2-4-35）。

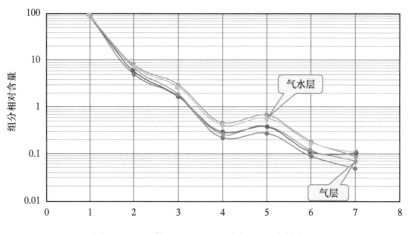

图 2-4-32　苏 77–召 51 区块气测组分结构图

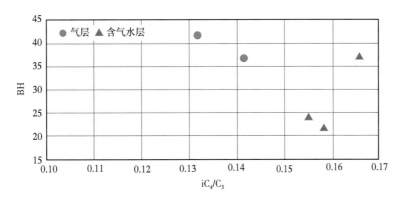

图 2-4-33　苏 77-召 51 区块 BH—iC$_4$/C$_3$ 交会图

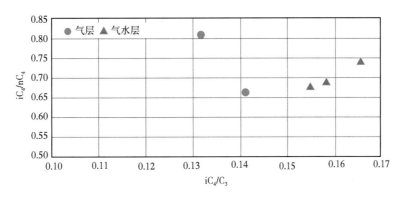

图 2-4-34　苏 77-召 51 区块 iC$_4$/nC$_4$—iC$_4$/C$_3$ 交会图

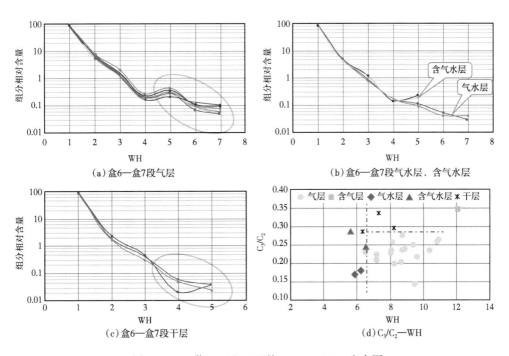

图 2-4-35　苏 77-召 51 区块 WBH—C$_3$/C$_2$ 交会图

气测组分结构分析显示，气水层对应 C_4 与气层、含气水层差异较明显，气层与含气水层组分分异不明显（图 2-4-36）。

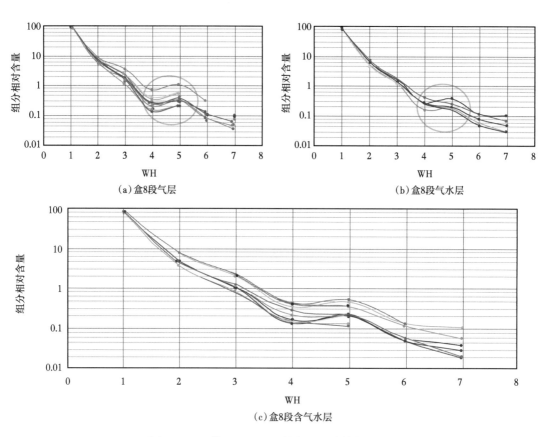

图 2-4-36　苏 77-召 51 区块气测组分结构分析图

图版中气水界线相对较明显，通过两个图版相结合可有效区分各类产层（图 2-4-37）。

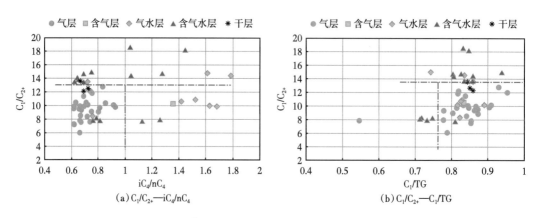

图 2-4-37　苏 77-召 51 区块盒 8 段气测组分比值交会图

组分结构分析，气层对应 C_4 与含气水层具较明显差异，气层对应 C_2、C_3 与气水层具略微差异。图版中气层区域明显（图 2-4-38 和图 2-4-39）。

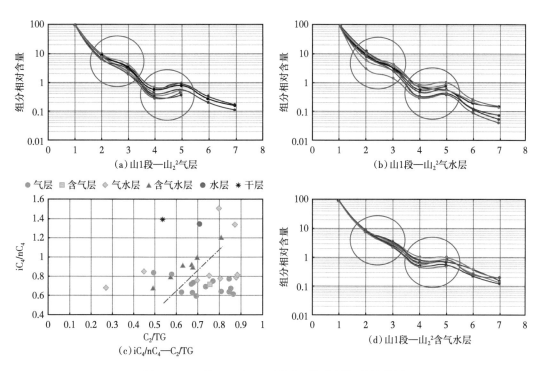

图 2-4-38　苏 77-召 51 区块山西组气测组分结构图

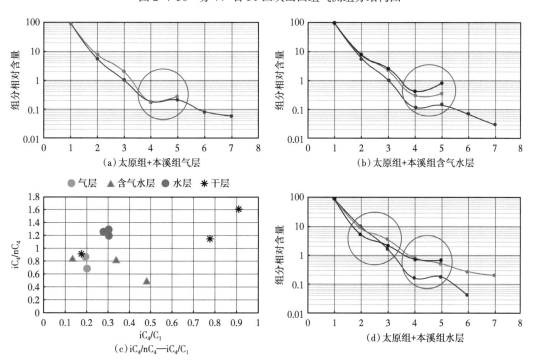

图 2-4-39　苏 77-召 51 区块太原组 + 本溪组气测组分结构图

4. 分区、分层系气测解释图版应用实例

苏 77-X-7C3 井：对盒 $8_{\text{下}}^{2}$ 及山 1 段（3094.0~3096.0m、3113.0~3116.0m、3126.0~3128.0m、3137.5~3140.5m）气测解释建议查层补孔被采纳，措施后配产 $0.7×10^4\text{m}^3/\text{d}$（图 2-4-40 和图 2-4-41）。

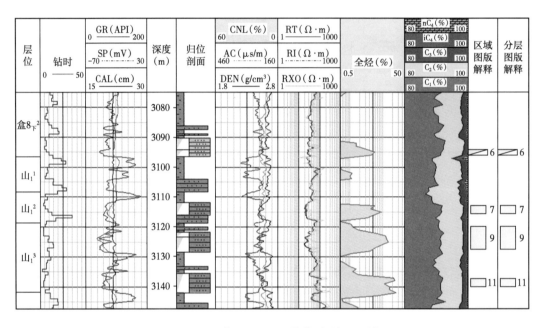

图 2-4-40　苏 77-X-7C3 井分层系解释图版

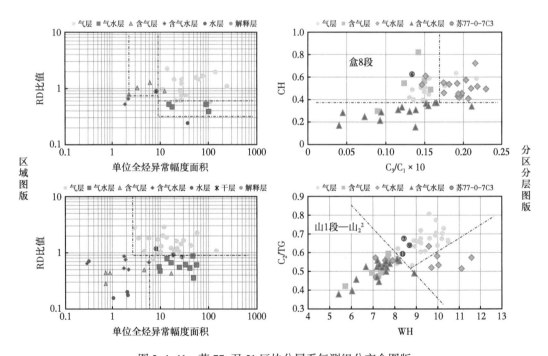

图 2-4-41　苏 77-召 51 区块分层系气测组分交会图版

第五章 井控预防及措施

井控管理严格执行《钻井井控技术规范》（Q/SY 02552—2018）、《长庆油田石油与天然气钻井井控实施细则》《含硫油气井钻井作业规程》（Q/SY 1115—2014）等有关规定。每口井地质设计及工程设计必须明确预测和提示地层三压力（地层压力、破裂压力、坍塌压力）、H_2S 等有毒气体以及其他异常情况，针对设计中的危险、危害提示，在工程设计（方案）中必须有相应消除或控制措施。

第一节 钻井井控风险识别

一、井控风险分级及设计要求

每口井进行地质、钻井工程设计时，要根据长庆油田钻井井控风险分级，制定相应的井控装备配置、技术及监管措施。区块气井钻井井控风险分级如下。

直丛井：三级风险井。

水平井：三级风险井。

1. 井位要求符合以下条件

（1）气井井口距离高压线及其他永久性设施不小于 75m；距民宅不小于 100m；距铁路、高速公路不小于 200m；距学校、医院、油库、河流、水库、人口密集及高危场所等不小于 500m。

（2）油气井之间的井口间距不小于 5m；高压、高含硫油气井井口距其他井井口之间的距离大于钻进本井所用钻机的钻台长度，且不小于 8m；丛式井组之间的井口距离不小于 20m。

（3）若因特殊情况不能满足上述要求时，由技术部门组织进行安全评估，井控风险识别和削减措施到位，经批准后方可实施。

2. 套管下深设计

表层套管下深应满足井控安全，进入稳定地层 30m 以上，固井水泥返至地面，且封固良好；水平井技术套管应满足封固复杂井段、固井工艺、井控安全要求，水泥返至地面；气层套管应满足固井、完井、井下作业及生产需求，水泥返高执行气田开发方案。

3. 钻井液密度设计

应根据地质设计提供的资料进行钻井液设计，钻井液密度以各裸眼井段中的最高地层孔隙压力当量密度值为基准，另加一个安全附加值。含 H_2S（或 CO）气井在进入目的层后钻井液密度或井底液柱压力附加值要选用上限值，即 $0.15g/cm^3$ 或 5MPa。

4. 加重钻井液和加重材料储备要求

（1）三级风险井：储备加重材料不少于 50t，储备加重钻井液不少 40m³，加重钻井液密度应在所钻井最高地层压力当量钻井液密度的基础上附加 0.3g/cm³ 以上。

（2）距离加重材料储备点超过 200km 以上或交通不便的井，加重材料储备量在以上要求的基础上增加 50% 以上。

二、井控装置与配套要求

1. 井控装置配套原则

（1）防喷器、四通、节流、压井管汇及防喷管线的压力级别，原则上应与相应井段中的最高地层压力相匹配。同时综合考虑套管最小抗内压强度 80%、套管鞋破裂压力、地层流体性质等因素。

（2）防喷器的通径应比套管尺寸大，所装防喷器与四通的通径一致。同时应安装保护法兰或防偏磨法兰。

（3）含硫地区井控装置选用材质应符合行业标准 SY/T 5087—2017《硫化氢环境钻井场所作业安全规范》。

（4）防喷器安装、校正和固定应符合 SY/T 5964—2019《钻井井控装置组合配套、安装调试与使用规范》中的相应规定。

2. 井控装置配套标准

（1）从下到上安装"四通 + 双闸板防喷器 + 环形防喷器"，防喷器选用 2FZ28-35/2FZ35-35。

（2）井口两侧安装与防喷器相同压力级别的防喷管线、双翼节流管汇、压井管汇。

（3）控制设备为相同级别的远程控制台和司钻控制台。

（4）钻具内防喷工具为钻具回压阀及方钻杆上、下旋塞。配备的钻具内防喷工具的最大工作压力应与井口防喷器工作压力一致。

3. 钻具内防喷工具

（1）钻井施工现场要配备足够的钻具内防喷工具，并保证完好可靠。钻具内防喷工具包括：旋塞阀、钻具止回阀、防喷钻杆单根及相应配套工具等。

（2）钻井队负责内防喷工具的现场安装、使用、维护，并如实填写内防喷工具使用记录。

（3）井控车间负责定期对内防喷工具进行检查、功能试验和试压并编号，填写检查、试验、试压记录，出具探伤、试压报告。试压后超过检修周期不得使用。

（4）旋塞阀。

①旋塞阀包括方钻杆上部旋塞阀和下部旋塞阀、顶驱旋塞阀。钻台上配备与钻具尺寸相符的处于开位的备用旋塞阀及其配合接头，并配备抢装专用工具，其额定工作压力与井口防喷器额定工作压力相匹配，旋塞阀应定期活动，保证开关灵活。

②旋塞阀每起下一趟钻开、关活动就保养一次。接单根卸扣时，不能采取关方钻杆下旋塞的方法来控制方钻杆内钻井液的流出。

（5）钻具止回阀。

所有气井在距第一个气层 100m 之前，应在钻柱下部安装钻具止回阀或相同功能的内防喷工具。

（6）防喷钻杆单根。

在大门坡道上准备相应的防喷单根，其上端连接钻具止回阀或方钻杆下旋塞阀（常开），下端连接与钻铤、套管等入井管具连接螺纹相符的配合接头，便于发生溢流后尽快与井内管柱连接关井，止回阀应安装顶开装置。

4. 液气分离器

液气分离器罐体容积不小于 $5m^3$，处理量不低于 $240m^3/h$，压力等级的选择应满足钻井施工要求，应每 3 年检测 1 次。

三、井控风险识别

（1）刘家沟组易发生井漏，气层段钻进或作业发生井漏，存在由漏转喷的井控风险。

（2）起钻时未按要求灌钻井液或拔活塞，存在诱喷的风险。

（3）二开或三开防喷器安装后未按要求试压，存在关井后井口泄漏风险。

（4）关井后，气体从表层套管外上窜到地表。

（5）气层段作业静止时间过长，天然气滑脱上升，发生溢流或井喷。

（6）中途洗井时间不足，有助于气体滑脱上升，发生溢流或井喷。

（7）下套管不灌钻井液，按方钻杆循环，大量气体进入井筒，造成溢流或井喷。

（8）固井前未充分洗井或未压稳气层，固井过程发生溢流。

第二节　井控预防措施

一、漏转喷预防措施

（1）进入刘家沟组前 200m，钻井液密度不大于 $1.08g/cm^3$，加入随钻堵漏剂。刘家沟组钻进过程中，控制机械钻速，观察是否发生漏失。

（2）钻穿刘家沟组后做地层承压试验，承压能力达到 $1.40g/cm^3$ 以上，防止进入气层后提高钻井液密度导致刘家沟组井漏。

（3）起钻过程中如发生井漏，应用专用的灌浆罐连续灌浆，保持井下液面高度。

（4）下钻过程控制下钻速度，防止压力激动，造成井漏，如发现井漏，定向井和水平井应起出螺杆＋仪器，检查钻头是否泥包，下入堵漏钻具组合，堵漏成功并做地层承压试验，承压能力达到 $1.40g/cm^3$ 以上，再恢复钻进。

（5）下套管过程控制下入速度，防止激动压力过大憋漏地层，中途洗井 1~2 次，每次 1 周以上，下完套管循环 2 周以上。

（6）易漏区块，钻具结构中增加堵漏接头，必然井漏区块，可通过堵漏接头循环，进行堵漏。

（7）钻井队按设计要求储备堵漏剂，发生井漏后立即堵漏。

二、起钻预防措施

（1）气层段起钻前必须测量油气上窜速度，满足安全作业时间方可起钻。

（2）钻头在油气层中和油气层顶部以上 300m 井段内起钻速度不得超过 0.5m/s。

（3）采用灌浆罐灌浆，钻杆 3 柱、钻铤 1 柱灌满一次钻井液，坐岗工计算灌入量与排代体积是否相符。

（4）起钻过程严禁拔活塞，特别是造浆性强的地层，遇阻划眼时应保持足够的排量，防止钻头泥包。

（5）如起钻中发现有钻井液随钻具上行长流返出、灌不进钻井液、上提悬重异常变化等现象时，应立即停止起钻，关井循环，调整钻井液性能，达到正常后方可继续起钻。

（6）起钻前如发生井漏，应进行堵漏，堵漏成功后，再起钻。

（7）如堵漏失败，需起钻更换堵漏钻具组合，应采用吊灌的方式，维持井筒液面高度。

三、井控装置试压要求

（1）下列情况必须进行试压检查：

①井控装置从井控车间运往现场前；

②现场组合安装后；

③拆开检修或重新更换零部件后；

④进行特殊作业前。

（2）全套井口装置在现场安装好后，在不超过套管抗内压强度 80% 前提下，环形防喷器封闭钻杆试压到额定压力的 70%；闸板防喷器、四通、节流管汇、压井管汇、防喷管线试压压力不超过防喷器额定压力；放喷管线试压压力不低于 10MPa。稳压时间均不小于 10min，低压试验压降不大于 0.07MPa，高压试验压降不大于 0.7MPa，密封部位无渗漏为合格。

四、关井后处理措施

（1）表层固井要考虑井径扩大率，保证水泥返至地面。

（2）关井后，密切观察套管压力，不能超过井口设备的额定工作压力、套管最小抗内压强度的 80% 和地层破裂压力中的最小值。

（3）立即使用储备重钻井液压井。

五、气层段静止时间过长处理措施

（1）钻具提到安全井段，加强井口坐岗或关闭防喷器并手动锁紧，严禁空井筒。

（2）恢复正常后及时下钻，下钻过程钻井液返到灌浆罐，坐岗工计算返出量与排代体积是否相符。

（3）下钻过程分段洗井，每次洗井 1.5 周以上，及时排出气侵钻井液，如钻井液罐液面增量超过 1m³，应关井节流循环。

（4）下钻到底洗井 1.5 周以上，确认排出全部气侵钻井液，才能恢复作业。

六、气层段下钻、下套管中途洗井措施

每次洗井应达到 1.5 周以下，确认钻井液无气侵或排出全部气侵钻井液，才能恢复下

钻或下套管。

七、下套管灌钻井液措施

下套管前应更换与套管尺寸相符的防喷器芯子并按要求试压，下套管每 30 根采用专用灌钻井液装置灌满一次钻井液，边灌边排气；下完套管后，灌满并排出全部气体，才能接钻杆或水泥头循环。严禁未灌满钻井液接钻杆或水泥头循环，将套管内空气打入井内。

八、固井过程防喷措施

下套管过程中在刘家沟组以前稳定地层洗井 1.5 周，下完后洗井 2 周以上，洗出套管节箍和扶正器刮下的滤饼和砂子，同时排出气侵钻井液，待确认压稳后，方可固井。固井碰压后，关闭套管旁通阀门，憋压候凝。

九、防火、防爆、防 H_2S 及 CO 要求和措施

1. 安全距离要求

（1）锅炉房、发电房等有明火或有火花散发的设备、设施应设置在井口装置及储油设施季节风的上风侧位置；锅炉房与井口相距不小于 50m；发电房、储油罐与井口相距不小于 30m；储油罐与发电房相距不小于 20m。

（2）井场、钻台、油罐区、机房、泵房、危险品仓库、电器设备等处应设置明显的安全防火标志，并悬挂牢固。

（3）在草原、苇塘、林区钻井作业时，井场四周应设防火墙或设置隔离带，并在井场选址时预留、设置防火墙或隔离带区域，井场外围植物高度低于 2m 时宜设防火墙，高于 2m 时宜设隔离带。防火墙高度应不低于 2.5m，防火隔离带应利用河流、沟壑、岩石裸露地带、沙丘、水湿地等自然障碍阻隔或工程阻隔的措施设置，宽度应不小于 20m。

（4）老区加密井井场布置必须达到中国石油天然气集团公司及油田公司相关安全距离要求。各建设单位要高度重视井眼防碰工作，要密切关注所辖区域各类井钻井施工情况，对施工区域的井要做详细调查，同一井场及井场周边的气井、水源井（包括地方所钻的井）的靶点坐标、井口坐标、测斜数据及井眼轨迹情况应调查清楚，避免造成新钻井与已钻老井相碰，并做好防碰技术措施。钻井队在施工中要密切注意测量的地磁参数出现异常、憋跳、钻时突然加快、放空、钻时突然变慢、振动筛有水泥或铁屑返出等异常现象。发现异常现象时，应立即停钻，及时分析原因并上报油田公司建设单位。

2. 防火防爆要求

（1）井场严禁吸烟，需要使用明火及动用电气焊前，严格按《长庆油田分公司动火作业安全管理办法》规定办理动火手续、落实防火防爆安全措施，方可实施。

（2）柴油机排气管不面向油罐、不破漏、无积炭，安装具有冷却灭火功能装置。

（3）钻台上下、机泵房周围禁止堆放杂物及易燃易爆物，钻台、机泵房下无积油。

（4）井场工作人员穿戴"防静电"劳保护具。井口有可燃气体时，禁止铁器敲（撞）击等能产生明火的行为。

（5）放喷管线出口不应正对电力线、油罐区、宿舍、值班室、工作间、消防器材及其他障碍物等。

（6）进入井场的人员应劳保齐全，不允许带火种。打开油气层后进入井场的车辆必须佩戴防火装置，并按规定路线行驶。

3. 防 H_2S 或 CO 要求

含硫气井严格执行 SY/T 5087—2017《硫化氢环境钻井场所作业安全规范》，防止 H_2S 或 CO 等有毒有害气体进入井筒、溢出地面，最大限度地减少井内管材、工具和地面设备的损坏，避免环境污染和人身伤亡。

（1）钻机设备的安放位置应考虑当地的主要风向和钻开含硫油气层时的季节风风向。生活设施及人员集中区域宜布置在相对井口、放喷管线出口、液气分离器及除气器的排气管线出口、钻井液罐等容易排出或聚集天然气的装置的上风方向。

（2）井场周围应设置两处临时安全区，一个应位于当地季节风的上风方向。

（3）在井场入口、临时安全区、井架上、钻台上、循环系统、防喷器远控台等处应设置风向标，一旦发生紧急情况，作业人员可向上风方向疏散。

（4）在钻台上下、振动筛、循环罐等气体易聚集的地方应使用防爆通风设备（如鼓风机或排风扇），以驱散工作场所弥漫的有毒有害、可燃气体。防爆排风扇吹向应科学合理，不得吹向明火或可能散发明火及人员工作、生活区。

（5）一级风险天然气井应配备 1 套固定式气体检测系统，5 台便携式复合气体监测仪，1 台高压呼吸空气压缩机，当班生产人员每人应配备 1 套正压式空气呼吸器，并配备一定数量的正压式空气呼吸器作为公用；二级风险天然气井应配备 1 套固定式气体检测系统，配备 3 台便携式复合气体监测仪，1 台高压呼吸空气压缩机，当班生产人员每人应配备 1 套正压式空气呼吸器；其他风险井应配备 3 台便携式复合气体监测仪，1 台高压呼吸空气压缩机，配备 6 套正压式空气呼吸器。并做到人人会使用、会维护、会检查。

固定式气体检测系统传感器至少应安装在司钻或操作员位置、方井、钻井液出口、钻井液循环罐等位置。天然气井固定式气体检测系统传感器至少安装在司钻或操作员位置、方井、钻井液出口、钻井液循环罐处，每个安装位置至少能检测 H_2S、可燃气体；设备报警的功能测试至少每天一次。

（6）含硫气井作业相关人员上岗前应接受硫化氢防护技术培训，经考核合格后持证上岗。

（7）钻井队技术人员负责防 H_2S 或 CO 安全教育，队长负责监督检查。钻开油气层前，钻井队应向全队职工进行井控及防 H_2S 或 CO 安全技术交底，并充分做好 H_2S、CO 的监测和防护准备工作，对可能存在 H_2S 或 CO 的层位和井段，及时做出地质预报，建立预警预报制度。

（8）钻至油气层前 100m，应将可能钻遇硫化氢层位的时间、危害、安全事项、撤离程序等事宜，由施工方告知井场周边人员和当地政府主管部门及村组负责人。

（9）钻井队及钻井相关协作单位应制定防硫化氢应急预案并组织演练。一旦硫化氢溢出地面，应根据检测出的硫化氢浓度，启动相应应急处置程序，做出相应的应急响应。

（10）当检测到空气中 H_2S 浓度达到 $15mg/m^3$ 或 CO 浓度达到 $31.25mg/m^3$ 阈限值时启动应急程序，现场应：

①立即关井，立即安排专人观察风向、风速以便确定受侵害的危险区；

②安排专人佩戴正压式空气呼吸器到危险区检查泄漏点；

③开启排风扇，向下风向排风，驱散钻台上下、振动筛、循环罐等人员工作区域的弥漫的有毒有害、可燃气体；

④非作业人员撤入安全区。

（11）当检测到空气中 H_2S 浓度达到 $30mg/m^3$ 或 CO 浓度达到 $62.5mg/m^3$ 的安全临界浓度值时，启动应急程序，现场应：

①戴上正压式空气呼吸器；

②实施井控程序，控制硫化氢或一氧化碳泄漏源；

③向上级（第一责任人及授权人）报告；

④指派专人至少在主要下风口距井口 100m、500m 和 1000m 处进行 H_2S 或 CO 监测，需要时监测点可适当加密；

⑤切断作业现场可能的着火源；

⑥撤离现场的非应急人员；

⑦清点现场人员；

⑧通知救援机构。

（12）当检测到空气中 H_2S 浓度达到 $150mg/m^3$ 或 CO 浓度达到 $375mg/m^3$ 的危险临界浓度值时，启动应急预案，除按相关要求行动外，立即组织现场人员全部撤离，现场总负责人按应急预案的通信表通知（或安排通知）其他有关机构和相关人员（包括政府有关负责人）。由施工单位和建设单位按相关规定分别向上级主管部门报告。

（13）当井喷失控时，按下列应急程序立即执行：

①关停生产设施；

②由现场总负责人或其指定人员向当地政府报告，协助当地政府做好井口 500m 范围内居民的疏散工作，根据监测情况决定是否扩大撤离范围；

③设立警戒区，任何人未经许可不得入内；

④请求援助。井喷险情控制后，应对井场各岗位和可能积聚 H_2S 或 CO 的地方进行浓度检测。待 H_2S 或 CO 浓度降至安全临界浓度时，人员方能进入。

（14）含硫地区要加强对钻井液中 H_2S 浓度的监测，控制 H_2S 的溢出。井场要储备一定量的除硫剂，钻井液密度取上限值、pH 值控制在 9.5 以上直至完井。

（15）当在空气中 H_2S 或 CO 含量超过安全临界浓度的污染区进行必要的作业时，应按 SY/T 5087—2017《硫化氢环境钻井场所作业安全规范》和 Q/SY 02115—2019《含硫油气井钻井作业规程》中的相应要求做好人员安全防护工作。

（16）当检测到井口周围有 H_2S、CO 等有毒有害气体时，在作业现场入口处挂牌或挂旗警示，由坐岗人员负责。

十、坐岗要求

（1）一般情况下进入油气层前 100m 由钻井井控坐岗人员和录井工开始坐岗，但存在多气层、油气重叠层，根据地质提示，井控坐岗应提前，在进入第一个气层（或油层）100m 前开始坐岗。钻进中每 15min 监测一次钻井液（罐）池液面和气测值，发现异常情况要加密监测。起钻或下钻过程中核对钻井液灌入或返出量。在测井、空井以及钻井作业中还应坐岗观察钻井液出口管，及时发现溢流显示。坐岗情况应认真填入坐岗观察记录。

（2）井控坐岗工坐岗记录包括时间、工况、井深、钻井液灌入量、钻井液增减量、原因分析、记录人、值班干部验收签字等内容。录井工坐岗记录包括时间、工况、井深、地层和气测数值等内容。

（3）坚持"发现溢流立即关井，疑似溢流关井检查"的原则，井控坐岗工在发现溢流和疑似溢流、井漏及油气显示异常情况应立即报告司钻，组织关井。录井工在坐岗时发现气测值异常等情况，应立即下发异常情况通知单，告知钻井队值班干部。

第三篇　采气工程

第一章 精准压裂改造技术

第一节 技术发展历程

苏 77-召 51 区块开发地质认识及工艺配套经历了"探索、攻关、创新"三个阶段。早期（2010—2013 年），借鉴苏里格气田中区理念和工艺技术实现了区块快速上产，开发过程中暴露出单井初产低、递减快，稳产周期短等问题。2014—2017 年，以提高单井产能为目标，针对前期问题开展理论和工艺研究攻关，形成一套基本满足区块储层改造的压裂技术；随着向致密区滚动开发，储层品质下降、含水饱和度升高，工艺技术不能满足高含水致密气藏改造要求。2018—2022 年，随着气藏地质认识不断深入，储层改造从原来"一味避水"向"高导流疏水"方式转变，井型从直丛井向水平井整体部署转变，改造方式由笼统压裂向适度密切割转变，集成创新了"高含水致密砂岩气藏精准压裂改造技术"。

一、初期探索阶段

2010—2013 年，受开发初期地质认识及改造工艺影响，以直井 / 定向井 + 水平井混合井网模式开发，直井 / 定向井采用 KQ65-70 型压裂生产一体化井口、ϕ73mm 油管 +K344 机械封隔器分层压裂，压后原管柱合层试气生产。水平井完井管柱为 ϕ177.8mm 套管悬挂 ϕ114.3mm 管柱，KQ103-105 压裂井口、裸眼封隔器分段压裂合试求产。压裂液体系采用 0.45%~0.5% 瓜尔胶压裂液，支撑剂均采用 20~40 目陶粒，初期取得了一定的开发效果。

改造思路与现场工艺技术以引进为主，借鉴长庆油田致密气及其他非常规气藏开发经验，整体排量与施工规模小，直井 / 定向井单层砂量 25m³，单层液量 177m³，平均排量 2.4m³/min，人工裂缝半长 80~120m；水平井单段砂量 51m³，单段液量 384m³，排量 2.5~7.5m³/min，人工裂缝半长 100~140m（表 3-1-1）。

表 3-1-1 2010—2013 年压裂工艺参数统计表

井型		直井 / 定向井	水平井
井口	压裂井口	KQ65-70	KQ103-105
	生产井口	KQ65-70	KQ65-35
管柱	压裂管柱	ϕ73mm 油管	ϕ177.8mm 套管悬挂 ϕ114.3mm 套管
	生产管柱	ϕ73mm 油管	ϕ73mm 油管
压裂工具		ϕ73mm K344 封隔器	ϕ146.05mm 裸眼封隔器

井型	直井 / 定向井	水平井
液体类型	0.45% 瓜尔胶压裂液体系	0.5% 瓜尔胶压裂液体系
支撑剂类型	20~40 目陶粒	20~40 目陶粒
人工裂缝半长	80~120m	100~140m
单层（段）砂量	25m³	51m³
单层（段）液量	177m³	384m³
平均排量	2.4m³/min	2.5~7.5m³/min

此阶段快速上产，气井生产表现出"累计产量低、递减快"特征，通过单井分析和阶段对标，发现改造规模小、施工排量低、缝控储量有限是影响单井产能的主要因素，亟需改变压裂工艺、丰富压裂技术，实现裂缝半长与井网井距匹配，提高单井累计产量。

二、攻关试验阶段

2014—2017 年，随着气藏地质认识加深，针对储层"多薄散杂"、遮挡应力差等特征，开展了变排量、二次加砂等压裂技术研究，使得裂缝高度有效控制。同时针对致密砂岩气藏长缝改造需求，应用 70~140 目陶粒进行前置填充，提高了裂缝支撑半长并实现微裂缝填充。针对储层岩屑含量高、岩性致密、地层压力低的情况，引进清洁压裂液、低浓度瓜尔胶压裂液、前置液氮伴注等技术，初步解决了液体储层伤害大、排驱难等问题。

直井 / 定向井仍采用 KQ65-70 型压裂生产一体化井口、ϕ88.9（73mm）油管 +K344 机械封隔器分层压裂，通过优化工具结构，单井最多可实现 7 层分压合试，形成了压后更换小尺寸管柱合层试气工艺，同时开展了连续油管水力喷砂试验；水平井完井管柱为 ϕ177.8mm 套管悬挂 ϕ114.3mm 管柱，KQ103-105 压裂井口、裸眼封隔器分段压裂合试求产。整体压裂规模较初期有了较大提升，直井 / 定向井单层砂量 33.2m³，单层液量 266m³，平均排量 2.9m³/min，人工裂缝半长 120~140m；水平井单段砂量 77m³，单段液量 633m³，排量 5.5~22m³/min，人工裂缝半长达到 140~180m，单井产量有效提升（表 3-1-2）。

表 3-1-2　2014—2018 年压裂工艺参数统计表

井型		直井 / 定向井	水平井
井口	压裂井口	KQ65-70	KQ103-105
	生产井口	KQ65-70	KQ65-35
管柱	压裂管柱	ϕ73/88.9mm 油管	ϕ177.8mm 套管悬挂 ϕ114.3mm 套管
	生产管柱	ϕ73/60.3/48.3mm 油管	ϕ73mm 油管
压裂工具		ϕ73mm K344 封隔器	ϕ146.05mm 裸眼封隔器
液体类型		0.45% 瓜尔胶压裂液体系	0.5% 瓜尔胶压裂液体系
支撑剂类型		20~40 目（70~140 目）陶粒	20~40 目陶粒

续表

井型	直井 / 定向井	水平井
人工裂缝半长	120~140m	140~180m
单层（段）砂量	33.2m³	77m³
单层（段）液量	266m³	633m³
平均排量	2.9m³/min	5.5~22m³/min

此阶段形成以弱应力多薄层控缝高、水平井裸眼分段、前置粉陶填充、前置液伴氮助排等技术。同时开展暂堵转向体积压裂先导性试验，但仍暴露一些问题，主要体现为压后试气周期长、裂缝供给能力不足、见水周期短、大规模压裂成本高。通过压后评估分析主要原因为裂缝单一、支撑不足、压裂液残渣固相含量高、导流能力匹配性差，需要开展"提缝控储、缝网支撑、清洁增能"等研究，同时进一步探索低成本开发配套工艺技术。

三、集成创新阶段

2018—2022 年，随着开发建设由高含集区向致密富水区滚动，致使开发难度逐年加大。针对改造目的层物性变差、Ⅲ类储层增多等现状，开发方式由直井 / 定向井 + 水平井混合井网向整体水平井方式转变。完成裸眼完井向固井完井、笼统压裂向精细压裂、压裂液从功能性向储层需求性、双翼对称缝向复杂缝网、高强度陶粒向低成本石英砂、支撑剂大粒径向多粒径组合、自然沉降向工艺防沉、"避水"开发向"气水同采"等复合工艺转变。

该阶段形成了固井桥塞射孔联作、缝网清洁高效压裂、多级缝网支撑、纤维防砂、常规分段与适度切割相结合分段分簇、大排量大砂量 + 暂堵转向 + 极限限流等系列体积缝网改造、石英砂替代陶粒、高导流通道等多项工艺技术序列。

1. 储层改造理念向体积裂缝控藏提储转变，裂缝控藏体积越来越大

开发早期以直丛井方式，优选厚度大的主力层作为储层改造重点，受限于改造理念，单井平均改造强度小，单层加砂和用液量较低。随着开发向富集区扩边部署，压裂也从单一重点层段向多薄层合压转变，储层改造思路向精细化设计发展，压裂设计采用"一层一法"原则，根据储层分类和特征差异，采用长缝沟通远端气藏来提高单井产量。

随着地质研究深入，逐渐认识到气藏高含水及气水关系复杂特性，形成了避水开发储层改造思路，例如变排量抑制缝高技术、二次加砂控缝高技术等，随着对气藏中气水流动关系的深入理解，结合气水两相导流能力室内评价实验，发现气水流动所需导流能力没有想象的那么低，储层改造思路由"避水"向"疏水"方式转变。

综合开发方案调整和经济评价计算，2018 年以来结合体积压裂 2.0 技术发展和非常规致密储层密切割改造理念的深入认识和现场实践，逐步形成了"段簇密切割 + 瓜尔胶造长缝 + 高饱和填充 + 多级硬支撑"的水平井储层改造理念，配套暂堵、适度限流和纤维等工艺，实现体积多裂缝开启和扩展，实现裂缝控藏提产目的。储层改造理念由原来远端沟通平面化概念发展成目前的立体砂体全动用理念。

2. 压裂工艺参数由定性向定量转变，压裂参数更精准

2019 年开展了大规模大排量压裂试验，但气井产能没有明显提升，立足储层分类特

征，直丛井储层改造形成了3类改造思路，制定"一层一法"设计方案，结合"少液多砂"改造要求，砂液比不断降低，压裂工艺参数和压裂改造规模整体呈上升趋势。

鉴于水平井裸眼完井方式，裸眼喷砂滑套位置之间的距离即是段间距，段间距在100~180m之间，裂缝起裂点是在一个区间内（两个封隔器之间），裂缝会优先选择低应力点扩展，人工裂缝的扩展具有较大自由度，裂缝扩展有可能在无效砂体内扩展；对于致密砂岩基质（0.1mD）渗流而言，段间距过大造成人工裂缝间存在较大的未动用区，裸眼喷砂滑套工艺人工裂缝的"不受控"扩展，最终影响单井可采储量和采收率。

施工排量是影响多裂缝扩展的重要工艺参数，在一定条件下施工排量越大，裂缝内净压力越大，越有利于裂缝纵向沟通和复杂缝网形成。此阶段施工排量区间为3~22m³/min，主体排量10~16m³/min。单段砂量也在不断提升，从试验前期60~80m³/段向80~110m³/段不断提高，通过气井跟踪分析，提高排量和单段砂量有利于提高单井产量。

2019年以后水平井完井方式变成了套管固井完井，配套压裂工艺变为桥塞射孔联作工艺，基于非常规油气压裂技术2.0改造思路，水平井段簇逐年缩短，试验前期水平井段簇间距90~150m，簇数多以3簇为主，主体排量为8~12m³/min，单簇砂量平均55m³，单簇液量476m³，2019年水平井实施5井次，平均无阻流量64.3×10⁴m³/d。

基于无法实现体积缝网则缩短缝间距，"打碎"储层的改造理念，压裂工艺参数进一步优化，段间距80~120m，簇数以3簇为主，簇间距40~60m，主体排量8~14m³/min，单簇砂量45m³，单簇液量384m³，复合暂堵推广应用，水平井平均无阻流量同比提升21.5%。

通过对多裂缝扩展机理进一步认识，2020年水平井段簇进一步缩短，根据储层品质和完井品质完成水平井定量划分，地质工程一体化开展压裂方案工艺参数数值模拟，配套各项"提缝控储、控缝高"等措施，最终形成优化的压裂试气设计。水平井单簇砂量39m³，单簇液量327m³，排量6~16m³/min（表3-1-3）。同时，为了提高储量动用、降低开发成本，开展了变黏免混配压裂液体系、气悬砂、绳结暂堵、趾端阀、大通径球座/桥塞等新工艺、新技术试验，单井产量稳步提升。

表3-1-3　2019—2022年压裂工艺参数统计表

井型		直井/定向井	水平井
井口	压裂井口	KQ65-70	KQ130-105
	生产井口	KQ65-70	KQ65-35
管柱	压裂管柱	ϕ88.9mm+ϕ73mm 油管	ϕ139.7/114.3mm 套管
	生产管柱	ϕ48.3mm 油管	ϕ60.3/48.3mm 油管
压裂工具		ϕ73mm K344 封隔器	ϕ139.7/114.3mm 桥塞
液体类型		0.35% 低伤害压裂液体系	0.35% 低伤害压裂液体系
支撑剂类型		20~40/40~70/70~140 目陶粒	20~40/40~70/70~140 目陶粒及 20~40 目石英砂
人工裂缝半长		140~200m	160~220m
单层（段）砂量		44.7m³	110m³
单层（段）液量		390m³	904m³
平均排量		3.8m³/min	6~16m³/min

3. 支撑剂由单一支撑向多级组合支撑转变，裂缝导流能力更加合理

基于对多种粒径支撑剂性能和导流能力评价，2018 年开展了 70~140 目陶粒先导性试验，试验 5 井次，试验井平均无阻流量对比同类井提高 12.4%；支撑剂开始由单一粒径向多粒径组合应用转变，并开始多级粒径组合优化探索试验。

经过大量支撑剂组合应用室内评价和矿场试验，逐步形成了较成熟的多级支撑指导参数，支撑剂粒径包括 70~140 目、40~70 目和 20~40 目。70~140 目支撑剂主要用作微裂缝充填，起到远端支撑作用；40~70 目支撑剂用作支缝充填；20~40 目支撑剂用作主裂缝充填，多级支撑剂组合应用保证各级裂缝均有效充填，保证各级裂缝长期导流能力，提高气井稳产能力。同时开展了石英砂替代陶粒试验，石英砂占比 20%~60% 不等，气井动态分析显示：较大的石英砂占比影响气井产量，石英砂占比仍需持续优化。

4. 压裂液体系向低伤害、高返排发展，压裂液效率不断提高

在前期开发中采用了 0.45%~0.5% 浓度瓜尔胶压裂液，气井平均返排率不足 40%，压裂液残渣留存储层中会对孔隙喉道造成堵塞。考虑成本因素，先后开展了超低浓度瓜尔胶压裂液、可回收压裂液体系和清洁压裂液体系试验，均未达到预期效果。

基于对致密储层保护的再认识，压裂液体系向携砂好、低残渣、高返排方向发展，2019 年形成了纳米排驱低伤害压裂液体系，经过大量试验，纳米排驱低伤害压裂液体系能够满足携砂要求，数据显示气井平均返排率达到 45%，结合致密砂岩气藏密切割改造理念，区块 0.35% 浓度的纳米排驱低伤害压裂液体系具有较好的适用性。同时开展了抗盐免混配滑溜水压裂液的先导性试验，现场施工顺利，施工压力稳定，平均砂比可达 27%。

经过初期探索、攻关试验、集成创新三个阶段技术积累，压后平均单井返排率由 31.6% 提高到 64.5%，水平井无阻流量由 $29.5×10^4m^3/d$ 提高到 $77.4×10^4m^3/d$，预测单井采收率提高 5.0% 以上，区块开发效果大幅提升，稳产能力进一步增强。

第二节　压裂特色技术

针对缝控储量小、初产低、产量递减快等难题，开展了"提缝控储、缝网支撑、清洁增能"等研究，揭示了致密砂岩气"水力裂缝起裂、支撑运移、储层伤害"机理，形成"弱应力多薄层控缝高、密切割体积改造、多级支撑、缝网清洁"等改造技术，集成创新了"高含水致密砂岩气藏精准压裂改造技术"，为单井产能提高提供了技术保障。

一、薄层控缝高技术

区块具多层系含气特征，主力层为盒 8 段、山 1 段，储层厚度一般 3~5m，层与层之间的最小泥岩遮挡层仅 1~3m，石盒子组储隔层最小应力差 2.43MPa，山西组储隔层最小应力差 2.9MPa，隔层薄、遮挡应力小容易引起缝高失控。且本溪组、太原组、山$_3^3$ 边底水较活跃，改造或窜层可能造成气井过早积液停喷，亟需一项弱应力多薄层控缝高压裂技术。

1. 变排量控缝高技术

在压裂施工中，排量由小到大泵入井内，以达到控制裂缝高度。为了解裂缝在纵向上延伸情况，对裂缝扩展进行研究，通常认为岩石破裂是个瞬时过程，因此需采用岩石动力

学的理论来分析。通过 Stenerding-Lehnigk 动态断裂准则分析研究，厘清了裂缝扩展的临界应力与裂缝原有长度的关系：

$$\sigma_{\mathrm{c}}^{2} = 1.13\frac{\gamma E}{a} \qquad (3\text{-}1\text{-}1)$$

式中　σ_{c}——裂缝扩展临界应力，MPa；

　　　γ——为比表面能，J/m²；

　　　E——为弹性模量，MPa；

　　　a——为裂缝长度，m。

从公式（3-1-1）可以得出临界应力的平方与裂缝长度成反比，与岩石静态断裂准则规律相同，此处的临界应力原指岩石中的应力波作用，该临界应力由变排量形成的水力压力和岩石中的应力波共同组成。

致密砂岩储层要控制缝高，采用常规水力压裂难以实现。主要是因为液体进入主裂缝后，对裂缝壁面应力逐渐增大。而变排量压裂会突然改变主裂缝附近应力，当这个应力大于岩石缺陷扩展的临界应力时，裂缝会沿着岩石缺陷扩展，形成新的水力裂缝，如图 3-1-1 所示。

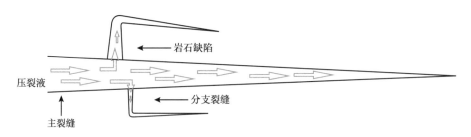

图 3-1-1　裂缝扩展示意图

针对区块储层开展裂缝模拟，模拟埋深 2700~3150m，岩性为岩屑石英砂岩，平均有效储层厚度 11.9m，孔隙度 9.0%，渗透率 0.383mD；气藏压力系数 0.86，地温梯度 3.0℃/100m。储隔层应力差 2.8~9.6MPa。压裂液采用高黏压裂液（0.45% 羟丙基瓜尔胶，黏度大于 240mPa·s）、中黏压裂液（0.35% 羟丙基瓜尔胶，黏度为 180~200mPa·s）、低黏压裂液（0.20% 羟丙基瓜尔胶，黏度为 50~80mPa·s）等 3 种体系和 6 种注入模式（2m³/min、3m³/min、4m³/min、5m³/min、6m³/min 及变排量），分析压裂施工参数变化对裂缝参数的影响。

不同排量和压裂液黏度条件下裂缝延伸情况如图 3-1-2 所示。由图 3-1-2 可以看出：采用高黏压裂液，排量小于 3m³/min 时，裂缝能在储层中有效延伸，排量超过 4m³/min，缝高就有失控风险；采用中黏压裂液，排量小于 4m³/min 时，裂缝能在储层中有效延伸；采用低黏压裂液，排量小于 5m³/min 时，裂缝均能在砂体中有效延伸。

针对区块储层特性，通过小压测试及净压力拟合，确定区块在高黏压裂液体系下，主体排量为 2.4—2.6—2.8m³/min，中黏压裂液体系下，主体排量为 2.8—3.0—3.2m³/min，通过井温测试，缝高得到有效控制，如图 3-1-3 所示。

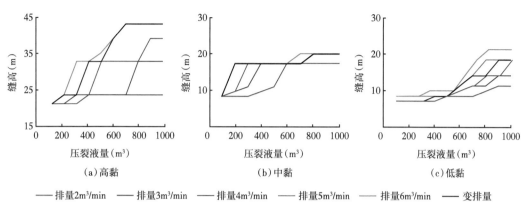

图 3-1-2 不同排量下压裂液黏度对缝高的影响

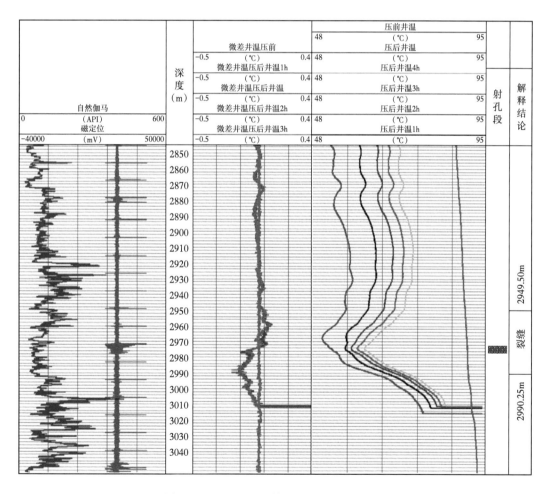

图 3-1-3 召 51-XX 井变排量压后井温测试

2. 二次加砂辅助抑制缝高技术

二次加砂辅助抑制缝高技术是在压裂中分两批将支撑剂铺置在裂缝中。在加入第一批支撑剂后，停泵一段时间是为了使加入的支撑剂有足够时间沉降，促使井筒周围应力重新分布。裂缝闭合后，进行第二次加砂压裂。

1）二次加砂机理研究

B M Newberry 利用测井方法，建立了裂缝高度扩展模型。图 3-1-4 为裂缝沿高度方向延伸时的应力剖面。

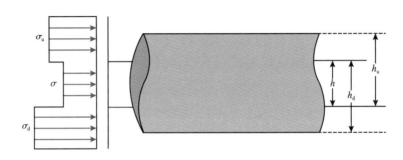

图 3-1-4　裂缝沿高度方向延伸时的应力剖面

裂缝向上延伸至上隔层时，所需要的净压力为：

$$\Delta p_{\mathrm{u}} = C_1 K_{\mathrm{IC}} \left(\frac{1}{\sqrt{h_{\mathrm{u}}}} - \frac{1}{h} \right) + C_2 \left(\sigma_{\mathrm{u}} - \sigma \right) \cos^{-1} \cdot \left(\frac{h}{h_{\mathrm{u}}} \right) + C_3 \rho \left(h_{\mathrm{u}} - 0.5h \right) \qquad （3-1-2）$$

同理，裂缝向下延伸至下隔层，所需的净压力为：

$$\Delta p_{\mathrm{d}} = C_1 K_{\mathrm{IC}} \left(\frac{1}{\sqrt{h_{\mathrm{d}}}} - \frac{1}{h} \right) + C_2 \left(\sigma_{\mathrm{d}} - \sigma \right) \cos^{-1} \cdot \left(\frac{h}{h_{\mathrm{d}}} \right) + C_3 \rho \left(h_{\mathrm{d}} - 0.5h \right) \qquad （3-1-3）$$

式中　Δp_{u}，Δp_{d}——分别为裂缝向上和向下延伸所需要的净压力，MPa；

σ_{u}，σ，σ_{d}——分别为上隔层、产层和下隔层的最小水平主应力，MPa；

h——储层厚度，m；

h_{u}——裂缝穿入上隔层厚度，m；

h_{d}——裂缝穿入下隔层厚度，m；

K_{IC}——隔层断裂韧性，$\mathrm{MPa} \cdot \mathrm{m}^{\frac{1}{2}}$；

ρ——压裂液密度，$\mathrm{kg/m}^3$；

C_1，C_2，C_3——常数，分别为 0.163、0.637 和 2.089×10^{-5}。

当裂缝向上延伸时，压裂液的重力为阻力；而当裂缝向下延伸时，压裂液的重力为动力。当储层厚度一定时，令 $\sigma_{\mathrm{u}}=53.09\mathrm{MPa}$，$\sigma=48.95\mathrm{MPa}$，$\sigma_{\mathrm{d}}=55.85\mathrm{MPa}$，定量分析裂缝延伸如隔层高度 Δh（$\Delta h=h_{\mathrm{u}}-h$ 或 $\Delta h=h_{\mathrm{d}}-h$）与所需净压力 Δp 的关系，结果如图 3-1-5 所示。

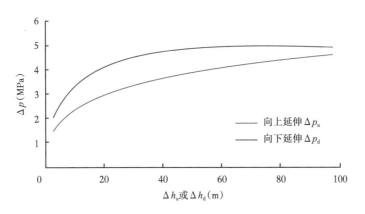

图 3-1-5　裂缝进入隔层厚度与所需净压力关系曲线

由图 3-1-5 可以得出，当隔层与产层应力差一定时净压力 Δp 越小，延伸进入隔层的深度越小。二次加砂压裂中，第一次加砂压裂改变了储层地应力分布，在裂缝尖端形成了附加压降，降低了用于裂缝扩展的净压力，因此二次加砂压裂工艺可以在一定程度上抑制裂缝在高度方向的扩展。

2）二次加砂工艺优势

针对区块以下开发难点，开展二次加砂工艺应用，如图 3-1-6 所示。

（1）含水饱和度偏高，气水关系较复杂，储隔层应力差较小，为 2~3MPa，隔层厚度薄，若缝高过度延伸、压窜水层，导致压裂效率降低，降低气井生产周期。

（2）低孔、低渗储层埋藏深，施工管柱摩阻高，压开地层破裂压力高，施工排量受限，导致形成宽窄缝，裂缝导流能力下降。

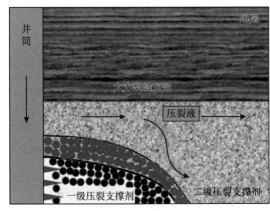

（a）地层剖面

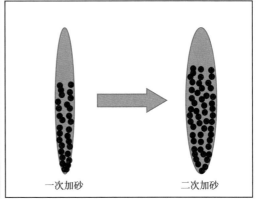

（b）加砂缝宽剖面

图 3-1-6　二次加砂示意图

对于苏里格低渗气藏，二次加砂与常规加砂压裂相比，具有以下优势。

（1）第一次加砂后，形成裂缝底部人工隔层，控制向下延伸，避免穿入下部水层。

（2）提高缝内净压力，有利于裂缝扩展延伸，并增加缝宽，从而提高人工裂缝铺砂浓度和有效导流能力。

（3）重新开泵增加施工排量时，裂缝不再向下延伸，而朝长度方向发展，同时开启次级裂缝并有效充填，提高了改造面积和渗流区域。

（4）小粒径多级段塞方式可降低压裂液滤失，减少压裂砂堵风险，可有效提高二次加砂压裂造缝率和成功率，提高压裂井的生产周期。

3）应用效果

开展试验 17 口，平均单井加砂量 91.7m³，单层加砂量最小 50（30+20）m³，最大 80（50+30）m³，单层平均加砂量 41m³，较同期其他直井 / 定向井单层平均加砂量提高 17.1%。试气无阻流量平均 6.5×10⁴m³/d，较同期其他直井 / 定向井试气无阻流量提高 14%。

通过压后评价，在地层储能系数偏低的情况下，二次加砂井无阻流量趋势高于全区平均水平，试气效果较好，如图 3-1-7 所示。

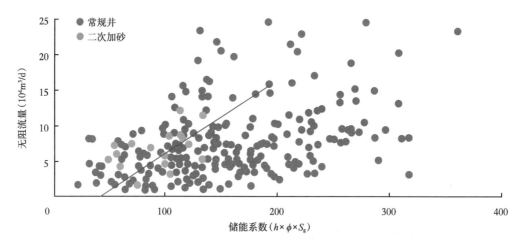

图 3-1-7 二次加砂井储能系数与无阻流量关系图

二、密切割体积改造技术

目前体积压裂的概念可分为广义和狭义两种，广义概念是指使水力裂缝实现尽可能长的裂缝半长、尽可能高的纵向沟通和尽可能大的导流能力下的更大裂缝波及体积。狭义概念主要是在压裂施工过程中形成一条或多条主裂缝，然后在各主裂缝再起裂更多的分支裂缝，并尽可能沟通天然裂缝或岩石弱胶结面，并起裂更多次生裂缝。根据达西定律可知，储层体积压裂的本质是将储层"打碎"，形成网络状裂缝，使得"裂缝壁面与储层基质接触面积最大、基质中油气向裂缝的渗流距离最短、基质流体向裂缝渗流阻力最小"，并提高各级裂缝的有效渗流能力，在非常规油气开发中实现对储层长、宽、高的立体改造。

常规压裂理论是基于线弹性断裂力学基础建立的，常规压裂理论认为压裂裂缝形态是一条高导流水力裂缝，可实现远端流体向井筒流动，KGD 和 PKN 模型是典型的对称双翼缝扩展模型，如图 3-1-8 所示。

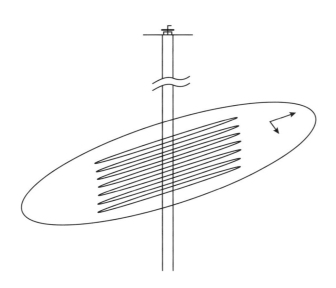

图 3-1-8 常规水力压裂双翼对称裂缝形态图

随着多裂缝扩展理论的深入，综合考虑水平井最大最小主应力差、天然裂缝发育程度和分布规律、层理弱胶结面、岩石塑脆性以及裂缝净压力大小、液体黏度及配套辅助工艺等多因素，可实现多级体积缝网的形成，如图 3-1-9 所示。

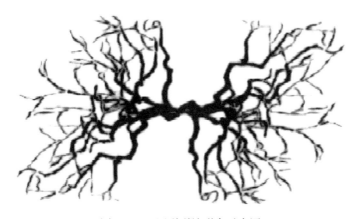

图 3-1-9 压裂裂缝形态示意图

1.体积裂缝破裂机理

水力裂缝扩展分为岩石基质扩展和天然裂缝发育储层的剪切和张性破裂。若天然裂缝不发育储层，则需要在岩石基质中形成多级裂缝，需配套辅助工艺提高裂缝复杂程度。对天然裂缝发育的储层，则以沟通天然裂缝为主，提高裂缝内净压力使得裂缝剪切破坏或张开。

1）岩石基质破裂

在天然裂缝不发育储层，体积裂缝的岩石破裂主要是依靠工程因素去提高裂缝的复杂程度，一方面水力裂缝在岩石基质上形成主裂缝，另一方面，可采用裂缝转向工艺使得裂缝发生转向提高裂缝的迂曲程度。岩石基质破裂机理假设储层空间上形成一条椭圆形态裂缝，裂缝长轴受到最大主应力 σ_{H} 作用，短半轴受到最小主应力 σ_{h} 作用，长半轴长度为 l_{f}，短半轴长度为 w，裂缝缝内受到均匀净压力 p_{net} 作用，如图 3-1-10 所示。

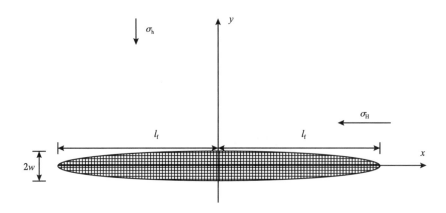

图 3-1-10　岩石基质破裂形成分支缝的平面力学模型

其边界条件为：

$$当\ y=0、|x|<l_{\mathrm{f}}\ 时，\sigma_y=-p_{\mathrm{net}}，\tau_{xy}=0;$$

$$在\ \sqrt{x^2+y^2}\to\infty\ 处，\sigma_x\to\sigma_{\mathrm{H}}，\sigma_y\to\sigma_{\mathrm{h}}，\tau_0\to0。$$

根据线弹性力学理论，基质裂缝扩展应力分布为：

$$\sigma_\theta=\frac{1-3m^2+2m\cos2\theta}{1+m^2-2m\cos2\theta}p_{\mathrm{net}}+\frac{1-m^2-2m+2\cos2\theta}{1+m^2-2m\cos2\theta}\sigma_{\mathrm{h}}+\frac{1-m^2+2m+2\cos2\theta}{1+m^2-2m\cos2\theta}\sigma_{\mathrm{H}} \quad（3\text{-}1\text{-}4）$$

$$\sigma_p=-p_{\mathrm{net}}$$

$$\tau_{p\theta}=0$$

式中　θ——裂缝边界上任意一点与 O 点连线和 x 正半轴的夹角，rad；

p_{net}——裂缝内净压力，MPa；

σ_θ——裂缝边界上与 O 点连线和 x 正半轴成 θ 角度的某点应力，MPa；

σ_p——裂缝边界上 p 点的压力，MPa；

$\tau_{p\theta}$——裂缝边界上与 O 点连线和 x 正半轴成 θ 角度的 p 点的剪切力，MPa。

$$m=\frac{l_{\mathrm{f}}-w}{l_{\mathrm{f}}+w} \quad（3\text{-}1\text{-}5）$$

因为 $l_{\mathrm{f}}\gg w$，所以 $m\approx1$，代入式（3-1-4）得：

$$\sigma_\theta=p_{\mathrm{net}}-\sigma_{\mathrm{H}}+\sigma_{\mathrm{h}} \quad（3\text{-}1\text{-}6）$$

根据弹性破坏准则，另 $\sigma_\theta = -S_t$，得到：

$$p_{net} = -(\sigma_H - \sigma_h) - S_t \qquad (3\text{-}1\text{-}7)$$

式中　S_t——岩石的抗张强度，MPa。

通过公式（3-1-7）可知，当裂缝缝内净压力大于水平井最大主应力和最小主应力差与岩石抗张强度之和，就可以使水力裂缝在岩石基质中扩展。

2）天然裂缝的张性和剪切破裂

针对天然裂缝发育储层，在水力压裂过程中，水力裂缝肯定会延伸至天然裂缝，水力裂缝与天然裂缝主要存在几种关系：穿过、转向扩展和截断，天然裂缝发育储层为水力裂缝扩展复杂性提供了充分条件。水力裂缝与天然裂缝相互作用如图 3-1-11 所示，θ 为逼近角，σ_H 和 σ_h 分别为水平最大主应力和水平最小主应力。

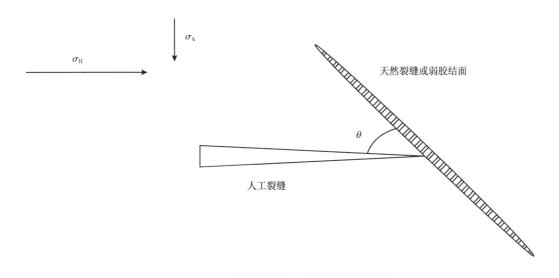

图 3-1-11　天然裂缝与水力裂缝相互干扰图

当水力裂缝延伸至天然裂缝或弱胶结面时，如果 $p_0 > \sigma_n$ 则天然裂缝在净压力作用下会张开，天然裂缝发生张性破裂时所需净压力为：

$$p_{net} > \frac{\sigma_H - \sigma_h}{2}(1 - \cos 2\theta) \qquad (3\text{-}1\text{-}8)$$

由式（3-1-8）可知，当 $\theta = \pi/2$ 时，裂缝内净压力最大，得到天然裂缝或弱胶结面发生张性断裂的最大值为 $\sigma_H - \sigma_h$。

综合水力裂缝扩展和裂缝净压力增大到足够值后，两者相互作用会造成天然裂缝发生剪切滑移，天然裂缝发生剪切滑移的条件如下：

$$|\tau| > \tau_0 + k_f(\sigma_n - p_0) \qquad (3\text{-}1\text{-}9)$$

式中　τ_0——岩石的内聚力，MPa；

τ——作用在天然裂缝面上的剪应力，MPa；

k_f——天然裂缝面的摩擦系数；

σ_n——作用于天然裂缝面的正应力，MPa；

p_0——天然裂缝近壁面的孔隙压力，MPa。

根据二维线弹性理论，正应力和剪应力可用式（3-1-10）和式（3-1-11）表示：

$$\tau = \frac{\sigma_H - \sigma_h}{2} \sin 2\theta \qquad (3-1-10)$$

$$\sigma_n = \frac{\sigma_H + \sigma_h}{2} + \frac{\sigma_H - \sigma_h}{2} \cos 2\theta \qquad (3-1-11)$$

其中，$0 < \theta \leqslant \dfrac{\pi}{2}$。

当水力裂缝沟通天然裂缝，造成天然裂缝缝内净压力增加，此时，天然裂缝内孔隙压力为：

$$p_0 = \sigma_h + p_{net} \qquad (3-1-12)$$

式中 p_0——天然裂缝剪切破坏之前缝内最大的流体压力，MPa；

p_{net}——裂缝内净压力，MPa。

整理以上公式得出：

$$p_{net} > \frac{1}{k_f} \left[\tau_0 + \frac{\sigma_H - \sigma_h}{2} \left(k_f - \sin 2\theta - k_f \cos 2\theta \right) \right] \qquad (3-1-13)$$

由式（3-1-13）可知，当 $\theta = \dfrac{\pi}{2} \arctan k_f$ 时，净压力存在最小值为：

$$p_{min} = \frac{\tau_0}{k_f} + \frac{\sigma_H - \sigma_h}{2k_f} \left[k_f \sin \left(\arctan k_f \right) - k_f \cos \left(\arctan k_f \right) \right] \qquad (3-1-14)$$

通过上述可知，最大和最小主应力差、水力裂缝与天然裂缝逼近角、天然裂缝壁面摩擦系数是造成天然裂缝或弱胶结面剪切破坏的主要影响因素。

2. 体积裂缝延伸规律和形成条件

影响体积裂缝扩展的因素主要包括地质储层物性条件、力学储层条件以及工程因素，地质条件是先天性因素，只能深入认识并掌握地质特性，立足地质储层特征提出后续改造措施。工程因素是可控因素，可通过各压裂参数及各项工艺技术去实现体积缝网的形成。

1）储层物性参数

储层条件是形成体积缝网的先决条件，岩石矿物成分影响岩石脆性，岩石脆性指数见表 3-1-4。岩石脆性越强，脆性指数越大，水力裂缝越易形成诱导裂缝，提高裂缝复杂程度，岩石塑性越强，脆性指数越小，则水力裂缝易形成单一裂缝，不利于形成体积裂缝。

表 3-1-4　脆性指数评价计算方法汇总表

计算公式	公式含义及变量说明	测试方法	文献来源
$B_1=\sigma_c/\sigma_t$	抗压强度 σ_c 与抗张强度 σ_t 之比	强度比值	V.Hucka 和 B.Das
$B_2=(\sigma_c-\sigma_t)/(\sigma_c+\sigma_t)$	抗压强度 σ_c 与抗张强度 σ_t 函数	强度比值	V. Hucka 和 B. Das
$B_3=\sigma_c\sigma_t/2$	抗压强度 σ_c 与抗张强度 σ_t 函数	应力—应变测试	R. Alt in dag
$B_4=\varepsilon_{11}\times100\%$	ε_{11} 为试样破坏时不可恢复轴应变	应力—应变测试	G. E. Andreev
$B_5=\varepsilon_r/\varepsilon_t$	可恢复应变 ε_r 与总应变 ε_t 之比	应力—应变测试	V. Hucka 和 B. Das
$B_6=\sin\phi$	ϕ 为内摩擦角	莫尔圆	V. Hucka 和 B. Das
$B_7=45+\phi/2$	破裂角关于内摩擦角 ϕ 的函数	应力—应变测试	V. Hucka 和 B. Das
$B_8=W_r/W_t$	可恢复应变能 W_r 与总能量 W_t 之比	应力—应变测试	V. Hucka 和 B. Das
$B_9=(YM_{BRIT}+PR_{BRIT})/2$	弹性模量与泊松比归一化后均值	应力—应变测试	R. Rickman 等
$B_{10}=(\xi_p-\xi_r)/\xi_p$	关于峰值强度 ξ_p 与残余强度 ξ_p 函数	应力—应变测试	A. W. Bishop
$B_{11}=(\varepsilon_p+\varepsilon_r)/\varepsilon_p$	峰值应变 ε_p 与残余应变 ε_r 函数	应力—应变测试	H. Vahid 和 K. Peter
$B_{12}=(H_m-H)/K$	宏观硬度 H 和微观硬度 H_m 差异	硬度测试	H. Honda 和 Y. Sanada
$B_{13}=H/K_{IC}$	硬度 H 与断裂韧性 K_{IC} 之比	硬度与韧性	B. R. Lawn 和 D. B. Marshall
$B_{14}=q\sigma_c$	q 为小于 0.60mm 碎屑百分比，σ_c 为抗压强度	普式冲击试验	M. M. Protodyakonov
$B_{15}=S_{20}$	S_{20} 为小于 11.2mm 碎屑百分比	冲击试验	J. B. Quinn 和 G. D. Quinn
$B_{16}=P_{inc}/P_{dec}$	荷载增量与荷载减量的比值	贯入试验	H. Copur
$B_{17}=F_{max}/P$	荷载 F_{max} 与贯入深度 P 之比	贯入试验	S. Yagiz
$B_{18}=(W_{qtz}+W_{carb}/W_{total})$	脆性矿物含量与总矿物含量之比	矿物组分分析	R. Rickman 等

在现场实践中，岩石脆性指数是评价岩石可压性的重要参数，泊松比参数反映了岩石的破碎能力，泊松比越小，岩石越易破裂；弹性模量反映了岩石破裂后支撑能力，弹性模量越大，岩石脆性越强。泊松比、弹性模量和岩石脆性计算公式如下：

$$B_{RIT-E}=(E-1)/(8-1)\times100 \qquad (3-1-15)$$

$$B_{RIT-V}=(v-0.40)/(0.15-0.40)\times100 \qquad (3-1-16)$$

$$B_{RIT-T}=(B_{RIT-E}+B_{RIT-V})/2 \qquad (3-1-17)$$

式中　E——岩石弹性模量，MPa；

　　　v——岩石泊松比；

　　　B_{RIT-E}——弹性模量对应的脆性特征参数分量；

　　　B_{RIT-V}——泊松比对应的脆性特征参数分量；

$B_{\mathrm{RIT-T}}$——总脆性特征参数。

通过公式计算可得脆性特征参数是泊松比和弹性模量的二元函数。如图3-1-12所示，弹性模量越大，泊松比越小，岩石脆性特征参数越大，当岩石脆性特征参数大于50，水力裂缝同时存在张性、剪切、滑移、错段等岩石力学行为，裂缝复杂程度越高。

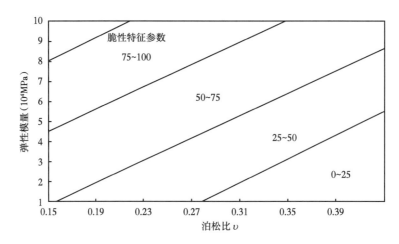

图3-1-12 岩石脆性参数特征与岩石力学参数关系图

在压裂设计中，根据脆性特征参数大小决定液体体系，岩石脆性指数越大，优选使用滑溜水体系，有利于提高水力裂缝复杂程度，见表3-1-5。

表3-1-5 脆性特征与液体体系选择

脆性特征参数	液体体系	裂缝几何形状
70%	滑溜水	
60%	滑溜水	
50%	混合	
40%	线性胶	
30%	交联瓜尔胶	
20%	交联瓜尔胶	
10%	交联瓜尔胶	

2）储层应力场

储层应力差是影响裂缝扩展的重要因素，通过水平应力差异系数 K_{h} 表征岩石可压性。K_{h} 由式（3-1-18）计算。

$$K_{\mathrm{h}} = \left(\sigma_{\mathrm{H}} - \sigma_{\mathrm{h}} \right) / \sigma_{\mathrm{h}} \qquad （3-1-18）$$

如图3-1-13缝网扩展模拟图可知，缝网的复杂程度与水平井应力差异系数有关，在其他条件相同下，水平应力差异系数越小，裂缝复杂程度越大。室内大尺寸真三轴实验证实了缝网扩展模式与水平应力差有关，在高水平井主应力差下容易形成以主缝为主的多裂缝分支扩展模式；在低水平主应力差下，裂缝易转向形成网状复杂扩展模式。在天然裂缝储层中，室内实验发现，天然裂缝与人工裂缝在低逼近角或在中逼近角低应力差下，水力裂缝沿天然裂缝扩展延伸，有利于复杂缝网的形成；在高逼近角低应力差下，水力裂缝表现出穿过天然裂缝或在天然裂缝内延伸并转向延伸的混合模式，因此，低水平主应力差是体积复杂缝网的前提条件，配套合理压裂工艺更容易提高裂缝扩展复杂程度。

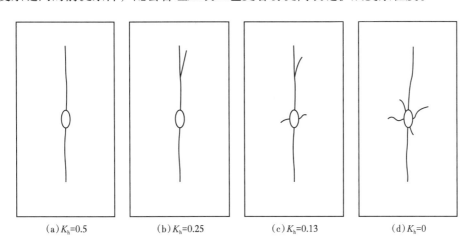

|(a)K_h=0.5|(b)K_h=0.25|(c)K_h=0.13|(d)K_h=0|

图 3-1-13　不同水平应力差异系数对应的裂缝复杂程度

3）天然裂缝的影响

天然裂缝发育储层往往比天然裂缝不发育储层岩石抗张强度低，因此，天然裂缝的存在，提高了岩石可压性，并与水力诱导缝相互影响，有利于复杂缝的形成。天然裂缝与水力诱导缝相互作用，一方面进入天然裂缝的压裂液提高缝内净压力，产生更多的诱导缝；另一方面，压裂液进入新的天然裂缝又降低了缝内净压力，不利于诱导裂缝扩展。

在压裂工程设计时，在天然裂缝发育储层，可通过提高施工排量提高缝内净压力，达到提高水力裂缝复杂程度的目的。

综上所述，储层地应力差异、岩石脆性指数天然裂缝发育程度等是影响水力裂缝形成体积缝网的主要影响因素，除上述影响因素外，还有地层沉积环境、构造运动、砂体发育程度、层内非均质性等因素影响，各因素共同作用影响水力裂缝扩展，对体积缝网的形成均为不可控因素，还需后续进一步评价。

4）压裂工程参数影响

除地质因素外，水力压裂形成体积缝网的条件还包括压裂工程因素，主要包括裂缝净压力、液体黏度和压裂改造规模大小。

（1）净压力。

基于多裂缝扩展理论，提高施工排量是增加缝内净压力的手段，结合裂缝数值模拟计算，在相同储层条件下，排量越高，整个裂缝内的流体压力越高，裂缝缝宽越大，裂缝高度会增加，人工裂缝转向越大，越有利于裂缝转向扩展，并且主裂缝和转向裂缝缝宽均越大，有利于支撑剂远端铺置和降低支撑剂砂堵风险。提高施工净压力，有利于缝网形成。

（2）流体黏度。

压裂液黏度是影响裂缝扩展的重要因素，压裂液黏度越低，裂缝复杂程度越高。国内外学者分别从室内实验、矿场压裂实践和理论分析等方面分析压裂液流体黏度对缝网扩展复杂程度的影响。针对相同储层，$Q \cdot \mu$ 是影响天然裂缝扩展以及形态的关键（Q 为排量，μ 为压裂液黏度），$Q \cdot \mu = 8.3 \times 10^{-8} \mathrm{N} \cdot \mathrm{m}$，液体沿天然裂缝起裂延伸，没有形成主裂缝。$Q \cdot \mu = 8.3 \times 10^{-6} \mathrm{N} \cdot \mathrm{m}$，水力裂缝几乎不与天然裂缝发生作用，沿一条主裂缝向远端扩展，在排量相同条件下，低黏度流体易形成复杂裂缝形态，高黏度流体易形成单一裂缝。同时研究表明，排量速度变化率对裂缝起裂影响明显，缓慢提高排量，压力曲线无破压显示，注入液体沿天然裂缝滤失，近井形成多裂缝开启（图 3-1-14a）；快速提高排量，压力曲线出现明显破压，天然裂缝不开启，形成单一水力裂缝（图 3-1-14b）。

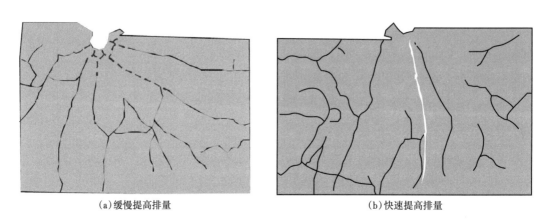

（a）缓慢提高排量　　　　　　　　　　　　　（b）快速提高排量

图 3-1-14　流体黏度对裂缝延伸形态的室内实验结果对比

（3）压裂规模。

根据 PKN 和 KGD 经典压裂理论可知，在一定储层条件下，裂缝半长与压裂规模成正相关。在体积缝网压裂中，在相同储层条件下，体积缝网改造程度与压裂改造规模呈现出明显的相关性。矿场试验表明（图 3-1-15），储层改造压裂规模越大，则裂缝网络有效长度越大，气井压后产能也越高，大规模体积压裂是增产的重要措施。

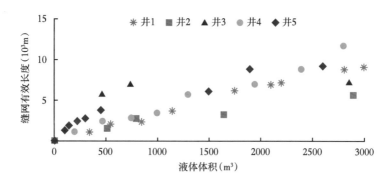

图 3-1-15　液体体积与网络裂缝延伸长度相关性

随着气井体积缝网改造理念不断深入，开发思路逐渐由单一主缝改造向体积缝网转变。综合井网井距部署、压裂缝网参数不断组合优化，为追求最大可采储量、保证缝控储量，水平井段簇划分越精细，各段施工排量针对性越强，单段加砂强度匹配性更高

（表 3-1-6）。

表 3-1-6 国内外致密砂岩储层压裂改造施工参数

工程参数	加拿大致密气	阿根廷致密气	川中致密气	长庆致密气	苏 77-召 51 区块
水平段长度（m）	1200~1500	1200~1500	1000~1500	1200~1500	600~2000
压裂段数	8~14	15~20	14~18	6~10	5~20
段间距（m）	100~120	80~100	60~80	150~200	30~180
平均排量（m³/min）	8~10	8~12	9~11	6~8	6~16
单段液量（m³）	1000	1300	1000	430	765
每米支撑剂（t/m）	1.0~2.0	1.0~1.8	1.5~2.0	0.4~1.0	1.0~1.5

3. 密切割体积缝网配套工艺

1）限流压裂工艺

限流压裂工艺主要是设计合理的射孔方案。通过在段内设置不同的射孔数量，严格限制孔眼的数量和直径，以尽可能大的注入排量进行施工，利用压裂液流经孔眼产生的孔眼摩阻，大幅度提高井底压力，用孔眼的摩阻差异抵消各个储层应力差异，迫使压裂液分流，使破裂压力接近的地层相继被压开，达到各簇进液均匀的目的。

（1）布孔原则。

在限流分层压裂设计中，制定合理的射孔方案是决定工艺效果的核心，根据其工艺特点，结合地质储层岩石力学参数、水平井分段分簇方案和各段改造规模等实际情况确定射孔方案。射孔孔眼布孔原则如下。

①为提高限流法分段压裂施工成功率，水平井段内各簇岩石力学参数应尽可能接近，孔眼节流限流后，使得各簇裂缝起裂压力均能达到各簇起裂点的破裂压力。

②为实现体积缝网改造，压裂排量在井筒条件允许下尽可能设置大一点，一方面克服射孔数量减少造成的孔眼节流作用；另一方面排量越大，越有利于缝网的形成。

③由于施工中个别炮眼的堵塞难以避免，因此允许实际的布孔数量比理论计算的稍多一些，以利于顺利完成施工。

（2）布孔优化。

限流分段压裂设计中，把段内各簇流量分配的计算作为模拟分析各簇裂缝参数的基础，在计算流量分配时应综合考虑射孔数、储层物性和多裂缝扩展状态对流量分配的影响，根据基尔霍夫第一定律，可以得出流量守恒方程式：

$$Q_{\mathrm{T}} = \sum_{i=1}^{m} Q_i \qquad （3\text{-}1\text{-}19）$$

式中 Q_{T}——总注入排量，m³/min；

Q_i——第 i 条裂缝中的流量，m³/min；

m——裂缝条数。

对于每条裂缝，存在以下压力连续准则：

$$p_{\mathrm{i}} + p_{\mathrm{h}} = \sigma_{\mathrm{h}i} + p_{\mathrm{cf}} + \sum_{i}^{m}\Delta p_{\mathrm{n}i} + \sum_{i}^{m}\Delta p_{\mathrm{pf}i} \qquad (3\text{-}1\text{-}20)$$

式中 p_{i}——井口注入压力，MPa；

p_{h}——液柱压力，MPa；

p_{cf}——管柱摩擦力，MPa；

$\sigma_{\mathrm{h}i}$——第 i 个射孔段的最小地层应力，MPa；

$\Delta p_{\mathrm{n}i}$——第 i 条裂缝缝口净压力，MPa；

$\Delta p_{\mathrm{pf}i}$——第 i 个射孔段的射孔和近井筒摩阻压力降，MPa。

在限流压裂设计中，注入液体管柱沿程总摩阻可采用非牛顿液体管内压力损失计算公式，根据注入管径和雷诺数计算，可以通过各种计算或经验方法求得，常用公式如下：

$$p_{\mathrm{cf}} = \frac{0.2013 L v^{2} f \rho_{\mathrm{f}}}{d} \qquad (3\text{-}1\text{-}21)$$

当雷诺数 $Re < 2000$ 时，为层流：

$$f = \frac{16}{N_{Re}} \qquad (3\text{-}1\text{-}22)$$

当雷诺数 $Re > 2000$ 时，为紊流：

$$f = 0.079 N_{Re}^{-0.25} \qquad (3\text{-}1\text{-}23)$$

而

$$N_{Re} = \frac{1.02 \times 10^{-5} v^{2-n} d^{n} \rho_{\mathrm{f}}}{K(8)^{n-1}} \qquad (3\text{-}1\text{-}24)$$

$$v = \frac{212.1 Q}{d^{2}} \qquad (3\text{-}1\text{-}25)$$

式中 d——管柱内径，cm；

f——摩阻系数；

K——稠度系数，Pa·s^{n}；

L——管柱长度，m；

n——压裂液流动系数；

p_{cf}——沿程摩阻，MPa；

Re——雷诺数；

v——流体在管柱内的流速，cm/s；

ρ_{f}——流体密度，g/cm³。

射孔炮眼摩阻计算方法如下：

$$\Delta p_{pfi} = 2.25 \times 10^{-9} \frac{Q_i^2 \rho}{n_p^2 d_p^4 a^2} \tag{3-1-26}$$

式中 ρ——流体密度，kg/cm^3；

$\quad n_p$——射孔孔眼数量；

$\quad d_p$——射孔孔眼直径，m；

$\quad a$——孔眼流量系数。

裂缝净压力可由瞬时停泵时的压力平衡方程计算，联合瞬时停泵井口压力、液柱压力和地层闭合压力计算得出裂缝内净压力。

2）段内暂堵工艺

尽管分簇限流可以促进各簇均衡进液，但该技术存在以下技术难点。

（1）段内非均质性较大时，需要较高限流作用。高限流意味着高摩阻、高地面施工压力，对井口设备提出更高要求。

（2）限流压裂施工过程中，加入支撑剂后，射孔受到支撑剂冲蚀而发生扩径，因而限流作用减弱。

为改善限流效果，另外一种促进均衡扩展的技术为段内暂堵技术。施工过程暂堵球随着注入流体到达各簇射孔孔眼，进液多的射孔簇会分配更多暂堵剂，从而自动调整流量分配。段内暂堵技术的实质为段内各簇的非均匀布孔，由于压裂前难以对地层非均质性准确评估，从而很难做到有针对性的非均匀布孔。段内暂堵技术则是在施工过程中利用不均匀进液分配进行不均匀堵孔，从而调整流量分配而实现流量均衡化。

水平井缝口暂堵转向压裂技术作为一种有效的压裂改造手段，是指在压裂施工中通过一次或多次投放高强度水溶性暂堵剂，暂堵剂在炮眼和裂缝高渗透带形成滤饼，临时封堵老裂缝，提高井筒中的压力，结合射孔技术，促使水平产层段其他位置裂缝的开启，最终形成多条新裂缝，达到密集切割储层的目的，有效增加单井改造体积。

水平段穿过储层长度较长，不同储层段的储层物性及破裂压力也各不相同，通常是先压开破裂压力低的层段，然后投放高强度水溶性暂堵剂封堵已压裂的裂缝，并提高缝内应力，从而迫使流体转向，促使次级裂缝开启，达到压开新裂缝的目的，多次投放暂堵剂可以促使多条次级裂缝开启，最终达到多条裂缝相对均衡扩展，最大程度地切割致密储层。

（1）暂堵剂用量设计。

按照暂堵压裂设计理念，套管完井方式下暂堵剂用量可用式（3-1-27）计算。

$$V_1 = 2H\overline{W}L \tag{3-1-27}$$

根据暂堵剂种类的不同，计算暂堵剂用量：

$$M_i = (1 + a_i)\rho_1 V_1 \tag{3-1-28}$$

式中 V_1——暂堵剂用量，m^3；

$\quad H$——缝高，m；

$\quad \overline{W}$——缝口平均缝宽，mm；

$\quad L$——封堵裂缝深度，mm；

M_i——暂堵材料用量，kg；

a_i——暂堵材料富余量，kg；

ρ_i——暂堵材料堆积密度，kg/cm³。

（2）暂堵剂加入时机、速度。

为提高暂堵效果，待上一段压裂液顶替到位后，利用混砂车打入暂堵剂加入地面高压管汇中，之后采用小于 2m³/min 的小排量送暂堵剂到达地层封堵位置，之后迅速提高压力和排量进行后一级压裂施工，在高压下暂堵剂迅速压实，形成高强度滤饼封堵已压开的裂缝。

施工过程中根据现场施工压力实时调整施工参数，如暂堵剂顶替到位后压力无明显升高，增加暂堵剂用量再次封堵。在实施暂堵压裂过程中，加入暂堵剂后地层压力明显高于加暂堵剂前的压力，并出现峰值，表明暂堵剂封住了老裂缝，可能有新裂缝产生。

3）逆混合技术

（1）逆混合体积压裂机理。

逆混合体积压裂技术是针对非常规致密储层开展的一项压裂技术，首先通过少量高黏压裂液形成优势主缝，再用低黏压裂液和低砂比形成复杂支缝，高黏压裂液和高砂比形成高导流主缝，有利于开启天然裂缝并形成有效支撑，实现对储层三维方向的"立体改造"。

其增产机理是：在逆混合体积压裂过程中，当缝内净压力大于地层最大最小水平主应力差时，人工主裂缝开始形成，天然裂缝逐渐张开；当净压力达到一定数值时，微缝张开或者发生剪切滑移，在造缝初期连续加入小粒径支撑剂，保证裂缝远端及微缝支撑。携砂液采用高黏度携带大粒径支撑剂，提高裂缝导流能力，增大压裂改造体积，提高单井产量。

（2）逆混合体积压裂工艺实践。

逆混合体积压裂入地液量大，需针对区块敏感性进行压裂液优选，降低储层伤害率。针对区块的储层特征，优化逆混合体积压裂常用配方为：低黏（0.1%~0.2% 稠化剂 +0.1% 复合增效剂）、中黏（0.3% 稠化剂 +0.1% 复合增效剂）、高黏（0.6% 稠化剂 +0.1% 复合增效剂），复合增效剂具有防膨、降低毛细管压力、提高排驱压力的作用。

为了控制裂缝高度，结合支撑剂组合加砂工艺，将压裂过程分为 3 个阶段，采用不同的压裂液黏度，在控制缝高的同时实现充分造缝和施工安全。第一阶段，采用高黏压裂液体系，耐温耐剪切黏度介于 35~45mPa·s 之间，然后采用低黏压裂液体系，基液黏度为3~9mPa·s，配套加入低密度 70~140 目陶粒，控制缝高；第二阶段采用中黏压裂液体系，耐温耐剪切黏度介于 15~20mPa·s 之间，配套加入 40~70 目陶粒，造缝的同时进一步控制缝高；第三阶段采用高黏压裂液体系，配套加入 20~40 目陶粒，提高裂缝改造体积和导流能力。

4）体积缝网工艺应用及效果评价

截至 2021 年，共完成水平井压裂改造 85 口井。分为三个阶段，第一阶段（2010—2013 年），改造段数较少（7.5 段 / 井），施工规模小（51.1m³/ 段），排量低（4.7m³/min）；第二阶段（2014—2016 年），改造段数逐步增加（9.5 段 / 井），施工规模逐步增大（77.2m³/段），排量稳步提升（10.2m³/min）；第三阶段（2019—2021 年），进入固井桥塞细分切割体积缝网改造阶段，改造段数 11.3 段 / 井，改造簇数 27.8 簇 / 井，加砂量 114.2m³/ 段，施工排量 11.9m³/min，加砂强度达到 2.0t/m，进入压裂 2.0 时代。2019—2021 年平均无阻流量稳步提高，分别为 53.9×10⁴m³/d、62.6×10⁴m³/d、77.42×10⁴m³/d，三年平均单井无阻流量67.6×10⁴m³/d，较 2015—2016 年单井平均无阻流量 51.6×10⁴m³/d 增加 31.0%。

2019—2020 年 31 口水平井 361 段实施暂堵，其中暂堵段数 202 段，暂堵比例 56%，暂堵成功率 89.6%，暂堵后升压数据显示整体较高，平均增压达到 31.2MPa。

2019 年初次试验水平井桥塞分段暂堵辅助改造，在召 51-X 水平井，采用 1~5mm 暂堵颗粒 +10mm 暂堵球，进行复合暂堵施工，效果均不太理想。在后期井中选用了专用球形泵头加入大粒径暂堵剂，暂堵剂组合为 1~5mm 暂堵颗粒 +5~10mm 暂堵颗粒，1~5mm 暂堵颗粒 +5~10mm 暂堵颗粒 +10mm 暂堵球进行复合暂堵，部分层段效果较好（图 3-1-16）。

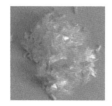 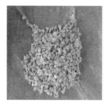 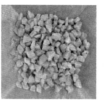 

（a）纤维暂堵剂　（b）1~5mm暂堵剂　（c）6~10mm暂堵剂　（d）11~13mm暂堵剂　（e）暂堵球

图 3-1-16　不同形状、粒径中低温暂堵剂

结合召 51-X 井、苏 77-X 井施工情况（图 3-1-17 和图 3-1-18），根据地质储层参数、施工参数通过压裂软件拟合获取人工裂缝参数，根据拟合的参数对暂堵剂比例和加量进行优化。确定了采用 1~5mm 颗粒 +5~10mm 颗粒 +11~13mm 复合暂堵剂复合暂堵，根据不同段的设计规模及排量，设计不同比例及加量暂堵剂进行施工，每段暂堵剂加量为 275~375kg。现场施工采用暂堵剂专用泵车及混砂车进行投注暂堵剂，设备、工艺及参数优化后效果显著，暂堵后压力响应明显，平均增加 31.5MPa，暂堵成功率达到 93.8%。

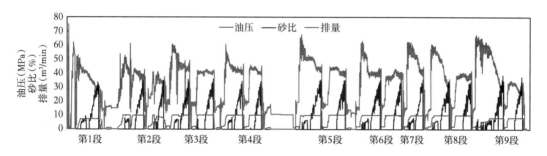

图 3-1-17　召 51-X 井压裂施工曲线

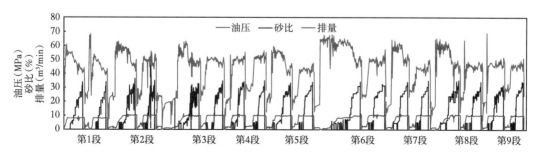

图 3-1-18　苏 77-X 井压裂施工曲线

2021 年，为进一步降低开发成本，采取限流压裂配合暂堵转向工艺，共应用 15 口井 76 段，单段簇数 4~5 簇，孔数为 6 孔 /0.5m，平均每段射孔总数 24~30 孔。施工过程中施工压力较相同排量其他井段压力升高 8MPa，确认段内各簇之间能够均匀开启，达到段内各簇均匀起裂的效果，提高缝控储量。

三、缝网清洁技术

1. 常规改造液升级背景

随着开发不断深入，苏 77-召 51 区块开发目标的储层品质变差，常规瓜尔胶压裂液体系因为瓜尔胶残余大、返排率低等特点，已很难满足工区压裂增产要求，导致部分压裂井返排不畅积液严重、举升困难，甚至压裂后出现"水锁死井"现象，无法获得工业产能，因此开展"低伤害快排"压裂技术，势在必行。

1）低压难排

大部分常规助排剂进入储层后，因分子尺寸原因，不能进入微裂缝尖端，不能有效驱替微裂缝压裂液残液，导致压裂液残液对储层造成"毛细管"污染、储层水锁严重，压裂井自然返排率不到 40%，且召 51 区块压力系数仅为 0.78，低于苏 77 区块的 0.86，因此自然返排情况将面临更严峻的挑战。

2）低孔低渗

召 51 区块储层平均渗透率为 0.326mD，更为致密，储层延伸压力梯度由前期的 0.017MPa/m 提高至 0.019MPa/m，召 51 区块压后产能低于预期，亟需寻求"清洁高效压裂液技术"，为此对纳米排驱低伤害压裂液展开研究评价，因该体系具有助排性能优、残渣少、储层伤害小等性能，最终确定了该体系配方性能，经现场应用取得较好效果。

2. 水锁伤害的影响因素论证

在气井增产作业过程中，由于外来流体侵入储层后不能完全有效地排出，造成气井产能降低，形成水锁伤害。水锁伤害使气相相对渗透率降低。

1）毛细管作用

毛细管作用即为表面张力和优先润湿特性使得在毛细管中的液体上升或下降所产生的压力。在平衡条件下，液体自重而引起的向下的力与由界面张力引起的作用在毛细管中使液体向上的力相等，根据 Laplace 公式如下：

$$p_{c} = \frac{2\sigma\cos\theta}{r} = h \cdot \Delta\rho \cdot g \qquad (3-1-29)$$

式中　p_c——毛细管力，Pa；

　　　θ——毛细管壁上的接触角，(°)；

　　　σ——界面张力，N/m；

　　　r——毛细管半径，m；

　　　h——液柱净高，m；

　　　$\Delta\rho$——界面两边各相的密度差，kg/m³；

　　　g——重力加速度，m/s²。

毛细管力主要与多相流体接触角大小、岩石介质的孔喉半径、流体界面张力等因素有

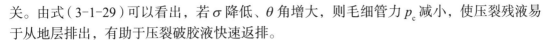

关。由式（3-1-29）可以看出，若 σ 降低、θ 角增大，则毛细管力 p_c 减小，使压裂残液易于从地层排出，有助于压裂破胶液快速返排。

2）气相渗透率

根据 Parcell 公式，气相相对渗透率可用式（3-1-30）表示：

$$k_g = \frac{\phi}{2} \sum_{r_k}^{r_{max}} r_i^2 s_i \qquad (3\text{-}1\text{-}30)$$

式中 k_g——气相渗透率，D；

ϕ——孔隙度，%；

r_i——第 i 组毛细管的半径，μm；

S_i——第 i 组毛细管占孔隙体积的百分数，%；

r_{max}——最大孔隙半径，μm；

r_k——未被水充满的毛细管半径，μm。

由式（3-1-30）可以看出，r_k 越大，孔隙中产生的毛细管现象越少；孔隙度越大，气相渗透率越高；孔隙度和含水饱和度的大小是影响气相渗透率大小的因素。

3）动力学因素

按照毛细管束模型，当储层水润湿时，外来流体在毛细管力作用下侵入，根据 Laplace 和 Poiseille 定律得如下公式：

$$T = \frac{4\mu L^2}{r^2 \Delta p - 2\sigma \cos\theta} \qquad (3\text{-}1\text{-}31)$$

式中 T——流体排出所需时间，s；

L——毛细管长度，m；

μ——流体黏度，$N \cdot s/m^2$；

r——毛细管半径，m；

Δp——驱动压差，Pa；

σ——外来流体表面张力，N/m；

θ——在毛细管壁上的润湿角，(°)。

由式（3-1-31）可以看出，除了和外来流体的界面张力、外来流体与岩石的接触角是产生水锁伤害的动力学原因之外，驱动压差、储层孔喉半径、外来流体黏度、侵入深度等也会产生一定程度的水锁伤害。

根据水锁形成机理可知解除水锁的有效方法为改变储层的润湿性、减小界面张力、采用合适的工作液以及其他方法。

当液体和处于气体中的固体接触时，会产生以下两种不同的形状。一种是液滴沿固体表面立即均匀扩散开铺展在固体表面，另一种是液体不完全铺展，仍以弧形附着于固体表面。

接触角一般用 θ 表示，是以气液固三相的接触点作为起点，沿气液界面和固液界面作两个切平面，将液体包在其中，则这两个切平面之间的夹角即为接触角，接触角示意图如图 3-1-19 所示。接触角与三相的界面张力之间符合著名的 Young 方程，见式（3-1-32）：

$$\cos\theta = \frac{\gamma_{sg} - \gamma_{sl}}{\gamma_{lg}} \qquad (3\text{-}1\text{-}32)$$

式中　γ_{sg}——固—气表面张力，N/m；

　　　γ_{sl}——固—液表面张力，N/m；

　　　γ_{lg}——液—气表面张力，N/m。

当液滴在固体表面立即扩散铺展，则称该种液体润湿固体表面，$\theta=0°$，为完全润湿；当 $0° < \theta < 90°$，为液体润湿固体；当液滴呈圆球状，不沿固体表面扩散，则称为该液体不润湿固体表面，$180° > \theta > 90°$，液体不润湿固体；$\theta=180°$，为完全不润湿。

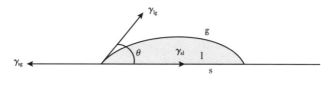

图 3-1-19　接触角示意图

固体表面的润湿性有时会因为第三种物质的吸附而发生变化。强亲水型固体表面由于表面活性剂的吸附而转变为亲油型表面，或者亲油型固体表面由于表面活性剂物质的吸附转变为亲水型表面。将固体表面的亲水性和亲油性相互转化的现象叫作润湿反转，润湿反转常与砂岩、碳酸盐岩矿物组分以及流体性质（原油活性物成分）等相关，其中烯氧基与砂岩表面的水合硅烷醇之间通过共价键连接，吸附在砂岩表面，憎水基团裸露在外，形成一层薄而致密的聚合物分子膜。分子膜使致密砂岩表面变成不亲水也不亲油的"双疏表面"。润湿性是降低储层水锁的重要参数之一。

3. 降低水锁伤害的方法

1）减小界面张力

毛细压力是多孔介质中不相混溶相之间界面张力的直接线性函数。如果能使流体间界面张力减小，那么毛细压力就会降低，从而把大部分滞留水排出。加入表面活性剂或者其他添加剂降低气水两相界面张力，提高气相相对渗透率，降低附加阻力，从而使注入过程克服水锁效应所需的启动压力降低，促使压裂液顺利返排。

2）采用配伍性好的压裂液

增大压差和减小作业时间，从而降低或避免水锁效应。当外来流体侵入地层后，会在井筒附近形成高含水带，要将天然气驱入井筒，就必须克服毛细管阻力；如果不能给储层提供足够的驱替压力，就不能克服毛细管阻力。因此在压裂时，可以通过对储层潜在伤害因素进行评价，从而确定与地层流体匹配的压裂液，进而减小作业时井筒与地层之间的压差，增大作业后的生产压差。

3）其他方法

如注入干气法，一般现场采用氮气或者二氧化碳，通过注入气体增加天然气的干度，降低储层含水饱和度，从而避免水锁伤害。

4. 压裂液体系升级优化

1）增稠剂

羧甲基羟丙基瓜尔胶通常采用金属交联剂酸性条件交联，而压裂液在酸性条件下易于腐败变质，因此选用羟丙基瓜尔胶作为稠化剂。羟丙基瓜尔胶一级相较羟丙基瓜尔胶二级增稠能力更强，水不溶物含量更低，因此选用羟丙基瓜尔胶一级作为增稠剂（表 3-1-7）。

表 3-1-7　羟丙基瓜尔胶性能测试

羟丙基瓜尔胶	一级	二级
表观黏度（30℃，170s^{-1}，0.6%）（mPa·s）	≥ 110	≥ 105
水不溶物含量（%）	≤ 4	≤ 8

2）交联剂

针对低浓度瓜尔胶体系对压裂液耐温耐剪切性能影响大，有针对性地研发了高效交联剂，以硼酸酯作主剂选用多羟基醇作有机配位体，很大程度优化交联冻胶质量，提高压裂液耐温耐剪切性能，冬季施工不出现"结冰"现象，交联剂 pH 值为 7~9，密度为 1.1~1.2g/cm³（图 3-1-20）。

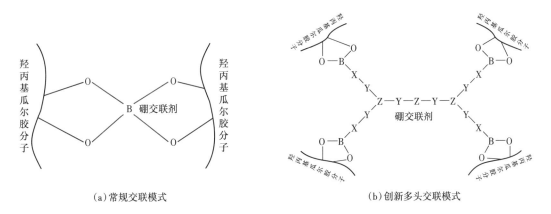

（a）常规交联模式　　　　　　　　　　　　（b）创新多头交联模式

图 3-1-20　交联剂分子结构图

3）高效纳米排驱剂

针对低孔低渗低压特性，深入分析致密砂岩气藏开发过程中外来流体入侵形成的水相滞留损害特征，明确了水锁损害形成的主要原因是由于初期、侵入和返排三个阶段孔隙中剩余毛细管力造成外来流体滞留引起；研制了一套醚类纳米排驱剂体系。区别于常规助排类表面活性剂界面排列密度和排列吸附方式，该体系主要以表面活性成分、油核、盐等组成，以油相为核心，表面活性剂大多排列于油核表面，从而形成界面低吸附特性，能够抑制表面活性剂被地层吸收，使其到达裂缝前端；体系性质稳定，为纳米级，平均粒径20nm。

从纳米排驱剂物性构成的角度揭示润湿改性作用机理，纳米排驱剂溶液可将砂岩润湿性改变为疏水性，因此，在储层条件下可实现润湿反转，有效降低残液启动压差。"空气—盐水—岩石"三相静态接触角由 38.5° 增大到 126°，表明纳米排驱剂具有改善流体和固体表（界）面特性的作用。通过实验研究纳米排驱剂对致密砂岩储层渗吸和渗流的影响，揭示纳米排驱剂解除致密砂岩气藏水锁损害的机理。纳米排驱剂通过改变毛细管力方向和缩短液体渗流时效，能够达到降低自发渗吸液量和增强液相渗流能力的效果，可以促使高效纳米排驱剂深入微裂缝尖端，最终解除水锁损害，达到高效排驱的效果。

4）pH 值调节剂

常用的 pH 值调节剂有 Na_2CO_3、NaOH、KOH 三种，考虑钾离子半径与黏土尺寸匹配度高，具有防膨作用，因此选用 KOH 作为 pH 值调节剂，具备防膨效果，进一步稳定黏土，降低储层伤害。

5）起泡剂

工区地层压力系数 0.7~0.9，因此在配方设计过程中选用起泡剂，以达到助排携液的目的，常用的起泡剂有阴离子型助排剂，包括磺酸盐等有效成分，该类起泡剂往往成本较低，但是与其余添加剂配伍性不好，从而导致起泡效果折扣甚至失效，考虑地层水为氯化钙水型、矿化度较高的情况，选用抗盐性能优异的非离子表面活性剂作为起泡剂主剂，阴（非）离子表面活性剂为辅剂。起泡剂性能见表 3-1-8。

表 3-1-8　起泡剂性能

项目		单位	指标	结果
表面张力		mN/m	≤ 32.0	31.8
发泡效率	蒸馏水	%	≥ 220	248
	50000mg/L 矿化水	%	≥ 180	228
半衰期	蒸馏水	s	≥ 240	300
	50000mg/L 矿化水	s	≥ 220	260

6）黏土稳定剂

为降低外来流体导致储层黏土膨胀，配方设计选用黏土稳定剂，黏土稳定剂选用小分子季铵盐、聚胺等复配而成，1% 加量防膨率不低于 90%。

7）胶囊破胶剂

压裂过程中为兼顾造主缝与降滤失的需求，选用胶囊破胶剂对压裂液延迟破胶，根据工区单段 / 单层压裂时长一般为 2h，确定 90℃破胶时间为 70~110min。为满足该需求，胶囊破胶剂有效含量为 45%~50%，破胶液黏度小于 5mPa·s，可促进压裂液的快速破胶返排。

8）体系配方设计

为降低储层污染，将常规瓜尔胶压裂液体系稠化剂比例从 0.45%~0.5% 降低为 0.3%~0.35%，根据储层特征，最终压裂液配方如下：

配方一：0.3% 羟丙基瓜尔胶 +0.5% 氯化钾 +0.1%XZ-SJJ+0.2%XZ-NW+0.1%XZ-ZPJ+0.1%XZ-PP+0.04%KOH。

配方二：0.35% 羟丙基瓜尔胶 +0.5% 氯化钾 +0.1%XZ-SJJ+0.2%XZ-NW+0.1%XZ-ZPJ+0.1%XZ-PP+0.04%KOH。

9）压裂液耐温耐剪切性能

配方一（交联比 =100：0.3）的实验结果如图 3-1-21 所示。

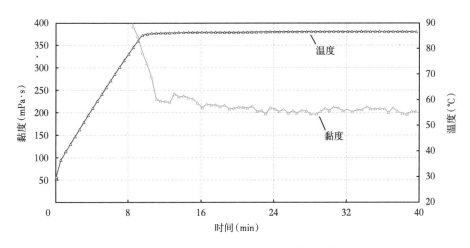

图 3-1-21 0.35% 瓜尔胶耐温耐剪切性能

配方二（交联比 =100 : 0.3）的实验结果如图 3-1-22 所示。

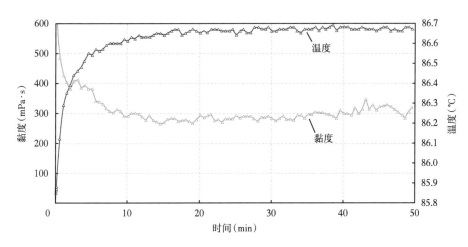

图 3-1-22 0.3% 瓜尔胶耐温耐剪切性能

压裂液耐温耐剪切黏度介于 200~300mPa·s，满足现场施工条件，因 0.3% 瓜尔胶纳米排驱低伤害压裂液体系稠化剂比例低，现场施工出现压力不稳定，施工安全窗口窄，因此后期均采用 0.35% 瓜尔胶纳米排驱低伤害压裂液体系。

10）压裂液防膨性能测试

经测试压裂液综合防膨率 93%，防膨性能优异。

11）高效排驱性能测试

（1）表（界）面张力测定见表 3-1-9。

表 3-1-9 表（界）面张力测定

高效排驱剂比例	表面张力（mN/m）	界面张力（mN/m）
0.1%	23.5	1.72

（2）接触角测试。

在玻璃片上开展接触角测定，分别测定 1h、3h、6h 后，表面的最大接触角分别为 126.5°、138.3°、157.9°。说明纳米乳液在玻璃片上发生了润湿反转，有利于压裂液快速返排（图 3-1-23）。

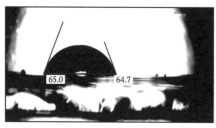 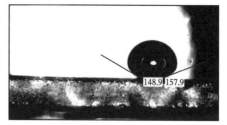

(a) 初始接触角　　　　　　　　　　　　　　(b) 润湿反转

图 3-1-23　接触角测试图

12）破胶及残渣含量测定

分别对破胶剂在不同加量下破胶时间进行测定，取破胶液开展残渣含量测定，平均残渣含量 281.5mg/L，较常规压裂液残渣含量降低 33.14%，较大程度降低了储层伤害（表 3-1-10）。

表 3-1-10　破胶性能测定结果

实验条件	胶囊破胶剂及加量 /（mg/L）	破胶时间（min）	破胶液黏度（mPa·s）	平均残渣含量 /（mg/L）
90℃	500	30	< 3	281.5
	300	40		
	200	60		
	150	100		
	50	120		
	30	140		

13）配伍性实验

用破胶液与轻质油、滤后地层水分别做配伍实验，结果表明破胶液与以上两种液体配伍性良好（图 3-1-24）。

(a) 与轻质油配伍性　　　　　　　　　　　　(b) 与地层水（滤后）配伍性

图 3-1-24　配伍性实验

14）伤害性评价

破胶液对岩心伤害实验共 2 组，2 组岩心平均伤害率为 28.7%，较常规压裂液体系基质伤害率 35.23%，伤害率降低 18.53%（图 3-1-25 和表 3-1-11）。

伤害前　　　　　　　　　　　　　　伤害前

伤害后　　　　　　　　　　　　　　伤害后
（a）岩心1　　　　　　　　　　　　（b）岩心2

图 3-1-25　岩心伤害前后对比图

表 3-1-11　破胶液对岩心裂缝伤害评价（岩心 + 人工劈缝）

岩心编号	气测渗透率（mD）	孔隙度（%）	流量（mL/min）	压差（MPa）	渗透率 K_1（mD）	渗透率 K_2（mD）	$(K_1-K_2)/K_1$（%）	平均伤害率（%）
1	9	15.88	1.05	0.352	4.571	3.236	29.21	28.70
2	8	14.94	1.00	0.422	3.639	2.613	28.19	

5. 应用效果

2011 年开始探索低伤害清洁压裂液体系，分别试验了清洁压裂液、低浓度及超低浓度瓜尔胶压裂液体系，取得一定的经验，但整体效果不佳。2019 年在低浓度瓜尔胶压裂液体系基础上，优化升级形成了纳米排驱低伤害压裂液体系，共应用 29 口水平井，压后一次排通 96.5%，水平井增产显著。统计直井 / 定向井资料，在液氮降低 54% 的情况下，返排率提高 4.27%，Ⅰ类、Ⅱ类井每米产量较常规压裂液提高 6.4%。

6. 变黏免混配技术

1）变黏免混配乳液合成原理

反相微乳液聚合为自由基聚合，其基元反应可分为：链引发、链增长和链终止反应。除三种基本反应外，还常伴有链转移反应，使分子链增长过程中减少支链化。不同的聚合工艺，对聚合物分子量影响较大，而分子量对产品在作为压裂液应用过程中的增稠、减阻、黏弹性有着极大的影响。

反相乳液聚合是一种更高效更简便的自由基聚合，反相微乳液成分包括水、聚合单体、有机溶剂、乳化剂、引发剂，通过外力搅拌剪切作用形成胶体溶液。引发剂首先与液滴外游离的单体反应生成低聚自由基 R 并放出反应热，反应热诱导油溶引发剂分解产生自由基 M 进入胶体液滴内，低聚自由基在搅拌作用下会扩散进入液滴内继续进行链增长。

在聚合反应时，在胶体液滴中存在大量的低聚自由基，在提前加入的链转移剂作用下可以将其转移，减少支链化；同时在油相与水相之间的乳化剂如 Span80，它具有五个不稳定的羟基，伸入在水相中，也可以参与链转移，因此反相乳液聚合分子链支链化程度低，在水中溶解速率更快。

2）投产工艺技术优化

（1）有机黏土稳定剂选择。

黏土稳定剂主要作用是防止黏土颗粒分散、运移与膨胀，该体系未引入性能较好的功能单体，不抗盐，因此不能使用无机盐作为黏土稳定剂，1% 有机黏土稳定剂防膨率 92%。

（2）免混配压裂液体系配方设计。

低黏：0.1%XZ-CHJ+0.2%XZ-NW，表观黏度 3mPa·s。

中黏：0.3%~0.6%XZ-CHJ+0.2%XZ-NW，表观黏度 15~33mPa·s。

高黏：0.6%~0.9%XZ-CHJ+0.2%XZ-NW，表观黏度 33~54mPa·s。

（3）起黏速率。

多次实验确定压裂液在不同剪切速率条件下，2min 内黏度可达最终黏度 80% 以上，满足即配即用、快速起黏的要求。

（4）耐温耐剪切性能测试。

压裂液 0.9% 加量时地面黏度 51mPa·s，耐温耐剪切黏度 30~35mPa·s，在高排量剪切作用下悬浮性能优异，可携带 220kg/m³ 的 20~40 目陶粒（图 3-1-26）。

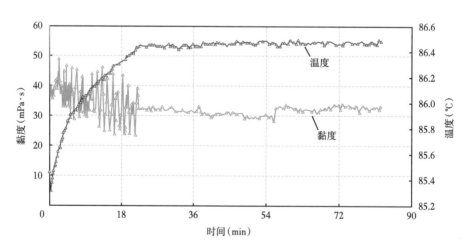

图 3-1-26　0.9% 免混配压裂液体系耐温曲线

（5）携砂性能。

当加量为 0.1% 时，为滑溜水压裂液，减阻率 70%~80%。

当加量为 0.4%~0.6% 时，黏度为 30~39mPa·s，可携带 70~140 目陶粒砂浓度 350kg/m³，40~70 目陶粒砂浓度 240kg/m³，20~40 目陶粒砂浓度 180kg/m³。

当加量为 0.6%~1% 时，黏度为 42~54mPa·s，可携带 70~140 目陶粒砂浓度 450kg/m³，40~70 目陶粒砂浓度 300kg/m³，20~40 目陶粒砂浓度 220kg/m³。

当加量为 1%~1.5% 时，黏度为 57~111mPa·s，可携带 70~140 目陶粒砂浓度 700kg/m³，40~70 目陶粒砂浓度 480kg/m³，20~40 目陶粒砂浓度 400kg/m³。

该体系为阴离子型聚丙烯酰胺反相乳液，分子量为（800~1200）×10⁴，具有强亲水特性，可实现在线混配即配即用，可节约全部配液费用。目前针对区块厚度 8m 以上储层可根据储层实际情况选用免混配压裂液体系，该体系主要由聚丙烯酰胺乳液和有机黏土稳定剂组成。聚丙烯酰胺乳液主要由丙烯酰胺、丙烯酸、白油、非离子型乳化剂、pH 值调节剂、氧化还原引发体系等组成，在一定转速和温度条件下聚合而成。因富含乳化剂成分，该体系具备一定助排性能。丙烯酰胺、丙烯酸等富含亲水基团、官能团活性较高，一般常温即可反应，以此为合成原材料制成反相乳液。

3）现场应用

截至 2021 年 12 月，该体系累计现场应用 7 井次，施工排量不小于 6m³/min，低黏降阻率为 62%~66%，高黏降阻率为 68%~75%，高黏降阻效果明显。在直井 / 定向井 6~8m³/min 的排量下，整体携砂效果好，满足压裂施工需求，其中苏 77-7-XX 井最高砂比达 30%。

四、缝网支撑技术

与常规气藏相比，苏 77-召 51 区块高含水致密砂岩气藏储层改造，需要建立一条满足"气水同出"的高导流缝网系统，通过加大裂缝的几何尺寸扩大气井泄气半径，并提高裂缝导流能力，达到延长稳产期的目的。因此，支撑剂在人工裂缝中的铺置情况是决定裂缝导流能力和压裂增产的关键。

1. 支撑剂沉降运移规律

1）牛顿流体中单颗粒自由沉降

对于牛顿流体，在重力、浮力以及阻力的共同作用下，一定质量的颗粒以一定的速度在液体中沉降，可知：

$$F = mg - mg\frac{\rho}{\rho_{\mathrm{s}}} - C_{\mathrm{d}}\frac{A\rho u^2}{2} \tag{3-1-33}$$

式中　F——重力、浮力和阻力的合力，N；

　　　m——颗粒质量，kg；

　　　g——重力加速度，m/s²；

　　　ρ——颗粒的密度，kg/m³；

　　　ρ_{s}——球形颗粒的密度，kg/m³；

　　　C_{d}——阻力系数；

　　　A——与沉降方向相垂直的颗粒表面积，m²；

　　　u——单颗粒的沉降速度，m/s。

球形支撑剂颗粒在重力作用下沉降，其自由沉降中先是不断地加速，来自液体的阻力也在增加，当阻力和浮力达到动态平衡时，砂粒以均匀的速度下沉，即 du/dt=0，由此可以得到在牛顿流体中，单个颗粒的沉降速度为：

$$u = \left[\frac{4g(\rho_{\mathrm{s}} - \rho)d_{\mathrm{p}}}{3C_{\mathrm{d}}\rho}\right]^{\frac{1}{2}} \tag{3-1-34}$$

式中　d_{p}——颗粒直径，mm。

2）幂律流体中单颗粒自由沉降

在水力压裂中，常用的压裂液是由高分子聚合物或植物冻胶制备而成的非牛顿流体，通常情况下，这种压裂液被当作幂律流体来处理。以此类推，可以得到在幂律流体中，单个颗粒的沉降速度为：

$$u = \frac{(2n+1)d_p}{9000n}\left[\frac{(\rho_s - \rho)d_p}{6000K_a}\right]^{\frac{1}{n}} \qquad （3-1-35）$$

式中　n——压裂液的流变指数；

　　　K_a——在裂缝中幂律流体流动时的稠度系数，$Pa \cdot s^n$。

3）支撑剂沉降速度的修正

在压裂作业中，泵入裂缝一定比例支撑剂和压裂液，多颗粒条件下支撑剂的沉降区别于单个颗粒的自由沉降。支撑剂沉降会受到颗粒之间干扰、加砂浓度、裂缝壁面等因素影响。因此要准确计算支撑剂沉降，应该从砂比、壁面效应等对单颗粒沉降速度进行修正。

砂比对颗粒沉降速度的影响主要体现在，在压裂施工中，随着支撑剂在缝中颗粒浓度的增加，支撑剂的沉降速度低于单颗粒的沉降速度，这种相互干扰作用包括两个方面：一是单颗粒的沉降引发周围液体向上流动，使旁边颗粒受到影响（沉降时阻力增加），砂比越高，影响越大；另一方面，支撑剂和压裂液混合物的密度和黏度增加，使支撑剂的浮力和沉降时的阻力增大，颗粒沉降速度变慢。砂比的修正可以采用将裂缝宽度与裂缝内壁面粗糙程度的影响分开来研究，利用平板实验所得结果进行综合分析，对沉降速度进行修正。

（1）裂缝宽度的影响。

许多学者的研究结果表明，支撑剂在裂缝中的沉降速度受裂缝壁面影响显著。从裂缝内中心线到壁面，颗粒沉降所受影响越来越大。在壁面附近观测到沉降速度大大降低。在采用低黏度的牛顿流体压裂时，地层中会产生窄而长的裂缝，裂缝宽度越小，其裂缝壁面效应对支撑剂沉降的影响越明显。

裂缝宽度影响可用下面公式表示：

$$f_w = \frac{u_w}{u_p} = 1 - 0.16\mu^{0.28}\frac{d_p}{w} \qquad （3-1-36）$$

$$f_w = \frac{u_w}{u_p} = 8.26e^{-0.0061\mu}\left(1 - \frac{d_p}{w}\right) \qquad （3-1-37）$$

式中　f_w——壁面校正系数，其数值越小，则代表壁面影响程度越强；

　　　w——裂缝宽度，cm；

　　　u_p——单颗粒自由沉降速度，cm/s；

　　　u_w——受裂缝宽度影响的沉降速度，cm/s；

　　　μ——压裂液黏度，$mPa \cdot s$。

（2）裂缝壁面粗糙的影响。

水力压裂所形成的裂缝内壁面不是光滑的，目前实验装置内壁光滑，不能完全模拟人工裂缝，有一定局限性。相比于光滑的内表面，粗糙的裂缝内表面可以对支撑剂水平运移速度有着较大的影响，并且还会使裂缝内流体出现比较明显的"指进"现象。用低黏度的流体来驱替高黏度流体时，如在压裂施工后期，用低黏度的顶替液把携砂液由井筒顶替进裂缝里，低黏液体的"指进"现象更明显。而对于颗粒沉降速度影响不太明显。

考虑到裂缝粗糙内壁面对颗粒运移速度的影响，可用以下方法对实验数据进行修正：

$$\frac{u_{h}}{u_{o}} = -0.857\frac{d_{p}}{w} + 1.06 \qquad (3-1-38)$$

式中　u_{h}——支撑剂水平运移速度，cm/s；

u_{o}——裂缝内液体平均流速，cm/s。

综上所述，考虑到砂浓度及壁面效应影响，支撑剂颗粒最终沉降速度如下表示：

$$u = v_{s}f_{c}f_{w} \qquad (3-1-39)$$

式中　u——支撑剂颗粒最终的沉降速度，m/s；

v_{s}——校正前的颗粒沉降速度，m/s；

f_{c}——砂浓度校正系数；

f_{w}——壁面校正系数。

2. 粒径对支撑剂沉降运移的影响

支撑剂在裂缝中沉降形成砂堤，随着砂堤增高，裂缝内液体过流断面变小，液体流速提高。液体的流速逐渐增大到可以使支撑剂颗粒达到悬浮状态，这种状态下支撑剂颗粒停止沉降，称为平衡状态。达到平衡时液体的流速为平衡流速，砂堤的高度称为平衡高度。

通过平板实验分析软件模拟排量、压裂液性能参数一致的情况下，只改变支撑剂的粒径，依次选用苏里格东区北部主流陶粒 20/40 目、40/70 目等。施工排量为 0.05m³/min，裂缝宽度为 5mm，高度为 1m，压裂液密度为 1000kg/m³，黏度为 4mPa·s，支撑剂视密度为 2450kg/m³，砂比为 3%。

使用不同支撑剂粒径开展运移试验，绘制支撑剂粒径对支撑剂沉降运移形态的影响图，如图 3-1-27 所示。

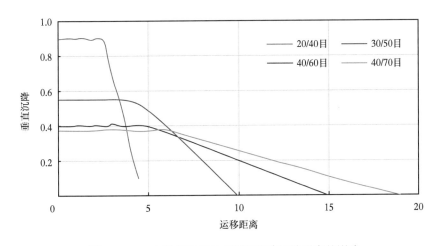

图 3-1-27　支撑剂粒径对支撑剂沉降运移形态的影响

由模拟结果可知，支撑剂粒径对支撑剂沉降运移具有较大影响。支撑剂粒径较大时，支撑剂沉降形成砂堤高度较高，粒径较小时，砂堤高度较低，运移距离较长。支撑剂粒径为 20/40 目与 40/70 目的砂堤形态进行比较可知，粒径越高使得砂堤高度越高，粒径越低时，砂堤长度越大，容易形成低而长的填砂裂缝，但此时形成的裂缝导流能力有限。

3. 区块导流能力的确定

气井经过压裂改造后，其增产效果取决于两个方面的因素，即地层向裂缝供液能力的大小和裂缝向井筒供液能力的大小。因此，为了更好地实现设计裂缝导流能力与地层供液能力的良好匹配，引入了无量纲裂缝导流能力的概念。

无量纲裂缝导流能力是油气井增产中一个主要的设计参数，它是裂缝传输流体至井眼的裂缝传导能力与地层输送流体至裂缝的传导能力的比较。其公式表示如下：

$$C_{fD} = \frac{C_f}{x_f K} \qquad (3-1-40)$$

式中　C_{fD}——无因次裂缝导流能力；

　　　x_f——裂缝半长，m；

　　　K——地层渗透率，D；

　　　C_f——裂缝导流能力，D·m。

根据 Romero 等以及 Meyer 和 Jacot 绘制的无量纲导流能力 C_{fD} 优化图版（图 3-1-28 和图 3-1-29）可以看出，对应最优无量纲导流能力为 10~20。

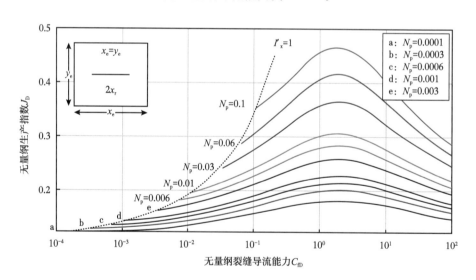

图 3-1-28　无量纲生产指数是无量纲导流能力的函数且以支撑剂数
作为一个参变量（$N_p \leqslant 0.1$）

确定了最优无量纲导流能力，在 500m×2000m 水平井网下，裂缝半长 180~200m 下，通过计算支撑剂导流能力必须满足 30~40D·cm。因此，在缝网体积确定前提下，即可确定支撑剂的铺置浓度，为此开展支撑剂铺置导流能力实验，获取精确的实验参数。

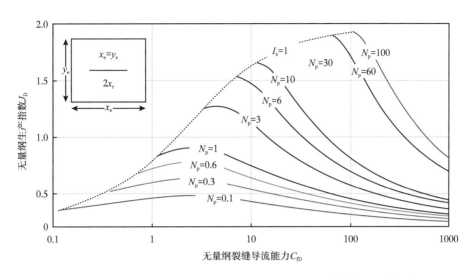

图 3-1-29　无量纲生产指数是无量纲导流能力的函数，且以支撑剂数作为一个参变量（$N_p > 0.1$）

4. 多级支撑技术

通过上述理论研究可知，采用小粒径的支撑剂可以对支撑剂铺置起到较好作用，小粒径的支撑剂其导流能力较小，因此，在现场施工时可以采用不同粒径支撑剂相结合的加砂方法。首先加入小颗粒支撑剂，在起到降滤失作用的同时，还可以增加有效支撑裂缝的长度。因大颗粒支撑剂水平运移速度慢且沉降速度较快，在施工后期加入大颗粒支撑剂，保持了较高的裂缝导流能力，减小液体入井时的压力损失。这种"分段加砂"技术，可以增加有效支撑裂缝长度，提高裂缝导流能力，对压裂增产有较好的效果。

1）支撑剂导流能力实验

支撑剂导流能力影响因素主要分为两类：一类是支撑剂本身因素，包括支撑剂类型、粒径、铺砂浓度等；一类是储层环境条件，如储层岩石力学性质、储层温度、压力、流体流速等。支撑剂本身因素是可变因素，在支撑剂参数优选过程中需要重点考虑，而储层条件一般为不可变因素，需要最大程度上模拟储层条件，以提高实验数据准确度。实验室条件下研究支撑剂种类、铺置方式、闭合压力、压裂液、支撑剂粒径及不同粒径组合、流体流速等因素对支撑裂缝导流能力的影响。

实验室支撑剂导流能力评价以 API RP 27：1956 中的公式，即式（3-1-41）计算支撑裂缝在液体层流（达西流）条件下的渗透率：

$$K = \frac{99.998\mu QL}{W_f \Delta pW} \tag{3-1-41}$$

支撑裂缝导流能力按照公式（3-1-42）计算：

$$C_f = KW_f = \frac{99.998\mu QL}{\Delta pW} \tag{3-1-42}$$

式中　K——支撑裂缝的渗透率，D；

　　　　m——实验温度下实验液体的黏度，mPa·s；

Q——流量，cm³/s；

L——测压孔之间的长度，cm；

W——导流室支撑剂充填宽度，cm；

W_f——支撑剂充填厚度，cm；

Δp——压差（上游压力减去下游压力），kPa；

C_f——支撑裂缝的导流能力，D·cm。

API 导流室支撑剂充填层宽度 W 为 3.81cm，两测压孔间的距离 L 为 12.7cm，代入式（3-1-43）和式（3-1-44），将计算公式进行简化。

支撑裂缝渗透率计算公式简化为：

$$K = \frac{5.555\mu Q}{\Delta p W_f} \tag{3-1-43}$$

支撑裂缝导流能力计算公式简化为：

$$C_f = KW_f = \frac{5.555\mu Q}{\Delta p} \tag{3-1-44}$$

2）支撑剂类型的影响

实验选用 Carbo HSP、ULW 和兰州石英砂三种支撑剂来研究不同类型支撑剂对支撑裂缝导流能力的影响，实验中所用三种支撑剂粒径均为 20/40 目，铺砂浓度均为 4kg/m²，温度为 25℃，实验流体为蒸馏水。图 3-1-30 是 Carbo HSP、ULW 和兰州石英砂三种支撑剂导流能力随闭合压力变化的实验曲线，从图 3-1-30 中可以看出，兰州石英砂导流能力随闭合压力增加下降最快，当闭合压力为 20MPa 时，兰州石英砂的导流能力几乎接近于 0。其次，ULW 支撑剂下降速度也较快，在闭合压力为 60MPa 时，导流能力下降到接近于 0。导流能力随闭合压力增大下降最慢的支撑剂是 Carbo HSP 支撑剂。

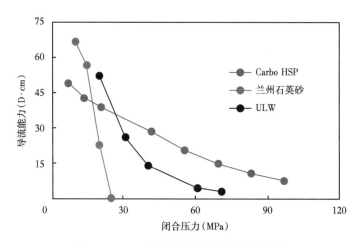

图 3-1-30 不同类型支撑剂导流能力曲线

出现上述结果的主要原因是三种支撑剂的物性不同，而支撑剂物性数据中影响支撑剂导流能力最大的是破碎率，三种支撑剂按照破碎率排序依次是兰州石英砂、ULW、Carbo

HSP，因此在一定闭合压力下，导流能力从小到大的排序也是兰州石英砂、ULW 和 Carbo HSP 支撑剂。支撑剂破碎产生的碎屑会堵塞原有孔隙，增大流体的渗流阻力。ULW 支撑剂在闭合压力大于 30 MPa 后下降较快，原因是 ULW 支撑剂破碎率虽然较低，但是 ULW 支撑剂韧性较强，在高闭合压力下容易发生形变（图 3-1-31），形变后支撑剂排列更加紧密，支撑剂充填层的孔隙度显著降低，导致支撑裂缝的导流能力下降较快。

图 3-1-31　ULW 支撑剂导流能力测试后图像

根据实验可以看出，兰州石英砂和超轻密度 ULW 支撑剂仅适用于埋深较浅、地层压力不大的储层。

3）支撑剂粒径的影响

在水力压裂中使用的支撑剂既有单一粒径的支撑剂，也有不同粒径组合的支撑剂。单一粒径大的支撑剂可以支撑起较宽的裂缝，形成较大的导流能力，缺点是压裂施工过程中易造成砂堵，并且在长期高闭合应力下容易发生破碎。压裂施工中使用不同粒径的支撑剂组合进行分段加砂，优点是小粒径可以进入微小分支裂缝，而大粒径支撑剂进入主裂缝，同时使主裂缝和微小分支裂缝保持一定导流能力，缺点是施工过程复杂且成本较高。

（1）单一粒径支撑剂对导流能力的影响。

实验中选用的三种粒径的支撑剂分别为 20/40 目、40/70 目和 70/140 目。在实验条件相同的情况下，20/40 目支撑剂的导流能力最大，40/70 目支撑剂的导流能力次之，70/140 目支撑剂的导流能力最小。导流能力变化的整体趋势是导流能力随着支撑剂粒径的增大而增大，随着闭合压力增大而减小（表 3-1-12 和图 3-1-32）。

表 3-1-12　不同粒径支撑剂导流能力

闭合压力 （MPa）	导流能力（D·cm）		
	20/40 目	40/70 目	70/140 目
7.09	54.26	19.04	9.39
14.01	43.18	13.85	4.49
20.82	34.49	10.12	2.17

闭合压力 （MPa）	导流能力（D·cm）		
	20/40 目	40/70 目	70/140 目
27.82	27.38	7.34	1.03
41.60	17.37	3.89	0.24
55.29	11.06	2.07	0.05
69.17	6.99	1.09	0.01

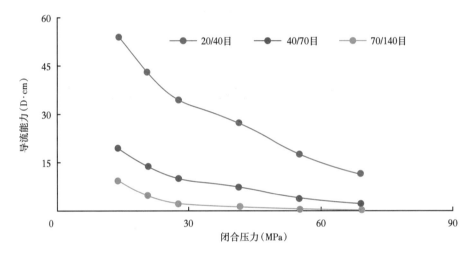

图 3-1-32　不同粒径支撑剂导流能力曲线

（2）两种粒径组合后支撑剂对导流能力的影响。

选用 20/40 目、40/70 目支撑剂比例分别为 1∶1 和 3∶1 组合，20/40 目、70/140 目支撑剂比例分别为 1∶1 和 3∶1 组合进行实验。当选用不同粒径支撑剂组合进行铺砂时，小粒径支撑剂铺置在导流室入口端，大粒径支撑剂铺置在导流室出口端，模拟施工过程中小粒径支撑剂先泵入微小分支裂缝，大粒径支撑剂后泵入主裂缝的情况。

从两种粒径组合支撑剂导流能力曲线（图 3-1-33）可以看出，20/40 目∶40/70 目 =3∶1 组合支撑剂导流能力最大，其次是 20/40 目∶40/70 目 =1∶1 支撑剂组合，而 20/40 目∶70/140 目 =3∶1 组合支撑剂导流能力居中，导流能力最小的支撑剂组合是 20/40 目∶70/140 目 = 1∶1。同时大粒径支撑剂占比越大，导流能力越大，两种比例相同支撑剂组合时，当一种支撑剂粒径不变，另一种支撑剂粒径越小，导流能力越小。出现这种现象的原因是当两种粒径支撑剂组合施加闭合压力时，大粒径支撑剂之间的孔隙更大，且小粒径支撑剂在入口端可随流体运移，堵塞大粒径支撑剂之间的孔隙，增大流体通过支撑剂充填层的渗流阻力。

根据不同粒径组合支撑剂导流能力实验结果，为保证最大导流能力，选择 20/40 目∶40/70 目 =3∶1 组合比例进行设计（表 3-1-13）。

表 3-1-13　不同粒径组合支撑剂导流能力

闭合压力（MPa）	导流能力（D·cm）			
	20/40 目：40/70 目 =1：1	20/40 目：70/140 目 =3：1	20/40 目：70/140 目 =1：1	20/40 目：40/70 目 =3：1
7.09	51.06	34.12	10.33	55.97
14.01	40.36	26.05	7.47	44.81
20.82	32.02	19.98	5.43	36.01
27.82	25.24	15.2	3.91	28.76
41.6	15.8	8.88	2.05	18.47
55.29	9.92	5.21	1.08	11.9
69.17	6.19	3.03	0.56	7.62

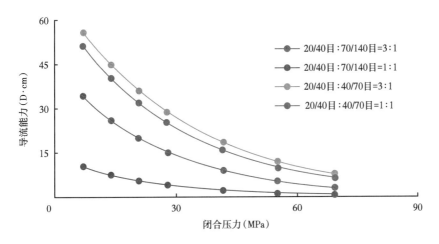

图 3-1-33　两种粒径组合支撑剂导流能力曲线

4）铺砂浓度的影响

铺砂浓度是指单位面积上的支撑剂质量，在某种意义上讲支撑剂铺砂浓度代表支撑裂缝的缝宽。支撑裂缝的导流能力是指裂缝渗透率与缝宽的乘积，一般情况下，随着铺砂浓度的增加，缝宽逐渐增大，裂缝渗透率增加，支撑裂缝导流能力增大。高的铺砂浓度可以有效地降低支撑剂的嵌入对裂缝导流能力的影响。但是增加铺砂浓度意味着增加施工成本，也意味着增加施工难度。因此很有必要对现场压裂施工中的铺砂浓度进行优化，优选出的铺砂浓度既要满足现场支撑裂缝导流能力的要求，又要具有较低的施工成本和难度。

实验选用 20/40 目、40/70 目的 Carbo HSP 支撑剂，铺砂浓度分别为 4kg/m²、10kg/m²，测试流体为蒸馏水，流速为 5mL/min。

表 3-1-14　不同铺砂浓度支撑剂导流能力

闭合压力（MPa）	导流能力（D·cm）			
	20/40 目 4kg/m²	40/70 目 4kg/m²	20/40 目 10kg/m²	40/70 目 10kg/m²
6.98	49.20	17.23	124.89	66.22
13.90	43.04	14.39	114.05	51.16
20.78	38.76	11.69	96.93	38.83
41.71	28.53	9.73	78.65	31.86
55.58	20.84	7.40	61.36	26.92
69.31	14.78	6.07	44.31	22.65
83.11	10.66	4.69	30.70	18.53
96.57	7.56	3.63	21.51	14.36

从表 3-1-14 可以看出，铺砂浓度越大，支撑裂缝导流能力越高，这是由于裂缝宽度的不同而导致的。随着闭合压力的升高，导流能力不断下降，在闭合压力增加的过程中，初期导流能力下降很快，而在高闭合压力下，导流能力下降的趋势逐渐变缓。这是因为在闭合压力升高初期，支撑剂逐渐被压实，支撑裂缝的宽度不断减小。而在高闭合压力下，对导流能力产生主要影响的是支撑剂的破碎和嵌入，支撑剂碎渣及岩屑微粒封堵了支撑剂充填层中的孔隙，使孔隙体积不断减小，导致支撑裂缝的渗透率和导流能力下降，而此时充填层已经被压实，支撑裂缝宽度变化很小。在有效闭合压力小于 60MPa 之前，铺砂浓度不同，导流能力差距较大，在有效闭合压力大于 60MPa 之后，铺砂浓度不同，导流能力差距减小。但是在整个测试过程中，10kg/m² 铺砂浓度的导流能力一直是 4kg/m² 铺砂浓度导流能力的 3 倍左右。

室内支撑剂实验数据证明，在区块闭合压力 45~50MPa 下 10kg/m² 铺砂浓度的导流能力能满足无量纲导流能力的需求，考虑到支撑剂成本的问题，通过压裂软件模拟优化，工区压裂改造人工裂缝最大铺砂浓度为 8kg/m²（支撑剂平均密度 1.7g/cm³）。

5）应用效果

2019—2021 年采用多级支撑工艺应用水平井 35 口 409 段，平均单井无阻流量 67.6×10⁴m³/d，较 2015—2016 年单一 20/40 目陶粒单井平均无阻流量 51.6×10⁴m³/d 增加 31.0%。

5. 前置液粉陶技术

与常规气藏压裂相比，目前苏里格气田东区北部致密砂岩压裂主要以复杂缝网为改造目的，在复杂缝网中会形成多条大小不等的分支缝，随着裂缝的不断延伸，远端裂缝的尺寸越来越小。在压裂过程中需要加入小粒径支撑剂对分支缝以及微缝系统进行有效支撑，从而保证整个缝网系统的导流能力。

结合区块气藏地质条件和压裂工艺，对小粒径支撑剂进行适应性分析。认为小粒径支撑剂所起的作用体现在施工过程和压后生产两个方面。施工过程中降低摩阻，提高净压力，同时封堵降滤，促进裂缝延伸，压后生产过程中通过分级支撑，提高导流能力。

1）小粒径支撑剂作用机理分析

储层层理发育，采用同样小粒径前置液段塞式加砂工艺。改造思路包括以下几个方面：首先为了打磨射孔孔眼、减小近井地带裂缝弯曲摩阻、封堵发育的层理缝、降低滤失、促进裂缝延伸，在施工初始阶段以小粒径注入；然后再利用一定粒径支撑剂，对裂缝系统形成主要支撑；最后选用大粒径支撑剂形成主导缝。

2）小粒径支撑剂对摩阻及净压力影响分析

利用小粒径支撑剂打磨射孔孔眼和梳理裂缝弯曲摩阻，降低压力消耗，提高缝内净压力，有利于形成复杂缝网系统。

根据孔眼摩阻的计算公式分析，压裂过程中由于小粒径支撑剂的冲蚀可改变孔眼形状，增大了流量系数，从而减少了总的孔眼摩阻。

$$p_{\mathrm{pf}} = \frac{2.2326 \times 10^{14} Q^2 \rho}{n^3 d^2 c^2} \qquad (3\text{-}1\text{-}45)$$

式中　p_{pf}——射孔孔眼摩阻，MPa；

Q——压裂液注入流量，m^3/min；

ρ——流体密度，kg/m^3；

d——孔眼直径，m；

c——流量系数；

n——有效孔眼眼数。

3）小粒径支撑剂封堵降滤作用分析

前置液段塞式粉陶加砂工艺可实现致密砂岩气"体积压裂"，在压裂过程中，每个段塞进入地层后，裂缝内净压力提高，可造新缝或实现裂缝转向，对于形成复杂的裂缝网络、增大储层改造体积有一定作用。

区块储层脆性指数高，地层容易起裂，同时层理发育，近井筒附近容易开启多裂缝，从而影响主缝的正常延伸和改造体积。在压裂过程中，利用小粒径支撑剂封堵微裂缝，减小液体滤失，提高净压力，促进主裂缝延伸，增大改造体积。对比加粉陶前后可以看到，滤失量和滤失速率均有明显降低，证明了粉陶降滤作用明显（图3-1-34 和图3-1-35）。

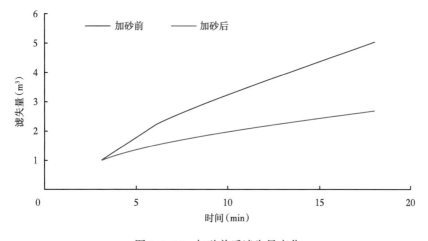

图 3-1-34　加砂前后滤失量变化

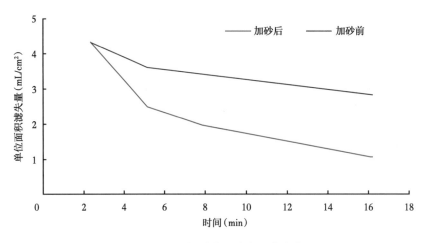

图 3-1-35　加砂前后滤失速度变化

从支撑剂用量进行分析，采用逐级提高砂比的模式，可以实现封近扩远。优化封堵微裂缝小粒径砂比和用量，结合储层情况和现场施工压力；层理缝较发育层位，适当增加支撑剂用量，以实现封堵作用。同时，施工压力越高，说明裂缝通道越窄，支撑剂的段塞浓度应降低，反之压力越低，砂比应相应提高。

在形成复杂缝网过程中，远端裂缝尺寸越来越小，支撑剂进入远端裂缝很难，支撑剂铺砂分布情况会影响到裂缝的导流能力。在复杂缝网中，利用小粒径支撑剂便于携带的特性进入远端尺寸较小的分支缝中进行支撑，以提高整个裂缝系统导流能力（图 3-1-36）。

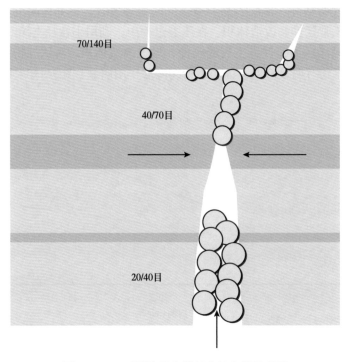

图 3-1-36　不同粒径支撑剂分级支撑示意图

4）应用效果

2018年通过采用前置液粉陶（70/140目陶粒）填充技术，全年完成6口井（21层）试验，较同期区块平均日产气量提高11%。

6. 纤维悬砂技术

在水力压裂过程中，为减少支撑剂沉降，通常往压裂液中掺入特别处理的纤维，提高压裂液的悬浮携砂性能和输送能力，降低支撑剂破碎率，为支撑剂的长距离输送奠定基础。压裂工艺中纤维主要有两个方面的作用。

一是加入纤维后，支撑剂和纤维相互作用形成空间网状结构，提供支撑剂与裂缝的黏结力，将支撑剂固定，保证流体自由通过，起到防止地层出砂和支撑剂回流的作用。

二是通过加砂压裂中纤维提升压裂液携砂作用、降低支撑剂沉降速度和提高支撑剂充填层稳定性等，以获得更好的裂缝形态，提高导流能力，降低对裂缝的伤害程度。

1）纤维降低支撑剂沉降速率机理

常规压裂液施工时，支撑剂的沉降过程遵循斯托克斯定律：

$$v = \frac{gd^2(\rho_1 - \rho_2)}{18\eta} \qquad (3\text{-}1\text{-}46)$$

式中　v——支撑剂沉降速度，m/s；

　　　g——重力加速度，m/s²；

　　　d——支撑剂直径，m；

　　　ρ_1——支撑剂密度，kg/m³；

　　　ρ_2——压裂液密度，kg/m³；

　　　η——液体的黏滞系数。

支撑剂在压裂液流体中的沉降速度正比于支撑剂颗粒粒径和支撑剂与压裂液的密度差，反比于压裂液黏度。加入纤维以后，微粒的沉降就不再遵循斯托克斯定律，而是遵循Kynch沉降规律，纤维和微粒相互作用，阻止微粒下沉，大大降低了支撑剂的沉降速率，从而保证纤维压裂液良好的携砂性能。

纤维压裂液良好的携砂性能一是可以减少施工过程中支撑剂在井底的沉降，降低砂堵风险；更重要的是缝内压裂液在高温和破胶剂作用下破胶后，纤维所起到的阻降作用能够帮助支撑剂在裂缝高度方向上的均匀铺置，提高了支撑剂的铺置效率（图3-1-37）。

图 3-1-37　两种沉降规律对比

2）纤维的缝高控制和防砂机理

常用的缝高控制为减小施工规模和采用上浮下降转向剂。减小处理规模可以避免裂缝延伸到目的层上面或下面的危险层，但是这种方法常常导致储层增产远小于地层最大生产潜力。使用上浮或下沉转向剂可以在裂缝的顶端或底部形成人工阻挡层来阻挡裂缝在那个方向的延伸，但存在优化难和稳定控制难的问题。另外可以通过降低压裂液的表观黏度来控制缝高。降低压裂液黏度控制缝高的实质在于降低裂缝内净压力控制裂缝高度，但低黏度压裂液流体通常携砂能力较小，导致砂堵风险。同时支撑剂易沉降，会造成不理想的支撑剖面，影响改造效果。而通过加入纤维可以在降低压裂液黏度、控制缝高的条件下，保证压裂液具备较好的携砂能力。缝高的延伸公式：

$$h \propto \frac{E}{p_{net}} \left(\mu Q^{1/2} L \right)^{1/3} \tag{3-1-47}$$

式中　　h——缝高，m；

　　　　E——杨氏模量，MPa；

　　　　p_{net}——净压力，MPa；

　　　　μ——液体黏度，mPa·s；

　　　　Q——排量，m³/min；

　　　　L——裂缝半长，m。

通过可视化裂缝模拟系统（图 3-1-38），将携砂液的黏度由原来的 100mPa·s 降到 20mPa·s，在其他参数不变的条件下，裂缝的缝高可以降到原来的 58.48%。可以大大降低裂缝过分在纵向上的延伸。同时在压后裂缝闭合情况下，纤维的网状结构相互胶结，在地层压实作用下能够起到固砂作用，对放喷测试、防止吐砂有较好的作用。室内实验表明 0.1%~0.2% 的悬砂纤维可显著降低支撑剂沉降速度（图 3-1-39）。

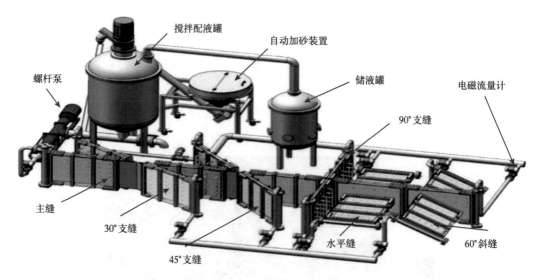

图 3-1-38　可视化裂缝模拟系统

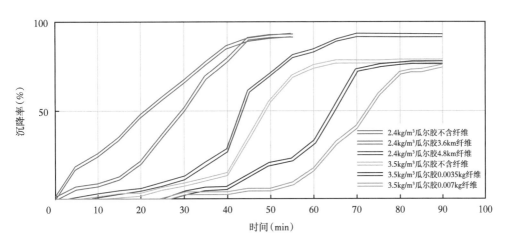

图 3-1-39　纤维不同加量下沉降图

3）应用效果

2019 年在提高加砂强度的前提下，试气出砂率大幅升高，为试气及后期作业带来了困难，通过压裂施工高砂比伴注纤维、控制放喷制度等举措，解决了压后吐砂问题。2019—2021 年共计应用 35 口水平井，平均 87.1kg/ 段，退液能力和防砂效果显著。裂缝得到有效支撑，大大增加导流能力，水平井一次排通率大幅提高。同时采用纤维悬砂有效防止了支撑剂返吐，2019—2021 年平均单井出砂量 0.83m³，出砂井占比较历年水平井降低 36.7%，较历年水平井单井出砂量减少 2.3m³。

7. 高导流通道压裂技术

高速通道压裂技术改变了压裂液流体和支撑剂两者之间的关系，在人工裂缝内部设计出了一个特殊的水力通道系统。流体并不是从支撑剂砂团之中穿过，所以裂缝导流能力与支撑剂的渗透率无关，而是取决于砂团之间的自由流动通道（图 3-1-40）。

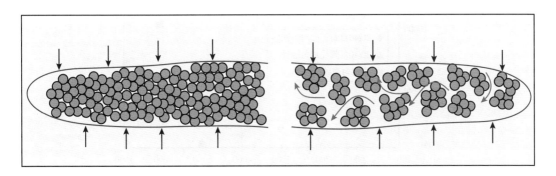

图 3-1-40　裂缝内部不同支撑剂充填方式对比

高速通道压裂的工艺流程大致为：通过脉冲的方式向地层泵注含有支撑剂的携砂液和不含有支撑剂的中顶液。一方面结合密集多簇射孔技术确保支撑剂段塞在水力裂缝内部横向以及纵向上的分隔，另一方面结合纤维拌注技术，确保支撑剂颗粒聚集在一起不分散，实现支撑剂颗粒在水力裂缝内的非均匀布置。

1）存在问题

纤维技术与交替泵注的手段是高速通道压裂的核心技术。纤维的主要作用是包裹支撑剂形成支撑剂团，并保证其稳定性，以确保裂缝内的自由流道不失稳。因此，有必要对通道压裂裂缝面稳定性和砂团稳定性进行研究和分析。针对区块高含水致密砂岩气藏，合理的脉冲时间、纤维量、砂团的抗冲刷能力，是决定高速通道压裂成功的关键。

2）非均匀支撑剂铺置导流能力实验评价

实验室内，在导流仪上模拟支撑剂非均匀铺置状态，验证该状态对导流能力大小的影响。实验中支撑剂铺置状态如图 3-1-41 所示，流槽内分散铺置 4 个柱状支撑剂块，中间的通道模拟实际裂缝"支柱"间的高速通道。图 3-1-42 是 20/40 目石英砂、陶粒在均匀和非均匀铺砂状态下测得的渗透率，在不同闭合应力下，非均匀铺砂的渗透率是传统均匀铺砂渗透率的 25~100 倍，裂缝导流能力得到显著提高。

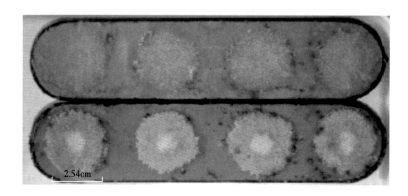

图 3-1-41　支撑剂簇团不连续实验模型

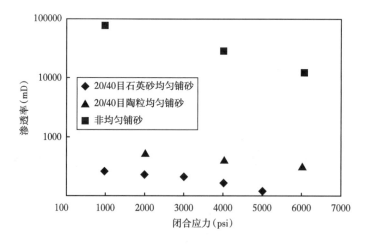

图 3-1-42　支撑剂均匀与非均匀铺置状态下渗透率测量结果对比

3）适用地质条件分析

根据经验，在某些高闭合应力、低杨氏模量地层中，容易引起支撑剂"支柱"垮塌，使通道堵塞、裂缝闭合、导流能力降低，因此引入杨氏模量和闭合应力的比值作为高速通道压裂可行性判断关键参数。

室内研究和现场试验认为，杨氏模量与闭合应力之比等于350为判断的基础值，比值小于350，高速通道压裂形成的裂缝稳定性差，比值在350~500区间，能够形成稳定的缝内网络通道，比值大于500，则是实施条件较好的地层。

区块高含水致密砂岩气藏杨氏模量在17920~31690MPa之间，闭合应力在44.6~56.35MPa之间，基本满足工艺需求（表3-1-15和表3-1-16）。

表3-1-15　盒8段储层岩石应力特征

井号	岩性	最大水平地应力（MPa）	最小水平地应力（MPa）
召39	砂岩	51.81	44.66
	砂岩	55.33	46.13
召41	砂岩	52.58	48.71
	砂岩	55.59	47.76
	岩屑砂岩	64.05	51.61
	岩屑砂岩	54.95	49.89
	泥岩	60.14	54.12
	泥岩	63.21	56.35
	泥岩	62.44	55.14
召43	砂岩	53.64	48.61
召44	砂岩	49.71	45.39
	砂岩	55.39	47.47
平均	砂岩	54.78	47.8
	岩屑砂岩	59.5	50.75
	泥岩	61.93	55.20

表3-1-16　山1段储层岩石应力特征

井号	岩性	最大水平地应力（MPa）	最小水平地应力（MPa）
召39	砂岩	51.38	41.97
	砂岩	50.57	42.82
召43	岩屑砂岩	59.88	52.72
	泥岩	62.78	55.70
召44	砂岩	56.78	48.12
	砂岩	50.94	45.89

井号	岩性	最大水平地应力（MPa）	最小水平地应力（MPa）
平均	砂岩	53.91	46.30
	岩屑砂岩	59.88	52.70
	泥岩	62.78	55.70

4）脉冲时间及纤维加量的确定

脉冲时间及纤维加量直接影响缝内支撑剂团的导流能力及抗冲刷能力，为获得准确参数，结合延长区块高速通道的成功经验，通过可视化平板与PIV激光粒子图像系统采集数据结合，进行近千组物模实验（图3-1-43和图3-1-44），捕捉粒子瞬时速率和位置，再结合高导流压裂设计软件输入应力参数等，精确测量和计算支撑剂团之间的距离与通道率（表3-1-17），确定了该区块脉冲时间及纤维加量范围。

纤维加入
5kg/m³，
通道率15.8%

纤维加入
7.5kg/m³，
通道率16.3%

纤维加入
5~7.5kg/m³，
通道率16.7%

图3-1-43　纤维用量优化

注入时间15s,
通道率16.25%

注入时间25s,
通道率16.95%

注入时间35s,
通道率11.83%

图 3-1-44　脉冲时间优化

表 3-1-17　不同地层压力下脉冲时间及纤维加量

压裂液类型	脉冲时间 （s）	特种纤维浓度 （kg/m³）	地层压力 （MPa）	支撑剂团的距离 （mm）
纳米排驱低 伤害压裂液	60~80	7~10	30	10~13
			40	7~10
			50	5~10
	60~80	7~10	60	12~14
			70	9~12
			80	7~11
	80~100	7~10	60	13~16
			70	11~14
			80	9~12
	100~120	7~10	60	15~18
			70	13~16
			80	9~14

5）应用效果

2021 年优选两口Ⅲ类储层井进行现场试验，召 51-67-5 井 3d 内自然返排率 85.7%，较对比井提高 62.9%。苏 19-24-73 井 3d 内自然返排率 66.7%，较对比井 3d 内自然返排率提高 47.2%，压后均获得工业气流，有效降低了区块含气饱和度的开发下限，由 46% 降低至 42%，为区块高含水致密气藏效益开发奠定基础。

五、特色分段分簇技术

1. 双卡瓦大通径可溶桥塞

苏 77-召 51 区块推行水平井固井完井以来，采用了速钻桥塞分段分簇压裂工艺，2020 年以前以小通径桥塞为主，114.4mm 套管速钻桥塞外径为 89.5mm，采用合金材料，具有足够强度，在承压方面有着绝对优势，但桥塞内通径为 30mm，压后均采用连续油管钻磨完井，实施过程中钻塞周期长，平均 10d 以上，磨铣过程因漏失对储层造成二次污染，同时部分井受井眼轨迹和出砂影响造成卡钻，增加复杂处理时间，甚至大修造成成本大幅度上升。

从 2020 年开始积极转变工艺思路，推广应用可溶桥塞，可溶材料制造的桥塞主要的技术要求是具有足够高的封隔能力，同时溶解时间可控。可溶桥塞主要由可溶合金本体、锚定机构及同样可溶的密封胶筒组成，压裂完成后无需磨铣作业，桥塞在井下温度和盐度的基础上随着时间降解。可溶桥塞的胶筒密封方式不在是压缩胶筒径向膨胀形成密封，而是利用锥体使密封胶筒周向胀封，由于密封原理的改变，实现了可溶桥塞密封胶筒小型化、大通径，能提供足够通径的油气通道。通过对可溶材料的不断优化改进，应用于不同温度、矿化度下的可溶材料逐渐被研发出来，大幅提高了可溶桥塞的适用性。

为满足放喷要求、加大桥塞内通径，应用大通径可溶桥塞，内通径达到 52.0mm，在有效提供承压性能情况下提高了放喷效率，通过试验井通井时间对比，相对速钻桥塞可溶桥塞工期极大减少，速钻桥塞平均钻磨一支桥塞 40min，可溶桥塞钻磨时间为 1~2min 或无钻磨时间，极大减少了施工工序，大幅度节约成本。后续针对施工过程单卡瓦桥塞易滑塞现象，分析认为单卡瓦可溶桥塞承压性能存在缺点，通过对桥塞结构进行对比，改进形成大通径双卡瓦可溶桥塞，承压能力稳定，极大满足施工需求，成为目前主体分段分簇工具（图 3-1-45 和表 3-1-18）。

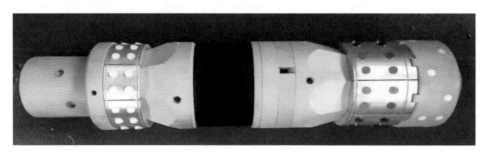

图 3-1-45　大通径双卡瓦可溶桥塞

表 3-1-18　桥塞工具性能参数

项　目	可溶桥塞	速钻桥塞	大通径可溶桥塞
适用套管尺寸（in）	5.5	4.5	4.5	4.5
最大外径（mm）	103.0	87.3	89.5	90.0/89.5
内径（mm）	35.0	39.3	30.0	50.0/52.0
长度（mm）	505	356	378	235/310
桥塞承压能力（MPa）	≥70	≥70	≥70	≥70
桥塞/球座耐温（℃）	80~120	80~120	80~120	25~150/100
可溶球外径（mm）	—	63.50	44.45	63.00/82.00
整体溶解时间（93℃/0.5%Cl⁻条件下）（d）	7	10	—	5

大通径双卡瓦可溶桥塞已累计应用 16 井次 192 层，施工成功率 100%，压后未钻塞，一次排通率均达到技术要求，大幅降低了成本和风险，同时也减少了对储层的二次伤害，这种溶解速率可控、密度低、强度高的可溶合金桥塞极具发展前途。

2. 可试压延时趾端阀

水平井固井完成后井筒为封闭腔体，为了给后期压裂改造提供泵送循环通道，需进行射孔沟通井筒与地层。常规使用连续油管传输射孔，连续油管传输射孔方式技术成熟可靠，但施工时效低，同时在超长水平井中下入受限，为了解决这一技术问题，积极探索将管柱趾端液流通道建立与套管操作相结合，减少射孔作业因起、下工具带来的作业时间长、作业效率低、施工费用高、风险大的问题。

可试压延时趾端阀作为水平井分段压裂第一级开启与地层建立通道工具，针对压前对井筒试高压 60MPa 以上要求，开展技术攻关，在工具本体上的每个通孔中设置延时阀，结构简单，将其连接在套管上送入油气井中预定位置，试压后开启延时阀一定时间后使第一级与地层相连通，建立液流通道，不需要进行射孔作业，开启可靠、安全性高（图 3-1-46）。

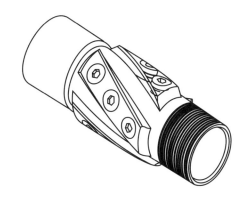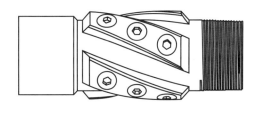

图 3-1-46　可试压延时趾端阀示意图

1）工具组成

可试压延时趾端阀由刚性本体和延时开启单元组成，延时开启单元主要包括压帽、开启阀、可溶延时承压阀和密封组件，可溶延时承压阀由清水可溶材料加工而成，该材料可在清水中逐渐溶解（表3-1-19）。

表3-1-19　可试压延时趾端阀技术参数

参数	第一类	第二类
尺寸（in）	4.5	5.5
壁厚（mm）	8.56	10.54
钢级	P110	P110
最大外径（mm）	142.0~142.5	169.5~170.0
内径（mm）	95.0±0.5	118.0±0.5
长度（mm）	410±3	430±3
压裂端口直径（mm）/数量	13/12	13/12
启动盘破裂压力（MPa）	70~75	70~75
可溶延时开启阀可承受压力（MPa）	100	100
在1%氯离子中溶解时间（h）	48	48
在2%氯离子中溶解时间（h）	36	36
扣型	LTC	LTC

2）开启阀开启压力的选择

试压时工具所在位置的最高井底压力大于可试压趾端延时开启阀的开启压力，同时大于固井施工时工具所在位置的最高井底压力。

3）延时承压阀承压级别的选择

延时承压阀承压压力大于试压时工具所在位置的最高井底压力。

4）基本原理

套管试压时，井口压力和液柱压力之和大于开启阀的开启压力，则开启阀被击穿，此时可溶延时承压阀承受来自井口和液柱的压力，试压完成后，随着时间的推移，可溶延时承压阀逐渐溶解，当可溶延时承压阀完全溶解或者失去承压能力后，管内和地层之间形成流通通道。

5）开启施工步骤及要求

（1）试压前通井到人工井底，保证井口与可试压趾端延时开启阀工具间存在液压通道。

（2）试压时，按照套管柱试压规范执行，进行地面管线、井口装备、全井筒试压。

（3）全井筒试压时，试压压力等级逐渐升高，直至达到最高试压压力，开始试压后4h内，试压完成。

（4）此时可试压延时趾端阀的开启阀已经被击穿，按照顶替液中氯离子的浓度等待一定时间。

（5）等待一段时间后，可溶延时阀已经完全溶解，或者大部分溶解，此时可溶延时阀的破裂压力小于 20MPa。全井筒憋压，压力等级逐渐升高，直至将可溶延时阀打开。

（6）若可溶延时阀仍未开启，措施如下。

①继续等待一段时间，让可溶延时阀充分溶解。

②继续憋压至套管或井口设备规定的最高压力。

③如可溶延时阀仍未开启，先将井口压力卸至零，再次进行全井筒憋压，且一次性憋压至最高压力，中间不停顿。

④若可溶延时开启阀还未开启，可重复上述步骤，最多全井筒重复试压 5 次，如仍未打开，则进行射孔作业。

（7）可试压延时趾端的延时承压阀开启后，按照压裂设计进行压裂施工。

（8）实践中，个别井第一段会出现地层吸液不好的现象，建议酸洗或者不把趾端阀作为压裂通道，直接进行第二级压裂。

该工具于 2021 年开始试验，目前已累计应用可试高压型趾端阀 11 个 /6 口井，施工成功率 91%，达到试高压目的，同时有效开启压裂通道，保障压裂施工顺利进行。

第二章　试气投产技术

第一节　技术背景

苏 77-召 51 区块储层致密且非均质性强，平均压力系数仅 0.78，气层压后一般不能通过自身能量及时返排入井压裂液，需要采取科学的关放制度和有效的助排措施，若返排不及时，将会对储层造成一定程度的二次伤害，影响气井产能。开发初期（2010—2015年），对区块低压、低丰度、高含水气藏特征认识不足，出现部分气井压后返排困难、携液生产能力差、稳定生产周期短等问题。同时随着开发向致密高含水区转移，前期"压采一体化大管柱"与气井携液能力不匹配问题凸显，气井压后一次排通率大幅下降，动静不符气井日益增多。

为了实现区块气井压后快速返排、满足低产携液稳定生产目标，2016 年开展了生产管柱适用性评价及返排制度优化研究与现场试验，通过两年多的摸索与优化调整，2018年直丛井压后整体更换 ϕ48.3mm 生产管柱，水平井压后整体采用 ϕ60.3mm 生产管柱，明确更换或下生产管柱时机，制定针对小管柱的返排制度。2019 年以来面对水平井整体开发方式转变，同步于压裂方案设计与工艺升级，快速在前期基础上优化调整，形成满足区块气井生产能力的管柱结构与精细控压返排技术。

第二节　试气返排技术

一、精细返排技术

1. 压后返排原则

（1）初期裂缝充分闭合，压裂砂与裂缝面形成有效支撑镶嵌，稳定减少压裂砂返吐。

（2）中期持续稳定排液，避免压差过大、压力激动过大，从而导致压裂砂运移，支撑裂缝坍塌，渗流通道变小或闭合等风险。

（3）后期控压返排，在大于临界携液流量的基础上，控压生产，减少生产压差，减少储层束缚水转为自由水，延长气井自喷生产期，保障气井稳产携液，提高 EUR。

2. 压后关井时间确定

压后关井时长主要从压裂液破胶时间、压裂液侵入伤害、裂缝闭合时间等三个方面因素考虑。

1）压裂液破胶时间

区块使用破胶剂破胶时间为：在前置液及低砂比阶段，加入胶囊破胶剂破胶时间

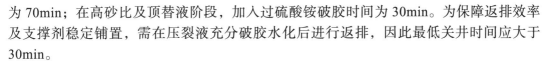

为 70min；在高砂比及顶替液阶段，加入过硫酸铵破胶时间为 30min。为保障返排效率及支撑剂稳定铺置，需在压裂液充分破胶水化后进行返排，因此最低关井时间应大于 30min。

2）压裂液侵入伤害

关井时间越长，压裂液会随着时间不断侵入储层，通过研究关井时间与压裂液侵入深度的关系得到，侵入深度随着关井时间增大而增大，超过 6h 后趋于稳定，压裂液侵入最快的阶段在初期 0~1.5h 之内。结合数值模拟研究侵入深度对产能的影响，生产初期内，不同关井时间对侵入深度影响较大，即关井时间越长，侵入深度越大，对地层损害越大，对初期产能影响越大，此外，关井对储层增能作用不明显。研究发现，侵入深度受储层原始渗透率影响较大，同时为了研究不同层关井时间对合采的影响，引入关井产能系数 I_p：

$$I_p = \frac{Q_1}{Q_2} \tag{3-2-1}$$

式中　Q_1——不关井时的累计产气量，m^3；

Q_2——不关井时的日产气量，m^3/d。

定义侵入倍数为关井阶段侵入深度与压裂阶段侵入深度之比，即：

$$I_e = L_c / L_d \tag{3-2-2}$$

式中　I_e——侵入倍数；

L_c——关井侵入深度，m；

L_d——压裂侵入深度，m。

从图 3-2-1、图 3-2-2、图 3-2-3 得出，侵入倍数相同时，地层渗透率越低，对产能的影响程度越大，但渗透率较高时，对中后期影响极小，因此当储层物性差时，需要特别注意关井时间的影响。

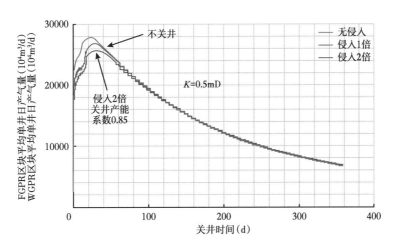

图 3-2-1　渗透率 0.5mD 不同关井侵入深度下的产能

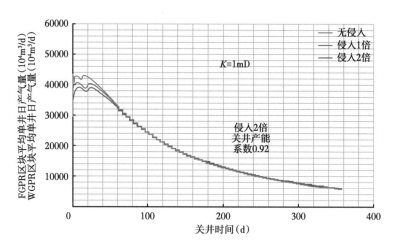

图 3-2-2　渗透率 1mD 不同关井侵入深度下的产能

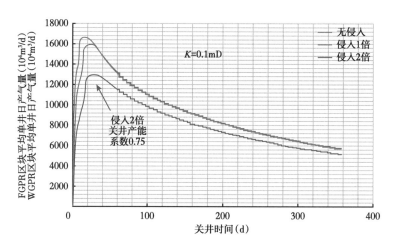

图 3-2-3　渗透率 0.1mD 不同关井侵入深度下的产能

3）裂缝闭合压力对关井时间的要求

由于苏 77-召 51 区块储层改造规模远大于苏里格中区改造规模，裂缝中铺置充填大量支撑剂来形成高导流通道，因此如果人工裂缝面处于张开阶段放喷，会引起支撑剂返吐，一方面裂缝支撑效果会受到影响，另一方面大量支撑剂返吐会造成井筒复杂，难以处理。因此必须考虑裂缝基本闭合时间，从而指导压后关井时间。

闭合压力 p_C 是使已存在裂缝张开的最小缝内流体作用在裂缝壁面的平均压力。它不同于地层的最小主应力，但又与最小主应力有关。在均质、单层内进行压裂时，闭合压力就等于压裂层的最小主应力。当裂缝穿过无论在横向还是在纵向都为非均质的多层时，由于各层或各层内的最小主应力不同，作用于裂缝高度剖面上的应力也不同，这时裂缝的闭合压力就是穿过各层的最小主应力的平均值。闭合压力的计算是基于地下的三向主应力分布和岩石力学参数，根据 Hagoort 导出的闭合压力公式，计算闭合压力 p_C 如下：

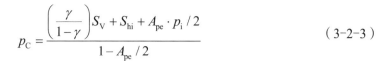

$$p_C = \frac{\left(\dfrac{\gamma}{1-\gamma}\right)S_V + S_{hi} + A_{pe} \cdot p_i / 2}{1 - A_{pe}/2} \tag{3-2-3}$$

式中　γ——泊松比；

A_{pe}——孔隙弹性常数，$A_{pe} = \alpha(1-2\gamma)/(1-\gamma)$；

α——毕奥特常数，$\alpha = 1 - C_M/C_R$；

C_M——岩石压缩系数，Pa^{-1}；

C_R——综合压缩系数，Pa^{-1}；

S_V——上覆岩层应力，Pa；

p_i——地层内孔隙压力，Pa；

S_{hi}——在无上覆层和孔隙压力条件下的初始水平应力，Pa。

上述闭合压力计算式，常因参数取值问题，得到的数值与实际情况稍有出入。此外，闭合压力的值也可以用矿场测试的方法得到。矿场确定闭合压力最可靠的方法是在加砂压裂施工之前进行阶段注入/返排试验，进行小型压裂测试。

由于关井时间一般比较长，故缝中平均压力与井底的压力基本上处于平衡状态。对于裂缝而言，当裂缝中的平均压力值到达裂缝闭合压力时，可认为裂缝已基本上闭合（当然，这样忽略了裂缝完全闭合后，缝中支撑剂填充层被压实的过程）。则裂缝闭合时有：

$$p_f(t_C) = p_C \tag{3-2-4}$$

前面已经求得了关井期间井底压力变化曲线 $p_f(t)$，根据式（3-2-4），就可以在代入闭合压力 p_C 后求解出裂缝的闭合时间 t_C。

根据现场试验及模拟，工区闭合压力在 45MPa 左右，关井条件下，井口压力大于 15MPa，裂缝处于打开状态；井口压力 15MPa 时，裂缝处于临界闭合状态，压力降出现拐点并基本趋于稳定，且井口压力低于 15MPa 以下时，根据井口压力选择油嘴开始进行放喷。

3. 压后控制返排制度

1）压裂后关井时间选择

为防止近井带裂缝中压裂砂进入井筒后裂缝闭合，压后必须关井一段时间，使压力波在地层中逐步扩散，液体逐渐破胶水化，压裂砂与裂缝面有效镶嵌（表 3-2-1）。

表 3-2-1　压裂后关井期间压降速率评价指导标准

序号	停泵压力（MPa）	压降速率（MPa/h）	储层渗透性
1	＜15	≤7	好
2	15~20	≤10	中等
3	≥20	≤5	差
4		≤2	极差

（1）如果停泵压力高于 20.0MPa，且压降不超过 10.0MPa/h，可关井 40min 以上。

（2）如果停泵压力低于 15.0MPa 或压降很快，可在压力表安装好后立即放喷。

（3）如果停泵压力在 15~20MPa，可视压力下降情况关井 20~40min。

（4）要求关井后每 5min 记录一次油套压，通过停泵压力及压降速率指导开井，评价储层的渗透性。注意：以停泵压力与压力拐点的差值作为压降值计算压降速率。

2）开井油嘴选择（近井带裂缝未完全闭合）

压后初期放喷油嘴选择，以尽量减少近井带裂缝中压裂砂回吐为原则。

（1）油嘴选择。

根据压后停泵压力的大小及压力降落情况来确定。停泵压力高、压力降落慢的井要选择小的油嘴，若停泵压力低且压降快，则选择大的油嘴。现场通常用 2~8mm 油嘴控制，排量控制在 100~300L/min。

如果停泵压力高于 20.0MPa，且压降不超过 5.0MPa/h，初期开井采用 2mm 油嘴控制放喷；如果停泵压力低于 15.0MPa 或压降很快，视压力情况初期开井采用 4~8mm 油嘴控制放喷；如果停泵压力在 15~20MPa，初期开井采用 3mm、4mm 油嘴控制放喷。

（2）开井后返排特征。

①由于采用前置液拌注氮气，压裂后井底附近地层裂缝、孔隙基本被压裂液占据，短时间内压裂液不易与氮气（或天然气）混合，液体中溶解的气量较少，所以此阶段排出物以液体为主。

②因压裂施工的欠量顶替以及压裂液残余黏度影响，此阶段通常有部分支撑剂被带出地面，一般在 0.5m³ 左右。

③通常油压降落速度要高于套压降落速度，当套压高于油压 1MPa 时，封隔器解封，油管内的压裂液在油套管压差和地层压力及液体的弹性能量作用下排出井筒。

④当井底压力低于裂缝闭合压力，裂缝完全闭合时，控制排量阶段结束，这个过程一般需要 2~4h。

3）裂缝闭合后大油嘴放喷阶段到压力上升阶段

此阶段以地层不出砂为原则，充分利用注入地层的 N_2 及远端微裂缝中天然气弹性能量来加快地层及井筒压裂液返排。

（1）油嘴选择。

裂缝闭合后采用 6~8mm 油嘴进行放喷，油管压力降低至 8MPa 以下，可放大油嘴，采用 8~14mm 油嘴放喷。油管压力降低至 2MPa 以下，可敞喷。

（2）返排特征。

①此阶段排出物以压裂液为主，初期为段塞流，后期为气液两相流。在此阶段通常都能见气点火。

②裂缝完全闭合，支撑剂受岩石应力的挤压作用被夹持在裂缝壁面内部，能够比较稳定地固定在一个位置上。

③此阶段油套压经历了一个先降落至零后再升高的过程（地质条件好的井油压只降到 2~3MPa），而且油压要先于套压上升。

④这个过程因井的类别不同，所需时间有较大差别，从几个小时到十几个小时不等。

⑤由于气体的指进效应，裂缝和地层中的氮气和天然气向井筒运移速度要快于液体，气、液溶解度增大，进入油管内的气量增加，喷势加大，井口油压上升，流体呈气液混合状态、出口见喷势，此阶段结束。

（3）停喷后的措施处理。

如果放喷后停喷，则继续敞放 3~4h，如果套压不上升、井口不出液，关井，组织氮气气举助排或压井更换管柱作业。

4）压力上升阶段

气井放喷后油压、套压发生反弹，或气举助排后压力上升、火焰变大、出液量增加，则参照以下工作制度执行。

（1）油嘴选择。

采用 5~10mm 油嘴进行控制。

①如果气量增大、压力上升，则放大油嘴，以减小井口回压及井底流压，尽量提高液体的流动能力，同时可降低层间干扰，加快各层压裂液返排。

②如果气量增加，压力不升或下降，应逐步减小油嘴，降低气窜速度，减少油管内气液滑脱损失。

③如果气量减少，液量减少，应逐步减小油嘴。

④如果气量减少，不出液，则关井憋压，让井筒气液调整、压力恢复后开井。

⑤如果关井压力恢复慢，开井气液量小，则申请气举或抽汲助排措施。

（2）该阶段返排特征。

①阶段初期呈气液两相混合流，中期呈段塞流（先是一段含液气体，之后是一段含气液体），后期因氮气和天然气的溶解度增大，以致在流动过程中形成不了液柱，压裂液只能在高速气流带动下以雾状形式排出井筒，呈雾状流。

②油压上升到 2MPa 以上。

③返排液量在 50% 以上，即可转入后期间断放喷阶段。

5）间歇放喷阶段

当气井放喷后，气量明显增大、压力上升、液量减少，说明主裂缝中的压裂液已基本返排。微裂缝（或孔隙）中的压裂液因岩石表面吸附或气体已逃逸，不能进入主裂缝中被天然气带出地面，需要关井恢复地层压力，让气液混相调整，通过再次开井、压力降低、气体膨胀将液体带出。

（1）关井制度。

关井后油压、套压恢复至出现压力拐点（即恢复速度明显变慢），确保远端地层能量充分补给至井筒，方可开井。

①如果关井时间过长，则油管及套管中的液体将通过气液分异作用被天然气置换入近井带裂缝中，增加开井后气液流动阻力，浪费地层能量。

②如果关井压力恢复不足，则开井后将会迅速停喷，井筒内液体重新落入井底，井周液体聚集，增加气液流动阻力。

（2）放喷油嘴选择。

选择 4~8mm 油嘴放喷。

①为减少气液滑脱，充分利用气体膨胀携液，要求采用小油嘴开井，并根据出液的增加情况再逐步放大油嘴。

②压力下降后反弹，气液产量不断同时增大，要求及时更换为大油嘴。

③如果出大液后，液量减少，气量不减，则要求用大油嘴放喷，以降低井底流压，通

过加大近井带地层与井底压差，使微裂缝（或孔隙、或其他压裂层段）中的压裂液进入流动通道后带出地面。

④如果气液产量同时下降，则需换为小油嘴。如果停喷，则关井复压。

（3）返排特征。

①关井时，由于油套环形空间截面积较油管流通截面积大，进入环形空间内的气量多，气体与液体进行置换后占据液体上部空间，并在液体上部形成一定的压强而将环形空间的液体推向油管，同时，地层内液体也进入井筒。

②当井口压力上升速率较低时，说明套压加液柱压力已接近地层压力，地层流向井底的液体减少，这时应开井放喷；当开井后见到雾状流就应再次关井恢复。

③油管内流体的分布（从井口到井底）为纯气段、气液过渡带段、液体段（含溶解气）。开井后的第一段是纯气流，第二段是两相流（气液过渡段，以气为主），第三段是塞状流（液柱段），第四段为气液两相流，气液同喷，第五段为雾状流。

6）放喷工作结束标准

（1）关井油套压快速恢复，油套压差小于 3MPa。

（2）放喷油套压同时下降，油套压差小于 5MPa，无明显段塞流。

（3）压裂液返排率达到 70% 以上。

（4）获工业气流，且达到节流器或柱塞（或自动间开）投产条件。

（5）未获工业气流原因若非地质因素，则继续进行返排措施作业。

7）实例分析

苏 77-9-48 井分压合试山$_1^1$、山$_1^3$，其中山$_1^3$为含水气层，井为静态 III 类井。按照区块该类井以往的放喷排液经历，若试气技术员不懂放喷技术或者返排制度执行不到位，此类井的 90% 以上井将会积液停喷，且助排激活难度大。因此为该井安排经验丰富的试气技术员，现场严格落实放喷制度，最终该井一次排通，获工业气流投产。

二、气举助排技术

1. 技术现状

氮气气举助排具有施工便捷、助排效率高等特点。2016 年以前，采用生产管柱由压后不动管柱直接投产，由于井内有机械封隔器，气举助排措施采取反举助排的方式，气举往往达到临界出液状态则停止气举，依靠气井自身能量排液。2017 年开始推广应用压后更换 48.3/60.3mm 小油管携液生产，因更换管柱需要压井，更换管柱后采取气举排液措施，小油管管柱容积小，起压快，气举方式一般采用正举排液。

2. 气举助排方式优选

1）反举计算

反举就是从环空注入氮气，井内液体由油管返出。计算条件：（1）套管内径上下一致。（2）油管内外径上下一致。（3）环空截面积大于油管流通面积。（4）井内液体密度上下一致。（5）油管出口不节流。

反举施工时，只要氮气到达油管鞋并进入油管（举通），即可将油管内的液体全部推出。此时可用式（3-2-5）确定环空中氮气与液体的最终界面深度：

$$D = \frac{A_{a+}A_t}{A_a} \cdot D_k \qquad (3\text{-}2\text{-}5)$$

根据式（3-2-5）计算的 D 有可能大于油管深度，在不允许举通情况下首先应满足式（3-2-6）：

$$D < D_t \qquad (3\text{-}2\text{-}6)$$

其他反举施工参数的计算方法如下。

（1）环空最终气液界面压力：

$$p_B = 0.00981\rho D + 0.1013 \qquad (3\text{-}2\text{-}7)$$

（2）氮气柱平均温度。

（3）套压近似值：

$$p_t^c = p_B \cdot e^{\frac{-0.03415\gamma_g D}{T_{cp}}} \qquad (3\text{-}2\text{-}8)$$

（4）氮气柱平均压力：

$$p_{cp} = \frac{p_B + p_c^t}{2} \qquad (3\text{-}2\text{-}9)$$

（5）平均压缩因子：

$$p_r = \frac{p_{cp}}{p_{临}}, \quad T_r = \frac{T_{cp}}{T_{临}} \qquad (3\text{-}2\text{-}10)$$

根据式（3-2-10）计算出 p_r 和 T_r 后，依据本工区"天然气压缩系数 Z 值"即可求得压缩因子 Z_{cp}。

（6）套压：

$$p_c = p_B \cdot e^{\frac{-0.03415\gamma_g D}{T_{cp} \cdot Z_{cp}}} \qquad (3\text{-}2\text{-}11)$$

（7）液氮用量：

$$v_f = \frac{(p_B - p_c)A_g}{0.00981\gamma_L} \qquad (3\text{-}2\text{-}12)$$

（8）摩阻。

由式（3-2-11）计算的套压，相当于打够液氮停泵稳定后的压力，要计算停泵前的泵压，需要考虑摩阻的影响，氮气摩阻可忽略不计，井内液体摩阻包括环空和油管内两部分，设计举通的可仅考虑油管内液体摩阻。

先计算停泵前井口返出液体排量：

$$Q_L = \frac{Q_N}{10 p_B} \qquad (3\text{-}2\text{-}13)$$

将 Q_L 作为已知条件，进行水力学计算求出摩阻 p_{ff}，也可使用油田有关图表求出摩阻。

（9）施工最高泵压。

在反举施工中，需要计算液氮用量及施工最高泵压（等于停泵前的泵压），计算泵压的目的在于当泵车排量表失灵时，可通过泵压控制液氮用量。

$$p_{Pf} = p_C + \frac{p_{ff}}{K_f} - 0.1013 \qquad (3\text{-}2\text{-}14)$$

根据理论推算：

$$K_f = \frac{p_{ff}}{\sqrt{p_B^2 + \left(\frac{1}{2} p_{ff}\right)^2} - p_B + \frac{1}{2} p_{ff}} \qquad (3\text{-}2\text{-}15)$$

因此式（3-2-14）可写为：

$$p_{Pf} = p_C + \frac{1}{2} p_{ff} - 0.1013 \qquad (3\text{-}2\text{-}16)$$

以上方法的缺点是使用了平均温度、平均压力、平均压缩因子的概念，但现场使用仍有足够的精度。这种计算方法也适合于压风机气举、二氧化碳气举，只要将氮气及液氮密度、临界压力和温度等参数改为其他介质的对应值即可。为方便计算，式（3-2-12）可改写为：

$$V_g = \frac{(p_B - p_C) A_g}{0.00981\gamma} \qquad (3\text{-}2\text{-}17)$$

2）正举计算

正举就是从油管内注入氮气，液体由环空返出，条件与反举相同。正举时氮气到达油管鞋（举通），不足以将环空液体全部举出，必须继续泵入氮气，使其在环空中上升到某一个特定深度，这时停泵才能将全部液体推出。在正举施工中需要计算举出油管鞋以上井筒液体所需要的液氮量、停泵时泵压、施工中最大泵压（等于氮气到达油管鞋时的泵压）。

（1）过量点概念及过量点深度的确定。

氮气到达井底并从环空上返，停泵后氮气能依靠本身的膨胀能将环空剩余液体全部推出（更确切地说是"继续上推"）所需要的最低气液界面的位置叫过量点（在反举作业中，过量点在油管鞋处）。

过量点是一个理想概念，即假设没有滑脱现象（气液界面上没有渗流），过量点深度由式（3-2-18）确定：

$$D_e = O_e D_t \qquad (3\text{-}2\text{-}18)$$

对于不同管径油管套管配合及改变油管或套管壁厚时，下面提出一个求过量点系数的公式：

$$O_e = \frac{A_a + A_t}{2A_a} - \frac{5.165}{\rho D_t} \approx \frac{A_a + A_t}{A_a} \tag{3-2-19}$$

式（3-2-19）的数学意义是，过量点以上环空容积等于过量点以下环空容积与油管内容积之和。换句话说，氮气到达过量点时，并筒内氮气和液体所占容积相等。

由式（3-2-19）看出，$A_a \geq A_t$。实际上，若 $A_a \leq A_t$，当进行正举时，氮气到达油管鞋即达到过量点，氮气足以将环空液体推出，这时可使用上述反举的计算步骤进行计算。相反，进行反举时，氮气到达油管鞋，不足以将油管内的液体推出，氮气必须在油管内上升至某一深度（过量点）后停泵，才能将油管内剩余液体推出，这时可使用式（3-2-20）计算过量点系数：

$$Q_e = \frac{A_a + A_t}{2A_t} \tag{3-2-20}$$

并使用下述正举的计算步骤进行计算。

（2）过量点处压力：

$$p_e = 0.00981\rho D_e + 0.1013 \tag{3-2-21}$$

在过量点处，油管内外压力相等。

（3）过量点以下氮气平均温度：

$$T_{cpx} = t_0 + \frac{D_t + D_e}{2M_0} + 273 \tag{3-2-22}$$

（4）油管鞋处的压力近似值：

$$p_t' = p_B e^{\frac{0.03415\gamma_g(D_t - D_e)}{T_{cpx}}} \tag{3-2-23}$$

（5）过量点以下氮气平均压力：

$$p_{cpx} = \frac{p_e + p_t'}{2} \tag{3-2-24}$$

（6）过量点以下氮气平均压缩因子：

$$p_{rx} = \frac{p_{cpx}}{p_{临}}, \quad T_{rx} = \frac{T_{cpx}}{T_{临}} \tag{3-2-25}$$

平均压缩因子 Z_{cpx} 根据 p_{rx}、T_{rx} 得出。

（7）油管鞋处的压力：

$$p_t = p_e \cdot e^{\frac{0.03415\gamma_g(D_t - D_e)}{T_{cpx} \cdot Z_{cpx}}} \tag{3-2-26}$$

（8）过量点以上油管内氮气平均温度：

$$T_{cpx} = t_0 + \frac{D_e}{2M_e} + 273 \tag{3-2-27}$$

（9）油压近似值：

$$p'_Y = p_e \cdot e^{\frac{-0.03415\gamma_g D_e}{T_{cpx}}} \tag{3-2-28}$$

（10）过量点以上油管内氮气平均压力：

$$p_{cps} = \frac{p_e + p'_r}{2} \tag{3-2-29}$$

（11）过量点以上油管内氮气平均压缩因子：

$$p_{rs} = \frac{p_{cps}}{p_{临}}, \quad T_{rs} = \frac{T_{cps}}{T_{临}} \tag{3-2-30}$$

根据 p_{rs} 和 T_{rs} 查表可求得 Z_{cpe}。

（12）油压：

$$p_Y = p_e e^{\frac{-0.03415\gamma_g D_e}{T_{cps} \cdot Z_{cps}}} \tag{3-2-31}$$

（13）氮气用量：

$$v_Z = \frac{(p_t - p_Y)A_t + (p_t - p_e)A_a}{0.00981\gamma_L} \tag{3-2-32}$$

（14）停泵前的摩阻 p_{fz}：

$$Q_L = \frac{Q_N}{10p_e} \tag{3-2-33}$$

根据 Q_L 可求出摩阻 p_{fz}。

（15）停泵前的泵压：

$$p_{pz} = p_Y + \Delta p_Y - 0.1013 \tag{3-2-34}$$

$$\Delta p_Y = f(D_t, \ O_e, \ p_{fz}) = \frac{\sqrt{\left(\frac{1}{2}p_{fz}\right)^2 + 0.00981\rho D_t O_e p_{fz}} + \frac{1}{2}p_{fz}}{2O_e\left(e^{\frac{0.03415\gamma_g D_t}{T_{cp} \cdot Z_{ep}}} - 1\right) + 1} \tag{3-2-35}$$

为便于计算，式（3-2-35）可改写为：

$$\Delta p_Y = \frac{\sqrt{\left(\frac{1}{2}p_{fz}\right)^2 + p_e p_{fz}} + \frac{1}{2}p_{fz}}{2O_e\left(\frac{p_t}{p_Y} - 1\right) + 1} \approx \frac{\sqrt{p_e p_{fz}} + \frac{1}{2}p_{fz}}{2O_e\left(\frac{p_t}{p_Y} - 1\right) + 1} \tag{3-2-36}$$

将式（3-2-36）代入式（3-2-34）得：

$$p_{pz} = p_Y + \frac{\sqrt{p_e p_{fz}} + \frac{1}{2} p_{fz}}{2O_e\left(\dfrac{p_t}{p_Y} - 1\right) + 1}$$

（3-2-37）

（16）施工最高泵压。

最高泵压出现在氮气到达油管鞋时，因此可按反举的计算过程求出井口压力 p_{Ym} 及摩阻 p_{fm}，然后使用式（3-2-38）计算最高泵压：

$$p_{pm} = p_{Ym} + p_{fm} - 0.1013$$

（3-2-38）

式中　D——环空最终气液界面深度，举升时即为油管下深，m；

　　　A_a，A_t——环空截面积和油管流通面积，m^2；

　　　D_k——设计掏空深度，m；

　　　ρ——井内液体密度，g/cm^3；

　　　T_{cp}——氮气柱平均温度，K；

　　　γ_g——气体密度，kg/m^3，对氮气、空气和二氧化碳，21℃时，分别为 1.1605、1.2、1.8387；

　　　p_r——对比压力；

　　　$p_{临}$——氮气临界压力（绝对），MPa，$p_{临} = 3.393MPa$；

　　　T_r——对比温度；

　　　$T_{临}$——氮气临界温度，K，$T_{临} = 126K$；

　　　Q_N——氮气排量，m^3/min；

　　　p_{ff}——停泵时井内液体摩阻，MPa；

　　　K_f——摩阻影响系数；

　　　p_{Pf}——反举最高泵压（相对），MPa；

　　　O_e——过量点系数，$0.5 < O_e \leqslant 1$；

　　　Δp_Y——摩阻造成的增量，MPa；

　　　p_{Ym}——氮气到达油管鞋时井口静态压力（绝对），MPa；

　　　p_{fm}——氮气到达油管鞋时环空液体摩阻，MPa；

　　　p_e——过量点压力（绝对），MPa；

　　　D_t——油管下深，m；

　　　γ_L——液氮相对密度，$\gamma_L = 0.80823$。

（17）液附加量。

在正举作业中，氮气到达过量点停泵，由于滑脱现象的存在，环空液体仍有一小部分落回井底，特别在套管出口加以控制时，滑脱现象更为严重（泵压当然也会升高），要想抵消这种影响，可在理论用氮量的基础上附加 10%~15%。滑脱程度与 D_t，A_a，O_e，Q_N 有关，其中主要是 O_e 和 Q_N，因此可根据 O_e 及 Q_N 调整附加量，O_e 和 Q_N 越小，附加量越大，在套管出口有控制时，也应增加附加量。

根据计算，正举比反举用氮量少，应优先使用。在现场作业中，选择气举方式时还要综合考虑其他因素。

3）气举助排施工过程优化

（1）直丛井气举优化。

①气举方式及排量要求：更换管柱前采用反举方式助排，环空注气，油管敞放；更换管柱后采用正举方式，油管注气，环空敞放；制氮车以 1200m³/min 排量连续气举。

②气举中止所需条件：气井点火，火焰高度达到 3m 以上；液量由大到小，由段塞流转变为雾状流；压裂液返排量达到 30% 以上。

③气举中止后的返排制度：气举车暂不撤离；仍采用套放方式排；如果火焰高度不减，出液量降至 0.5m³/h 以下，油压上升，则关井复压，开井时采用油放；如果火焰高度下降，同时出液量减少，油压快速上升，则重新启动制氮车，继续以正举方式助排，直到达到第②条要求后方可中止气举。

（2）水平井气举优化。

目前水平井以可溶桥塞为主，由于井筒处于空井筒状态，只有下入生产管柱后才可开展气举作业。水平井压后放喷如果停喷则直接下生产管柱，下生产管柱后进行气举作业，如果压后放喷点火成功，获得稳定气液两相流，压力回弹，则开展压井或带压作业下生产管柱。产能较好的水平井采用带压下生产管柱后，打掉堵塞器后一般可以直接放通，不必采取气举助排措施。而对于产能较差的水平井往往需要多次气举，并且需要采用正反举结合的方式进行排液，进一步疏通近井带储层，使其形成连续稳定的气液两相流。

①下入生产管柱后初期气举：初期采用反举方式助排，油管注气，环空敞放，尽可能多地排出井筒积液，在 A 点附近形成负压差，促进裂缝中液体外排；制氮车以 1200m³/min 排量连续气举；此阶段气举施工泵压会经历憋压升高、临界出液、泵压降低、稳压排液。举通后可适当采用大油嘴进行控制，一方面防止井底压差过大，造成支撑剂返吐；另一方面避免地面放喷中出现安全环保问题。

②初期正举中止条件：在水平井环空液体排出后，裂缝内气、液会释放出来，通常可以见气点火，根据火焰力度和出液流量来判断是否暂停气举。举通初期基本为纯液体，液量大，夹杂氮气和微量天然气，点火可燃不连续，到泵压稳定排液阶段，为气液同出状态；气举泵压稳定，出液量降至 2m³/h 以下时，火焰稳定 3m 以上，则可停止气举；气举车待命，观察火焰、出液量、油套压力变化情况；若气井火焰减少，油压上涨，停止出液，表明液体回落，气井自身能量不足以携液放喷，则继续正举排液。

③反举适用条件情况：正举出液量明显减少，环空仍然无法正常携液，则采用反举排液，油管携液放喷；举通后，可适当降低排量至 800~1000m³/min，避免气体流速过快，导致液体滑脱。

④气举中止后的返排制度：根据井口压力选择适当油嘴放喷，控制形成稳定的气液两相流；返排正常后不可轻易关井，保持连续放喷；若气量增大，液量减少，油套压上涨，则可通过制度开关进行返排作业。

三、小油管排液技术

1. 压井更换管柱时机

1）压后停喷立即更换管柱

如果压后停喷就立即组织更换管柱，需要在更换管柱后加强气举（正举）助排措施作业，在短时间实现点火自喷带液。

2）压后获产后更换管柱

（1）如果气井压后能自喷点火，在换管柱之前需尽量使远端微裂缝中压裂液被天然气推至近井带，以形成相对稳定的天然气渗流通道，确保压井更换管柱后可快速返排自喷。

（2）一般选取在压后放大排量阶段至压力上升阶段，此阶段具备以下条件：一是点火连续自喷——天然气渗流通道已形成；二是返排率50%——保证主裂缝内天然气聚集。

2. 压井更换管柱作业要求

1）压井液选取要求

（1）选取新鲜未变质的清洁返排液，如果返排液不合要求，则到集气站拉气田产出水作为压井液。

（2）收集的返排液需沉淀24h，并抽排到干净的压井罐待用。

（3）二级过滤：燃烧罐至储液罐，储液罐至井筒。

2）压井要求

（1）采取近平衡压井，尽量降低储层二次伤害。

（2）压井作业实施，用700型水泥泵车从环空泵注压井液，反循环1~2周后，至进出口一致或油压为0MPa，关闭油放闸阀，同时通过水泥泵车泄掉套管压力至0MPa，关闭放套压闸阀，观察油套压力变化情况。关井60min，若油套压力均为0MPa，再开井10min，若油、套均无液体返出，则拆除采气树井口，安装与该井配套的防喷器（提前连接好变径法兰）。若油套压力不为0MPa或出口仍有液体返出，则重复压井步骤。

3）生产管柱结构要求

（1）采用48.3mm（或60.3mm）生产油管。

（2）油管底部加一根长度为0.5m的73mm冲砂笔尖。

（3）油管下至最上部试气层垂深以上10~15m。

4）冲砂作业要求

（1）在地面排液口安放筛网，以便观察压裂砂返出情况。

（2）采用反循环方式，排量要求达到600L/min以上。

（3）冲砂至阻流环位置处，此井深需以600L/min排量循环2周以上，中途不得停泵。

（4）在确认返排液中无压裂砂后方可停止冲砂作业。

3. 小油管放喷排液

1）油放条件

（1）气举措施后，气井可通过自身能量实现携液返排。

（2）油放前，需关井复压，以达到携液返排所需地层能量。

2）开井油嘴选择

（1）油压高于15MPa，则采用大油嘴开井，建议采用8~10 mm油嘴开井，井口液量较大时，为防止气窜速度过快，地层能量损失，可调整为 4~8mm 油嘴放喷。

（2）油压小于 15MPa 以上，采用 6~8mm 油嘴开井。

（3）放喷时，如果套压不降，油压下降，可能存在油管内因水合物形成节流冻堵，如气产量较高，应立即采用大油嘴放喷，通过降低井筒压力破坏水合物形成条件，并将水合物迅速带至地面。如果气产量明显下降，则迅速关井，通过地温加热及油管加注甲醇解堵。

3）关放返排工作制度

（1）参照上述控制放喷阶段中相关原则制定。

（2）针对高压高产井，油管放喷后，压力、产量不断上升的气井，应采用大油嘴放喷，尽量降低井口油压及井底流压，使微裂缝（或孔隙）中的压裂液快速进入渗流通道而排出，并减少各试气层间的相互干扰，有效排液，提升产能。当井口不出液时，应及时关井，复压后仍采用大油嘴、大产量放喷，进一步激动疏通试气层渗流通道。

（3）针对低压低产井。

①该类型气井因储层致密或产水造成压力恢复速度慢，地层能量补给不足。如果采用大油嘴放喷，会造成井筒及近井带天然气快速膨胀而气窜，压裂液不能有效带至地面。因此需采用合适的油嘴及开关井制度，让天然气通过弹性膨胀将地层中的压裂液带至地面，进而有效疏通气液渗流通道，达到投产条件。

②对 48.3mm 油管，根据压力恢复情况选择 3~6mm 油嘴开井，气产量明显低于携液流量时关井。

③如果出现停喷，长时间关井也不能携排，则申请制氮车氮气气举。

④如果试气层储层致密，地层能量恢复速度慢，压裂液不能快速进入井筒，则采取抽汲助排措施。

四、测试求产技术

1. 求产技术

"一点法"试井技术是目前应用较多的一种试井方法，主要用来估算气井试采初期的无阻流量及合理产量，具有一定的参考价值，给气井初期生产带来很多方便。要求关井至压力平稳后，采用"一点法"进行求产，在测试过程中力求测试至井底流压稳定，取准稳定井底流压及对应稳定产量，并记录井口油压、套压及产气量变化，在测试后期取样进行 H_2S 和 CO_2 及天然气组分分析，若有水和凝析油产出，应取样分析。

2. 测压技术

排液结束后关井恢复压力，稳定标准：关井 24h 内压力上升值小于 0.05MPa，关井恢复压力结束前下入压力计测静压及地层温度。压力计停点深度为：0m、500m、1000m、1500m、2000m、2900m、3000m、3050m、3100m、3150m。

3. 产量计算

（1）求产条件：上流压力必须大于 0.5MPa，小于 1.5MPa。

（2）产量计算公式：

$$Q_g=186\times d^2\times p_1/\left(Z\times\gamma\times T_上\right)^{\frac{1}{2}} \tag{3-2-39}$$

$$p_1 = p_上/0.0980665 + 1$$

式中　Q_g——产气量，m^3/d；

　　　$p_上$——上流压力表压力，MPa；

　　　Z——压缩系数，一般为 0.97~1.0，工区取值 0.98；

　　　$T_上$——上流温度，$T=t+273$，℃；

　　　t——上流温度表读数，℃；

　　　γ——天然气相对密度，一般为 0.56~0.60，工区取值 0.64；

　　　d——孔板直径，mm。

应用条件：通过孔板的气流必须达到临界流速，气流达到临界流速的条件为下流压力与上流压力之比值小于或等于 0.546。

第三节　投产技术

一、管柱优化技术

1. 不同管柱最低携液流量

气井临界携液流量的精确计算对于气田开发具有十分重要的意义，在气田开发中后期，气藏压力逐渐降低、气井产水量逐渐增大，出水导致井筒内压力损耗增加，达到同样的产量需要更高的携液举升井底压力，或同样的井底压力只能获得较低的井口产量，使得气流难以携带产出水到达井口，导致气井发生积液。气井积液会增大井底回压，致使气井产量下降，直至水淹停喷。结合苏 77-召 51 区块实际生产情况，研究不同管径下临界携液流量，进一步优选生产管柱选型，进而延长气井稳产携液期。

根据 Turner 模型、李闵模型和王毅忠模型，各模型的临界携液流速见表 3-2-2。

表 3-2-2　各模型的临界携液流速计算公式

模型	Turner 模型	李闽模型	王毅忠模型
假设条件（液滴形状）	圆球形	椭球形	球帽状
阻力系数（C_d）取值	0.44	1.00	1.17
临界流速公式	$u_g = 6.6\left[\dfrac{(\rho_L-\rho_G)\sigma}{\rho_G^2}\right]^{1/4}$	$u_g = 2.5\left[\dfrac{(\rho_L-\rho_G)\sigma}{\rho_G^2}\right]^{1/4}$	$u_g = 2.25\left[\dfrac{(\rho_L-\rho_G)\sigma}{\rho_G^2}\right]^{1/4}$
临界流量公式	$q_{cr} = 2.5\times10^4\dfrac{Apv_g}{ZT}$		

注：q_{cr}—临界携液流量，$10^4m^3/d$；A—油管截面积，m^2；p—井底流压，MPa；v_g—临界携液流速，m/s；Z—天然气偏差因子；T—井底温度，K；ρ_L—液体密度，kg/m^3；ρ_G—气体密度，kg/m^3；σ—曳力系数。

根据表 3-2-2 中公式计算不同直径油管（压力）对气井携液流量敏感性，见表 3-2-3。

表 3-2-3　油管管径（压力）对气井携液流量的敏感性参数表

井口压力（MPa）	不同规格 API 油管气井油放最小携液流量（m³/d）					
	φ38.1mm	φ42.2mm	φ48.3mm	φ60.3mm	φ73.0mm	φ88.9mm
1	1804	2339	3175	4970	7455	11267
2	2546	3301	4482	7016	10524	15906
3	3125	4051	5499	8608	12912	19515
4	3588	4651	6315	9887	14830	22414
5	4034	5230	7100	11113	16670	25194
6	4419	5729	7777	12174	18261	27598
7	4773	6188	8400	13149	19724	29810
8	5102	6616	8980	14057	21086	31868
9	5412	7017	9525	14910	22365	33801
10	5705	7397	10040	15717	23575	35629
11	5983	7758	10530	16484	24725	37368
12	6249	8103	10999	17217	25825	39030
13	6504	8433	11448	17920	26879	40624
14	6750	8752	11880	18596	27894	42157
15	6987	9059	12297	19249	28873	43637
16	7216	9356	12700	19880	29820	45068
17	7438	9644	13091	20492	30738	46455
18	7654	9924	13470	21086	31629	47802
19	7863	10195	13840	21664	32496	49112
20	8068	10460	14199	22227	33340	50388

2. 产量对油管尺寸敏感性分析

按照无阻流量 $5 \times 10^4 m^3/d$、$10 \times 10^4 m^3/d$、$20 \times 10^4 m^3/d$、$40 \times 10^4 m^3/d$、$60 \times 10^4 m^3/d$，井口压力 2MPa，地层平均压力 30MPa，应用地层井筒节点分析法进行气井产量对不同油管尺寸敏感性分析，如图 3-2-4 所示。

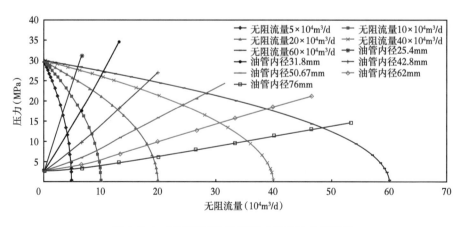

图 3-2-4　不同产能和油管尺寸敏感性分析曲线

　　根据节点分析，确定不同地层无阻流量条件下气井的协调点产量（即限定地层流入条件和井口压力，不同油管尺寸所能够满足流动的最大气井产量），见表3-2-4。

表3-2-4　不同油管在不同产能条件的协调点产量

油管尺寸	不同无阻流量下的协调点产量（$10^4 m^3/d$）				
	无阻流量 $5×10^4 m^3/d$	无阻流量 $10×10^4 m^3/d$	无阻流量 $20×10^4 m^3/d$	无阻流量 $40×10^4 m^3/d$	无阻流量 $60×10^4 m^3/d$
ϕ31.8mm	3.71	5.30	6.62	6.71	7.33
ϕ38.1mm	4.34	7.26	10.01	11.04	12.55
ϕ50.8mm	4.77	9.01	14.89	21.30	24.37
ϕ60.32mm	4.80	9.43	17.12	27.13	32.23
ϕ73.02mm	4.82	9.70	18.60	32.86	42.23
ϕ88.9mm	4.87	9.80	19.34	36.73	50.50

　　根据预测结果可以发现，地层压力30MPa，在不同无阻流量下，ϕ31.8~114.3mm油管协调点产量范围为（3.71~50.5）$×10^4 m^3/d$。方案水平井产量为$3.3×10^4 m^3/d$。采用常规油管尺寸均能够满足区块气井初期最大配产要求（图3-2-5）。

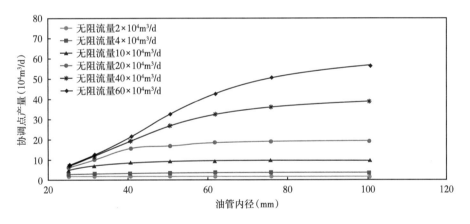

图3-2-5　协调点产量随油管尺寸变化曲线

　　从产量敏感曲线图3-2-4可以看出，油管尺寸越小，协调点产量随尺寸变化的敏感性越明显；当油管内径超过42.8mm（ϕ50.8mm），内径对气井的协调点产量影响变小。

　　从不同产量条件下的井筒压力损失可以看出，油管尺寸越小，压力损失随尺寸变化的敏感性越明显；当油管内径超过50.7mm，压力损失变化的敏感性变弱。由于区块气井配产较低，不同油管尺寸井筒压力损失差别不大，气量$1.1×10^4 m^3/d$，ϕ38.1~88.9mm油管的井筒压力损失为1.39~2.09MPa，压力损失差别不到0.7MPa。气量$3.3×10^4 m^3/d$，ϕ38.1~88.9mm油管的井筒压力损失为1.56~2.47MPa，压力损失差别1MPa。

　　从产量和井筒压力损失对油管尺寸的敏感性分析来看，相同地层流动条件下，油管尺寸越大，气井初期产量越高，井筒压力损失越低。由于区块气井配产较低，选择小尺寸油管更能够满足生产要求（图 3-2-6）。

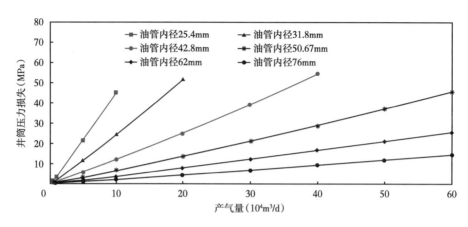

图 3-2-6　井筒压力损失随气井产量变化曲线

3. 冲蚀流量分析

高速流动的气体在金属表面上运动，在气体杂质机械磨损与腐蚀介质的共同作用下，会使油管腐蚀加速。现场实践表明，当气流速度大于 21.3m/s 时，会对油管产生显著的冲蚀作用。根据现代完井工程提供的防冲蚀产量预测公式，对临界冲蚀流量进行预测：

$$Q_{\text{cs max}} = 5.164 \times 10^4 A \sqrt{\frac{p}{ZT\gamma_{\text{g}}}} \qquad (3\text{-}2\text{-}40)$$

式中　Q_{csmax}——防冲蚀极限产量，$10^4\text{m}^3/\text{d}$；

　　　p——油管内平均压力，MPa；

　　　T——油管内平均温度，K；

　　　Z——气体偏差系数；

　　　γ_{g}——气体相对密度。

预测不同油管内径、不同井口压力条件下气体临界冲蚀流量，见表 3-2-5 和图 3-2-7。

表 3-2-5　气井冲蚀流量对油管直径的敏感性

井口压力（MPa）	不同油管内径对应的临界冲蚀流量（$10^4\text{m}^3/\text{d}$）					
	ϕ31.8mm	ϕ38.1mm	ϕ50.2mm	ϕ60.32mm	ϕ73.02mm	ϕ88.9mm
1	1.921	3.079	5.890	7.942	11.890	17.866
2	2.753	4.545	8.398	11.362	17.011	25.561
4	4.006	6.571	12.092	16.452	24.633	36.295
6	5.050	8.224	15.061	20.631	30.062	44.655
8	5.998	9.693	17.652	24.363	34.796	51.954
10	6.876	11.032	19.970	26.354	39.042	58.435
16	8.982	14.334	25.689	33.001	49.227	73.870
20	9.930	15.945	28.438	36.316	54.253	81.455

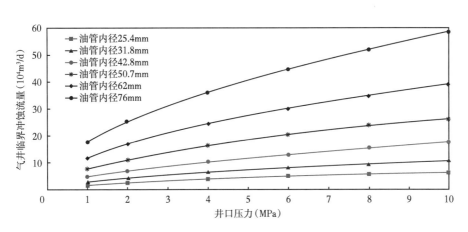

图 3-2-7 气井冲蚀流量对油管直径的敏感性

根据冲蚀预测结果，区块直井配产 $1.1 \times 10^4 m^3/d$，采用常规油管尺寸不会发生冲蚀；水平井平均初期配产 $3.3 \times 10^4 m^3/d$，需要采用 $\phi 48.3mm$ 及以上的管柱生产。综合上述分析，工区直丛井推荐采用 $\phi 48.3mm$ 生产管柱，水平井推荐采用 $\phi 60.3mm$ 生产管柱。

二、井下节流技术

1. 井下节流工艺原理

流体通过流通截面忽然缩小的孔道时，由于局部阻力大，流体压力降低，并伴随温度变化，该过程在热力学中称为节流现象。节流现象广泛存在于油气开采工艺过程中，如油气通过井口油嘴、针形阀、井下油嘴、井下安全阀等节流部件的流动。

井下节流工艺依靠井下专用设备实现井筒节流降压，利用地温加热，使得节流后井口气流温度基本恢复到节流前温度，从而有利于解决气井生产过程中井筒及地面诸多技术难题。气嘴设计主要工艺参数有气井产量、气嘴直径、压力、温度和气嘴下入深度。

天然气通过节流器的流动可近似为可压缩绝热流动，其流动状态可分为亚临界流与临界流。两类流态的存在范围如图 3-2-8 所示，判别条件为：

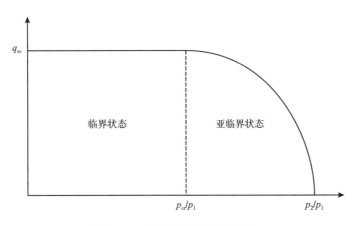

图 3-2-8 两类流态判别关系图

$\dfrac{p_2}{p_1} < \dfrac{p_{cr}}{p_1} = \left(\dfrac{2}{K+1}\right)^{\frac{K}{K-1}}$ 时，节流处于临界流状态；$\dfrac{p_2}{p_1} \geqslant \dfrac{p_{cr}}{p_1} = \left(\dfrac{2}{K+1}\right)^{\frac{K}{K-1}}$ 时，节流处于亚临界流状态。

对于天然气，K 一般取 1.3，故：

$$\frac{p_{cr}}{p_1} = \left(\frac{2}{K+1}\right)^{\frac{K}{K-1}} = 0.546$$

式中　p_1，p_2——节流器入口、出口端压力，MPa；

　　　p_{cr}——临界压力，MPa；

　　　K——天然气绝热指数。

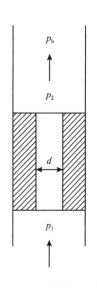

图 3-2-9　井下节流示意图

流体经节流器如图 3-2-9 所示，对于亚临界流动，在节流器内，气流速度增大，压力减小，在出口截面处，流速达到最大，压力达到最小，且等于背压，即 $p_2 = p_b$。背压继续降低，节流器出口处的气体流速继续增大，出口压力 p_2 亦随背压 p_b 降低而降低，但始终保持与背压相等。此时通过气嘴流量 q_{sc} 可由式（3-2-41）来计算。

当背压 p_b 降低到临界值 p_{cr} 时，节流器出口气流速度达到当地音速，出口压力仍等于背压，即 $p_b = p_2 = p_{cr}$，这时出口流量达到最大值。当背压减小到低于临界压力，即 $p_b < p_{cr}$ 时，节流器出口气流速度仍为当地音速。由于压力扰动向上游传播的速度等于音速，因此由压力差（$p_{cr} - p_b$）引起的扰动不能向上游传播，即节流器出口气流速度、压力和流量不再随背压而变化，这种现象称之为节流器壅塞或闭锁现象，此时气流将在节流器出口后的集气管内首先急剧膨胀，达到超音速，然后通过几道压缩波、膨胀波作用，流速降低到亚音速，压力达到背压 p_b。通过气嘴流量 q_{max} 可由公式（3-2-42）来计算。

亚临界状态产量与压力、气嘴直径的关系式：

$$q_{sc} = \frac{4.066 \times 10^3 \, p_1 d^2}{\sqrt{\gamma_g Z_1 T_1}} \sqrt{\frac{K\left[(p_2/p_1)^{\frac{2}{K}} - (p_2/p_1)^{\frac{K+1}{K}}\right]}{K-1}} \tag{3-2-41}$$

临界状态产量与压力、气嘴直径的关系式：

$$q_{max} = \frac{4.066 \times 10^3 \, p_1 d^2}{\sqrt{\gamma_g Z_1 T_1}} \sqrt{\frac{K}{K-1}\left[\left(\frac{2}{K+1}\right)^{\frac{2}{K-1}} - \left(\frac{2}{K+1}\right)^{\frac{K-1}{K+1}}\right]} \tag{3-2-42}$$

式中　q_{sc}，q_{max}——标准状态下（$p_{sc} = 0.101325\text{MPa}$，$T_{sc} = 293\text{K}$）通过节流器的体积流量，m³/d；

d——节流器开孔直径，mm；

γ_g——天然气的相对密度；

T_1——节流器入口端气流温度，K；

Z_1——气嘴入口状态下的气体压缩系数。

为了防止水合物形成，节流后气流温度必须高于节流后压力条件下的水合物形成初始温度。而节流后气流温度与节流临界压比及井下节流器位置的井温有关。井下节流器最小下入深度用如下公式计算：

$$L_{\min} \geqslant M_0 \left[(t_h + 273) \beta_K^{-Z(K-1)/K} - (t_0 + 273) \right] \qquad (3\text{-}2\text{-}43)$$

式中 $L_{\min}$——节流器最小下入深度，m；

$\quad M_0$——地温梯度，m/℃；

$\quad t_h$——水合物形成温度，℃；

$\quad t_0$——井口平均气流温度，℃；

$\quad \beta_K$——临界压力比。

2. 井下节流器结构及投捞工艺

1）主要结构

卡瓦式井下节流器主要由打捞头、卡瓦、本体、密封胶筒及节流嘴等组成，由卡瓦定位，密封胶筒密封。结构如图 3-2-10 所示。

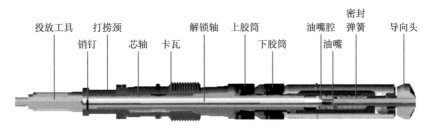

图 3-2-10 卡瓦式井下节流器示意图

2）投放及打捞作业

卡瓦式井下节流器投放打捞由钢丝作业车操作完成，工艺简便，如图 3-2-11 所示。

投放时，投放头与节流器通过钢销钉连接，下行时卡瓦松弛，密封胶筒处于自然收缩状态。至设计位置，上提卡瓦定位，向上震击剪断投放头与节流器连接销钉，内部弹簧撑开密封胶筒坐封。开井后节流嘴上、下形成压差，密封胶筒进一步撑开封牢。

打捞时下放工具串带专用打捞头，下震击将打捞头与节流器对接，抓提卡瓦，震击时造成卡瓦松弛。同时打捞头挤压工具中心杆，弹簧收缩。密封胶筒回到自然收缩状态，上提打捞操作完毕。

3. 井下节流工艺优化

生产过程中气井初期压力高，压力下降快，稳产时间短，井筒容易形成水合物；后期压力低，稳产时间长。因此，开展了水合物防治工艺技术的攻关研究，形成了以井下节流技术为基础的地面简化技术，使井筒和地面简化难题迎刃而解。

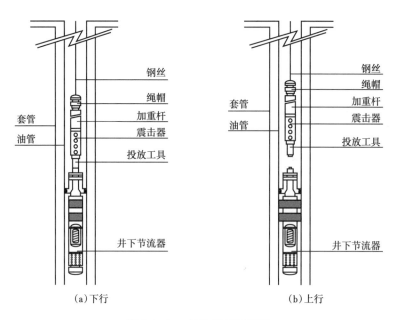

图 3-2-11　投放工艺原理图

为提高井下节流器耐高温、承高压差能力，满足区块中低压集气要求，开展了提高井下节流器的整体性能研究，尤其对节流器胶筒材料、密封方式进行了优化。

（1）优选四氟碳氢聚合物材质作为节流器密封胶筒：耐高压、耐高温、耐天然气与凝析油腐蚀及防硫化氢腐蚀，打捞时胶筒回缩性能好，有效降低因胶筒膨胀摩擦造成的节流器难打捞；重新设计胶筒结构，改变胶筒的应力特征，另外通过减少密封环节、改变密封方式等技术攻关，解决了大压差节流、高温条件下使用寿命短的难题，提高了井下节流器整体性能。

（2）同时采用高强度卡瓦：采用 38CrMoAl（铬钼铝—高级氮化钢）钢材，此种材料经氮化处理后表面硬度最高达 HRC63（洛氏硬度），由于卡瓦芯部硬度较低，韧性增加，在受到冲击力时，卡瓦不容易断裂。

（3）经过不断的摸索总结，结合区块气井生产特征，形成自身独有的油嘴计算公式，编制油嘴计算软件，从而进行准确的节流器配产。

2018—2020 年苏 77-召 51 区块新井投产应用井下节流器气井 200 多口，节流器的稳定性和使用寿命都有显著提高。节流器一次坐封密封成功率达到了 100%，能够满足气井生产过程中频繁开关井的要求，超过 95% 的井下节流器有效工作时间大于 2 年，节流器性能大大提升，失效率逐年降低。

三、自动间开技术

随着区块开发进入中后期，气井积液情况逐渐增加，针对不能连续生产的井，采用间开生产。气井间开生产初期产气量大，能够有效将井底积液带出，恢复气井产能。

1. 工作原理

自动间开工艺主要通过气动薄膜阀来实现气井的自动开关。套管气通过调压阀减压至

40~45psi 后，进入电磁阀，电磁阀通过控制器控制开关，从而使控制气体经过控制管线进入薄膜阀腔室，气体通过推动薄膜阀薄膜上移，从而达到开井目的。关井时控制器停止供气，薄膜阀内弹簧回弹，阀芯关闭。自动间开工艺通过控制器设定开关井时间，达到气井自动开关的目的。

2. 主要优点

（1）可大幅度降低巡井成本，免维护、可靠性高、实用性强。

（2）可通过连接远程智能控制系统，对气井的生产数据进行实时跟踪。

（3）具备多种传输模式，客户可指定任意模式 GSM/ GPRS/ 云端等。

（4）针对气井时间控制方式进一步完善，实现远程控制、时间和压差混合控制。对气井数据实时跟踪、第一时间掌握现场情况、安全有效生产提供帮助。

3. 设备简介

主体设备有自动控制柜、气动 / 电动控制阀、减压阀、管线、气体过滤调压器总成。

（1）智能控制柜：可根据目标井设定的开关时间和压力自动判断是否开关井，目标井在井口出现大的异常波动的情况下，通过远程报警给管理人员。

（2）远程智能控制系统：针对气井时间控制方式，进一步完善，实现远程控制、时间和压差混合控制。对气井数据实时跟踪、第一时间掌握现场情况、安全有效生产提供帮助。

技术参数：

①太阳能自给电、12V 蓄电池电压、可持续 15d 阴雨工作；

②电板和天然气控制部分为分体式，防爆、安全可靠；

③可远程和现场双操控模式；

④进出气口为 1/4 NPT 扣型。

实现功能：

①远程设定开关井及调试制度；

②远程实时查看生产数据、压力曲线；

③远程提取下载生产数据；

④异常压力报警。

（3）气动控制阀：采用美国 KIMRAY 公司薄膜阀作为气井开关阀。其专用于通过或截止大流量、35psi 的气源压力（图 3-2-12）。

图 3-2-12 气动薄膜阀

参数值：2in NPT；-45~82℃、2000~4000psi。

4. 应用情况

累计应用自动间开技术 191 井次，生产时效大幅度提高，有效降低人员开关井工作量，单井生产效果进一步提高，如苏 77-2-7 井生产层位为盒 $8_下^2$ 段、山 $_1^3$ 段、山 $_2^3$ 段、太原组，2011 年 6 月 29 号投产，初期日产 $0.6×10^4m^3$，后期由于压力、产量较低，不能连续生产，2017 年 12 月 24 号安装自动间开设备，通过观察关井时压力恢复情况及油套压差可及时更改气井生产制度，使其达到最佳生产状态（图 3-2-13）。

图 3-2-13　自动间开装置配套现场实用

第三章 排水采气技术

第一节 技术背景

苏77-召51区块位于苏里格气田气水过渡带，气水关系复杂，投产气井普遍产水，气井产水比例91.4%，平均水气比2.3m³/10⁴m³，远高于苏里格气田平均水气比0.75m³/10⁴m³。

根据区块产水井与不产水井的动态分析，产水气井较低产水气井前三年生产指标对比表明，初期产量递减快10.8%，住产压降速率快13.4%，采收率降低程度近40%（图3-3-1和图3-3-2）。

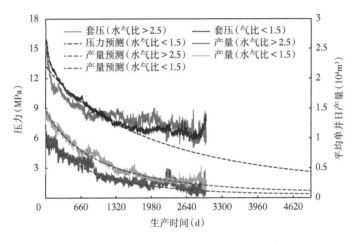

图 3-3-1　低产水气井与高产水气井生产曲线

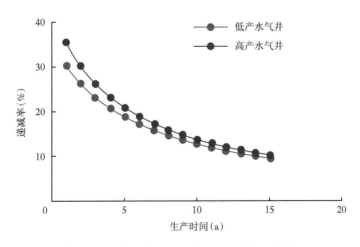

图 3-3-2　低产水气井与高产水气井递减率对比

针对区块气井产水特征，通过开发再认识与实践，建立了积液气井"积液摸排—积液量确定—措施优选—效果分析—制度优化—工艺评价"等排水采气工作流程（图 3-3-3 ）。

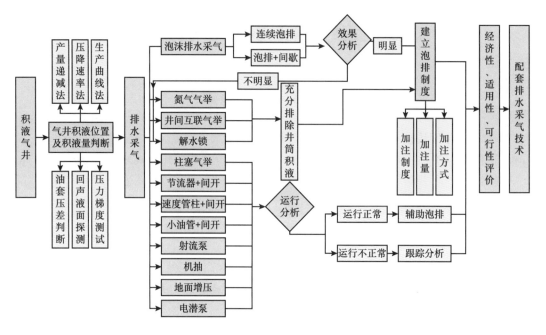

图 3-3-3 苏 77-召 51 区块排水采气工艺技术具体流程图

自 2011 年以来相继开展泡排、柱塞、涡排、速度管柱等排水采气工艺试验，经筛选，已形成了以泡排、柱塞、小油管三项主体工艺为主，自动化间开、解水锁、N$_2$ 气举为辅的三项配套技术，并开展基于外部动力的射流泵、电潜泵、机抽、多级气举阀 + 连续增压气举等排水采气新工艺试验（图 3-3-4 ）。

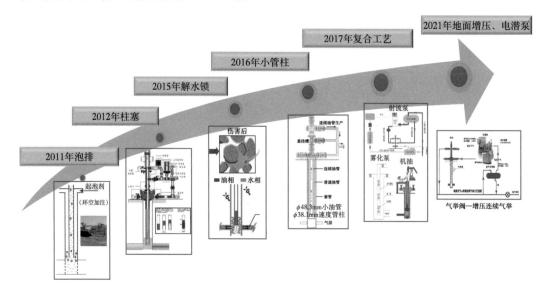

图 3-3-4 苏 77-召 51 区块历年排水采气实施历程

通过泡排、柱塞、进攻性排水采气措施扩大实施，工区水气比快速攀升，2014—2021年水气比在 2.0~2.5m³/10⁴m³ 范围内波动，实现气水同产，产量同步变化，最高水气比达到4.1m³/10⁴m³，目前累计开展各类排水采气措施 711 口井，累计增产气量达到 11×10⁸m³。

第二节　常规排水采气工艺

一、气井积液识别技术

随着区块持续开发，气井出水量和出水气井数量不断增多，井筒积液和出水影响生产等问题凸显，成为气井产量下降的主要原因。开展气井积液诊断技术研究，实现气井积液动态准确预测，为确定排水采气措施介入时机、制定科学的排水采气措施提供支撑，气井积液预测为排采措施介入时机提供理论依据，气井积液程度诊断为排采措施优选和生产制度优化提供参考；因此需要研究准确预测及诊断气井积液状态和程度的积液诊断技术，指导适时采取合理有效的排水采气措施，提高气井排液能力，达到延长气井稳产期的目的。

1. 气井积液产生原因

气井积液是指气井在生产过程中由于气体不能有效携带出液体而使液体在井筒中聚积的现象，气井积液产生原因主要包括：

（1）气相流速过低时，液体积存于井底；

（2）地层中的游离水渗流进入井筒；

（3）压裂液进入井筒；

（4）边底水锥进。

2. 气井积液的危害

气井积液对气井生产会产生较大负面影响，严重积液会造成气井停产。气井积液会形成不稳定的段塞流，并导致气井产量下降；如果气井产量太低，井底积液会造成井筒压降升高，增加液体对气层的回压，导致产气量下降（图 3-3-5 和图 3-3-6）。

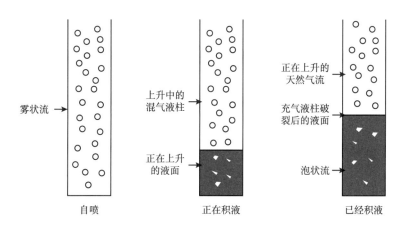

图 3-3-5　气井井筒积液过程

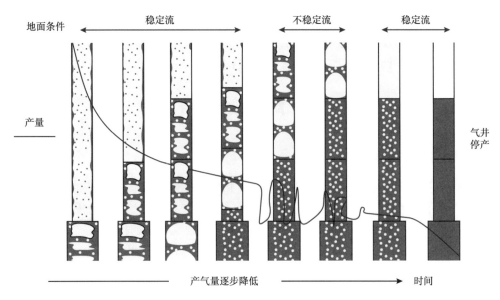

图 3-3-6　气井井筒积液对气井生产的影响

3.气井积液诊断技术现状

目前国内外已有一定的积液诊断研究基础，主要方法包括直观法、动能因子法、临界携液流量法、流态判别法、压力梯度法等。每种方法都有不同的使用范围和参数要求。由于气井积液的复杂性和多因素性，单一诊断方法符合率低，难以准确判断气井积液状况及积液程度。因此对不同积液诊断方法开展研究，实现不同方法互补验证，形成一套有针对性的、符合程度高的综合气井积液诊断技术，具有重要意义。

4.气井积液诊断方法

1）动态分析法／直观法

根据油套压、产气量数据变化判断积液，方法简单直观，适用于无井下封隔器气井积液判断。大量的现场实际资料分析表明，套压与油压之差大于 200psi（1.38MPa）时，气井易发生积液现象（图 3-3-7）。

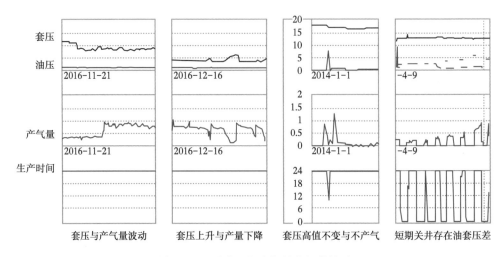

图 3-3-7　油套压与产气量之间的关系

2）动能因子法

一般以动能因子不大于8作为气井积液判断标准。动能因子：反映气水两相在油管内的流动特征，反映了气井的能量即气井的携液能力。

确定动能因子修正公式如下：

$$F = v_s \sqrt{\rho_s} = 9.3 \times 10^{-7} \frac{Q}{d^2} \sqrt{\frac{\gamma_g TZ}{p}} \qquad （3\text{-}3\text{-}1）$$

式中　F——动能因子；

v_s——气体在油管鞋处的流速，m/s；

ρ_s——气体折算至油管鞋处的重度，kg/m³；

Q——产气量，m³/d；

γ_g——气体相对密度；

T——井下温度，K；

p——油管鞋处流动压力，MPa；

d——油管直径，m；

Z——压力 p 状态下的压缩因子。

3）临界携液流量法

通过计算气井临界携液流量，判断气井积液状况。当前国内气田，临界携液流量以李闽、彭朝阳以及王毅忠三种模型使用广泛。现场实际表明：气水比（GLR）小于1400m³/m³ 时，李闽模型诊断准确率最高，气水比大于1400m³/m³ 时，彭朝阳模型诊断准确率最高，对于定向井来说，王毅忠模型符合精度最好。积液判断原则：日产气量≤临界流量（表3-3-1）。

表3-3-1　不同临界携液流量模型方法对比表

序号	年份	方法	液滴模型	曳力系数 σ	系数 K	适用条件
1	1969	Turner	圆球型	0.44	3.50	GLR > 1400，雾流
2	1969	Turner（20%）	圆球型	0.44	6.60	Turner 推荐 20% 安全系数
3	1969	Turner（30%）	圆球型	0.44	7.15	川渝气水井井深，含 H_2S
4	1991	Coleman	圆球型	0.44	4.45	低压气井
5	1997	Nosseir	圆球型	0.20	6.65	$3 \times 10^5 < Re < 5 \times 10^6$
6	2001	李闽	椭球型	1.00	2.50	GLR > 1400
7	2006	刘广锋	圆球型	0.20	6.65	$Re > 2 \times 10^5$，GLR 不限
8	2007	王毅忠	球帽型	1.17	2.25	定向井
9	2010	彭朝阳	椭球型	0.32	4.54	GLR > 1400

4）流态判别法

通过井筒气液两相流流态分析，能够一定程度上判别井筒积液状况及积液程度，其精度与模型计算准确度相关。借助软件建立井筒流动模型，模拟井筒流动状态，判断井筒积液。

流型分类：一是根据两相介质分布外形划分，较为直观；二是根据流动模型或流体分散程度划分，便于进行数学处理（图3-3-8）。

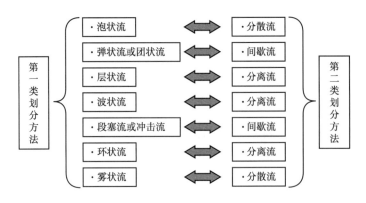

图 3-3-8　流体类型划分

5）产水气井 IPR 判别法

根据 Vogel 方程求产水气井 IPR 曲线，预测不同井底流压下的气井产水量。

计算井口条件下气井最小临界携液流量，结合目前产水量 q_1，用两相流公式计算所需的最小井底流压，在 IPR 曲线上查找对应的产水量 q_2，如果低于预测产水量（即 $q_2 < q_1$），则说明气井已经带液生产困难，开始积液。

6）产水气井产能方程判别法

利用气井产能方程，判断气井积液状态，气井产能方程包括指数式及二项式。

5. 气井积液综合诊断

气井积液诊断过程中不同诊断方法受井况等多方面因素影响，诊断结果可能出现偏差，且单一方法诊断精度有限。为满足气井稳产对积液诊断提出高精度要，研究对单一积液诊断方法加权组合，形成综合积液诊断方法，可大幅提高诊断精度（表3-3-2）。

表 3-3-2　不同积液诊断方法对比分析

类 别	积液诊断方法	优点	缺点	适用范围	现场效果
直接观察类	动态分析法	简单直观，操作方便，无需测试费用	对录取的生产数据质量要求高，需大量观察数据积累经验	井下无封隔器气井	定性判断
理论计算类	动能因子法	可实时分析气井积液情况，方便根据不同阶段计算结果分析气井积液动态变化过程，无需测试费用	对所录取的数据质量要求高，各种计算模型的适应性要求较高	全部井	定量，效果一般
	临界流量法				定量，效果较好
	流态分析法				定性判断
	产水井 IPR 法				定性判断
	产能试井法				定性判断
实测数据类	压力梯度法	定量判断积液状态和程度，结果准确可靠	测试费用高，测试结果有效期短	能够测压的井	定量，效果最好

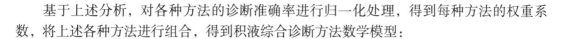

基于上述分析，对各种方法的诊断准确率进行归一化处理，得到每种方法的权重系数，将上述各种方法进行组合，得到积液综合诊断方法数学模型：

$$Y = a_1X_1 + a_2X_2 + a_3X_3 + a_4X_4 + a_5X_5 + a_6X_6 + a_7X_7 \qquad （3-3-2）$$

式中　Y——总体诊断目标函数，即综合评价值；

　　　$X_{1\sim7}$——不同积液诊断方法的诊断结果；

　　　$a_{1\sim7}$——不同积液诊断方法的权重系数。

对于 Y 值，考虑综合评价要求，取值范围为 0~1，对苏里格现场实际工况分析发现，气井积液时可取综合评价值约为 0.63，大于 0.63 可表示气井积液。

对于 X 值，根据不同方法单独诊断结果，积液取值为 1，不积液取值为 0。

对于权重系数 a，根据不同方法现场符合率统计进行计算，建议取值见表 3-3-3。

不同积液诊断方法现场符合率统计见表 3-3-4。

表 3-3-3　不同积液诊断方法权重系数取值表

诊断方法	动态分析法	动能因子法	临界流量法	压力梯度法	流态判别法	产水 IPR 法	产能试井法
权重系数	0.11	0.15	0.17	0.16	0.15	0.12	0.14

表 3-3-4　不同积液诊断方法现场符合率统计表

方法名称	所需参数	判断准则	原理	现场效果	符合率（%）
动态分析法	油管及套管压力	短期内异常波动	积液后气井生产动态产生明显变化	定性判断	53.85
动能因子法	产气量、温度、压力	动能因子不大于 8	反映气井能量大小	定量，效果一般	76.92
临界流量法	临界流量、实际流量	实际流量小于临界流量	恰好将液滴举升所需的最小流速	定量，效果较好	84.62
压力梯度法	测压剖面 / 井口动态参数	压力梯度小于 0.2MPa/100m	压力梯度曲线变化	定量，效果较好	82.25
流态判别法	气量、液量、温度、压力	流态对应积液状态关系	气井在环雾流状态下正常携液	定性判断	76.92
产水 IPR 法	产水量、目前流压	计算产水量小于 IPR 水量	积液气井对应的 IPR 产水量偏小	定性判断	60.12
产能试井法	试井数据	对比正常试井曲线	积液后试井曲线变化	定性判断	69.23

6. 气井积液高度计算方法

目前计算气井积液位置的方法有两种：一是根据油套压差确定积液高度，为积液高度的定性判定方法；二是根据井筒两相流流态分布确定积液高度，为积液高度的定量计算方法。

1）油套压差确定积液高度

根据气井积液前后油压、套压下降幅度，分别计算油管和油套环空中的液面位置。计算方法如下。

油管内液面高度:

$$H_1 = H - \frac{p_{1r} - p_{1c}}{0.01\rho}$$ （3-3-3）

油套环空内液面高度:

$$H_2 = H - \frac{p_{2r} - p_{2c}}{0.01\rho}$$ （3-3-4）

式中　p_{1r}，p_{2r}——油管分别在无积液、有积液时的稳定流动压力，MPa；

　　　p_{1c}，p_{2c}——套管分别在无积液、有积液时的稳定流动压力，MPa；

　　　ρ——液体的密度，g/cm^3；

　　　H——井深，m。

该方法对于下有封隔器的气井不适用，此时套压并不能直观反应井下压力的变化，积液并不是造成油套压下降的唯一原因，因此使用该方法有可能造成对积液的误判。

2）两相流流态分布确定积液高度

利用气体沿井筒携液临界流速和真实流速剖面图确定井筒内段塞流可能出现的位置上限（图3-3-9）。

计算方法:

（1）利用临界携液流量的模型做出井筒内气体的临界流速剖面图；

（2）根据实际的气体产量做出井筒真实的气体流速分布；

（3）求两条曲线交点即为可能的积液液面高度的上限。

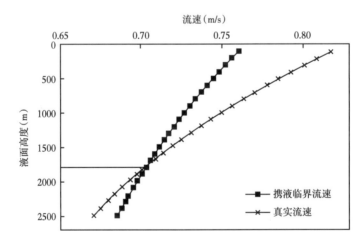

图3-3-9　井筒段塞流出现位置识别图

该方法只能预测积液前临界状态，对于已经出现积液的气井预测精度会降低，根据流型判断带有一定的主观性。

7. 气井积液高度计算模型

根据井筒液面上下密度差异，分别通过计算绘制积液液面上、下的压力梯度曲线，曲线交点即液面位置（图 3-3-10）。

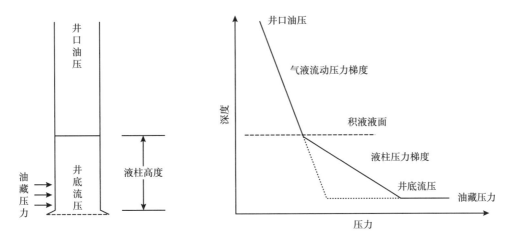

图 3-3-10 液柱高度模型示意图

在积液气井中，假设液柱与气体有明显的分界界面，此时液柱以下压力主要由静液柱产生，而在积液液面以上，压力主要受气液多相流动的影响。根据气井的产能，可以得到产气量所对应的井底流压。分别从井口按气液多相流动计算井筒压力分布，从井底按积水后静液柱计算压力分布，两者的交点即为该井积液液面的高度。

通过积液高度参数敏感性分析可知，井口压力和产液量对计算结果影响较大，因此在计算井筒动态积液高度时，准确地测量井口压力和产液量是提高计算精度的前提。

（1）井口压力对积液高度最为敏感，井口压力变化 20%，积液高度相差 200m 以上。

（2）油管尺寸对计算积液高度影响最小。

（3）产液量对计算结果影响较大，产液量变化 20% 时，井筒积液高度计算相差 50m。

8. 排水采气措施介入时机确定

利用气井积液综合诊断技术，分析气井初期的积液状态及积液风险，建立风险预警机制，指导排采措施介入时机的确定（表 3-3-5）。

表 3-3-5 气井积液风险分析表

判断依据	低风险井	中高风险井	积液井
油套压差变化	无异常波动	出现轻微异常波动	出现明显异常波动
井筒流态	雾状流	段塞流	段塞流 + 泡流
临界流速	日产气量大于 2 倍临界流量	日产气量介于 1~2 倍临界流量	日产气量小于临界流量
动能因子	大于 2 倍临界值	介于 1~2 倍临界值	大于临界值 8
综合诊断评价值	大于 2 倍临界值	介于 1~2 倍临界值	大于临界值 0.63

积液气井排液时机对气井稳产有重要影响，若排液过晚，井底长期积液，降低气井总产量，降低气田采收率；若过早介入排水措施，造成资金浪费，影响气井正常生产。现场人员一般当气井已出现明显积液症状后制定排水采气措施，或通过数值模拟方法对气井产

水量作出预测，但这种方式忽视流体在井筒中的流动，并且数值模拟模型建立及运行耗费大量人力和机时，对于测井资料数量和精确度依赖程度高，大范围应用难度大。

对于目前应用比较广泛的生产动态分析法、临界携液流量法、液面高度计算法、动能因子法、流态判别法，虽然都能一定程度上对气井积液状况进行诊断，但诊断精度有限，目前应用最为广泛的 Turner 临界携液流量分析法计算精度相对较高。

二、柱塞排水采气技术

1. 工艺技术原理

1）工艺原理

柱塞举升是指在举升过程中把柱塞作为液柱和举升气体之间的固体界面而起密封作用，以防止气体的窜流和减少液体滑脱的举升方法，其举升能量主要来源于气井本身的地层气将柱塞从井下推向井口，实现不断地将进入井底或井筒的液体举升到井口，使气井能达到并保持连续的生产。当地层所供给的气量不能将柱塞从井底推向井口时，就人为地向井内注入一定量的高压气，以补充气井中上行时能量的不足，使柱塞在油管内的卡定器和防喷管之间做周期性的上下运动，以此排除井底、井筒的积液，使气井恢复生产或有效延长气井的生产期，最终提高气井或气田的采收率。柱塞气举还可用于有蜡和结垢的油气井，利用柱塞在管内的上下来回运动干扰和破坏油管壁上的结蜡、结垢过程。对于产能较高的低压气井，采用柱塞气举复合工艺进行排水采气生产会更为有效（图 3-3-11）。

(a)示意图   (b)现场应用

图 3-3-11　柱塞工艺示意图及现场应用图

2）工作过程

整个过程可分为 4 个阶段，首先是关井阶段，如图 3-3-12a 所示，关闭井口，柱塞在自身重力作用下在油管中穿过气柱和积液下落，直至到达井底卡定器的缓冲弹簧上坐稳。

如图 3-3-12b 所示，柱塞会在卡定器上缓冲弹簧上停留一段时间，在此期间井底能量逐渐恢复，地层中产出的气体和液体进入到油套环空之中和油管内，由于井底装置和井筒积液的原因，大部分气体进入油套环空中，大部分液体和少量气体则进入油管内。油管内积液高度重新上升，油、套压力均会回升，上升程度由地层能量决定。

待到油套环空中的压力恢复到足以把柱塞及其上部液体带出井口时就可开井生产，如图 3-3-12c 所示。此时油管中气体流出井筒进入地面低压管线，油套环空中的气体和地层产出气进入油管膨胀，柱塞底部的压力大于地面油压、柱塞及其上部液段的重力和柱塞上行时与管壁的摩擦力的总和时，气体将推动柱塞及其上部液段离开卡定器沿油管上行。

柱塞到达井口，如图 3-3-12d 所示，将液体排出井筒，柱塞被捕捉在井口防喷器中。此时油压进一步降低，若地层能量充足、关井复压较高，气井可放喷一段时间，随着生产进行，地层水产出和环空中的积液又重新在油管内聚集，当地层能量不足以排出气体和液体时，代表一个工作周期结束。重新关井复压，开始下一个工作周期。

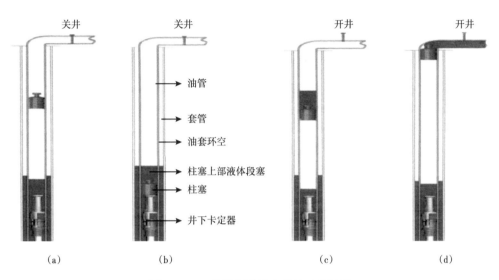

图 3-3-12 柱塞气举排水采气工艺过程

实际生产过程中，首先通过分析生产井的具体情况和相关参数编制好该井柱塞气举的工作制度，根据工作制度编制运行程序，将其输入到井口控制器内，同时选择适用于该井的柱塞。将柱塞投入到井内以后，按照已编制好的工作制度，定时控制井口的打开和关闭，使柱塞沿井筒上下往复运行，将井底积液举升至井口。

3）工艺主体设备

（1）地面采气树设备，如图 3-3-13 所示。

①防喷管，抵抗井下柱塞到达井口时的冲击，防喷管抗压强度一般要求大于 35MPa。

②柱塞捕获器，柱塞体达到井口后，关闭柱塞捕获器，阻止柱塞体再次下落至井下，可进行打捞检查。

③气动阀，通过高压气体启动控制阀的开关，达到控制气井开关生产。

④气液分离器，采用套管气作为气源，通过气液分离器分离出干气，供气动阀使用。

⑤调压阀，调整气液分离器提供给气动阀的供气压力。

⑥控制器，工艺设备的大脑，控制系统运行。

⑦太阳能板，提供电能给控制器中的蓄电池，由蓄电池提供稳定电能给控制器工作。

（2）井筒设备。

①井下卡定器，即柱塞体在井下运行的限位器。

②井下缓冲器，降低柱塞体对井下卡定器的冲击力。

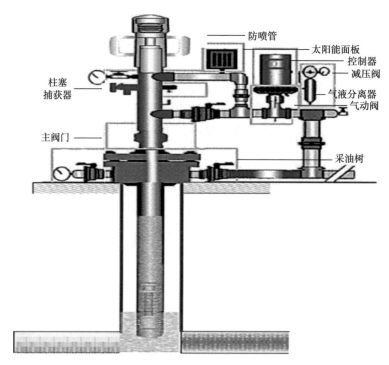

图 3-3-13　柱塞工艺结构示意图

4）区块柱塞井发展历程

区块自 2012 年至今累计实施柱塞措施井 213 口，其中柱塞方式投产井 88 口，老井转柱塞措施井 125 口，其中从 2014 年开始实施新井直接柱塞工艺投产。

在 2017 年以前，柱塞设备全部采用进口设备。2011—2012 年主要为夜莺控制系统，其设备功能简单，仅具备时间控制气井生产模式，且时间设置最长周期为 99h。2012—2013 年主要应用设备为 PCS1000/2000，主要功能为时间控制模式、柱塞行程计算、循环次数计算。2014—2015 年主要应用设备为 PCS3000/4000，主要功能为时间控制模式、柱塞行程计算、循环次数计算。2015—2016 年主要应用设备为 MULTI，主要功能为时间控制模式、柱塞行程计算、循环次数计算（图 3-3-14）。

图 3-3-14　历年使用柱塞设备实物图

2017 年以后设备国产化，大批量使用自主研制的 XZ-1 控制器，主要功能为时间控制模式、压力控制模式、压差控制模式、循环次数计算等，同时具有定时、定压及多条件组合开关井，开井、关井具体时间由控制器根据压力变化动态确定的功能优势（图 3-3-15 和图 3-3-16）。

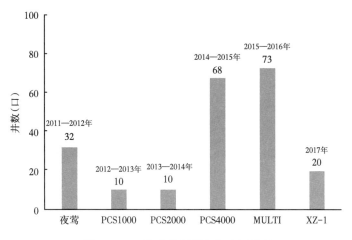

图 3-3-15 柱塞控制器分年应用情况

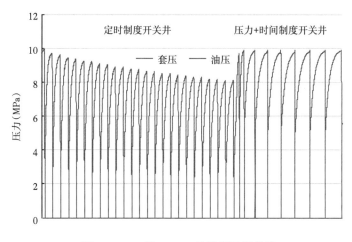

图 3-3-16 苏 77-3-5 井柱塞运行曲线

2020 年自主开发软件系统实现了气井实时监控、数据 4G 传输与存储、远程控制、异常自动报警、生产动态分析等功能，达到气井中央集控需求，提升了气井精细化管理效率，大幅度降低气井生产和管理成本，是实现数字化气田的关键技术（图 3-3-17）。

2. 工艺选井条件

1）井下管柱及井筒条件

（1）油管、井口宜保持等通径，井口通径宜不大于井下管柱通径 3mm。

（2）柱塞安装位置以上油管密封完好。

（3）油管内壁规则，柱塞在井中运行畅通无阻。

（4）油套连通，井底清洁。

（5）井深宜小于 5000m，井下卡定器坐放位置井斜应满足投捞作业要求。

图 3-3-17　软件信息平台登录界面

2）气井生产条件

（1）气井套压大于 8MPa。

（2）开井前 15min 瞬时流量高于 $0.2×10^4 m^3/h$。

（3）平均日产气量大于 $0.1×10^4 m^3$。

（4）井筒内静液柱低于 1000m。

（5）产液量宜小于 $10.0 m^3/d$。

（6）液气比小于 $3 m^3/10^4 m^3$。

3）柱塞迁移条件

（1）日均产气量低于 $0.05×10^4 m^3$。

（2）套压低于 4.0MPa。

3. 工艺参数设计

1）柱塞下入深度设计

综合运用气液比经验公式和 Foss & Gaul 及 Beeson 图版确定柱塞最大运行工作深度。

气液比经验规律计算柱塞最大下深：

$$L = R_s \cdot 1000/R_{min} \qquad (3-3-5)$$

式中　R_s——气井生产气液比，m^3/m^3；

　　　L——卡定器安装深度，m；

　　　R_{min}——实施柱塞最小气液比，$(223 m^3/m^3)/1000m$。

利用最小启动套压优化柱塞下入深度，为了尽量缩短关井恢复时间，设计最小启动套压等于生产套压为限定条件，利用最小启动套压与柱塞下深之间的关系，通过迭代计算，优化不同压力阶段（生产套压）的柱塞下入深度。

井内管柱对柱塞下入深度有一定影响，由于柱塞在油管内做机械往复运动，对管柱有较为严格的要求。

（1）井斜度影响：当柱塞通过小斜度井眼轨迹井筒时，运行较为顺利；当井斜较大时柱塞运行存在卡阻风险。

（2）变径组合管柱影响：以 3in +2$^7/_8$in 管柱组合为例，柱塞外径约为 2$^1/_3$in。当柱塞由上向下运动，容易卡阻在管柱组合变径接箍处，柱塞由下往上排液时，液柱通过变径处滤失量会增加，对柱塞的正常运行造成影响。

2）最小启动套压确定

最小启动压力是指柱塞刚好到达井口时的套压，此时油套管中的压力处于平衡状态。福斯和高尔模型预测柱塞平均上行速度、柱塞及液体带到地面的最小套管压力计算关系式如下：

$$p_{cmin} = [p_p + p_{tmin} + p_a + (p_{LH} + p_{LF}) L](1+H/K) \qquad (3-3-6)$$

$$CPR = (A_a + A_t)/A_a \qquad (3-3-7)$$

$$p_{cmax} = CPR \cdot p_{cmin} \qquad (3-3-8)$$

式中　p_{cmin}——柱塞气举最小套压，MPa；

$\quad\quad\ p_{cmax}$——柱塞气举最大套压，MPa；

$\quad\quad\ p_{LH}$——举升液体需要的压力，MPa；

$\quad\quad\ p_p$——柱塞举升到地面需要的压力，MPa；

$\quad\quad\ p_{LF}$——举升液体产生的摩阻，MPa；

$\quad\quad\ p_{tmin}$——柱塞到达井口后的油压，MPa；

$\quad\quad\ p_a$——大气压力，MPa；

$\quad\quad\ L$——举升液柱的高度，m；

$\quad\quad\ K$——油管内气流摩阻，系数；

$\quad\quad\ H$——柱塞卡定器深度，m；

$\quad\quad\ A_a$——油管横截面积，m^2；

$\quad\quad\ A_t$——环空横截面积，m^2。

3）柱塞启动气液比

柱塞举升特性参数是衡量柱塞举升能力的参数，指在单循环过程中柱塞举升液量所需要的条件，根据柱塞举升特性参数计算公式，可以计算出柱塞多个参数之间的关系。

单循环举升液量：

$$q_L = [(p_c - p_t)/p_g]A_t \qquad (3-3-9)$$

最小井口套压模型：

$$p_{cmin} = [p_p + p_{tmin} + p_a + (p_{LH} + p_{LF}) L](1+H/K) \qquad (3-3-10)$$

最大井口套压：

$$p_{cmax} = [(A_t + A_a)/A_a]p_{cmin} \qquad (3-3-11)$$

柱塞举升所需单循环气量：

$$Q_{cyc} = CH p_{cavg} \qquad (3-3-12)$$

平均井口套压：

$$p_{cavg} = [1+A_t/(2A_a)]p_{cmin} \qquad (3-3-13)$$

柱塞举升气液比：

$$Q_{LY}= Q_{cyc}/L \qquad (3-3-14)$$

式中　p_{cavg}——平均井口套压，MPa；

　　　C——油管系数；

　　　Q_{cyc}——单循环气量，m^3；

　　　Q_{LY}——柱塞启动气液比，m^3/m^3。

4. 柱塞排采工艺制度优化

1）气井制度优化原则

（1）首先保障柱塞塞体在井筒内正常运行：关井时间至少不低于塞体下落时间，且关井压力恢复至少可举升塞体及油管液柱。

（2）防止续流生产期间油管内气水滑脱、加重油管积液，柱塞生产期间气井产量不低于对应管柱临界携液流量，即当气井瞬时流量降至对应管柱临界携液流量时关井。

（3）保障合理的关井时长，在保证带液效率的情况下，提高气井开井时率：压力恢复曲线可见径向流响应即可开井（关井时间过短，地层无响应，开井易造成裂缝段带液不足，近井带积液水锁；关井时间长会导致能量不能高效利用于携液，气井开井时率低，气井产量受损）。

（4）积液严重、压力恢复缓慢的气井，减小开井频次及开井续流时间，保证地层能量高效利用于举升井筒积液，加快排液进程。

2）气井制度优化指标

（1）开井压力：压力恢复曲线有地层径向流响应，井底恢复压力达到柱塞启动压力1.2倍。关井时间短，地层能量恢复不充足，影响柱塞效率。关井时间长，井筒出现反渗现象，气液转换，油管积液返回地层。

（2）柱塞上行速度：上行速度原则上不低于226m/min，减少柱塞上行中气液滑脱损失。

（3）关井时间：排液恢复产能期，井口不出液后瞬时流量小于300m^3/h则关井复压；正常生产期，井口油压与输压之差小于1MPa则关井复压。

（4）为保障气井长期稳定生产，柱塞生产期间套压压降速率不高于0.02MPa/d。

3）气井制度优化方法

（1）基于记录式柱塞的制度优化。

记录式柱塞是在常规柱塞内部安装了温度传感器和压力传感器，在柱塞投放期间，温度传感器和压力传感器能够实时记录下井筒内温度和压力的变化，以及井底的压力恢复情况。柱塞井制度的优化实质上是对柱塞井开井次数和开井续流时间的优化。记录式柱塞数据导出后，绘制成曲线，可以对柱塞井进行分析和制度的优化。然后可以通过压力恢复曲线辅助判断更合理的开井时间。

①压力节点分析。

一般直井压力恢复双对数曲线包括续流段（井储效应）、线性流段和拟径向流段。水平井大致分为四个阶段：续流段，垂直地层的径向流，垂直于井筒的线性流和拟径向流。通过关井压力恢复双对数曲线的解释，柱塞井的开井时间应该在井储效应（续流段）结束之前，最理想状态下为井底产量达到 0 时即可开井（图 3-3-18 和图 3-3-19）。

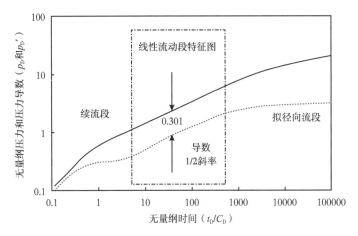

图 3-3-18　直井 / 定向井压恢曲线模型图

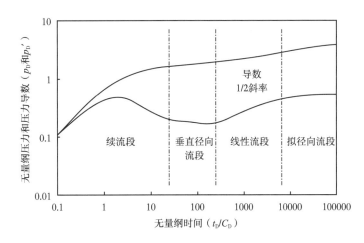

图 3-3-19　水平井压恢曲线模型图

②柱塞体运行速度分析。

根据柱塞体气密封要求，上行速度达到 226~304m/min 时，柱塞体磨损小，上部液柱滑脱率低。当柱塞体速度降至 150m/min 以下时液体滑落严重。开井后出液时间应保证在 14min 内。运行速度可转化成柱塞体运行时间，基于远程智能监控软件分析与评价（图 3-3-20）。

③开井时间确定。

为明确合理的开井时间点，需根据井底压力恢复双对数曲线特征分析，判断近井带流体流动状态。出现径向流后，说明地层能量已经波及井底，近井带能量已被补充，可以开井进行生产。井储效应段油压压恢速率大于 0.6MPa/h，径向流曲线特征出现时，套压压恢速率小于 0.01MPa/h。历年记录式柱塞径向流阶段压恢速率数据统计表明，Ⅰ段小于 0.05MPa/h，Ⅱ段小于 0.03MPa/h，Ⅲ段小于 0.01MPa/h（图 3-3-21）。

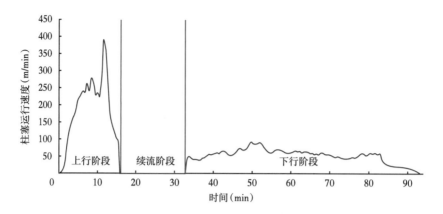

图 3-3-20　柱塞体在井筒中速度分布

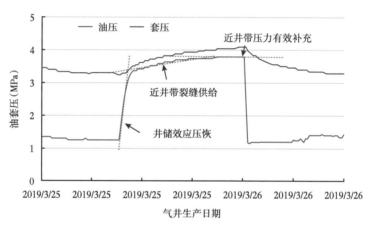

（a）近井带流体流动阶段划分示意图

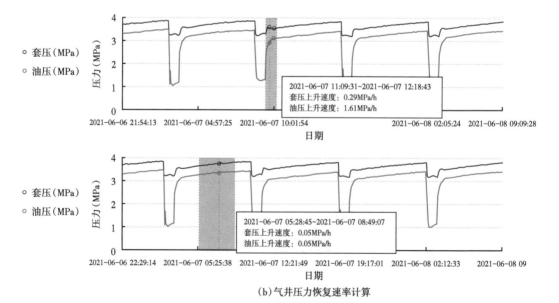

（b）气井压力恢复速率计算

图 3-3-21　智能软件压恢速率计算

④关井时间的确定。

井口流量法：关井时井口流量处于临界携液点之上，井筒不积液。

压力微升法：开井后随着井筒逐渐积液，井底压力也会逐渐升高，从而反映出套压升高的趋势。现场经验分析认为：以套压的升高量 0.3MPa 作为确定关井时机的依据，采用压差控制模式，实现气井自动运行控制（图 3-3-22 和图 3-3-23）。

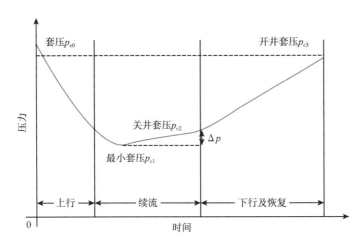

图 3-3-22 压力微升原理示意图

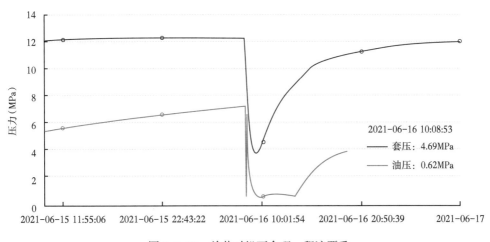

图 3-3-23 关井时机不合理，积液严重

（2）基于载荷系数的制度优化。

载荷系数计算式如下：

$$载荷系数 K=（套管压力—油管压力）/（套管压力—管线压力）$$

通过柱塞生产井的开井前油套压进行统计分析，载荷系数小于 0.5 时柱塞塞体可正常运行。但据开井载荷系数与塞体上行时间关系曲线分析可见，当载荷系数大于 0.35 时，柱塞塞体上行时间大于 12min，塞体上行速度慢，液体滑脱损失大；当载荷系数为 0.2~0.35 时，塞体上行时间 10~12min，满足控制液体滑脱回落的上行速度；载荷系数小于 0.2 时，

上行速度可满足要求，但气井关井时间长，开井时率低。因此在综合考虑最佳利用地层能量高效带液的原则下，确定气井合理载荷系数应该在 0.2~0.35 范围内（表 3-3-6）。

表 3-3-6　柱塞运行载荷系数统计表

序号	载荷系数	柱塞体运行情况	柱塞体上行时间	排液效果
1	$0.5 < K$	柱塞无法运行	$t > 17min$	差
2	$0.35 < K \le 0.5$	柱塞上行速度慢	$17min \ge t > 12min$	液体滑脱损失大
3	$0.2 < K \le 0.35$	柱塞上行速度较理想	$10min < t \le 12min$	较好
4	$K \le 0.2$	柱塞上行速度快	$t \le 10min$	开井时率低

5. 区块柱塞适应性分析

1）生产压力

井筒柱塞体举升液体主要依靠套管储集气的瞬时爆发力推动，井筒液柱越高所需启动压力越高，即生产套压越高。从柱塞方式投产井生产前后压力变化情况对比分析，工艺试验前有效井与无效井平均套压值与分布相似。柱塞工艺生产近 5 年，措施效果差的无效井生产压力远高于有效井压力，说明井筒积液是影响柱塞工艺有效性的重要因素。

2）水气比

柱塞方式投产的有效井与无效井水气比对比分析结果表明，随着水气比的上升，工艺有效气井比例逐渐降低。当水气比在 $3.5m^3/10^4m^3$ 以上时，措施有效率骤降，因此在工艺选井方面，水气比大小为核心参数（图 3-3-24）。

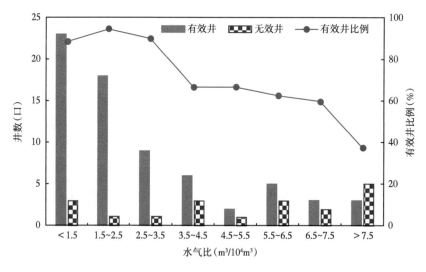

图 3-3-24　柱塞方式投产有效井、无效井与水气比分布图

6. 实施效果

1）工艺有效率

2012 年至今，区块累计实施柱塞井 213 口，随气井生产时间延长，受压力、产量、水气比影响，措施井有效率逐年降低，目前柱塞正常生产井 143 口，柱塞综合有效率 62.4%（图 3-3-25）。

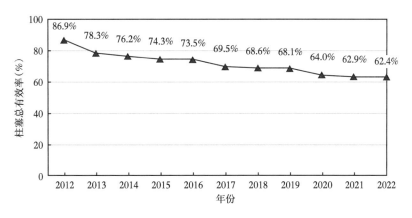

图 3-3-25 历年柱塞井有效井统计图

2）气井综合递减率

工艺有效井从措施前后产量对比曲线可见，柱塞措施稳产效果明显，产量递减有效控制，措施前预测综合递减率36.8%，措施后实际递减率14.0%。措施后4年内预计可增产气量 $5955.9 \times 10^4 m^3$，平均单井增产 $74.4 \times 10^4 m^3$（图 3-3-26 和图 3-3-27）。

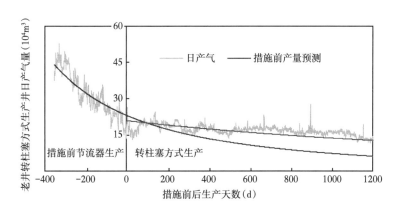

图 3-3-26 柱塞井有效井递减率变化图

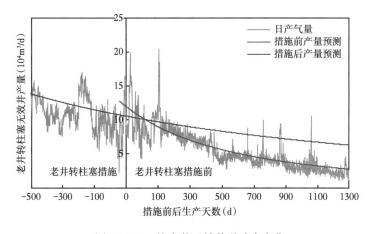

图 3-3-27 柱塞井无效井递减率变化

经无效井生产动态分析，措施前后综合递减率上升 35% 以上，其主要受水气比高、排液能力减弱影响，导致产量递减较措施前高。因此柱塞工艺适用性具有一定的局限性，对于不适用气井将严重影响气井产能有效发挥。

3）气井压降速率

通过柱塞井生产曲线分析表明，2017 年规模实施柱塞井中，气井生产压降速率明显降低，2018 年初投产柱塞井平均套压 10.35MPa，2022 年 8 月平均套压 8.6MPa，计算压降速率 0.00115MPa/d，显著低于区块平均 0.007MPa/d 压降速率（图 3-3-28）。

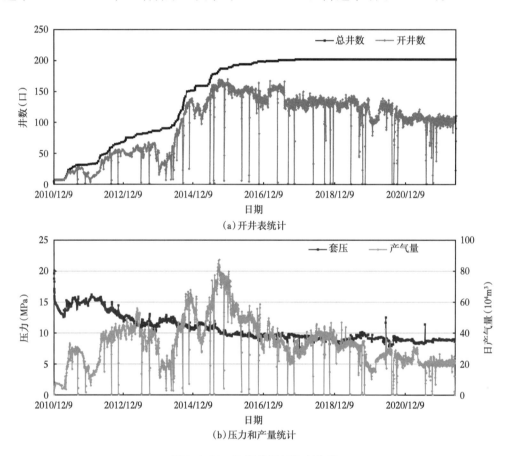

图 3-3-28　柱塞井历年生产曲线

7. 柱塞升级革新

（1）智能柱塞：2021 年 9 月 7 日在召 51-27-3 井开展现场试验，该类型柱塞的特点是，通过智能柱塞内部的精密设计实现对积液气井由上而下，逐级、定量排液，实现连续稳定排液生产。试验期间气井压力呈明显上升趋势，生产时间较应用前提高 30%，试验证实对于间歇生产井该柱塞排液优势明显。

（2）高速柱塞：2021 年 8 月 12 日在召 51-2-12 井开展现场试验，该类型柱塞的特点是，中心游动密封组件可以在柱塞下行阶段在生产管柱内气体的阻力下与柱塞本体相对脱开，从而降低柱塞下行速度受气顶干扰，柱塞整体上行阶段，在上部地层液体的重力作用下，中心游动密封组件与柱塞本体紧密贴合，实现气液间隔，对于积液中期气井具有明显增产优势。目前该井较试验前生产压差下降 1MPa，生产时长延长 20min，阶段实施效果明显。

（3）紊流柱塞：2021 年 9 月 3 日在召 51-13-6 井开展现场试验，该类柱塞的特点是，井筒内部高速气流作用在柱塞底部的螺旋尾翼，推动柱塞高速旋转，不仅可以有效清除高矿化度气井生产管柱内部垢点，同时整体空心式设计相比常规柱塞质量减少 16.67%，减少环空能耗的同时，可提高单次举升液柱体积。

三、泡沫排水采气技术

泡沫排水采气是在不改变产水气井现有产气量和井口油管压力的条件下，通过油管和油套环空注入液体泡排剂或通过油管投放泡排棒，注入的液体泡排剂或投入的固体泡排棒溶于水形成溶液，在气体扰动下形成大量泡沫，从而确保产水气井的实际产气量大于临界携液流量，改善产水气井的带液生产能力，延长产水气井正常带水生产时间的一种基于临界携液流量原理的排水采气技术。

1. 技术原理

1）工艺原理

表面活性剂具有两种不同的功能基团，一是水溶性的、带极性的亲水基团，二是油溶性的、无极性的亲油基团。在天然气气流的不断搅动下，注入井筒的表面活性剂（泡排剂）溶液，因天然气—气田水之间表面张力的降低，从而形成大量的、性能稳定的泡沫，最终导致井筒流体密度下降。

基于 Turner 等的临界携液流量方程，分析气水表面张力变化对气井生产的影响。

$$Q_g = Kp^{0.5}\left[(67 - 0.4495p)\sigma\right]^{0.25} ID_t^2 \qquad (3\text{-}3\text{-}15)$$

式中　Q_g——连续携液临界流量，$10^4 m^3/d$；

　　　p——井口油管压力，MPa；

　　　σ——界面张力，mN/m；

　　　ID_t——油管内径，m；

　　　K——常数。

现假定 p 和 ID_t 为常数，并对式（3-3-15）进行变换后，重新列出如下：

$$\frac{Q_g}{K_0} = \sigma^{0.25} \qquad (3\text{-}3\text{-}16)$$

绘制连续携液临界流量与气水表面张力关系曲线。

在现有产水气井产气量不变的情况下，随着天然气—气田水表面张力的下降，产水气井连续携液临界流量也随之降低。

综上所述，通过注入表面活性剂降低天然气—气田水表面张力和井筒流体的压力梯度，进而降低产水气井连续携液临界流量，从而在维持产水气井实际产气量不变的条件下，恢复产水气井的正常带水生产。

2）工艺设备及材料

（1）加注设备。

气井所用泡排剂有两种类型，一种是固体泡排棒，另一种是液体泡排剂。由于泡排剂的类型不同，其加注设备也不同。

①固体棒加注主要通过油管人工投放和自动投棒设备加注。

②液体泡排剂加注方式主要为平衡管注入和柱塞泵注入两种方式，柱塞泵注入主要为人工操作。

③泡排剂的加注方式分为两种类型，一种是连续加注，另一种是间歇加注；采用连续加注方式的泡排剂必须是液体泡排剂，而间歇加注方式则既适用于液体泡排剂，也适用于固体泡排棒。间歇加注方式的加注周期应根据产水气井的实际情况，通过初期加注周期的不断调整，增加或缩短加注周期，并对相应的应用效果进行对比、分析，最终确定其最佳加注周期。

（2）泡排剂与消泡剂。

①泡排剂。

对于纯水来说，即使在高速气流的不断搅拌下也很难形成稳定的泡沫，一旦高速气流的搅拌作用消失，在搅拌过程中形成的泡沫会很快消失。泡排剂的作用则是促进稳定泡沫的形成，其主要成分是各种能形成稳定泡沫的表面活性剂。国内常用泡排剂的类型、主要化学成分及作用和性能见表 3-3-7。

表 3-3-7　国内主要泡排剂的类型、主要化学成分及作用和性能

类型	主要化学成分	作用和性能
非离子型	烷基多糖苷，天然茶皂素等	起泡、携液、环保、抗一定凝析油、低矿化度
阴离子—非离子型	部分磺酸盐、羧酸盐醇醚等	起泡、携液、携砂、低毒性、抗一定凝析油、较高矿化度
阴离子型	醇（酚）醚羧酸盐、醇（酚）醚或脂肪酰胺琥珀磺酸酯盐等	起泡、携液、携砂、环保、抗一定凝析油或 H_2S 腐蚀、较高矿化度、抗高温
（弱）阳离子型	含氧化叔胺型等	起泡、乳化、携液、携砂、环保、抗一定凝析油、高矿化度、抗高温
两性离子型	磺基甜菜碱、羧基甜菜碱	起泡、乳化、携液、携砂、一定缓蚀、环保、抗一定凝析油、较高矿化度

②消泡剂。

由于泡排剂的加入，以及泡排剂泡沫稳定时间的限制，会导致在地面气水分离器入口处存在相当数量未破裂的泡沫，影响其分离效果。

加入消泡剂的目的则是在泡沫到达地面气水分离器入口之前，通过消泡剂的加入，一是利用消泡剂分子逐渐取代泡沫表面的泡排剂分子，形成强度更低、更易于破裂的液膜，二是在消泡剂的铺展过程中也同时带走了邻近表面层的部分液体，使泡沫的液膜变得更薄，稳定性更差，从而在到达地面气水分离入口之前实现泡沫的完全破碎，使进入地面气水分离器的气液两相流体不受泡沫影响，最终通过地面气水分离器实现气液两相的完全分离（表 3-3-8）。

表 3-3-8 国内主要消泡剂的类型、主要化学成分及作用和性能

类型	主要化学成分	作用和性能
O/W 乳液型	O/W 有机硅乳液	高效消泡、环保、经济
油溶型	醇类	消泡、有毒性
	磷酸三丁酯	消泡、有毒性

经位于井口的地面消泡剂注入泵将消泡剂注入井口至地面气水分离器之间的地面管线，其注入点常选择在采气树生产翼阀之后，这样便于增加消泡剂的作用时间，有利于确保来自井筒的泡沫在进入地面气水分离器之前完全破碎。

2. 泡排工艺影响因素

泡排剂的影响因素包括：井口压力、表面活性剂浓度、表面活性剂亲憎平衡值、温度、凝析油含量、气田水矿化度、固体颗粒、甲醇、破乳剂、气液比、气流速度、泡沫密度和腐蚀环境。

1）井口压力

根据 Turner 的气井连续携液临界流量方程，降低井口压力有利于改善产水气井的连续携液能力，同时井口压力的降低也会直接减小井筒对地层的回压，增大地层的生产压差，从而增加产水气井的产气量，进一步改善产水气井的带水生产能力。

2）表面活性剂浓度

泡排剂主要成分是表面活性剂，通过向气田水中加入表面活性剂，可降低天然气与气田水之间的表面张力。在初始状态下，随着表面活性剂浓度增大，天然气—气田水表面张力出现初期快速下降阶段，但随着表面活性剂浓度继续增加，天然气—气田水之间表面张力的下降趋势减缓。一旦表面活性剂的浓度达到其临界胶束浓度（CMC）时，再继续加大表面活性剂的浓度，其天然气—气田水表面张力的下降几乎可以忽略不计（图 3-3-29）。

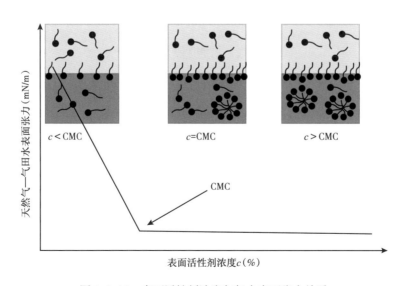

图 3-3-29 表面活性剂浓度与气水表面张力关系

需注意的是，配制泡排剂所用的表面活性剂的有效浓度典型值为 0.1%~0.5%。

3）表面活性剂亲憎平衡值

亲憎平衡值是度量表面活性剂亲水性能的特征参数。亲憎平衡值越大，表面活性剂的亲水性能越好，在水中越易形成稳定的泡沫。通常情况下，非离子表面活性剂的亲憎平衡值为 0~20。亲平衡值小于 9，说明非离子表面活性剂是油溶性的，亲憎平衡值大于 11，则说明非离子表面活性剂是水溶性的。另外，大多数离子表面活性剂的亲憎平衡值大于 20。

4）温度

泡沫排水采气所使用的泡排剂主要由表面活性剂组成，并根据实际需要添加相应的添加剂，泡排剂的发泡能力主要受所含表面活性剂的浓度控制。

（1）非离子型表面活性剂。

对于非离子型表面活性剂，其发泡能力随着温度的升高而下降，且一旦表面活性剂的工作温度达到其浊点温度时，其发泡能力就会急剧下降，因此非离子型表面活性剂的使用温度应低于其浊点温度（图 3-3-30）。

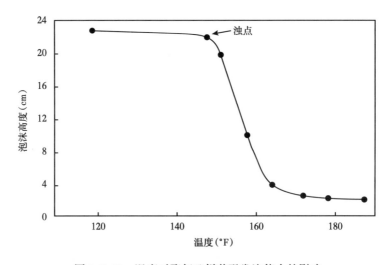

图 3-3-30　温度对聚氧乙烯苯酚发泡能力的影响

在温度达到聚氧乙烯苯酚浊点温度之前，其泡沫高度基本上处于很缓慢的下降过程中。但当温度大于其浊点温度［约 148°F（64.4℃）］后，聚氧乙烯苯酚的发泡能力急剧下降。当温度上升至约 164°F（73.3C）时，其泡沫高度仅为浊点温度时的 18%。

（2）离子型表面活性剂。

对于离子型表面活性剂，其发泡能力随温度的升高而增大，原因在于随着温度的升高，离子型表面活性剂溶解度增大，因此离子型表面活性剂的使用温度应高于其 Krafft 温度。

十二烷基硫酸钠从 33℃ 左右开始溶解于水，并随温度的升高而增大。当温度升高至其 Krafft 点后，其溶解度急剧增大。需注意的是，随着温度的升高，离子型表面活性剂的发泡能力增强，但泡沫的稳定性会变差，最终导致其半衰期缩短（图 3-3-31）。

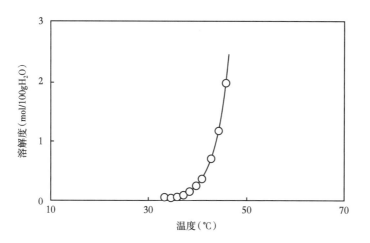

图 3-3-31　十二烷基硫酸钠的溶解度与温度变化关系

5）凝析油含量

对于产水气井所用泡排剂来说，凝析油的作用相当于一种消泡剂，它的存在会抑制泡沫携液能力。根据凝析油 + 气田水体系中凝析油体积分数对十二烷基硫酸钠泡沫携液能力的影响可以发现，随着凝析油体积分数的增加，十二烷基硫酸钠的泡沫携液能力呈现不断下降趋势，其下降趋势可分为两个阶段，即凝析油体积分数从 0 升至 10% 的快速下降阶段和凝析油体积分数由 10% 升至 30% 的慢速下降阶段。一旦凝析油体积分数等于或大于30%，十二烷基硫酸钠的泡沫携液能力将下降为零（图 3-3-32）。

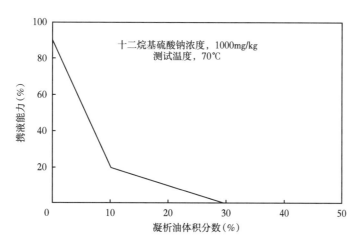

图 3-3-32　凝析油与十二烷基硫酸钠泡沫携液能力关系

针对高体积分数凝析油的产水气井，需采用特殊的表面活性剂，如：碳氟化合物表面活性剂。

需注意的是，一旦液体中凝析油的体积分数占整个产出液量的 50% 以上时，表面活性剂的活性会受到严重抑制，甚至会出现无泡沫产生的现象。

6）地层水矿化度

从测试结果可知，气田水矿化度主要影响聚氧乙烯苯酚水溶液的初始发泡泡沫高度和初始泡沫高度增长速度。但是与聚氧乙烯苯酚蒸馏水溶液相比,含盐量为 5% 的聚氧乙烯苯酚水溶液泡沫高度,从最高点至 30min 时的变化区间明显收窄。对于非离子型表面活性剂来说,气田水矿化度的变化还会影响其浊点温度。气田水矿化度越高,非离子型表面活性剂浊点温度下降越大,间接影响了非离子型表面活性剂应用环境温度(图 3-3-33)。

需注意的是,气田水矿化度越高,表面活性剂的半衰期下降速率越快。当矿化度超过一定数值后,可能无法形成稳定泡沫。

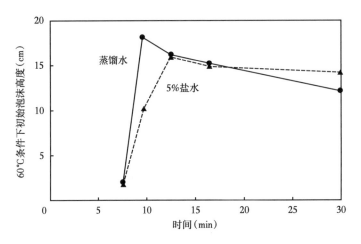

图 3-3-33　气田水矿化度对聚氧乙烯苯酚发泡能力影响

7)甲醇

甲醇对产水气井泡排剂的作用与凝析油类似,它的出现会影响泡排剂的发泡性能。随着甲醇含量的增加,泡排剂的初始泡沫高度会随之下降(图 3-3-34)。

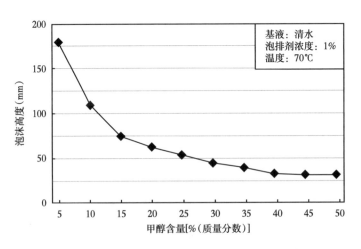

图 3-3-34　泡排剂的初始泡高与甲醇含量变化关系

8)水气比

产水气井的水气比越低,一方面气液两相流沿油管流动的压力梯度越小,对地层的回压也越小,另一方面随着水气比的降低,对泡排剂的搅动作用越大,也更有利于泡排剂的

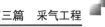

泡沫生成，相应地泡排效果也越好。采用泡沫排水采气技术的产水气井，最好选择水气比小于 $50m^3/10^4m^3$ 的情形。

9）气流速度

产水气井气流速度对泡沫携液能力的影响随着气流速度的变化，要么改善泡排剂的泡沫携液能力，要么削弱泡排剂的泡沫携液能力。从两种泡排剂的室内实验结果可以看出，两种泡排剂的泡沫携液能力与气流流速的关系曲线均存在一个极小值，因而从有利于泡沫携液的观点来看，可通过两种途径来改善泡排剂的泡沫携液能力，一是选择泡沫携液能力—气流速度曲线最低点高的泡排剂，二是可通过合理控制井口针形阀的开度，使气体的流速避开泡沫携液能力最差的气流流速区间。

3. 工艺参数设计

1）设计参数计算

（1）天然气流速计算。

天然气流速 v_s：

$$v_s = 5.167 \times 10^{-3} \frac{Q_g (T + 273.15) \times Z}{ID_t^2 \times p} \qquad (3\text{-}3\text{-}17)$$

式中　v_s——天然气流速，m/s；

　　　Q_g——天然气产量，m^3/d；

　　　T——井口温度，℃；

　　　Z——天然气压缩因子；

　　　p——压力，MPa；

　　　ID_t——油管内径，mm。

（2）天然气偏差系数。

根据油管井口压力和井口温度，可在系数表中查询偏差系数 Z。

（3）天然气密度。

$$\rho_g = 3.4832 \times 10^3 \frac{\gamma_g p_{wh}}{Z(T + 273.15)} \qquad (3\text{-}3\text{-}18)$$

式中　ρ_g——天然气密度，kg/m^3；

　　　γ_g——天然气相对密度；

　　　p_{wh}——井口油管压力，MPa；

　　　T——井口温度，℃；

　　　Z——天然气偏差系数。

（4）连续携液临界流速。

$$v_c = C \times \left(\frac{\rho_{wf} - \rho_g}{\rho_g^2} \sigma_{gw} \right)^{0.25} \qquad (3\text{-}3\text{-}19)$$

式中　v_c——连续携液临界流速，m/s；

　　　C——与选择的连续临界携液流速模型有关的常数；

σ_{gw}——气水表面张力，mN/m；

ρ_{wf}——泡沫密度，kg/m^3；

ρ_g——天然气密度，kg/m^3。

若 $v_s \geqslant v_c$，则选择的泡排剂符合要求，可实施现场泡沫排水采气。否则应重新进行实验室筛选，选择泡排剂，直至 $v_s \geqslant v_c$ 为止。此时所选择的泡排剂可投入现场使用。

2）泡排剂注入浓度

泡排剂注入浓度可在泡排剂的最小携液流速预测值中查询，需要注意的是，若无实验室测试的最佳注入浓度数据，可采用下面的方法来确定最佳泡排剂注入浓度，即根据确定泡排剂注入浓度的一个经验法则——泡排剂的临界胶束浓度可作为泡排剂的最大注入浓度。基于这样的原则，将临界胶束浓度作为泡排的初始注入浓度，并在此基础上，逐渐降低泡排剂的注入浓度，且每改变一次，相应地记录下产水气井产气量和产水量。通过对比、分析不同泡排剂注入浓度条件下，产水气井产气量和产水量的变化趋势，从中优选出适合产水气井实际情况的、效果最佳的泡排剂注入浓度或将厂家推荐的注入浓度作为初始注入浓度，并在此基础上，通过增加或降低注入浓度，从中优选出效果最佳的泡排剂注入浓度。

3）泡排剂注入量

泡排剂注入量可根据泡排剂的注入浓度的产水气井的产量来加以确定。

$$M_z = 10^{-3} b_d V_w \qquad\qquad (3\text{-}3\text{-}20)$$

式中　M_z——泡排剂注入量，kg；

V_w——产出水量，m^3；

b_d——泡排剂注入浓度，mg/L。

需要注意的是，应观察产出水气井产水量的变化情况，及时调整泡排剂的注入量，确保产水气井正常带液生产。

4. 自主研发系列泡排剂

针对区块多层系开发，基于苏 77-召 51 区块地层水特点，2018 年开展泡排剂研制，抗盐、抗油抗低温性能大幅度提升，性能指标较同期应用产品提高 5%~8%，同时技术应用成本下降 10% 以上。

1）泡排剂配方设计

泡排剂主要成分由起泡组分、稳泡组分组成，能有效降低液体的表面张力，并在液膜表面双电子层排列而包围空气，形成气泡，再由单个气泡组成泡沫。

针对地层水矿化度高，优选抗盐性能好的非离子、两性离子表面活性剂。稳泡组分主要通过调整发泡组分在液膜表面排列方式、排列密度，提高发泡成分在液膜上的稳定性，达到稳泡效果。

（1）抗盐性：表面活性剂分为阴离子型、非离子型、阳离子型及两性表面活性剂型，其中阴离子因受到库仑力影响，易与地层水中的高价态金属离子产生结合，形成不溶于水的絮状形态。因此优选非离子型、阳离子型及两性表面活性剂型表面活性剂。

（2）抗凝析油性：表面活性剂分子分为两部分，一端亲油基、另一端憎油基，绝大部分表面活性剂不耐油的原因是，油分子会泡沫上的液膜上，妨碍表面活性剂与液体性能，阻止了泡沫的产生。因此在配方设计上，需要引入憎油憎水的表面活性剂——氟碳表面活性剂。

（3）抗低温：选取全氟表面活性剂，碳氟链既疏水又疏油，碳氟链之间有很弱的相互作用，使碳氟表面活性剂在水中呈现很高的表面活性，在很低的浓度下水溶液的表面张力可低于 17~18mN/m，抵消甲醇的消泡作用，解决起泡剂在配比甲醇后抗低温达到 -25℃，同时不降低起泡剂性能的技术难题。

2）起泡剂性能

XM-3C 产品携液实验：15min 后剩余量 75mL 左右（共 250mL）。自主研发产品携液实验：15min 后剩余量 53mL 左右（共 250mL）。自主研发的产品具体性能参数如下。

（1）起泡力（80℃±1℃，开始泡沫高度）：180mL。超过技术指标：起泡力（80℃±1℃，开始泡沫高度）≥ 150mm。

（2）稳泡力（80℃±1℃，3min 泡沫高度）：145mL。超过技术指标：稳泡力（80℃±1℃，3min 泡沫高度）≥ 60mm。

（3）携液量：185mL/15min。超过技术指标：携液量 ≥ 100mL/15min。

测试结果见表 3-3-9，所有性能指标均高于行业指标要求。

表 3-3-9　起泡剂性能指标对比

序号	起泡剂型号	3% 浓度起始泡高（mm）	3% 浓度5min 稳泡（mm）	15min 携液率（%）	适用范围	推荐浓度
1	UT-11C	160	108	80.1	矿化度＜ 50g/L，凝析油＜ 20%	1%~2%
2	XM-3C Ⅱ	210	175	86.0	矿化度＜ 15g/L，凝析油＜ 40%	3‰~5‰
3	PP-J1	220	185	87.1	矿化度＜ 40g/L，凝析油＜ 40%	1%~3%
4	行业标准	150	100	50.0	—	3‰~5‰

3）起泡剂与地层水配伍性

将地层水与自主研发的起泡剂产品进行混合，进行观察：无沉淀、絮状物产生，产品可以与地层水任意比例互溶，起泡剂与地层水配伍性良好。

（1）起泡剂抗温性。

通过抗温性能测试，20~100℃，泡沫高度均大于 165mL，泡沫高度、携液量随着温度的增加先增加后减少，其中 70℃效果最好。自主研发的泡排用起泡剂，抗温性能良好，在 20~100℃范围内均满足技术要求。

（2）起泡剂抗盐性。

通过抗盐性能测试，泡沫高度随着矿化度的提高而逐渐下降，携液量先升后降。在 5000~75000mg/L 的矿化水中，泡沫高度最低 170mL，携液能力最低 173mL。

（3）起泡剂抗油性。

通过抗油性能测试，当凝析油含量低于 7% 时，随着凝析油的增加，性能略微降低，当凝析油超过 7%，性能急剧下降，当凝析达到 11% 时，起泡剂性能完全消失，根据该实验数据，确定凝析油抗油能力为 7%，远高于苏里格区块含油率（图 3-3-35）。

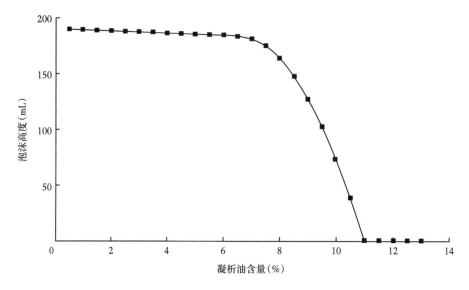

图 3-3-35　泡沫高度与凝析油含量的关系

5. 冬季泡排工艺

苏里格区域冬季气温低，前期冬季不进行泡排施工，导致气井利用率降低，区块产量下降明显，高产水气井易在近井带形成水锁而停喷，同时来年气井复产稳产难度大。为解决区块冬季稳产难题，针对防冻堵起泡剂、消泡剂及消泡工艺开展技术攻关，2015—2016年冬季首次开展冬季泡排试验并取得成功，2017 年扩大规模，采用井、线、站三级消泡工艺，解决了冬季消泡难题，2018 年后全面推广，冬季气井积液产能下降问题得到彻底解决。

1）耐低温起泡剂

常用降低凝固点的化工药剂有甲醇、乙二醇、乙醇，原理是利用低凝固点物质与药剂按一定比例混合，使药剂冰点显著降低，达到使用要求。

为抵消甲醇的消泡作用，需在表面活性剂中复配另一种低表面张力活性剂。根据泡排剂原配方和区块地层水水样分析，选取全氟表面活性剂，碳氟链既疏水又疏油，碳氟链之间有很弱的相互作用，使碳氟表面活性剂在水中呈现很高的表面活性，在很低的浓度下水溶液的表面张力可低于 18mN/m。通过实验，形成耐低温泡排工艺 XZ-GC Ⅱ 配方，同时可根据气温高低而适当调整（表 3-3-10）。

（1）物理特征：呈无色或者浅黄色、透明、无异味。

（2）适用条件：含油量小于 30%，矿化度不大于 150g/L 气井；适用于冬季温度较低（−30℃）时泡沫排水采气。

（3）用法用量：使用浓度一般为积液的 3‰~5‰；第一次使用泡排剂的气井，加注浓度应适当调高（为推荐用量的 1~2 倍）。

表 3-3-10　耐低温起泡剂 XZ-GC Ⅱ 参数统计表

耐低温起泡剂 XZ-GC Ⅱ		
耐低温起泡剂室内实验	药剂 3‰，水质矿化度 $6×10^4$mg/L，温度 70℃	
	罗氏泡高	起始泡高：160~180mm
		3min 泡高：140~150 mm
	携液实验	携液量 75%~86%
外观	无色或浅黄色透明液体	
密度	1.0~1.03g/cm³	
表面张力	≤ 27mN/m	
pH 值	6.9~7.1	
耐低温性	最低凝固点 -30℃	

2）耐低温消泡剂

消泡剂为微晶白色乳液，依靠活性剂将硅油乳化而成，消泡剂表面张力 30mN/m 左右。当消泡剂中甲醇含量不断增加时，消泡剂的冰点同时不断降低，当甲醇加量达到25%~30% 时，即能满足区块冬季现场施工要求（表 3-3-11 和表 3-3-12）。

表 3-3-11　不同含量甲醇消泡剂 XZ-Y1 凝固点实验数据

序号	甲醇加量（%）	凝固点（℃）
1	5	-4
2	10	-9
3	15	-12
4	20	-16
5	25	-22
6	30	-26

经过实验研制出耐低温消泡剂 XZ-Y1：XZ-Y1+ 甲醇（25%~30%）。

表 3-3-12　耐低温消泡剂 XZ-Y1 参数统计表

耐低温消泡剂配方		XZ-Y1+ 甲醇（25%~30%）
耐低温消泡剂性能指标	静止灭泡时间	20~50s
	稳定性	不分层
外观		乳白色稠状液体
密度		0.95~1.05g/cm³
表面张力		≤ 30mN/m
耐低温性		最低凝固点 -30℃

（1）物理特征：乳白色黏稠乳状液。

（2）适用条件：气田泡沫排水采气工艺、回注水消泡；温度 -35℃以上。

（3）用法用量：与甲醇 1∶1 混合，使用柱塞泵或平衡注入管线，使用量为起泡剂用量 0.5~1 倍，根据分离器泡沫情况调整消泡剂加注量，保证分离器取出液泡沫低于 2cm 高度。

6. 泡排井差异化管理对策

1）泡排井管理制度

泡沫排水采气井以压力、产液量作为划分依据，形成不同产量下的泡排制度及开关井间开制度。井口管输压力以 1.5MPa 为基础，每增加 0.5MPa，间开制度井开井时间缩短 50%，关井时间增加 50%。泡排剂加量以 20~25kg/ 井次，稀释比例 1∶3~1∶6 为基础，具体加注量根据含油量及产水量做调整（表 3-3-13）。

表 3-3-13　泡排井管理制度

套压（MPa）	产水量（m³/d）	产气量（10⁴m³/d）	泡排制度（d/ 次）	开 / 关周期（d/d）
≥ 8	< 1	< 0.4	3	—
		0.4~0.6	5	—
		≥ 0.6	7	—
	1~2	< 0.4	2	4/1
		0.4~0.7	4	—
		≥ 0.7	6	—
	2~4	< 0.4	2	1/1
		0.4~0.8	3	2/1
		≥ 0.8	3	—
	4~10	< 0.4	2	1/1
		0.4~0.8	2	1/1
		≥ 0.8	1	—
< 8	< 1	< 0.4	3	10/1
		0.4~0.6	5	—
		≥ 0.6	7	—
	1~2	< 0.4	3	1/1
		0.4~0.7	3	—
		≥ 0.7	4	—
	2~4	< 0.4	2	1/1
		0.4~0.8	2	1/1
		≥ 0.8	3	—
	4~10	< 0.4	4	3/1
		0.4~0.9	3	2/1
		≥ 0.9	1	—

2）泡排井生产制度优化

通过"一点法"求产、流量计核产、气液两相计量测试等工艺，确定气井产量，与气井生产管柱比对，通过连续生产、间开方式开展泡沫排水采气工艺优化（表 3-3-14）。

表 3-3-14 泡排井生产制度优化

井口压力（MPa）	临界携液流量（m³/d）					
	ϕ38.1	ϕ42.2	ϕ48.3	ϕ60.3	ϕ73	ϕ88.9
1	1804	2339	3175	4970	7455	11267
2	2546	3301	4482	7016	10524	15906
3	2898	3864	5374	8365	12894	19362
4	3588	4651	6315	9887	14830	22414
5	4032	5233	7166	10936	16744	25932
6	4377	5674	7704	12065	18098	27352
7	4723	6049	8347	12953	19183	29741
8	5035	6527	8862	13881	20821	31468
9	5442	7032	9482	14566	22071	33284

针对苏 77-召 51 区块泡排井生产特点，根据气井压恢参数，制定了泡沫排水采气工艺制度优化方法（图 3-3-36）。

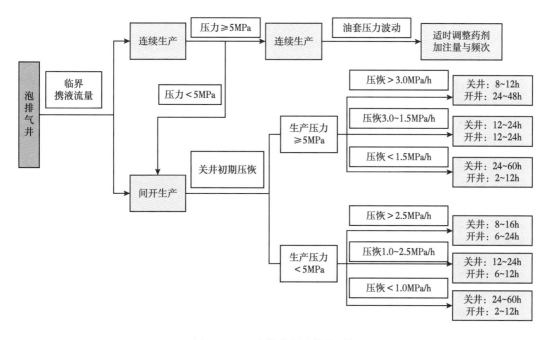

图 3-3-36 泡排井制度优化图版

（1）泡排连续生产井：防止井筒积液，维持连续生产压力平稳；维持药剂持续发泡，均匀携带地层产出水，减小段塞流滑脱而引起的能量损失。泡排剂加注原则：适时调整泡排剂加注量与加注频次，按照少量多次原则，确保泡排剂持续起泡，连续带液，稳定生产。

实例：苏 77-19-7 井每 3d 加注 25L 泡排剂，产量 $0.9×10^4 m^3/d$。2019 年 3 月中旬出水量增大，加注制度未及时调整，井筒出现积液加重现象。根据油压变化，排液周期为 2d，需增加加注频次，确保持续起泡（图 3-3-37）。

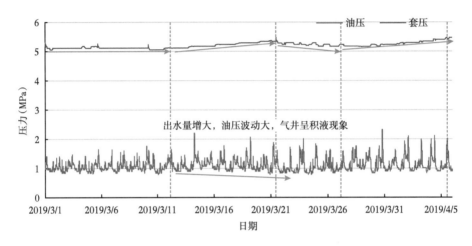

图 3-3-37　苏 77-19-7 井远传生产曲线

（2）泡排间开生产井：合理间开制度可有效降低近井带储层内及井筒气液滑脱，减小能量损失，实现低产长稳目标。综合评价关井期间井底流动状态，分析各阶段压力恢复速率表明，井储效应段压力恢复速率是井筒积液程度与地层供给能力综合响应。依据井储效应压恢速率，积液程度可大致分为三类：制度合理，压恢大于 2.5MPa/h；中度积液，压恢介于 1.0~2.5MPa/h；重度积液，压恢小于 1.0MPa/h（图 3-3-38 和图 3-3-39）。

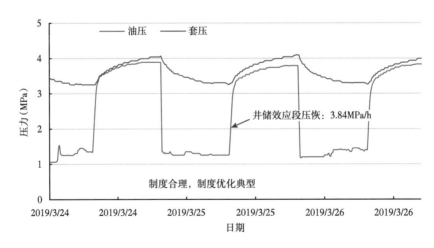

图 3-3-38　苏 77-32-39 井远传生产曲线

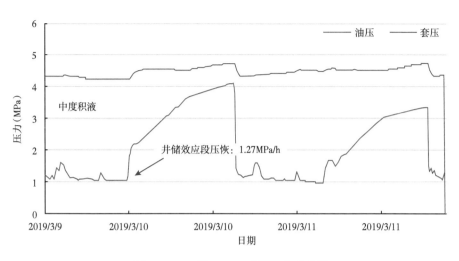

图 3-3-39 苏 77-3-6 井远传生产曲线

7. 实施效果

自 2011 年开始开展泡沫排水采气并取得较好的稳产效果，措施有效率稳中有升，2016 年开始实施冬季泡排，彻底消除往年因冬季停止泡排部分井因积液造成产量大幅度下降的影响。近年来，通过加强气井精细化管理，泡排井总体有效率持续攀升，目前已达到 82.5%，历年累计增产气量 $8.23 \times 10^8 m^3$（图 3-3-40）。

图 3-3-40 历年泡排实施情况

（1）2021 年实施泡排井 353 余口，年增产气量 $1.88 \times 10^8 m^3$，平均单井年增产 $53.4 \times 10^4 m^3$（图 3-3-41）。

（2）对历年实施泡排井生产压力、产量拟合分析，气井投产初期产量递减率 34.4%，稳产 3 年后转泡排维护，生产 5 年气井产量综合递减率 20.4%，生产 10 年气井产量综合递减率低于 13.5%（图 3-3-42）。

图 3-3-41　历年泡排增产情况

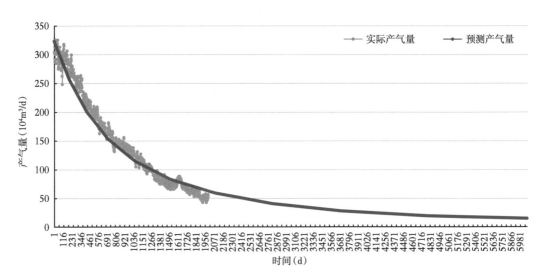

图 3-3-42　泡排井产量拟合曲线

四、解水锁技术

1. 储层水锁原因

造成储层水锁的主要原因是以下几个方面：入井液造成储层水锁，钻井液、压裂液等外来流体侵入并滞留在地层中，对储层造成伤害，出现储层水锁现象。

（1）含水饱和度造成储层水锁：原生水饱和度低于束缚水饱和度时，天然气驱替外来水时只能将含水饱和度降至束缚水饱和度，必然出现水锁效应。原生水饱和度大于束缚水饱和度时，由于液体的长时间浸泡，在有限时间内含水饱和度无法下降到束缚水饱和度，从而造成储层水锁。

（2）积液造成储层水锁：当产水气井长期关井，或者当产量低于临界携液量后，会在井底形成积液。井底积液在井筒回压、微孔隙毛细管力和储层岩石润湿性作用下，会向低渗透储层中的微毛细管孔道产生反向渗吸，从而造成地层水锁伤害，导致油气渗透率降低，造成气井减产甚至停喷。

2. 储层水锁的因素

1）毛细管自吸

致密砂岩储层中，初始含水饱和度 S_{wi} 低于束缚水饱和度 S_{wirr} 是一种很常见现象。当外来流体进入时，就很容易被吸入到毛细管孔隙中。一般把毛细管中弯液侧润湿相和非润湿相之间的压力差定义为毛细管压力，其大小可由任意界面 Laplace 公式表示：

$$p_c = \sigma \left(\frac{1}{R_1} + \frac{1}{R_2} \right) \tag{3-3-21}$$

式中　p_c——毛细管压力，mN；

σ——界面张力，m N/m；

R_1，R_2——分别指两相间形成液膜的曲率半径，m。

从式（3-3-21）可看出毛细管压力的大小与界面张力成正比，与多孔介质的半径成反比，由于低渗透储层的孔隙尺寸很小，所以易产生水锁损害。当水基工作液与低渗透储层接触后，即使在没有过平衡压力时，都能发生相当严重的侵入。

2）液相滞留

根据泊肃叶定律，毛细管排出液柱的体积 Q 为：

$$Q = \frac{\pi r^4 \left(p - \dfrac{2\sigma \cos\theta}{r} \right)}{8\mu L} \tag{3-3-22}$$

式中　r——毛管半径，m；

μ——流体黏度，Pa·s；

L——液柱长度，m；

p——驱动压力，Pa。

若换算为线速度，则式（3-3-22）变为：

$$\frac{dL}{dt} = \frac{r^2 \left(p - \dfrac{2\sigma \cos\theta}{r} \right)}{8\mu L} \tag{3-3-23}$$

由式（3-3-23）积分，得到从半径为 r 的毛细管中排出长为 L 的液柱所需时间为：

$$t = \frac{4\mu L^2}{pr^2 - 2\sigma \cos\theta} \tag{3-3-24}$$

由式（3-3-24）可以看出，毛细管半径 r 越小，排液时间越长。随着排液过程的进行，液体逐渐从由大到小的毛细管排出，排液速度随之减小。低渗透储层的喉道半径小，排液很困难，故水锁伤害严重。因此在低渗、低压的致密储层中，排液过程十分缓慢，易发生水锁伤害。

3. 解水锁原理

地层水表面张力是影响储层水锁效应的重要因素之一。如果减小流体的表面张力，那么储层毛细管的压力就会降低，从而容易排出地层中的滞留水，向井内加注特殊表面活性剂（解水锁剂），药剂进入岩石孔道与缝隙，解水锁剂进入地层后，对无机及有机垢物具有一定溶蚀能力，增大了流体渗流通道。同时解水锁剂与地层水混合后形成低沸点共沸物，在井底温度下，一方面气化产生大量蒸汽，蒸发掉岩石毛细孔内的液体。另一方面，由于共沸物汽化后增大地层压力，通过憋压，将以前并不连通的孔隙打开，从而增大液体渗流通道。解水锁剂在地层经过一段时间的反应在岩石孔道表面形成一层分子膜，大大降低液相的表面张力，使得毛细管力降低，同时气体流经地层阻力减小。

4. 解水锁工艺设计

为使解水锁剂能够更好地到达地层，先将井筒积液排出，因此设计部分泡排剂助排（表 3-3-15）。

表 3-3-15　解水锁剂技术指标

项目	数值	指标	检验标准
pH 值	2.40	1.00~3.00	以螯合剂、季铵盐缓蚀剂、氟碳表面活性剂为主要成分
密度（g/cm³）	1.04	0.90~1.10	
表面张力（mN/m）	30	≤ 32	
常压静态腐蚀速率［g/（m²·h）］	1.9	≤ 2.0	

5. 解水锁适用条件

结合历年储层解水锁效果分析，总结两种不同类型气井，在这两种气井中实施效果较好。一是单井无阻流量高于 $2.00×10^4m^3/d$，投产产量高于 $0.50×10^4m^3/d$，稳产 6 个月以上气井。二是生产期间产气量下降后，间歇生产期间压力、产量无明显变化的气井。

6. 施工工序

气井长期微气间开阶段，通过探液面数据及油套压差法判定井筒积液情况，通过泡排、间开施工排出井筒积液，待积液排出后转入复压阶段，加注解水锁剂解除储层水锁伤害，对施工后产量明显提升的气井转入第三阶段，即泡排维护制度。

1）排液阶段

（1）对实施井关井 48h，记录油套压差，判断井筒积液情况。

（2）油套管各加注起泡剂，关井复压 24h 后开井生产。

（3）重复上述步骤，观察压力及产量变化，当关井 3h 内油套压差小于 2.0MPa 时加注解水锁剂。

2）解水锁阶段

（1）往油管内注入解水锁剂，关井 3~5d（观察压力变化：如压力波动则说明解水锁剂进入储层并发生反应）。

（2）开井生产，观察压力、产量、产液量变化，当油压上升、套压下降则表明反应液已携带出井筒，每天加注一次泡排剂；产气产液较少时，需辅助间开 + 泡排排液。

（3）重复上述步骤，观察压力及产量变化，当关井 3h 内油套压差小于 1MPa，且产量、油套压均升高，井口有明显气流声时转入泡排维护阶段。

3）维护阶段

（1）解水锁施工后以间开 + 泡排为主，提高井筒及储层积液排出速率。

（2）井底及近井带积液排出后，根据产水量大小，制定合理的泡排制度，减少井筒积液。

7. 攻关"解水锁+"复合工艺

近年来，单一措施已难以解决停喷微气井复产难题，而针对积液停喷微气井，势必存在水锁效应，为提升气井复产效率，需开展组合工艺措施。

前期实施解水锁过程中存在的问题：（1）措施单一，仅以井口分液辅助；（2）井筒及近井带积液量大，药剂注入后到达储层稀释严重；（3）药剂主要靠自吸进入近井带裂缝，作用半径小。

目前优化措施：（1）连续气举排出井筒及近井带积液，同时加注解堵剂辅助，解除炮眼附近异物堵塞问题；（2）解水锁药剂注入后，进行液氮或气举辅助增压，提高药剂作用有效半径；（3）延长关井时间，药剂充分反映；（4）放喷排液时，根据压力恢复情况可气举辅助（图3-3-43）。

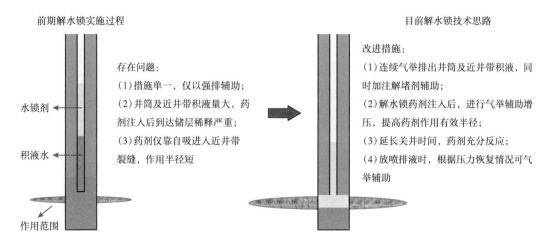

图3-3-43　解水锁技术优化思路

8. 应用举例

苏77-41-26井2019年4月2日开展解水锁施工，气井成功激活复产。复产后开井油套压稳定在10.69/10.69MPa左右，井口求产稳定在 $1.2×10^4m^3/d$。

2019年6月对苏77-15-40H2井开展"解水锁+"复合工艺，采用"连续油管气举+解堵+解水锁+闷井+气举放喷"组合工艺，积液停喷气井产能恢复，日产气量 $1.5×10^4m^3$。

第三节　进攻性排水采气技术

一、同心双管射流泵技术

1. 技术原理

该工艺以高压水为动力液驱动井下射流泵排水采气装置工作，动力液带动地层液上返至地面，排出井筒积液，降低井底回压，带动气水流入井筒。

1）工艺原理

射流泵是利用流体紊动扩散作用进行能量传递的流体机械和混合设备。射流泵的工作件是喷嘴、喉道和扩散管。在工作时，地面柱塞泵提供的高压动力流体通过喷嘴形成高速射流喷出，成为一股低压能高动能的液流，动力液总压头几乎全部转换为速度头，使混合室内压力下降。井底积液在沉没压力作用下进入混合室高速射流周围。由于高速射流的湍流作用，井底积液与动力液相互接触并进入喉管产生能量传递，在扩散管中完成充分混合，速度头逐渐转换为压头，最后克服混合液液柱压力，地层液和动力液一起被举升至地面。

如图 3-3-44 所示，从地面泵送至井下的压力为 p_1、流量为 q_1 的动力液通过截面积为 A_n 的喷嘴，在喷嘴处加速后进入截面积为 A_t 的喉管，受嘴后低压区的影响，压力为 p_3、流量为 q_3 的地层产出液被吸入喉管，进入喉道环形空间 A_g，动力液与产出液在喉管处混合并进行能量传递，形成均匀的混合液。混合液体继续向前流动，进入截面积逐渐增大的扩散管，此时，混合液流速降低，压力增大，直至压力增高到泵的排出压力 p_2 时混合液便可排出地面。

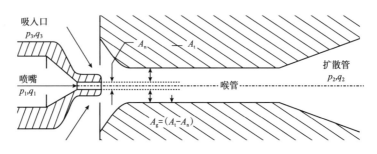

图 3-3-44　射流泵结构示意图

2）工艺组成

该工艺由地面流程和井下结构两部分组成，地面流程部分包括燃气发电机（提供电力）、气水分离罐（存储动力液，水气分离）、变频器（控制电动机运转频率）、地面柱塞泵（提供高压动力液）、过滤器、水处理设备（调节动力液硬度、酸碱度）、专用井口、控制和计量仪表、地面管线流程等（图 3-3-45）。

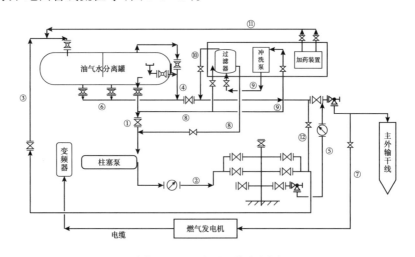

图 3-3-45　地面工艺流程图

①—原低压动力液管线；②—高压动力液管线；③—混合液管线；④—分离罐上气、水外输管线；⑤—套管产气管线；
⑥—分离器罐排污管线；⑦—燃气管线；⑧—经水处理的低压动力液管线；⑨—石英砂过滤器冲洗管线；
⑩—石英砂过滤器冲洗排污管线；⑪—混合液加药管线；⑫—自喷后放产管线

井下结构包括射流泵内管（$\phi48mm$动力液管柱）、射流泵外管（$\phi89mm$或$\phi73mm$混合液管柱）、油管锚、工作筒、井下泵泵芯、绕丝筛管、气锚、尾管等。

3）工艺运行流程

该工艺流程可分为生产流程与检泵流程。

（1）生产流程中动力液通过井口进入1.9in动力液管线，沿1.9in动力液管线到达井下泵筒并驱动井下射流泵芯工作，产出液与动力液混合后的混合液通过$2\frac{7}{8}$in油管或$3\frac{1}{2}$in油管和1.9in油管形成的环形空间到达井口产出（图3-3-46）。

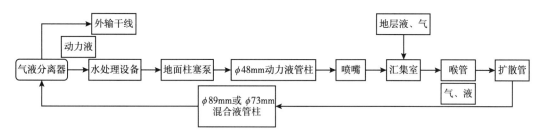

图3-3-46　生产流程图

（2）检泵流程中动力液通过井口进入$2\frac{7}{8}$in油管或$3\frac{1}{2}$in油管到达井下泵筒并通过射流泵芯进入1.9in油管，依靠动力液与返出液压差推动射流泵芯离座，泵芯提升皮碗形成举升力使泵芯随返回液到达地面（图3-3-47）。

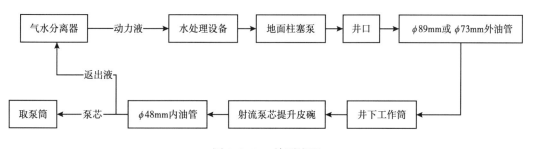

图3-3-47　检泵流程

2. 工艺特点

1）工艺管柱特点

使用独立的排水和采气管柱，即动力液经过1.9in油管进入工作筒，在射流泵泵芯内与地层液混合并进入$2\frac{7}{8}$in油管或$3\frac{1}{2}$in油管与1.9in油管形成的环形空间上返至地面，气体则通过油套环空外输。

2）适用范围

在几种排水采气工艺［泡排、优选管柱、气举（分为常规气举、柱塞气举）、机抽、电潜泵、射流泵］中，射流泵排水采气工艺具有以下突出优点。

（1）排液能力强。通过调整喷嘴喉管组合和生产压力，射流泵最大排液量300m³/d，适用于出水气井强排水和积液井复产。

（2）举升高度大。射流泵最大举升高度大于3000m，对产层中深在3000m以上、井底压力较低（小于 10MPa）的产水气井同样适用。

（3）工艺适用性广。该套井下工具适应最大造斜率 19.1°/30m，适用于多种井身状况，除用于直井外，对于斜井、定向井、水平井同样适用。

3）技术参数

为防止气蚀，水力射流泵排水采气要求较高的吸入压力和较高的沉没度，而气水比太大也不适合水力射流泵排水采气，故其工作时须满足以下条件：

（1）排液量不大于 350m³/d；

（2）产气量不大于 5×10^4m/d；

（3）适用井温大大于 120℃；

（4）泵挂深度大大于 3500m；

（5）工作介质为油、气、水混合物。

4）技术优势

排砂能力强，井口和井下设备无运动，采用特殊材质及流道设计，适用于地层砂含量小于 10%、砂粒直径小于 2.8mm 的情形。不卡泵、埋油气层，吸入口位于油气层下界之下，吸入口有绕丝管保护，保证排砂采气生产。无偏磨问题，设备无杆、无运动件，适应斜井、水平井。维护方便，作业免修期长，正常情况下检泵周期在一年及以上。使用寿命长，机组主要部件均采用特殊材料，目前平均寿命为 4 年，最长的已达 10 年。

5）工艺应用

（1）工艺实施条件。

在同心双管射流泵排水采气工艺理论可行的基础上，针对苏里格气田开发生产现状，确定在苏 77-X-X 井等 4 口微气井开展现场试验，该类井控制气藏边底水的弹性能量有限，具可排性，排水可消耗水体弹性能量，降低水体压力，使水封气解封而产出，"不排没有气，小排出小气，大排出大气"。

（2）工艺设计。

①参数设计。

以苏 77-X-X 井为例，生产参数为产水量 3~5m³/d，最大日产水 7m³，动液面深度 2700m，动力液管柱为 1.9TBG 油管，混合液管柱为 $2\frac{7}{8}$in 加厚或平式油管，井下泵下至山$_2$³ 段下界之下的 3075m。根据动液面位置、井口设备达到的工作压力、最大效率等各项参数，确定流量比和压力比，通过数值模拟计算出所需的喷嘴、喉管直径等工作参数（表 3-3-16）。

②管柱强度计算及校核。

管柱强度计算及校核见表 3-3-17。

（3）实施步骤。

①选择合适的压井液压井，拆井口，起出井内所有管柱，并对起出的井下管柱和井下工具进行检查。

②下入光油管，探砂面。

③起出探砂管柱，按本井同心双管射流泵排水采气管柱图配好生产管柱。按顺序首先下入丝堵、绕丝筛管，然后下入尾管（ϕ48mm 油管）、井下泵工作筒、ϕ73mm 加厚油管、油管锚，最后平稳下入全部混合液管柱，下放速度每小时小于 30 根油管。

表 3-3-16 生产参数模拟计算表（混合液管柱为 $2\frac{7}{8}$ in 油管）

泵深（垂深）（m）	3000						
泵深（斜深）（m）	3075						
喷嘴直径（mm）	1.47~2.06						
喉管直径（mm）	2.00~3.12						
动液面（斜深）（m）	1200	1500	1800	2000	2300	2500	2700
井口压力（MPa）	18.7	21.6	24.5	26.4	29.2	31.0	31.0
动力液量（m³/d）	33.52	36.60	39.44	41.22	43.72	45.28	46.08
产液量（m³/d）	7.01	6.99	7.02	7.01	7.04	7.00	5.89
流量比	0.2090	0.1910	0.1780	0.1700	0.1610	0.1545	0.1279
压头比	0.8078	0.8496	0.8807	0.9003	0.9227	0.9391	1.0092
效率（%）	16.88	16.23	15.68	15.30	14.86	14.51	12.91
气蚀流量比	0.5028	0.4410	0.3801	0.3391	0.2748	0.2277	0.1756
有功（kw）	9.07	11.44	13.98	15.74	18.47	20.31	20.67

表 3-3-17 管柱强度计算和校核（有油管锚井下管柱）

					正常生产时				
允许抗拉强度 N（kPa）	起下拉力 N_{max}（kPa）	安全系数	完井拉力 N_{max}（kPa）	安全系数	拉力 N_{max}（kPa）	安全系数	允许内压（MPa）	最大内压（MPa）	安全系数
混合液管柱：ϕ73mm N80 加厚油管，长度 3050m									
645134	284890	2.26	189800	3.4	189800	3.4	72.9	30	2.43
动力液管柱：ϕ48mm N80 平式油管，长度 3050m									
169870	120080	1.41	-120080		-120080		73.6	30	2.45
油管锚：无胶筒 Y211-114 封隔器，深度 2100m（螺纹为 ϕ73mm N80 平式油管扣）									
469836			93186	5.04	342669	1.37			

注：油管锚承担 1002m 油管重量、坐封压力 50kN 和 ϕ48.3mm 油管全部重量；井口悬挂器承担 2100m 油管扣除坐封压力的重量，ϕ48.3mm 油管全部重量压在油管锚上；正常生产时油管锚除承担上述力外，还承受压力差产生的拉力。

④下至预定位置后，连接双管井口悬挂器，并将双管井口悬挂器坐入井口大四通中，上紧上全大四通螺栓和顶丝。

⑤将同心双管射流泵排水采气装置中的插入接头和 ϕ48mm 平式油管相连接，从井口悬挂器的混合液孔中缓慢下入动力液管柱（ϕ48mm 油管），下放速度每小时小于 20 根油管。

⑥下完动力液管柱后，使动力液管柱的重量全部压在混合液管柱上，调整动力液管柱的长度，安装井口，连接井口高、低压流程。

⑦用水泥泵车本区清洁污水正循环（动力液管柱进，混合液管柱出）洗井两周，然后投固定阀。

⑧混合液管柱试压：关闭混合液管阀门，使用水泥泵车试压，混合液管柱试压压力与稳压时间按甲方相关标准执行（建议试压标准：以压力 25MPa 进行试压，经稳压 10min 压降小于 0.5MPa 为合格）。

⑨动力液管柱试压：投入"试压泵芯"，动力液管柱试压压力与稳压时间应达到设计要求。试压标准：以压力 35MPa 进行试压，经稳压 10min 压降小于 0.5MPa 为合格。

⑩起出"试压泵芯"，准备投泵生产。

⑪生产要求如下。

（a）系统额定压力为 35MPa。

（b）依据该井在排水采气生产过程中的产气量、产水量、井底流压、液面深度、井口回压、动力液压力等参数，根据生产要求，按生产参数模拟计算表进行生产参数调整。

（c）生产过程中应控制井底流压，降低速度，以防止地层砂流出地层。

（d）取全取准产气量、产水量、井底流压、液面深度、井口回压、动力液压力等各项生产资料。

⑫异常问题对策，见表 3-3-18。

表 3-3-18　生产过程中出现的问题及解决方法汇总表

出现问题	主要原因	解决方案
起泵困难	（1）水中杂质堆积导致的卡泵； （2）工作筒、泵体结垢造成的卡泵	（1）低压过滤器过滤动力液内杂质； （2）改进井下工具，泵芯与密封插头增设"台阶"辅助解卡； （3）投冲洗泵芯冲洗工作筒； （4）使用水处理设备，降循环液硬度
井下泵芯结垢	动力液水质不合格，地层液高矿化度、高硬度	（1）动力液经地面水处理装置降低 Ca^{2+}、Mg^{2+}、HCO_3^- 含量，调节动力液 pH 值呈弱酸性抑制结垢； （2）套管添加阻垢剂，减弱因地层液引起的结垢
回压阀漏失	固定阀球座或固定阀表面有杂物，导致固定阀未坐严	（1）投冲洗泵芯冲洗固定阀； （2）投固定阀震击器震击
射流泵内管内壁与外壁结垢	附壁效应导致管壁吸附 Ca^{2+}、Mg^{2+}，与循环液内 CO_3^{2-}、HCO_3^- 结合成垢	（1）地面管线安装合金阻垢器； （2）地面水处理装置减少动力液 Ca^{2+}、Mg^{2+}、HCO_3^- 含量，保证微酸性环境（pH 值 =6~6.5）
混合液串气	井筒液面降低到工作筒附近深度后，水气同时被吸入工作筒内	工作筒下部安装简易气锚，减少进入到工作筒内的气量
泵效低	地层供液能力不足等原因	优选喷嘴喉管组合，合理调节生产方式

6）实施效果

2017 年开始试验运行，累计实施 4 口井，分别为单井（苏 77-7-8 井）、3 丛井组（苏 77-9-37 井、苏 77-8-40 井、苏 77-10-39 井）。目前运行 3 丛井，日均产量 0.7×10⁴m³，平均单井 0.23×10⁴m³/d，水气比 2.1m³/10⁴m³，累计产气 836×10⁴m³，气井综合递减率 16.8%（图 3-3-48）。

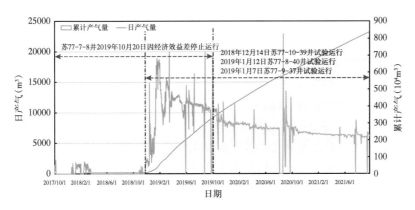

图 3-3-48　射流泵工艺井历史生产曲线

二、机抽排水采气技术

1. 工艺原理

机抽排水采气工艺的基本原理是将深井泵下入井筒液面以下的适当深度，深井泵柱塞在抽油机的带动下，在泵筒内做上、下往返抽汲运动，将地层和井筒中的液体从油管排到地面，井筒中的液面将逐渐下降，从而降低了井筒中液体对气层的回压，产层气则向油套环形空间聚积、升压，从而实现排水采气目的。

2. 工艺流程

工艺流程可分成地面和井下两个部分。地面部分由电动机或其他动力设备提供驱动力，带动抽油杆做上下往复运动，抽油杆则带动井下抽油泵柱塞做上下往复运动，产层流体经过泵的抽汲作用，通过油管排出井口，若有产出天然气则通过油套环空排出井口。

3. 工艺适应性

对于储层产水量大、动液面高、有一定产气能力特点的水淹气井，采用抽油机配套设备排水采气，一般应有如下条件。

（1）排水量为 10~100m³。

（2）泵挂深度应小于 2700m。

（3）产层中部深度在 1000~2900m 之间。

（4）目前地层压力 2.4~26MPa。

（5）产后套管压力 1.5~20MPa。

（6）温度应小于 120℃。

（7）腐蚀介质：

①矿化度在 10000~90000mg/L 之间。

②二氧化碳不大于 115g/m³。

③对于硫化氢含量，若使用的管柱是不含硫管串则适用于 0~300mg/m³ 的低含硫气井，若使用防硫管串，则适用于 26×10³mg/m³ 以下的相对较高含硫气井。

4. 工艺设计

1）试验井情况

召 51-X-X 井是 2014 年投产的直井，井深 3055m，产层位置 2882~2886m，2903~ 2907m，

气层套管 ϕ139.7mm，ϕ73mm 油管下深 2888m，试气产量 $2.0\times10^4\text{m}^3/\text{d}$，试气产水 $4.2\text{m}^3/\text{d}$，无阻流量 $3.1\times10^4\text{m}^3/\text{d}$，投产初期采用间歇生产，日生产 40~60min，油套压差持续增大，井底积液无法有效排出。2017 年 2 月 28 日采用柱塞工艺生产，2d 生产 40~50min，产水 4~6m³，因地层出水严重，井底逐渐积液，油套压力恢复缓慢，井口放空多次无效，于 2018 年初停喷停产，累计产气量约 $300\times10^4\text{m}^3$，2019 年 5 月测试积液段有 680m。

2）实施难点

（1）抽油泵合理下深。根据气井状况和设备能力，选择最佳泵挂深度和抽汲参数，以保证深井泵有合理沉没压力，使泵的充满系数尽可能接近 1，以获得尽可能多的排液量。

（2）常规密封填料密封性能差。常规密封填料与光杆长期滑动摩擦极易失效，不能长期密封，尤其是在未正常出水前的干磨阶段，密封填料橡胶组件老化严重，导致密封失效，造成渗漏，甚至外刺，易引起安全环保问题。

（3）抽油杆柱与抽油机匹配性。因为机抽工艺投入设备多，迁移不便，单井实施该工艺是长期、持续过程，抽油杆柱不仅要考虑整体强度，同时要尽可能减少管柱偏磨因素，并且要结合经济性匹配抽油机。

3）技术设计

（1）泵挂深度决定最终排水采气效果，所以泵挂位置应最大限度靠近产层顶部，同时管柱下端与产层顶部应留一定的安全距离，防止产层出砂，该井产层顶界 2882m，因此，选定下泵深度 2877m，泵下设计 20m 的沉砂尾管。

（2）为了解决传统抽油机密封填料耐磨性差的问题，设计双级排溢接头，同时中部设计有放空阀，在一级密封失效时，可通过放空阀将渗漏气液混合物排泄至固定容器或下游输气管线。加装双闸板防喷器，用于更换二级排溢接头中的密封组件时密封井口。

（3）套管阀后端安装流量计，流量计后端安装单流阀，用于隔断油管排出的液体，防止液体倒流入井内，井口气、液管线在针形阀前端汇合，通过下游输气管线进入主输气管线，针形阀后端安装紧急切断阀（图 3-3-49）。

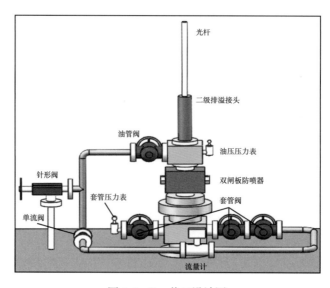

图 3-3-49　井口设计图

（4）根据气井日排水量需求，设计 ϕ38mm 防砂过桥抽油泵，外管上接箍留有沉砂通道，外管与泵筒之间有环形沉砂空间，可存放油管中沉降的泥砂，柱塞体外壁设计有螺旋沉砂槽，可有效防止砂卡（图 3-3-50）。

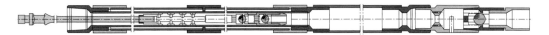

图 3-3-50　防砂过桥抽油泵结构图

（5）根据最大应力优化原则，经计算选用 H 级抽油杆三级杆柱组合满足现场需求，抽油杆柱设计：ϕ38mm 抽油泵柱塞＋抽油杆 ϕ19mm ＋ ϕ19/22mm 变扣＋抽油杆 ϕ22mm ＋ ϕ22/25mm 变扣＋抽油杆 ϕ25mm×798m ＋ ϕ32mm 光杆。

（6）采用 ϕ73mm 全新油管，下深 2869m，下接抽油泵组合。为防止产层泥砂进入抽油泵泵筒，泵下设计 4m 防砂筛管，筛管内部安装气锚，防止气体进入泵腔发生气锁、影响泵效，从而延长检泵周期。

（7）油管柱组合：丝堵 ＋ϕ73mmEUE 加厚油管 ＋ϕ73mm 加厚外螺纹变平式内螺纹＋ϕ73mm 筛管（气锚）＋ϕ73mm 加厚外螺纹变平式内螺纹＋固定阀＋销钉式泄油器 ＋ϕ38mm 抽油泵泵筒 ＋ ϕ73mm 加厚内螺纹变平式外螺纹。

（8）经计算最大悬点载荷 12.7t，需采用 16 型游梁式抽油机，抽油机动力装置为55kW 燃气发电机（表 3-3-19）。

表 3-3-19　召 51-XX-XX 井机抽设计参数

泵	泵型／泵径		泵间隙等级	泵深
	防腐管式抽油泵 / ϕ44mm		Ⅱ级	2877m
地面动力	机型	额定悬点载荷	冲程	冲次
	游梁式抽油机	160kN	3.2m	2.5 次 /min
杆柱	抽油杆柱组合（H 级）	ϕ38mm 防腐抽油泵柱塞＋抽油杆 ϕ19mm/ϕ22mm/ϕ25mm ＋ ϕ32mm 光杆		
	光杆	ϕ32mm×9m		
管柱	N80 油管柱组合	丝堵 ＋ϕ73mmEUE 加厚油管 ＋ϕ73mm 加厚外螺纹变平式内螺纹 ＋ϕ73mm 筛管 ＋ϕ89mm 气锚 ＋ϕ73mm 加厚外螺纹变平式内螺纹＋固定阀＋销钉式泄油器（防腐）＋ϕ38mm 防腐抽油泵泵筒 ＋ ϕ73mm 加厚内螺纹变平式外螺纹 ＋ϕ73mmEUE 加厚油管＋变扣＋油管悬挂器		
	悬挂器	ϕ89mm		
最大悬点载荷	12.4t	最小悬点载荷		7.3t
抽油杆安全系数	0.8	抽油杆应力范围比		85%
理论排量	19.6m³/d	实际排量（泵效按 60% 计算）		11.7m³/d

5. 实施流程

（1）泄压观察、压井、记录环空压力。压井方式：近平衡法压井，观察油套压力 8h以上，若压力上升，请示现场监督酌情重复泄压、压井，直至压稳。

（2）观察井口稳定后，拆卸井口流程与采气树上半部分，并安装防喷器，下部为半封，上部为全封，并进行试压，压力 35MPa，5min 后压降不超过 0.5MPa 视为合格。

（3）起出原井管柱，起管柱过程中按照井控要求进行灌液。

（4）依据管柱组合设计下入泵抽管柱。

（5）安装抽油机、发电机、地面流程，组织投运。

6. 实施效果

试验井召 51-XX-XX 井为一口长关井，实施后成功复产。气井因长期关井，近井带能量补给、气液置换导致含水饱和度降低，表现出生产初期气量大、水量小，后产水量逐渐上升趋于稳定。为提升排液效率，优化运行参数，冲程提升至 5.0m，冲次降至 3.0 次 /min，产液量由 1.33m³/d 上涨至 1.91m³/d，套管环空采用连续生产方式，日产气量稳定在 4000m³/d，生产水气比 4.75m³/10⁴m³，生产稳定，三年累计产气 95×10⁴m³。

三、电潜泵排水技术

1. 工艺原理

对于电潜泵排水采气举升系统来说，井下多级离心泵是实现产水井正常排水的核心设备之一，通过井下电动机带动井下多级离心泵旋转，将井液从泵吸入口吸入，再经多级叶轮、导轮副增压后，从泵排出口排入油管，经井口排出，同时产水气井产出的天然气则经油套环形空间产出（图 3-3-51）。

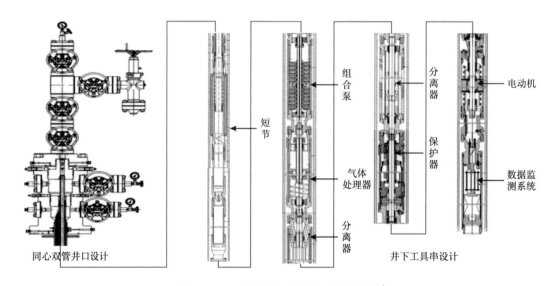

图 3-3-51　电潜泵双管排水采气原理图

（1）井口部分设计特殊的同心双管悬挂采气树，不仅能够满足 ϕ73mm+ϕ48.3mm 油管同心悬挂，同时在采气树底部六通部位设计了特有的毛细管及电缆通道，电缆通道位置配套电缆穿越器，密封能力超过 40MPa，毛细管下部出口设计在电潜泵位置，用于定期加注阻垢剂，保护电潜泵组合。

（2）井下采用排液产气通道转换短节，上部连接在 ϕ73mm 油管柱，下部连接电潜泵工具组合，根据井况，优选 387 系列直径 ϕ98.3mm 电潜泵，最大投影直径 118.3mm，设计扬程

2900m（三节泵组成），轴功率 36kW，排量适用范围 20~100m³/d，耐温等级 120℃，ϕ48mm 油管连接回插接头，回插入转化短节内通道上部，密封性能超过 40MPa，采气通道直径大于 25.4mm，排液通道为 ϕ8mm×6 通孔均匀设计，可实现小油管生产、小环空排液。

2. 技术特点

电潜泵排水采气时具有以下优点：排量范围大、扬程范围大、效率高，设备自动化程度高，能最大限度地降低井底回压，是产水量大气井强排水的重要手段。一旦产水气井进入开发的中、后期，由于地层压力较低、产水量大，对于采用气举不能使其复产的水淹井，电潜泵就是较理想的接替工艺。

3. 工艺设计

1）排量

根据气井的排水需求得出电潜泵的设计排量 Q_j。

2）总扬程

多级离心泵的总扬程由三部分组成，即多级离心泵的净扬程、井口油管压力的折算扬程和井液流过油管的摩阻损失折算扬程，计算图例如图 3-3-52 所示。

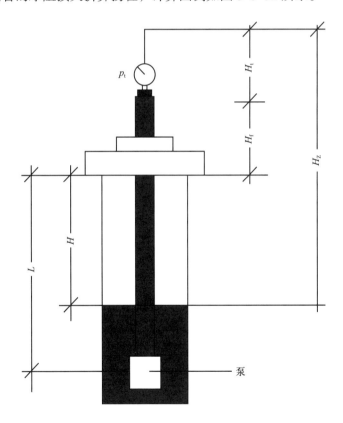

图 3-3-52　多级离心泵总扬程计算图例

多级离心泵设计扬程可表示为：

$$H_z = H + H_t + H_f \tag{3-3-25}$$

式中　H_z——总扬程，m；

H——设计扬程，m；

H_t——井口油管压力折算扬程，m；

H_f——井液流过长度为 L 的油管摩阻损失折算扬程，m。

（1）井口油管压力折算扬程：

$$H_t = \frac{p_t}{0.00981\gamma_w} \qquad (3\text{-}3\text{-}26)$$

式中　p_t——井口油管压力，MPa；

　　　γ_w——气田水相对密度。

（2）摩阻损失折算扬程：

$$H_f = 3.0518 \times 10^9 \left(\frac{Q_j}{C}\right)^{1.85} \frac{L}{ID_t^{4.86}} \qquad (3\text{-}3\text{-}27)$$

式中　L——泵挂深度，km；

　　　Q_j——设计排量，m³/d；

　　　ID_t——油管内径，mm；

　　　C——常数，对于使用年限超过 10 年的油管，$C=100$；否则，$C=120$。

3）选泵

（1）给定设计最高运行频率 F_{max}（单位：Hz）。

（2）50Hz 下的泵排量：

$$Q_{50} = \frac{50Q_j}{F_{max}} \qquad (3\text{-}3\text{-}28)$$

式中　Q_{50}——50Hz 下的泵排量；

　　　F_{max}——设计最高运行频率，Hz。

（3）泵型号选择。

根据 50Hz 下泵排量、生产套管尺寸和泵特性曲线，选择合适的泵型号（图 3-3-53）。

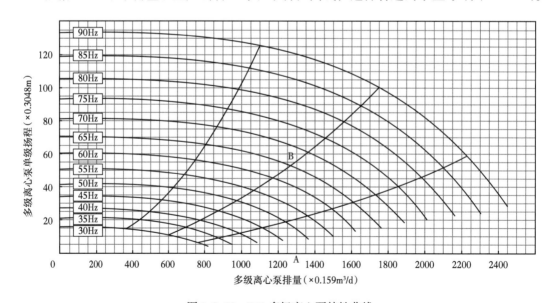

图 3-3-53　P11 多级离心泵特性曲线

（4）泵级数。

① 50Hz 下的泵扬程：

$$H_{50} = \frac{2500H_Z}{F_{\max}^2} \tag{3-3-29}$$

式中　H_{50}——50Hz 下的泵扬程，m。

② 泵级数：

$$N = \frac{H_z}{H_D}（取整）+1 \tag{3-3-30}$$

式中　N——泵级数，级；

　　　H_D——单级扬程，m。

4）设计最高运行频率 $F_{\max}$ 下的电动机功率

井下机组的结构从下至上依次为电动机、保护器、井下气水分离器和多级离心泵，因此，电动机的输出功率 HP_D 应是 $F_{\max}$ 下的保护器消耗功率 HP_P、井下气水分离器消耗功率 HP_F 和多级离心泵所耗功率 HP_B 之和，即：

$$HP_D = HP_B + HP_P + HP_F \tag{3-3-31}$$

（1）$F_{\max}$ 下的泵功率：

$$HP_B = \frac{\gamma_w H_z' Q_z'}{8813\eta_B} \tag{3-3-32}$$

其中：

$$H_z' = \frac{F_{\max}^2 H_{50}'}{2500} \tag{3-3-33}$$

$$Q_z' = \frac{F_{\max} H_{50}'}{50} \tag{3-3-34}$$

式中　HP_B——$F_{\max}$ 下的泵功率，kW；

　　　η_B——泵效，%。

（2）保护器消耗功率。

根据套管尺寸选择合适的保护器系列号、型号，再基于 400 系列保护器功率与多级离心泵扬程的关系曲线或 513 系列保护器功率与多级离心泵扬程的关系曲线和泵总扬程 H_z'，查出对应的保护器消耗功率 HP_P。

（3）井下气水分离器消耗功率。

根据套管尺寸选择合适的井下气水分离器系列号、型号，再基于厂家提供的井下气水分离器给定频率下的功率，计算 $F_{\max}$ 下的井下气水分离器消耗功率。

$$HP_F = \left(\frac{F_{\max}}{50}\right)^3 HP_{50} \tag{3-3-35}$$

式中 HP_{50}——50Hz 下的井下气水分离器功率，kW。

需注意的是，若井下机组加装了气体分离器，则还应加上气体处理器消耗功率。

5）50Hz 下的电动机输出功率

计算公式为

$$HP_{D50} = \frac{50}{F_{max}} HP_D \qquad (3-3-36)$$

式中 HP_{D50}——50Hz 下的电动机功率，kW。

根据计算出的电动机功率，尽可能按高电压、低电流进行配置。

6）电缆选择

电缆选择受到电缆载流量、电缆压降法则和环境温度的限制。电缆的载流量决定电动机的额定运行电流，不同直径铜线的载流量见表 3-3-20。

表 3-3-20 铜芯电缆载流量

项目	1#	2#	4#	6#
铜芯直径（mm）	7.34	6.55	5.18	4.11
载流量（A）	110	95	70	55

电缆压降法则决定整个电缆在给定环境条件下电压降控制范围。根据经验法则，在选择电缆时，不论电缆的型号怎样，每 304.8m 长度的电缆，其电压降不得大于 30V。

（1）电缆初选。

根据所选电动机电流和表 3-3-22 中的电缆载流量，初选电缆规格，即：AWG 号。

（2）电缆压降。

根据井底温度，并从下列各式中选择对应的电缆压降计算公式计算所选电缆的总压降。

1# 电缆：

$$\Delta V = 0.215 \frac{I_e L_c}{304.8}(0.92141 + 0.00393 T_d) \qquad (3-3-37)$$

2# 电缆：

$$\Delta V = 0.272 \frac{I_e L_c}{304.8}(0.92141 + 0.00393 T_d) \qquad (3-3-38)$$

4# 电缆：

$$\Delta V = 0.455 \frac{I_e L_c}{304.8}(0.92141 + 0.00393 T_d) \qquad (3-3-39)$$

6# 电缆：

$$\Delta V = 0.682 \frac{I_e L_c}{304.8}(0.92141 + 0.00393 T_d) \qquad (3-3-40)$$

式中 ΔV——电缆总压降，V；

I_e——电动机额定电流，A；

L_c——电缆长度，m；

T_d——井底温度，℃。

（3）电缆压降校核。

若计算的电缆总压降（ΔV）小于30V/304.8m，则进入下面的计算。否则应换 AWG 号更大的电缆进行重新计算，直至其电压降数值小于30V/304.8m 为止。

7）F_{max} 下的地面电压

计算公式为：

$$V_s = \Delta V + F_{max} \frac{V_{50}}{50} \qquad (3\text{-}3\text{-}41)$$

式中　V_s——F_{max} 下的升压变压器输出电压，V；

　　　ΔV——井下动力电缆电压降，V；

　　　V_{50}——电动机 50Hz 下的额定电压，V。

8）变频控制器容量

计算公式为：

$$KVA_b = 1.732 \times 10^{-13} V_s I_e \qquad (3\text{-}3\text{-}42)$$

式中　KVA_b——变频控制器容量，kV·A。

9）升降压变压器容量

升压与降压变压器容量按变频控制器容量进行配备。

4. 工艺适用范围

多级大排量高功率电潜泵机组比较昂贵，使得初期投资大，尤其是电缆费用高，由于气井中地层水腐蚀和结垢等影响，使得井下机组寿命较短，部分设备重复利用率不高，从而使得装备一次性投资较大，采气成本高，电潜泵选型主要考虑以下因素。

（1）井筒条件：气层套管直径不小于 5½ in，无套损现象。

（2）井斜条件：井斜不大于 30°。

（3）井眼轨迹条件：狗腿度不大于 5°。

5. 启停规律研究

1）气井携液临界流量模型

地层所产出的液体在井筒内常以小液滴形式存在，其在井筒中主要受天然气向上的曳力和自身向下的重力的共同作用。其中，气体的曳力与气体的流速成正相关关系。因此当曳力与重力刚好相等时，液滴受力平衡，理论上液滴将匀速被举升到井口，此时所对应的流速即为携液的临界流速。

气体的流速与气井的产气量有关，气井产气量越大，气体的流速也就越大。因此，气井也存在携液的临界产量。当气井的产量大于临界携液产量时，天然气携带液滴，以雾状流形式把液体排出井筒，此时井底无积液。当气井的产量小于临界携液产量时，气流中的液滴直径不断增大，气流携带液滴困难，液滴下滑回落到井底形成积液。

目前，常用的预测直井携液临界流量模型有 Turner 模型、李闽模型和王毅忠模型等，其中王毅忠模型最适用于致密气井井筒临界流速的计算。

（1）Turner 模型。

Turner 模型假设液滴在高速气流携带下是球形液滴，通过球形液滴的受力分析，推导出了气井携液的临界流速公式。

临界流速为：

$$v_{cr} = 6.6 \times \left[\frac{\sigma(\rho_1 - \rho_g)}{\rho_g^2} \right]^{0.25}$$

（3-3-43）

相应的携液临界流量为：

$$q_{sc} = 2.5 \times 10^8 \frac{Apv_{cr}}{ZT}$$

（3-3-44）

式中 V_{cr}——气井临界流速，m/s；

ρ_1，ρ_g——液相、气相密度，kg/m³；

σ——气液界面张力，N/m；

q_{sc}——气井携液临界流量，m³/d；

A——油管横截面积，m²；

p——压力，MPa；

T——温度，K；

Z——气体压缩因子。

气体压缩系数 Z 可通过美国加利福尼亚天然气协会 CNGA 提供的公式进行计算，其中 $\varDelta$ 在 0.550~0.700 之间进行取值：

$$Z = 1 / \left[\frac{1 + 5.072 \times 10^6 \times (p + 0.098) \times 10^{1.785\varDelta}}{(T + 273.15)^{3.825}} \right]$$

（3-3-45）

Turner 模型是在气液比大于 1367m³/m³，流态为雾状流的前提下推导的，没有综合考虑液滴变形和液滴大小的影响，在我国气田上实际运用时，其计算的携液临界流量大大高于实际值。

（2）李闽模型。

李闽认为被高速气流携带的液滴在高速气流作用下，其前后存在一压差，在这一压差的作用下液滴会由圆球形变成一个椭球形，且椭球形时所取曳力系数 C_D 近似等于 1，推导出新的计算模型。

临界流速为：

$$v_{cr} = 2.5 \times \left[\frac{\sigma(\rho_1 - \rho_g)}{\rho_g^2} \right]^{0.25}$$

（3-3-46）

相应的携液临界流量为：

$$q_{sc} = 2.5 \times 10^8 \frac{Apv_{cr}}{ZT}$$

（3-3-47）

（3）王毅忠模型。

王毅忠认为气井携液过程中的液滴基本呈球帽形，因此推导了基于球帽形液滴假设的气井最小携液临界流量公式。

临界流速为：

$$v_{cr} = 2.25 \times \left[\frac{\sigma(\rho_1 - \rho_g)}{\rho_g^2} \right]^{0.25} \tag{3-3-48}$$

相应的携液临界流量为：

$$q_{sc} = 2.5 \times 10^8 \frac{Apv_{cr}}{ZT} \tag{3-3-49}$$

（4）明瑞卿模型。

明瑞卿假设液滴是球形液滴，对定向井中的液滴进行了受力分析，然后对紊流条件下雷诺数与曳力系数的关系进行了非线性拟合，得出了基于气相紊流条件下定向井连续携液临界流量的预测新模型。

临界流速为：

$$v_{cr} = 5.8 \times \left(\frac{0.1\sin\beta + \cos\beta}{C_d} \right)^{0.25} \times \left[\frac{\sigma(\rho_1 - \rho_g)}{\rho_g^2} \right]^{0.25} \tag{3-3-50}$$

$$C_d = -3.316 \times 10^{-18} Re^3 + 7.3 \times 10^{-12} Re^2 - 4.918 \times 10^{-6} Re + 1.143$$

相应的携液临界流量为：

$$q_{sc} = 2.5 \times 10^8 \frac{Apv_{cr}}{ZT} \tag{3-3-51}$$

（5）井筒变流量气井携液临界流量确定方法。

要保证油管内不产生积液，首先需要确定最易产生积液的井筒位置。常流量气井的筛选条件为节点携液临界流量最大值所对应的井筒位置，这对井筒变流量气井已不适用。考虑到井筒中任意一点不产生积液的条件（该点的实际流量大于携液临界流量），只要逐点计算二者差值，其最小值所处位置即为最易产生积液的井筒位置。

将井筒由油管鞋至井口段划分为 n 个节点，选用动态监测数据拟合法确定系数值并代入方程（3-3-48）中，即可计算得到井筒第 i 个节点携液临界流速，然后再代入对应公式（3-3-49）中，即可得到井筒中各节点的携液临界流量：q_{cr1}，q_{cr2}，q_{cr3}，$\cdots$，q_{crn}。

利用产出剖面生产测井、数值模拟等技术可获得沿井筒的流量分布。取与井筒节点携液临界流量相同的节点，那么井筒中的流量依次为：q_1，q_2，q_3，$\cdots$，q_n。在相同节点处，依次计算井筒流量与携液临界流量的差值，其最小值对应的节点即为最易产生积液的节点，可表示为：

$$q_k - q_{crk} = \min\{ q_1 - q_{cr1}, q_2 - q_{cr2}, \cdots, q_n - q_{crn} \} \tag{3-3-52}$$

式中 q_k——井筒中最易产生积液节点的流量，m^3/d；

q_{crk}——井筒中最易产生积液节点的携液临界流量，m^3/d；

q_1，q_2，$\cdots$，q_n——井筒中从油管鞋至井口各节点处的流量，m^3/d；

q_{cr1}，q_{cr2}，$\cdots$，q_{crn}——井筒中从油管鞋至井口各节点的携液临界流量，m^3/d。

气井携液临界流量是指最易产生积液的节点携液临界流量所对应的井口产量，而不是该节点的携液临界流量。在常流量气井中，二者相等，而在变流量气井中，二者不等，这时就需要按照节点流量占总流量的比例将其折算成气井的携液临界流量。气井携液临界流量即为节点 k 处携液临界流量对应的节点 n 处的流量（气井井口产量）：

$$q_{crg} = q_{crk} \frac{q_n}{q_k} \qquad (3-3-53)$$

式中　q_{crg}——气井携液临界流量，m^3/d。

2）结垢预测模型

结垢指两种不相容（即不配伍）的水溶液混合或一种水溶液经历物理、化学变化，使一种或多种化合物的溶解度降低时产生沉淀（固体沉积物）的现象。垢通常是一些溶度积很小的无机物，例如 $CaCO_3$、$MgCO_3$、$CaSO_4$、$BaCO_3$、$SrSO_4$ 等。垢的种类很多，通常油气田水常见的有碳酸盐垢，组成为 $CaCO_3$、$MgCO_3$，但易被酸化去除，危害相对较小；而硫酸盐垢，组成为 $CaSO_4$、$BaSO_4$、$SrSO_4$，一般方法很难去除，因此危害很大；此外还有铁化物垢、$NaCl$ 垢、$Mg(OH)_2$ 垢、$CaSiO_3$ 垢等。实际上一般的垢都不是单一的垢组成，往往是混合垢，只不过是以某种垢为主而已。

在管道内形成结垢的直接原因是一种难溶盐在过饱和溶液中的沉淀，而液体过饱和则是由于不相容液体的混合、温度、压力以及 pH 值变化的结果。也就是说，结垢是由于系统内化学不相容性与热力学不稳定性引起的。温度对结垢的影响主要体现在温度变化会使得结垢盐的溶解度发生变化，大部分的结垢物质的溶解度都会随周围温度的升高而降低，并且温度的升高会加快结垢反应的进行。压力对结垢的影响主要体现在压力下降会促使 CO_2 从地层水中逸出，促使 HCO_3^- 向 CO_3^{2-} 转化，从而导致碳酸钙垢形成。在油气井生产的过程中，温度上升，压力下降，或流速变化，高矿化度水就会结垢。

国内外曾对管线中的结垢类型进行过系统的研究，早在 1952 年 Stiff 和 Daivs 就针对最常见的 $CaCO_3$ 垢提出了饱和度指数公式，对于油田经常出现的 $CaSO_4$ 结垢一般由不相容的水混合而产生，受水的化学组成、温度、压力等因素影响，结垢过程中可形成多种晶体，较难预测。现场较实用的预测方法是 Skillman 等提出的热力学溶解度法。目前也有一些学者根据饱和指数原理，开发出结垢预测软件，以提高结垢预测效率和准确度。

饱和指数 SI（即结垢趋势预测参数）是过饱和度的一种量度，根据"饱和指数"可表示溶液中 $CaCO_3$、$BaSO_4$、$SrSO_4$、$CaSO_4$ 等沉淀的可能性。饱和指数 SI 定义如下：

$$SI = \lg \frac{IP}{K_{SP}} \qquad (3-3-54)$$

式中　SI——饱和指数；

　　　IP——实际溶液的离子积；

　　　K_{SP}——溶度积平衡常数。

根据饱和指数 SI 大小可预测产生沉淀可能性大小，SI 值越大，产生垢沉淀的可能性也越大，但不能预测结垢量。

若 SI＜0，溶液未饱和，不会结垢；

若 SI=0，溶液饱和，处于平衡状态；

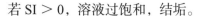

若 SI > 0，溶液过饱和，结垢。

（1）硫酸盐垢饱和指数。

硫酸盐结垢一般是由于系统内两种不相容水的混合而产生的，结垢程度取决于水的化学成分、两种水的混配比以及混合部位的压力和温度等因素。采用 Oddo-Tomson 于 1994 年提出的硫酸盐垢饱和指数 SI 的计算公式，如下：

$$\lg K_{st} = 1.86 + 4.5 \times 10^{-3}T - 1.2 \times 10^{-6}T^2 + 10.7 \times 10^{-5}$$
$$p - 2.38I^{-0.5} + 0.58I - 1.3 \times 10^{-3}I^{-0.5}T \tag{3-3-55}$$

$$\sum C_M = C_{Ca} + C_{Mg} + C_{Sr} + C_{Ba} \tag{3-3-56}$$

$$\left[SO_4^{2-} \right] = -\frac{\left[1 + K_{st}\left(\sum C_M - C_{SO_4^{2-}} \right) \right]}{2K_{st}} +$$
$$\left\{ \left[1 + K_{st}\left(\sum C_M - C_{SO_4^{2-}} \right) \right]^2 + 4K_{st}C_{SO_4^{2-}} \right\}^{0.5} / 2K_{st} \tag{3-3-57}$$

$$\left[Mg^{2+} \right] = C_{Mg} / \left(1 + K_{st}\left[SO_4^{2-} \right] \right) \tag{3-3-58}$$

$$\left[Ca^{2+} \right] = C_{Ca} / \left(1 + K_{st}\left[SO_4^{2-} \right] \right) \tag{3-3-59}$$

$$\left[Ba^{2+} \right] = C_{Ba} / \left(1 + K_{st}\left[SO_4^{2-} \right] \right) \tag{3-3-60}$$

$$\left[Sr^{2+} \right] = C_{Sr} / \left(1 + K_{st}\left[SO_4^{2-} \right] \right) \tag{3-3-61}$$

$$SI(CaSO_4 \cdot 2H_2O) = \lg\left(\left[Ca^{2+} \right]\left[SO_4^{2-} \right] \right) + 3.47 + 1.8 \times 10^{-3}T$$
$$+ 2.5 \times 10^{-6}T^2 - 5.9 \times 10^{-5}p - 1.13I^{0.5} + 0.37I - 2 \times 10^{-3}I^{0.5}T \tag{3-3-62}$$

$$SI(CaSO_4) = \lg\left(\left[Ca^{2+} \right]\left[SO_4^{2-} \right] \right) + 2.52 + 9.98 \times 10^{-3}T$$
$$- 0.97 \times 10^{-6}T^2 - 3.07 \times 10^{-5}p - 1.09I^{0.5} + 0.50I - 3.3 \times 10^{-3}I^{0.5}T \tag{3-3-63}$$

$$SI(BaSO_4) = \lg\left(\left[Ba^{2+} \right]\left[SO_4^{2-} \right] \right) + 10.03 - 4.8 \times 10^{-3}T$$
$$+ 11.4 \times 10^{-6}T^2 - 4.8 \times 10^{-5}p - 2.62I^{0.5} + 0.89I - 2.0 \times 10^{-3}I^{0.5}T \tag{3-3-64}$$

式中　T——温度，℉；

　　　p——地层压力，Pa；

　　　I——离子强度，mol/L；

　　　$C_{SO_4^{2-}}$、$C_{Ca^{2+}}$、$C_{Mg^{2+}}$、$C_{Ba^{2+}}$、$C_{Sr^{2+}}$——分别为 SO_4^{2-}、Ca^{2+}、Mg^{2+}、Ba^{2+}、Sr^{2+} 的浓度，mol/L。

（2）碳酸钙结垢饱和指数。

Langelier 在 1936 年就提出水的稳定性指标，以确定 $CaCO_3$ 是否可以从水中沉淀出来，该指标是针对城市工业用水的。后来，Davis 和 Stif 将这一指标应用到油田，即饱和指数法（饱和指数 SI）。该方法主要考虑了系统中的热力学条件。之后，Oddo-Tomson 对此进行了改进，考虑了 CO_2 分压和总压对 $CaCO_3$ 结垢趋势的影响。

气液两相系统中 SI 计算公式见式（3-3-65）：

$$SI(CaCO_3) = \lg\left(\frac{T_{Ca}^2 - Alk^2}{pX_{CO_2}}\right) + 5.89 + 1.549 \times 10^{-2}T - \tag{3-3-65}$$
$$4.26 \times 10^{-6}T^2 - 7.44 \times 10^{-5}p - 2.52\mu^{0.5} + 0.919\mu$$

式中　T_{Ca}——Ca^{2+} 浓度，mol/L；

　　　Alk——HCO_3^- 浓度，mol/L；

　　　p——总压力，Pa；

　　　T——地层温度，℉

　　　X_{CO_2}——在气相中 CO_2 的摩尔分数；

　　　μ——离子强度，mol/L。

（3）结垢预测模型的建立。

排水采气过程中，随着流体向井口流动，温度和压力下降容易在井筒形成水垢。水垢的形成会影响电泵的正常工作甚至会腐蚀电泵，因此必须预测电泵处是否会结垢，从而为维护气井的正常生产提供重要的理论依据。

电泵处的温度通过井筒两相流数学模型和电泵井温度场数学模型求解，通过电泵伴侣或者毛细管测压筒实时监测泵入口处的压力，且假设电泵处的 pH 值和离子浓度值为定值，水主要以液体的形式存在。由于苏里格气田地层水中的主要成分为 $CaCl_2$，采出水矿化度高，Ca^{2+}、SO_4^{2-}、HCO_3^- 浓度较大，因此主要考虑碳酸钙垢和硫酸盐垢。在已知泵入口的温度压力、离子强度、气相中 CO_2 浓度、结垢离子浓度的条件下，可以计算不同结垢物的饱和指数。当其中某个结垢饱和指数大于或等于 0 时，就需要进行停泵停产处理，从而降低泵入口处的温度、增大泵入口处的压力，从而降低结垢饱和指数。

3）动液面上下限确定方法

气井小油管排水采气过程中，随着井底积液量的增加，气井的产能降低。电潜泵启动排液后产能回升，动液面下降，井底压力降低，增大了电潜泵的结垢风险。因此，利用动液面监测解释模型确定电泵停抽时的临界动液面深度下限及小油管停止采气时动液面深度上限，对于指导电潜泵双管排水采气启停时机决策具有重要作用。

（1）电泵停抽时的动液面确定方法。

气井排水采气后期，产水量急剧增加，生产系统存在结垢现象，尤其是在井下电泵入口处，由于泵体局部过热、地层流体遇泵后湍流等水力学因素作用，电泵极有可能结垢。电泵结垢会降低流体输送效率，还可能导致电泵腐蚀穿孔甚至报废。

在泵处流体温度、离子强度、气相中 CO_2 浓度、结垢离子浓度等地层水参数一定的情况下，地层水结垢饱和指数 SI 与泵处压力成反比关系。电泵排水采气过程中，井筒积液量不断减少，动液面持续下降，导致泵入口处的压力逐渐下降。当压力降低到某一临界值以下时，电泵入口处开始结垢。因此可以建立某种垢盐饱和指数 SI 与动液面之间的关系，从而得到电泵处出现结垢趋势时对应的动液面深度，该深度即为电泵停抽时的临界动液面深度（记为临界动液面深度下限 H_{fesp}）。当井筒中的动液面深度小于 H_{fesp} 时，就需要停止电泵工作，采用小油管进行排水采气。

（2）小油管停止采气时的动液面确定方法。

小油管尺寸和下入深度一定的情况下，随着井筒积液增加，井底压力增加，从地层中产出的气体减少，携液能力将逐渐降低；以管鞋处压力计算的连续排液临界流量和井口油压作为判据，即可确定出小油管采气停止时机所对应的临界动液面深度上限（H_{fvt}）。

小油管采气的临界动液面深度上限计算流程如图 3-3-54 所示。

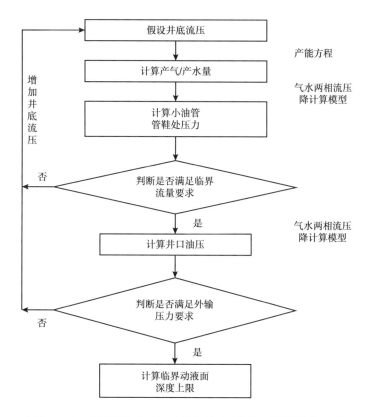

图 3-3-54　小油管停止采气时的临界动液面深度上限计算流程

临界动液面深度上限计算遵循以下步骤：

①假设一个井底流压，根据流入动态计算模型，求解产气量和产水量。

②根据气水两相流压降计算模型，计算小油管管鞋处的压力。

③根据实际情况，选择合适的模型计算气井携液临界流量。

④判断产液量是否大于气井携液临界流量，如果满足要求，则利用气井井筒压力梯度计算模型计算井口油压，否则增加井底流压后重复步骤①～③。

⑤判断井口油压是否满足外输压力要求，如果满足要求，则增加井底流压后重复步骤①～④，否则根据动液面解释模型计算临界动液面深度上限。

4）电潜泵双管排水采气启停时机决策

根据上述方法确定的临界动液面深度下限（即电泵停抽时机）和临界动液面深度上限

（即小油管停止采气时机），结合实时监测的泵入口压力所解释的动液面数据，可以实现井筒动液面变化规律跟踪和电潜泵双管排水采气启停时机决策。

其具体流程及步骤如下所示。

（1）根据电泵井筒温度场模型，计算电泵下泵深度处的温度。

（2）根据地层水离子成分和浓度，计算在步骤（1）确定的温度下发生结垢（取饱和指数 SI=0）的泵处极限压力；根据井筒压力平衡方程，由泵处极限压力确定出临界动液面深度下限，也即电泵停抽时对应的动液面。

（3）根据小油管下入深度、小油管尺寸，在井口油压一定的情况下，假设一组产气量，利用气水两相压降模型从井口开始往下计算至小油管管鞋处，得到产气量与管鞋处压力之间的关系，然后根据小油管排水采气连续排液临界流量模型，确定出同时满足临界流动和井口油压要求时所对应的管鞋处压力。根据井筒压力平衡方程，由管鞋处压力确定出临界动液面深度上限，也即小油管停止采气时对应的动液面。

该方法实质上采用了采油采气工程中最经典的节点系统分析原理，连续排液临界流量模型曲线与气水两相压降模型曲线的交点为该井同时满足连续排液和井口油压要求的最低稳定工作点。

（4）根据电泵伴侣实时监测的泵入口压力，采用电泵伴侣动液面监测解释模型，计算得到某一时刻的井筒动液面深度（在一段工作时间内即可得到排水采气过程中井筒动液面深度随时间的变化规律）。

（5）将第（4）步计算的动液面深度与第（2）步计算的电泵停抽时对应的动液面和第（3）步计算的小油管停止采气时对应的动液面进行对比。

如果计算的动液面深度小于小油管停止采气时对应的动液面，说明井筒内液面过高（超过小油管连续排液临界流量所对应的动液面深度），这个时候需要向控制系统发出指令，停止小油管采气、启动电泵工作。

如果计算的动液面深度大于电泵停抽时对应的动液面，说明井筒内液面过低（超过电泵处产生结垢趋势所对应的动液面深度），这个时候需要向控制系统发出指令，停止电泵工作、启动小油管采气。

（6）重复第（4）和第（5）步，周而复始，即可实现产水气井电潜泵双管排水采气启停时机决策，得到启停规律。

5）设备配套

变压器型号：QYSS380/1600-1950V。

变频控制柜型号：RZCK110BN。

接线盒型号：JXH3000。

井口型号：KQ65-35MPa。

井口穿越器型号：CR603-5000psi。

油管型号：$2\frac{7}{8}$in+$1\frac{9}{16}$in。

动力电缆型号：AWG4#X2950M。

电潜泵型号：387in RC90X2900M。

处理器型号：387in CLQ150。

分离器型号：387in QYF-3。

保护器型号：387 系列 BPBSLX2。

电动机型号：413 系列。

扶正器型号：FZQ $5\frac{1}{2}$ in。

6. 实施效果

区块累计实施长关井治理 3 口，均成功复产，平均单井日增气 $0.6×10^4m^3$。

典型井：召 51-27-12A 实施前井筒积液高度 2100m 积液停喷，经气举、井口分液等多项排液措施均未见效，2021 年 8 月完成电潜泵施工，8 月至 9 月期间多次起泵排液，累计出液量 410m^3 后气井恢复稳定生产，日产气量 $0.65×10^4m^3$（图 3-3-55 和图 3-3-56）。

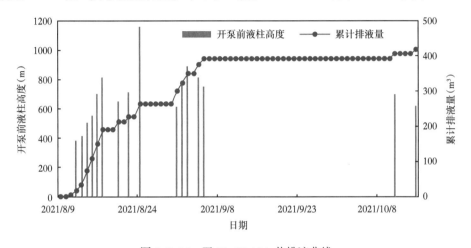

图 3-3-55　召 51-27-12A 井排液曲线

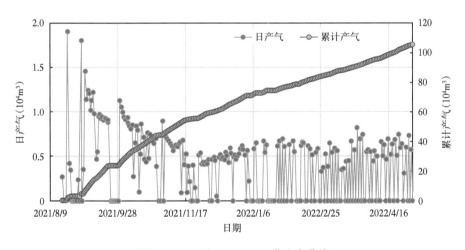

图 3-3-56　召 51-27-12A 井生产曲线

四、增压连续气举技术

1. 技术原理

1）工艺原理

增压连续气举排水采气工艺是将高压气体注入井内，借助气举阀实现注入气与地层产出流体混合，降低注气点以上的流动压力梯度，减少气举过程中的滑脱损失，排出井底积液，恢复或提升气井生产能力。

2）工艺配套

（1）压缩机：型号 VW-1.0/10-100，主要技术参数见表 3-3-21。

表 3-3-21 压缩机主要技术参数表

项目	参数值	备注
型号和名称	VW-1.0/10-100	
结构型式	无油润滑、角度式、往复活塞式	
工作介质	天然气	
压缩级别	2	
气缸数量	2	
容积流量（m³/min）	1.0	$1.5×10^4 m^3/d$
吸气压力（表压）（MPa）	1.0	
排气压力（表压）（MPa）	10	
吸气温度（℃）	35~40	
排气温度（℃）	常温 +15	冷却后
轴功率（kW）	66	
冷却方式	气缸风冷，气体介质风冷	
冷却水耗量（t/h）	—	
润滑方式	曲柄连杆运动机构油泵油润滑，气缸填料无油润滑	
压缩机电动机传动方式	直连式	
行程（mm）	95	
转速（r/min）	740	
压缩机噪声（dB）	≤ 85	
主机外形尺寸（mm）	约 2450×1600×1650（长、宽、高）	
压缩机使用寿命（a）	25	
整机质量（kg）	约 3500	
配用电动机型号及名称	YB3- 315M-8	
额定功率（kW）	75	
额定电流（A）	150.5	
防护等级	IP65	
隔爆等级	d II BT4	
额定电压（V）	380	

（2）燃气发电机：HQWC120NF，主要技术参数见表 3-3-22。

表 3-3-22 燃气发电机主要技术参数表

项目	数据
天然气发电机组	
品牌	华全动力
机组型号	HQWC120NF
结构形式	分体式
额定功率（kW/kVA）	120/150
额定电流（A）	216
额定电压（V）	400/230
额定频率（Hz）	50
额定功率因数	0.8（滞后）
噪声[dB（A）]	≤ 95（距离发电机组 1m 处）
最大燃料消耗量（m³/h）	≤ 35（天然气中甲烷含量 ≥ 95%）
发电效率（%）	≥ 38
综合热效率（%）（含余热回收）	≥ 85
机油消耗率（g/kW·h）	0.3
排气温度（℃）	≤ 550
外形尺寸（$L \times W \times H$）（mm）	3300×1300×1960
净重（kg）	1850
产品执行标准	GB/T 2820、GB/T 29488
电力输出动态性能指标	
空载电压整定范围	95%~105%
稳态电压调整率	±1%
瞬态电压调整率	-15%~20%
电压恢复时间	≤ 3s
电压波动率	±0.5%
瞬态频率调整率	±10%
频率稳定时间	≤ 5s
线电压波形正弦性畸变率	≤ 2.5%
天然气发动机	
品牌	潍柴动力
结构形式	直列 6 缸、四冲程、水冷、增压中冷
型号	WP10D158E200NG
气缸数-缸径（mm）×行程（mm）	6-126×130
排量（L）	9.7

续表

项目	数据
额定功率（kW）	158
额定转速（r/min）	1500
调速形式	电子
点火方式	ECM 电控、高能、单缸独立点火
进气方式	水冷废气涡轮增压、中冷
起动形式	24VDC
大修期（h）	≥ 8500
无刷发电机	
品牌	无锡星诺
结构形式	单轴承，无刷、自动电压调节器
额定容量（kVA）	150
额定电压（V）	400
额定电流（A）	216
额定频率（Hz）	50
功率因数	0.8（滞后）
接线方式	三相四线
绝缘等级	H
防护等级	IP23
机组管理与自动控制系统	
操作方式	自动 / 手动 / 远程监控
天然气发动机管理系统	华全
发电机组管理系统	众智
数据传输接口	RS485
机组运行数据显示	大屏幕液晶显示
电子调速系统	BOSCH
燃料控制与自动调节系统	
适用燃料	天然气
燃气混合器	IMPCO
燃气调压器	德国 DUNGS/MADAS
燃气最大进气压力（kPa）	< 30
燃气最小进气压力（kPa）	≥ 8
最高燃气温度（℃）	≤ 40

（3）气举阀：型号 HQWC120NF，CQF-20，各级气举阀主要参数和检查项目见表 3-3-23。

表 3-3-23 CQT-96-1.9EU 气举工作筒参数和检验项目表

型号规格	CQT-96	材质	20CRMO	扣型	1.9EU
最大外径	96mm	总长	750mm	通径	40mm
数量	10 套				
检验项目	技术要求			检验结果	
外观	气举阀连接螺纹平直			合格	
工作筒承压性能	连接试压接头，打压 35MPa，稳压 5min，各个连接螺纹处不渗不漏			合格	
抗拉强度	工作筒两端螺纹连接专用螺纹 拉力实验，抗拉力不小于 285kN			合格	
螺纹扣型	1.9EU			合格	
通径	40mm			合格	
最大外径	96mm			合格	
标准	SY/T 6401—1999《气举井下装置》及企业技术要求				

（4）天然气捕集架

①天然气捕集架即是简易气液分离器，最大管径是 133mm×8mm，通径 117mm，小于 150mm，不在 TSG 21—2016《固定式压力容器安全技术监察规程》对压力容器定义范围。

②设备采用锻件按 NB/T 4700 中三级进行制造、检验和验收。

③焊接点按 NB/T 47013 进行 100%RT 二级检测和 100%PT 一级检测。

④设计压力 10MPa，水压试验压力 15MPa。

⑤无缝钢管符合 GB/T 8163—2018《输送流体用无缝钢管》的要求。

3）工艺流程

分离器从地面低压管线进气，分离出干气提供给燃气发电机和增压机，增压机将 1~2MPa 的低压气增压至 10MPa，从套管环空注入井筒内，小油管产出，并携带出积液。地面均采用 ϕ76mm×9mm、抗压 25MPa 规格的输气管线连接，地锚固定，保温处理。

2. 工艺设计

1）管柱优选

依据临界携液流量、临界冲蚀流量、管柱摩阻压损和强度校核计算结果，利用数值模拟软件进行生产油管与气举阀设计组合。井口油压小于 2MPa 时，ϕ25mm、ϕ35mm 油管最小临界携液流量均在 $0.30×10^4m^3/d$ 以下。根据临界冲蚀流量计算结果，在气井产量小于 $4.3×10^4m^3/d$，井口压力小于 5MPa 条件下，上述尺寸管柱均不会发生冲蚀，不同通径油管摩擦阻力＋重力能压差为 5~7MPa，优选 N80 33.4×3.38 EU 及 N80 48.26×3.68 EU 两种管柱（图 3-3-58、表 3-3-24 和表 3-3-25）。

表 3-3-24 气井临界携液流量计算结果表

油管内径 （mm）	不同井口油管压力不临界携液流量（10^4m^3/d）			
	1MPa	2MPa	3MPa	4MPa
25	0.08	0.12	0.15	0.17
30	0.12	0.17	0.21	0.24
35	0.16	0.23	0.28	0.33
40	0.21	0.30	0.37	0.43
45	0.27	0.38	0.47	0.55

表 3-3-25 临界冲蚀流量计算结果表

管径 （mm）	内径 （mm）	临界冲蚀流量（10^4m^3/d）		
		5MPa	7MPa	9MPa
33.40	26.64	4.32	5.16	5.91
33.40	24.30	3.59	4.30	4.92
42.16	35.04	7.47	8.93	10.22
42.16	32.46	6.41	7.67	8.77
48.26	41.90	10.68	12.77	14.61
48.26	40.90	10.18	12.17	13.92

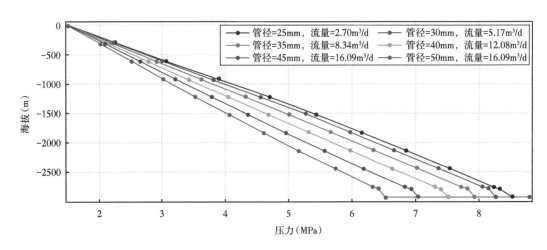

图 3-3-57 不同管径摩阻分析结果

2）注气量与注气压力

在井口注入压力 5MPa、日注气量 $0.5×10^4m^3$ 时，携液量大于 5m³/d。随着井口注入压力和注气量的提高，携液量会进一步提高，结合试验井日产液量、目前产能，正常携液所需日注气量小于 $0.5×10^4m^3$（图 3-3-58）。

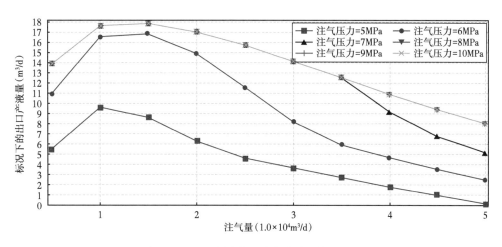

图 3-3-58　不同注气压力气举举升能力分析

3）气举阀级数与下深

结合井深与井斜资料，为保证整井筒气举目标实现，分别在 848m、1589m、2201m、2671m、2975m 下入五级气举阀。一级、二级、三级、四级气举阀主要用于气举卸载，五级气举阀考虑后期在一定压力下作为油管气源的补充（表 3-3-26）。

表 3-3-26　气举阀级数与下深设计

气举阀型号	气举阀级数	下入深度（m）
CQF-20	第一级	848
CQF-20	第二级	1589
CQF-20	第三级	2201
CQF-20	第四级	2671
CQF-20	第五级	2975

4）气举阀开启压力设置与阀孔尺寸

根据压缩机提供的最高输出压力 10MPa，结合井筒积液情况，计算求取气举阀地面注气压力对应的开启压力、卸载关闭压力等参数，并最终确定每一级气举阀的阀孔尺寸。通过模拟分析，试验井五级气举阀地面阀孔调试开启压力分别设置为 9.85MPa、9.30MPa、8.77MPa、8.29MPa、7.13MPa，对应每级气举阀打开时的地面注气压力分别为 10MPa、9.34MPa、8.69MPa、8.06MPa、6.76MPa（表 3-3-27）。

表 3-3-27　气举阀阀孔参数设计表

气举阀级数	下入深度（m）	气举阀型号	阀孔尺寸（mm）/（in）	地面调试压力（MPa）	工作时地面注气打开压力（MPa）
第一级	848	CQF-20	$\phi 4.0/\phi \frac{5}{32}$	9.85	10.00
第二级	1589	CQF-20	$\phi 4.0/\phi \frac{5}{32}$	9.30	9.34
第三级	2201	CQF-20	$\phi 4.0/\phi \frac{5}{32}$	8.77	8.69

气举阀级数	下入深度 （m）	气举阀 型号	阀孔尺寸 （mm）/（in）	地面调试压力 （MPa）	工作时地面注气打开压力 （MPa）
第四级	2671	CQF-20	$\phi4.0/\phi^5\!/_{32}$	8.29	8.06
第五级	2975	CQF-20	$\phi4.0/\phi^5\!/_{32}$	7.13	6.76

3. 实施效果

增压连续气举工艺选定实施井为苏 77-5-8 井组，5 口井均为长关微气井，实现 4 口井复产增产，日均增气量 1.8×10⁴m³（图 3-3-59）。

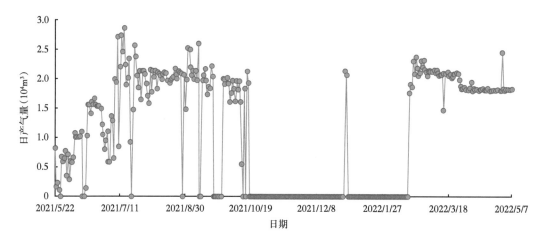

图 3-3-59　苏 77-5-8 井生产曲线

典型井苏 77-5-8H 井，该井作业前以柱塞方式生产，日产气量 0.1×10⁴m³，不具备自然连续生产能力。2021 年开展增压工艺实现复产，经气液两相计量测试，气井实际日产气量 0.61×10⁴m³，产水 4.1m³，水气比 12.8m³/10⁴m³，增压后气井产能大幅度提升（图 3-3-60）。

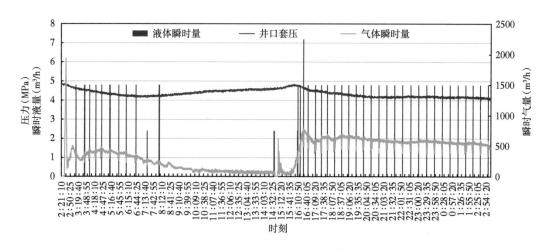

图 3-3-60　苏 77-5-8H 两相计量测试

第四章　特色修井工艺技术

第一节　技术背景

苏 77-召 51 区块是典型的"三低"（低孔、低渗、低丰度）致密高含水气藏，气井产能低、产水量大、递减快，随着生产时间的延长，区块气井管柱腐蚀、断裂、堵塞等问题越来越多，需要进行修井作业处理。常规修井作业存在压井液漏失严重、液体返排困难、储层伤害严重等难题，同时高昂的压井材料及排液费用与"低成本"开发不相适应。近三年针对区块修井面临的难点，开展了针对性技术攻关，形成了相应的特色修井工艺技术。

第二节　低伤害修井技术

一、近平衡压井技术

1. 技术概况

（1）区块概况：随着气井生产时间延长，地层压力越来越低，采用常规修井作业，压井液进入储层，极易造成水锁或贾敏效应，导致复产困难。使用近平衡压井可大大减少压井液进入储层，储层伤害低，修井成功率高且成本低，适合区块"三低"气藏特征。

（2）修井目的：

①井筒积液严重，导致气层被水淹，采气量急剧下降；

②节流器失效，打捞颈断裂，无法常规打捞；

③采气管柱直径较大，在现有生产制度下，不能实现排水采气；

④工艺变化，需要更换速度管柱；

⑤部分尾管管内砂埋，采气量逐渐下降，套管压力正常；

⑥储层产气能力降低，裂缝导流能力下降，需重复改造；

⑦老井新层，查层补孔；

⑧其他气井需要更换管柱的修井任务。

（3）低压气井修井作业难度：

①井漏，气层保护难度大；

②压井与井控难度大；

③常规作业工艺如井筒清洁、钻磨铣等工艺受到很大限制。

2. 压井液配方优化

进行低伤害压井液的前期评价选型试验及配方优选，试验表明：盐敏临界浓度为 $1.5 \times 10^4 mg/L$，岩心平均水敏损害程度为 35.23%，水敏性属于中等偏弱。优化修井液配方为：1%KCl+0.5% 助排剂 +0.3% 黏土稳定剂 +0.5% 解水锁剂。

3. 施工步骤

通过测试液面和套压确定储层压力，提管柱前封堵油管水眼，定期监测环空，持续控制液柱压力略高于储层压力 0.5~1MPa，从而减少修井液进入储层。

1）在管柱内用钢丝投单流阀

选择检验合格的单流阀，用钢丝连接好单流阀放入管柱内，下放速度控制在 80m/min 以下，以免遇阻钢丝打扭。单流阀下放至安全接头上部第一根管柱坐封，剪断销钉提出钢丝。

2）利用液面检测仪计算出压井平衡点位置

（1）拆井口采气树前，记录套压 $p_{套压}$，并测出液柱高度 H_1。

（2）计算出地层压力 $p_{地层}=p_{H_1}+p_{套压}$。

（3）计算出平衡点的液柱高度 H_2。

套压换算成当量液柱高度：

$$当量液柱高度 = \frac{102 \times p_{套}}{\rho}$$

$$H_2 = H_1 + \frac{102 \times p_{套}}{\rho} \qquad (3\text{-}4\text{-}1)$$

计算出平衡点的液面位置 H_3：

$$H_3 = H_{井深} - H_2 - H_{附加}（50\text{~}100m）$$

（4）如单流阀不能下至安全阀上部，则不低于 $H_{井深} - H_3$。

3）压井液量计算

计算公式为：

$$V = （H_2 - H_1）\times V_{环空} / 1000$$

式中　V——压井液量，m^3；

$V_{环空}$——环空液量，m^3。

注：采用置换法压井，只计算环空压井液量（表 3-4-1）。

表 3-4-1　环空体积计算表

油套内径（mm）	油管外径（mm）	环空体积（L/m）
121.36	60.3	8.71
121.36	73.0	7.38
121.36	88.9	5.36
121.36	101.6	3.56

4）压井作业——置换法压井（环空）

（1）置换法通过环空分段挤入压井液，沉降后，释放环空气体，不断降低套管压力，最终达到近平衡状态。

（2）如井深 3000m，液柱高 1500m，井口套压 5MPa 压井过程（表 3-4-2）：

$$H_2 = 1500 + \frac{102 \times 5}{1.02} + 50 = 2050\text{m}$$

$$H_3 = 3000 - 2050 = 950\text{m}$$

表 3-4-2　置换法压井参数表

次数	套压（MPa）	注入量（m³）	液面升高（m）	释放后压力（MPa）
1	5.00	0.59	80	4.20
2	4.20	0.59	80	3.40
3	3.40	0.59	80	2.60
4	2.60	0.59	80	1.80
5	1.80	0.59	80	1.00
6	1.00	0.60	81	0.19
7	0.19	0.15	20	0

5）压井作业—控制环空回压

连接地面管线，根据计算数据采用置换法进行压井作业，同时控制好套管回压。如果发生漏失，立即停止压井，观察压力变化，直到套压为零。

6）拆卸井口、安装防喷器

（1）倒换拆卸井口采气树，安装 2FZ18-35 液压防喷器，搭小平台。

（2）准备好防喷短节（89mm 防喷短节 1 根 + 旋塞），试压合格后，拆除上法兰。将防喷短节组合安装在油管悬挂器上，控制油管水眼（5mm 以内），安装压力表，打开旋塞。将全封试压合格的防喷器套装在采气树四通上。观察旋塞压力表为 0，打开考克阀门无外溢，拆除防喷短节。使用多功能试压短节，对半封、防喷器下法兰与采气树四通上法兰进行试压。

（3）井控设施试压方法。

①全封/防喷井口试压：全封闸板安装前试压，将半封闸板面与防喷井口法兰连接（如不匹配需转换法兰）。试压时关闭全封闸板，打开防喷井口阀门，对全封闸板和防喷井口试压。关闭防喷井口阀门，将试压装置连接到防喷井口上部短节，对阀门做密封性高、低压试压。

②油管旋塞阀试压：在地面用泵对油管旋塞阀进行正反试压。

③半封试压：防喷器安装在井口上，将试压短节与油管悬挂器连接上紧，通过试压短节进液，关闭半封闸板，对半封闸板进行高、低压试压。

7）起管柱作业

（1）起油管时，如油管卡死上提不出，在安全接头处退开将活动油管起出。

（2）起下油管时，井口操作人员必须挂好吊卡，并插入销子后方可起下。

（3）控制起油管速度。采用人工计量环空灌入压井液，灌入量参考表3-4-3。

（4）当油管管串下部超过液柱平衡点位置后，注意管串内单流阀以下气体上窜，一是要做好液面监控，二是做好控制回压，有控制的将残留气体排出井筒。

表3-4-3　油管灌液量计算表

名称	外径（mm）	内径（mm）	壁厚（mm）	平均长度（m/根）	外体积（L/m）
油管	48.26	40.90	3.68	9.7	1.77
	60.33	50.67	4.83	9.6	2.74
	73.03	62.01	5.51	9.5	3.98
	73.03	62.01	5.51	9.5	3.98
	88.90	76.00	6.45	9.5	5.89

8）下工具作业

（1）起出油管后，关井观察套压变化情况，在观察期间同时做好下油管的准备工作。

（2）第一根小油管必须连接油管堵塞器。

（3）下油管时，检查每根油管本体螺纹是否完好，并涂匀螺纹脂。

（4）安装井口采气树，打掉油管堵塞器，排液后交井。

4. 施工风险

（1）井口异常致使投放油管堵塞器工具串被卡。

（2）拆装井口时发生溢流。

（3）起下管柱过程中发生溢流。

（4）单流阀失效致使油管串内发生溢流。

（5）卸下单流阀油管，水眼失控。

（6）溢流关井后，防喷器或闸板密封失效。

5. 修井机及附件配套

（1）常规作业起下钻使用 XJ350 以上修井机，大修作业使用 XJ550 以上修井机。

（2）常规作业配备 400 型水泥车，大修作业使用 1000 型压裂车。

（3）常规作业使用油管及辅助工具，大修作业使用钻杆及辅助工具。

二、负压捞砂技术

1. 技术概况

随着区块开发进入中后期，地层能量下降，形成了低压层，在气井的生产过程中容易出现出砂埋层问题，用常规的水力冲砂，主要存在以下问题。

（1）大量冲砂液进入地层造成污染。

（2）正循环水力冲砂易出现砂卡。

（3）反循环水力冲砂易在油管内形成砂桥。

（4）水力冲砂效率低，劳动强度大，投入多。

（5）个别漏失严重的井，循环时井口始终不出液，无法建立循环，导致无法冲砂。

捞砂泵捞砂的优点是减少地层污染，提高气井的采收率。因此，采用捞砂泵负压井下捞砂，解决老井出砂埋层问题，恢复气井正常生产。

2. 结构及原理

（1）捞砂泵结构：底阀总成、防砂管、泵筒、活塞、活塞杆、顶阀总成。

（2）捞砂泵原理：采用负压原理，通过活塞的上下运动将砂水混合液吸入储砂管，适合于地层压力系数低的深井常规钻柱连续捞砂，环保设计，不伤害储层。

（3）管柱结构：底阀 + 储砂油管 + 内置防砂管 + 捞砂泵 + 动力油管。

3. 技术参数及施工条件

（1）无套变、无落物、无严重积垢。

（2）井斜小于 20°。

（3）捞砂泵必须在液面 200m 以下工作。

（4）$5\frac{1}{2}$in 套管捞砂采用 83 型捞砂泵，7in 套管捞砂采用 70 型捞砂泵。

（5）$5\frac{1}{2}$in 套管 1 次捞砂不超过 40m，7in 套管 1 次捞砂不超过 20m。

（6）83 型捞砂泵抽汲速度不小于 18m/min，70 型捞砂泵抽汲速度不小于 20m/min。

（7）捞砂结束静沉 30min 后起钻，让储砂油管内砂子沉实，防止从底阀漏失。静沉期间，每 5min 活动管柱 1 次（10m），防止卡钻。

（8）捞砂作业在油气田处理低压漏失井清砂方面显示了强大的优越性，避免常规冲砂液对地层的污染和破坏。

（9）在捞砂效率上，捞砂泵平均捞砂 1 次 25m，最好 1 次为 54m，单井捞砂纯作业时间平均为 30min/次。

4. 施工步骤

（1）探砂面：下探砂面管柱探准砂面，记录砂面位置，用于计算储砂管长度。

（2）探液面：由于捞砂泵必须在沉没度大于 200m 条件下工作，从而计算储砂管长度和单次捞砂量或捞砂时套管补液。

（3）通井：下 ϕ115mm×3.6m（双级通井规 ϕ115mm×1.8m，两根连接）通井规进行通井，通井中途无阻卡，通井至目前砂面。

（4）准备储砂油管：储砂油管长度 ≥（塞面位置 - 探砂面油管位置）×3.83×2+100（m）。

（5）下捞砂管柱组合。

①井底无砂盖捞砂管柱：底阀 + 储砂油管 + 内置式防砂管 + 捞砂泵 + 动力油管。

②井底有砂盖捞砂管柱：底阀 + 传扭装置 + 储砂油管 + 内置式防砂管 + 捞砂泵 + 动力油管。

③储砂油管管柱必须保证密封，为保证储砂管的密封性能，需要将下井油管螺纹清洗干净，并进行认真检查，上扣时将螺纹上正上紧。

（6）探砂面：下捞砂管柱至所探砂面，加压 5~20kN，探砂面。

（7）捞砂：司钻采取快提慢放的方法进行捞砂操作，砂子不断地被吸入储砂油管，直至捞砂至人工井底，要求灌液保持液面至少高于捞砂泵 200m。

（8）静沉 30min（期间每 5min 活动一次管柱）。

（9）起捞砂管柱。

第三节　连续油管作业技术

近年来，区块加大了连续油管应用，主要涉及水平井新投井压前井筒准备、连续油管底封拖动压裂、速度管柱排水采气以及水平井压后钻冲砂、钻桥塞等作业，并形成区块一项特色主体作业技术。

一、连续油管底封拖动压裂技术

1. 工艺原理

以水力喷射压裂技术为基础，通过高速水射流射开套管和地层并形成一定深度的喷孔，流体动能转化为压能，在喷孔附近产生水力裂缝，实现压裂作业。基本技术原理表明，喷射压裂具有自动隔离的效果。

伯努利方程：

$$\frac{1}{2}\rho v^2 + \rho gh + p = \mathrm{constant} \tag{3-4-2}$$

式中　v——流速，m/s；

$\quad\quad p$——液体的局部压力，MPa；

$\quad\quad \rho$——流体的密度，kg/m³；

$\quad\quad g$——重力加速度，m/s²；

$\quad\quad h$——深度，m；

$\quad\quad \mathrm{constant}$——常数。

2. 技术特点

（1）没有形成压实带伤害，减轻近井筒地带应力集中，有利于提高近井筒地带渗透率。

（2）利用水力喷射定向射孔，可以将喷射工具准确下到设计造缝位置，能够在井中准确造缝；裂缝基本是在射孔通道的顶端产生并延伸，有效控制了起裂方向和裂缝延伸方向。

（3）采用水力喷射射孔压裂，射孔和压裂一起进行，简化了工艺程序，节省了施工时间，提高了作业效率。

（4）喷嘴的设计利用水动力学原理，射流扩散角小，通过射流能将更多的环空液体带入裂缝，实现了自动封隔，不需要机械封隔工具，一趟管柱可以连续实施多段压裂，减少了作业风险和施工成本。

3. 连续油管底封拖动压裂技术

底封拖动环空压裂技术是用连续油管一趟下入带底封喷砂射孔管柱，至人工井底后上提，接箍定位器校深，再下放连续油管坐封底部封隔器，通过喷砂射孔打开压裂通道，环空压裂后上提连续油管，底部封隔器解封，完成第一级压裂改造，继续拖动连续油管完成其余各级喷砂射孔、环空压裂作业。

一套工具完成所有任务，工具串起出井筒后保留完整的井筒，具备生产条件且便于后期作业。不需要其他辅助工艺，高效、节能，一趟管柱施工，能实现无限级压裂，通过优选喷射工具，优化压裂工艺技术参数，实现地质—工程"甜点"精确定位、精准改造。

该工艺适用于直井、大斜度井、水平井等套管注水泥完井。适合多层段压裂改造、薄互层压裂改造、大规模压裂改造、选择性压裂、长水平井段压裂改造。

4. 实施方案

1）主要管柱结构

连续油管拖动压裂工艺简易管柱：引鞋＋定位器＋底部封隔器＋压力平衡阀＋喷砂射孔枪＋双翼扶正器＋安全接头＋连接器＋连续油管。

（1）连接器：为保证连续油管与下井工具之间不产生缩径，用连续油管外连接器连接。

（2）安全接头：如遇井下工具串遇卡等情况，可以投球丢手，使下部工具与连续油管脱开，起出连续油管后进行下步作业。

（3）扶正器：保证井下工具串居中，防止射孔孔眼不规则，影响射孔效果，选用适合套管尺寸的扶正器。

（4）喷砂射孔枪：经过优化计算喷嘴为 4mm×4.5mm，射孔排量 0.5~1.0m³/min。

（5）封隔器总成：封隔下部油层，压裂上部油层。

（6）接箍定位器：校对工具串深度。

（7）喷砂射孔磨料的选择：选择 20~40 目的石英砂作为喷砂射孔磨料。

2）施工主要步骤

（1）套管接箍定位器定位、校深：下放工具串至短套位置以下 30m，以 5m/min 的速度上提连续油管，观察悬重变化，对工具位置进行定位，记录电子计数器与实际深度差值，并调整电子计数器深度。完成封隔器换轨后继续下放工具至第二段射孔位置以下 20m，然后以 5m/min 的速度上提连续油管至坐封位置，上提过程中对比套管接箍数据，核对深度数据。

（2）坐封、验封：以 5m/min 速度下放连续油管加压 50kN，坐封封隔器。连续油管打压 45MPa 验封（第一段除外），5min 压降小于 0.1MPa 则验封合格。

（3）控压：倒换喷砂射孔管线流程，确认各旋塞开关正确后，安装合适油嘴，小排量起泵，并缓慢提高泵注排量至射孔排量，首次射孔出口敞开，后续射孔出口做好控压，保持环空回压不低于坐封前压力 3MPa。

（4）喷砂射孔：按照射孔程序对目的层位进行射孔，施工连续油管限压 70MPa。在进行第二层及以上层位射孔时，若压裂停泵压力超过 30MPa 则需关井扩压，待压力降低至小于 30MPa 时进行射孔施工。

（5）顶替：射孔完成后，停止加砂，按泵注程序顶替。

（6）试挤：倒换压裂流程，确认各旋塞开关正确后，压裂车试挤，观察套管压力变化，根据压力变化判断套管是否射开及地层吸水情况，并采取以下相应措施。

①若吸水良好，直接进行压裂施工。

②若吸水较差，倒换喷砂射孔流程，连续油管泵注前置处理液，改善射孔段近井地带伤害，降低施工压力。

③若套管未被射开，倒换喷砂射孔流程，重新射孔。

（7）压裂：逐渐提高压裂泵注排量至施工排量，按照压裂设计进行施工。施工过程中连续油管连续补液（按泵车实际最小排量注入）。施工连续油管限压 70MPa，套管环空限压按压裂设计执行。注：压裂机组在喷砂射孔前进行排空，在喷砂射孔及连续油管注前置处理液过程中，确保各压裂车阀门密封良好，当喷砂射孔或注前置处理液结束时，压裂机组能够及时正常开泵施工。

（8）解封：顶替结束，上提解封封隔器，解封过程中以大于 100L/min 排量进行连续油管持续补液，封隔器解封后上提 10m，观察悬重正常后，以 5m/min 速度下放封隔器 5m，完成封隔器换轨。解封时确保封隔器上下压差小于 20MPa，若压差大于 20MPa，需等待压力扩散至压差小于 20MPa 后方可解封。

（9）转层、压裂：上提连续油管，至下一层射孔位置完成转层，依次执行上述步骤完成全部压裂施工。

二、连续油管速度管柱技术

1. 工艺原理

根据气井井筒积液的机理，保证气井不积液的条件是要求气井产量大于临界携液流量，即为确保持续携带出地层流入井筒的液体和天然气井筒流动过程中产生的凝析水，气流速度必须大于最小临界携液流速。为达到相同的临界携液流速，管柱管径越大，气井连续排液所需的临界携液流量越大，反之亦然。优选管柱排水采气工艺就是利用不同管径临界携液流量不同的原理，根据气井的生产动态，优选出合理的生产管柱尺寸，以达到提高气井携液能力，保证气井连续携液生产的目的。

在产水气井开采中后期，由于产层压力下降、产水量增加，原有生产管柱结构不合理，产出水不能及时排出，从而出现气井积液停喷，下入连续油管作为生产管柱，可避免压井造成气层伤害，作业简单，气井恢复生产快。

2. 管径优选

李闽等假设被气流携带向上运动的液滴为椭球体，建立了气井连续排液最小携液模型，通过与苏里格合作区块实际生产数据对比，计算获得的气井最小排液产量与实际生产数据吻合程度较高，因此选用该模型来判断气井积液问题。

气体流速是影响气井排液能力的关键因素，气体流速越大，排液能力越强、气体临界携液流速和临界携液流量与压力、湿度有关，与气液比无关，实际以井口作为临界流速和临界流量最小位置点，并以其作为计算条件。

管径优选不仅要考虑最小临界携液流量的影响，同时也要考虑管柱摩阻对井底流压的影响，表 3-4-4 为不同管柱气井最小携液流量及井筒摩阻试验结果。

表 3-4-4 不同管柱气井最小携液流量及井筒摩阻

井口压力（MPa）	$\phi 88.9mm$		$\phi 73.0mm$		$\phi 60.3mm$		$\phi 38.1mm$		$\phi 25.4mm$	
	最小临界携液流量（m³/d）	摩阻压降（MPa）	最小临界携液流量（m³/d）	摩阻压降（MPa）	最小临界携液流量（m³/d）	摩阻压降（MPa）	最小临界携液流量（m³/d）	摩阻压降（MPa）	最小临界携液流量（m³/d）	摩阻压降（MPa）
1	10945	0.04	7280	0.06	5119	0.14	2927	0.97	1988	4.16
2	15449	0.03	10046	0.05	6813	0.12	3189	0.61	2119	3.36
4	21763	0.03	14141	0.04	9489	0.10	4001	0.33	2160	2.28
6	26549	0.02	17327	0.03	11604	0.09	4774	0.23	2320	1.66
8	30533	0.01	20023	0.02	13400	0.07	5464	0.19	2520	1.29
10	33998	0.01	22387	0.02	14978	0.04	6082	0.18	2728	1.06

管径优选应从最小临界携液流量和摩阻压降两个方面考虑，由表 3-4-4 可知：

（1）相对于常规的 $\phi88.9$mm、$\phi73.0$mm 和 $\phi60.3$mm 生产油管，在井口压力为 2.0MPa 条件下，$\phi38.1$mm 小直径管最小临界携液流量较小，为 0.32×10^3m³/d，是 $\phi73.0$mm 油管临界携液流量的 1/3，是 $\phi60.3$mm 油管临界携液流量的 2/3；

（2）$\phi25.4$mm 油管摩阻压降为 3.36MPa，井筒压力损失相对过大，$\phi38.1$mm 井筒摩阻压降仅为 0.61MPa，摩阻较小，有利于气井生产。因此，利用 $\phi38.1$mm（1½in）连续油管作为生产管柱，可以有效提高气井携液能力，保证气井长期稳定生产，是低产低效气井中后期平稳生产新的技术途径。

3. 实施方案

1）连续油管安装

施工前拆除井口 1# 主控闸阀上部采气树，在 1# 主控阀上部安装悬挂器、操作窗、封井器及注入头等作业设备，利用连续油管车不压对连续油管进行下井作业，当连续油管下到设计深度时，将其坐封于悬挂器上，拆掉操作窗、封井器及注入头，在悬挂器上部安装原闸阀及四通，恢复采气井口。

2）速度管柱安装

利用压差法或者制氮车打掉管柱尾部堵塞器后，关闭 2#、5# 闸阀，连续油管通过 6# 闸阀进站生产，进行排水采气作业。保持原有定压生产方式不变，与施工前生产情况对比，评价连续油管作业效果。

4. 安装步骤

（1）施工准备：准备设备、材料及工具。

（2）通井：采用合适通井规通井，设计通井深度为安全接头位置以上 10m。

（3）设备搬迁和安装：确置速度管作业车，要求作业车中心轴线正对井口且距离为 10~20m；吊车放置于速度管柱作业车正对面或侧面，要求能够覆盖整个吊装作业。

（4）拆井口：关闭 1# 主控阀和针形节流阀，通过油压表旋塞阀泄压至 0MPa，然后拆掉采气树 1# 主控阀以上及生产高压管线保温层及四通、4# 闸阀和 5# 闸阀及门开弯子。

（5）安装悬挂器：检查悬挂器内的密封串，按底盘、垫板、胶芯、垫板、楔面座的顺序安装 4 个顶丝头刚好接触楔面，再把卡瓦座安放到悬挂器上。将悬挂器和操作窗依次安装在采气树 1# 主控闸阀上，在悬挂器侧面的旁通上安装 1 个闸阀，要求闸阀与套管闸阀保持平行且方向一致，打开操作窗上的圆筒，把两个导磨锥套放到操作窗下部位置上。

（6）安装操作窗、防喷器、注入头：在悬挂器上部依次安装操作窗、防喷器和穿好绷绳的注入头，用吊车平稳吊住注入头，用预制的 4 根立柱支撑注入头，保证注入头稳定牢固，连接地锚与绷绳，调整绷绳拉力并使注入头正对速度管柱作业车。

（7）装堵塞器：对速度管柱下入端部进行 45° 倒角处理后导入注入头中，启动速度管柱作业车，下入速度管柱至注入头以下 300mm 左右，尽量保证速度管柱垂直；对底端速度管柱内壁进行打磨，打磨深度为 40mm，要求打磨内径与堵塞器外径适应，在堵塞器上涂密封胶并晾置 15min 确保密封胶成型，将堵塞器平稳缓慢地装入打磨好的速度管柱底端。

（8）试压：安装好侧开门防喷盒，把注入头吊装到防喷器上，关闭操作窗及上部的所用密封，打开 1# 主控闸阀，用最小的液压力刚好关闭防喷盒，直至听不到防喷盒上有漏气声，用气体检测计检查 1# 主控闸阀以上的各个连接面密封情况。

（9）下入连续管：下入 ϕ38.1mm 连续管，试下 20~50m，对称上悬挂器 4 个顶丝。确认上紧，检验悬挂器密封是否良好；用防空旋塞阀把悬挂器上部的气压放为零，关上方塞阀，观察 15min，看油压表即循环压力表有无升高，若无升高则悬挂器密封合格，松开顶丝，再用手上紧，保证顶丝接触密封串上部的楔面。开始正常下连续管，下到设计深度，停车。

（10）下管过程中，前 50m 要求下入速度小于 5m/min，之后缓慢提升下管速度并控制在 20m/min 以内，复杂井段或到达预定深度前 50m 将速度降至 10m/min 以下。

速度管柱下管过程中，速度管柱内压力突然升高或缓慢增大到油管压力值，证明堵塞器已失效，应起出速度管柱重新安装堵塞器，重复上述下管程序。下管过程中，在不同的井深位置校核悬重，根据悬重变化情况，调节内张、外张和驱动压力，确保下管速度可控。

坐封悬挂器：连续管下到位后，把悬挂器密封住，放空上部的气压，打开操作窗，取出两个导磨套，把两个卡瓦平行地放到悬挂器内的卡瓦座上，用尺子测量卡瓦上平面高，与卡瓦座上平面高出约 10mm；关上操作窗，松开悬挂器顶丝，利用注入头，看着载荷表缓慢下放管子，直到载荷表显示为零，说明连续管载荷已转换到悬挂器上；分三级小心把夹紧缸压力降为零，每次间隔 1min。如发现溜管，立即将夹紧力和卡瓦闸板夹紧。

（11）切管：拧紧密封顶丝密封速度管柱，确认速度管柱环形空间无气体泄漏，对悬挂器上部泄压后，利用防喷器剪切闸板剪断速度管柱，依次拆卸注入头、防喷器和操作窗，在悬挂器之上 380~400mm 的位置处用割管器剪断速度管柱。

（12）拆卸井口装置：对称上紧悬挂器顶丝密封连续油管，用放空旋塞阀放空悬挂器上部的压力，依次拆卸注入头、防喷器和操作窗。

（13）恢复井口采气树：在悬挂器上安装转换法兰，按照生产流程设计要求安装原井口部分，并将井口生产闸阀与生产针形阀连接，检查安装井口的密封性。安装后 1# 主控闸阀必须为常开状态，应悬挂禁止操作的标识牌。

（14）打堵塞器。首选方案：将套管气引入速度管柱中，关闭套管闸阀，采用速度管柱与原油管环形空间生产，依靠速度管柱内部与堵塞器下部形成的压力差打掉堵塞器，压力差应达到 1.5MPa 以上。备选方案：将氮气车或天然气压缩机气举车与气井相连，向速度管柱中泵入氮气或天然气，打掉堵塞器。

（15）气井投产：连续油管安装后，气井具备了连续油管、油油环空和油套环空三路生产流程，可根据气井产量变化灵活调整生产流程，便于气井携液。

三、连续油管钻冲砂技术

针对水平井压后存在井筒不畅情况，采用连续油管进行冲砂处理，主要介绍连续油管钻冲砂风险分析、卡钻预防措施及工艺要点，保障水平井钻冲砂安全高效运行。

1. 磨鞋选择

（1）硬质合金镶齿或堆焊成的平底磨鞋。

（2）磨鞋选用 4~6 刀片设计为主。

（3）磨鞋后侧带有倒齿，能够更好防止遇卡。

（4）磨鞋的尺寸一般取井筒内径的95%。

2. 螺杆钻具选择

（1）排量为满足带砂能力，通常大于400L/min。

（2）可靠性好，能长时间工作。

（3）适合施工井底温度。

（4）合适的扭矩为1100~1300N·m。

3. 液体优选

（1）理想液体的性能：低摩阻、悬浮能力好、清洁、无固相、性能稳定。

（2）出液体必须经过高压过滤器。

（3）返排液经过振动筛除砂进行循环利用。

4. 施工准备

（1）泵注设备参数应满足施工要求，额定压力应不小于预计最高施工压力的1.25倍。特殊工艺作业，应有备用设备。

（2）泵注设备应有施工压力显示表及超压停泵保护装置。

（3）使用螺杆钻具时，流程管汇应连接低压过滤器。

（4）连续油管应满足施工设计参数要求。

（5）连续油管通径应大于需投球井下工具配套最大球直径的1.2倍。

（6）抗内压应不小于预计最高施工压力的1.25倍。

（7）屈服扭矩不宜小于螺杆钻具制动扭矩的2倍。

（8）连续油管长度宜满足油管下到最大井深后，滚筒上剩余油管不少于一层的要求。

（9）高压井、含硫化氢井不应使用对接焊连续油管。

（10）用于H_2S环境作业，连续油管应满足抗硫化物应力开裂要求。

（11）井控设备最小额定压力等级应不小于预计最高井口关井压力1.25倍以上。

（12）捕屑器：闸阀开关灵活，高低压不渗漏，节流耐磨油嘴配备齐全（施工设计要求尺寸的耐磨油嘴准备3~5只），试压合格且在有效期限内。

（13）地面低压过滤器：2套，保养合格，进液管线必须连接过滤器，保证入井液体清洁无杂质。

（14）连接器：卡瓦牙无磨损，密封圈无损坏，壳体、接头无变形，连接螺纹处宜涂抹密封脂。

（15）单流阀：扣型匹配，本体无弯曲破损、两端扣完好无磨损现象、接头端面完好、内部结构完好，密封不漏液、试压合格证在有效期限内。单流阀应直接连接在连续油管连接器下端。若用于特殊工艺作业时，应评估井控风险和根据工艺需求进行选择。

（16）安全丢手接头：规格、型号、通径符合设计要求；每井次进行外观、螺纹检查，检查连接丢手上下接头的剪钉，剪钉数量设置应满足丢手压力或丢手拉力的要求，丢手上下接头间隙增加不超过1mm，备用销钉、密封圈、钢球或低密度球现场配备齐全（表3-4-5和表3-4-6）。

（17）入井工具外径保持一致，无法做到一致则必须采用小于45°倒角的过渡连接。

（18）工具末端宜采用球面或近球面设计，以利于工具下入。

（19）入井工具串+打捞物总长不应超过井口1#主闸门至防喷盒下端面的距离，确保工具串入井后能够安全起出。

（20）全部下井工具及转换接头现场绘制草图或保留装配图。

表 3-4-5　四机塞瓦液压安全丢手接头技术参数

规格 （in）	内径 （mm）	打捞 规格	总长 （mm）	剪切螺钉（数量）	丢手压力 （MPa）	单颗销钉 （MPa）	钢球规格 （mm）	抗拉强度 （t）
1.687	11.9	2in GS	530.1	8#-32UNF（4）	32.2	8.05	15.9	18.2
1.750	11.9	2in GS	530.1	8#-32UNF（4）	32.2	8.05	15.9	18.2
2.125	13.5	2.5in GS	591.6	10#-32UNF（3）	23.1	7.70	15.9	25.0
2.375	19.9	2.5in GS	591.6	5/16in-18UNC（3）	21.0	7.00	20.6	29.5
2.875	22.2	3in GS	579.9	5/16in-18UNC（3）	28.0	4.80	23.8	36.3
2.875	22.2	3in GS	579.9	5/16in-18UNC（3）	28.0	4.80	23.8	36.3
3.125	31.8	3.5in GS	579.9	5/16in-18UNC（6）	21.0	3.50	34.9	47.7
3.125	31.8	3.5in GS	579.9	5/16in-18UNC（6）	21.0	3.50	34.9	47.7
3.875	47.6	4in GS	613.2	7/16in-14UNC（8）	22.4	2.80	50.8	56.8

表 3-4-6　机械液压双作用安全丢手接头技术参数

规格 （mm）	内径 （mm）	打捞规格	总长 （mm）	剪切螺钉 （数量）	丢手拉力 （t）	单颗销钉 （t）	钢球规格 （mm）	投球后每 1MPa 产生的拉力（t）
73	31.8	3in GS	520	M12（12）	25.2	2.1	35	0.2
78	31.8	3in GS	530	M12（12）	25.2	2.1	35	0.2

5. 施工步骤

（1）连接器安装：主操作工操作下连续油管通过并伸出防喷盒后，井口工、场地工配合将连续油管前端 30cm 打磨光滑，端口倒角并打磨圆滑，连接连续油管连接器及拉力测试盘，连接可靠。主操作工操作分别上提连续油管测试拉力 50kN，要求测试拉力值对连接器进行拉拔试验，试验合格后拆卸拉力测试盘（表 3-4-7）。

表 3-4-7　常用连续油管连接器拉力测试表

项目	测试值				
连续油管尺寸（mm）	31.75	38.10	44.45	50.80	60.30
拉力（kN）	80	100	120	150	200

（2）连接器、单流阀试压：入井前必须对单流阀试压，井口工、场地工配合连接双瓣单流阀（与入井反向）至连接器下端，泵车操作工从连续油管打压对单流阀和连接器按预计最大井口关井压力的 1.1 倍试压，稳压 10min，压降不超过 0.7MPa 为合格，合格后卸除双瓣单流阀。

（3）钻砂工具组合及管柱结构。

井下钻具组合各部件在满足施工工艺要求下尺寸小而且要有倒角，工具最大外径应为套管内径的 92%~95%（对于 5½ in 套管，磨鞋 / 钻头外径不得小于 ϕ105mm。如果套变点套变严重，需要下入更小直径的磨鞋 / 钻头钻磨时，应经过充分论证后方可实施），推荐钻塞管柱结构（自上而下）：连续油管 + 连接器 + 双瓣单流阀 + 安全丢手接头 + 扶正器 + 螺杆钻 + 磨鞋 / 钻头。推荐强磁打捞管柱结构（自上而下）：连续油管 + 连接器 + 单流阀 + 安全丢手接头 + 强磁打捞器（可选择带循环打捞篮或捞杯）+ 冲洗头。

钻冲砂时按以下标准选择螺杆钻及施工参数（表 3-4-8）。

4½ in（内径 ϕ97mm）套管：优选 5LZ73×7.0 螺杆钻具。

5in（内径 ϕ108mm）：优选 5LZ89×7.0 螺杆钻具。

5½ in（内径 ϕ118mm、内径 ϕ121mm 或 ϕ124mm）套管：优选 5LZ95×7.0 螺杆钻具。

表 3-4-8　螺杆钻具施工参数优选推荐表

螺杆型号	钻磨工具	上返最低排量（L/min）	最优排量（L/min）	最大排量（L/min）	工作钻压（kN）	最大钻压（kN）
5LZ73×7.0［工作套管 4½ in（内径 97mm）］	速钻桥塞	450	480~500	578	12	25
	铸铁桥塞	500	500~520			
	水泥塞	400	480~500			
5LZ89×7.0［工作套管 5in（内径 108mm）］	速钻桥塞	500	520~550	766	22	35
	铸铁桥塞	550	550~570			
	水泥塞	500	520~550			
5LZ95×7.0［工作套管 5½ in（内径 118mm、121mm、124mm）］	速钻桥塞	550	550~600	800	30	55
	铸铁桥塞	600	600~620			
	水泥塞	550	550~600			

（4）下钻冲砂管柱。

①下钻前，地面连接好备用泵注设备（满足施工条件的压裂车或 700 型水泥车），测试倒换泵注设备，整个倒换时间不得超过 1min。钻塞过程，不得以任何理由调离备用泵注设备，必须保证备用泵注设备完好待命状态。

②连续油管开始下放时，当班负责人通知泵注设备操作工开泵，以排量 300~350L/min 建立循环畅通后停泵。通过井口 0~50m 过程中，下钻速度控制在 5m/min 以下（在井筒条件复杂的井，从开始下钻，就必须以排量 300~350L/min 建立循环畅通，边循环边下钻至井筒目前砂面位置，严禁中途停泵）。

③继续下入连续油管，通过井口 50m 至造斜点期间，下钻速度控制在 10~20m/min。下钻过程认真观察悬重变化，如有遇阻现象，开泵循环，管重正常后可以停止泵注，如果不能解决遇阻问题，立即停止下钻，待井下情况分析清楚后，方可继续下钻。

④当下至造斜点以上 10m 时，通知泵注设备操作工开泵并逐步提高至设计要求钻塞施工排量，这期间观察出口排量及泵压。

⑤采用混氮气钻砂时，要求限速下至造斜点以上 50m，按施工设计要求先开液泵后开氮气泵，测试气、液排量及配比。出口稳定后，若循环池液面上升，则适当增加循环液排

量或减小氮气排量直至循环池液面基本保持不变；若循环池液面下降，则适当减小液体排量或增大气体排量直至循环池液面基本保持不变。

（5）钻冲砂。

①在砂面之上 10m 时保持排量至 500~600L/min，主操作工测试上提下放连续油管30m 左右，记录连续油管起下摩阻（控制速度在 1~3m/min），观察出口排量及泵压，待出口排量正常后缓慢下放连续油管探到塞面后，控制钻压开始钻磨。

②直井钻冲砂时，每钻除 100m，在保持螺杆工作最优排量情况下循环洗井 1 周。观察泵压、套压、捕屑器压力、排量、循环池液量等无异常后，下钻继续进行后续水泥塞钻除施工。在整个钻塞过程中不得停泵。

③水平井钻冲砂时，每钻除 50m，在保持螺杆工作最优排量情况下短起下至造斜点以上 20m，循环洗井 1 周。观察泵压、套压、捕屑器压力、排量、循环池液量等无异常后，下钻继续进行后续水泥塞钻除施工。在整个钻塞过程中不得停泵。

④钻冲砂循环液的选择：对于井口压力高于 15MPa 的井，优先选用携带能力较强的滑溜水，同时在循环液中加入降阻剂以降低循环压力、提高循环洗井排量。

⑤捕屑器的操作。

连续油管钻砂使用带压捕屑器，管线出口连接采用双通路高压过滤管线接法，正常作业时使用单路循环，泵压逐渐升高或需要观察钻屑时，井口工配合场地工利用井口侧翼控制阀门控制出液管线，倒入另一条高压过滤器通道，也可用于应急处置和及时观察钻屑，倒管线过程中不得停泵。对于压力比较高的井（井口压力大于 15MPa）要增加清理捕屑器次数，勤检查油嘴，避免因井筒沉砂过多导致油嘴堵塞或刺坏。

⑥混氮气钻冲砂时，按所测液体、氮气注入排量持续注入，在钻冲砂过程中，液环池液面出现变化，应及时调整排量，使液环池液面基本保持不变。

（6）洗井、循环起钻。

钻磨完井内所有砂子后，边循环边活动上起连续油管，要求起连续油管的速度要能保证井内颗粒物能被携带至地面。井口工、场地工负责钻屑的收集、清理。起连续油管至井口全过程中，泵车不得停泵，并保持螺杆以最优排量工作、循环洗井彻底。在起钻到 A点时要清理捕屑器，防止大量钻屑堵塞。

四、小井眼打捞修井技术

1. 技术背景

近年来区块大力推进水平井开发，由于水平井井眼轨迹的特殊性，施工过程中，一旦管柱起不动或者遇卡，就要大修处理井筒。要完成水平段大修打捞等施工，必须对打捞工具、解卡力的施工方式、打捞管柱结构进行设计和改进。通过对常规打捞技术的深入研究，完善了水平井大修作业体系，形成了水平井小套管打捞等复杂井井筒清理技术，满足目前恢复井筒通道的技术需求。

2. 水平井小井眼打捞作业难点

（1）受井眼轨迹限制，直井常规井下工具、管柱难以满足水平井修井要求。

（2）斜井段、水平段管柱贴近井壁低边，受钟摆力和摩擦力影响，加之流体流动方向与重力方向不一致和接单根，井内脏物如砂粒等容易形成砂床，作业管柱容易被卡。

（3）打捞作业，鱼头引入和修整困难；斜井段、水平段常规可退式打捞工具不能正常工作，遇卡不易退出落鱼。

（4）水平井摩阻大，扭矩、拉力和钻压传递损失大，倒扣作业中和点掌握不准，解卡打捞困难。

（5）打印过程中铅模易被挂磨损坏，井下准确判断难。

（6）套、磨、钻工艺具有一定难度，套管磨损问题突出，套管保护难度大。

（7）设计的修井液除了保证减少钻具摩阻和具有较好的携砂能力外，还要减少漏失保护油气层，这对低压气井、防漏及气层保护问题难度大。

（8）小井眼水平井修井难度大、风险大。

3. 打捞技术

1）生产管柱砂埋处理技术

由于水平井井眼轨迹的特殊性，投产后生产过程中地层气体携带砂粒不断进入井筒，对管柱造成部分砂埋填充，导致生产能力下降，需要动用修井设备检查生产管柱，发现卡钻起不动，这就需要完成井筒处理，处理过程需要反复频繁套铣打捞，为提高打捞效率和成功率，制作套捞一体化工具和相关配套工具完成作业。

2）连续油管卡钻处理技术

因水平井加之小井眼等井眼轨迹的特殊性，连续油管在水平井中使用较为广泛，作业过程频繁增加了卡钻风险。又因连续油管的特殊结构以及下带各种工具等，一旦遇卡又无法脱手会增大后期处理难度，连续油管断损时通常情况都是受拉状态，容易形成螺旋状，常规打捞不能奏效，只能通过专门的打捞筒进行分段处理。

3）打捞工具优选技术思路

（1）大斜度井段、水平段打捞作业时井口施加扭矩、拉力很难传递到鱼顶位置，常规打捞工具不能正常工作、遇卡不易退出，增加了打捞作业的难度。因此需要专用辅助工具实施打捞、解卡作业，保证在水平段打捞工具能正常工作，遇卡能顺利退出，打捞成功后起钻过程落鱼不脱落，保证解卡力的有效传递。

（2）配套水平井打捞工具，为降低作业风险，打捞工具都具备可退功能，在捞获不能解卡时可以实现退鱼（图 3-4-1）。

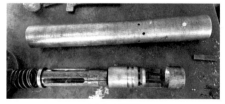

（a）套铣切割一体化捞筒　　　　　　（b）切割捞筒

图 3-4-1　不同类型打捞工具示意图

（3）工具设计和改进。

①套捞一体化工具应用：多功能开窗捞筒。

②自主设计单滑块双滑块捞筒。

③通径卡瓦捞筒。

④高效套铣头、大开口引鞋套铣头。

⑤自制加工长拨钩、合页捞筒，提高残屑携带效果。

⑥根据国外工具自行改进打捞、套铣切割一体化捞筒。

4）优化循环液体，提高携带能力

在水平井钻进、磨铣过程中，钻柱偏心和旋转使井眼环空中的修井液呈偏心环空螺旋状层流或紊流流动，当井斜大于40°以后会发生明显岩屑床现象。为了有效地清除大斜度井段中的钻屑，修井液应保持紊流流动。经计算，环空返速要达到1m/s以上，但实际施工中很难实现。针对水平井的特点，选择了高黏度优质无固相修井液体系，该修井液具有不伤害油气层、高携砂能力、低摩阻的特性。采用配方：优质压井液（或清水）+聚丙烯酰胺。井温较高、井深大于2500m，采用的配方：优质压井液（或清水）+3%~4%聚丙烯酸钾+0.1%亚硝酸钠。

5）打捞过程管柱受力分析

水平井中管柱受力复杂，不同井段管柱受力不同，特别是"钟摆力"和弯曲应力很大，分力多。管柱和工具状态发生变化，常规井下作业管柱和工具不能满足水平井作业要求（图3-4-2）。

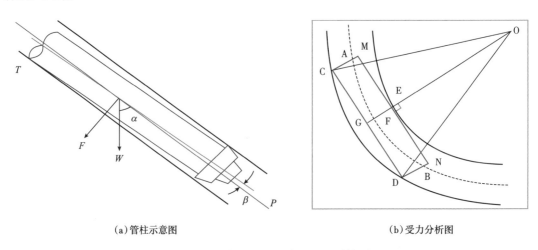

（a）管柱示意图　　　　　　　　　　　　　　（b）受力分析图

图3-4-2　大斜度井段下井工具的"钟摆力"

"钟摆力"为：

$$F=W\times\sin\alpha \tag{3-4-3}$$

式中　F——钟摆力，kN；

　　　α——井斜角，（°）；

　　　W——管柱重量，kN。

"钟摆力"对施工的影响如下。

（1）在水平段钻柱重量的轴向分量为零，必须借助上部钻柱的"推动"才能使这部分钻柱向前移动。

（2）在水平段井内管柱贴近井壁低边，起下钻摩阻增大。

（3）地面显示管柱悬重与实际悬重相差较大，造成打捞钻压不易掌握，打捞成功与否不易判断。

（4）钻具拉力和扭矩损耗大，不能最大限度地传递到卡点上，施工成功率低。

（5）钻具中和点无法准确掌握，倒扣捞出落物长度往往较短，造成起下工具次数多。

（6）水平段修井液流态发生变化，不同井段施工参数要求不同。

4. 施工思路

1）施工过程

（1）施工准备：测静压，根据井口压力优选合适密度压井液进行压井，观察 8~16h，平稳无溢流、溢气为合格。压井合格后拆卸井口采气树，安装防喷器并试压合格。

（2）对扣、活动解卡：用 ϕ73mm 平式油管短节（下端内螺纹）对扣，连接井内变扣，用吊车上提油管短节 160kN，提出 ϕ120mm 专用连油卡子，在专用连油卡子下面打高强度连油卡子，高强度连油卡子下面坐 $2\frac{3}{8}$in 油管吊卡，卸负荷，对 ϕ73mm 平式油管短节对扣处紧扣。使用吊车上提油管短节至 180kN，（井内连续油管悬重 160KN），确定井内连续油管是否解卡。如果解卡则起出连续油管及工具，如果解卡未成功，则切割、打捞连续油管。

（3）规则连续油管打捞：在井底连续油管根部以上 1m、3110m 处两次依次切割；每次切割后，起出切割工具，自电缆防喷管及套管分别注入压井液 2m³，保持连续油管关井压井为 0MPa。拆除电缆防喷管，用吊车试提连续油管，控制负荷不超过 200kN。再进行下次切割，直至将连续油管起出。若切割连续油管困难，则采取穿心切割打捞方式完成连续油管打捞。

（4）不规则连续油管打捞：用内径 ϕ50~60mm 引鞋状铣头（套铣头、套铣筒）+ϕ73mm 套铣管 +ϕ60.3mm 钻杆进行套铣（修鱼）后下滑块捞筒打捞井内连续油管，或选择内径较小的套铣头进行套捞，重复套铣、打捞、一体化套捞直至捞出不规则连续油管。

（5）工具串打捞：下入 ϕ89mm×76mm×4.7m 套铣筒 +ϕ86mm 安全接头 +ϕ60.3mm 斜坡钻杆 700m+ϕ60.3mm 直角钻杆套铣清理工具串与套管环空，随后下入 ϕ89mm×73mm 可退式捞筒 +ϕ86mm 安全接头 +ϕ60.3mm 斜坡钻杆 700m+ϕ60.3mm 直角钻杆打捞工具串。

（6）井内残皮残屑处理：下合页捞筒、强磁打捞器等工具大排量循环洗井彻底清理。

2）施工实例

（1）规则连续油管打捞：压井合格后上提解卡未成功，爆炸切割起出 2300m 连续油管，下 ϕ86mm 切割打捞一体化捞筒（开口 54mm），在 2620.635m 处遇阻（穿过连续油管 318m），缓慢上提钻具，悬重上升至 320kN 后下降至 300kN（原悬重 270kN），起钻捞获连续油管 318.68m（图 3-4-3）。

（a）切割打捞一体化捞筒　　　　　　　（b）爆炸切割连续油管

图 3-4-3　连续油管打捞施工

（2）不规则连续油管打捞：下 $\phi86mm\times\phi50mm$ 引鞋状铣头、$\phi86mm\times\phi54mm$ 套铣头、$\phi91mm\times\phi54mm$ 套铣头套铣，捞出不规则连续油管 494.40m。

（3）清理残皮：下强磁打捞残皮，清理套铣套捞产生的连续油管残皮。

（4）工具串打捞：下 $\phi52\sim56mm$ 套铣头 +$\phi73mm$ 套铣管 +$\phi60.3mm$ 钻杆进行套铣（修鱼），套捞组合管柱套铣打捞出 104.43m 连续油管及钻塞工具，至此井内落物全部捞获（图 3-4-4）。

(a)捞获连续油管 (b)连续油管切割端面 (c)连续油管

图 3-4-4　连续油管打捞工具

3）取得认识

（1）在水平井、小套管内打捞连续油管作业，难度大。

（2）在工具的选择上，自主研发 $\phi90mm$ 滑块捞筒、$\phi90mm\times\phi53mm$ 套捞一体化工具，在打捞连续油管过程中效果显著。

（3）在大斜度井段套铣时泵压过高，用密度 1.01g/cm³ 返排液、免混配原液配制黏度 24~30mPa·s、浓度 0.6% 的免混配线性胶液，降低了泵压、提高了施工效率。

（4）对于水平井、小套管井打捞，不要盲目选择打捞工具，准确判断井下鱼头状况，预判各种可能，创新研制打捞工具，提高打捞效率。

第四节　带压作业技术

一、带压作业起下管柱技术

1. 带压作业定义

在油、气、水井井口带压状态下，由专门操作人员利用专业设备在井筒内进行的作业称为带压作业，作业内容包括修井、完井、抢险及增产措施作业等，国外通常将带压作业称为不压井作业或液压修井，带压作业机称为不压井作业机。

2. 带压作业装置组成

带压作业装置主要包括动力系统、液压系统压力源、举升下压系统、环空密封系统和桅杆绞车系统五部分，其中举升下压系统、环空密封系统和桅杆绞车系统包括控制系统和执行机构。施工过程中，举升下压系统、环空密封系统和桅杆绞车系统装在一起（图 3-4-5）。

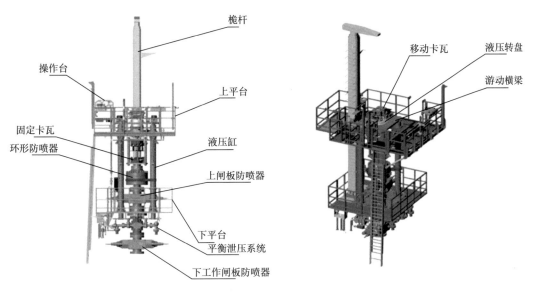

图 3-4-5 带压作业平台示意图

1）动力系统

动力系统为举升下压系统、环空密封系统和桅杆绞车系统提供液压动力，主要包括柴油发动机、离合器和分动箱、液压泵组、溢流阀组、蓄能器组、液压油箱、散热器。

2）液压系统压力源

液压系统压力源集成在动力系统内，为各控制系统提供液压动力。

3）举升下压系统

举升下压系统用于控制起下管柱，防止管柱落入井内或飞出井口，主要包括举升液缸、游动横梁、移动卡瓦组、固定卡瓦组、上工作平台、下工作平台、转盘、液压钳吊臂。

4）环空密封系统

环空密封系统主要用于控制环空压力，主要包括环形防喷器、工作闸板防喷器和平衡泄压系统。

5）桅杆绞车系统

桅杆绞车系统用于起下单/双根管柱及悬挂轻便水龙头，包括桅杆系统和绞车系统。

3. 带压作业技术优势

1）最大限度保护油气层，减少了油气层伤害

带压作业的最大优点在于它不需要压井，没有压井液伤害地层情况，可以保护和维持地层的原始产能，避免压井液对储层的影响，为油气田的长期开发和稳定生产提供良好的基础，提高综合经济效益。

2）节约作业周期，节省作业成本

无论是机采井、自喷井还是注水井、注气井，关井后井口基本上都有压力，从几兆帕到几十兆帕。相比常规压井作业，带压作业可节约压井液及其运输、处理费等，同时还可缩短作业周期。

3）不停注、不泄压，保持区块地层压力

注水井、气井压力均较高，带压作业不需要停注放压、压井等，可直接完成修井作业，既可大大缩短施工周期，又可保持地层压力，进而保持采油气井单井产量。而常规修井通常采用放压作业，放压时间长，影响周边采油井甚至整个区块压力平衡，放完后还存在处理污水、解决地层伤害等问题。

4）老井、报废井隐患治理重要处置手段

带压作业是油气水井隐患治理的重要手段，长期以来，部分老井、报废井在封闭过程中往往造成桥塞、水泥塞下部圈闭压力无法释放，通过常规作业手段无法解决井控安全问题，而带压作业可以很好地避免这些井控安全问题。

5）提高非常规气产能的关键技术

页岩气、致密气、煤层气等非常规气大规模体积压裂后，气井分支井完井、欠平衡完井、储气库完井等工艺多采用带压作业下入完井管柱。

4. 工艺原理

1）技术核心

两封一顶。其中两封是指通过安全防喷器组、工作防喷器组控制油套环空压力；通过机械堵塞或化学堵塞技术控制油管内部压力。一顶是指液压缸通过卡瓦对管柱施加外力，克服井内上顶力，实现管柱带压起下（图 3-4-6 至图 3-4-9）。

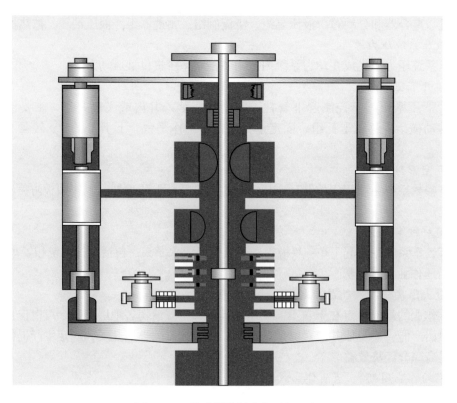

图 3-4-6　防喷器控制油套环空压力

图 3-4-7 堵塞器控制油管内部压力

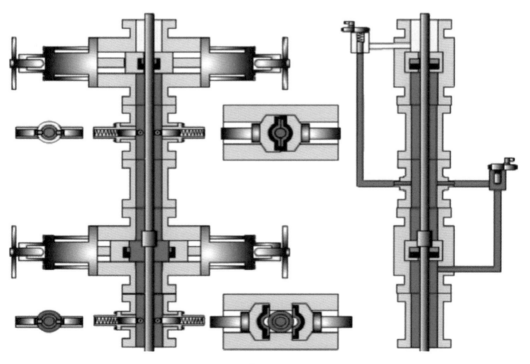

图 3-4-8 带压下放管柱原理

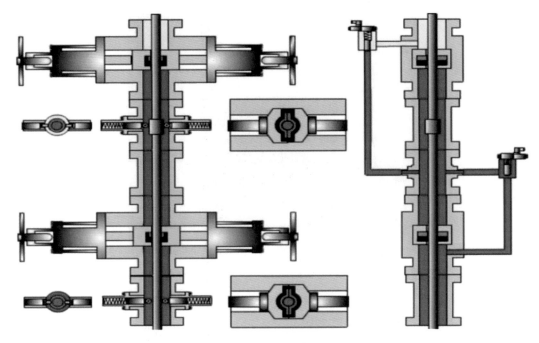

图 3-4-9　带压起升管柱原理

2）环空压力控制

带压作业要结合作业管柱尺寸、接箍类型、工作压力来选择环空压力控制方法，通常有通过环形防喷器直接控制起下、环形防喷器和闸板工作防喷器倒换控制起下、闸板工作防喷器和闸板工作防喷器倒换控制起下三种方式。每种方式适应不同的管柱、不同的工作压力，详见表 3-4-9。

表 3-4-9　不同规格管柱作业环空动密封装置使用条件表

管柱规格型号	工作压力范围（MPa）		
	条件一	条件二	条件三
ϕ60.3mm 外加厚油管	< 13.80	13.80~21.00	≥ 21.00
ϕ70.0mm 外加厚油管	< 12.25	12.25~21.00	≥ 21.00
ϕ88.9mm 外加厚油管	< 4.00	4.00~21.00	≥ 21.00
管柱接箍通过方式	直接推过 / 提出环形防喷器胶芯	环形防喷器 + 闸板防喷器分段导出 / 导入管柱节箍	上闸板 + 下闸板分段过接箍和工具短节

（1）环形防喷器直接控制。

满足表 3-4-9 条件一对应的接箍可直接起出或推入环形防喷器胶芯。作业前，根据管柱表面质量、井口压力设置适当的环形工作防喷器关闭压力，关闭压力应在有效控制环空的前提下尽量减小，一般关闭压力设置为 5~8.4MPa，当关闭压力超过 8.4MPa 才能密封时，应更换环形防喷器胶芯。环形工作防喷器上缓冲器压力应当介于 2.5~ 2.8MPa。根据轻管柱或是重管柱情况，使用适当的卡瓦组合，使管柱本体及接箍直接通过环形防喷器胶芯。

在下管柱过程中，宜在环形防喷器胶芯上喷淋适当的润滑介质，如液压油、机油等；起管柱（特别是含硫油气井）过程中，应在环形防喷器以上喷淋适当的不易燃液体，如清水、氯化钾液体等。

（2）环形防喷器和闸板防喷器倒换控制。

满足表 3-4-9 条件二对应的管柱应通过环形防喷器与闸板防喷器倒换起下管柱接箍，且环形防喷器始终处于关闭状态（油管悬挂器、与管柱外径差异较大的大直径工具等情况除外）。作业前，应分别丈量工作半封闸板中间和环形防喷器顶部到操作台标记处的距离，防止工具或接箍撞击到工作半封闸板或环形防喷器胶芯，以下用管柱接箍或大直径工具来说明环形防喷器 + 工作闸板防喷器起下过程。

第一步：下管柱接箍或大直径工具至环形防喷器以上，关闸板防喷器。

第二步：泄环形防喷器与工作半封闸板防喷器之间的压力至允许接箍或大直径工具通过环形防喷器。

第三步：下放管柱接箍或大直径工具至环形防喷器与工作防喷器之间。

第四步：平衡工作半封闸板防喷器上、下压力。

第五步：开工作半封闸板防喷器。

第六步：下放管柱接箍或大直径工具通过工作半封闸板防喷器。

第七步：关闭工作半封闸板防喷器。

第八步：继续下入管柱，重复上述步骤。

起管柱接箍或工具接头原理与下管柱接箍或大直径工具原理一样，只是顺序相反。

（3）闸板防喷器倒换和闸板防喷器倒换控制。

作业压力高于 21MPa 时，管柱接头都要通过两个工作防喷器倒换起下管柱接箍，且环形防喷器始终处于关闭状态（油管悬挂器、与管柱外径差异较大的大直径工具等情况除外）。首先应丈量好上半封闸板中间到操作台和下半封闸板中间到操作台标记处的距离，防止工具或接箍撞击到工作防喷器半封闸板。

第一步：下管柱接箍或大直径工具至上、下工作闸板防喷器之间。

第二步：关上工作闸板防喷器，此时上、下工作闸板防喷器都是关闭状态。

第三步：平衡上、下工作闸板防喷器之间的压力。

第四步：开下工作闸板防喷器。

第五步：下管柱接箍或大直径工具通过下工作防喷器闸板。

第六步：关下工作闸板防喷器。

第七步：关平衡管线阀门，泄下工作闸板防喷器以上压力。

第八步：开上工作闸板防喷器，进入下一次循环作业。

重复第一步到第八步直至结束，起管柱接箍或工具接头原理与下油管接箍或大直径工具原理一样，只是顺序相反。

3）油管内压力控制

油管内压力控制是指在带压作业过程中，采取机械堵塞或者化学堵塞的方式控制油管内流体外泄的技术。这些工艺和措施主要是采用钢丝电缆作业、泵送作业、冷冻作业、连续油管作业、地面预置等方法在油管（或钻具）内形成一个永久式或可回收式的堵塞器，控制井内流体外泄。机械堵塞包括油管堵塞器、电缆桥塞、钢丝桥塞、单流阀、破裂盘、盲堵等机械坐封、锚定工具，化学堵塞包括冷冻暂堵、液体桥塞等。

油管内压力控制工具的选取原则如下。

（1）井下管柱带有坐放接头且完好情况下，优先选取与坐放接头匹配的堵塞器。

（2）井下管柱无坐放接头或者共同失效时，优先选取钢丝桥塞或电缆桥塞。

（3）若采用两个桥塞堵塞，两个桥塞的坐封位置距离应大于 3m。

（4）新下入的完井管柱优先选用油管盲堵工具或破裂盘，宜下入坐放接头。

（5）水平井或大斜度井在管柱底部筛管以上和造斜点以上位置各下至少一个坐放接头。

（6）工作管柱宜选取两个单流阀作为油管内压力控制工具，单流阀应能满足下部工具通径需要。

4）卡瓦倒换

管柱下入过程中，载荷转移是非常重要的一个作业环节，所谓载荷转移是指将固定卡瓦和移动卡瓦上承受的力按工作需要进行上下转换的过程，就是打开一副卡瓦时确保有另外一副卡瓦关闭并且该关闭卡瓦已经"咬住"管柱，防止管柱"飞出"或"落井"。以下轻管柱为例，步骤如下。

（1）关闭固定防顶卡瓦和移动防顶卡瓦，将新管柱连接到井内管柱上，完成接单根。

（2）缓慢上提管柱，将上顶力从移动防顶卡瓦转移到固定防顶卡瓦，打开移动防顶卡瓦。

（3）起升液缸，此时管柱由固定防顶卡瓦控制。

（4）当液缸起升到指定位置时停止，关闭移动防顶卡瓦，轻轻下压管柱，将上顶力从固定防顶卡瓦转移到移动防顶卡瓦。

（5）打开固定防顶卡瓦控制，管柱由移动防顶卡瓦控制。

（6）下放液缸，此时管柱由移动防顶卡瓦控制带压下入井内。

（7）当液缸下放至行程底部时停止，关闭固定防顶卡瓦，缓慢上提管柱，将上顶力从移动防顶卡瓦转移到固定防顶卡瓦。

（8）打开移动防顶卡瓦，此时将上顶力从移动防顶卡瓦转移到固定防顶卡瓦，重复以上步骤直至完成管柱下入作业。

带压作业是在井口有压力的情况下进行起下、钻磨、打捞等作业的。对生产井或井口有压力的井，起下较轻管柱时，若没有限制阻力，管柱就会从井内"飞出"，这种条件下起下管柱的过程称为强行起下钻作业，它对应的是轻管柱状态；当管柱的重量足够大，即使是生产井或井口有压力的井也不可能使管柱"飞出"井口，这种条件下起下管柱称为带压起下钻作业，它对应的是重管柱状态。在带压作业过程中一般都要经历轻管柱、中和点（平衡点）、重管柱三个状态，因此掌握带压作业工程力学分析是带压作业成功与否的关键。

5. 井控装备

环空密封系统通常包括安全防喷器组、工作防喷器组合、平衡/泄压系统、四通、阀门、压井/防喷管汇等，并结合作业工艺通过合理组合来实现带压起下、转动管柱期间的环空压力密封。安全防喷器就是常规修井与钻井作业中使用的防喷器，一般用于井控应急关井和停止作业时的静密封；工作防喷器是用于控制运动管柱环空压力的装置，主要实现对作业管柱的动密封。

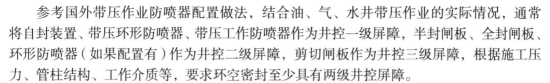

　　参考国外带压作业防喷器配置做法，结合油、气、水井带压作业的实际情况，通常将自封装置、带压环形防喷器、带压工作防喷器作为井控一级屏障，半封闸板、全封闸板、环形防喷器（如果配置有）作为井控二级屏障，剪切闸板作为井控三级屏障，根据施工压力、管柱结构、工作介质等，要求环空密封至少具有两级井控屏障。

　　1）安全防喷器组

　　安全防喷器组至少应配备全封闸板防喷器、半封闸板防喷器，部分井还配有剪切闸板防喷器、卡瓦防喷器等。

　　（1）安全防喷器选择应遵循的原则。

　　①安全防喷器应符合《石油天然气钻采设备　钻通设备》（GB／T 20174—2019）或符合API Spec 16A 的要求，国产安全防喷器生产企业还应获得中国石油天然气集团有限公司井控装备生产企业资质。

　　②安全防喷器组压力等级不小于井口最大关井压力和井口最高施工压力的最大值。

　　③半封闸板防喷器应与工作管柱外径相匹配；若井下为复合管柱，宜增加相应数量半封闸板防喷器。

　　④防喷器组的通径应大于油管悬挂器的外径。

　　（2）安全防喷器组合的配置原则。

　　依据施工井地层压力、管柱结构和井内流体确定安全防喷器组压力等级及组合形式。

　　①安全防喷器组至少应配备全封闸板防喷器、半封闸板防喷器。

　　②对于井口压力大于 21MPa 或含硫化氢的油、气、水井还应配备剪切闸板防喷器。若剪切闸板剪切后具有密封功能，也可用剪切闸板防喷器代替全封闸板防喷器。

　　③根据作业工艺需要决定是否配置卡瓦防喷器，配置位置则根据井下管柱结构确定。

　　④从事打捞、井口装置内倒扣等作业时，宜增配一台相应压力级别的全封闸板防喷器。

　　2）工作防喷器组

　　工作防喷器组包括环形防喷器、上半封闸板防喷器、下半封闸板防喷器、平衡／泄压阀和管汇、四通等。

　　（1）工作防喷器选择应遵循的原则。

　　①工作防喷器应符合《石油天然气钻采设备　钻通设备》（GB/T 20174—2019）或符合API Spec 16A 的要求，国产工作防喷器生产企业还应获得中国石油天然气集团有限公司井控装备生产企业资质。

　　②工作防喷器的额定工作压力应大于井口最大施工压力。

　　③平衡／泄压管汇的压力等级不低于半封工作防喷器的额定压力，气井作业时平衡／泄压管汇上应有节流装置。

　　④半封闸板防喷器应与工作管柱外径相匹配。

　　⑤工作防喷器组的通径应大于油管悬挂器的外径。

　　⑥含有硫化氢等腐蚀性流体的井，工作防喷器组的组件应满足抗硫要求。

　　⑦在两个工作防喷器之间应至少配备一个四通（旁通安装液动阀），使其上、下的防喷器能够建立压力平衡通道。

　　⑧根据工艺需要配备的防喷管，防喷管的高度不应小于单个大直径或不规则工具的长

度，防喷管安装在工作防喷器之间时应考虑管柱最大无支撑长度。

（2）工作防喷器组合的配置原则。

应结合作业管柱尺寸、接箍、工作压力来选择工作防喷器组合。

①工作压力小于 13.8MPa 的 60.3mm 油管、工作压力小于 12.25MPa 的 73.02mm 油管和工作压力小于 4MPa 的 88.9mm 的油管，接箍可以直接通过环形防喷器起下。因此，可以配置一个环形防喷器和一个工作闸板防喷器。

②工作压力在 13.8~21MPa 之间的 60.3mm 油管、工作压力在 12.25~21MPa 之间的 73.02mm 油管、工作压力在 4~21MPa 之间的 88.9mm 油管，接箍通过环形防喷器与闸板防喷器倒换起下。

③对于工作无接箍管柱，管柱外径不超过 88.9mm，工作压力小于 21MPa，工作防喷器组至少应配置一个环形防喷器和一个闸板工作防喷器。

④对于工作压力高于 21MPa 或管柱外径大于 88.9mm 的任何管柱接头都要通过两个工作防喷器倒换导出油管接箍，因此应配置一个环形防喷器和两个工作闸板防喷器。

工作防喷器主要用于在密封状态下过油管和导出接箍、工具。其特点是加工精度高，密封胶件内装有高分子耐磨瓦片，耐磨性能好，开关油缸放在两侧，侧门上无油路孔，在更换闸板过程中无漏油环节，更换闸板快捷，开关迅速不大于 3s，丝杠锁紧明显好用，是专门用于带压作业高压过油管的专用防喷器。

3）安全闸板防喷器的作用

（1）安全半封闸板用于带压下管柱后暂停作业期间，控制井筒压力，关闭后必须手动锁紧。

（2）全封闸板主要用于井内无管柱状态下井筒压力控制。

（3）剪切闸板主要用于紧急情况下，剪断井内管柱，实现井筒压力控制。

4）升高四通及平衡泄压系统

用途是在导出导入接箍和井下工具时，上下两个防喷器之间的高度能容纳和大于井下工具（如封隔器、配水器等）的高度，便于导出工具。而平衡阀及节流阀的作用是当下工作闸板防喷器，下部有高压而上部无压力情况下，要想打开防喷器十分困难，也容易把闸板胶件刺坏，因而在四通一侧设置平衡系统，在打开下工作闸板前，先把节流阀手动调整好固定不动，再打开平衡阀，等到中间四通压力缓慢增至井压时再关闭平衡阀，此时再打开下工作闸板就比较容易。当四通处于高压时，如果上部工作闸板要打开，一方面闸板单面受高压，不易打开，另一方面即使能打开下部高压水会冲上来，造成飞溅，污染井场周围环境，因而在打开上工作防喷器闸板前，应先打开泄压阀，通过节流阀使压力较慢地释放。当四通内压力为零时关闭泄压阀，再打开上工作防喷器闸板。

5）油管内压力控制

压力控制是带压作业核心技术之一，贯穿于带压作业每一过程。其目的是保证在带压作业过程中有效地控制井内流体不从油管外泄。为实现这一目的所采用的相应技术和方法，称为油管内压力控制技术。油管内压力控制工具是指能够实现隔离井内压力、防止井内流体从管柱内外泄的井下工具统称。

油管内压力控制工具形式多样，种类繁多，按解封方式分为不可打捞式和可打捞式，按与管柱连接方式分为预置式和投放式。任何类型的油管内压力控制工具都由锁定装置、密封装置和止退装置组成，只是不同类型其结构形式不同。

（1）陶瓷破裂盘。

①用途：破裂盘堵头安装在井下封隔器下部或油管柱的尾部，用于带压作业完井管柱的油管内压力控制。

②结构：根据破裂盘数量的不同，破裂盘堵头分为单阀瓣式陶瓷破裂盘和双阀瓣式陶瓷破裂盘两种，气井带压作业施工主要使用单阀瓣式陶瓷破裂盘（图 3-4-10）。

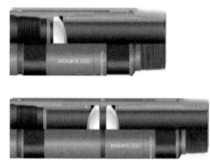

图 3-4-10　陶瓷破裂盘示意图

③工作原理：单阀瓣式陶瓷破裂盘内部只安装有一个凸面向下的破裂盘。这种结构决定破裂盘凸面可以承受井内 70MPa/105MPa 的压力，但不能承受其上部压力作用或尖状物体对凹面的冲击力。当破裂盘上下压差达到 6.9MPa 时，或者受到尖状物体对凹面底部冲击时，破裂盘就会发生破裂。

④技术参数见表 3-4-10。

表 3-4-10　不同型号陶瓷破裂盘技术参数

序号	名称	规格型号（in）	工作压力（psi）	正向破裂压差（psi）	本体钢级	外径（mm）	内径（mm）	连接扣型
1	陶瓷破裂盘	$2\frac{3}{8}$	10000	1000	P110	78.60	50.6	$2\frac{3}{8}$ in EUE
2	陶瓷破裂盘	$2\frac{3}{8}$	15000	1000	P110	78.81	48.5	$2\frac{3}{8}$ in VAM TOP
3	陶瓷破裂盘	$2\frac{7}{8}$	10000	1000	P110	94.00	62.0	$2\frac{7}{8}$ in EUE
4	陶瓷破裂盘	$2\frac{7}{8}$	15000	1000	P110	93.95	62.0	$2\frac{7}{8}$ in VAM TOP

⑤使用方法及注意事项：破裂盘堵头安装在井下封隔器下部或油管柱的尾部，入井前需进行反向试压，试压值不低于井底压力的 1.25 倍。下入指定位置后，单级破裂盘在油管打压使其上下压差大于 6.9MPa 或冲击使破裂盘破碎。

（2）预制工作筒。

①用途：预置工作筒是连接在井下生产管柱上的一种辅助性完井工具，不能孤立工作，可与配套的井下堵塞器配合，为油管内压力控制工具提供锁定的台阶和密封工作段。

②结构：预置工作筒主要是由锁定台阶、密封段等组成（图 3-4-11 和图 3-4-12）。

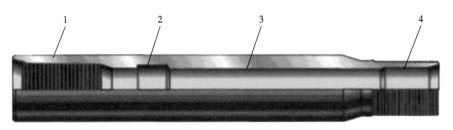

图 3-4-11　预置工作筒内部结构图

1—上接头；2—锁定台阶；3—密封段；4—下接头

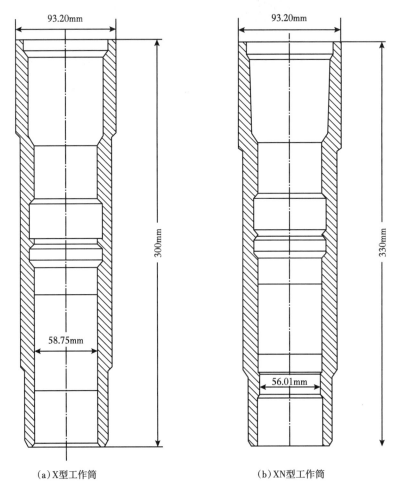

（a）X型工作筒　　　　　　　　（b）XN型工作筒

图 3-4-12　X 型和 XN 型工作筒结构图

③工作筒类型：依据工作筒内部键槽数量分为 M 型、X 型和 R 型三种类型。M 型只用一个键槽，X 型有两个键槽，R 型有三个键槽，带"N"表示不可通过式（No-go），R 型工作筒的壁厚比 X 型厚，因此 R 型工作筒用于厚壁油管，而 X 型工作筒适应于标准油管（图 3-4-13）。

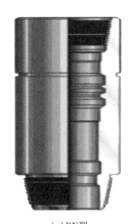

(a)R型　　　　　　　　　(b)XN型　　　　　　　　　(c)RN型

图 3-4-13　几种工作筒结构图

④技术参数见表 3-4-11。

表 3-4-11　不同型号预置工作筒技术参数

油管规格（mm）	外径（mm）		密封孔径（mm）		止过内径（mm）		承压级别（MPa）	
	X 型	R 型	X 型	R 型	XN 型	RN 型	X 型	R 型
$\phi48$	$\phi55.9$	$\phi63.5$	$\phi38.0$	$\phi34.9$	$\phi36.7$	$\phi31.7$	70	105
$\phi60$	$\phi69.8$	$\phi77.8$	$\phi45.4$	$\phi43.4$	$\phi45.4$	$\phi39.6$		
$\phi73$	$\phi83.8$	$\phi93.7$	$\phi58.7$	$\phi53.9$	$\phi56.0$	$\phi49.1$		
$\phi89$	$\phi101.6$	$\phi114.0$	$\phi69.8$	$\phi65.0$	$\phi66.9$	$\phi59.1$		

⑤使用方法及注意事项：选取的工作筒规格和扣型应与下井油管规格和扣型一致，按设计要求，随完井管柱下入井内，需要进行油管内压力控制作业时，采用钢丝作业下入与之匹配的工作筒堵塞器。

（3）钢丝桥塞。

①用途：双向卡瓦牙钢丝桥塞不仅用于油、水、气井的油管堵塞，还可用于带压作业配合拖动压裂和带压丢手更换油管主控阀。

②结构：双卡瓦牙钢丝桥塞主要由投放打捞颈、防顶卡瓦牙、密封胶筒、坐封（解封）弹簧、调节螺帽等部分构成（图 3-4-14）。

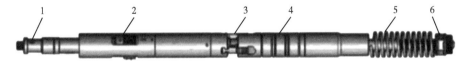

图 3-4-14　双向卡瓦牙钢丝桥塞示意图

1—投放打捞颈；2—防掉卡瓦牙；3—防顶卡瓦牙；4—密封胶筒；5—坐封（解封）弹簧；6—调节螺帽

③工作原理：采用钢丝作业将钢丝桥塞下入井内预定位置，上提钢丝利用惯性力将丢手头甩开，坐封预紧弹簧打开。在弹簧弹力作用下，依次张开防掉卡瓦牙、撑开防顶卡瓦牙、压缩密封胶筒，使堵塞器密封并锚定油管。

④适用范围及技术参数见表3-4-12。

表3-4-12　双向卡瓦牙钢丝桥塞技术参数

外径（mm）	坐封拉力（kg）	密封压力（MPa）	工作温度（℃）	适应油管规格（mm）	适应井别
ϕ39	≥300	≤21	≤120	ϕ50	油水气井
ϕ46	≥300	≤21	≤120	ϕ60	油水气井
ϕ57	≥300	≤21	≤120	ϕ73	油水气井
ϕ70	≥300	≤21	≤120	ϕ89	油水气井

⑤使用方法与注意事项：双向卡瓦牙钢丝桥塞下井前需用大于桥塞3mm以上的通管规通管，保证桥塞可以顺利下到预计位置。使用前后应在滑道上涂润滑脂，卡瓦牙必须完好且沿滑道滑动自如。卡瓦牙不得有磨损、崩齿现象，使桥塞与管柱壁锁定牢靠，防止桥塞坐封后窜出。根据下入深度选择合适钢丝，钢丝直径不小于2.8mm。钢丝连接桥塞下到预计深度后上提钢丝上卡瓦牙卡住油管，继续上提钢丝提出中心杆，下卡瓦牙和密封胶筒实现卡住和密封油管。需要解除堵塞时，采用钢丝连接专用打捞器打捞，上提钢丝即可捞出。

（4）全通径旋塞。

主要用于暂停作业或管内溢流期间，管柱内压力控制。全通径旋塞内通径与作业管柱通径一致，在管柱内堵塞失效的情况下，能通过全通径旋塞下入钢丝桥塞等内堵塞工具，实现二次投堵。

（5）过油管桥塞。

主要设计用来通过有限制的井筒部位（油管）并坐封在下面的大的内径处（套管），设计原理是用液压使丁腈橡胶制的囊体胶皮膨胀，类似于吹气球原理，胶皮是膨胀类型产品的心脏部分，用胶皮圈闭着的膨胀压力来保持锚定和密封，胶皮的膨胀率达3倍。

6. 过程控制

1）油管内堵塞

带压作业前，井内有生产管柱，需下入钢丝（电缆）堵塞器或预置工作筒堵塞器，对井内管柱进行内堵塞作业，为换装井口提供作业条件。

操作步骤如下。

（1）用比油管内径小2~4mm、长度不小于堵塞器长度的油管内径规通井。必要时应采用合适的刮削器对油管坐封段或堵塞器工作筒内壁刮削。

（2）对于井下管柱状况不清楚的井，应进行油管深度校深和腐蚀状况检测。

（3）选择适宜的堵塞工具。下井前测量堵塞工具钢体外径和长度，检查各部件完好情况。

（4）下入堵塞工具坐封后，逐级卸掉油管内压力，每次观察 15min，观察油管压力是否上升。直至油管压力降到 0MPa，若油管压力不上升，油管封堵合格。

（5）对井下有多级滑套等工具时，应在每级滑套以上进行多级堵塞，验证堵塞效果后再进行下步作业。

2）井口检查

（1）大阀门密封性检查。作业前井内无生产管柱，需检验大阀门密封性。

作业目的：检验大阀门密封可靠性，为换装井口期间的井控安全提供保障。

检查内容：核实大阀门开关圈数、开关到位回转圈数；关闭大阀门后缓慢泄掉大阀门以上腔体压力，关闭泄压阀门，观察井口压力，检验大阀门密封性；大阀门检查密封合格后，拆除大阀门以上采油树。

（2）检查特殊四通顶丝。

目的：检查顶丝是否处于正常工作状态；通过顶进顶丝长度，判断井内是否有防磨套及油管悬挂方式。

检查内容：根据采气树生产厂家提供的数据，检查顶丝完全退出长度，对井口顶丝进行实际测量，确保符合设计；试顶顶丝，检查顶丝处于良好的工作状态、顶到位后，丈量长度，确认是否符合厂家设计；若顶丝顺利顶入长度不符合厂家设计要求，需及时确认井内是否有防磨套，防止下入管柱后无法顺利坐挂。

3）安全防喷器组

其目的是实现井口压力控制，保障作业期间井控安全；安装在采气井口与带压作业机之间；压力等级应大于预测最高井口关井压力的 1.25 倍。使用剪切闸板时，应独立配套全封闸板，不能用剪切全封闸板的密封功能代替全封闸板；防喷器内通径应大于油管悬挂器最大外径；安装在采油树上作业时，通径应大于采油树主通径；安全防喷器应配备手动锁紧杆。

4）安装带压作业机

带压作业机安装的最大井控风险为吊索吊具、吊装设备损坏，设备摆动、掉落碰砸井口。在作业之前需进行工作安全分析及控制措施制定，吊装过程专人指挥，做好吊装设备、吊具检查，全过程使用好牵引绳，防止设备摆动碰撞井口采气设施。

5）试压

（1）安全防喷器组试压：安全防喷器应有合格的试压报告和试压曲线。试压前应使井口大通径阀门或试压塞与管柱内压力控制工具隔离，以免试压时压力传递到压力控制工具上。试压应按由下至上、由低到高的原则逐级试压，并保留试压记录。试压前应将空气排尽，所有试压介质宜采用清水。应先做 1.4~2.1MPa 的低压试压，稳压 10min，压力不降为合格。然后按井口最大关井压力试压，稳压 30min，压降不大于 0.7MPa 为合格。对于低渗透油气井、页岩气井等不易取得稳定井口最大关井压力的井，可以采用关井 120h 后取得的关井压力进行试压，稳压 30min，压力降不大于 0.7MPa 为合格。

（2）工作防喷器组试压：环形防喷器只宜做管柱封闭下的试压，试压压力按额定工作压力的 70% 和预计最大工作压力两者中的最小值试压；试压前应将空气排尽，所有试压介质宜采用清水，稳压 15min，压力降不大于 0.7MPa 为合格；应先做 1.4~2.1MPa 的低压试压，稳压 10min，压力不降为合格；然后按闸板工作防喷器预计最高施工压力进行高压试压，稳压 30min，压力降不大于 0.7MPa 为合格；工作防喷器液压控制装置配备的蓄能器组在环形防喷器处于关闭状态，当液压泵源发生故障时，在工作闸板防喷器完成一个关—开—关程序、平衡 / 泄压旋塞阀完成一个开和关动作后，观察 10min，蓄能器的压力至少保持在 8.4MPa 以上；或只关闭环形防喷器，10min 蓄能器压力不低于 8.4MPa。

（3）平衡 / 泄压管汇试压：先做 1.4~2.1MPa 的低压试压，稳压 10min，压力不降为合格。然后按闸板工作防喷器试压值进行试压，稳压 30min，压降不大于 0.7MPa 为合格。

（4）节流放喷管汇、压井管汇试压：节流压井管汇试压按安全防喷器试压值试压和 SY/T 5323—2016《石油天然气工业 钻井和采油设备 节流和压井设备》标准执行，放喷管线试压压力为 10MPa。

（5）旋塞试压：用于抢装的旋塞及防喷单根上的旋塞应按预测最高井口关井压力的 1.25 倍试压，稳压 5min，压降不大于 0.7MPa 为合格，并有试压记录曲线。

（6）液压控制装置连接管线试压：安全防喷器组液压控制装置、连接管线标准及试压要求按 SY/T 5053.2—2020《石油天然气钻采设备 钻井井口控制设备及分流设备控制系统》标准执行。对防喷器进行功能测试，防喷器能正常开启和关闭，且开关状态应与操作手柄指示开关位置一致。对远程控制台至防喷器的控制管线进行 21MPa 开启和关闭试验，稳压 5min，检验控制管线密封情况，无可见渗漏为合格。工作防喷器组液压控制装置及连接管线除应按系统最高工作压力试压，还应定期做功能测试，功能测试时间间隔不大于 14d/ 次。

6）带压作业机调试

（1）带压作业装置游动卡瓦与井口同轴，偏差不大于 10mm。

（2）校平校正井口装置，根据施工井井口装置及套管承载能力、风力和作业高度的影响，对带压作业装置进行支撑和绷绳加固，防止损坏井口装置和套管；带压作业装置最少采用 4 根绷绳固定设备。

（3）将各油路软管及接头连接。接头处清洗干净，应保证密封圈完好；动力源距井口距离不少于 10m；开启动力源空运转 5min 后，带动各泵空运转，运行 5min 一切正常后，关闭放压阀，使储能器升压，操作各路转换阀，使油缸、防喷器、卡瓦等动作两次，验证油路畅通、开关灵活、动作无误。

7）地面油管内堵塞作业

地面安装的堵塞工具，下井前堵塞工具再用预计井底压力 1.25 倍的测试压力对油管堵塞器进行试压，稳定 30min，压降小于 0.7MPa 为合格。记录所有的压力测试值，油管内压力控制工具应靠近管柱底部位置进行设置，一类井、二类井、三类井带压作业油管内应至少设置两个压力控制工具。四类井带压作业油管内应至少设置一个压力控制工具。油管内压力控制工具应封堵在同一根油管上。

8）起油管作业

（1）起重管柱，对于井口压力小于环形防喷器工作压力时，只需关闭环形防喷器密封管柱，直接利用液缸起下管柱；当起出管柱接近中和点深度时，应进行轻管柱测试。

（2）起轻管柱时，必须使用防顶卡瓦来克服管柱的上顶力，移动防顶卡瓦和固定防顶卡瓦交替卡住管柱，通过液压缸循环举升和下压完成管柱的起下作业。对于没有标记的油管，当接近油管堵塞器 100m 时，应逐根探测堵塞器位置。起堵塞器下的短管柱时，可以

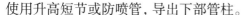

使用升高短节或防喷管,导出下部管柱。

(3)施工前应确认闸板防喷器手动锁紧装置解锁到位,打开后应确认防喷器闸板全开到位,施工过程操作人员之间应保持信息通畅。

(4)设置环形防喷器关闭压力,既能使管柱顺利通过环形防喷器,又能控制井口压力。

(5)起管柱过程中应观察指重表变化,上提负荷不应超过最大许用举升力。

(6)轻管柱起下时,液压缸行程要小于油管安全无支撑长度。

(7)起管柱过程中,用平衡泄压系统进行压力控制,开关速度要慢,以减少冲击刺漏。

9)下油管作业

(1)连接下部管柱组合并下入到全封闸板以上 0.5~1.0m,关闭并卡好防顶卡瓦。

(2)设置环形工作防喷器关闭压力,确保既能控制住井内压力又能保证管柱移动,环形工作防喷器上补偿瓶压力应介于 2.5~2.8 MPa 之间。

(3)关闭环形防喷器,并打开全封闸板防喷器,向环形工作防喷器上倒入润滑油,通过平衡管线平衡全封闸板上下压力。

(4)液压缸行程应小于油管无支撑长度,缓慢下推管柱到安全防喷器组和井内,防止油管弯曲。

(5)下入一定数量管柱后,直到接近管柱中和点前 10 根时,应逐根进行重管柱测试,一旦进入重管柱状态,调节液缸压力,推动管柱接箍通过环形工作防喷器或通过闸板倒换下入。

(6)对于井口压力小于 28MPa 的气井或油气混合井,应根据选择的连接扣型按规定涂抹螺纹密封脂,对于井口压力 28~55MPa 范围内或者超过 55 MPa 的气井或油气混合井,应根据选择的连接扣型按规定涂抹特殊螺纹密封脂。

10)下油管悬挂器

测量油管头顶丝至带压作业机卡瓦顶部的距离以及闸板腔中心至卡瓦顶部的距离,以备倒换防喷器下入悬挂器时参考。油管悬挂器下入前应连接背压阀(BPV)或全通径旋塞并处于关闭状态;联顶节顶部连接好旋塞阀,并处于开启状态;通过倒换环形防喷器与闸板防喷器或两个工作闸板防喷器来下入油管悬挂器。

(1)对于井口压力小于环形防喷器工作压力时,应采取以下步骤。

①关闭下工作闸板防喷器,放掉防喷器上部压力,打开环形防喷器,下放悬挂器通过环形防喷器,关闭环形防喷器。

②当悬挂器位于工作防喷器内时,读取并记录管柱重量。

③关闭泄压阀,打开平衡阀,缓慢平衡下工作闸板防喷器上、下部压力。

④打开下工作半封闸板防喷器,下放油管悬挂器,观察吨位及压力变化情况。

⑤下放油管悬挂器坐入油管头四通内,核实下放距离,确认悬挂器完全坐到位。

(2)对于井口压力大于等于环形工作防喷器工作压力时,应采取以下步骤。

①泄掉上、下工作防喷器之间压力,打开上半封闸板防喷器。

②下放悬挂器至两个工作防喷器闸板之间时,读取并记录管柱重量。

③关闭上闸板防喷器,关闭泄压阀,打开平衡阀,缓慢平衡闸板防喷器压力。

④打开工作下半封闸板防喷器,下放油管悬挂器,使之坐入油管头四通内。

⑤尽可能减小液缸行程,在安全下推力范围内下压液缸 45~50kN,检验悬挂器是否已

经正确坐挂，然后将油管挂顶丝上紧。

⑥应确保油管悬挂器坐挂后油管头四通顶丝全部顶紧，在释放上部压力前应进行提拉测试以检验油管悬挂器已经固定牢靠，上提负荷比原管柱旋重多30~50kN。

⑦关闭平衡管线一侧的套管阀门，打开泄压阀门，缓慢（每次3.5MPa的压力减量）放掉防喷器组的内部压力，压力放至原有压力一半时，观察2min，如果压力不变，则放完防喷器组内的压力，检查油管头四通，油管挂密封应合格，打开环形防喷器和游动卡瓦，将提升短节卸扣起出，关闭并锁紧全封防喷器。

7. 应急处置

（1）油管内堵塞工具失效应急程序：发信号—调整液缸至合适位置—抢装旋塞阀、关旋塞—关卡瓦组—关防喷器—集合—查原因。

（2）环空密封失效应急程序：发信号—关防喷器—调整液缸至合适位置—关卡瓦组—抢装旋塞阀、关旋塞—集合—查原因。

（3）卡瓦失效应急程序：立即关闭备用卡瓦—对现场情况进行评估—关闭所有可能的半封闸板防喷器—释放防喷器组内的压力（勿打开环形防喷器）—在油管中安装并关闭旋塞阀—修理、清理和更换卡瓦牙和（或）根据需要维修卡瓦—测试卡瓦的荷载支撑能力—检查其他卡瓦的夹紧状况，必要时进行修理—在恢复作业之前，应检查油管的损伤情况。

（4）动力源失效应急程序：在重管柱情况下，如有可能，应将油管坐挂在工作篮的操作高度位置，然后关闭相应卡瓦；在轻管柱情况下，关闭另外的相应卡瓦—关闭并锁紧全部现有的BOP—安装处于开位的旋塞阀，然后上紧丝螺纹扣，再关闭旋塞阀—撤离并对现场情况进行评估—在恢复作业之前，应对设备进行修理，使其达到初始标准。

8. 应用实例

近年来，气井带压作业技术发展迅速，在区块应用25井次，工艺成功率100%，其中苏77-6-7井实现带压修井作业，起出井内全部管柱，恢复气井正常生产，该技术在气井压后投产中将被广泛推广应用。

二、带压换采气树主闸技术

针对气井生产过程主控阀门泄漏，在带压条件下，优选堵塞器进行投堵，实现采气树主控阀门的更换，实现低成本、无伤害、作业时间短、快速恢复生产的目的。

1. 工作原理

利用液压送入工具，在液压系统作用下，将堵塞器送到四通通道预定的位置，坐封堵塞器，封堵井口内高压油气通道，更换失效的2#、3#阀门，然后释放压力，恢复井口。或者利用测井车（试井车）将堵塞器在带压情况下投入到油管预定位置，封堵油管内高压油气通道，更换采气树1#阀门，然后释放压力，恢复井口。

2. 工作流程

方法一：安装井口专用送入工具—带压送入堵塞器—坐封堵塞器—更换2#、3#阀门—解封堵塞器—恢复井口原貌。

方法二：施工准备—井内油管通径（满足堵塞器坐封）—投放堵塞器—井口泄压观察封堵情况—更换1#阀门—打捞堵塞器—恢复井口。

3. 风险防范

（1）堵塞器坐封后投堵后必须观察一段时间，确保堵塞器坐封或投堵合格，严禁未观察盲目更换井口闸阀。

（2）堵塞器入井前必须检验合格，确保堵塞器工具质量。

（3）施工过程要安全快捷，在有效的时间内完成闸阀更换或井口更换。

4. 应用实例

近三年，气井带压更换采气树主控阀门技术在区块应用55井次，其中更换1#阀54个，2#阀1个，工艺成功率100%。

第五章 长关井治理技术

苏 77-召 51 区块位于苏里格气田东区北部的气水同层区，属于典型三低致密高含水气藏，经过十多年开发生产区块低产井、长关井逐年增多，为实现合作区块规模效益开发、长期稳产，亟需开展长关井综合治理。

第一节 长关井概况

一、长关井定义

长关井是指经过常规排水采气措施（泡排、氮气气举、柱塞、解水锁等）六个月以上未能复产而长期关停的气井。

二、历年长关井变化情况

区块气水关系复杂，含气饱和度低，生产水气比远高于其他区块，随着投产时间增加，地层压力下降，积液水锁及井筒故障井不断增加，自 2014 年以来长关井数逐年上升，2021 年底达到 182 口，占总井数的 20.9%（图 3-5-1 和图 3-5-2）。2022 年上半年，通过复产措施恢复生产 16 口（上半年新增 12 口），长关井数由 2021 年的 182 口减少到 174 口。

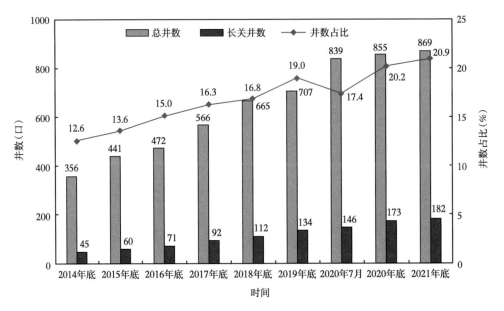

图 3-5-1 苏 77-召 51 区块长关井历年变化趋势柱状图

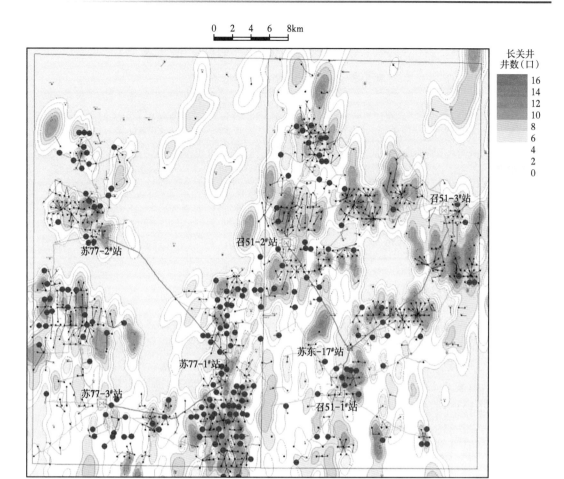

图 3-5-2 苏 77-召 51 区块长关井位置分布图

第二节 长关井原因分析

一、长关井动态指标

174 口长关井中直丛井 162 口，其中静态 I 类井 96 口，占比 59.3%；静态 II 类井 36 口，占比 22.2%；静态 III 类井 30 口，占比 18.5%（表 3-5-1）。

表 3-5-1 长关直丛井静态分类指标统计表

静态分类	井数（口）	占比（%）	气层厚度（m）	试气情况			累计产量（10⁴m³）
				产气量（10⁴m³/d）	产水（m³/d）	无阻流量（10⁴m³/d）	
I	96	59.3	14.5	2.03	6.17	6.37	448
II	36	22.2	6.1	1.88	4.80	5.16	399
III	30	18.5	3.1	1.38	4.92	3.64	219
合计/平均	162	100.0	9.8	1.87	5.64	5.58	394

长关井试气动态以Ⅲ类井为主，稳产能力差。其中动态Ⅰ类井 20 口，占比 11.5%；动态Ⅱ类井 52 口，占比 29.9%；动态Ⅲ类井 102 口，占比 58.6%（表 3-5-2）。

表 3-5-2　长关井动态分类指标统计表

动态分类	井数（口）	占比（%）	试气情况			累产（10⁴m³）
			产气量（10⁴m³/d）	产水（m³/d）	无阻流量（10⁴m³/d）	
Ⅰ	20	11.5	4.86	4.30	13.64	1052
Ⅱ	52	29.9	3.25	5.40	13.54	622
Ⅲ	102	58.6	1.54	5.30	3.51	271
合计/平均	174	100.0	2.43	5.21	7.67	474

二、长关原因分类

区块含气饱和度低而致高产水是区块长关井数量较多的根本原因。从关井原因看，因气水层投产、储层致密等原因关井 113 口，占长关井总井数 64.9%；因气井产量低，携液能力差，井筒严重积液关井 44 口，占 25.3%；因压裂改造不彻底、砂堵及井筒故障、堵塞等工艺原因关井 13 口，占 7.5%；因长期生产，采出程度高、地层能量衰竭关井 4 口，占 2.3%（图 3-5-3）。

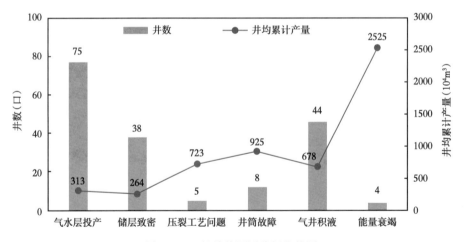

图 3-5-3　长关井原因分析柱状图

第三节　长关井潜力评价

一、剩余可采储量

162 口直丛井控制地质储量 67.95×10⁸m³，按照开发方案直丛井采收率 36% 计算，可采储量 24.46×10⁸m³。目前已累计采出天然气 6.44×10⁸m³，井均累计产气 398×10⁴m³；剩余

可采储量 $18.3×10^8m^3$，平均单井剩余可采储量 $1130×10^4m^3$，治理潜力较大（表 3-5-3）。

表 3-5-3　长关井（直丛井）动态分类指标统计表

问题类型	井数（口）	井数占比（%）	井均累计产气（10^4m^3）	井控储量（10^8m^3）	可采储量（10^8m^3）	合计累计产气（10^8m^3）	剩余可采储量（10^8m^3）	平均单井剩余可采储量（10^4m^3）
气水层投产	74	45.68	301	31.80	11.45	2.23	9.22	1246
储层致密	38	23.46	263	12.63	4.55	1.00	3.55	934
压裂工艺问题	5	3.09	180	2.10	0.76	0.09	0.67	1340
井筒故障	7	4.32	543	3.01	1.08	0.38	0.70	1000
气井积液	34	20.99	509	16.37	5.89	1.73	4.16	1224
能量衰竭	4	2.47	2525	2.04	0.73	1.01	—	—
合计/平均	162	100.00	398	67.95	24.46	6.44	18.30	1130

12 口水平井控制地质储量 $12.9×10^8m^3$，按照开发方案水平井采收率 60% 计算，可采储量 $7.74×10^8m^3$。目前已累计采出天然气 $1.89×10^8m^3$，井均累计产气 $1575×10^4m^3$；剩余可采储量 $5.85×10^8m^3$，平均单井剩余可采储量 $4875×10^4m^3$，治理潜力较大。但这些水平井均采用裸眼封隔器+开关滑套方式完井，治理难度大（表 3-5-4）。

表 3-5-4　长关井（水平井）动态分类指标统计表

问题类型	井数（口）	井数占比（%）	井均累计产气（10^4m^3）	井控储量（10^8m^3）	可采储量（10^8m^3）	合计累计产气（10^8m^3）	剩余可采储量（10^8m^3）	平均单井剩余可采储量（10^4m^3）
气水层投产	2	16.67	200	1.94	1.16	0.04	1.12	5600
压裂工艺问题	1	8.33	2900	1.27	0.76	0.29	0.47	4700
井筒故障	2	16.67	2850	2.21	1.33	0.57	0.76	3800
气井积液	7	58.33	1414	7.48	4.49	0.99	3.50	5000
合计/平均	12	100.00	1575	12.90	7.74	1.89	5.85	4875

二、治理潜力分级评价

潜力评价标准：按照苏里格气田静、动态评价标准，综合考虑长关井物性、有效砂体厚度、砂体连通程度、试气产能、生产动态、剩余可采储量等控制因素，建立长关井治理潜力评价分级标准（表 3-5-5）。

表 3-5-5　苏 77-召 51 区块潜力井分级评价标准

静态地质				邻井物性对比	与邻井砂体连通性	开发动态		剩余可采储量（10⁴m³）	潜力分级
有效厚度（m）	孔隙度（%）	含气饱和度（%）	类别			无阻流量（10⁴m³/d）	类别		
>8	>8	>60	I	较好或相似	较好	>10	I	>1000	A级
						>4	II	>500	B级
						2~4	III	<500	C级
				较差	较差或不连通	<4	III	—	C级
5~8	6~8	50~60	II	较好	较好	>4	II	>500	B级
						2~4	III	—	C级
				较差	较差	>4	II	—	C级
<5	5~8	45~55	III	较好或相似	较好	<4	III	—	C级

根据潜力评价标准，将长关井治理潜力分为三类。

A 类井，共 43 口。这类井地质条件好，剩余可采储量大，增产潜力较大，治理风险相对较小，是近两年治理挖潜的主要对象。

B 类井，共 46 口。这类井地质条件较好，剩余储量较大，具备增产潜力，但治理存在风险，需要加大地质认识，改进工艺技术，最大限度降低风险，提高增产效果。

C 类井，共 87 口。这类井静、动态评价绝大部分为III类层，治理难度大，需引入市场竞争机制，深化地质认识，发挥特色工艺技术优势，挖掘井、层潜力，盘活存量资源。

第四节　长关井治理对策

一、治理历程

随着区块投产井增多，最早开发的召 65 井区大部分井生产均已超过十年，长关井占比最多，其余井区按开发时间的差异均存在不同数量的躺停井。

2018 年苏 77-召 51 区块长关井数量超过 100 口，同年 3 月开始长关井专项治理，5月份申报"苏 77-召 51 区块低产低效长关井综合治理研究"科技项目，开展复产措施 39井次，其中常规措施（修井、井筒作业、氮气气举）实施 34 口井，改层（查层补孔）4 口井，试验老井侧钻 1 口，复产井数 27 口，措施有效率 69.2%，累计增产气量 2473×10⁴m³。

2019 年继续依托"苏 77-召 51 区块低产低效长关井综合治理研究"项目开展各类增产、复产措施，但长关井总量持续上涨，表现出"救活一片，躺倒一批"的被动局面。当年开展复产措施 37 口井，其中常规措施实施 31 口井，查层补孔 1 口井，外动力排采（机抽、射流泵）试验 5 口，复产井数 21 口，措施有效率 56.7%，累计增产气量 2577×10⁴m³。

2020 年 4 月与青海涩北气田进行开发技术交流，该气田开发时间整体比苏 77-召 51区块早十年，目前已处于排水采气后期阶段，形成了以高抗盐泡排、集中增压气举为主的特色排采技术系列，排水方式已完成由"间歇"向"连续"转变。通过这次调研，认识到地面增压工艺在高含水气井中后期生产中的巨大增产潜力。2020年7月梳理长关井146口，首次编制《苏77-召51区块2020年长关井治理措施方案》，系统分析了长关井关停原因，针对不同地质条件、井筒状况、生产状态制定各类复产措施；同时就一批井筒问题复杂、措施成本高、风险较大而长期关停的气井，提出风险技术服务合作模式。当年开展复产措施41口井，均为常规复产措施，措施有效率降低至41.4%，增产气量2145×10⁴m³。

2021年继续完善长关井治理措施方案，并开始试验集中地面增压工艺，优选苏77-6-8井组5口井试验，复产4口，措施后产量1.8×10⁴m³/d，累计增产气量235.3×10⁴m³，取得了较好的经济效益。同时近年逐渐摸索的气举复合性措施取得较好效果（"泡排＋气举、解水锁＋气举、解堵＋气举、节流器打捞＋气举"等），全年增产气量1160.4×10⁴m³，占总增产量44.1%。当年开展复产措施62口井，其中常规措施占52口井，见效21口井，常规措施有效率40.3%，反映常规复产措施效果逐步减弱。当年增产气量2642×10⁴m³，完成当年任务的132%。

2022年，通过对近四年长关井治理经验的全面反思总结，治理思路出现转变，基于常规措施（修井、井筒作业、氮气气举）的复产难度越来越大的事实，目前的治理方向已经转向各类外动力排水采气（增压气举、电潜泵）和进攻性复产措施（改层、重复压裂）的试验和评价。

二、治理思路

坚持以剩余气富集规律为指引，以气藏描述、产能评价、剩余气规模为依据，以动态监测、动态分析、数值模拟等气藏工程技术为手段，以重复改造、新层补孔、整体增压、制度优化为重点，个性化治理长关井、低产井，提高储量动用程度，持续降低气藏综合递减，进一步改善气藏开发效果。坚持"地质工程一体化"总体工作思路，以问题为导向，深入开展综合地质研究，结合气井动静态特征，明确气井关停原因、优选挖潜措施类型、优化工艺参数、强化效果评价，形成地质工程一体化措施井筛选复产方案（图3-5-4）。

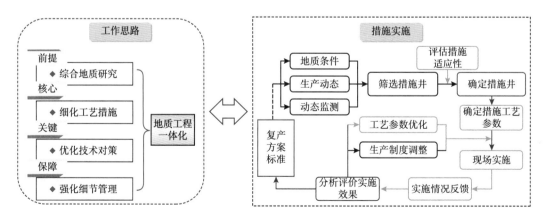

图3-5-4　长关井治理工作思路与措施路线

三、治理技术对策

1. 气井治理技术路线

近年来针对苏 77-召 51 区块"三低"致密含水气藏地质特征和"低压、低产、高水气比、高递减率"生产动态特征，开展了一系列综合地质研究、井筒工艺优化和排水采气配套技术攻关。形成了以泡排、柱塞、小管柱三项主体工艺为主，自动化间开、解水锁、N_2 气举为辅的三项配套技术，并开展基于外动力的射流泵、机抽、多级气举阀＋增压连续气举等排水采气新工艺试验（图 3-5-5）。

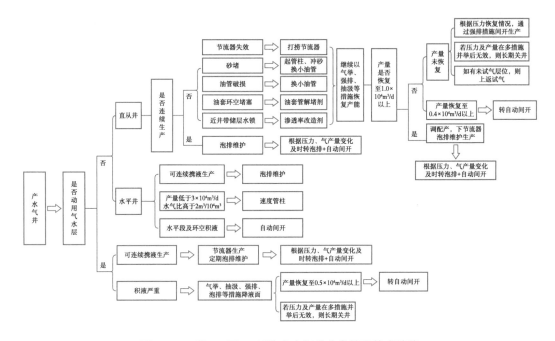

图 3-5-5　苏 77-召 51 区块产水气井分类管理技术路线

2. 长关井治理技术对策

1）各类措施优选原则

查层补孔：通过大规模压裂动用未射孔层，提高储量动用程度，挖掘未动用层潜力（表 3-5-6）。

表 3-5-6　查层补孔措施优选原则

选井选层条件	目的层地质条件	投产层开发动态条件	工程作业条件	治理对策
（1）钻遇多套气层，部分层未投产。 （2）未投产层地质条件好，控制储量规模大。 （3）投产层已采取的增产措施效果差或无效果，挖潜潜力小	（1）未投产层气层发育，有效厚度大，平面分布稳定。 （2）未投产层气测显示活跃，侧向电阻高，物性好；阵列感应无明显水侵特征，含气饱和度高。 （3）未投产层静态为 I 类、II 类	（1）投产层剩余可采储量较小：开采层压力系数不大于 0.3，本层地质储量采出程度不小于 25%。 （2）产水严重，采气成本高、无经济开采效益：水气比不小于 $4.0m^3/10^4m^3$	（1）未射孔层固井质量好。 （2）套管无变形。 （3）具备高排量、高砂比压裂条件，以提高裂缝缝长、导流能力和裂缝有效体积	查层补孔，投产新层

重复压裂：加大压裂规模，增加裂缝半长，提高导流能力，提升储量动用效率，充分发挥气层产能（表 3-5-7）。

表 3-5-7　重复压裂措施优选原则

选井选层条件	储层地质条件	开发动态条件	工程作业条件	治理对策
（1）静态为 I 类储层，压裂规模小，试气产能低，动态为 III 类储层，静、动严重不匹配。 （2）产量低且递减快，储层伤害严重，井筒堵塞。 （3）采出程度低，剩余气储量规模大。 （4）实际供气半径小，地层压力高	（1）气层发育，有效厚度大，平面分布稳定。 （2）物性好、含气饱和度高的 I 类层	（1）储层改造工艺问题导致完试效果差：试气产量不大于 $2.0×10^4$m³/d，无阻流量不大于 $10.0×10^4$m³/d。 （2）剩余可采储量规模大，压力保持程度高：直丛井采出程度不大于 10%，剩余气可采储量不小于 $2000×10^4$m³；地层压力保持程度不小于 80%。 （3）无明显边底水锥进或束缚水解releases特征：水气比不大于 2.5m³/10^4m³	（1）井筒技术状况良好，套管无变形，井筒无堵塞。 （2）具备大排量、大砂量施工条件，以增大压裂裂缝长度、导流能力，提高有效动用储量	重复压裂

气举增压：优先选择地质条件好、开发时间长、采出程度高、地层压力低的井组（单井）实施地面气举增压开采，降低气井废弃压力，延长气田寿命，提高气田采收率（表 3-5-8）。

表 3-5-8　地面增压连续气举措施优选原则

选区、选井原则	储层地质条件	投产层开发动态条件	工程作业条件	治理对策
（1）井控储量采出程度高，不具备查层补孔、侧钻的储量基础。 （2）排水采气措施频次高，增产效果变差或失效。 （3）地层压力低，气井已进入间歇生产阶段，井口套压接近集输系统压力	（1）砂体发育，有效厚度大，平面分布稳定。 （2）物性好、含气饱和度高，静态为 I 类、II 类	（1）前期生产情况好，采出程度高，压力保持程度低：投产初期产量不小于 $2.0×10^4$m³/d，累计产量直丛井不小于 $0.15×10^8$m³、水平井不小于 $0.4×10^8$m³；地层压力保持程度不大于 40%。 （2）因压力下降、产量递减导致的气井携液能力变差，井筒积液严重：水气比不小于 2.5m³/10^4m³	（1）井筒技术状况良好，套管无变形，井筒无堵塞。 （2）具备大排量、大砂量施工条件，以增大压裂裂缝长度、导流能力，提高有效动用储量	重复压裂

2）措施挖潜对策

根据长关井治理潜力分类评价结果，对 43 口 A 类井制定了相应复产技术对策，其中重复压裂 10 口，增压连续气举 10 口 /3 井组，查层补孔 21 口，侧钻水平井 2 口。实施过程根据单井实际情况可采取组合措施，以确保增产效果（表 3-5-9）。

表 3-5-9　长关井治理技术对策表

井型	静态地质特征	动态特征	长关原因	技术对策	治理井数
直丛井	（1）气层厚，气测显示活跃，物性好，侧向电阻高，阵列无明显水侵特征，含气饱和度高。 （2）静态划分为 I 类储层	生产效果差，累计产量低，静、动态严重不符	（1）投产压裂规模较小，储层未得到充分改造。 （2）井筒堵塞，储层严重伤害	重复压裂	10 口
		（1）试气时射开气水层，地层产水特征明显。 （2）投产后产水量逐渐增大，水气比增加	井筒严重积液，多次气举无效	封堵水层后重复压裂	

井型	静态地质特征	动态特征	长关原因	技术对策	治理井数
直丛井	（1）气层厚，气测显示活跃，物性好，侧向电阻高，阵列无明显水侵特征，含气饱和度高。 （2）静态划分为Ⅰ类储层	（1）投产层试气产量高，生产效果好，采出程度高，仍具有一定规模储量。 （2）无接替层	地层压力接近管网压力，集输困难	地面连续增压气举	10口
	（1）钻遇多套气层，井控储量规模大。 （2）未投产层静态分类为Ⅰ类、Ⅱ类，邻井试气产能高	（1）生产层采出程度高，剩余可采储量规模小。 （2）地层压力低。 （3）产水量大，气井携液能力差	本层已无增产潜力	查层补孔	21口
水平井	（1）备选层地质条件好，静态划分为Ⅰ类、Ⅱ类储层。 （2）控制井层位砂体发育，物性好	（1）目的层采出程度高。 （2）地层压力低	（1）本层已无增产潜力。 （2）裸眼封隔器完井，治理困难	侧钻水平井	2口

第四篇　综合管理

第一章　生产建设运行管理

第一节　生产运行管理

一、生产运行概述

西部钻探苏里格风险作业共有区块 3 个，面积 3423km²。累计下达产能建设 46.32×10⁸m³/a，其中新建产能 14×10⁸m³/a、弥补递减产能 32.32×10⁸m³/a，截至 2021 年底累计钻井 937 口，建成投产集气站 6 座、各类管线 750km，投产气井 872 口，配套产能 9.63×10⁸m³/a，累计生产天然气 80×10⁸m³、销售轻烃 9 万余吨（图 4-1-1）。先后经历了快速上产期、规模稳产期和转型升级期三个阶段，随着生产建设规模扩大，产能建设、天然气生产、井站线管理区域、作业区范围、员工人数不断增长，生产运行模式也从初期"粗放式"管理转变为目前的精细化管理，管理制度不断完善、生产组织更加顺畅、运行效率持续提高。

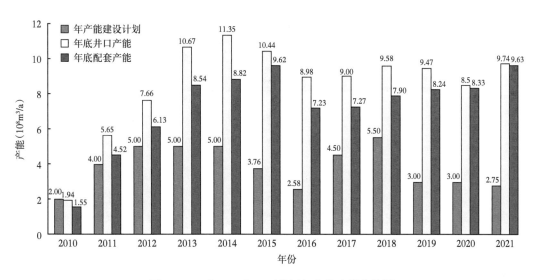

图 4-1-1　苏 77-召 51 区块历年产能建设柱状图

1. 快速上产期（2009—2014 年）

2009—2014 年，下达产能建设任务 24.76×10⁸m³/a，钻井 520 口、压裂 504 口、投产 439 口，销售天然气商品量 30×10⁸m³。这期间取得了"五年任务三年干，三年任务两年完"的突出业绩，初步形成了苏 77-召 51 区块生产建设运行模式。但因初涉气田开发领域，生产运行管理制度、组织机构不健全等客观原因，生产运行管理方式比较粗放。

2. 规模稳产期（2015—2017 年）

2015—2017 年，由于国际油气市场不景气，中国石油天然气集团有限公司产建投资紧缩，风险作业进入稳产阶段，下达产建任务 $7.08×10^8m^3/a$，这期间钻井 150 口、压裂 107 口、投产 125 口，年产量稳定在 $7×10^8m^3$ 以上。此阶段建立健全了制度体系，形成了大井丛工厂化作业、"钻井、压裂、试气三同时作业""钻井完、管线到"，气井分级分类分时管理，常规排水采气措施尽早介入，冬季泡排不停止等多项产能建设及生产管理方式。

二、生产运行管理现状

2018—2022 年为转型升级期。

（1）2018—2020 年按照苏里格气田分公司"五提三降一优化"要求，合作开发坚持评价开发、地质工程、建设生产、地下地面四个一体化系统管理。面对地质条件复杂、安全环保要求高等困难，转观念、促提升，实现了由井筒工程为主向气田建设生产一体化转变、由直丛井向整体水平井转变、由依托油田向自主运营转变、由粗放型向精细化管理转变，通过一体化生产运行管理模式的转型，天然气产量保持稳中有升，生产运行效率大幅提升（图 4-1-2）。

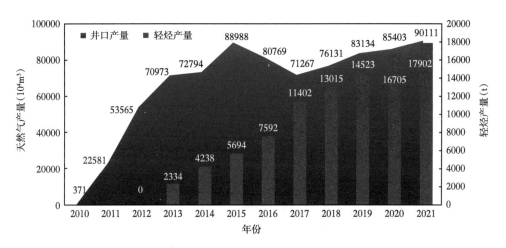

图 4-1-2　苏 77-召 51 区块开发历年油气产量统计图

（2）2021 年进入转型升级期，通过机构改革成立"两所两中心三作业区"，突出"安全、地质、工艺"三大核心业务，明晰天然气生产"找、产、销"三条主线，完成了工作重心向前线转移和井控安全环保监管分离调整，生产运行效率提升效果明显，其中直丛井、水平井钻井周期分别提速 9.5%、12.6%，压裂提速 48.6%，投产周期提速 67.2%，天然气生产历史性突破 $9×10^8m^3$ 大关（图 4-1-3）。

三、生产运行管理成效

1. 形成了"四个一体化"生产管理模式

（1）评价开发一体化：随着区块开发向致密区高含水区推进，传统评价至开发串联模式评价时间长、费用高，难以适应开发中后期要求，而评价开发一体化将评价阶段与开发阶段紧密融合，缩短了评价周期，加速储量向产量转化效率，2018—2020 年向区块北部部署评价井 6 口，其中 4 口试气获得工业气流，为召 51-4 集气站的建设夯实了资源基础。

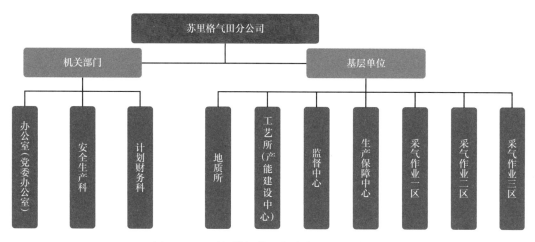

图 4-1-3 西部钻探苏里格分公司组织机构图

（2）建设生产一体化：探索形成了天然气生产与产能建设一体化运行模式，将产能建设与天然气生产紧密结合，据天然气生产计划统筹运行，从井位部署、征地、钻前、钻井、压裂、试气、投产、排采措施等全生产链各环节实行统一指挥、统一调度，有效提升了生产运行效率，建井周期、新井贡献率大幅提升。

（3）地质工程一体化：经过多年开发实践，地质工程一体化理念已融入到合作开发多个环节，有效指导了井位部署、钻井施工、试气层位优选、压裂参数设定等，使水平井砂岩钻遇率、有效砂岩钻遇率得到大幅提升，工程复杂事故得到有效控制，压裂改造效果显著，仅 2021 年就擒获无阻流量百万立方米气井 6 口。

（4）地下地面一体化：按照"工艺服从地质、地面服从地下、效益服从安全"理念，采用集气站扩建技改、联络线建设等手段，解决了部分集气站集输能力制约问题，地下地面一体化运行模式能够利用地质研究成果指导集气站合理选址、优化规模、布局管线等，使得地面集输系统规模、能力与地下产能合理匹配，从而提升天然气集输效率。

2. 气田轻烃管理效果显著

随着气田开发不断向高质量、高效益、合规化发展，气田轻烃作为天然气开发过程中一项重要附产品受到高度重视。自 2013 年油水分开拉运以来，经过管理强化、技术进步，通过"人防、物防、技防"持续完善，形成了机关科室统管、作业区协管、集气站操作三级管理模式，作为效益提升和廉洁风险重点加强管理；集气站安装了压感式刀片围栏、可视门禁、高清摄像头、专用铅封等设施，配套油水分离液位计量装置，现场每隔 2h 测量油位计算存油；集气站全部安装乳化物分离罐，通过高效化学破乳实现气田轻烃持续增产。

3. 历年冬季保供任务全面完成

分析冬季生产影响因素，制定针对性预防措施，强化冬季生产过程管控及应急处置，建立了一套完善的冬季保供管理体系。

1）做细冬季保供前各项准备

集气场站：每年 8~9 月与油田同步完成集气站停产检修，主要包括：分离器、集气橇、闪蒸罐、分液罐等年度检修；压缩机维护保养、大中修；疏水阀维护、内漏阀门及壁厚变薄弯头更换等。10月底前完成防雷电检测，计量器具、安全阀校验，供暖、供水、供电系统检查维护，集气站设备、管线冬防保温，电伴热通电检查。

集输管网：每年10月底前完成管线检测、覆埋下放、支线清管等工作。

采气井口：每年10月底前完成井口预注醇装置、注醇泵及紧急截断阀维护；完成井口围栏维修、水套炉气井安装、试压、验收；筛选产气量低（0.1×10⁴m³/d以下）、产水量大（水气比8m³/10⁴m³以上）和历年冬季反复冻堵难以解通的气井，实行计划关井。

2）严控冬季生产运行参数

（1）压缩机、发电机等大型设备根据各站实际情况进行控制。（2）平台数据24h连续监控，数传准确率在95%以上。（3）进站干管压力控制在0.5~1.2MPa。（4）分离器前后腔运行压差不得超过0.1MPa。（5）支线压差控制在0.45MPa之内。（6）干管输气压差控制在2MPa之内。（7）甲醇罐液位在30%以上。（8）产出水罐液位在70%以下。（9）严禁擅自打开"计划关井"生产。（10）根据管网运行压力及时切换联络线，发挥气井产能。

3）提升冬季集输系统效率

科学分析集气站、管线、气井主要压力参数变化趋势，在确保安全平稳受控前提下，创新形成常态化冬季清管作业技术并编制书面清管方案，依据压力参数值及时清除外输管线水合物，消除高压差带来的安全隐患、提高输气效率。

自主研发清管计算软件并获得专利认证，通过写入管线直径、管线壁厚、外输线长度、实时压力、发球时间、发球时刻累计外输气量、运行时刻累计外输气量、瞬时流量等定量变量参数，推算清管器累计运行时间、平均球速、运行距离、到达时间，判断清管器卡阻状态和卡阻点位，辅助指导集气站全过程控制风险环节，确保了特殊条件下的清管安全。

4）完善冬季生产应急保障

编制年度《冬季生产运行应急预案》，组建应急保运队伍，定期开展应急队伍人员、设备、机具等检查。储备足量压缩机易损件、电伴热带、注醇泵、管材、甲醇、机油防冻液、各型阀门等应急物资，与采气厂、其他合作单位、地方医院、采气厂消防队、交通、公安等建立联通渠道，特殊情况下及时寻求政府支持。强化各作业区、采输作业单位应急培训、应急演练，提高采输作业事故事件发生时的现场处置能力。

4. 正规化作业区建设初见成效

2021年以来进入快速转型升级期，通过组织机构改革，成立"两中心三作业区"，完成了生产建设工作重心向前线转移和井控安全环保监管分离的战术调整，实现了管理机制、开发技术路线、生产组织方式"三个转变"，实现将重点组织协调功能等前移至生产一线，可以第一时间掌握生产运行第一手资料，过程管理得到有效加强，现场生产运行组织得到了有效改善，生产效率大幅提升。

（1）加强前指力量，明确了前指职能和运行模式，缩短了管理半径，切实把管理措施落实到前线、落实到基层。前指领导深入一线，帮助指导基层工作，及时发现问题、解决问题，实现了生产组织管理的迅速、快捷和高效运作。

（2）前指加大了钻前、钻井、压裂、试气、地面建设、气井投产、气井措施、天然气集输等重点生产运行工作组织协调、过程监督及考核力度，保障了重点工作顺利完成。同时严格落实每天碰头会制度，及时协调处理解决问题，重点工作得到有效落实。

第二节 地面建设管理

一、集输工艺流程及特点

苏 77-召 51 区块上古生界天然气采用"井下节流，井口不加热、不注醇，中低压集气，带液计量，井间串接，常温分离，二级增压，集中处理"总体工艺技术路线（图 4-1-4）。

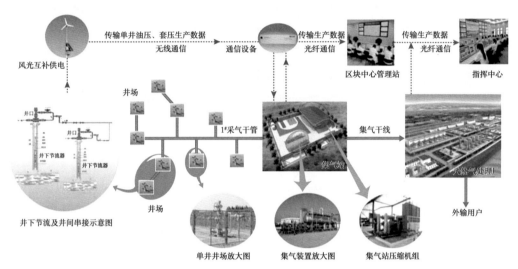

①井下节流 ②井口不加热、不注醇 ③中低压集气 ④带液计量 ⑤井间串接 ⑥常温分离 ⑦二级增压 ⑧集中处理

图 4-1-4 苏里格气田地面集输流程总图

单井原料气经井下节流，通过孔板流量计连续计量，与其他井通过串接方式接入采气干管，干管将天然气汇集后输至集气站初步分离。

多根放射状的采气干管将天然气汇入集气站，在集气站内进行分离后经集气支线湿气输送至苏 2-1 干线 A、B 段，最终接入苏里格第二天然气处理厂进行处理（图 4-1-5）。

1. 概述

苏 77-召 51 区块气井产量低，流速小，携液能力差，井口温度低，易形成水合物，若单纯采用抑制剂防止水合物生成，则抑制剂注入量大，生产成本高。防止水合物生成工艺需综合考虑压力系统等级、气质组分及成本等多方面因素。

（1）气田滚动开发，区块采用"滚动建产，区块和井间接替"开发方式，由于"滚动建产""井区接替""加密稳产"具有不确定性，采气管道、集气管道的压力、管径等集输系统设计参数按照常规气田开发很难确定，造成地面集输系统部分设施可能过早废弃或后期管线集输能力不够，对降低地面工程综合投资也不利。

（2）地面环境恶劣，开发建设条件差。地貌类型主要为沙丘及湿地，地表为沙漠、草地，生态环境脆弱，属温带大内陆性季风气候，气温变化大，春季干旱少雨，大风天气较多，冬季严寒而漫长。

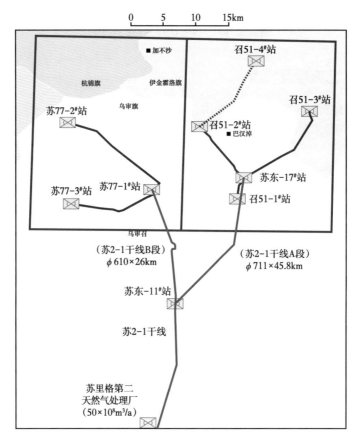

图 4-1-5　苏 77-召 51 区块集输流程图

2. 集输工艺流程特点

中低压集气工艺为"井口不加热，井口不注醇，采气管道不保温"，井口既没有加热炉，也没有注醇系统，井口及采气管道均不需要保温。

1）水合物形成压力、温度

根据天然气气质组分，采用 HYSYS 软件模拟计算水合物形成温度，见表 4-1-1。

表 4-1-1　苏里格气田形成水合物压力和温度表

序号	工作压力（MPa）	水合物形成温度（℃）
1	0.7	−5.4
2	1.0	−1.3
3	1.3	1.5
4	1.5	2.9
5	2.0	5.4
6	2.5	7.3
7	3.0	8.8
8	4.0	11.1
9	5.0	12.9

2）采气管道沿程温度分布

根据管道传热过程，管道沿线温度计算如下：

$$t_x = t_0 + \left(t_1 - t_0\right)\mathrm{e}^{-al_x} - J\frac{\Delta p_x}{al_x}\left(1 - \mathrm{e}^{-al_x}\right) \qquad (4\text{-}1\text{-}1)$$

式中 Δp_x——管道乱建和终点压力差，Pa；

$\quad l_x$——管道长度，m；

$\quad t_x$——管道终点温度，k 或 ℃；

$\quad t_1$——管道起点，气体温度，k 或 ℃；

$\quad t_0$——管道埋深处地温，k 或 ℃；

$\quad J$——焦耳—汤普逊系数，℃/MPa。

焦耳—汤姆逊效应系数为 0.3~0.5，采气管道压降只有 0.5MPa 左右，公式（4-1-1）中最后一项代表气体伴随着压力下降的温度降，即焦耳—汤姆逊效应。当管输距离较长、压降较小时，该项可以不考虑，这样公式（4-1-1）简化为式（4-1-2），即为著名的苏霍夫公式：

$$t_x = t_0 + \left(t_1 - t_0\right)\mathrm{e}^{-al_x} \qquad (4\text{-}1\text{-}2)$$

对苏霍夫公式进行求解，选择管道为 ϕ60mm×4mm、ϕ76mm×4mm 两种管道进行模拟计算，当出口温度为 60℃时，流量按 $1.5\times10^4\mathrm{m}^3/\mathrm{d}$ 计算，计算结果如图 4-1-6 所示。

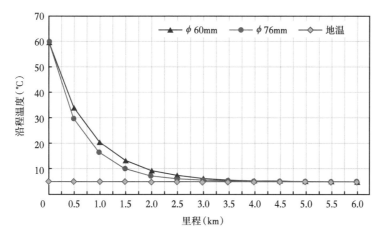

图 4-1-6　不保温采气管道沿程温降图

根据理论计算和试验，在冬季采气管道加热后不保温输送 2.5~3km 时，管道温度基本接近地温；因此，在冬季管道不保温，采用加热提高天然气温度防止水合物集气半径可达 5km 左右（气温 10℃左右），但保温管道每千米增加投资 5~8 万元，投资高，加热运行费用也高，不符合低成本开发的生产实际。

3）集气压力确定

根据采气管道埋设地温变化规律，以及最低温度，确定采气管道冬季和夏季能够避免水合物形成时的最高生产压力。

从表 4-1-1 可以看出，当地温为 2~3℃时（冬季），采气管线不生成水合物最高运行压力为 1.5MPa；当地温在 10℃左右时（夏季），采气管线不生成水合物最高运行压力为 4.0MPa。因此，确定冬季最高生产压力为 1.5MPa，夏季最高生产压力为 4.0MPa。

3. 集输工艺建设现状

截至 2021 年底，苏 77 区块建成产能 $6×10^8m^3/a$，共建成 $75×10^4m^3/d$ 交接计量站 1 座，$75×10^4m^3/d$ 集气站 2 座，累计投产气井 454 口，建成集气支线 2 条，总长 39.84km，建成采气管线 234 条，总长 377.2km（表 4-1-2）。

表 4-1-2　苏 77 区块建设现状与规划对比

序号	项目		规划规模	现状规模（2021 年底）
1	集气支线	苏 77-2 集气站	D273×25.3km	D325×23.0km
2		苏 77-3 集气站	D273×19.3km	D273×16.9km
1	集气站	苏 77-1 集气交接站	$100×10^4m^3/d$	$75×10^4m^3/d$
2		苏 77-2 集气站	$50×10^4m^3/d$	$75×10^4m^3/d$
3		苏 77-3 集气站	$50×10^4m^3/d$	$75×10^4m^3/d$

截至 2021 年底，召 51 区块建成产能 $6×10^8m^3/a$，建成集气站 3 座：召 51-1 站、召 51-2 站、召 51-3 站，累计投产气井 414 口，建成集气支线 3 条，总长 38.75km，建成采气管线 175 条，总长 298.06km（表 4-1-3）。

表 4-1-3　召 51 区块建设现状与规划对比

序号	项目		规划规模	现状规模（2021 年底）
1	集气支线	召 51-1 站—苏东 -17 站	D323.9×5.2km	D323.9×5.4km
2		召 51-2 站—苏东 -17 站	D355.6×13.7km	D323.9×13.85km
3		召 51-3 站—苏东 -17 站	D273×17.8km	D273×19.50km
4		召 51-4 站—召 51-2 站	D323.9×9.8km	未建
1	集气站	召 51-1 集气站	$100×10^4m^3/d$	$50×10^4m^3/d$
2		召 51-2 集气站	$75×10^4m^3/d$	$100×10^4m^3/d$
3		召 51-3 集气站	$50×10^4m^3/d$	$50×10^4m^3/d$
4		召 51-4 集气站	$75×10^4m^3/d$	未建

二、多井单管串接集气工艺

单井经井下节流，井口压力 1.3MPa，井口不加热、不注醇，经高低压紧急截断阀后接入干管；干管接入集气站；经集气站气液分离后增压至 3.5MPa 外输至交接站，经二次分离计量后压力不低于 3.2MPa 输送至集气干线，干线将湿气输送至处理厂（图 4-1-7）。

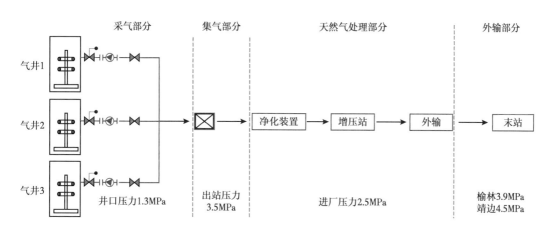

图 4-1-7　集气系统总流程示意图

1. 中低压集气工艺技术

1）井场

（1）井下节流工艺。

井下节流工艺将节流气嘴安装于油管内适当位置，实现气流在井筒中节流降压，利用地温加热，使得节流后井口气流温度恢复到节流前温度；使气流流动控制在临界流动状态下，达到对流量和压力的控制，从而解决气井生产过程中井筒及地面工艺技术难题[27]。

井下节流大幅度降低了地面集气管线运行压力；有效防止了水合物的形成，提高了开井时率；气井开井和生产无需井口加热炉；有利于防止地层激动和井间干扰、在较大范围内实现地面压力系统自动调配。

（2）中低压集气井场平面。

井场平面布置根据《石油天然气工程设计防火规范》（GB 50183—2015）考虑安全防火间距，各种井场规格详细情况见表 4-1-4。

表 4-1-4　中低压集气井场平面规格表

序号	井场类型	井场大小 （长×宽）	铁栅栏围墙大小 （长×宽×高）	计量方式
1	单井井场（DN50 井场）	30m×40m	10m×7.5m×1.5m	单独计量、关断
2	单井井场（DN80 井场）	30m×40m	10m×7.5m×1.5m	单独计量、关断
3	单井井场（DN100 井场）	30m×40m	10m×7.5m×1.5m	单独计量、关断
4	2 井式井丛	40m×40m	12.5m×22.5m×1.5m	2 口井汇合统一计量、关断
5	3 井式井丛	40m×52m	12.5m×37.5m×1.5m	3 口井汇合统一计量、关断
6	4 井式井丛	40m×67m	12.5m×52.5m×1.5m	4 口井汇合统一计量、关断
7	5 井式井丛	40m×82m	12.5m×67.5m×1.5m	2 口井、3 口井分别汇合计量、关断
8	6 井式井丛	40m×97m	12.5m×82.5m×1.5m	3 口井、3 口井分别汇合计量、关断
9	7 井式井丛	40m×112m	12.5m×97.5m×1.5m	3 口井、4 口井分别汇合计量、关断
10	8 井式井丛	40m×127m	12.5m×112.5m×1.5m	4 口井、4 口井分别汇合计量、关断
11	10 井式井丛	40m×157m	12.5m×142.5m×1.5m	3 口井、4 口井分别汇合计量、关断

序号	井场类型	井场大小 （长×宽）	铁栅栏围墙大小 （长×宽×高）	计量方式
12	水平井井场（DN50 井场）	30m×40m	12.5m×7.5m×1.5m	单独计量、关断
13	水平井井场（DN80 井场）	30m×40m	12.5m×7.5m×1.5m	单独计量、关断
14	水平井井场（DN100 井场）	30m×40m	12.5m×7.5m×1.5m	单独计量、关断
15	H2 井丛	40m×40m	12m×22.5m×1.5m	每口井单独计量、关断
16	H4 井丛	40m×40m	12m×22.5m×1.5m	每口井单独计量、关断
17	C1H1 井丛	40m×40m	12.5m×17.5m×1.5	直井、水平井单独计量、关断
18	C1H2 井丛	40m×55m	12.5m×37.5m×1.5	直井、水平井单独计量、关断
19	C1H4 井丛	40m×82m	12.5m×67.5m×1.5	直井、水平井单独计量、关断
20	C2H1 井丛	40m×55m	12.5m×37.5m×1.5m	直井 2 路汇总计量、关断，水平井单独计量、关断
21	C2H2 井丛	40m×67m	12.5m×52.5m×1.5m	直井 2 路汇总计量、关断，水平井单独计量、关断
22	C3H1 井丛	40m×67m	12.5m×52.5m×1.5m	直井 3 路汇总计量、关断，水平井单独计量、关断
23	C5H1 井丛	40m×97m	12.5m×82.5m×1.5m	直井 2 路、3 路分别汇总计量、关断，水平井单独计量、关断
24	C7H1 井丛	40m×127m	12.5m×112.5m×1.5m	直井 3 路、4 路分别汇总计量、关断，水平井单独计量、关断
25	C4H3 井丛	40m×112m	12.5m×97.5m×1.5m	直井 4 路汇总计量、关断，水平井单独计量、关断

（3）中低压集气井场流程。

天然气经采气井口采出后，经高低压紧急关断阀和简易孔板流量计，接入采气干管输往集气站，各种井场接管及计量方式如图 4-1-8 所示。

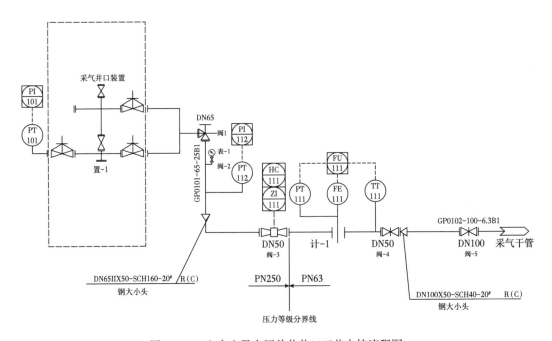

图 4-1-8　上古生界中压单井井口工艺自控流程图

　　上古生界中压井场井口工艺流程：单井天然气经采气井口采出后，设置高低压紧急关断阀和流量计，与其他单井汇合后接入干管输往集气站（图4-1-9）。

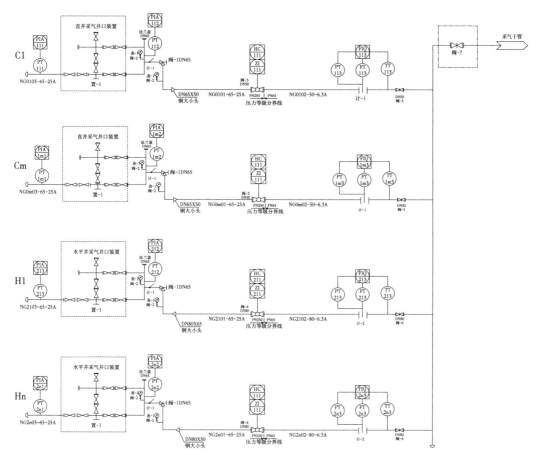

图 4-1-9　上古生界中压井口工艺自控流程图

（4）中低压集气井场主要设备。

单井主要设备见表4-1-5。

表 4-1-5　单井主要设备表

序号	项目	单位	数量
1	采气井口及针阀 PN250，DN65	套	1
2	井口高低压切断阀 PN250，DN50	个	1
3	楔形流量计 PN63，DN50	个	1
4	闸阀 PN63，DN50	个	2
5	压力表	块	1

（5）单井计量装置。

选用简易孔板流量计进行气井流量计量（图4-1-10）。

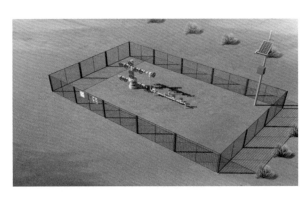

图 4-1-10　单井布局图

（6）井口高低压紧急截断阀。

高低压紧急截断阀是一种以气体为动力的活塞式高低压截断阀。当采气管道的压力高于或低于所设定的上限或下限压力值时，紧急截断阀自动关闭。高压截断设定为 3.8~4.2MPa，低压截断设定为 0.3~0.5MPa。

2）采气管线

（1）采气管线的压力等级。

采用中、低压集气工艺，井口采气装置—井口高低压紧急截断阀段的管线及阀门按 25MPa 设计，高低压紧急截断阀后的采气管线设计压力为 6.3MPa。

（2）采气管线管径选择。

进站压力取 1.0MPa，采气井口外输压力取 1.3MPa，流速控制在 4~8m，采气管线管径一般取 ϕ60~159mm。

（3）采气管线的材质壁厚选择。

苏 77-召 51 区块天然气中不含 H_2S，微含 CO_2（0.779%），在管道工作压力下，CO_2 分压最高仅有 0.0494MPa，对管道腐蚀性很弱，腐蚀裕量选择 1mm。管线采用 ϕ76mm×5mm、ϕ89mm×5mm、ϕ114mm×5mm、ϕ159mm×5mm，材质为 L245N 无缝钢管。

（4）采气管线防腐。

采气管线防腐采用环氧粉末普通级结构，外壁喷砂除锈达 Sa2.5 级，工厂预制一次成膜。涂层干膜总厚度不小于 300μm；特殊地段采用加强级结构，干膜总厚度应不小于 400μm；焊缝补口采用聚乙烯胶粘带补口带。

管径不小于 300mm 的集气支线管道采用三层 PE 普通级外防腐，其他集气管道及采气管道采用环氧粉末普通级防腐，聚乙烯热收缩套现场补口。

（5）管线埋设要求。

采气管线采用埋地敷设，埋设于最大冻土深度以下 100mm，以使外部环境温度高于水合物形成温度，防止生成水合物。

3）中低压集气工艺集气站

集气站实现"站场定期巡检、运行远程监控、事故紧急关断、故障人工排除"。

（1）集气站平面布置。

数字化集气站平面占地面积为 47m×77m，合计 3619m²，约 5.43 亩（不含放空区、停车场）；停车场 375m²，约 0.56 亩。具体情况如图 4-1-11 所示。

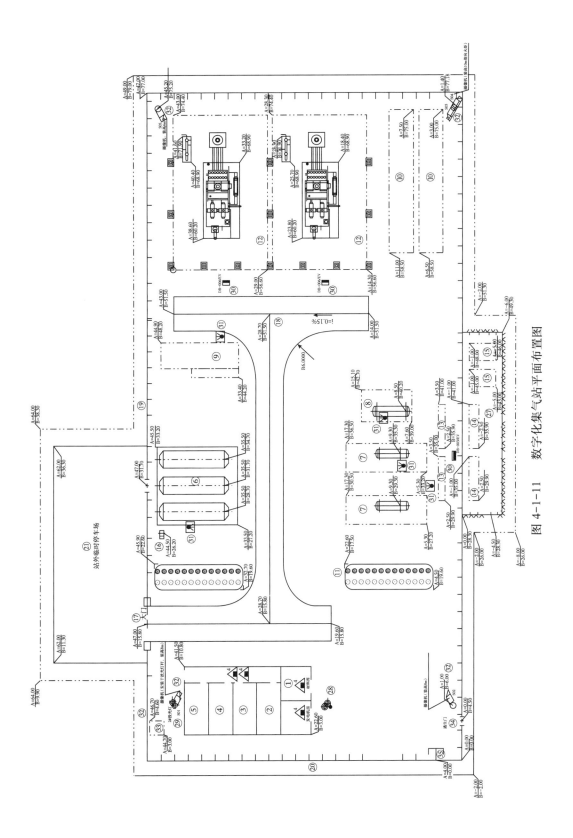

图 4-1-11　数字化集气站平面布置图

（2）模块功能及分区。

整个数字化集气站设置了 12 个功能模块，各模块命名、功能、组成见表 4-1-6。

表 4-1-6　功能模块分区表

序号	模块名称	功能	组成
1	进站截断区模块	对采气干管来气进行手动截断，设有安全阀，具有超压自动放空功能	闸阀、安全阀及相关配件
2	进站区模块	对采气干管来气进行接收，并具有手动放空功能；通过安装电动球阀可实现远程紧急截断干管	闸阀、电动球阀、针形节流阀及相关配件
3	分离器区模块	对来气进行初步气液分离，满足集气站其他设备的正常运行及外输的要求；通过安装电动阀实现远程放空；安装疏水阀实现自动排液；设有安全阀，超压自动泄放	分离器、进出口阀门、手动放空阀、电动放空阀、安全阀、疏水阀橇及相关配件
4	压缩机区模块	对天然气进行增压处理，满足进入集气支、干线的条件，压缩机自带气动阀门实现远程关断	压缩机组橇（厂家提供）、进出口阀门及相关配件
5	自用气区模块	站内初步分离的天然气进行二级调压，满足发电机、压缩机、放空火炬引火管的用气要求；设有安全阀，实现超压自动泄放	过滤器、调压器、流量计，安全阀及相关配件
6	计量外输区模块	计量集气站天然气外输气量、压力、温度等参数	闸阀、流量计及相关配件
7	清管发送区模块	接收、发送清管器	清管器收发球筒、球阀及相关配件
8	双筒式闪蒸分液罐区模块	对放空气体进行气液分离，防止放空时产生"火雨"，对生产采出液进行闪蒸，将采出液中闪蒸出的天然气接入火炬燃烧，通过安装疏水阀实现自动排液	闪蒸分液罐、进出口阀门、安全阀、疏水阀及相关配件
9	采出液储存罐区模块	对站场生产采出液进行收集、贮存	储存罐、顶装液位计、蝶阀及相关配件
10	阻火器区模块	设置阻火器，防止采出液储存回火	阻火器、操作平台及相关配件
11	外输截断区模块	对外输管道进行远程截断；设有手动放空阀，实现手动放空	电动球阀、闸阀、节流截止放空阀及相关配件
12	放空火炬区模块	对放空天然气进行点火，避免环境污染，远程点火	放空立管（带旋风分液功能）、火炬点火装置

2. 多井单管串接集气工艺

为简化井口到集气站的采气系统，节省采气管线，采用多井单管串接集气工艺，大大减少采气管线总长度，增加单座集气站的辖井数量，降低管网投资，提高采气管网对气田滚动开发的适应性；采气管道从井口至集气站串接在一起，属于同一个压力系统；天然气通过井下节流器，在临界流状态下流动时，流量仅与节流器的面积有关。实现对气井产量的平稳有效控制是串接工艺成功的关键（图 4-1-12）。

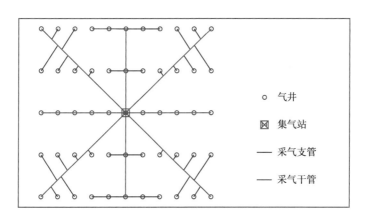

图 4-1-12　井间串接放射状采气管网

3. 集气管网优化研究

受初期滚动开发地质认识不足影响，区块存在地下产能与地面集输能力不匹配问题，制约了气井产能发挥。为有效解决苏 77-3 站 6# 干管、召 51-3 站 4# 干管和召 51-2 站 2# 干管输气量超负荷导致的管线冻堵及气井产能无法发挥难题，2020—2021 年通过管输能力分析制定产能分流方案，建设了召 51-1 站 2# 干管至召 51-3 站 4# 干管联络线，长度 9.8km，管径 ϕ159mm；苏 77-23-33 井场至苏 77-3 集气站联络线，长度 8.4km，管径 ϕ219mm；召 51-2 站 2#、3# 干管与召 51-3 站 5# 干管联络线，长度 7.5km，管径 ϕ159mm。基本解决了召 51-2 集气站、苏 77-3 集气站、召 51-3 集气站气井产能不能正常发挥的瓶颈问题，实现了管输压力降低、产能释放、各集气站联络线连通、产量分流调配的目的（表 4-1-7）。

表 4-1-7　联络线建设

联络线名称	建设前实际产能（发挥产能）（ 10^4m^3/d ）	建设投运后产能（ 10^4m^3/d ）	集输能力提升（ % ）
召 51-1 站 2# 干管与召 51-3 站 4# 干管联络线	26	36	38.46
召 51-2 站 3# 干管与召 51-3 站 5# 线间联络线	30	40	33.33
苏 77-3 站 6# 线联络线	24	29	20.83
合计	90	115	27.78

三、滚动开发地面建设优化

1. 区块滚动开发简述

苏 77-召 51 区块投产集气站 6 座，分离器 11 具（包括集气橇），按照实际水气比和日常运行情况核实处理能力 485×10^4m^3/d；压缩机 18 台，按照冬季进气压力、外输压力情况核实处理能力 380×10^4m^3/d；储水罐 47 具，考虑夜班不拉运产出水、日常存油存水，最低液位要求实际储水能力 1560m³；站内分离器、储罐等均能满足日常生产需求。

目前，召 51 区块产能发挥受到下游外输压力高、集输系统处理能力影响较大。地下地面不匹配问题管线主要为召51-2站1#干管、2#干管；召51-1站1#干管；召51-3站4#、5#干管及集气支线。

召51-2集气站1#干管存在的问题：1#干管总长13.8km，分为219mm段及159mm段，目前投产91口，日产气35×10⁴m³左右，219mm段6.3km，目前运行末端压力1.5MPa，压差0.5MPa，159mm段7.5km，运行压力2.0MPa，压差0.5MPa。2020年159mm段召51-50-15C3六丛井、召51-53-14三丛井、召51-47-16五丛井、召51-56-12C4五丛井、召51-41-11C4七丛井因井组产液大、产气量小，且位于管线末端，发生冻堵个例。

召51-3集气站管网存在的问题：5#干管与召51-2站2#线联络线目前阀门全开，气量进2座集气站，召51-42-21十四丛进召51-3集气站。4#干管与召51-1站2#线联络线目前除召51-35-39五丛井外，全部进召51-1站。因51-3站外输线管径为273mm，长度19km，目前生产压力一直处于3.5MPa以上，制约产能发挥。

2. 集输管网匹配优化

因区块滚动开发，产建井位变化大，为避免造成采气管线与气井产能不匹配，苏77-召51区块单井管线采用 ϕ89mm×5mm、ϕ114mm×5mm无缝钢管，采气干管采用 ϕ159mm×6mm、ϕ219mm×6mm无缝钢管，设计压力6.3MPa，管线连接采用多井单管串接集气工艺技术方式；进站压力取值1.0MPa，采气井口外输压力取值1.3MPa。

3. 集气站扩容改造

因苏77-召51区块气井普遍产水，水气比高，各集气站在实际运行中日产液量较大，集气站站内储罐为3具×30m³，不能满足高水气比生产运行需求；苏里格气田分公司根据集气站现场实际，分年在苏77-1集气交接站、苏77-2集气站、苏77-3集气站、召51-1集气站、召51-2集气站进行了站外地层产出水储罐扩建；召51-3集气站站内储罐在设计时优化改造为4具×60m³；为有效解决召51-2集气站不能满足后续新井投产需求，计划对召51-2集气站进行压缩机扩建，将处理能力提升到125×10⁴m³/d。

第三节　设备管理

一、集气站设备选型

集气站设备包括：气液分离器、闪蒸分液罐、放空火炬、压缩机、发电机、污水罐等。

设备选型原则包括：遵循"技术上先进、经济上合理、生产上适用"原则，主要包括生产性、可靠性、维修性、节能性、安全性、耐用性、环保性、成套性、灵活性9个参数。除此之外，充分考虑供应商的售后服务、当地的备件供应以及其他技术支持，如技术文件、设备的使用说明、设备保养维护指南、维修人员的培训等条件。

高含水区块集气站关键设备选型如下。

（1）气液分离设备选型：区块气井产出包括少量气田轻烃，且集气站处理规模较大，主要采用的分离设备包括三相卧式重力分离器或两相卧式重力分离器，其中三相卧式重力分离器对设备制造、安装要求高，费用高，且设备运行可靠性差，运行维护工作量大，因此优先采用卧式两相分离器。为加强高含水区块气液分离效果，对卧式两相分离器进行了优化，采用 4.0MPa ϕ1500×5848（容积 12.48m³）内设聚酯纤维高效燃气滤芯高效卧式分离器替代 4.0MPa ϕ1000×5612（容积 4.6m³）普通卧式分离器，该型分离器处理量大，分离效果好，可有效减少压缩机进液、外输支线积液。

（2）污水存储设备选型：因区块气井产出物含气田轻烃，需对油水进行沉降分离，加之地区冬季气温较低，集气站普遍选用埋地玻璃钢污水罐进行日常油水存储、沉降分离。由于区块产水量大且产水连续性强，不便于油水沉降分离，结合区块特点，对集气站污水存储设备进行优化，以召 51-2 站为例：站内设置 3 具容积 30m³ 玻璃钢污水罐，罐底设外排出水口，各罐进口单独设埋地蝶阀控制，安装油水两相液位计，主要作用为油水存储及静止分离；站外 6 具容积 60m³ 玻璃钢污水罐，每三具为一组，底部连通，设进口蝶阀 1 个，抽水口 1 个，实现集气站站内油水分离，污水外排，气田轻烃站内存储抽汲、污水站外存储抽汲，便于油水管控。且总存储量达 450m³，遇降雪地方封路的特殊天气，可保证产出水 48h 无外运情况下正常生产。

（3）压缩机选型：目前国内外在低压气田上使用的压缩机主要有离心式和往复式两大类。区块增压压比高、气量变化大、压缩介质为简单分离的井口天然气，要求压缩机变工况能力强，适应未净化的天然气。往复式压缩机增压压比高，可通过安装余隙、调整单双作用和调转速实现变工况，最小气量可达额定流量的 36%，因此集气站选用往复式压缩机。往复式压缩机组又分为高速分体式和低速整体式两种，考虑区块生产前后期工况变化较大，特别是生产后期，低速整体式压缩机组更有优势，故采用整体往复式压缩机（表 4-1-8）。

表 4-1-8　高速分体与低速整体机组性能对比表

名称	高速分体	低速整体
优点	①体积小、重量较轻，功率大，处理规模大； ②发动机和压缩机可分，驱动机配备多样化； ③柔性联轴器联结，安装方便，使用时对中发生变化可以得到补偿； ④同功率的机组价格略低	①技术要求低，现场运行维护简单，易掌握，不需返厂大修； ②大修周期 50000~60000h； ③年运行维护费用较低； ④机组适用性强，能用于环境条件恶劣的地方； ⑤润滑油耗量 10.05L/（a·kW），换油周期约 6000h； ⑥一般不需备用机组，运行率平均 90%
缺点	①大修周期 24000~36000h； ②速度高，油耗 10.5L/（a·kW），易损件使用周期较短，年维护费用高，换油周期约 1000h； ③对工人技术要求高，现场维护困难； ④气质条件要求较高	①最大功率有限制，一般不超过 630kW，处理规模较小； ②同规模机组重量相对较重

二、设备管理优化

（1）进口压缩机气阀改进。自 2018 年下游压力受供需关系影响持续高位运行，进口 DPC-2803 型压缩机气阀螺钉频繁断裂，改造国产盘状气阀替代进口蘑菇气阀，有效降低了因气阀螺钉断裂的故障停机，压缩机完好率由 96% 提升至 99% 以上。

（2）进口压缩机配件国产化。使用进口 DPC-2803 型压缩机 13 组，年度 8000h、24000h、50000h 保养所需配件费用较大，配件费用单价居高。经调研，国内济柴动力生产配件在使用精度、使用年限上均可满足进口压缩机使用，且单价较进口配件低，2020年以来，大幅推行进口压缩机配件国产化，年度节约配件费用达20%以上。

表 4-1-9　压缩机配件价格对比表

序号	配件名称	ZTY470/630	DPC2803/2804	节约比例
		国产图号	进口图号	
1	进气阀总成	50-A03494	ZVHP671-002	65.9%
2	排气阀总成	55-A03495	ZVHP671-001	64.9%
3	动力连杆轴承	Z265.D03.04	A-2894-E-2	43.1%
4	压缩连杆轴承	Z440.D12.02	K-7215-C	63.5%
5	动力连杆铜套	Z265.D03.02	A-1223-3	33.1%
6	压缩连杆铜套	Z265.D12.01	K-7209	43.4%
7	动力十字头（带顶丝）	Z265.D01.20.10	ZZP-051	63.0%
8	动力十字头销（主机）	Z265.D01.20.05	ZZP-046	69.8%
9	压缩十字头总成	265.18.20.10	K-7320	60.8%
10	动力连杆	Z265.D03.03（07）	ZYAE-5512-D-1	60.4%
11	压缩十字头销	Z265.D18.20.02	ZZC-057	51.3%
12	动力缸缸盖	A-4502-E	ZZP-052	73.3%
13	动力活塞及杆	Z265.D04.03	ZZP-049	72.0%
14	动力刮油密封环组	BM-1328-L	YAE-5014-A	83.6%
15	压缩端刮油密封环组	BM-15009-C-1	YK-6214	84.4%
16	喷射阀总成	Z265.D06.60	YEA-5098-T-3	48.1%
17	混合阀总成	Z265.D08.70	YAE-7510-B-1	30.2%
18	启动马达	T112-60001-B2L	ZBM-11679-Q-1	28.0%
19	注油器驱动套总成	YK-6121-H	M-1681-c	7.3%

（3）润滑油国产化。为保障压缩机运行正常，2020年已全部使用压缩机使用说明推荐机油壳牌 SHELL/ 迈施力 MYSELLA 30，单价为 22.74 元 /kg，经综合对比分析与试验，采用国产昆仑 40 固定式燃气发动机机油 7801（无灰型）进行替代，在实现压缩机运转正常情况下，单价下降至 16.65 元 /kg，年度机油费用下浮达 26.78%。

三、设备管理改进方向

1. 针对区块高含水特点开展设备优化改造

（1）对无滤芯分离器进行改造，增加过滤滤芯，提高气液分离效率。

（2）对分离器、闪蒸罐排污装置进行更换，增大排量。

（3）对压缩机燃气系统进行优化，增加部分集气站压缩机燃气分离器，减少燃气杂质，降低压缩机故障率。

（4）开展进口压缩机配件国产化应用，取代进口高价配件，降低设备运行成本。

2. 压缩机二级压缩应用

根据各站产气量递减情况，及时对压缩机压缩方式进行调整，由一级压缩调整为二级压缩，进一步降低集气站进气压力，降低干管、单井管线运行压力（表4-1-10）。

表4-1-10　压缩机一级压缩、二级压缩参数表

进气压力 p_s（MPa）	排气压力 p_d（MPa）	进气温度 T_s（℃）	单台日排量 Q（$10^4m^3/d$）	两台日排量 Q（$10^4m^3/d$）	转速（r/min）	可调余隙（in）	功率（kW）	负荷（%）
20℃进气温度下的排量汇总——一级压缩								
1.5	3.5	20	32.3	64.7	440	5.4	410	87%
1.4	3.5	20	30.1	60.1	440	4.6	410	87%
1.3	3.5	20	27.9	55.7	440	3.8	410	87%
1.2	3.5	20	25.8	51.7	440	3.0	410	87%
1.1	3.5	20	23.8	47.7	440	2.2	410	87%
1.0	3.5	20	22.6	45.2	440	1.3	410	87%
0.9	3.5	20	21.0	42.1	440	0.4	410	87%
0.8	3.5	20	17.7	35.4	440	0	395	84%
20℃进气温度下的排量汇总—二级压缩								
0.7	3.5	20	16.1	32.1	440	5.6	410	87%
0.6	3.5	20	15.0	30.1	440	3.7	410	87%
0.5	3.5	20	13.5	27.0	440	1.9	410	87%

3. 电驱压缩机调研

目前全部使用天然气压缩机，每立方米天然气碳排放量为1.96kg，每组压缩机日消耗天然气约2500m³，按照日常运行17组、生产天数330d测算，需消耗天然气1400×10^4m³，全年碳排放量2.74×10^4t。为响应国家碳达峰碳中和政策，对电驱压缩机调研，对电驱与燃气动力压缩机能耗、经济效益、节能减排、稳定性等全面分析（表4-1-11）。

表4-1-11　同规格型号电驱燃气驱压缩机组对比（同功率同工况对比）

序号	主要参数	电驱	燃气驱
1	进气设计点（MPa）	1.0	
2	排气设计点（MPa）	3.5	
3	单台排量设计点（10^4m³/d）	50	
4	压缩级数	1	
5	压缩机型号	DTY1250M245×245×245×245	RTY1250M230×230×230×230
6	驱动机型号	1250kW/10kV	G3520J/1253kW
7	转速（r/min）	1000	1200
8	设计点轴功率（kW）	1000	1000
9	设计点驱动级负荷率（%）	80	80
10	主机型号	4CFC	
11	压缩机橇外形尺寸（m×m×m）	12×4.2×7	13×4.2×7
12	空冷器橇外形尺寸	无固定基础	无固定基础

续表

序号	主要参数	电 驱	燃气驱
13	预估质量(压缩机＋空冷器)(kg)	75	80
运行费用汇总			
14	单台压缩机润滑油消耗(L/d)	12	12
15	单台发动机润滑油消耗(L/d)	0	12
16	单台燃气耗量(m³/h)	0	250
17	单台年燃气消耗费用(万元)	0	164
18	单台润滑油年消耗量(含换油)	4800	9400
19	单台润滑油费用(万元)	12	24
20	单台主电动机消耗(kW)	1050	0
21	单台空冷器电动机消耗(kW)	50	0
22	单台辅助用电消耗(kW)	5	5
23	单台全年电消耗(kW)	8751600	42000
24	单台全年电费(万元)	350	3
25	单台压缩机年维护费用(万元)	8	30
26	单台年运行费用(万元)	370	220
一次性投资费用			
	单台压缩机采购费用(万元)	674.61	983.10

电驱压缩机：电动机结构简单，配套简单，驱动机故障率低。劣势：变工况后电动机效率较燃气机低，一旦损坏停机较长，且现场无法修复。

燃气压缩机：适应工况能力较强，功率小，消耗少，前 5 年运行较为稳定，故障后短时间现场修理可恢复运行。劣势：燃气机结构复杂，配套时间更长，对维保队伍技术要求高；运行稳定率弱于电动机；碳排放较高，不符合国家碳排放政策。

综上所述：考虑先进性、稳定性、集气站前后期产量、低碳政策等因素，新增压缩机优先考虑 $25×10^4m^3/d$ 处理量电驱动二级整体往复式压缩机。

第四节　数字化建设

一、数字化建设概述

随着区块产建规模扩大，投产气井不断增加，集气站、单井、管线等集输系统标准化、数字化、智能化管理的需求越来越强烈，实现削减生产现场操作风险、避免油气泄漏环境污染、降低人员劳动强度、精简机构、提高生产效率、建设和谐美丽的气田是区块高质量发展的内在要求。经过十多年努力，投入资金升级数字化基础硬件设施、建设软件信息平台、疏通骨干网络瓶颈、严守信息网络安全门户、控制非必要项目成本支出，全速加快数字化转型、智能化发展已势在必行（图 4-1-13）。

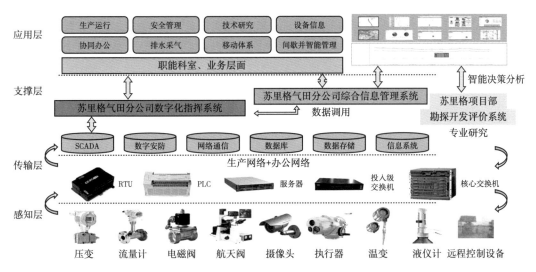

图 4-1-13 苏 77-召 51 区块数字化建设框架图

伴随苏 77-召 51 区块开发历程，苏 77-1 集气站、苏 77-2 集气站、苏 77-3 集气站，召 55-1 集气站、召 55-2 集气站、召 55-3 集气站建成第一代站控平台，在各站的进站截断区、分离器区、闪蒸罐区、压缩机区、外输计量区安装防爆压力温度变送器、摄像头，将采集到的参数和监控画面传输至站控平台，采用"有人值守集气站 + 作业区监控"模式，实现 6 座集气站分站运行管理，作业区 24h 监控指挥，协助采气人员及时发现异常、转换工艺流程。累计为 6 座集气站 800 余口气井安装电子压力表、流量计、光伏供电模块，分别依靠 MicWill、电台、网桥三种模式将油套压、瞬流数据传输至各集气站站控平台并描绘数据曲线，指导排水采气技术人员调整开关井制度、制定复产增产措施。由于当时认识所限，信息化重点关注于单井信息采集及生产动态监控。

2019 年 11 月，中油技服启动了苏里格风险作业信息化系统改造项目，遵循 Q/SY 10722—2019《油气生产物联网系统建设规范》《中国石油气田地面工程数字化建设规定（试行）》等规范，完成了《苏里格气田风险作业数字化建设框架方案》编制。2020 年初确定了"以现有框架方案为基础，委托专业设计单位进行可研论证与设计，高质量推进项目运行"的改造思路，开展了自动控制设备及 4G 信号传输设备调研。2020 年 3 月完成可研报告编制与设计委托，2020 年 11 月首先实施骨干网络优化建设，严格按照网络安全要求落实"三网隔离"，中国石油办公内网、集气站工业控制网、生活外网通过架设网闸系统，从逻辑上隔离、阻断了生产网遭受潜在攻击的链接，确保了数据安全（图 4-1-14）。

2021 年 4 月开始召 51-3 站改造施工，站内方面，开发 SCADA 站控平台，远程监测各单元生产参数并操控电动阀门。分离器出口至压缩机管路开关阀门增加电动执行机构，实现远程切换分离器出口流向。计量外输出站截断阀后设置电动节流截止阀及手动球阀，实现截断阀前远程控制放空并增加外输压力、温度远程监测。拆除采出水储罐出口手动球阀及快速接头，新增电动球阀，实现采出水储罐出口阀远程控制开关；更换采出水储罐双浮球磁致伸缩液位变送器，实现采出水储罐连续液位和油水界面监测。设置门禁系统、车禁系统。井口部分，将原有 MicWill 设备替换为 4G 模块，增加智能电动、气动阀组，传输井口数据至 SCADA 站控平台。软件部分，组建综合信息平台，搭建 Oralce 数据库，实现生产数据（站控、视频监控、井筒参数）采集，系统生成单井、产量、排采等各类报表，数据异常告警推送，满足各层级对现场实时掌握、实时跟踪、实施决策的扁平化管理目的（图 4-1-15 至图 4-1-17）。

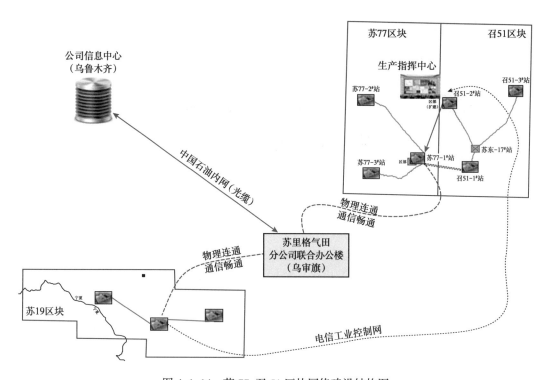

图 4-1-14　苏 77-召 51 区块网络建设结构图

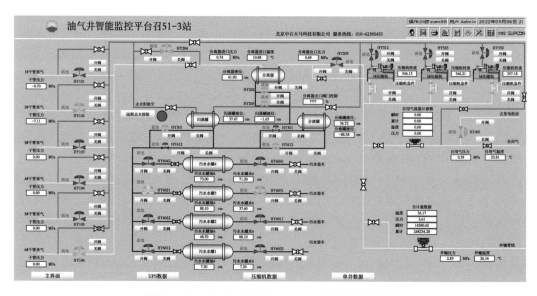

图 4-1-15　召 51-3 站新 SCADA 站控平台主界面

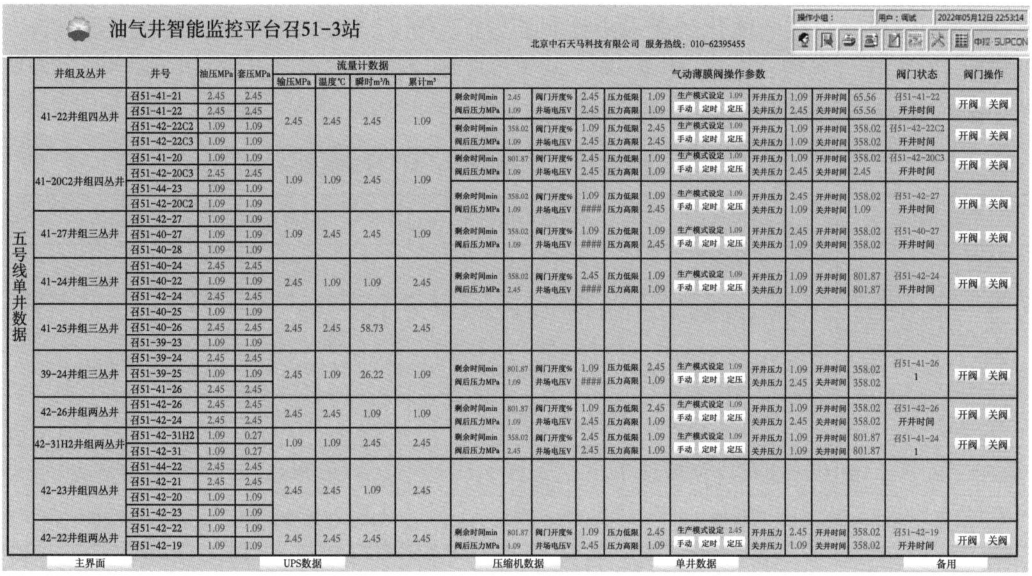

油气井智能监控平台召51-3站

北京中石天马科技有限公司 服务热线：010-62395455

操作小组： 用户：调试 2022年05月12日 22:53:14

中控 SUPCON

五号线单井数据

井组及丛井	井号	油压MPa	套压MPa	流量计数据 输压MPa	温度℃	瞬时m³/h	累计m³
41-22井组四丛井	召51-41-21	2.45	2.45	2.45	2.45	2.45	1.09
	召51-41-22	2.45	2.45				
	召51-42-22C2	1.09	1.09				
	召51-42-22C3	1.09	1.09				
41-20C2井组四丛井	召51-41-20	1.09	1.09	1.09	1.09	2.45	1.09
	召51-42-20C3	2.45	2.45				
	召51-44-23	1.09	1.09				
	召51-42-20C2	1.09	1.09				
41-27井组三丛井	召51-42-27	1.09	1.09	1.09	2.45	2.45	1.09
	召51-40-27	1.09	1.09				
	召51-40-28	1.09	1.09				
41-24井组三丛井	召51-40-24	2.45	2.45	2.45	1.09	1.09	2.45
	召51-40-22	1.09	1.09				
	召51-42-24	2.45	2.45				
41-25井组三丛井	召51-40-25	1.09	1.09	2.45	2.45	58.73	2.45
	召51-40-26	2.45	2.45				
	召51-39-23	1.09	1.09				
39-24井组三丛井	召51-39-24	2.45	2.45	2.45	1.09	26.22	1.09
	召51-39-25	1.09	1.09				
	召51-41-26	2.45	2.45				
42-26井组两丛井	召51-42-26	2.45	2.45	2.45	2.45	1.09	1.09
	召51-42-24	2.45	2.45				
42-31H2井组两丛井	召51-42-31H2	1.09	0.27	1.09	1.09	2.45	2.45
	召51-42-31	1.09	0.27				
42-23井组四丛井	召51-44-22	2.45	2.45	2.45	2.45	1.09	2.45
	召51-42-21	2.45	2.45				
	召51-42-20	1.09	1.09				
	召51-42-23	1.09	1.09				
42-22井组两丛井	召51-42-22	1.09	1.09	2.45	2.45	2.45	2.45
	召51-42-19	1.09	1.09				

井组及丛井	气动薄膜阀操作参数 剩余时间min	阀后压力MPa	阀门开度%	井场电压V	压力低限	压力高限	生产模式设定（手动 定时 定压）	开井压力	关井压力	开井时间	关井时间	阀门状态	阀门操作
41-22井组四丛井	2.45	1.09	2.45	2.45	1.09	1.09	1.09	1.09	2.45	65.56	65.56	召51-41-22 开井时间	开阀 关阀
	358.02	1.09	1.09	2.45	2.45	2.45	1.09	1.09	1.09	358.02	358.02	召51-42-22C2 开井时间	开阀 关阀
41-20C2井组四丛井	801.87	1.09	2.45	2.45	1.09	1.09	1.09	1.09	2.45	358.02	2.45	召51-42-20C3 开井时间	开阀 关阀
	358.02	1.09	1.09	####	1.09	2.45	1.09	2.45	1.09	358.02	1.09	召51-42-27 开井时间	开阀 关阀
41-27井组三丛井	358.02	1.09	1.09	####	1.09	2.45	1.09	2.45	1.09	358.02	358.02	召51-40-27 开井时间	开阀 关阀
41-24井组三丛井	358.02	2.45	2.45	####	1.09	1.09	1.09	1.09	1.09	801.87	801.87	召51-42-24 开井时间	开阀 关阀
41-25井组三丛井													
39-24井组三丛井	801.87	1.09	1.09	####	2.45	1.09	1.09	1.09	2.45	358.02	358.02	召51-41-26 1	开阀 关阀
42-26井组两丛井	801.87	1.09	1.09	2.45	2.45	1.09	1.09	1.09	2.45	358.02	358.02	召51-42-26 开井时间	开阀 关阀
42-31H2井组两丛井	358.02	2.45	2.45	2.45	1.09	1.09	1.09	1.09	1.09	801.87	801.87	召51-41-24 1	开阀 关阀
42-23井组四丛井													
42-22井组两丛井	801.87	1.09	1.09	2.45	2.45	1.09	2.45	2.45	1.09	358.02	358.02	召51-42-19 开井时间	开阀 关阀

主界面 UPS数据 压缩机数据 单井数据 备用

图 4-1-16 召 51-3 站新 SCADA 站控单井数据显示

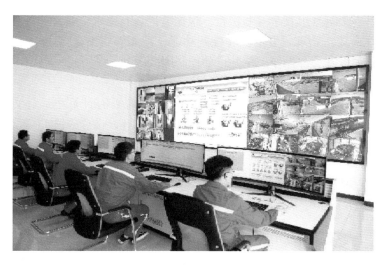

图 4-1-17 采气作业二区生产指挥中心

二、数字化模块及技术

1. 单井数字化技术

1）采输传输系统

可实现数据监测、数据采集、数据回传等功能；由传感器监测、数据处理、网络传输等单元组成。（1）传感器监测单元。通过压力变送器及流量计实现油压、套压及流量的 24h 实时数据的采集，后期排水采气阶段，加装到达传感器可监测柱塞棒举升到位情况，满足柱塞井的监控需求。（2）数据处理单元。采用一体化智能采集控制器，内部集成了 RTU、太阳能控制器、串口服务器、DTU 等核心设备，对现场传感器所监测到的参数进行数据采集处理；设备采用 485 通信协议，可与市面上大部分传感器实现数据采集。
（3）网络传输单元。在一体化智能采集控制器内部预留有 SIM 卡槽、网桥及光纤接口，可根据现场网络环境条件，通过 4G 网卡、光纤及现场网桥，实现气井现场各硬件与作业区、集气站 SCADA 操作平台的网络通信（表 4-1-12）。

表 4-1-12 数字电台、无线网桥、4G 传输性能对比

序号	项目	数传电台	无线网桥	4G
1	传输质量	差	较好	好
2	受自然条件影响	大	大	小
3	传输容量	较小	较大	较大
4	传输扩容能力	很弱	较强	强
5	耐受恶劣环境	弱	弱	较强
6	投资费用	较大	较大	较大

2）智能硬件系统

各井场采气井口增加智能电动针阀执行器（调节型），可实现每口气井远程独立间歇开关功能，同时不影响分组其余气井运行。根据管理运行需求，气井井场在运行时需要根据气井压力及配产要求实现气井的间开控制功能，即能够由 RTU 自动或者根据监控中心指令实现井场的远程开关井操作。单井自动控制阀分为两种。

（1）气动薄膜阀。

2017 年至今累计应用 129 口井，运行稳定，该系统具有计算机远程实时监控、远程控制、动态分析以及异常自动报警等功能，提高了气井生产安全，大幅度降低气井生产和管理成本，实现了气井安全化、智能化、信息化生产要求（图 4-1-18）。

(a)现场实物　　　　　　　　　　　　(b)软件界面

图 4-1-18 气动薄膜阀现场实物图及软件界面展示

（2）智能电动针阀。

召 51-3 集气站所属气井安装 ACJK2 型智能电动针阀。该阀集成油压、套压、管压显

示，支持智能间开和柱塞等模式，低功耗、低施工量、低维护量、高效益，一口井仅需要一个设备即可实现全生命周期管控。在"自然连续生产阶段"通过两根线将流量计和套压数据接入智能针阀控制器；"措施连续生产期"增加防喷管组件、卡定器、柱塞棒、柱塞到达传感器部件，增加一根线连接到达传感器，通过按键设置为柱塞模式。性能参数：控制器内置间开和柱塞等算法满足全生命周期；0~100% 开度细分 1000 级，开度调控精细；极低功耗、宽电压（对老井改造无供电负担），宽电压 10~30V；开关一次耗电 0.05Ah，静态电流 11mA，内置低温充电电池（停电可支持 20d），内置 MPPT 充电管理电路，可直接用光伏板供电；每天开关井 1 次，整机每天耗电 0.264Ah+0.05Ah≈0.32Ah（图 4-1-19 和图 4-1-20）。

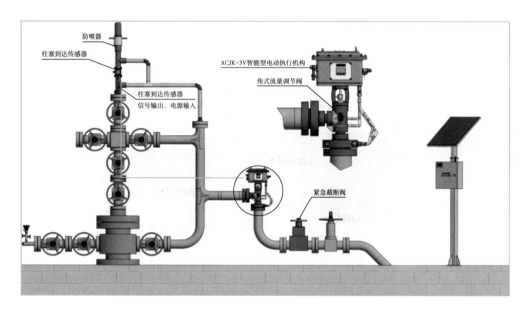

图 4-1-19　ACJK2 型智能电动针阀结构

图 4-1-20　4G 一体化智慧井场

2. 智能安防系统

该系统可具体实现闯入抓拍、就地录像、声光报警、远传对讲等功能。采用海康卫视高清数字网络摄像头,通过 RJ45 协议(网线)实现数据传输。该设备集成 128GB 存储,支持 20d 视频存储需求,可根据动力供电系统的电量情况,优化电源管理,低电量时自动切断视频,自带报警、音频接口。

3. 智能供电系统

该系统可为现场各设备提供 24V 供电电源。可根据现场井别,进行单丛井和多丛井模式两种供电配置方案,主要由太阳能光伏板、太阳能控制器、蓄电池等单元组成。

1)单丛井模式

单丛井模式可配备 24V 200W 太阳能电池板,蓄电池为 24V 200Ah。若蓄电池满容量,不充电满载运行时间 8.5d,低功耗运行时间 20d。若电池电量耗尽,边用边充电,蓄电池充满时间如下:冬季设充分光照时间为 6h,太阳能板转换效率 60%,需 9.0d 充饱;夏季设充分光照时间为 7h,太阳能板转换效率 70%,6.0d 充饱(图 4-1-21)。

单丛井模式动力供电装置参数

太阳能:标准配置200W太阳能光伏组件
标配电池:24V、400Ah
视频参数:500W分辨率、128GB存储、额定功率≤10W
　　　　　4路RS485隔离接口(仪表设备)、1路以太网
交换机接口:4路以太网接口
无线通信:GPRS通信(标配)、ZigBee通信(标配)
信号接口:8路数字信号输入(30VDC、0.01A、≤10Hz)
继电器输出:4路(30VDC、3A)
电源控制:3路(24V@10A负载)
电源监测:具备5路电源电压、电流监测
工作温度:-40~70℃、存储温度:-40~85℃
防护等级:IP65
系统组件:一体化支架、太阳能光伏组件、采集控制箱、
　　　　　视频摄像头、蓄电池、PDAC200控制器
安装配件:含水泥基座1套、接地螺栓、避雷针、
　　　　　电源线材、安装工具

图 4-1-21　单丛井模式动力供电参数

2)多丛井模式

多丛井模式可配置 2 组 24V 200W 太阳能电池板,蓄电池为 24V 300Ah。若蓄电池满容量,不充电场景,满载运行时间 7.0d,低功耗运行时间 20d。若电池电量耗尽,边用边充电,蓄电池充满时间如下:冬季设充分光照时间为 6h,太阳能板转换效率 60%,6.6d 充饱;夏季设充分光照时间为 7h,太阳能板转换效率 70%,需要 4.5d 充饱(图 4-1-22)。

4. 集气站智能硬件改造

对召 51-3 站内进站截断区、分离器、分液罐、闪蒸罐、压缩机组、采出水储罐、计量外输管线等关键区域,将原有手动阀门更换为电动型阀门,各阀门由手动、电动(本地)、远程三种模式控制,以满足对站内各阀门控制需求;同时将 4 具采出水储罐原有单浮子液位计更换为双浮子液位计,以满足采出水储罐高液位连锁关断需求(图 4-1-23)。

多丛井模式动力供电装置参数

太阳能：标准配置400W太阳能光伏组件
标配电池：24V、300Ah
视频参数：500W分辨率、128GB存储、额定功率≤10W
　　　　　4路RS485隔离接口（仪表设备），1路以太网
交换机接口：4路以太网接口
无线通信：GPRS通信（标配），ZigBee通信（标配）
信号接口：8路数字信号输入（30VDC、0.01A、≤10Hz）
继电器输出：4路（30VDC、3A）
电源控制：3路（24V@10A负载）
电源监测：具备5路电源电压、电流监测
工作温度：-40~70℃，存储温度：-40~85℃
防护等级：IP65
系统组件：一体化支架、太阳能光伏组件、采集控制箱、
　　　　　视频摄像头、蓄电池、PDAC200控制器
安装配件：含水泥基座1套、接地螺栓、避雷针、
　　　　　电源线材、安装工具

图 4-1-22　多丛井模式动力供电参数

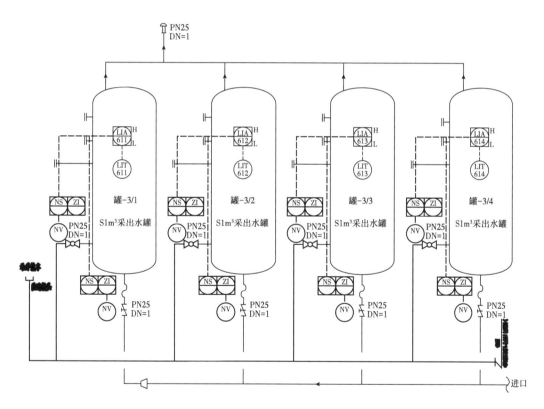

图 4-1-23　采出水储罐配套改造流程示意图

1）SCADA 站控系统

前期召 51-3 集气站站内分别已建 PCS 系统一套、可燃气体报警系统一套。站控系统建设改造所涉及的主要是 PCS 系统，将 PCS 系统扩展至新接入设备及原有各监控操作设

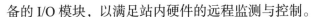

备的 I/O 模块，以满足站内硬件的远程监测与控制。

2）视频监控系统

在集气站设置一套视频监控系统，完成集气站相关区域的视频监控，对已建视频监控系统进行升级改造，相关功能增加，提升工作人员感知能力，助力场区安全升级。采用高清摄像机进行场区视频部署，为了达到优质的传输效果以及提高后续设备的维护效率，在各个监控前端均采用敷设铠装光缆的方式进行设备引入，相关设备在控制室通信机柜进行汇聚连接构成整个系统。

3）门禁及车辆管理系统

集气站大门设置门禁系统，支持人脸识别，密码识别、磁卡识别及视频语音通信等功能；与监控系统联动，自动验证、鉴别出入人员身份，完成人员的出入控制，限制无关人员的进入；当其他人员需要进入站场内，可通过调控中心远程开锁或监测到来人确定身份后进入站内；遭到人为破坏时，报警提醒。通过平台可实现对门禁设备的管理、门禁权限配置、权限下载、权限查询等功能（表 4-1-13）。

表 4-1-13　车牌识别功能统计表

名称	功能
添加	添加固定车辆
删除	删除固定车辆
导入	从 Excel 导入固定车辆，支持多段包期时段导入
导出	从平台中导出固定车辆
充值	为已添加的固定车辆进行包月或包年的充值
车辆管理	进入一户多车管理
白名单下发	手动把白名单车辆下发给 EMU
批量充值	同时充值多辆车
状态	分为正常、即将过期、过期，过期的固定车当临时车处理
编辑	编辑车辆信息
高级筛选	可以选择车牌类型、车辆类型、车辆群组部门、状态来筛选车辆

4）远端语音喊话对讲系统

应用于集气站，集可视对讲、视频监控、门禁、报警等多重功能于一体，实现统一操作、统一管理。用户对讲配置权限可在 BS 用户管理中角色权限中配置。系统主要分为三个部分：显示已经添加的服务器、对讲设备的数量；提供常用操作的链接；展示可视对讲配置流程。场区通过安防监控系统配套语音喊话系统一套，语音喊话系统主要配套有源音柱设备，并且通过前端摄像机接入整个系统。集气站配套有源音柱 2 台，设备安装在摄像机立杆合适位置。

5. 生产信息平台建设

通过各模块功能实现线上办公，结合西部钻探 EISC 远程管理模式，实现从钻探井筒 → 采气井口 → 场站 → 区部 → 机关各层级对气井全生命周期管理，以达到提升管理能力和管理效率的目的。具体功能模块如下。

1）GIS 导航系统

生产信息平台的 GIS 导航可以将地震、构造等综合研究成果作为底图进行集成展示，并可与中国石油天然气集团有限公司 A4 地理信息系统对接，展示构造单元图层、油气储量图层，以及断层、测线、工区等注记信息，集成面积、距离等测量工具；定位功能支持通过经纬度和大地坐标两种方法。

2）井筒信息系统

井筒信息系统主要对单井的钻井、录井、测井、固井、压裂、试气、投产、措施等资料进行集中管理，系统提供数据录入功能，方便操作人员在各阶段录入单井的成果资料，如井轨迹、分层信息、射孔信息、储层属性、测井曲线、管柱和工具下入情况等信息（图 4-1-24）。

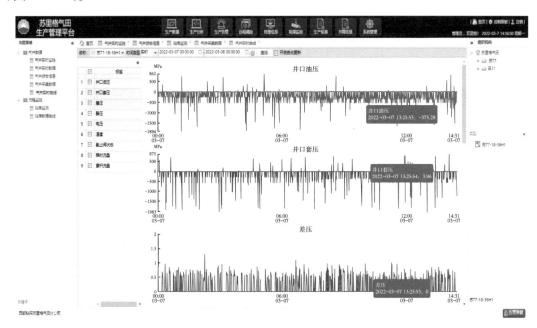

图 4-1-24　气井实时曲线

3）地质研究系统

建立地质、单井、站库等生产单元全生命周期档案，以空间信息为关联，展示多学科、多类型、多格式专业图件，并提供交互功能。通过地质分析、智能统计、成果共享等方式，为专业人员提供更逼真、更丰富的地质决策支持环境。

4）生产动态分析系统

以气藏、气井开发指标优化为主线，实现单井、区块生产动态分析，包括生产动态曲线、产量递减规律分析、单井可采储量预测等，支持人机交互设置筛选条件。通过气井智能分析、措施智能优化、气藏指标智能评价提升气藏开发效果（图 4-1-25 和图 4-1-26）。

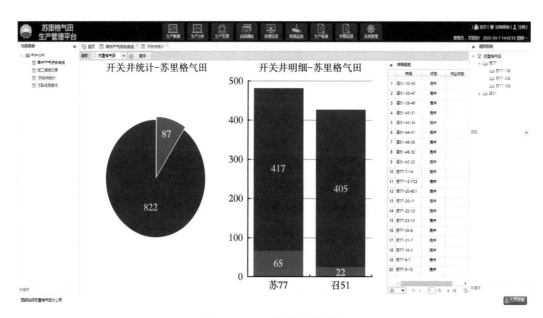

图 4-1-25　气井开关井状态提示

图 4-1-26　开关井数量统计

　　5）生产指挥系统

　　作业区监控中心完成对集气站、井场的远程监测，数据采集存储，控制执行。远程接收及监控数字化集气站实时动态检测系统、全程网络监视系统、智能安防系统等上传的各类检测、报警数据。远程操作数字化集气站的生产控制系统、自动排液系统、安全放空系统等，确保集气站安全、平稳、连续生产。设置智能图像处理监控系统分析平台，全天候视频监视、自动报警与录像、现场声音警告等。

6）异常报警系统

通过对集气站、单井、管线的设备装置的生产运行状况的实时监测，生产信息平台与 SCADA 站控平台数据关联，可及时向生产调度人员反映装置设备运行的任何异常，一旦发生异常情况，通过信息推送和报警指示灯告警（图 4-1-27）。

实时告警									×
05-15 20:36:12	采气井	普通风险井	苏77-21-7C1	智能告警	普通	套压过低	消警	查看	
05-15 20:35:53	采气井	普通风险井	召51-43-8H2	智能告警	重要	油压过高	消警	查看	
05-15 20:31:41	采气井	普通风险井	苏77-34-34C1	智能告警	重要	油压过高	消警	查看	
05-15 20:29:55	采气井	普通风险井	苏77-0-7X1	智能告警	普通	套压过低	消警	查看	
05-15 20:26:47	采气井	普通风险井	苏77-42-45	智能告警	重要	油压过高	消警	查看	
05-15 20:26:10	采气井	普通风险井	苏77-37-25	智能告警	普通	套压过低	消警	查看	
05-15 20:23:16	采气井	普通风险井	召51-21-19	智能告警	普通	套压过低	消警	查看	
05-15 20:23:16	采气井	普通风险井	召51-20-19	智能告警	普通	油压过低	消警	查看	
05-15 20:22:29	采气井	普通风险井	苏77-32-31	智能告警	普通	油压过低	消警	查看	
05-15 20:20:03	采气井	普通风险井	召51-6-22	智能告警	普通	套压过低	消警	查看	
刷新 列表 配置									关闭

图 4-1-27 气井压力异常报警提醒

第五节 QHSE 管理

一、QHSE 发展历程

1. 快速转变阶段（2009—2012 年）

（1）建章立制、确立安全管理架构。2010 年是安全环保奠定基础的一年，安全管理由钻井工程专业管理向气田开发全业务管理延伸，在与长庆油田采气厂进行交流、学习基础上，编制气田合作开发的安全环保管理制度。

（2）权责细化，落实安全环保责任制。按照中国石油天然气集团有限公司反违章禁令及 HSE 管理九项原则，将目标指标逐级分解，层层签订了《安全环保责任书》。

（3）强化作业现场安全管理。成立初期，现场全产业链的施工监管依托聘请的第三方专业 HSE 监督，解决了天然气生产安全监督人员不足的问题，为快速建产提供了保障。

2. 稳步发展阶段（2013—2018 年）

2013 年编制 HSE 体系管理手册，规范 HSE 管理方针、目标、承诺，明确职责与安全文化建设。完善 27 项程序文件，评审、发布。2014 年完善"作业文件"37 项、"管理记录"150 项，制定了针对性更强的采输作业管理制度、操作规程、应急预案，促使 HSE

管理程序更加标准规范。2015 年委托北京中油认证中心对 QHSE 管理体系进行认证审核，进一步验证了 QHSE 体系管理的有效性、符合性。2017 年推进集气站标准化建设，编制《集气站 HSE 标准化建设实施方案》和《集气站 HSE 标准化建设验收标准》，完成了五座集气站达标自验收，年底全部通过上级部门验收，其中召 51-1 集气站被评为优秀 HSE 标准化队站。

多年来，苏里格气田分公司持续加强安全文化建设，通过创造一种良好的安全人文氛围和协调的人机环境，从而对人的不安全行为产生控制作用，以达到减少人为事故的效果。在实践中笔者深刻体会到，推动安全文化建设，必须着力在"五个方面下功夫"，即：切实在全面落实科学发展观、树立科学管理理念上下功夫，在全面提高管理者素质和操作人员技能上下功夫，在全面真正落实操作规程和岗位责任制上下功夫，在全面彻底整改、消除各类事故隐患上下功夫，在全面建立健全突发事故应对、次生事故防范措施上下功夫，督促全员从"要我安全"向"我要安全"的人文本质安全逐步迈进。

3. 巩固提升阶段（2019—2022 年）

（1）为适应转型升级发展要求，2020 年进行了组织机构改革，成立监督中心，重点突出"监管分离"，厘清安全管理与监督的职责，锻造监督队伍，厚植"管理 + 服务"理念，做到严管与厚爱并重，本质安全理念进一步得到提升。

（2）"管理 + 服务"是"服务指导型"安全监督方式，利用专业监督优势和丰富的工程经验，提供监督和服务指导，一方面监督各类制度、标准在施工现场的严格执行，另一方面主动协助现场人员解决问题，灌入"安全培训"意识，不断提升岗位人员安全素养。

（3）监管分离实行以来，监督对钻井、录井、测井、压裂、试气、投产全产业链施工进行全方位监管，一是监督检查问题汇总，大数据分析高频隐患，利用"网络预警 + 现场督查"方式提前预警，精准督查；二是针对出现的不合格项，进行归类分析，通过对"人的不安全行为，物的不安全状态"两个方面剖析管理短板，制定精准帮扶对策；三是建立资源共享，收集大量安全课件、安全经验分享，以"网络传送 + 现场讲解"的方式传达一线，为基层提供事故经验教训；四是加强"传、帮、带"，通过联合检查、座谈交流，充分发挥监督人员业务优势，推动基层现场对安全要求的认知和执行能力提高；五是强化责任考核，形成长效机制。突出监督个人绩效评定机制，不断形成内生动力。

（4）开展健康企业建设。一线作业区净水器安装率 100%，作业点除颤仪配置率 100%，员工年度健康体检率 100%，全员配备便携性急救药瓶，增强自救能力，对一线岗位员工开展健康评估，实现员工生命安全、身体健康有效保障。

4.QHSE 管理取得成效

1）遵照 HSE 管理方针

安全第一、预防为主、健康至上、清洁生产、以人为本、全员参与、持续改进。

2）树立 HSE 管理理念

牢固树立积极井控理念，"发现溢流立即正确关井，疑似溢流关井检查"；坚信一切事故都是可以预防和避免的，坚持安全管理的重点是落实岗位责任制，各级管理者对各自安全直接负责；员工是安全工作的关键，员工的生命和健康是企业发展的基础；坚守蓝天、

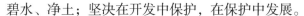

碧水、净土；坚决在开发中保护，在保护中发展。

3）制定 HSE 管理原则

安全生产必须遵守国家有关安全生产法律法规和国家标准、行业标准。坚持以人为本、生命至上、安全发展、综合治理；坚持管行业必须管安全、管业务必须管安全、管生产经营必须管安全；坚持承包商单位"谁引进、谁监管"、"谁使用、谁负责"，引进单位是承包商井控管理的责任主体。

4）确立 HSE 工作目标

严格 HSE 管理体系落实、落细、严密网络监控、严格疫情管控，确保实现安全生产零事故、零污染、零伤害、零缺陷和网络安全"零事件"、疫情防控"零感染"工作目标，员工健康体检率100%，努力争创安全环保先进单位。

二、气田开发风险辨识及控制

通过十多年的管理实践，形成了以钻采工程井控、集气站检维修、清管作业、新井连头、集输管线油气泄漏为重点的安全环保风险防控体系，为苏 77-召 51 区块开发风险作业全过程、全方位防控积累了经验，有效保障了区块天然气开发过程的安全生产。

1. 天然气开采作业风险辨识

LEC 法是一种常见的定性评价法，用来评价作业条件的危险性。危险性以式（4-1-3）表示：

$$D=LEC \tag{4-1-3}$$

式中　L——发生事故可能性大小；

　　　E——人体暴露在危险环境中的频繁程度；

　　　C——发生事故会造成的损失后果；

　　　D——危险性。

三个主要因素评价方法见表 4-1-14 至表 4-1-16。

表 4-1-14　发生事故的可能性大小 L

分数值	事故发生的可能性
10.0	完全可以预料
6.0	相当可能
3.0	可能，但不经常
1.0	可能性小，完全意外
0.5	很不可能，可以设想
0.2	极不可能
0.1	实际不可能

表 4-1-15　人体暴露在危险环境中的频繁程度 *E*

分数值	暴露于危险环境的频繁程度
10.0	连续暴露
6.0	每天工作时间内暴露
3.0	每周一次，或偶然暴露
2.0	每月一次暴露
1.0	每年几次暴露
0.5	非常罕见地暴露

表 4-1-16　发生事故会造成的损失后果 *C*

分数值	发生事故产生的后果
100	大灾难，许多人死亡
40	灾难，数人死亡
15	非常严重，一人死亡
7	严重，重伤
3	重大，致残
1	引人注目，需要救护

　　针对被评价的具体作业条件，由有关人员（工程人员、技术人员、安全人员）组成的小组依据过去的经历、有关知识，经过讨论，估定 *L*、*E*、*C* 的分数值。然后计算三个指标的乘积，得出危险性分值。并按照表 4-1-17 所列的分数来定义风险等级。

表 4-1-17　危险性 *D*

D 值	危险程度	风险等级
＞ 320	极其危险，不能继续作业	5
160~320	高度危险，要立即整改	4
70~160	显著危险，需要整改	3
20~70	一般危险，需要注意	2
＜ 20	稍有危险，可以接受	1

　　采用 LEC 法对天然气开采过程进行风险辨识，确定 5 项作业风险为主要防控对象，见表 4-1-18。

表 4-1-18 天然气开采主要风险清单

序号	活动点/工序/部位	危险（危害）因素	可能导致的事故	风险评价				风险等级
				L	E	C	D	
1	井喷失控	钻遇高压油气水层油气泄漏，井口失去控制，发生井喷	火灾、爆炸事故，人身伤害、设备损坏、环境污染	1	6	15	90	3
2	集气站检维修	未按照检维修方案执行放空、置换、隔离或非常规作业未执行作业许可，人为误操作	火灾、爆炸事故，人身伤害、设备损坏	3	1	15	45	2
3	清管作业	发生卡球、遇阻等导致管线超压	火灾、爆炸事故，人身伤害、设备损坏、环境污染	3	2	7	42	2
4	新井/管线投运	天然气与管道内空气混合达到爆炸极限发生闪爆或动火连头置换不彻底等	火灾、爆炸事故，人身伤害、设备损坏、环境污染	1	3	15	45	2
5	集输管线油气泄漏	材质缺陷、第三方破坏、腐蚀破损导致油气泄漏	火灾、爆炸事故，人身伤害、设备损坏、环境污染	1	6	15	90	3

2. 重点作业风险防控措施

根据风险辨识评价结果，有针对性地编制井控风险、集气站检维修、清管作业、新井/管线投运及集输管线油气泄漏专项风险防控措施，确保各项施工作业风险受控管理。

1）钻井井控风险防控措施

井控管理实行厂级、业务部门（专业化项目部）级、基层队站级三级管理。

厂处级井控风险管控措施如下。

（1）井控管理工作遵循"积极井控"和"井控为天、井控为先、井控为重"理念，在井控安全管理过程中，坚持"谁引进、谁监管"、"谁使用、谁负责"的原则，引进单位是承包商井控管理责任主体。

（2）制定井控管理制度、明确井控管理职责，编制井控应急预案，聘请井控专家，组织井控取证培训，召开季度井控例会，学习传达井控事故案例教训。

（3）对钻井、地质设计，特别是井控风险识别和削减措施进行初审、把关。

（4）严格井控能力评价制度：通过对各专业化钻井项目部关键岗位的井控能力交流访谈、观察沟通和采用井控考试的方式评价。

业务主管部门（专业化项目部）级井控风险管控措施如下。

（1）施工作业的井控风险识别、分析和评估，并制定井控施工设计，组织现场实施。

（2）组织开工验收、钻开油气层验收，审批相关技术服务项目的施工设计和方案。

（3）召开井控会议，传达上级井控要求，研究分析解决井控问题，安排井控工作计划。

（4）专业化钻井项目部依据井喷突发事件应急预案制定各钻井现场的应急处置方案，并组织演练，配备充足的应急物资并定期检查。

（5）组织季度井控安全大检查，钻井、压裂试气、修井换管柱等作业开工验收。依据《钻井管理考核细则》《井下作业管理考核细则》中的违约处罚规定对队伍进行考核。

（6）实施重点作业、关键敏感时期钻井监督、HSE 监督"双盯"，切实加强关键时段驻井督导，并在节假日、冬季作业期间开展专项风险排查，升级管理。

基层队站级井控风险管控措施如下。

（1）钻井队应在钻开油气层前，按照钻进、起下钻杆、起下钻铤、空井发生溢流的四种工况分班组、定期进行防喷演习，演习不合格者不得打开油气层。

（2）每月每班至少进行一次不同工况防喷演习，夜间也应安排防喷演习，在各次开钻前、特殊作业（取心、测试、完井作业等）前，应进行防喷演习，达到合格要求。

（3）进入油气层前 100m 由井控坐岗工和录井工开始坐岗。钻进中每 15min 监测一次钻井液（罐）池液面和气测值，发现异常情况要加密监测。起钻或下钻过程中核对钻井液灌入或返出量。在测井、空井以及钻井作业中还应坐岗观察钻井液出口管，及时发现溢流显示。坐岗情况应认真填入坐岗观察记录。

（4）测井、固井、完井等作业时，要严格执行安全操作规程和井控措施，避免发生井下复杂情况和井喷失控事故。

（5）坚持录井工在坐岗时发现气测值异常等情况，应立即下发异常情况通知单，告知钻井队值班干部；井控坐岗工在发现溢流和疑似溢流、井漏及油气显示异常情况应立即报告司钻，司钻是关井第一责任人，接到溢流报告后不得迟疑和请示，应立即组织正确关井，控制井口。溢流关井后，应以控制井喷风险为主，不应再活动井内管柱；关井后及时、准确求得关井立管压力、关井套压，并观察、记录溢流量，司钻及时向值班干部汇报；基层队站向专家及单位井控应急办公室汇报。

2）集气站检维修风险防控措施

天然气集输场站属于连续性生产，各类设备设施持续运转，为提高设备设施运转效率、延长使用年限、保障设备安全平稳生产，每年根据生产计划安排对集气站分离器、压缩机、电伴热、气田产出水罐、闪蒸罐、收发球筒、发电机及站内阀门、仪表、清管装置进行集中停产维护检修。

（1）检维修作业前应做到"五定"，即定检修方案、定检修人员、定安全措施、定检修质量、定检修进度。

（2）委外检修项目在签订合同时，必须同时签订施工安全合同，明确双方安全管理职责，承包商负责人及作业人员必须经过安全教育培训、安全技术交底、作业风险提示，特种作业人员必须持证上岗。

（3）集气站检维修作业应制定 HSE 作业计划书，包括检维修作业概况、主要施工内容、作业过程的风险辨识、控制削减措施、应急处置方案、质量验收标准、复产方案。

（4）集气站检修作业期间上下游气源必须截断。上游必须从井口截断气源，并关闭进站阀门，采气管线放空卸压。下游必须从本站外输最外侧阀门截断气源，站内和自用气区全部放空卸压，站内所有管道进行氮气置换、能量隔离，能量隔离应进行挂牌管理、专人负责，容器内部还应进行蒸汽蒸洗。

（5）检维修过程涉及管线打开、动火作业、进入受限空间、高处作业、脚手架作业等非常规作业的，应按照相关制度要求制定相应的 HSE 作业计划书，施工人员进行作业前安全分析（JSA），办理作业许可票，指定专人全程监护。

（6）检维修作业完成后，应按照工艺流程进行检查，确认所有项目已完成，并清理现场工具，复产前站内设备、管道必须进行氮气吹扫、试压，站内流程、设备试压压力

4.0MPa（不包括压缩机、自用气、放空、排污系统），压力保持30min不降，验漏合格。

3）清管作业风险防控措施

清管作业是为了降低集气支线管网压差，保护管道，减少输气管道积液摩阻，使它免遭输送介质中有害成分的腐蚀，提高管道输送效率，保障集输管网运行平稳。

（1）清管作业前，编写清管方案，方案应包括管线起点、终点、长度、管径、埋地阀门、弯头位置，投产时间、上次清管时间、管线运行压差，异常情况处理，应急处置方案。

（2）清管前对参与作业的员工进行技术培训，使员工熟悉现场作业方案、工艺流程、作业程序及事故应急预案，清管过程中的数据录取，对关键部位指定专人进行跟踪检测，严格按照操作规程操作阀门。

（3）集气支线冬季清管前3d连续夜间注醇，每天预注醇量不少于4m³，清管器的发送端和接收端应有可靠的通信联系，运行中应不断监视管段始末端的压力和压差变化，中间站和沿线监测人员要及时报告清管器的通过时间。

（4）清管过程中应密切关注压力，控制流量，严格控制球速在3m/s以内，并安排专人利用通过指示仪对其进行全程监测，以便及时掌握清管器运行动态，并为收球做好准备。

（5）清管器到达收球筒前，要加强分离器排液，若发生卡球，需放空引流时，要点火放空，控制放空阀门开度，避免水合物沿火炬喷出，导致环境污染或发生放空管线爆管等事故。

4）新井连头风险管控措施

新井连头涉及挖掘、管线打开、动火作业，连头作业前编制作业计划书，通知作业区提前做好关井、管网放空、氮气置换、能量隔离，风险管控应注意以下要求。

（1）管沟开挖根据测量放出的中心线进行，开挖采用机械开挖和人工开挖相结合，在无植被处采用机械开挖人工清沟方法，有植被处和有地下设施时采用人工开挖；管沟开挖现场应有专人监护；管沟开挖前应向施工人员说明地下设施的分布情况并进行书面交底，地下设施两侧3m范围内，应采用人工开挖。

（2）弃土堆放在没有布管一侧，堆土距沟边不得小于1m，管沟深度不小于管顶1.7m（依据设计要求），管道同沟的情况，每增加一根管道，沟底宽度增加0.4m（所增加管径小于300mm）。边坡比根据不同的土壤和破顶载荷情况可以为1:1~1:1.5。开挖管沟平整，中心偏移小于100mm，管沟深度偏差-50~100mm。

（3）动火作业操作坑要符合坑的要求，操作坑与地面之间应有人行通道，通道应设置在动火点的上风向，其宽度不小于1m，通道坡度不大于30°，通道表面应采取防滑措施，设置安全通道，操作区域空气中油气浓度应低于其爆炸下限10%，含氧量大于19%。

（4）动火前，生产单位、施工单位现场负责人、动火监护人到位，对所有施工人员进行现场安全教育、安全交底，在动火施工区域应设置警戒标识，防止与动火无关的人员或设备等进入施工区域，交代逃生路线和应急抢险措施，逐项落实安全措施后方可进行动火作业。

（5）打开管线前，应确保吹扫置换合格、物理隔离有效、所属管网放空完成，施工过程人员使用手工钢锯或割管器进行切割（切割过程使用清水冷却），管线切割穿透以后，进行气体检测，间隔3min检测一次，三次检测值均不大于10%LEL后，继续进行切割作业至管线切断；使用封堵器对管线进行封堵，然后继续磨口、对口、焊接直至作业结束（作业期间每小于 30min 进行一次可燃气体检测，确保安全）。

5）集输管线油气泄漏风险防控措施

（1）严格贯彻执行国家有关天然气集输管道管理的法律、法规、规章、安全技术规范、标准和上级有关规定，编制修订集输管道管理制度，并定期检查执行情况。

（2）加强管道巡查的组织和管理，明确巡线责任，集气站站内管道每 2h 进行巡回检查，集气支线、集气干管、单井管线每季度开展一次全面巡线；如遇暴雨、大风等异常天气，必须在天气转好后立即进行沙梁、沟壑、河道等特殊地段管道巡查。

（3）落实目视化管理要求，设置安装符合标准要求和现场需求的警示标示装置，确保警醒、有效，关键部位适当加密安装，切实保障风险警示作用。

（4）按照 TSG D7005—2018《压力管道定期检验规则——工业管道》规定，投用三年以上或者达到检测有效期的天然气管道，组织进行管道定期检验。定期对管道三通、弯头等部位进行壁厚检测，检测不合格的及时组织更换，确保不留隐患。

3. 特殊作业风险防控措施

所有特殊作业均施行作业许可管理，作业前必须办理作业许可票（证）。

1）动火作业风险防控措施

（1）严格按照动火计划书向各有关作业人员及施工承包方进行技术、安全措施交底，并明确责任人。

（2）进行施工单位、动火作业人员资质审查和施工人员的安全教育。

（3）动火作业前应当清除距动火点周围 5m 之内的可燃物质或者用阻燃物品隔离；距动火点 30m 内不允许排放可燃气体，不允许有液态烃或者低闪点油品泄漏，被测可燃气体或者可燃液体蒸汽浓度应当不大于其与空气混合爆炸下限（LEL）的 10%。

（4）在动火施工区域应设置警戒标识，防止与动火无关的人员或设备等进入施工区域。

（5）各项措施落实到位，各作业、操作点人员到位，确保动火施工现场通信顺畅。

（6）动火前，生产单位、施工单位现场负责人、动火监护人、属地监督到位，对所有施工人员进行现场安全教育，交代逃生路线和应急抢险措施，逐项落实安全措施后方可进行动火作业。

（7）动火作业结束后，作业人员应当恢复作业时拆移设施的使用功能，将作业用的工器具撤离现场，将废弃物清理干净；作业申请人、作业批准人、属地监督和相关方现场确认无隐患，在动火作业许可证上签字，关闭作业许可。

2）动土（挖掘）作业风险防控措施

（1）挖掘作业前，由安全、工程、属地部门组织建设项目工程监理、HSE 监理、施工负责人对安全措施进行现场交底，并对施工人员进行安全教育。

（2）作业单位必须按照《挖掘作业许可证》的内容进行挖掘作业，不得擅自变更作业的内容、范围和地点，《挖掘作业许可证》严禁涂改。

（3）挖掘作业开始前应进行工作前安全分析，根据分析结果，确定应采取的相关措施，必要时要制定挖掘作业方案。

（4）挖掘作业施工现场应根据需要设置护栏、盖板和警告标志，夜间应悬挂红灯示警；施工结束后要及时回填土，并恢复地面设施。

3）临时用电风险防控措施

（1）临时用电许可证由临时用电单位提出申请，业务主管单位负责人组织电气专业人员对临时用电施工组织设计进行审核，对临时用电安全措施和用电设备进行检查并签字确认后，业务主管单位负责作业许可审批。

（2）临时用电必须签订临时用电安全协议，明确用电责任、用电安全责任。

（3）临时用电许可证的有效期限一般不超过一个班次。如果在书面审查和现场核查过程中，经确认需要更多的时间进行作业，应根据作业性质、作业风险、作业时间，确定许可证的有效期限。临时用电许可证的有效期限最长不能超过 15d，用电时间超过 15d 应重新办理临时用电许可证。

（4）临时供电执行部门送电前要对临时用电线路、电气元件进行检查确认，满足送电要求后，方可送电。

（5）临时用电设施由专人维护管理，每天必须进行巡回检查，建立检查记录和隐患问题处理通知单，确保临时供电设施完好。

（6）临时用电结束后，临时用电单位应及时通知业务主管部门按照临时用电施工组织设计中的拆除方案拆除临时用电线路。线路拆除后，业务主管部门应指派电气专业人员进行检查验收，并签字确认。临时用电单位和业务主管部门负责签字关闭临时用电许可证。

4）高处作业风险防控措施

（1）高处作业实行工作前安全分析。

（2）基本要求：坠落防护应通过采取消除坠落危害、坠落预防和坠落控制等措施来实现。坠落防护措施的优先选择顺序如下：

①尽量选择在地面作业，避免高处作业；

②设置固定的楼梯、护栏、屏障和限制系统；

③使用工作平台，如脚手架或带升降的工作平台等；

④使用坠落保护装备，如配备缓冲装置的全身式安全带和安全绳。

如果以上防护措施无法实施，不得进行高处作业。

（3）消除坠落危害的措施。

①在高处作业项目的设计和计划阶段，应评估工作场所和作业过程高处坠落的可能性，制定设计方案，选择安全可靠的工程技术措施和作业方式，避免高处作业。

②在设计阶段应考虑减少或消除攀爬临时梯子的风险，确定提供永久性楼梯和护栏。在安装永久性护栏系统时，应尽可能在地面进行。

③在与承包商签订合同时，凡涉及高处作业，尤其是屋顶作业、大型设备的施工、架设钢结构等作业，应制定坠落保护计划。

④项目设计人员应能够识别坠落危害，熟悉坠落预防技术、坠落保护设备的结构和操作规程。安全专业人员在项目规划初期，推荐合适的坠落保护措施与设备。

5）进入受限空间作业风险防控措施

（1）进入受限空间作业前，应进行清理、清洗工作，根据作业内容对作业空间进行相应的清空、清扫、中和危害物质、置换等。所有与受限空间相连的可燃、有毒有害介质（含氮气）系统，应进行有效切断或使用盲板与受限空间隔离；对于涉及动焊作业的，必须拆开阀门安装盲板,安装盲板处应挂牌标识,不能以关闭阀门代替安装盲板。受限空间的出入口内外不得有障碍物,应保证其畅通无阻,便于人员出入和抢救疏散。

(2)进入受限空间前,必须进行气体检测,注明检测时间和结果。

(3)进入受限空间作业必须设专人监护,不得在无监护人的情况下作业,作业监护人员不得离开现场或做与监护工作无关的事情。

(4)为保证受限空间内空气流通和人员呼吸需要,可自然通风,必要时应采取强制通风,严禁向受限空间通纯氧。进入期间的通风不能代替进入之前的吹扫工作。

(5)进入受限空间的作业人员,每次工作时间不宜过长,应安排轮换作业或休息。

6)管线打开作业风险防控措施

(1)管线打开作业前,业务部门组织施工单位一起进行风险评估,根据风险评估结果制定针对性强的风险削减(控制)措施,必要时先进行 JSA 工作前安全分析,决定是否编制安全工作方案。并组织专门培训,确保所有相关人员熟悉相关的 HSE 要求。

(2)需要打开的管线或设备必须与系统隔离,其中的物料应采用排尽、冲洗、置换、吹扫等方法除尽。

(3)与作业直接有关的阀门必须挂牌标明状态;需作业施工的设备、设施和与作业直接有关阀门的控制由生产单位安排专人操作和监护(可加装安全锁具)。

(4)必要时在受管线打开影响的区域设置路障或警戒线,控制无关人员进入。

(5)当管线打开时间需超过一个班次才能完成时应在交接班记录中予以明确,确保班组间的充分沟通。

7)吊装作业风险防控措施

(1)在吊装作业前应查验和确认吊钩、索具、支腿等设备设施完好可靠。

(2)吊装作业过程中指挥人应佩戴袖标,并与起重机司机始终保持可靠的沟通,指挥信号应明确并符合规定,不论任何原因,如果操作员同指挥员失去了联络,操作员应该马上停止一切操作行为直到恢复联系。

(3)任何人员不得在悬挂的货物下工作、站立、行走,不得随同货物或起重机械升降,禁止使用起重机械移送人员。

(4)停工或休息时,不得将吊物、吊笼、吊具和吊索悬在空中。

4. 废弃物管控措施

(1)对钻井废液与钻屑建立管理台账,包括钻井液类型、来源、数量、处理时间、处理方法、处理合同方等内容,做到处理状况、责任可追溯。

(2)施工作业现场产生的各类固体废弃物分类收集、存放、处置。设立警示标识牌。

(3)废弃物转运全部采取联单管理,对装车、运输、接受、处置全过程进行管控,做到数量一致、去向明确。

(4)危险废弃物转运,执行政府报备、联单申领、处置反馈流程,转运车辆及接受单位资质符合法律法规要求。

三、节能减排关键技术应用

1. 源头减排措施

(1)优化井位部署。一是以直丛井组大井丛方式,减少工业征地,一个井场布 3~6 口井，最多达 16 井丛；二是由初期的直丛井改为整体水平井开发方式，气田开发征用地减少近 70%，从根本上减少气田开发对环境的影响。

（2）优化井型设计。一是选用了无污染生物聚合物和低伤害交联压裂液体系，从源头减少压裂液污染环境；二是工艺措施上，采用少液多砂的方式，利用上限砂比，以尽量少的压裂液将支撑剂携带至地层裂缝，减少压裂返排液的产生。

2. 重复利用工艺

（1）钻井液重复利用。采用表层钻井液固井，减少钻井液排放。经统计，表层钻井液固井技术的应用，单井可减少钻井液排放超 20m³。

（2）压裂返排液重复利用。通过技术手段除去压裂返排液中支撑剂、固相颗粒、掩蔽残余交联剂等杂质后，进一步处理实现循环再利用，节约了水及药剂使用量，实现废液再利用，据统计，每年减少废液排放近 1 万 m³。

（3）气田产出水重复利用。将气田产出水作为修井液冲砂、洗井，气田产出水是地层产出液，对地层无污染，单井节约水资源超 30m³。

3. 防渗技术应用

（1）钻井液不落地技术。钻井作业区域敷设防渗地膜，钻井液循环采用密闭或半封闭式系统，作业完成后钻井液回收再利用，对钻井岩屑和清罐废弃物进行专业无害化处理，保证生产过程中的钻井液不落地，不对作业场地和附近牧场造成环境伤害。

（2）集气站防渗技术应用。集气站气田产出水在储存过程中可能渗漏污染土壤和地下水，需要对储罐和地层进行防渗处理，在传统一次防渗工艺的基础上，对重点区域进行了多层级防渗，储罐采用玻璃纤维增强塑料，上层选用保护膜（土工布）并采用尼龙线进行双线缝合连接、中层铺设高密度聚乙烯防渗膜、下层在对土层压实后铺设细砂进行二次压实增强承重力，确保安全可靠。

（3）施工作业现场防渗措施。施工作业现场对化工材料、储油罐等原材料、设备设施做到下铺上盖，压裂罐、修井机、远控房、工具台、分离器等设备规范铺设防渗膜，周缘超出设备本体底座 80~100cm、围堰宽 20cm、高 10cm，作业现场地面无积水，各类设备设施无跑冒滴漏。

4. 绿色低碳发展

（1）井场植被恢复。苏里格地区属半沙漠半草地地貌区域，地貌类型主要为沙丘及湿地，地表为沙漠和草地。全过程推行清洁生产，保护生态环境。井场、管线等建设项目竣工后，在地表用沙蒿做 1m×1m 防风固沙沙障，沙障每边种植沙蒿 5 株，整体呈正方形或菱形构造。沙蒿株距不大于 0.25m，沙蒿栽深不小于 0.2m，方格中间栽植 3 株沙柳，长度不大于 70cm，直径不大于 1.0cm，埋深 55~65cm，在季节性降雨前播撒普通混合草籽，每亩 10kg。

（2）区域植树造林。积极践行绿色发展理念，落实企业社会责任，自勘探开发生产以来，在所在地大力开展义务植树活动，选用成活率较高的樟子松，严格按照林草技术要求种植，定期开展浇水，成活率基本保持在 85%，累计植树造林 1500 余亩。

（3）新能源利用。井场无线通信采用风力、太阳能发电，实现井口油套压采集、气井远程关井功能。太阳能、风力双模式供电为井场控制系统提供稳定的 5V/12V/24V 电源，并储存后备电力，实现远程监测。

第二章　经营管理

第一节　经营管理概述

2009年9月西部钻探苏里格气田项目经理部（以下简称"项目部"）成立，代表西部钻探参与苏里格气田风险合作开发，2019年12月更名为西部钻探苏里格气田分公司（以下简称"分公司"），独立注册非法人机构，实现独立核算、自行申报纳税。十多年来分公司经历了从无到有、由小到大、从弱变强的发展历程，开启了西部钻探油气合作开发新领域，创造了高含水致密砂岩气藏高效开发新业绩，为"开发苏里格、建设大气田"作出了突出贡献，形成了具有自身特色的高含水致密砂岩气藏开发技术和经营管理模式。

（1）2009—2018年规模建产期。借鉴长庆油田、"5+1"兄弟单位开发建设经验，2010年在苏77区块实现"当年评价、当年建产、当年投产"的优异成绩，由于受初期开发政策、地质认识、工艺技术、管理经验等制约，以直丛井大规模建产，导致资产负担沉重，自由现金流持续为负，投入产出比为1.6∶1，净资产收益率低于开发方案设计。

（2）2019年总结对标改进期。认真总结反思了前十年合作开发经营管理经验教训，提出了大力开展"五提三降一优化"的工作要求，即"提高富集区、'甜点'区钻探符合率，提高"Ⅰ＋Ⅱ"类井比例，提高产能建设到位率和当年贡献率，提高单井产量和单井累计产量，提高措施增产能力；降综合递减率，降操作成本，降单井投资；优化开发生产工作制度"。合作开发经营管理思路进一步明确，坚持稳中求进，积极控制调减了当年产能建设规模，大幅度压紧各项成本费用支出，当年自由现金流指标明显改善。

（3）2020—2021年高质量发展转型期。认真贯彻党中央新发展理念，构建新发展格局，以2019年经营管理成果为借鉴，坚持问题导向、效益导向，聚焦自由现金流为正目标，坚持提产与降本并重，研究制定"自由现金流为正"实施方案，经营上精打细算、生产上精耕细作、管理上精雕细刻、技术上精益求精，推动分公司从"规模数量"向"质量效益"转变，经营管理效益为历年最高水平——实现产量收入创造历史新高、利润稳中有升、自由现金流连续两年为正、综合递减率持续降低的良好成绩。

截至2021年底，苏77-召51区块风险合作开发累计投资81.5亿元，钻井932口，建成集气站6座，建成输气管线446条784km，累计建产能$39.48×10^8m^3$，累计生产天然气$80×10^8m^3$、气田轻烃$9.39×10^4t$，折算油气当量$535×10^4t$。

第二节　经营管理方式探索

一、在实践中摸索前进

合作开发初期，西部钻探因钻探主体业务性质限制，缺少天然气勘探开发专业人员和

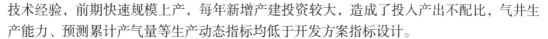

技术经验，前期快速规模上产，每年新增产建投资较大，造成了投入产出不配比，气井生产能力、预测累计产气量等生产动态指标均低于开发方案指标设计。

1. 大规模建产和弥补递减，维持产量效益稳定

苏 77-召 51 区块属于典型的"三低"（低孔、低渗、低丰度）致密高含水气藏，由于地质条件差，产能建设效果不理想，区块低产低效井、躺停井较多，综合递减率高，投入产出不配比，开发效益较差。加之在 2018 年之前苏里格风险合作开发投资政策是，中国石油天然气集团有限公司（以下简称"集团公司"）按 1∶1 比例配套资金，以投资拉动整体效益，成为中油技服各单位完成经营业绩考核指标的有效捷径。

2. 经营管理限于事后分析，引领作用发挥不够

作为企业管理的核心部分，规划、经营、财务管理在企业运营的各个环节发挥着重要作用，而在整个管理过程中，事前的计划、事中的控制、事后的分析考核都是必不可少的环节，只有每个环节都良好运转才能保证企业管理控制作用的有效发挥。开发初期，部分工作量边评价、边设计、边施工，各环节的经营管理和施工控制相互脱节，管理体系制度不健全，经营管理人员缺乏经验，产建效益跟踪分析不到位，科学决策、价值导向作用未有效发挥，合作开发经营效果不理想。

3. 后评价结果低于方案设计，开发效果不及预期

西部钻探邀请专业机构先后于 2016 年、2019 年分别对苏 77 区块、召 51 区块开发进行了后评价，评价结果反映主要经济参数低于开发方案设计值，说明阶段开发效果不符合预期。主要原因如下。

1）区块资源质量不高

苏 77-召 51 区块位于苏里格气田东区北部，气藏具有"近物源、窄河道、高岩屑、低压力、低气饱、富含水"地质特征，气水关系复杂，与苏里格气田中区相比地质条件差。从开发情况来看，工区 99% 气井产水，92% 气井产水严重，水气比远高于苏里格气田平均指标，单井配产及稳产能力均低于开发方案设计。

2）区块建产面积减少

由于区块内有正常开发的煤矿、水源保护地、生态红线区、天然湫等不能钻探的地障区域，开发实际面积较方案缩减近三分之一。

3）天然气结算价格偏低

从 2010 年至今，苏里格风险合作单位与长庆油田天然气结算价格在集团公司财务部指导下历经了 5 次调整，结算价格下浮比例达到 12%，目前结算价格比长庆油田对外销售价格低三分之一，同时，按照实际交接量乘以 96% 计算商品量进行结算，相当于价格又下浮了 4%，严重挤压了风险作业服务单位的效益空间。

4）操作成本居高不下

因区块气藏高含水，每年投入高额成本用于气井措施排水采气及产出水拉运，导致操作成本明显高于采气厂及"5+1"合作单位。随着开发深入，储量资源劣质化明显，开发前期不突出的问题日益显现，低产低效井逐年增加，为提升气井稳产能力，进一步挖掘积液停喷井产能发挥，需不断加大新技术应用，措施作业、修井作业、信息化建设费用投入也在持续增加，操作成本逐年上升。

5）亿立方米产建投资不断上升

按照国家新的环保要求，钻井液岩屑、压裂返排液实行不落地处理，每口井处理费用增加 100 万元以上，大型压裂、固井、改造费用也逐年增加，建成亿立方米产建需要的投资增长 13%，产建投资控制难度大。

二、经营管理存在不足

1. 投入产出不匹配与效益开发之间矛盾

每年投入大量资金用于产能建设，但产能到位率无法有效保障，财务内部收益率低于行业基准，投入产出不匹配。随着风险合作开发投资规模逐年增加，人工成本、油气资产折耗等成本费用刚性增长，加之区块高含水，单井产量递减快，措施作业投入越来越大，导致单位操作成本和折耗逐年增大。

2. 历史现金流包袱与高质量发展之间矛盾

2009—2019 年期间风险合作业务自由现金流长期为负，截至 2021 年底，分公司油气资产净额 56 亿元，油气资产新度系数高达 70%，而苏里格气田"5+1"风险合作单位的平均资产新度系数只有 34%，说明分公司计提的油气资产折耗偏低。同时，随着区块剩余经济可采储量逐年降低及资产净额增加，折耗计提压力越来越大，利润贡献能力会逐年下降，不利于风险合作业务的稳健发展。

第三节　经营管理方式转变

面对区块开发效益较差的困局，分公司刀刃向内深刻反思了十多年来开发经营管理不足，从管理机制、经营策略、技术路线、生产运行等方面进行了全方位调整，采取革命性举措，围绕管理合规化、效益最大化、技术高端化、人才专业化、机构精干化、生产智能化"六化"发展方向，研究制定了风险合作业务"现金流为正、规模效益开发、可持续高质量发展"三步走发展战略，始终坚持低成本开发原则，坚守"自由现金流为正"底线，通过压控产建投资规模、转变开发方式、调整技术思路、精益经营管理等措施，取得了产建效果好、油气产量增、自由现金流持续为正阶段性成果，经营状况得到了较大改善（图 4-2-1）。

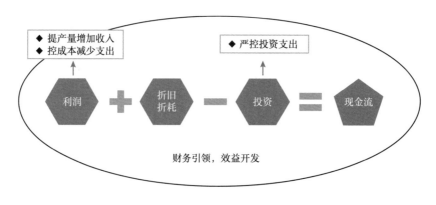

图 4-2-1　现金流为正实施计划图

一、强化顶层设计，聚焦效益开发目标

分公司解放思想，总结经验，转变观念，不断强化顶层设计，优化经营管理模式，从注重地质储量向更加注重经济可采储量转变，从注重规模发展向更加注重质量效益转变，从投资要素驱动为主向更加注重创新驱动转变，从生产型向生产经营型转变，坚决打赢"现金流为正"攻坚战，努力实现质量效益和经营管理双提升。

1. 转变投资计划模式

由分公司计划、经营、财务部门牵头，全面梳理自2009年以来合作开发的自由现金流状况，并查找自由现金流为负的症结，通过横向对标、纵向对比、多维度分析，得出自由现金流为负的主要原因是投资过大、但气井产量不高，造成了投入产出严重不配比，形成了投资和自由现金流呈负向变动的不良关系。为实现自由现金流较大幅度改善，运用财务倒逼机制，以年度净利润和油气资产折旧折耗为现金流收入来源，再倒逼投资支出，改变了原来为弥补产量递减而确定投资计划的管理模式。

2. 修订完善业绩考核办法

为充分发挥业绩考核导向作用，体现"收入凭贡献"机制，中国石油集团西部钻探工程有限公司（以下简称"公司"）将自由现金流与分公司业绩考核兑现挂钩，提高兑现权重10%，进一步提高自由现金流在业绩合同中的分量，从而引导油气合作开发效益围绕自由现金流为正运转。分公司积极研判公司考核形势，认真修订完善业绩考核管理办法，以产量、效益为导向，奖金系数大幅向一线倾斜，强化新钻井、措施井单井底线产量考核，重奖突出贡献者，实现多劳多得、增产多得的正向激励，实现人力资源潜力激发和经营效益最大化。

二、强化预算引领，催生效益开发潜能

坚持效益优先原则，自由现金流为正目标，牢固树立"一切成本皆可降"意识，精益生产经营全过程管理，持续推进气田开发由投资拉动向效益驱动转型。科学编制财务预算，不断完善滚动预算，坚持月度跟踪、季度分析、及时纠偏，为公司决策提供准确可靠的会计信息，预算价值引领作用充分体现，助力经营成效、指标完成符合预期。

1. 精细业务预算，用高产量保障高效益

严格落实效益倒逼机制，以实现自由现金流为正底线倒算，反复推演当年产建规模及天然气产量方案，提出"新井高产、老井稳产是提升效益最直接手段，合理控压产建投资是实现自由现金流为正的有效途径"。科学部署产能建设、天然气生产计划，紧盯制约产量发挥瓶颈问题，多措并举，有效提升输气效率，确保产量踏线运行。坚持产能建设和天然气生产一体化运行，超前部署，统筹安排钻前、钻井、压裂、管线建设及气井投产各施工环节无缝衔接，有效提高新井产量贡献。坚持"一井一策"原则，密切跟踪老井生产动态，深入剖析气井生产规律，加强措施适用性分析和效果评价，持续优化措施方案，有效保持了老井稳产增产。

2. 精细财务预算，用财务信息指导经营决策

深化财务预算管理，牢固树立"先算后干、事前算赢、成本倒逼、效益优先"的决策理念，全面构建投资决策管理体系，对所有投资项目必须开展事前论证、事中管控、事后

评价闭环式管理，坚决杜绝计划外投资、未经论证项目、面子工程行为。建立年度预算管理模式，坚持"以收定支、量入为出"原则，按利润＋折旧合理安排年度投资计划，根据生产经营指标，科学编制全年产建投资、财务预算，为全年现金流为正定好格调。建立分业务预算控制指标模式，根据年度财务预算，从严从紧分解投资、成本项目各业务控制指标，压实管控责任，拒绝无效益项目，杜绝预算外项目，做到财务预算各项指标有效管控。建立动态预算管控模式，结合生产经营实际，持续开展月度总结、季度经营分析，为经营决策提供准确真实可靠的会计信息，及时预警和纠偏生产经营活动，确保财务预算指标受控运行。

三、强化制度保障，夯实效益开发基础

为实现苏77-召51区块高效开发，分公司结合生产经营实际，先后制定了多项制度、方案，定措施、抓落实、严考核，不断巩固经营成果。

1. 自由现金流为正实施方案明确目标

2020年分公司制定下发了实现自由现金流为正实施方案，主要领导任组长，从10个方面细化措施、明确目标，并制定运行大表，分解任务责任到人，每月及时跟踪进度完成，季度分析通报各项指标完成情况，督促责任部门指标在可控范围内运行。

2. 提质增效专项行动方案细化责任

2020年按照西部钻探下达方案，分公司结合自身实际及形势变化，制定了提质增效专项行动方案，围绕"增产量、压投资、控成本、严考核"四条主线，细化了59条具体措施，进一步明确了各项管理目标，指引了管控方向，为自由现金流为正的实现奠定了坚实基础。

3. 劳动竞赛激发全员积极性

为进一步提高全员积极性，分公司制定了"打好现金流为正攻坚战"劳动竞赛活动方案，各级领导深入基层一线，开展主题教育，讲任务、讲形势、讲做法，并开展全员大讨论，充分发挥全员智慧，激发员工干事创业积极性。

4. 单井安全提速创效工程跑上快车道

2021年公司全业务推出单井安全提速创效工程，推动内部思想观念转变和考核机制优化，以薪酬激励机制为核心的变革渗透各业务链条，推进气田开发向"精细地质研究、精细气藏描述、精细气井生产管理、精细生产组织运行、精细投资成本控制、精细施工作业"迈进，天然气产量增长6%。

5. 整章建制筑牢合规经营基础

着力健全制度，不断修订完善各项管理规程，2020—2021年期间修订完善管理制度64项、废止8项，大力提升制度覆盖面、科学性及执行力，进一步夯实制度管人、管事、管企业的基础。跟踪识别法律法规1188条，全员线上参加合规培训、签订合规承诺书，推动全员学习法规制度、执行制度，严格遵规守纪，牢固树立制度意识、合规意识，严肃财经纪律，切实提升依法合规治企能力。

6. 深化机构改革促进人才发展

坚持"扁平化""大部制"原则，分公司机构总数由11个调整为9个，压减率18.2%，一线比例提升至79.2%，设置"两所、两中心、三作业区"，实现工作重心向前线转移的战

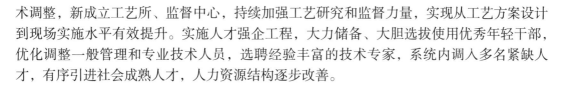

术调整，新成立工艺所、监督中心，持续加强工艺研究和监督力量，实现从工艺方案设计到现场实施水平有效提升。实施人才强企工程，大力储备、大胆选拔使用优秀年轻干部，优化调整一般管理和专业技术人员，选聘经验丰富的技术专家，系统内调入多名紧缺人才，有序引进社会成熟人才，人力资源结构逐步改善。

四、强化经营管理，提高效益开发实效

构建全员、全方位、全过程成本管控体系，按照"一切成本皆可降"理念，实行效益倒逼机制，全方位控成本提效益，运用管理会计方法，为开源节流降本增效提供支撑。

1. 严控成本支出，非生产性措施投入硬下降

以经济效益为导向，深化财务预算、投资规划与生产经营有效衔接，以完全成本管控目标倒排成本费用。面对突发的疫情及国际油价暴跌严重不利局面，不断推进供给端降价，通过严控合同立项、集中招标采购、整体价格复议等措施推动了源头降本，通过严管合同立项、价格复议、优化方案设计、盘活库存物资、优化车辆调配等措施推动源头降本，2020年、2021年工程与服务项目合同平均降幅7.43%和6.4%，各类成本费用下降8%，顺利完成公司提质增效考核指标。

2. 严控投资支出，优化生产工序提质增效

强化产量、投资、成本、效益"四位一体"管理，产建投资实现硬下降。持续优化水平井井身结构及井眼轨迹设计，开展二开水平井试验，水平井平均单井投资降幅4.7%；在保证安全质量基础上，积极寻求技术进步，推行大排量体积压裂费用大包计价方式，推动压裂费用降低20%；优化试气工序，全力缩短试气周期，进一步降低试气费用；持续挖掘地面建设管理突破口，加快管网建设、新井投产、井口远传建设进度，井口工艺管线场内预制率保持在60%以上；加强物资采购计划、供应管理，改变常规单一的物资采购渠道，积极推进电商平台应用，多方向对比，优选低价高质量物资材料，物资采购成本降低10%，物资管理保障能力不断提升。

第四节　经营管理取得成效

2021年在转型升级发展中，分公司面对储量品质劣质化、下游频繁限产、疫情反复等诸多不利因素，解放思想、锐意进取，勇担效益发展使命，竭力推动经营管理方式转变、技术思路调整和开发方式改革，取得了产建效果最好，油气增长最快，综合递减最慢，工程复杂最少，产量收入最高，人气心气最旺的合作开发新局面。

一、经营效益稳步提升，自由现金流持续为正

通过经营管理方式转变和提质增效专项行动有效实施，分公司有效应对疫情反复、油价下跌及油田限产挑战，精心统筹管理财务经营工作，牢牢掌握主动权，持续推进了区块开发由投资拉动向效益驱动转型，实现从"管企业"向"经营企业"转变，生产经营效率效益明显提升，超额完成了年度各项生产任务和考核指标，连续两年实现自由现金流为正，投入产出比实现硬增长，巩固了在公司高质量发展中的创效主体地位，为公司构建油气合作业务新发展格局夯实了基础。

二、发展理念更加清晰，高质量蓝图成功绘就

井控、安全、环保、质量全面受控是最大的效益，技术进步、技术创新是高质量发展的内生动力，新井高产、老井稳产是提升效益最直接的手段，控产建投资规模是实现自由现金流为正的有效途径，优化资产质量是减轻经营压力的重要抓手，五项效益提升思路更加清晰明了。分公司"十四五"规划全面贯彻新发展理念，构建新发展格局，坚持"控投资、稳产量、降成本"管理思路，多措并举，努力实现少井高产，确保自由现金流历史包袱持续削减。

三、经营管理追求精细，合规管理更加牢固

坚持"管业务就要管合规"原则，精细构建"体系＋内控＋纪检"监管体系，修订完善生产、安全、合同、结算、转资等管理制度规程，明确各类业务处理流程，法律合规风险防控能力稳步提升。邀请专业律师开展普法宣传活动，全员线上参加合规培训、签订合规承诺书，切实提高员工法律意识、合规意识、制度意识。严格合同管理"十条禁令"，应招尽招，狠抓合同立项、招标采购、结算办理关键环节，充分运用监督手段，降低合规风险。强化基础工作，认真执行会计准则，规范会计核算，优化完善日常业务管理流程，提升服务意识，加强合同系统、物流系统、共享业务培训及制度宣贯，经营管理水平不断提升，经营风险防控基础夯实。

四、效益开发根基稳固，可持续发展前景明朗

经过近几年生产经营转型升级，风险合作业务实现了自由现金流持续为正的健康发展局面，同时创造出了单井建井成本大幅压减、单位完全成本整体受控、水平井建产效果持续提升的高质量发展新格局。从中国石油天然气股份有限公司审查通过的《苏 77-召 51 区块 10 亿方/年开发调整方案》之《经济评价子方案》结果显示，区块在 2021 年之后的产能建设投资税后财务内部收益率高于集团公司基准收益率（6%）要求，预示着苏 77-召 51 区块将在未来开发过程中保持一定的盈利水平。

第五节　经营管理提升方向举措

一、坚持用经营思维指导发展不动摇

进一步转变观念，把经营理念贯穿生产建设全过程，效益优先、科学决策，过程控制、动态优化，效益评价、精准考核，用经营思维指导生产、促进管理。牢固树立"管理出效益、精细管理出更大效益、精益管理出最大效益"理念，紧紧围绕高质量发展要求，坚持产量与效益并重，坚持低成本发展战略不动摇，坚持生产经营一体化思路，坚持"自由现金流为正"经营目标，这是分公司必须长期坚持的经营战略思想。继续健全完善投资、成本项目决策和经济评价体系，扎扎实实压投资、控成本、增效益，应用好财务"三张表"寻找效益发展新途径，促使投资规模与净利润、自由现金流相匹配，科学谋划财务经营工作，发挥财务预算导向和服务决策的支撑作用，精益求精做好经营管理工作，始终掌握经营主动权，提升投资效益和经营管理水平。

二、高度重视"自由现金流为正"目标

自由现金流是企业的"血液"，也是企业高质量发展的试金石。"自由现金流为正"关乎全体员工利益，要始终坚持现金流为正，量入为出，加速资金回笼，深化自由现金流为正管理，转变产建投资和成本投入思维模式，坚持严谨投资、效益投资，严格遵守顶层设计，优化投资成本项目管理，严控产建投资成本支出，坚决杜绝超投资现象和无效成本投入，确保新建产能和成本投入对效益的正向拉动，实现"自由现金流为正"、投入与产出相匹配，筑牢高质量发展的根基。

三、持续强化降本增效意识

降本提质增效是经营管理的长期战略任务。要构建全员、全方位、全过程成本管控体系，坚决落实"成本是设计出来的"和"管业务、管投资、管效益"的理念，按照以收定支，量入为出原则，实行效益倒逼机制，从源头控制和降低投资支出，全方位控成本提效益，做好降本增效顶层设计，立足于生产建设前端、源头，立足于生产流程优化改造，立足于生产经营协调推进，结合产建投资、油气单位操作成本控制目标，运用管理会计方法手段，为开源节流降本增效提供支撑，全面挖掘潜力，开源重点要在加快施工进度、长关井复产、试气天然气回收、废旧物资处置上做文章，节流重点要在合同降价、成本费用管控上下功夫，确保实现开源节流降本增效目标。

四、进一步加强油气资产管理

现有油气资产就是巨大的财富，措施复产一口老井比打一口新井更省钱，延长气井的生命周期就是最大的效益。按照"盘活存量资产、优化增量资产、处置无效资产"的理念，根据资产战略价值和创效能力实施分类管理，合理优化投资规模、动态盘活存量资产，切实提高资产质量和流动性，提升资产整体运营水平。持续加强油气资产创效能力评估分析，开展资产清查，摸清油气资产现状，推进资产轻量化管理。加大低效无效资产处置力度，积极争取公司政策支持，做好资产减值测试和资产报废申报，减轻资产折旧折耗计提压力，加大调剂处置力度，减轻资产经营负担。

五、合规管理防范经营风险

要高度重视巡察、审计、财务稽查、内控检查发现问题的整改，做到立查立改、举一反三，避免重复出错。要高度重视合规管理工作，进一步完善制度体系和工作流程，强化依法经营、合规管理理念，坚持"管业务必须管合规"原则，坚持把合规管理作为开展各项业务的前提，将合规意识、风险意识融入生产经营的方方面面，强化合规风险过程控制，彻底摒弃重业务轻监督、重结果轻过程的惯性思维，对业务处理各环节认真履行审核责任，严格把关，确保各项业务真实、合规、准确处理。要按照"先预算、后合同、再执行"的基本流程，进一步规范工程建设项目、招投标、物资采购等方面的业务管理，强化运行关键环节控制，加大监督检查力度，防范法律风险，要严格按规则、按制度、按流程办事，坚决杜绝逾越程序、逾越规则处理业务，确保各项经济业务安全高效运行，为分公司油气风险合作开发高质量发展保驾护航。

第三章 党的组织建设与实践

自 2009 年成立分公司以来，经历了初步探索、调整转型、效益开发三个阶段，分公司党委始终贯彻党的方针政策，以党的政治建设为统领，坚持"围绕生产抓党建、抓好党建促生产"工作思路，全面推进党组织的思想、组织、作风、反腐倡廉建设，促进党建与生产经营、改革发展相融合，发挥了国有企业党组织发挥领导核心和政治核心作用、党支部战斗堡垒作用和党员先锋模范作用，切实将党的政治优势、组织优势和群众工作优势，转化为分公司的创新优势、竞争优势和发展优势，为分公司发展壮大提供了强有力的组织保障和强大的精神动力。

第一节 初步探索——机构创建与基层党建

西部钻探成立于 2007 年 12 月底，是中国石油按照集约化、专业化、一体化整体发展思路，整合新疆、吐哈等油田工程技术服务业务而设立的首家钻探公司。为提高自身的盈利能力和抗风险能力，适应日益激烈的市场竞争需要，西部钻探公司党委在实地调研和效益评估基础上，决定加入苏里格气田二期风险合作，并于 2009 年 9 月成立了苏里格气田项目经理部，负责苏里格气田风险合作区块开发。与参加苏里格气田一期风险合作的单位比较，西部钻探气田开发经验不足、技术支撑力量薄弱、区块地质条件复杂，开发面临各种风险挑战。在上级领导和部门大力支持下，苏里格气田项目经理部党委坚持以高质量党建引领高质量发展，把"积极培育西部钻探新的经济增长点"作为风险合作的出发点和落脚点，规划了油气当量百万吨宏伟发展目标。按照集团公司苏里格气田开发"六统一、三共享、一集中"管理模式要求，项目部大力开展技术创新管理创新，克服了人员紧缺、经验不足、地质条件复杂等诸多困难，走过了一段曲折坎坷的艰难历程，探索了具有苏里格特色的党建之路。

一、组织机构演变及人员队伍壮大

合作开发前期苏里格气田项目经理部党委根据苏 77-召 51 区块开发建设任务，按照"精干、高效"原则，设置 5 个机关科室。随着合作开发区块生产建设规模扩大，地面建设、天然气采输等开发业务链条逐渐完备，为满足项目部发展壮大需求，项目部党委依据气田开发业务结构，进行内部机构改革，及时调整部门职能和定位，部门数量由 8 个增加至 11 个，其中机关部门设综合办公室、生产协调科、计划经营科、财务资产科、工程技术科、质量安全环保科、物资供应科、公共关系科 8 个部门，下设地质研究所、产建管理部、采气综合管理部 3 个直属单位，气田开发组织框架初步搭建完成。

在人员队伍建设方面，西部钻探公司党委在没有气田开发专业队伍情况下，从录井、钻井等单位抽调专业技术人员快速筹建苏里格气田项目经理部。2010年初项目部实际配置21人，但是从事地质研究等主干专业人员占比不足25%，气藏评价、开发方案、井位部署等前期工作主要依托长庆油田科研院所。为加快人才队伍成长，项目部采取"请进来、送出去"培训方式，加大气田开发业务知识培训，技术人员业务素质得到快速提升。2012年后随着产建生产规模快速攀升，原有队伍数量和专业结构已不能满足快速发展需求，项目部立足自身，谋划长远，逐年引进物探、地质、储运等专业大学生，人员数量逐步增加，专业结构趋于合理。截至2017年底，项目部人员增加至86人，其中大学本科学历占比80%，中高级职称人员占比57%，初步建立地质研究、工艺技术、地面建设、气田生产、气井管理、经营管理等气田开发各专业人才队伍，为项目部后期高质量发展提供了重要人才资源。

二、党的组织建设走向规范

按照国有企业党的建设"四同步""四对接"要求，组建苏里格气田项目经理部同时，建立了党委、纪委和工会组织，并设置了地质研究、计划财务、工程技术、生产安全四个基层党支部，做到党的建设和国有企业改革同步谋划、党的组织及工作机构同步设置、党组织负责人及党务工作人员同步配备、党的工作同步开展，实现体制对接、机制对接、制度对接和工作对接。随着员工人数增加，党员队伍也逐年壮大，截至2017年底，党员人数由最初的12人增加至59人。

开发初期，项目部党委坚持将党支部战斗堡垒和党员先锋模范作为党建重点，充分发挥党委"把方向、管大局、保落实"政治核心作用。党的十八大召开以后，项目部两级党组织深入开展党的群众路线教育实践活动，先后组织两批党员群众到延安革命圣地开展红色教育继承和发扬党的优良传统。积极开展创建"四好"领导班子活动、"六个一"党支部创建活动和党员"创先争优"活动，不断提高党员的政治素质和业务能力，充分发挥党支部的战斗堡垒作用和党员的先锋模范作用。

这一时期，项目部党委重点推进了基层党建"三基本"建设，完成了党的基本组织、基本队伍和基本制度建设，明确党建责任分工、专项督查、考核评价，形成横向到边、纵向到底的网格化"大党建"工作格局。划分党委、党支部和党小组三级党组织责任清单。建立党委委员联系党支部，支部委员联系班组，党员联系岗位的党建"三联"模式，制定了"五清单、二台账"标准模板，即党支部主体责任履职清单、党支部廉洁风险点源清单、党支部廉政建设监督责任清单、党支部"三重一大"决策事项清单、党支部党务公开事项清单，党支部党员动态管理台账、党支部党务公开台账，实现了"制度建设标准化、资料台账规范化、考核评比精准化"目的。

三、反腐倡廉体系逐步健全

加强党风廉政建设，发挥党组织监督保障作用，是国有企业保持正确发展方向的重要保证。分公司党委准确把握各时期反腐倡廉工作要求，持之以恒抓好党风廉政和反腐败工作，努力构建不敢腐的惩戒机制、不能腐的防范机制、不想腐的保障机制。合作开发初期，项目部党委就把反腐败工作作为党建重要工作，认真落实党委主体责任和纪委监督责任，与乌审旗检察院签订了《共同预防职务犯罪联动协议》，建立定期工作交流、互通相关信息、联合处理案件等工作机制。围绕气田开发建设，持续开展凝析油专项治理，有效防止凝析油盗卖案件发生。党的十八大召开以来，项目部党委以严格贯彻落实中央八项规定为抓手，坚持标本兼治、综合治理、惩防并举、注重预防的工作方针，完善相关管理制度，建立量化考核标准，开展岗位廉洁风险排查，强化日常学习教育，严肃监督执纪问责，切实将党风廉政建设贯穿生产经营全过程，推动党要管党、从严治党向基层延伸。积极探索"教育＋制度＋监督＋问责"的反腐倡廉体系建设，形成了党委主抓、纪委协调、各部门积极参与的网格化监督格局，确保反腐倡廉工作取得良好效果。

四、工团组织和文化建设发挥重要作用

工团组织是党组织联系群众的桥梁纽带，工团工作是党的群众工作的重要组成部分。工团工作开展的好坏，直接影响着职工群众的素质提升和工作热情。在发挥工团职能方面，项目部始终把企业发展成果作为检验工团工作的标准。在健全工会组织机构、完善规章制度基础上，项目部工会围绕强化管理、创新技术、降低成本、提高效益等内容，开展主题劳动竞赛，着力破解制约气田开发的瓶颈问题。以降低开发成本为核心，大力开展"五新五小"群众性挖潜增效活动，表彰立功集体和个人，持续激发职工群众积极性和创造性。

2010年项目部参加长庆油田苏里格地区首届篮球比赛荣获精神文明奖，展示了西部钻探人的精神风貌。在当年开发建设中项目部工会发挥了重要作用，被西部钻探公司工会授予集体特等功。2011年完成职工书屋建设，收藏各类书籍300余册。2012—2014年参加由中华全国总工会组织的"西部大庆"劳动竞赛，项目部荣获"全国五一劳动奖状"，何太洪荣获"全国五一劳动奖章"，相金元荣获"集团公司劳动模范、西部大庆建设标兵"，一大批集体和个人荣获局级先进荣誉称号。2015—2016年组织开展了"攻难关、增产量、保效益""增气增油、超产量超效益"等专项劳动竞赛，助推天然气产量稳产上产。

在文化建设方面，项目部秉承"苦干实干、三老四严"为核心的石油精神，挖掘其蕴含的时代内涵，结合项目部发展实际，逐步形成以"扎根苏里格，合作创效益"为核心理念的"沙柳"精神。2015年群众性安全文化作品刊登200余篇，首次荣获西部钻探公司安全文化先进单位。2016年项目部荣获公司信息报送先进单位。

工团组织紧扣生产经营，持续激发全员干事创业激情，组织广大职工群众破解多项生产难题，为项目部发展作出了积极贡献。同时，深入开展"走基层、访员工、促和谐"活动，切实解决员工生产生活困难，职工工作生活条件大幅改善。规范职工大会和民主管理，维护职工合法权益，构建和谐劳动关系，促进了企业持续健康发展。

五、气田开发取得重大进展

开发初期，面对苏77-召51区块高含水致密砂岩气藏开发，项目部可以学习借鉴的经验不多。"学中干、干中学"是开发初期最真实的写照，项目部始终坚持把"积极培育西部钻探新的经济增长点"作为出发点和落脚点，努力加快天然气增储上产。

2010年，项目部围绕苏77区块前期评价、试验区 $2×10^8 m^3$ 产能建设和区块开发方案编制三大任务开展工作。在借鉴苏里格气田成熟技术和先进管理经验基础上，加大综合地质研究，优化井位部署，科学制订施工方案，严格控制单井投资，持续加快产能建设，组

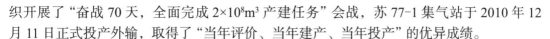

织开展了"奋战 70 天，全面完成 $2×10^8m^3$ 产建任务"会战，苏 77-1 集气站于 2010 年 12 月 11 日正式投产外输，取得了"当年评价、当年建产、当年投产"的优异成绩。

2011 年 9 月，西部钻探与长庆油田签订了《苏里格气田召 51 区块开发建设合同》。召 51 区块面积 995km²，合作开发面积达到 2007km²，为项目部后期增储上产、发展壮大奠定了基础。同年项目部完成苏 77 区块 $4×10^8m^3$ 产能建设任务，两年累计完成产能建设 $6×10^8m^3$，顺利实现了"五年规划三年干，三年任务两年完"的奋斗目标。

2011—2013 年，项目部通过强化地质研究，深化气藏认识，区块勘探开发取得重大突破，首次在苏 77 区块召 65 井区发现非主力层山 2³ 气藏，为苏里格气田开发拓展了新层系，在召 51 区块下古生界马家沟勘探获得新突破，打破了苏东北部马家沟组马五⁴ 亚段、马五⁵ 亚段地层不发育的传统地质认识。

2014 年，项目部按照"甩开评价、立体开发"的思路，完成了召 63 井区 100km² 三维地震资料采集处理，为后期井位部署提供了科学依据。

2015 年，项目部井口产量首次突破 $300×10^4m^3/d$，年完成商品气量 $8.32×10^8m^3$，创项目部成立以来最好指标。

2016 年，根据苏里格气田加密试验区研究成果，将原 600m×800m 井网调整为 500m×650m。

2017 年，项目部轻烃年产量突破 10000t。

2018 年，开展二维地震资料大连片处理解释，在苏 77-召 51 区块发现近东西向"巴音—木肯"走滑断裂带。

2019 年，苏里格项目部更名为苏里格气田分公司，同年与长庆油田签订三期苏 19 区块风险合作开发协议。

2020 年，分公司开始以水平井建产为主的开发方式转型，并首次擒获无阻流量百万方气井，召 51-42-31H2 水平井测试获无阻流量 $106.3×10^4m^3/d$。

2021 年，分公司召 51-31-6H1 水平井试气获无阻流量 $203.8×10^4m^3/d$，创苏里格气田东区北部高产纪录。

纵观合作开发建设初期，始终把党的建设与生产经营相融合，坚持把党组织设置与项目部组织架构相统一，把社会主义核心价值观与企业先进理念相统一，把党建责任考核与经营业绩考核相统一，全面推进项目部党的建设工作大踏步前进，使党的政治优势成为推动项目部快速发展壮大的巨大动力。

第二节　调整转型——党的建设融入中心工作

进入"十三五"后三年，西部钻探开启高质量发展新征程，要求苏里格合作开发必须成为公司增效的"四梁八柱"。分公司党委紧密围绕上级党委工作部署，在构建"大党建"工作格局上积极探索，主动融入中心、服务生产、贴近基层，突出政治引领对生产经营的指导作用，团结带领广大党员干部和全体员工迎难而上，顽强拼搏，将分公司导入高质量发展轨道，在公司扭亏为盈、管理技术型企业建设中发挥更大的作用。

一、气田效益开发进入新时期

2018 年西部钻探公司总经理常务会议对苏里格合作开发提出"五提三降一优化"工作

要求，即提高富集区"甜点"区钻探符合率、"Ⅰ＋Ⅱ"类井比例、产能建设到位率和当年贡献率、单井产量和单井累计产量、措施增产能力，降低综合递减率、操作成本、单井投资，优化开发生产工作制度，不断提升区块开发水平。这次会议标志着合作开发进入了新时期，为完成新的历史使命，分公司坚持"围绕生产抓党建、抓好党建促生产"总体要求，强化目标、技术引领，不断凝聚"大党建"工作格局思想共识，持续激发基层党组织的凝聚力、战斗力、创造力，坚定不移推动基本组织、基本队伍、基本制度基层党建"三基本"建设，切实把全面从严治党要求落实到基层。在分公司党委领导下开始了一系列的调整转型，经营上从注重规模发展向注重效益发展转变，贯彻"先算后干"理念，强调计划引领，财务把关，将自由现金流作为最重要的抓手；技术上更加注重地质工程一体化紧密结合，打造专、精、强的技术团队，坚持创新，着重推广先进、实用的新技术。

二、思想政治建设增强引领发展能力

坚持党的领导、加强党的建设，是我国国有企业的光荣传统，是国有企业的"根"和"魂"，是国有企业的独特优势。党组织的政治属性是根本属性，政治功能是首要功能。

分公司党委始终把政治建设摆在首要位置，高度重视政治理论学习，带头深入学习贯彻习近平新时代中国特色社会主义思想，增强"四个意识"、坚定"四个自信"、做到"两个维护"，牢记"国企姓党"，始终坚持党的领导，把好政治方向。扎实开展"两学一做""不忘初心、牢记使命"等主题教育，坚持以学促做，使学习成效转化为推动合作开发业务的强大动力。特别在"不忘初心、牢记使命"主题教育活动中，始终贯彻"守初心、担使命，找差距、抓落实"总要求，党员领导扎实开展调查研究、检视自身问题，对员工密切相关的热点问题、制约生产的难点问题进行集中整治。对在主题教育中征集到的问题和意见，制订整改方案，责任明确到人，确保按期整改。分公司干群关系更加和谐，团结奋斗、共谋发展的良好氛围更加浓厚，全体党员努力把主题教育学习成果转化为行动自觉，重点破解生产建设难题、解决员工诉求，全力打好油气合作开发效益攻坚战。

三、领导功能发挥确保正确发展方向

推动党建工作与中心工作深度融合是保证企业正确发展方向的必要条件，是推动企业高质量发展的重要途径，是落实全面从严治党的本质要求。

分公司党委充分理解和发挥了"把方向、管大局、保落实"的政治核心作用，坚持把主体责任落实作为党建工作的核心，严格执行党内政治生活制度，切实提升管党治党能力，不断推进各项工作高效开展。突出安全、地质、工艺三大核心业务定位，使深化效益开发的发展理念更加明晰。用财务思维、倒逼机制，积极谋划分公司发展举措，明确"增产量、降投资、控成本、严考核"经营思路，坚持"安全、上产、和谐、效益"发展理念，提出"六化"发展方向，为分公司"十四五"发展奠定基础。完善党员领导干部"四个靠前"机制，统筹推动生产经营，提高各项工作运行效率，实现了党建与生产互融共进。同时加强干部队伍执行力建设，开展重点事项督查督办，确保各项决策一贯到底，实现工作作风明显转变。聚焦重点任务，扎实开展"五提三降一优化""合作开发效益攻坚战""打好现金流为正攻坚战"等主题劳动竞赛，不断激发全员积极性，各项指标超额完成。

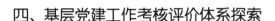

四、基层党建工作考核评价体系探索

党的基层组织是党在社会基层组织中的战斗堡垒，是党的全部工作和战斗力的基础。促进基层党建工作水平持续提升，实现党支部管理从"软、散、松"向"严、细、实"的转变，是全面从严治党向基层延伸、推动高质量发展的首要工作。

分公司党委深刻认识到党建考评工作对于提升基层组织建设工作的重要作用。一方面，党建考评是从严管党治党的有力抓手，通过对党支部基础工作设置约束指标、严格考核并督促整改，是解决党支部基础工作薄弱、提升基层党支部建设水平的有效手段。及时将上级的安排和重要工作、任务细化、分解至考评表中，同时坚持过程严考评、硬兑现，是确保各项工作高效落实的有效途径；另一方面，党建考评也是党建与生产经营深度融合的强大推手，党建考评能够促使党的"批评与自我批评""密切联系群众"等优良作风有效融入到生产经营难题破解中，对提升工作质量、推动气田效益开发起到积极作用，同时能够确保党组织的优势力量投入到促发展、强管理、增效益等中心工作上来，将全员的思想和行动统一到企业发展上，对推动企业高质量发展起到积极作用。

分公司党委坚持把"强核心、固堡垒、当先锋"作为党建工作主线，边探索边实践，形成了一套与生产实际比较契合的"一机制、三保障、四着力"党建综合考评管理体系，实践成果被西部钻探公司党委肯定并推荐到集团公司交流。其中"一机制"是建立党建综合考评管理机制；"三保障"是强化党建考评体系的组织、监督和舆论保障；"四着力"是着力扩宽考评主体、优化考评内容、丰富考评形式、加强考评结果运用，有效助推基层党组织工作，为气田效益开发注入强劲动力。

五、人工成本向人力资源的转变

2017—2018 年，分公司从三塘湖项目经理部接转 20 人，从西部钻探公司内部招聘员工 15 名，员工总数突破了 100 人，分公司队伍结构发生了重要变化，整体力量逐步壮大。如何将"人员数量红利"转变为"人才质量红利"，充分激励员工干部在新时代担当新使命、展现新作为，也是摆在分公司党委面前的重要课题。

分公司党委从正向激励和情感关怀双管齐下，突出和谐企业建设，始终把员工幸福作为根本任务，持续提高员工获得感和幸福感，按照"忠诚、干净、担当、有为"的好干部标准，选聘科级干部 17 人，一般人员 71 人，人才成长渠道更加通畅，干部年轻化初步实现。根据工作性质和劳动强度，科学调整一般员工奖金系数，合理拉开各层级收入差距，并根据业绩合同严考核硬兑现，打破了"大锅饭"分配方式，提高了员工积极性。注重典型引领，大力选树和宣传忠于职守、爱岗敬业、勇于担当、甘于奉献的先进人物，用榜样的力量激励广大干部奋发有为。超额完成生产经营指标，在钻探行业量价齐跌严峻形势下，确保了职工收入不降。按期投运了作业二区和乌审旗集中办公点，改变职工食堂就餐方式，提高伙食标准，职工工作生活条件逐步改善，生产靠前指挥得到有效落实，成果共享惠及全员。"暖心工程"凝心聚力，组织三送、劳模慰问、住院及丧葬慰问，关心关爱激发了活力。新冠肺炎疫情暴发以后，分公司严格落实疫情防疫措施，有序组织员工返岗和复工复产，重点加强"三商"及"四种场所"检查督导，实现了零感染目标，员工生命安全得到保障。

六、"大监督"格局的构建与完善

气田合作开发与工程技术服务专业比较，其显著特点是业务链长、资金量大、民营队伍多，气田开发建设过程中轻烃管理、现场工作量签认、对外招投标、承包商队伍管理、工程建设、公共关系协调等领域存在诸多廉洁风险，给纪检监督工作带来严峻考验。

分公司党委严格落实党风廉政建设主体责任，建立"大监督"格局，细分领导班子成员、纪委班子、党支部班子三个层面监督责任，将重点工作细化分解，有效推进各级组织和党员干部责任落实，扎紧了"不敢腐"的制度"笼子"，强化了"不能腐"的心理防线，巩固了"不想腐"的道德基础，为分公司稳健发展营造了良好的政治生态环境，提供了强有力的政治保障。2018—2020 年期间，分公司无受处分人员，无信访举报线索。

分公司纪委深挖思想教育、制度落实和监管机制三个方面具有普遍性和典型性的问题根源，探索建立了管理机制、制度建设、职责划分、风险防控、重点监督、思想教育、考核应用等为主要内容的"一体两清五落实"管理模式，形成了共扛主体责任、共同预防腐败的有效机制，为基层纪委强化监督责任开辟了新途径和新方法，其中"一体"是积极构建全方位一体化管理模式；"两清"是理清党委和纪委党风廉政建设责任；"五落实"是落实岗位风险点源、落实干部廉洁档案、落实领导权力监督、落实党风廉政教育常态化、落实党建责任考核硬兑现，确保纪委监督责任有效落实。

七、党建和发展的相融互促

党建与发展犹如鸟之双翼，车之两轮，只有相辅相成、同向同力，才能最大限度发挥党建引领发展、发展强化党建的效能，不断开创高质量发展的新局面。

转型期间，分公司党建工作与业务发展实现同频共振、相得益彰，党委领导作用、党支部战斗堡垒作用和党员先锋模范作用显著增强，为分公司改革创新、攻坚克难提供了强大动力，分公司获得西部钻探先进基层党组织称号 1 次、涌现集团公司优秀共产党员 1 人，西部钻探优秀共产党员 4 人、优秀党务工作者 2 人；气田开发建设逐渐呈现出"上得去，稳得住，管得好"的良好局面，水平井开发方式转变取得新成果，首次擒获召 51-42-31H2 百万立方米气井，获中油技服贺信祝贺，首次实现自由现金流为正目标，在公司年度业绩考核位居前列，企业价值充分体现，员工个人利益及整体利益得到保障。这些成绩的取得，表明分公司在推动党的建设与中心工作深度融合上的一系列探索是卓有成效的，党的政治优势、组织优势和群众工作优势能够更好地转化为企业的发展优势。

第三节　效益开发——以高质量党建引领高质量发展

党的十九大提出当前我国社会的主要矛盾已经转化为人民日益增长的美好生活需要和不平衡不充分发展之间的矛盾。面对新形势新要求，分公司党委深刻把握这一重大判断，站在国家能源安全的战略高度，全面分析了当前气田开发过程中，组织运行机制、技术发展路径与高质量发展不相适应的矛盾，突出党委"把方向、管大局、保落实"的核心引领作用，遵循气田开发规律，从坚持改革创新，强化技术支撑，重视人才队伍建设，切实提升员工的幸福感等方面开展了扎实细致的工作，进一步夯实了高质量发展的基础。

一、全面深化机构改革

合作开发初期，项目部组织机构是按照钻探工程技术服务企业的模式而设置的，虽历经数次调整，但基本结构没有大的变化。在运行过程中，气田开发的主责主业不突出，人才成长速度慢，天然气产量和经营效益中低位徘徊。急需建立一套简洁高效、具有气田开发特色的组织运行体系，从而发挥各级组织的政治保障和组织保障作用。

2020 年底，分公司正式开始机构改革，将原有的 11 个机构重组为 9 个。其中机关科室由 8 个重组为 3 个，实现了工作重心向前线转移的战术调整。这次机构改革，确立了地质所作为气田开发的核心地位，突出地质研究的资源保障基础作用。新成立工艺所，整合产能建设和井筒治理力量，发挥技术产气的主力军作用。新成立监督中心，实现了监管分离，为生产与施工现场的安全环保、工艺纪律、工程质量保驾护航。新成立生产保障中心，从征地、外协、基建到餐饮、住宿，统筹现场和后勤各项保障工作，为生产生活提供全面支撑。同时，强化党组织引领作用，成立了机关党支部等八个基层党组织，党支部书记与行政干部同时配备。党支部充分发挥战斗堡垒作用，带领党员群众破解储层精细刻画、井筒复杂作业、采输生产点多面广、安全监管难度大等问题，形成了砥砺前行、攻坚克难的强大合力。

二、生产组织变革和技术路线调整

完成机构调整后，分公司党委多次召开会议研究生产组织运行问题，并在实践中不断优化，从全产业链整体出发，提出钻井工程由钻井公司牵头，钻井液、定向、录井、固井配合，人员、技术、物资共享，把"管多头"变成"抓一头"，把各方力量统一到产能建设整体大局上来，收获了钻井提速和复杂减少的良好效果。压裂方案设计由原来的独家设计调整为两家背靠背设计、三家会审，统一意见再实施，现场施工由三方指挥调整为一方指挥，实现砂比稳步提高、砂堵等复杂清零、压裂试气周期减半、部分单井产量翻番；产量运行由原来的生产运行科独家组织调整为"找、产、销"三套马车并驾齐驱。以地质所为龙头对产量总负责、"找"效益最好储量，以工艺所、作业区为主力军在现场实施最优措施、"产"出合理最高产量，以安全生产科为尖兵市场公关、营"销"出经济最大销量。2021 年分公司产量创历史新高，首次突破 $9 \times 10^8 m^3$。

在技术路线上，分公司党委提出"三个转型"，即地质研究从单一的静态研究向静态、动态并重转型；工程技术从侧重钻井工艺向储层改造、井筒举升、综合治理三大工艺转型；安全井控从一体化管理向监管分离、"管理 + 服务"转型。同时对地质研究路线、水平井部署方式、水平井钻井工艺技术、水平井导向技术、储层改造工艺技术、采气工艺技术等六大技术思路进行了优化调整。

三、笃定信心谋划气田长远发展

2020 年，分公司党委在回顾过去十多年走过的曲折发展历程后，深刻反思提出了风险合作业务"一年实现现金流为正、两年实现产出投入比硬增长、五年实现自由现金流历史包袱持续削减"的三步走发展战略。2021 年，在原来的三步走发展战略基础上，进一步提出风险合作业务"扭亏为盈、规模效益开发、可持续高质量发展"的新三步走发展战略。同年，从开发理念、经营策略、组织保障等方面高标准规划了"十四五"各项工作，推进管理合规化、效益最大化、技术高端化、人才专业化、机构精干化、生产智能化。努力将分公司打造成西部钻探的效益、技术、市场战略支撑点。2020—2021年，分公司自由现金流连续两年为正，同比实现翻番。

四、抓队伍建设，铺设成长成才道路

在人才队伍建设方面，分公司党委深刻认识人才队伍建设的责任感和紧迫感，不断推动人才强企战略向纵深发展。一是突出梯队建设。遵循干部成长规律，加大年轻干部选拔培养力度，争取双序列改革政策。通过思想淬炼增强内生动力，通过政治历练增强引领力，通过实践锻炼增强战斗力，通过专业训练增强执行力，打造老中青相结合的干部队伍。二是突出团队建设。培养政治坚定、精通管理、开拓创新的经营管理人才，培育敢为人先、勇于创新、争创一流的专业技术人才，培植爱岗敬业、吃苦耐劳、无私奉献的操作技能人才，打造风险合作开发人才摇篮基地。三是突出导向建设。完善激励约束机制，完善业绩考核管理规程，加大向安全井控、地质研究、工艺攻关等核心技术人才和一线艰苦岗位倾斜，形成收入凭贡献、成长靠业绩的正向激励机制。

2021年，分公司党委择优选拔两级优秀干部20人，优化调整一般管理人员和专业技术人员83人，引进社会化人才3人，干部梯队搭建和管理技术团队构建更加优化，当年收获了局级科技创新、管理创新"双一等奖"殊荣，气田开发6次荣获中油技服和长庆油田贺信嘉奖，3人分别荣获集团公司优秀共产党员、优秀党务工作者、先进工作者等荣誉称号。

五、抓基层党组织建设，持续融入中心工作

党的基层组织是各项事业的前线阵地、战斗堡垒。分公司党委以提升基层党组织建设质量为目标，重点加强党务干部队伍特别是党支部书记队伍建设，坚持宜专则专、宜兼则兼，选优配强党支部班子，确保机构调整过程中政治建设力度不减。进一步完善了党建考核管理办法，采取部门与党支部联动考核的方式，将党史学习教育、单井安全提速创效工程、疫情防控等重点工作纳入党建考核，推动党建与中心工作有机融合。着力抓好三会一课、组织生活、民主评议、主题党日等制度落实，积极创建"六个一"党支部，党建"三联"责任示范点，全面推进党支部达标晋级。2021年分公司地质所党支部被命名为局级示范党支部，其余党支部全部进入达标党支部行列。

六、持之以恒正风肃纪，队伍清廉正派

分公司党委狠抓两个责任落实，坚持将政治标准和政治要求融入日常监督全过程，确保党的政治建设要求落到实处。党委决策部署到哪里，监督检查就跟进到哪里，加强对第一议题制度落实、党史学习教育、疫情防控、巡察问题整改以及单井安全提速创效工程等重大决策部署情况的监督检查，确保决策部署贯彻落实到位。突出"四项监督"，加强对"一把手"和领导班子的监督，督促分公司领导班子落实"一岗双责"，工作调研时做到党建思想政治工作必听、井控、安全、合规、廉洁等各类风险管控情况必听，党的建设必讲、井控安全必讲、廉政教育必讲，加大对重要岗位人员廉政谈话提醒力度，推动党委主体责任、书记第一责任和纪委监督责任贯通联动、一体落实，干部队伍作风持续改善，2020—2021年连续两年信访举报为零，违法违纪案为零。

七、坚持以人为本，用文化凝心聚力

分公司党委始终坚持"以人为本"，开展"百日上产劳动竞赛""技术提产量、管理增效益劳动竞赛"，涌现出一大批先进个人。2021年3名同志荣获处级劳动模范，1名同志荣获局级劳动模范。自觉践行"我为员工群众办实事"。修订员工轮休管理办法，严格保障员工休假权利。这些举措得到广大员工的强烈反响，团队凝聚力进一步增强。同时开展岗位讲述、歌咏比赛、北京冬奥加油等活动，多方面深层次展示职工积极向上的良好风貌，突出企业的核心价值，用企业文化凝心聚力，员工的认同感、幸福感显著提升，干事创业的心气更加旺盛。全体员工发扬石油精神、铁人精神、砥砺前行、攻坚克难，取得一个又一个胜利，打造出一支忠诚干净担当的石油铁军。

分公司党委深刻认识到企业要想生存发展，必须始终坚持"两个一以贯之"。以党的政治建设为统领，全面加强党的领导，不断增强党的凝聚力、创造力和战斗力，不断增强党的自我净化、自我完善、自我革新和自我提高的能力；坚持人才强企战略，统筹党务干部与行政干部的培养，着力高素质年轻人才的培养，加强队伍梯次的合理配备，完善优秀年轻干部的培养选拔体系；坚持党建工作与生产经营工作的深度融合。正确认识二者的辩证统一关系，抓住二者有机融合的客观规律，找准结合的契合点，发挥融合共进作用，切实把党的政治优势、组织优势、群众优势转化为企业发展优势，用高质量的党建培育气田高质量发展新优势；坚持党风廉政建设与反腐败工作不动摇。以永远在路上的执着和韧劲，抓好党风廉政建设和反腐败工作，持续打造风清气正的政治生态，推进全面从严治党向纵深发展；坚持弘扬社会主义核心价值观和石油精神和大庆精神铁人精神。始终保持高度的政治自觉、思想自觉和行动自觉，深挖石油红色资源、传承红色基因、牢记"国之大者"的使命担当，持续推进石油精神和大庆精神铁人精神再学习再感悟再实践，继往而开来，团结而奋进。

苏里格气田分公司大事记

2009 年 8 月 12 日，中国石油天然气集团有限公司批复西部钻探公司参与苏里格气田合作开发。

2009 年 9 月 2 日，西部钻探公司副总经理陈岩与长庆油田公司副总经理杨华代表合作双方签订《苏里格气田苏 77 区块合作开发协议》。

2009 年 9 月 7 日，西部钻探苏里格气田项目经理部正式成立。

2009 年 11 月 17 日，苏里格气田项目经理部在苏 77 区块的第一口评价井苏 77-6-27 井开钻。

2010 年 5 月 24 日，卫扬安任苏里格气田项目经理部党委书记、经理。

2010 年 7 月 20 日，苏 77 区块 2 亿立方米开发试验方案通过中国石油天然气股份有限公司评审。

2010 年 12 月 18 日，西部钻探公司总经理马永峰参加苏 77 区块首气外输仪式。

2011 年 5 月 13 日，西部钻探公司副总经理赵明方与长庆油田公司总地质师张明禄代表双方签订了《苏里格气田召 51 区块合作开发协议》。

2011 年 6 月 20 日，苏里格气田项目经理部日产气量突破 80 万立方米。

2011 年 8 月 11 日，苏里格气田项目经理部天然气交接量突破 1 亿立方米大关。

2011 年 8 月 18 日，苏里格气田苏 77-2 集气站破土动工。

2011 年 11 月 9 日，《苏里格气田苏 77 区块 6 亿立方米 / 年开发方案》通过中国石油天然气股份有限公司审批。

2011 年 12 月 15 日，苏里格气田项目经理部天然气交接量突破 2 亿立方米大关。

2012 年 2 月 19 日，苏里格气田项目经理部在召 51 区块第一口井召 51-11-17 井开钻。

2012 年 4 月 10 日，苏里格气田苏 77-2 集气站正式投产外输，日外输气量 30 万立方米。

2012 年 5 月 3 日，《苏里格气田召 51 区块开发前期评价部署方案》通过中国石油天然气股份有限公司审批。

2012 年 9 月 15 日，苏里格气田召 51-1 集气站破土动工。

2012 年 10 月 6 日，苏里格气田召 51-2 集气站破土动工。

2012 年 10 月 11 日，苏里格气田项目经理部首口大包井苏 77-21-32H2 水平井顺利完钻，钻井周期 57.42 天、水平段长度 1201 米、单支钻头进尺 476 米，刷新了苏 77 区块多项指标。

2012 年 11 月 9 日，苏 77-21-33H 井、苏 77-21-32H2 井大规模压裂成功，无阻流量达到 42 万立方米 / 天和 34 万立方米 / 天。

2012 年 12 月 31 日，苏里格气田项目经理部完成天然气外输 5 亿立方米，完成产能建设 5.6 亿立方米，圆满完成"双五"目标。

2013 年 1 月 9 日，苏里格气田召 51 区块首座集气站召 51-1 站点火成功，正式投产。

2014 年 1 月 4 日，苏里格气田项目经理部苏 77-3 集气站正式投产。

2014 年 10 月 9 日，苏里格气田项目经理部召 51-2 集气站投产运行。

2015 年 1 月 12 日，苏里格气田项目经理部召开第一次党员大会，会议选举了新一届委员会，卫扬安同志任党委书记。

2015 年 10 月 20 日，苏里格气田召 51 区块召 51-31-8H1 井，水平段砂岩钻遇率高达 99.7%，有效砂岩钻遇率 96.5%，创苏里格水平井砂岩钻遇率新高纪录。

2015 年 10 月 18 日，苏里格气田召 51 区块日产气量突破 100 万立方米。

2015 年 12 月 1 日，苏里格气田项目经理部天然气年产量突破 8 亿立方米，达到 8.07 亿立方米。

2016 年 5 月 4 日，苏里格气田项目经理部小油管（48.3 毫米）生产试验在苏 77-32-37 井首获成功。

2018 年 5 月 27 日，苏里格气田项目经理部首座十四井大井丛顺利完钻。

2018 年 10 月 22 日，牛禄同志任苏里格气田项目经理部党委书记、经理。

2019 年 1 月 4 日，苏里格气田项目经理部召 51-3 集气站正式投产。

2019 年 5 月 22 日，西部钻探公司副总经理何君与长庆油田公司副总经理谭中国代表双方签订《苏里格气田苏 19 区块合作开发协议》。

2019 年 8 月 10 日，苏里格气田项目经理部气田轻烃产量突破 10000 吨大关，达到 10018.96 吨。

2019 年 12 月 17 日，苏里格气田项目经理部更名为苏里格气田分公司。

2020 年 9 月 15 日，周自武同志任苏里格气田分公司党委书记、经理。

2020 年 9 月 28 日，苏里格气田分公司召 51-41-14H2 水平井，以水平段长 1124 米创二开水平井新纪录。

2020 年 10 月 12 日，苏里格气田分公司召 51-42-31H2 水平井测试获无阻流量 106.3 万立方米 / 天。中油技服发来贺信，对苏里格气田分公司在召 51 区块擒获首口无阻流量百万立方米气井表示祝贺。

2020 年 11 月 1 日，苏里格气田分公司采气作业二区揭牌投运。

2021 年 3 月 6 日，苏里格气田西区苏 19 区块首口评价井苏 19-19-10 井开钻。

2021 年 5 月 6 日，长庆油田发来贺信对苏里格气田分公司擒获 3 口百万立方米气井表示祝贺。

2021 年 6 月 20 日，苏里格气田分公司首次擒获两百万立方米水平井，召 51-31-6H1 水平井测试获无阻流量 203.8 万立方米 / 天，中油技服发来贺信，对苏里格气田分公司在非主力层系（盒 6 段）获得首口超两百万立方米无阻流量井表示祝贺。

2021 年 9 月 1 日，苏 19 区块苏 47-2 集气站与长庆油田采气三厂完成现场运行管理交接，苏里格气田分公司率先启动第三期风险合作开发。

2021 年 12 月 16 日，苏里格气田分公司工会召开第三次会员大会顺利召开，选举张建礼为工会主席。

2021 年 12 月 31 日，苏里格气田分公司天然气年商品量突破 8.4 亿立方米，井口产量突破 9 亿立方米，创历史新高。

苏里格气田分公司荣誉录

集体荣誉

【省部级】

2011年，苏里格气田项目经理部地质研究中心荣获中华全国总工会"工人先锋号"。

2013年，苏里格气田项目经理部荣获"全国五一劳动奖状"。

【市局级】

2010年，苏里格气田项目经理部工会荣获西部钻探公司"集体特等功"。

2011年，苏里格气田项目经理部生产协调科党支部荣获西部钻探公司"优秀党支部"称号。

2012年，苏里格气田项目经理部采气综合管理部、工程技术科荣获西部钻探公司建设"西部大庆"劳动竞赛活动"工人先锋号"称号。

2013年，苏里格气田项目经理部工程技术科荣获西部钻探公司"红旗科室"称号。

2015年，苏里格气田项目经理部地质研究所荣获西部钻探公司2015年度"青年突击队"称号。

2016年，苏里格气田项目经理部团支部荣获2015—2016年度西部钻探公司"五四红旗团支部"称号。

2018年，苏里格气田项目经理部第一党支部荣获西部钻探公司"先进基层党组织"称号。

2019年，苏里格气田分公司第四党支部荣获西部钻探公司"先进基层党组织"称号。

2020年，苏里格气田分公司第一团支部荣获2019—2020年度西部钻探公司"五四红旗团支部"称号。

2021年，苏里格气田分公司地质所党支部荣获西部钻探公司"示范党支部"称号。

2021年，苏里格气田分公司采气作业二区党支部荣获西部钻探公司"先进基层党组织"称号。

个人荣誉

【省部级】

2014年，何太洪荣获全国五一劳动奖章。

2012年，相金元荣获中国石油天然气集团有限公司"劳动模范""西部大庆"建设标兵荣誉称号。

2014 年，张世德荣获中国石油天然气集团有限公司"青年岗位能手"荣誉称号。

2019 年，郭学忠获中国石油天然气集团有限公司"优秀共产党员"荣誉称号。

2021 年，刘飞荣获中国石油天然气集团有限公司"先进工作者"荣誉称号。

2021 年，张林荣获中国石油天然气集团有限公司"优秀共产党员"荣誉称号。

【市局级】

2013 年，裴国清荣获西部钻探公司第三届"劳动模范"荣誉称号。

2016 年，韩长武荣获西部钻探公司第五届"十大杰出青年"荣誉称号。

2017 年，张世德荣获西部钻探公司第五届"劳动模范"荣誉称号。

2018 年，刘利军、郭学忠、张林荣获西部钻探公司"优秀共产党员"荣誉称号。

2019 年，韩长武荣获西部钻探公司第六届"劳动模范"荣誉称号。

2019 年，张立瑛荣获西部钻探公司"优秀共产党员"荣誉称号。

2019 年，刘飞荣获西部钻探公司"优秀党务工作者"荣誉称号。

2020 年，沈杰荣获西部钻探公司 2019—2020 年度"优秀共青团员"荣誉称号。

2021 年，邓宗竹荣获西部钻探公司"优秀共产党员"荣誉称号。

2021 年，刘飞荣获西部钻探公司"优秀党务工作者"荣誉称号。

2021 年，贺恩利荣获西部钻探公司第七届"劳动模范"荣誉称号。

参考文献

[1] 何自新，付金华，席胜利，等.苏里格大气田成藏地质特征 [J].石油学报，2003，24（2）：6-12.

[2] 姚宗惠，张明山，曾令邦，等.鄂尔多斯盆地北部断裂分析 [J].石油勘探与开发，2003，30（2）：20-23.

[3] 吴小宁，李进步，朱亚军，等.苏里格气田东区北部下二叠统山西组二段沉积相研究 [J].天然气勘探与开发，2017，40（1）：1-9.

[4] 崔明明，李进步，王宗秀，等.辫状河三角洲前缘致密砂岩储层特征及优质储层控制因素——以苏里格气田西南部石盒子组 8 段为例 [J].石油学报，2019，40（3）：279-294.

[5] 付锁堂，李忠兴，付金华，等.低渗透油气田勘探与开发 [M].北京：石油工业出版社，2020.

[6] 崔晓杰，黄祥虎，史松群，等.苏里格气田三维地震储层预测技术研究及应用 [J].石油天然气学报，2012，34（9）：7-8，74-78.

[7] 史松群，赵玉华，潘仁芳，等.苏里格气田盒8砂岩储层的气储特征 [J].中国石油勘探，2003（2）：6，29-33.

[8] 尹帅，丁文龙，王濡岳，等.陆相致密砂岩及泥页岩储层纵横波波速比与岩石物理参数的关系及表征方法 [J].油气地质与采收率，2015，22（3）：22-28.

[9] 张盟勃，史松群，潘玉，等.叠前反演技术在苏里格地区的应用 [J].岩性油气藏，2007（4）：91-94.

[10] 陈凤喜，卢涛，达世攀，等.苏里格气田辫状河沉积相研究及其在地质建模中的应用 [J].石油地质与工程，2008（2）：10，21-24.

[11] 王涛，侯明才，王文楷，等.苏里格气田召30井区盒8段层序格架内砂体构型分析 [J].天然气工业，2014，34（7）：27-33.

[12] 马志欣，吴正，张吉，等.基于动静态信息融合的辫状河储层构型表征及地质建模技术 [J].天然气工业，2022，42（1）：146-158.

[13] 段志强，李进步，白玉奇，等.辫状河储层构型表征及对含气饱和度空间分布的控制——以苏里格气田 SX 密井网区为例 [J].大庆石油地质与开发，2020，39（5）：1-9.

[14] 费世祥，王东旭，林刚，等.致密砂岩气藏水平井整体开发关键地质技术——以苏里格气田苏东南区为例 [J].天然气地球科学，2017，38（11）：1620-1629.

[15] 谭中国，卢涛，刘艳侠，等.苏里格气田"十三五"期间提高采收率技术思路 [J].天然气工业，2016，36（3）：30-37.

[16] 何东博，贾爱林，冀光，等.苏里格大型致密砂岩气田开发井型井网技术 [J].石油勘探与开发，2013，40（1）：79-89.

[17] 郭智，贾爱林，冀光，等.致密砂岩气田储量分类及井网加密调整方法——以苏里格气田为例 [J].石油学报，2017，38（11）：1299-1309.

[18] 卢涛，张吉，李跃刚，等.苏里格气田致密砂岩气藏水平井开发技术及展望 [J].天然气工业，2013，33（8）：38-43.

[19] 长庆油田分公司苏里格气田研究中心.苏里格气田水平井开发技术与实践 [M].北京：石油工业出版社，2017.

[20] 刘群明，唐海发，冀光，等.苏里格致密砂岩气田水平井开发地质目标优选 [J].天然气地球科学，2016，27（7）：1306-1365.

[21] 雷卞军，李跃刚，李浮萍，等.鄂尔多斯盆地苏里格中部水平井开发区盒 8 段沉积微相和砂体展布[J].古地理学报，2015，17（1）：91-105.

[22] 徐文，于浩杰.苏里格气田开采特征与动态描述［M］.北京：石油工业出版社，2020.

[23] 庄惠农.气藏动态描述和试井［M］.北京：石油工业出版社，2021.

[24] 陈元千.油气藏工程实践［M］.北京：石油工业出版社，2005.

[25] 冀光，贾爱林，孟德伟，等.大型致密砂岩气田有效开发与提高采收率技术对策——以鄂尔多斯盆地苏里格气田为例［J］.石油勘探与开发，2019，46（3）：602-612.

[26] 侯科锋，李进步，张吉，等.苏里格致密砂岩气藏未动用储量评价及开发对策［J］.岩性油气藏，2020，32（4）：115-125.

[27] 刘祎，杨光，王登海，等.苏里格气田地面系统标准化设计［J］.天然气工业，2007，27（12）：124-125.